普通高等教育"十一五"国家级规划教材
国家林业和草原局普通高等教育"十四五"规划教材

# 植物营养学

(第2版)

杨水平　黄建国　主编

中国林業出版社
CFPH China Forestry Publishing House

## 内 容 提 要

本书比较系统和全面地阐述了植物营养基本理论、物质基础和调控技术。绪论部分概述了肥料在农业生产中的作用、植物营养学发展历程、研究内容和方法；第 1 篇分 3 章介绍了植物营养基本理论，包括植物营养原理、土壤与植物营养、肥料资源与利用；第 2 篇分 6 章介绍了化学肥料，介绍了植物营养元素的营养生理、化学肥料的品种和性质，以及它们在土壤中的转化和施用技术；第 3 篇分 4 章介绍了有机肥料，包括有机肥的种类、性质、作用和施用技术；第 4 篇分 3 章介绍了施肥原理与技术，包括科学施肥基本理论、植物营养诊断与施肥量的确定、主要作物施肥技术。

**图书在版编目(CIP)数据**

植物营养学 / 杨水平，黄建国主编. —2 版.
北京 ：中国林业出版社，2024. 8. —(普通高等教育“十一五”国家级规划教材)(国家林业和草原局普通高等教育“十四五”规划教材). — ISBN 978-7-5219-2754-2

Ⅰ. Q945. 1

中国国家版本馆 CIP 数据核字第 2024V3M474 号

责任编辑：范立鹏
责任校对：苏　梅
封面设计：周周设计局

出版发行：中国林业出版社
（100009，北京市西城区刘海胡同 7 号，电话 83143626）
电子邮箱：cfphzbs@ 163. com
网址：www. cfph. net
印刷：北京中科印刷有限公司
版次：2003 年 12 月第 1 版(共印 7 次)
2024 年 8 月第 2 版
印次：2024 年 8 月第 1 次
开本：787mm×1092mm　1/16
印张：25. 5
字数：610 千字
定价：65. 00 元

教学课件

# 《植物营养学》(第 2 版)
## 编写人员


**主　编:** 杨水平　黄建国

**副主编:** 耿建梅　湛方栋

**编　者:** (按姓氏笔画排序)

王艳霞(西南林业大学)
刘鸿雁(贵州大学)
苏小娟(西南林业大学)
李永夫(浙江农林大学)
李　勇(西南大学)
李继福(长江大学)
陈　竹(贵州大学)
杨水平(西南大学)
赵　平(云南农业大学)
郭彦军(青岛农业大学)
贾月慧(北京农学院)
耿建梅(海南大学)
唐新莲(广西大学)
黄建国(西南大学)
曹寒冰(山西农业大学)
湛方栋(云南农业大学)

**主　审:** 袁　玲(西南大学)

# 《植物营养学》(第1版)
## 编写人员

**主　编：** 黄建国

**副主编：** 张乃明　黎晓峰　袁　玲

**编　者：** (按姓氏笔画排序)

申　鸿(西南农业大学)
刘鸿雁(贵州大学)
李廷轩(四川农业大学)
李　勇(西南农业大学)
张乃明(云南农业大学)
张锡洲(四川农业大学)
杨水平(西南农业大学)
周永祥(西南农业大学)
赵　平(云南农业大学)
耿建梅(海南热带作物大学)
顾明华(广西大学)
袁　玲(西南农业大学)
郭彦军(西南农业大学)
黄建国(西南农业大学)
黎晓峰(广西大学)
魏成熙(贵州大学)

**主　审：** 毛炳衡　白厚义　陆申年

# 第 2 版前言

植物营养学是农林生产的核心理论和重要技术支撑，该学科的发展关系农林产品供给，尤其深刻影响国家的粮食安全。因此，多年来我国各高等农林院校始终将“植物营养学”列为普通高等教育农林生产类专业的骨干课程。本教材首印于 2004 年，迄今已近 20 年。教材按照我国当时的高等教育发展要求，依照“厚基础，宽口径，重能力”的人才培养目标而编写，既满足了农业资源与环境专业本科教学需要，又兼顾了农学类各专业的通用性，兼容性好、适应范围广，被全国 10 余所高等农林院校和综合性大学选用，历经多次重印，广受师生好评。

近 20 年来，植物营养学相关理论和方法不断发展，高等教育的人才培养模式、教学方法在不断变革，科学研究手段和农林生产技术实践也在不断进步，因此，教材需要修订和完善。为此，我们组建了《植物营养学》(第 2 版) 修订小组，申报并获批立项为国家林业和草原局普通高等教育“十四五”规划教材，在积累和总结经验的基础上完成了本次修订。

此次修订保留并完善了上一版的框架结构，充分吸纳了学科发展的最新成果，更新了数据，进一步融合介绍了植物营养学、土壤学、作物施肥学和肥料学等学科的最新知识，着重强化教材在农林生产类各专业的兼容性和广泛适用性。参与本次修订的人员都身处教学科研一线，能够精准把握知识的广度和深度，在保障教材的系统性、继承性的同时，部分章节依据编者专业背景和学科发展进行了较大幅度的改写甚至重写，凸显了创新性和学科特色。

本教材除绪论外共分 4 篇 16 章，参加编写的单位有西南大学、海南大学、广西大学、贵州大学、长江大学、云南农业大学、山西农业大学、浙江农林大学、青岛农业大学和北京农学院，共 10 所高校，由杨水平、黄建国担任主编，耿建梅、湛方栋担任副主编，各章编写分工如下：杨水平负责编写前言、绪论、第 14 章和第 15 章；黄建国负责编写第 1 章；陈竹负责编写第 2 章；曹寒冰负责编写第 3 章；耿建梅负责编写第 4 章；李永夫负责编写第 5 章；唐新莲负责编写第 6 章；刘鸿雁负责编写第 7 章；赵平负责编写第 8 章；李勇负责编写第 9 章；王艳霞和苏小娟负责编写第 10 章；李继福负责编写第 11 章；郭彦军负责编写第 12 章；湛方栋负责编写第 13 章；贾月慧负责编写第 16 章。西南大学袁玲教授对全书进行了审阅。

本教材在修订中引用了许多文献的研究成果等，收到了许多专家学者的宝贵建议，得到了西南大学教务处涂雪菲、李运婷两位老师的帮助，在此，向他们表示衷心感谢！尽管编者力求新颖、全面，但限于时间，难免错漏、偏颇，存有不妥之处，望广大读者批评指正。

编　者

2024 年 3 月

# 第1版前言

进入21世纪以来，我国高等教育的招生规模不断扩大，高等教育开始从精英教育逐渐转向大众化教育，并按照“厚基础，宽口径，重能力”的目标培养学生，专业课的学时数大幅度减少，迫切需要编写出适应新形势的专业教材。在这种情况下，我们编写了这本《植物营养学》，作为高等农林院校农业资源与环境专业的本科教材，也可作为农林院校农学类各专业的通用教材。

《植物营养学》包括了过去土壤农化专业“植物营养与肥料”和“植物营养与施肥”两门课程的教学内容。将两门课程的教学内容合并编写成《植物营养学》一书，既保证了学科的完整性和系统性，又起到了删繁就简，避免重复的作用。从应用的范围看，既覆盖了农业资源与环境专业本科教学的全部内容，又兼顾了农学类各专业的通用性。因此，本教材可以通用于农林院校的有关专业。在编写本教材时，我们按照植物是核心、土壤是基础、肥料是物质、施肥是手段、气候和耕作影响植物营养之需要、土壤养分之转化、肥料养分之供应的思路进行编写。取材承前启后，内容新颖翔实，文字深入浅出。

本书由4篇17章组成，比较系统地讲述了植物营养基本理论、物质基础和调控技术。第1篇是植物营养的基本理论，由植物营养原理、植物的土壤营养、肥料资源与利用3章组成。第2篇是化学肥料，主要讲述植物营养元素的生理及生物化学，化学肥料的品种、性质，以及它们在土壤中的转化和施用技术。第3篇是有机肥料，包括厩肥、绿肥、粪尿肥、秸秆肥和微生物肥料等，主要论述有机肥的重要作用、积制方法、利用途径和施用技术。第4篇是施肥原理与技术，讲述植物营养与产量品质的关系，植物营养诊断，肥料效应曲线，以及主要粮食、经济作物和果树等的施肥技术。

参加本书编写的单位有西南农业大学、云南农业大学、广西大学、贵州大学、四川农业大学和海南热带作物大学。参加编写的人员是黄建国(绪论和第1章)、黎晓峰(第2章)、李廷轩(第3章)、张锡洲(第4章)、张乃明(第5章)、顾明华(第6章)、赵平(第7章)、刘鸿雁(第8章)、耿建梅(第9章)、袁玲(第10章、第11章)、李勇(第12章)、申鸿(第13章)、郭彦军(第14章)、杨水平(第15章)、周永祥(第16章)和魏成熙(第17章)。此外，陆申年教授审阅了第3章和第6章，白厚义教授审阅了第15章和第16章。

中国林业出版社对于本书的出版给予了大力支持。本书在完稿之后，承蒙西南农业大学毛知耘教授审阅。在此，编者深表感谢！限于编者的业务水平，书中存在偏颇和不妥之处在所难免，切望读者批评指正，以利今后修订。

黄建国

2003年10月

# 目　录

## 第2篇 化学肥料

## 第4篇 施肥原理与技术

# 绪 论

“植物营养学”是农业资源环境等专业的重要专业课程，课程名称曾采用“农业化学”(总论)，随着植物营养科学迅速发展，在许多重大领域取得进展，植物营养的知识日益丰富，为了准确反映本课程的性质、内容、任务，20 世纪 90 年代，“农业化学”开始更名为“植物营养学”。

植物由地上部和地下部组成。地上部的主要功能是在光能的作用下，利用根系吸收的养分和水分，以及空气中的二氧化碳，形成有机化合物，称为地上部营养。地下部的主要功能是吸收水分和矿质养分满足地上部和自身的需要，称为地下部营养。植物营养学就是研究植物地下部营养的科学。在这门科学中，植物是核心，土壤是基础，肥料是手段，气候是影响植物营养需要、土壤养分转化、肥料养分供应的重要环境条件。在气候、品种、灌溉等一定条件下，加强营养管理对于促进作物的高产、优质、高效极其重要。

## 1. 肥料在农业生产中的作用

### (1)肥料在我国农业生产中的作用

农业是国民经济的基础，农业生产包括植物生产和动物生产。植物生产是绿色植物利用光合作用产生有机物质，动物生产依靠植物提供的有机物质生产肉、蛋、奶等产品。植物生产依赖于土壤、肥料和水 3 个基本要素，没有适宜的土壤、肥料和水分，就没有茂盛生长的绿色植物，更没有发达的农业，人类也就得不到量多、质优的粮食等天然有机物质。

新中国成立 70 多年来，农业生产有了很大的发展，主要经验是：一靠政策，二靠科学，三靠投入。肥料是植物的“粮食”，是种植业中的重要物质投入，在农业生产中起着重要的作用。国内外的研究表明，肥料在种植业中的增产作用一般占 10%~30%。相关数据显示，在我国农业生产中，化肥因素占整个农业技术进步作用的 50%左右，包括化肥数量的增加、化肥质量的提高和科学施肥技术的进步等方面。

多年来，我国的粮食产量随着肥料用量的增加而提高。新中国成立后的前 20 年，粮食总产量翻了一番。与此同时，耕地肥料施用量从 2.91 kg/亩 * 增加到 8.16 kg/亩。1970

* 1 亩 = 1/15 $hm^2$。

年以前，我国化肥工业尚不发达，在肥料总养分中，有机养分占71.6%，化肥养分仅占28.4%，能够获得这样的增产效果是难能可贵的。1970—1990年，我国引进和自建了一批大、中型氮肥厂。1990年，我国施用肥料的总养分达到4 146.9×$10^4$ t，其中有机肥养分占37.4%，化肥养分占62.6%。每亩耕地施用养分达28.90 kg，比1970年增加了2.54倍。1990年，粮食总产量达4 250×$10^8$ kg，比1970年增加了76.9%，人均粮食占有量达386 kg。2020年，我国粮食总产量超过13 390×$10^8$ kg，人均粮食占有量基本达474 kg左右。随着人口增加，耕地减少，如果要保持上述产量，必须提高单位面积的产量，研制新型肥料，调整肥料结构，提高肥料利用率，才能满足植物生产的需要。

根据有关资料估算，我国目前粮食供需的基本态势仍是基本平衡或需求量略大于生产量。因此，只有调整政策，加强科技创新，提高单产，从多方面采取一系列重要措施，才能促进农业生产的稳定增长。为了满足人均450 kg的粮食需求，需要保持目前的化肥用量，增加有机肥施用的比例，大力研究提高肥料利用率的新技术。

综上所述，肥料在我国农业生产中起着十分重要的作用，为了保证我国粮食和农业能够持续、稳定、协调发展，需要长期坚持以有机肥为基础，有机肥与化肥相结合的施肥技术体系，进一步改进施肥技术。必须指出的是，有机肥料面广、量多、价廉、效好，是改土培肥的物质基础，是农业物质循环的纽带，我国有机肥发展的方针是广辟肥源、综合利用、增加数量、提高质量。化学肥料浓度高、体积小、效果好，我国化肥生产应本着增加品种、提高质量、调整结构、合理布局的原则大力发展。在肥料施用方面，应本着改进技术、调整比例、优化配方、提高效益的原则，向着定量化、模式化、预报化、精准化方向发展。总之，搞好肥料的生产、供应、施用，对于我国优质、高产、高效农业的发展具有十分重要的作用，这也是保障我国粮食安全的一项长期、系统、艰巨的任务。

**(2)欧美国家的农业生产与肥料使用**

在19世纪植物营养研究和肥料试验的基础上，美国及欧洲一些国家于20世纪50年代形成了以规模化种植、化肥、农药、机械为支柱的现代化农业。现代化农业的形成和发展主要是科学技术进步的产物，也有经济学方面的因素。欧美国家的农场都以商品生产为主，农业商品生产以获取高额利润为目的，尽管使用化肥、农药、机械都是高耗能的，但由于品种改进，化肥和农药施用，适时灌溉，农业机械化、信息化等，大幅提高了作物产量，改善了产品品质，降低了生产成本，提高了劳动生产率和经济效益，加之各国政府对农业的补贴，并保持相对稳定的粮肥比价，鼓励农产品外销，使现代化农业进一步迅速发展。在欧美国家，只收获经济产量，秸秆则自然还田，有机质施用量高，这可能是近几十年来欧美国家化肥用量没有显著提高甚至下降的原因之一。

近年来，国外提出了"生态农业""有机农业"和"可持续农业"等概念。这些概念农业是一类经济、社会、技术与环境协调发展的农业，是一类不造成环境退化，技术上适当，经济上可行，社会上能接受的农业。可持续农业的目的主要是：①尽量减少投入土地之化肥、农药、灌溉等，以节约能源，降低成本，增加收益；②更多地采用生物措施和综合措施，持久地保持土壤生产力，增施有机肥，减施化肥，避免水体富营养化，减少蔬菜类硝酸盐，防止土壤重金属积累；③更加注重农业环境保护，建立无公害或无污染农产品生产体系，减少农药施用，尽量采用生物防治，保护人畜健康。北美地大物博、资源丰富，但非常重视节能和高产高效；我国资源相对贫乏，应该很好借鉴上述可持续农业的理念和技术，并根据我国实际情况，加强农田基本建设，节约能源，适量增加投入，以实现农业的持续、稳定、协调发展。

## 2. 植物营养学发展概述

施用肥料作为农业增产措施已有几千年的历史。但是，在植物营养原理的指导下，科学生产与施用肥料，还是在19世纪后半期逐步发展起来的。下面简要介绍国内外植物营养与肥料科学发展的情况。

**(1)现代植物营养学的建立**

随着生物学、化学、地学等学科的发展，19世纪后半期至20世纪初，在欧洲已基本形成了现代植物营养与肥料科学的基础理论。其中，作出重要贡献的科学家有：

德苏尔(de Saussure，1804)证明植物体中的有机物质来自空气中的二氧化碳和土壤中的水。

布森高(Boussingault，1834)通过多年的轮作试验并结合定量分析，提出种植豆科植物能增加土壤氮素，但种植禾谷类作物则带走土壤中的氮素。

李比希(Liebig，1840)提出了植物矿质营养学说、养分归还学说和最小养分律。他认为，植物只吸收土壤中的矿质养分(矿质营养学说)，由于连续种植作物带走土壤养分，会使土壤贫瘠，因此应该把带走的矿质养分全部归还土壤，才能保持土壤的生产力(养分归还学说)。最小养分律是指作物产量受土壤中相对于植物需要量最欠缺的养分的限制，作物产量随着这种养分的多少而变化。而为了解决植物对磷、钾、钙等元素的营养需要，李比希把磷矿石、钾盐与石灰混在一起熔成固体化肥，使磷、钾溶于水。李比希提出矿质营养学说，植物需要磷、钾肥的观点是正确的，由此推动了化肥工业的发展，至今仍是植物营养与施肥的基础理论。

鲁茨和吉尔伯特(Lawes and Gilbert，1843)在英国洛桑建立了世界上第一个长期肥料实验站，用精确的长期田间试验和定量分析方法纠正了李比希关于厩肥、氮素营养和完全归还等方面的不足，并首次用骨粉加硫酸制成了过磷酸钙，取得了专利，使磷肥工业得以迅速发展。洛桑实验站取得了许多短期试验难以获得的重要成果，为现代农业的发展做出了重大贡献。此后，法国、美国、德国、丹麦、荷兰、芬兰、挪威、比利时、奥地利、波兰、日本、捷克等国又相继建立了一批长期肥料实验站，对植物营养、厩肥、磷肥、石灰等进行了广泛试验，获得了一大批具有重大理论和实际价值的科研成果。

萨克斯和克诺普(Saches and Knop，1860)根据土壤和植物体内的化学成分，研究成功了水培和砂培营养液，奠定了无土栽培的基础。经过后人近百年的努力，用缺失法证明了植物除了必需碳、氢、氧、氮之外，还需要磷、钾、钙、镁、硫、硼、铁、锰、铜、锌、钼、氯、镍共17种必需营养元素。在17种必需营养元素中，最晚确定的是镍，是由P. H. Brown于1987年发现的。

赫锐格尔(Hellriegel，1888)发现根瘤菌的共生固氮作用是豆科植物能增加土壤氮素的原因。

霍格兰德和爱泼斯坦(Hoagland and Epstein，1940—1970)在植物营养的许多领域，尤其是养分吸收方面进行了大量研究。在20世纪40年代，霍格兰德研究了藻类和部分高等植物对养分的吸收和影响因素，提出了主动吸收和被动吸收有关机理，还配制出霍格兰德营养液，至今还在水培、砂培实验和无土栽培中广泛使用。在20世纪60年代，爱泼斯坦运用酶动力学原理研究养分吸收，有力地支持了载体假说。通过对多种植物根系和叶片吸收养分动力学参数的测定，发现对同一植物而言，根系和叶片吸收某种离子的动力学参数相同，说明在细胞水平上，植物吸收养分的机理相同，根系和叶片在起源上具有同源性。此外，有些植物或同一植物的某些品种吸收某种养分的动力学参数不同，说明它们吸收养分的效率不一样。霍格兰德和爱泼斯坦在养分吸收研究方面所取得的成果至今还在广泛应用。

普良尼施尼柯夫在20世纪上半叶，深入研究了植物的铵态氮和硝态氮的营养机理，并在苏联3 000多个化肥试验(网)的基础上，大力发展氮、磷、钾化肥工业，提出了植物—土壤—化肥相互作用的农业化学理论，这就是著名的生理路线的农业化学派，有别于西欧以矿质营养为基础的农业化学派。这两个流派对我国农业化学的发展有着深远的影响。当然，我国农业化学是在总结了几千年施肥经验，大量开展了土壤—植物营养研究的基础上，吸取国外先进经验逐步形成的。但要成为具有中国特色的农业化学派尚需系统试验，深入研究，认真总结。

综上所述，随着现代植物营养学的建立，极大地推动了国内外农业的发展。①确立了农、林、牧结合的土地利用制度。在牧场中配种了豆科、禾本科、十字花科牧草，并进行施肥管理，生产营养价值高的牧草；山地和坡地实施森林保护，进行间伐间种；在耕地施行豆科、禾本科及其他作物轮作制度，包括饲料绿肥的轮作间种。②发展了一系列与之相应的施肥制度，正确认识有机肥的作用，实行有机肥和化肥配施。③大力生产化学肥料，满足种植业发展的营养需要。19世纪，欧洲已经发展了磷、钾肥工业，1913年德国化学家哈伯(Fritz Haber)发明了合成氨技术，奠定了氮肥化学工业的基础，到20世纪40年代开始广泛大量施用化学氮肥。

**(2)植物营养学发展动态**

近年来，由于生物技术、工业技术、信息和人工智能技术的广泛应用，以及学科之间的交叉融合，人们多学科、多层次、多领域地对植物营养科学进行了深入广泛的研究，大大推动了植物营养与肥料科学的发展，在宏观、微观、肥料与施肥等多方面取得了重要成果。

在宏观方面，人们大大地拓宽了植物营养研究和应用的领域。主要表现：①加强了植物营养生态学的研究，更加注重把植物、土壤、大气视作一个整体系统加以研究。②在研究植物营养元素平衡与作物高产优质的同时，注重研究农产品品质与动物和人类健康的关系，加强了食物链中营养元素的研究。③倍加重视植物整个生命周期、植物活体、整体营养功能的研究，无损伤测定、活体测定、田间原位原态测定大量应用于植物营养研究，使研究结果更加接近实际，反映植物营养的真实情况。④温室无土栽培已进入生产阶段，主要应用于蔬菜和花卉栽培，温室生产成为高纬度国家生产蔬菜的主要方式，产量倍增。

在微观方面，加深了对植物营养机理的研究。主要研究内容包括：①在养分的吸收机理方面，运用生物化学和分子生物学技术，研究养分转运蛋白的结构、功能、基因表达、遗传变异，以及与植物养分利用的关系。②注意研究营养元素对植物细胞和器官形态结构、生物化学过程的影响，以及植物营养元素在细胞和亚细胞水平上的分布，为阐明植物营养的功能和营养元素丰缺的早期诊断提供理论依据和方法。③在主要研究栽培植物营养的同时，更加注重对野生植物营养的研究，希望从中找到抗逆性强、植物营养性状优良、丰产性能好的优良种质资源。在获得高产优质的同时，培育养分利用效率高、适应低肥力或盐渍化土壤的新品种，但有关研究难度很大。④继续将土壤视为一个整体进行研究的同时，注意研究根际微区的养分数量、生物有效性和转化利用，以期阐明土壤营养的本质。随着高通量测序和宏基因组技术应用，人们对土壤微生物的群落结构和功能(包括调控植物生长，活化土壤养分和病害发生等)有了全新认识，开展了大量的有关菌根和根际促生微生物的研究。⑤对营养元素的运输和功能有更加深刻的认识，在研究单个营养元素的运输机理和作用的同时，加强了元素之间相互作用的营养效应及其对作物产量品质影响的研究。⑥大量的新技术应用于植物营养研究，如分子生物学中的基因克隆、表达、敲除、转录组、高通量测序等，以及生物化学和化学分析中的代谢组、$\delta^{15}N$、$\delta^{13}C$ 自然丰度测定技术等。

在肥料及施肥方面，拓展了研究的广度和深度，改进了肥料制造工艺与施肥技术。①施肥已由早期的缺啥补啥发展到平衡施肥，目前正在将地理信息系统(GIS)、全球定位系统(GPS)、遥感技术(RS)和人工智能技术用于施肥，实现了精准施肥。②大量利用微生物技术处理有机物质，有机肥料的生产和施用向综合性、无害化、有效化、简便化方向发展，将秸秆机械处理后直接还田、城市垃圾无害化处理用作肥料就是例证。③化学肥料生产和施用量提高，品种增加，向高浓度、复合化、液体化、缓效化方向发展。美国一些地方用管道输送液氨，用机械直接深施入土。液氨可能是目前浓度最高、价格最低的氮肥品种，需要专门化的施肥器具。④在氮、磷、钾肥合理配置的基础上，重视中量和微量元素肥料的施用，尤其是在复种指数高、缺素较多的热带、亚热带酸性贫瘠土壤上更是如此。⑤加强了生物肥料的研究。目前，根瘤菌、根际促生微生物、菌根真菌是确切有效的微生物肥料，对于提高豆科植物生物固氮，利用土壤难溶性磷、钾，促进植物生长的效果明显。⑥施肥与土壤环境保护日益受到重视。目前，大量施用氮、磷肥料可能造成水体富营养化、地下水硝酸盐积累、土壤重金属元素污染，反硝化产生的氮氧化物破坏大气臭氧层，从而造成对环境和人畜健康的影响等。大型养殖场粪尿肥和厩肥的处理是当今环境保护面临的重要难题。⑦草地、森林、苗圃、园林等植物的施肥基本形成制度，利用飞机在草地、森林上喷洒化肥、农药也不少见。

总之，国外植物营养学的发展是在现代科技进步、充分利用自然资源、切实保护生态环境的基础上逐步发展起来的，现在正向可持续农业方向稳步推进。

## 3. 植物营养学的内容及研究方法

### (1)植物营养学的内容

植物营养学主要包括植物营养的基本理论，化学和有机肥料，以及施肥技术等内容。在这些内容中，植物是主体，植物营养是核心，土壤是基础，气候是条件，肥料是物质基础，施肥是手段。换而言之，改善植物营养要以植物营养理论为依据，土壤为基础，气候为条件，肥料为物质，通过施肥来调控植物营养，实现培肥土壤和作物的高产优质。

①植物营养的基本理论。主要内容：植物营养原理；植物的土壤营养；肥料资源及其利用。植物营养原理主要讲述植物的必需营养元素、有益元素和有害元素；植物对养分的吸收和运输；植物营养与产量品质。植物的土壤营养主要讲述植物的根际营养；土壤养分的含量与类型；土壤营养元素的来源与转化；土壤养分生物有效性等。肥料资源与利用主要讲述我国有机肥料资源和化学肥料资源种类、特性、利用现状和发展前景。

②化学肥料。主要内容：植物的氮素营养与氮肥；植物的磷素营养与磷肥；植物的钾素营养与钾肥；植物的钙、镁、硫、硅营养与钙、镁、硫、硅肥料；植物的微量元素营养与微肥；复合(混)肥料的种类、特性、肥效、配制和施用技术。

③有机肥料。主要内容：植物的有机营养、有机肥料的种类、特性、肥效及其在农业生产中的重要作用；粪尿肥与厩肥的种类、特性、转化与施用；秸秆还田的作用、原理与技术，堆沤肥、沼气肥积制与利用等；绿肥的种类、种植与利用；微生物肥料。

④施肥原理与技术。主要内容：科学施肥的基本理论，如植物营养特性与施肥的一般原则，施肥与作物产量品质的关系，施肥技术及其发展；肥料效应函数与推荐施肥，如肥料效应曲线的一般规律及数学模型，肥料效应函数的参数估计，边际分析，“3S”施肥技术；主要作物施肥技术，如粮食作物的施肥技术，经济作物的施肥技术，果树的施肥技术，茶、桑施肥技术等。

**(2)植物营养学的研究方法**

植物营养学主要是在生物学、地学和农学基础上发展起来的一门科学，是一门理论联系实际的科学。所以，生物学、地学和农学的研究方法都可以应用于植物营养学，但作为一门独立的学科，植物营养学又有比较有独特的研究方法。

①调查研究。重在了解生产中出现的各种实际问题，如植物营养缺素、土壤条件及其障碍因素分析、肥料施用种类与数量等。此外，通过调查研究还能总结历史、现代的典型经验，提出解决问题的方法或确定相应的研究课题。

②试验研究。植物营养的试验研究包括盆栽试验和田间试验。盆栽试验有水培、砂培、土培等方式。盆栽试验主要研究植物营养的理论问题；田间试验重在研究土壤肥力、肥料效益、施肥技术和指导生产，以及检验盆栽试验的研究结果。在植物营养研究中，将田间试验和盆栽试验有机结合，可以相得益彰。

③室内分析。利用各种现代化分析测定技术，如化学分析、物理分析、生物化学分析、生物物理分析等技术，对试验对象及材料进行分析测定，揭示有关物质的性质、数量和变化规律。目前，在植物营养研究中，进行上述有关分析的主要仪器和手段有：各类光谱分析(如原子吸收分光光度计、等离子耦合发光分析仪、可见光及非可见光光度计等)、电化学分析(如离子计、酸度计等)、热分析仪、核技术、酶标分析仪、色谱仪、质谱仪、卫星遥感技术等。分析测定的对象有植物、肥料、土壤、气体和水等。此外，还可利用计算机技术和各类数据分析工具，研究测试数据之间的关系，揭示产生这些结果的原因、发生规律和变化趋势等。由此可见，在植物营养研究中，几乎应用了全部的现代分析测试技术、计算机技术和信息技术。

有关植物营养学的研究方法将在其他有关课程中学习，如分析化学、仪器分析、核技术在植物营养中的应用、试验研究与统计分析、土壤—植物营养分析等。

# 第1篇

# 植物营养基本理论

植物由地上部和地下部组成。地上部的主要功能是在光能的作用下，利用根系吸收的养分和水分，以及空气中的二氧化碳，形成有机化合物，称为地上部营养。地下部的主要功能是吸收水分和养分满足地上部和自己的需要，称为地下部营养。在植物营养学研究中，植物是核心、土壤是基础、肥料是手段、气候是影响植物营养之需要、土壤养分之转化、肥料养分之供应的重要环境条件。

# 第 1 章

# 植物营养原理

【内容提要】植物营养原理是施肥的理论基础。本章主要介绍植物必需营养元素的种类、特性和基本功能，有益元素的作用；植物细胞、根系和叶片吸收养分的过程(主动吸收和被动吸收)、机理(养分转运体的特性和工作原理等)、影响因素(内因和外因)，以及矿质元素在植物体内的运输。

研究植物营养原理，第一，必须弄清植物根系能吸收哪些物质，其中哪些是植物生长必需的，哪些是非必需的；哪些是有益的，哪些无助于植物的生长，甚至是有害的。也就是说，植物营养必须研究和了解植物营养元素的种类和比较合适的含量，只有这样才能有针对性地施用肥料，补充植物的营养，满足植物的营养需求。第二，了解植物营养元素是怎样进入植物体内的，研究养分吸收的途径、机理及影响因素，以便采取有效措施，促进养分吸收，提高肥料利用率。第三，研究养分在植物体内的运输途径、机理和分布规律，诊断植物营养丰缺状况，为合理施肥提供科学依据。第四，研究营养元素在植物体内的作用，即营养元素的生理功能。以便通过施肥调控植物新陈代谢和生长发育，实现高产优质。第五，研究植物营养特性的遗传变异规律，了解基因对养分吸收、利用、运输及营养逆境适应能力的调控作用，有效地改良植物的营养特性，从根本上解决节肥、高产、优质的问题。本章围绕植物的营养元素、养分吸收和养分运输等问题依次论述，为以后的各章学习奠定基础。

## 1.1 植物的营养元素

植物的组成十分复杂。新鲜植物一般含 75%~95%的水分，5%~25%的干物质。干物质的元素组成有碳(C)、氢(H)、氧(O)、氮(N)、硫(S)、磷(P)、钾(K)、钙(Ca)、镁(Mg)、铁(Fe)、铜(Cu)、锰(Mn)、硼(B)、锌(Zn)、钼(Mo)、氯(Cl)、溴(Br)、碘(I)、铝(Al)、硅(Si)、钠(Na)、钴(Co)、锶(Sr)、铅(Pb)、汞(Hg)、硒(Se)……几乎包括所在土壤和水体中的各种元素。但在植物体内，这些化学元素的含量受到植物种类、生育时期、气候条件、土壤性质、栽培技术的影响。盐土中生长的植物富含钠，海滩上生长的植物富含碘，酸性土壤和黄壤中生长的植物富含铝，钙质土壤中生长的植物含有较多的钙和镁，茶叶含较多的铝，水稻含较多的硅等。

### 1.1.1 植物必需的营养元素

运用溶液培养或砂培的方法，在培养液中系统地减去植物灰分中发现的某些元素，观察它们对植物生长发育的影响，就可以弄清哪些是植物生长发育所必需的营养元素，哪些是对植物生长发育有益或有害的元素。

根据严格的水培试验，Arnon et al.（1939）认为植物的必需元素应该同时满足以下3个条件：①这种元素是植物的营养生长和生殖生长必需的，当它完全缺乏时，植物不能完成生命周期。②植物专一性地需要这些营养元素，其他元素不能完全替代这些元素的作用，当植物缺乏其中的某种元素时，就会出现某些特殊症状，只有补充这种元素才能使植物恢复正常。③这些元素在植物体内起直接作用，而不是间接作用。

然而，要严格分清必需元素和非必需元素是非常困难的。主要原因：①虽然必需元素在植物体内有独特的生理功能，但它们的某些功能可以被其他元素部分甚至完全取代（如铷代替钾，锶代替钙）。②某些元素只有在一定的场合下才需要，如钼，一般只在硝态氮的营养下，植物才必需这种元素；供应铵态氮，植物对钼的需要性不甚迫切。③开花植物估计有20万种，而对它们的营养需要进行过仔细研究的种类有限，故必需营养元素在植物界的普遍性难以完全确定。因此，目前对于植物必需营养元素的研究还很不够，随着科学技术的进步，植物必需营养元素的种类可能还会扩大。

现已确认，高等植物的必需营养元素有：碳、氢、氧、氮、磷、钾、钙、镁、硫、铁、锰、锌、铜、钼、硼、氯和镍共17种（表1-1、表1-2）。

**表1-1 植物的必需营养元素及有益元素**

| 类别 | 元素 | 高等植物 | 低等植物 |
|---|---|---|---|
| 大量元素 | C、H、O、N、P、K、Ca、Mg、S | + | + |
| 微量元素 | Fe、Mn、Zn、Cu、B、Mo、Cl、Ni | + | + |
| 有益元素 | Na、Si、Co | ± | ± |
|  | I、V | - | ± |

注：+表示必需，-表示非必需，±表示必需或非必需。

**表1-2 微量元素的发现时间及发现者**

| 微量元素 | 发现时间 | 发现者 |
|---|---|---|
| Fe | 1860年 | J. Sacks |
| Mn | 1922年 | J. S. McHargue |
| B | 1923年 | K. Warington |
| Zn | 1926年 | A. L. Sommer和C. B. Lipmam |
| Cu | 1931年 | C. B. Lipmam和G. Mackinney |
| Mo | 1939年 | D. I. Arnon和P. R. Stout |
| Cl | 1954年 | T. C. Broyer |
| Ni | 1987年 | P. H. Brown |

在植物体内，必需营养元素比较合适的含量及吸收形态见表 1-3。在目前所确认的 17 种必需营养元素中，根据它们在植物体内的含量，可以分为大量元素和微量元素。其中，大量元素有碳、氢、氧、氮、磷、钾、硫、钙、镁，它们在植物中含量高，一般占植物干重的 0.1%以上。微量元素有铁、铜、锰、硼、锌、钼、氯，它们在植物中含量较低，一般占植物干重的 0.01%以下，其中铜仅占干重的百万分之几，而钼和镍只占干重的千万分之一。

**表 1-3　高等植物必需营养元素的适合含量及利用形态**

| 营养元素 | | 利用形态 | 干重含量 |
|---|---|---|---|
| 大量元素 | N | $NO_3^-$、$NH_4^+$ 等 | 1.5% |
| | P | $H_2PO_4^-$，$HPO_4^{2-}$ 等 | 0.2% |
| | K | $K^+$ | 1.0% |
| | S | $SO_3^{2-}$，$SO_4^{2-}$ 等 | 0.1% |
| | Ca | $Ca^{2+}$ | 0.5% |
| | Mg | $Mg^{2+}$ | 0.2% |
| 微量元素 | Cl | $Cl^-$ | 100 mg/kg |
| | Fe | $Fe^{2+}$，$Fe^{3+}$ | 100 mg/kg |
| | Mn | $Mn^{2+}$ | 50 mg/kg |
| | B | $BO_3^{3-}$、$B_4O_7^{2-}$ | 20 mg/kg |
| | Zn | $Zn^{2+}$ | 20 mg/kg |
| | Cu | $Cu^{2+}$，$Cu^+$ | 6 mg/kg |
| | Mo | $MoO_4^{2-}$ | 0.1 mg/kg |
| | Ni | $Ni^{2+}$ | <0.1 mg/kg |

注：引自 Epstain，1965；Brown et al.，1987。

在植物体内，必需营养元素不论数量多少都是同等重要的，任何一种营养元素的特殊功能通常不能完全被其他元素所代替，这就是植物营养元素的同等重要律和不可代替律。由于植物千差万别，所需营养元素的种类、数量和比例也不相同。在这方面，以后各章将详细论述。

表 1-4 列举了植物必需营养元素的部分重要功能。在此仅就植物必需营养元素的主要功能概述如下。

①构成植物体。植物体的结构物质包括纤维素、半纤维素、木质素、果胶物质等；贮藏物质包括淀粉、脂肪、植素等；生活物质包括氨基酸、蛋白质、核酸、叶绿素、酶及辅酶等。构成这些物质的营养元素主要有碳、氢、氧、氮、磷、钙、镁、硫等。

②调节植物的新陈代谢。植物体内，酶是新陈代谢的催化剂。在酶的催化过程中，它们需要以某些元素作为活化剂，使之活化后参与复杂的生物化学过程。也有不少必需营养元素本身就是酶的组分，它们作为氧化还原反应的电子供体或受体，起着传递电子作用。例如，钼—铁氧还蛋白、碳酸酐酶(含锌)、脲酶(含镍)等。

表1-4　植物必需营养元素的部分重要功能

| 营养元素 | 构成植物体内的物质(举例) | 部分酶促反应(+表示促进，-表示抑制) |
|---|---|---|
| N | 蛋白质、酶、核酸、叶绿素 | 硝酸还原酶(+)、固氮酶(-)、转氨酶(+) |
| S | 蛋白质、酶、硫脂 | 硫酸盐还原酶(+)、亚硫酸盐还原酶(+) |
| P | 核酸、磷脂、辅酶 | ADPG-焦磷酸酶(-)、淀粉磷酸化酶(+) |
| K | 以游离态存在 | 合成酶、氧化还原酶、转移酶等70多种酶的激活剂 |
| Ca | 细胞壁、果胶质、钙调素 | 淀粉酶(+)，调节参与信号传递、运动、刺激等反应中有关的酶活性 |
| Mg | 叶绿素 | 磷酸化酶(+)、RuBP羧化酶(+) |
| Fe | 叶绿素、铁蛋白、细胞色素、酶类 | 氧化还原酶(+)、光合电子传递体(+) |
| Mn | 酶类 | 希尔反应(+)、脱羧酶(+)、过氧化物歧化酶(+) |
| Zn | 酶类 | 已糖激酶(+)、IAA合成酶(+)、IAA氧化酶(-)、碳酸酐酶(+)、核糖核酸合成酶(-) |
| Cu | 蓝质素、酶类、 | 氧化还原酶(+)、光合电子传递体(+) |
| B | 单糖配合物 | 不详 |
| Cl | 以游离态存在 | 盐腺中的ATP酶(+) |
| Mo | 钼蛋白 | 硝酸还原酶(+)、固氮酶(+) |
| Ni | 与半胱氨酸和柠檬酸形成配位体 | 多胺氧化酶(+)、脲酶(+) |

③其他特殊作用。在植物体内，参与物质的转化与运输、信号传递、渗透调节、生殖、运动等。例如，钾对植物体内碳水化合物的转化与运输起重要作用，从而增加贮藏物质和经济产量；钙与钙调素相互作用参与信号传递、运动等。

土壤是植物生长的场所，向植物提供必需营养元素。在植物必需营养元素中，植物对氮、磷、钾3种元素的需要量多，但它们在土壤中的含量一般都很低，在多数情况下需要施肥才能满足植物营养的需要，因此氮、磷、钾称为肥料三要素。铁在土壤中的含量很高，但有效性往往过低(在石灰性土壤中)或过高(在土壤淹水还原条件下)，故容易缺乏或造成植物毒害；植物对硫、钼、铜3种营养元素的需要量不高，但土壤中的含量和有效性高低不一，有时需要施肥补充植物营养；氯是一种微量元素，植物对它的需要量不多，降水和土壤中的含量足以满足植物需要，一般也不需施肥补充；在土壤或种子中镍的含量和有效性一般能够满足植物需要，需要施肥补充的情况极为少见。

## 1.1.2　植物的有益元素

有些化学元素对于植物的生长发育并非必需，但表现出促进作用；有些元素只对某些植物种类是必需营养元素，但对整个植物界没有普遍性；在植物体内，必需营养元素的某些功能(如维持渗透压等)还能部分被其他元素简单代替，这些元素称为植物的有益元素。在平衡营养和科学施肥实践中，如果能够把植物的必需元素与有益元素结合，对于提高肥效和促进植物生产是有益的。

目前，研究比较多的有益元素主要是：钠、硅、钴、硒、锶、铷等，区分后 3 种痕量元素对植物是否必需、有益或有害非常困难。但是，随着化学分析与生物实验精度的提高，将来完全可能使植物必需营养元素的范畴扩大，使有益元素的范畴相应缩小。

**(1)钠**

根据植物对钠的喜好程度，可以分为“喜钠”和“嫌钠”2 种类型。对大多植物来说，过多的钠非常有害，使植物生长迟缓，产量降低，甚至死亡。但对喜钠植物而言，如盐生植物及黑麦草、甜菜等，适量的钠能产生一些有益作用。喜钠植物之所以需要一定数量的钠，首先，适量的钠刺激喜钠植物的生长，改善植物的水分状况，促进细胞伸长。其次，在一定条件下，钠可以代替钾的某些功能，如维持细胞渗透压、提高酶的活性等。需要说明的是，在提高酶的活性方面，植物钾离子的需要浓度低，对钠离子的需要浓度高。最后，在 $C_4$ 植物的光合作用中，钠有利于叶绿体内的 $C_4$ 代谢，促进二氧化碳同化，并保护叶绿体结构，防止光的损伤作用。

Brownell(1965)提出钠是盐生植物和 $C_4$ 植物的必需营养元素之后，人们对钠在盐生植物和 $C_4$ 植物体内的作用进行了较多的研究。例如，在 $C_4$ 植物的光合作用中，钠能促进暗反应中形成的有关产物在叶肉细胞和维管束鞘细胞之间穿梭运转，提高二氧化碳在维管束鞘细胞中的浓度，有利于卡尔文循环达到最佳状态。在缺钠时，$C_4$ 植物富集二氧化碳的能力降低，甚至完全丧失。此外，在加入钠的处理中，$C_4$ 途径形成的有关产物的含量高于对照处理(缺钠)，但在 $C_3$ 植物体内未见这种现象，说明在 $C_4$ 途径中，钠能促进丙酮酸向苹果酸转化的各个生物化学反应，有益于 $C_4$ 途径的进行(表 1-5)。

**表 1-5 钠对三色苋($C_4$)和番茄($C_3$)地上部一些代谢产物的影响**

| 作物 | 鲜重含量(μmol/g) | | | | | | | |
|---|---|---|---|---|---|---|---|---|
| | 丙酮酸 | | 磷酸烯醇式丙酮酸 | | 苹果酸 | | 天冬氨酸 | |
| | -Na | +Na | -Na | +Na | -Na | +Na | -Na | +Na |
| 三色苋($C_4$) | 1.7 | 0.9 | 0.9 | 2.3 | 2.7 | 4.8 | 1.6 | 3.7 |
| 番茄($C_3$) | 0.1 | 0.1 | 0.2 | 0.2 | 11.3 | 11.3 | 1.9 | 1.9 |

注：引自 Johnston et al.，1988；-Na=0，+Na=0.1 mmolNa/L。

目前，有一些施用含钠肥料提高植物产量的报道，但植物的钠营养及其机理仍有不少问题尚未弄清。所以，至今还不能确定钠是否是植物的必需元素，而只能将其看作有益元素，施用含钠肥料应该慎重。

**(2)硅**

硅对藻类和某些植物的生长是有益的。根据植物体内的 $SiO_2$ 含量(用地上部干重百分比表示)，可以将植物分为 3 组：①高含量的植物，包括莎草科的某些种(如木贼)和禾本科的湿生种(如稻)，其叶片的 $SiO_2$ 含量高达 5%~10%；②中等含量的植物，包括禾本科的旱生种，$SiO_2$ 的含量为 1%~3%，如甘蔗、大部分的谷类作物和几种双子叶植物；③低含量的植物，包括大部分双子叶植物，$SiO_2$ 的含量小于 0.5%。不同植物体内的含硅量差异极大，与它们对硅的吸收运输密切相关。在水稻根系的木质部导管周围，薄壁细胞能主动吸收硅，将它们泵入导管，运输到地上部。此外，在不同浓度的外界硅溶液中，水稻根系表面的皮层细胞都能够主动吸收硅。但是，小麦地上部的含硅量与水分吸收或蒸腾系数有很强的相关性，说明小麦对硅的吸收是被动的。

传统的观点认为，硅在细胞壁的沉淀是一个纯粹的物理过程，其作用是提高细胞壁的强度，并成为抵抗病虫害的机械屏障。但越来越多的实验证据表明，硅的沉淀严格受到代谢和时间的控制。例如，在从初生壁到次生壁的发育过程中，硅逐渐沉淀于禾本科植物的叶表皮毛细胞壁，沉淀物的基本结构也由片状变为球形。由此可见，这种变化是细胞的代谢产物沉淀于胞壁，然后与硅酸形成酯键发生交互作用的结果。

硅对植物生长发育的作用主要表现在以下几个方面：首先，硅可能是禾本科植物，尤其是水稻等作物必需的一种营养元素；其次，在许多植物的器官和细胞中，硅发生大量积累，从而影响这些植物的细胞生物学和物理学特性，增加植物的抗逆力，包括抗倒伏、抗病(虫)等；最后，硅可以减轻低价铁(锰)对水稻的危害作用，有利于水稻的平衡营养。

国内外有不少关于水稻、甘蔗等作物施用硅肥的报道，认为硅可以促进生长，增加产量。就硅对植物的作用来看，多数还是间接作用，硅对某些植物的生长和产量形成产生的有益作用是不容怀疑的，但尚无有力证据说明硅是植物的必需营养元素。就目前的农业生产状况来看，需要施用硅肥的土壤和作物是极少数，大多数土壤不需施用硅肥，只有在某些酸性砂质缺硅的土壤上，种植喜硅作物才可能有必要考虑硅肥的施用。此外，某些肥料，如钙镁磷肥、过磷酸钙和作物秸秆等，都含有大量的硅，即使土壤和作物缺硅，也可以采用综合措施进行防治，不必专门施用硅肥。

**(3)钴**

1935 年，在澳大利亚家畜生产的调查研究中发现，用缺钴的牧草长期饲养牲畜，可能导致反刍动物出现缺钴症状，使之食欲不振，生长缓慢，生殖能力降低。由此认为，钴是反刍动物的必需营养元素。1960 年，Ahmed 和 Evans 证明，钴是豆科植物根瘤菌及其他固氮微生物所必需的矿质元素。后来人们从豆科和非豆科植物的根瘤中分离出了钴胺素辅酶，并弄清了钴与根瘤中的钴胺素辅酶含量、豆血红蛋白的形成和固氮作用之间的关系。在严格缺钴的条件下，供应钴之后，豆科植物的根瘤鲜重、类菌体数量、钴胺素和豆血红蛋白的含量显著增加(表 1-6)。

**表 1-6　在缺钴土壤上，施用钴对羽扇豆根瘤及其组分的影响**

| 处理 | 钴含量(ng/g 根瘤干重) | 根瘤鲜重(g/株) | 类菌体数量($\times10^9$ 个/g 根瘤鲜重) | 钴胺素(ng/g 根瘤鲜重) | 豆血红蛋白(mg/g 根瘤鲜重) |
|---|---|---|---|---|---|
| −Co | 45 | 0.1 | 15 | 5.9 | 0.7 |
| +Co | 105 | 0.6 | 27 | 28.3 | 1.91 |

注：引自 Dilworth et al.，1979。

在钴胺素辅酶及其衍生物中，$Co^{3+}$作为金属成分，类似于铁血红素中的 $Fe^{3+}$，位于卟啉中心被 4 个氮原子螯合。在根瘤中，目前已知有 3 种依赖于钴胺素的酶系统，钴供应的多寡能改变它们的活性，影响结瘤和固氮。这 3 种酶系统是：①甲硫氨酸合成酶，缺钴使甲硫氨酸合成受阻，蛋白质合成速率下降，类菌体变小；②核糖核苷酸还原酶，它的作用是将核糖核苷酸还原为脱氧核糖核苷酸，从而影响DNA合成，在缺钴时，细胞中的DNA含量降低，根瘤类菌体较少，细胞分裂受到抑制；③甲基丙二酸辅酶A变位酶，该酶参与类菌体中血红素的合成，并协助寄主合成根瘤细胞中的豆血红蛋白(表1-7)。在缺钴时，豆血红蛋白的合成受到抑制，含量减少。

**表1-7 钴对羽扇豆根瘤某些特性的影响**

| 处理 | 类菌体体积<br>($\mu m^3$) | DNA含量<br>($\times10^{-15}$/细胞) | 甲硫氨酸含量<br>(占总氨基酸的百分比,%) |
|---|---|---|---|
| -Co | 2.62 | 7.8 | 0.97 |
| +Co | 3.19 | 12.3 | 1.31 |

目前，在高等植物体内，人们还不清楚钴是否还有其他的营养作用。虽然钴能促进豆科植物的生长发育和根瘤固氮，但田间试验表明，豆科植物对施钴产生正效应的例子不多。Powrie(1964)和Ozanne et al.(1963)发现，在贫瘠的硅质土壤上，花生叶面喷施钴和用钴盐进行种子处理有一定的增产效果，其中以叶面喷施结合种子处理的效果最好。利用标记的$^{60}$Co叶面施用之后，证明$^{60}$Co可以经韧皮部大量转移到根系，在韧皮部中，钴似乎以某种负电荷复合体的形式迁移。

**(4)其他有益元素**

据报道，在棉花钙不足时，锶可以减轻钙不足产生的危害；铷可以部分代替钾的功能；适量的铝可以促进茶树的生长；锶、铷、铝、钒和上面讨论到的钴、钠等化学元素，在低量时促进植物生长发育，过量则对植物产生毒害作用。因此，这些有益元素作为肥料应用，要十分谨慎。

### 1.1.3 元素的毒性

元素的毒性包括元素过量产生毒害和有害元素两个层面。几乎所有元素，包括必需营养元素、有益元素，在过量情况下，对植物产生直接或间接的危害，至少存在毒性风险。另有一些元素，通常或特定环境条件下，更多体现毒性的一面，甚至表现出对植物没有益处的完全毒性，尤其是重金属元素，称为有害元素。

植物在生长发育的过程中，需要从外界环境中吸收各种矿质元素，以满足它们的营养需要。尽管植物吸收养分有一定的选择性，但这种选择性是有限的，致使一些不必需甚至有害的元素也被吸收进入植物体内。从植物的灰分中，几乎能检出生态环境中存在的各种矿质元素，多达几十种，但植物必需和有益元素不过20多种。在植物体内，有害元素不仅影响它们的生长发育，而且可以通过食物链进入人体，危害健康。因此，在肥料生产、配制和施用中，应充分了解土壤的元素组成和施肥带入土壤的有害元素，以及有害元素对植物营养、食物链和土壤环境的影响，并采取相应的防范措施。

在肥料和土壤中，目前比较常见的有害元素是Al、Na、H、Mn、Fe和重金属元素(Cu、Co、Zn、Ni、Hg、Cd、Pb)等。在这些元素中，有些是植物的必需营养元素和有益营养元素，在低浓度时对植物生长起促进作用，高浓度时则产生毒害现象。因此，了解这些元素在植物体内的浓度和危害，对于科学施肥，防止它们对植物产生毒害作用是非常必要的。

**(1)铝**

在pH值小于5.5的酸性土壤中，土壤胶体和溶液中存在活性铝。如果土壤溶液的pH值小于4.0，铝的形态主要是$Al(H_2O)_6^{3+}$(简称$Al^{3+}$)。随着pH值升高，将发生以下系列水解反应，最终形成$Al(OH)_3^0$沉淀。

$$Al(H_2O)_6^{3+} \underset{H^+}{\overset{OH^-}{\rightleftharpoons}} Al(OH)^{2+}和\ Al(OH)_2^+ \underset{H^+}{\overset{OH^-}{\rightleftharpoons}} AlO_4Al_{12}(OH)_{24}(H_2O)_2 \underset{H^+}{\overset{OH^-}{\rightleftharpoons}} Al(OH)_3^0$$

除铝酸盐$Al(OH)_4^-$和沉淀态铝之外，铝的各种水化物和氢氧化物均对植物有害，但不同形态的铝对植物的毒性不同，其中，在pH值为4.5时形成的$Al^{3+}$毒害作用最强。值得注意的是，$Al^{3+}$与某些无机配位体结合之后，如$AlF^{2+}$、$AlF_2^+$、$AlSO_4^+$等，毒性将去除(Kinraide，1991)。故施肥实践中，促进形成非毒性的$AlSO_4^+$尤其重要。例如，在酸性土壤中，施用石膏或含石膏的磷肥，既可以改良土壤酸碱度，又能有效地减轻铝毒。铝对植物的毒害作用是多方面的，主要表现在以下方面。

①抑制养分吸收，诱导缺素。植物根系能主动吸收大多数养分，但铝能抑制质膜ATP酶的活性，从而影响主动吸收的能量供应。在根系的细胞外表面，吸附是吸收多价阳离子(如$Ca^{2+}$、$Mg^{2+}$、$Zn^{2+}$、$Mn^{2+}$)的前奏，$Al^{3+}$可以占据与阳离子的结合位点，阻碍吸附。此外，$Al^{3+}$还能阻塞$Ca^{2+}$通道，封闭转运蛋白上与$Mg^{2+}$结合的位点，减少对$Ca^{2+}$、$Mg^{2+}$的吸收。不过钾的吸收似乎不受$Al^{3+}$的影响。

②抑制根系生长。铝可能与根冠细胞中的DNA结合，抑制根尖细胞分裂和伸长，阻止根系生长，造成根系畸形，对根系的生长发育产生直接的毒害作用。在酸性土壤中，植物根系伸长受到抑制，可能加剧缺磷。

③抑制地上部生长。在铝过量的情况下，由于根系生长受阻，养分和水分吸收减少，地上部生长也会相应受到抑制。此外，在根系生长和代谢受到抑制之后，向地上部供应激素(如细胞分裂素、赤霉素等)的数量减少。研究表明，将大豆种植在酸性土壤上和铝溶液中，根系合成的细胞分裂素减少，抑制地上部的生长发育(Pan et al.，1989)。

④抑制生物固氮。高浓度的$Al^{3+}$改变根系形态，影响根瘤菌的侵染位点，根瘤数量减少，固氮量降低，抑制豆科植物生长(表1-8)。就铝毒而言，抑制生长的临界浓度大于结瘤浓度。例如，大豆生长的临界铝浓度(使生长率降低10%)为5~9 μmol/L，而结瘤的临界浓度是0.4 μmol/L，前者远远高于后者。

**表1-8 土壤铝饱和度对大豆生长和结瘤的影响**

| 土壤pH值 | 铝饱和度(%) | 干物重(g/株) | | 结瘤 | | 含氮量(mg/株地上部) |
|---|---|---|---|---|---|---|
| | | 地上部 | 地下部 | 每株个数 | 干重(mg/瘤) | |
| 4.55 | 81 | 2.4 | 1.07 | 21 | 79 | 65 |
| 5.20 | 28 | 3.2 | 1.08 | 65 | 95 | 86 |
| 5.90 | 4 | 3.6 | 1.08 | 77 | 99 | 93 |

注：引自Sartain et al.，1975。

### (2)重金属

植物遭受重金属危害之后，主要症状是生长缓慢，发育异常、叶片失绿等，严重时造成死亡。大气中的重金属可以通过叶片的吸收造成危害，所以光合作用、呼吸作用旺盛的叶片(即完全展开叶)首先出现中毒症状。更多的重金属污染来自土壤，如果土壤中有过量的重金属，则主要是通过根系的吸收来造成危害，由于根系吸收的物质主要通过木质部上行运输，输送到新叶的数量一般较多。所以，植物根系和新叶首先出现中毒现象。一般而言，重金属在植物体内的积累规律是：叶片≥根、茎>籽粒、果实(表 1-9)。

**表 1-9 蔬菜不同器官重金属含量的平均值** μg/g

| 器官 | Cu | Zn | Pb | Cr | Cd | Ni |
|---|---|---|---|---|---|---|
| 叶片 | 11.3 | 118 | 13.3 | 3.9 | 1.0 | 5.9 |
| 根、茎 | 11.0 | 43 | 12.1 | 1.3 | 0.1 | 3.9 |
| 果实 | 9.1 | 40 | 9.7 | 0.1 | 0.1 | 2.7 |

注：引自 Lauchli et al.，1985。

重金属元素的毒害作用最终导致作物减产。从农艺性状看，铜、镍、镉、汞对禾本科植物分蘖的影响较大，显著减少穗数；铜和镍能抑制灌浆和有机物质向籽粒转移，显著降低粒重。

重金属元素影响水稻经济性状，最显著的是结实率。重金属离子的种类不同，对水稻产生毒害作用的浓度也不一样。水稻产量减半时的各重金属元素浓度为：铜 0.6 μg/kg (0.01 μmol/L)、锰 65 μg/kg(1.2 μmol/L)、镍 1.5 μg/kg(0.02 μmol/L)、钴 3.0 μg/kg (0.05 μmol/L)、锌 15 μg/kg(0.23 μmol/L)、镉 1.0 μg/kg(0.01 μmol/L)、汞 1.0 μg/kg(0.005 μmol/L)。上述重金属元素对水稻的毒性强弱为：Cu>Ni>Co>Zn>Mn、Hg>Cd，这个顺序与元素的配位稳定性和电负性是一致的。

重金属离子造成植物毒害的主要原因是钝化植物体内的酶，抑制质膜 ATP 酶的活性，从而抑制根系细胞吸收其他离子。例如，$Cu^{2+}$和 $Cd^{2+}$强烈抑制小麦吸收 $K^{+}$，但只影响 $K^{+}$的主动吸收，不影响 $K^{+}$的被动吸收。加入螯合剂可以减轻 $Cu^{2+}$和 $Cd^{2+}$的这种抑制作用。

大多数植物容易遭受重金属元素的毒害，但有少数植物能忍耐较高浓度的重金属。例如，禾本科植物耐受重金属 Ni、Zn、Cd、Mn 的浓度是双子叶植物的几倍甚至几十倍，表 1-10 列出了农作物对重金属元素的耐性分类；表 1-11 列出了造成作物减产时，土壤和植物组织中的含镉量。植物抗(耐)重金属元素的主要原因：①根系阻止吸收重金属元素。例如，水稻根系有较强的氧化能力，能够阻止 $Fe^{2+}$的吸收；而苜蓿根系的氧化能力弱，因而对有害 $Fe^{2+}$敏感。一般而言，禾本科植物对重金属元素的抗(耐)性较强。②植物细胞壁能够吸附和固定较多的 $Zn^{2+}$，防止锌进入细胞。③在植物体内，形成稳定而低毒的重金属络合物。④抑制重金属的上行运输，使地上部免于重金属的危害；或向地上部大量输送重金属，使根系免遭危害。⑤重金属元素聚积于液泡内，与有机酸(如柠檬酸、苹果酸等)形成螯合物。⑥酶系统和细胞器能忍耐高浓度的重金属元素。

表 1-10　农作物对重金属元素的耐性

| 重金属元素 | 耐性强 | 耐性中等 | 耐性弱 |
| --- | --- | --- | --- |
| Ni | 大麦、小麦、黑麦 | 甘蓝、芋、薯类、三叶草 | 甜菜、燕麦 |
| Zn | 葱、胡萝卜、芹菜 | 黄瓜、茄子、菜豆、甘蓝、蔓菁、番茄 | 菠菜 |
| Zn、Cd | 陆稻、黑麦、玉米、小麦、山茶、香蒲 | 甘薯、番茄、葱、胡萝卜、桑 | 黄瓜、蔓菁、大豆、菊、唐菖蒲 |
| Cd | 玉米 | 豌豆、菜豆 | 萝卜、向日葵 |
| Mn | 大麦、稞麦、小麦、燕麦、马铃薯 | | 蔓菁、甘蓝 |

表 1-11　造成作物减产时，土壤和植物组织中的含镉量　μg/g

| 作物名称 | 减产 25%时的土壤含镉量 | 减产 25%时的植物组织含镉量 | |
| --- | --- | --- | --- |
| | | 食用部位 | 叶片 |
| 菠菜 | 4 | 75 | — |
| 大豆 | 5 | 7 | 7 |
| 莴苣 | 13 | 70 | — |
| 玉米 | 18 | 2 | 35 |
| 胡萝卜 | 20 | 19 | 32 |
| 油菜 | 28 | 15 | 121 |
| 菜豆 | 40 | 2 | 15 |
| 小麦 | 50 | 11 | 33 |
| 萝卜 | 96 | 21 | 75 |
| 番茄 | 160 | 7 | 125 |
| 甘蔗 | 170 | 11 | — |
| 水稻 | 640 | 2 | 3 |

植物对重金属的抗耐性是由基因决定的。研究表明，这种抗耐性受多个基因的控制，通过杂交育种或基因重组，有希望选育出抗(耐)重金属元素植物。但是，对于粮食或饲料作物来说，应该选育对重金属元素吸收少的种类或品种。

从植物营养与施肥的观点来看，防止过量的重金属对植物的毒害，首先要确保灌溉水质，不要利用重金属浓度过高的水源灌溉作物，不施重金属含量过高的磷肥、微量元素肥料和垃圾肥等。

## 1.2　植物对养分的吸收

施肥的主要目的是营养植物，养分需要进入植物体内才能起到营养作用。植物吸收养分的基本单位是细胞，主要器官是根系。此外，叶片也能吸收一定数量养分。在这里我们先讨论植物细胞和根系对养分的吸收，然后介绍叶片吸收养分的过程和影响因素。

## 1.2.1 细胞对养分的吸收

组织是不同细胞有机而巧妙的组合。因此，细胞是吸收养分的基本单位，组织对养分吸收是细胞吸收养分的量变与质变的综合结果。在讨论根系和叶片吸收养分时，必须了解细胞对养分的吸收。

### 1.2.1.1 概述

一般而言，土壤溶液或营养液中的养分离子浓度不同于细胞液。例如，低等植物丽藻在淡水中生长时，细胞液中的 $K^+$、$Ca^{2+}$、$Na^+$、$Cl^-$浓度明显不同，显著高于淡水；法囊藻生长在海水中，在细胞液中，除 $K^+$之外，$Na^+$、$Ca^{2+}$、$Cl^-$显著低于海水(表 1-12)。将玉米和菜豆种植在一定体积的营养液中，4 d 之后，营养液中的 $K^+$、$Ca^{2+}$、$NO_3^-$、$H_2PO_4^-$ 的浓度显著降低，而 $Na^+$和 $SO_4^{2-}$ 的浓度变化不显著(玉米)或升高(菜豆)；在玉米根系细胞液中，上述几种离子的浓度均高于营养液(表 1-13)。将桉树和槐树置于 $K^+$溶液中，在低浓度时，吸收速率随外界溶液中的 $K^+$浓度的上升迅速增加，吸收速率与外界溶液中的离子浓度几乎成直线关系；达到一定浓度后，吸收速率随浓度的增加缓慢上升；超过一定浓度之后，吸收速率不随浓度的增加而显著变化，几乎达到恒定。此外，在同一浓度条件下，桉树吸收钾离子的速率显著高于槐树(图 1-1)。

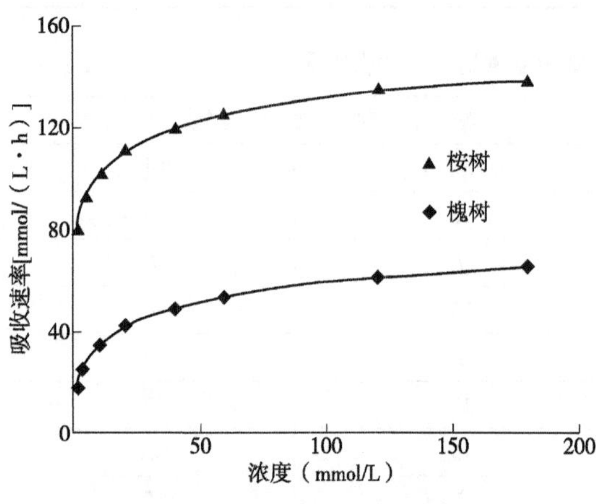


图 1-1 外界 $K^+$浓度对桉树和槐树吸收 $K^+$速率的影响

表 1-12 外界环境中的离子浓度与丽藻和法囊藻细胞液中离子浓度的关系 mmol/L

| 离子 | 丽藻 | | | 法囊藻 | | |
|---|---|---|---|---|---|---|
| | 淡水(A) | 细胞液(B) | B/A | 海水(A) | 细胞液(B) | B/A |
| $K^+$ | 0.05 | 54 | 1080 | 12 | 500 | 42 |
| $Na^+$ | 0.22 | 10 | 45 | 498 | 90 | 0.18 |
| $Ca^{+2}$ | 0.78 | 13 | 10 | 10 | 2 | 0.2 |
| $Cl^-$ | 0.93 | 91 | 98 | 580 | 597 | 1 |

注：引自 Marschner，1997。

表 1-13 营养液及玉米、蚕豆根汁液中离子浓度的变化 mmol/L

| 离子 | 外部离子浓度 | | | 根汁液中离子浓度 | |
|---|---|---|---|---|---|
| | 初始浓度 | 4 d 后 | | 4 d 后 | |
| | | 玉米 | 菜豆 | 玉米 | 菜豆 |
| $K^+$ | 2.00 | 0.14 | 0.67 | 160 | 84 |
| $Ca^{2+}$ | 1.00 | 0.94 | 0.59 | 3 | 10 |
| $Na^+$ | 0.32 | 0.51 | 0.58 | 0.6 | 6 |

（续）

| 离子 | 外部离子浓度 | | | 根汁液中离子浓度 | |
|---|---|---|---|---|---|
| | 初始浓度 | 4 d后 | | 4 d后 | |
| | | 玉米 | 菜豆 | 玉米 | 菜豆 |
| $H_2PO_4^-$ | 0.25 | 0.06 | 0.09 | 6 | 12 |
| $NO^{3-}$ | 2.00 | 0.13 | 0.07 | 38 | 35 |
| $SO_4^{2-}$ | 0.67 | 0.61 | 0.81 | 14 | 6 |

注：未补充蒸腾损失的水分；引自 Marschner，1997。

上述实例说明植物细胞吸收养分具有：①选择性，对某些元素优先吸收，而对另一些元素则吸收较少或不吸收；②细胞内外的离子浓度存在差异，有些离子的胞内浓度高于胞外，有的则相反；③饱和性，即外界溶液中的养分浓度超过一定阈值之后，吸收速率不随浓度的增加而提高；④不同植物吸收离子的吸收速率和数量差异显著。

### 1.2.1.2　细胞吸收养分的机理

将绿藻置于含 $Na^+$、$K^+$、$Cl^-$的溶液中，待吸收足够时间之后，可以发现细胞膜内外的电位差为-138 mV，显著低于细胞膜内外 $Na^+$达到平衡时的理论电位(-67 mV)，也低于 $Cl^-$达到平衡时的理论电位(99 mV)，但显著高于 $K^+$达到平衡时的理论电位(-179 mV，表 1-14)。说明植物细胞吸收养分离子有 2 种方式：一是不需要代谢能，离子吸收运动的方向顺浓度或电化学势梯度，称为被动吸收(如 $Na^+$和 $Cl^-$)；二是需要代谢能，逆浓度或电化学势梯度进行，称为主动吸收(如 $K^+$)。

**表 1-14　在离子吸收液中，绿藻细胞膜内外离子平衡时的理论电位、测定电位与吸收方式的关系**

| 离子种类 | 测定电位(mV) | 理论电位(mV) | 吸收方式 |
|---|---|---|---|
| $Na^+$ | -138 | -67 | 被动吸收 |
| $K^+$ | -138 | -179 | 主动吸收 |
| $Cl^-$ | -138 | +99 | 被动吸收 |

注：引自 Spanswick et al.，1964。

磷脂双层膜为细胞或细胞器提供了一道疏水屏障，膜转运蛋白承担着营养物质吸收、代谢产物分泌、细胞内外物质的信息交换等一系列重要的生理功能。根据转运能量的来源，可以将转运蛋白分为初级主动转运蛋白和次级转运蛋白。初级主动转运蛋白通过利用 ATP 水解、光子吸收、电子流、底物脱羧或甲基转移反应等释放的能量实现转运过程，典型代表是与 ATP 结合的转运蛋白超家族(ATP-binding cassette transporter，ABC)，属主动吸收的转运蛋白；次级转运蛋白则利用膜内外物质不同浓度或电化学势梯度来转运底物，典型代表是主要协同转运蛋白超家族(major facilitator superfamily，MFS)，属被动吸收的转运蛋白。在低等生物和高等生物中，ABC 和 MFS 都广泛存在，成员众多；在微生物基因组中，编码转运蛋白的基因有接近一半属于这两个超家族。

目前，人们对植物被动和主动吸收养分的特性(如动力学和影响因素等)比较清楚，但有关植物的 ABC 和 MFS 的研究较少，以下有关转运蛋白的三维结构和转运机理主要源自对人、动物和微生物的研究成果。

**(1)被动吸收**

如前所述，被动吸收基于MFS。在无代谢能参与的情况下，养分的跨膜运动基于浓度(分子态)和电化学势梯度(离子态)。设细胞内的离子浓度为$\alpha_i$，膜电势为$E_i$，电化学势为$\mu_i$；细胞外的离子浓度为$\alpha_0$，膜电势为$E_0$，电化学势为$\mu_0$，则细胞内外的电化学势差为：

$$\Delta\mu=\mu_0-\mu_i=RT\ln\frac{\alpha_0}{\alpha_i}+ZF(E_0-E_i) \tag{1-1}$$

式中，$RT\ln\frac{\alpha_0}{\alpha_i}$为化学势梯度；$ZF(E_0-E_i)=ZF\Delta E$为电势梯度。

①当$\Delta\mu>0$时，$\Delta E>-\frac{RT}{ZF}\ln\frac{\alpha_0}{\alpha_i}$，细胞外的离子向细胞内转运，表现为细胞吸收离子。

②当$\Delta\mu<0$时，$\Delta E<-\frac{RT}{ZF}\ln\frac{\alpha_0}{\alpha_i}$，细胞内的离子向细胞外转运，表现为细胞排出离子。

③当$\Delta\mu=0$时，$\Delta E=-\frac{RT}{ZF}\ln\frac{\alpha_0}{\alpha_i}$，细胞内外的离子进出达到平衡。

④当物质的电荷为零时，即分子转运，$ZF(E_0-E_i)=0$，则$\Delta\mu=\mu_0-\mu_i=RT\ln\frac{\alpha_0}{\alpha_i}$；若$\Delta\mu>0$，则$RT\ln\frac{\alpha_0}{\alpha_i}>0$，$\alpha_0>\alpha_i$，分子从细胞膜外顺化学势或浓度梯度向胞内转运。

MFS最初被认为只是参与糖的吸收过程，随后的研究发现，药物的外排系统、有机磷/磷酸交换系统、磷酸/$Na^+$转运系统也都属于这类超家族。目前认为，MFS广泛存在于植物、动物和微生物细胞。在转运蛋白分类数据库TCDB(transporter classification data base)中，根据蛋白质行使的功能和序列同源程度，MFS负责溶质和阳离子($H^+$或$Na^+$)单向转运或同向转运，溶质/$H^+$或溶质/溶质反向转运。运转的底物包含单糖、多元醇、药物分子、神经递质、三羧酸循环代谢物、氨基酸、肽链、核苷酸、有机阴离子、无机阴离子等，关于负责植物阳离子被动运转的MFS有$K^+$、$Ca^{2+}$等。

迄今为止，人们共解析了5种来自细菌的MFS高分辨率三维结构(图1-2)，即来自大肠埃希菌(*Escherichia coli*)的质子/乳糖(lactose)同向转运蛋白LacY、质子和药物反向转运蛋白EmrD、磷酸-3-甘油/磷酸反向转运蛋GlpT、岩藻糖/质子同向转运蛋FucP，以及来自希瓦氏菌(*Shewanella oneidensis*)的具备14次穿膜结构域的闭合中间态构象的小肽/质子同向转运蛋白PepT。

20世纪60年代，人们提出了交替通路机制来解释物质转运进入细胞。据此理论，转运蛋白能够在向外开口的状态与向内开口的状态间发生构象变化。首先，转运蛋白将底物结合位点暴露在膜的一侧，底物结合到蛋白上引发构象变化，从而使蛋白能够向膜的另外一侧开口，引起底物的释放，从而完成转运过程。在转运过程中，不涉及底物结合位点的变化，仅依靠转运蛋白的构象变化完成物质进出细胞的过程(图1-3)。在这个过程中，人们进一步提出了“摇杆开关”理论和“门控运输”理论来解释转运蛋白的构象变化。前者认为，转运蛋白的两部分结构以底物结合位点为中心，绕轴转动；后者则着重于强调底物结合位点的上下局部运动，从而达到不同的开关状态。但最新研究表明，交替通路机制需要综合摇杆开关理论和门控运输理论才能更好地解释物质协同运输进入细胞的过程。

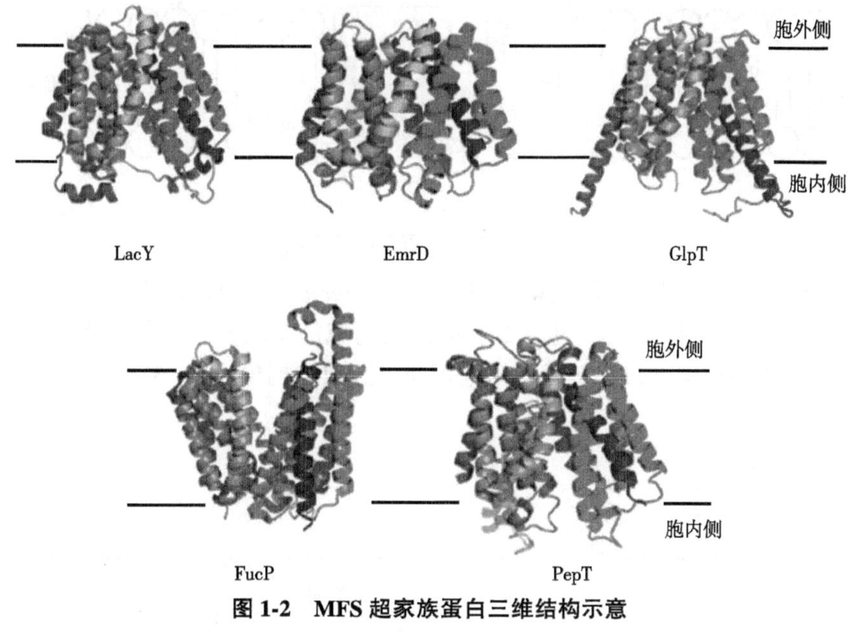


**图1-2　MFS超家族蛋白三维结构示意**

(孙林峰等，2011)

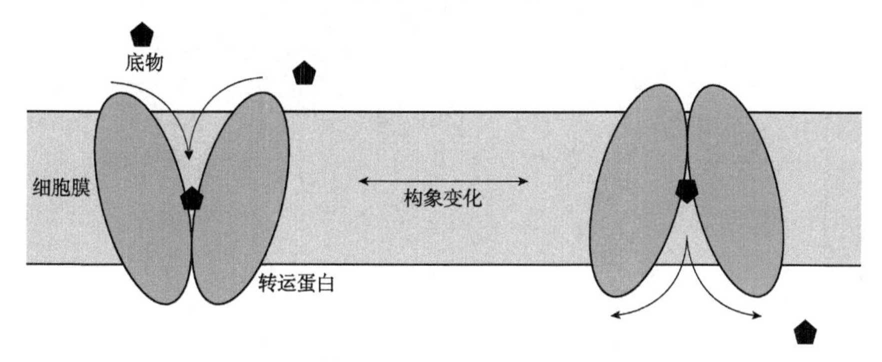


**图1-3　转运蛋白的交替开放式工作模型**

**(2)主动吸收**

在多数情况下，植物体内的养分浓度高于外界溶液，有时可高达数十倍甚至数百倍。此时，植物细胞仍能逆浓度或电化学势梯度吸收养分，这种现象很难用被动吸收的理论加以解释，只有用消耗代谢能的主动吸收才能很好地说明这种现象。主动吸收的特点：①分子逆浓度梯度(离子逆电化学势梯度)积累；②吸收作用与代谢密切相关，需要代谢能，影响代谢活动的因素均能影响主动吸收；③养分进入细胞或根系具有较好的选择性；④吸收养分的速率与细胞或组织内外的浓度(或电化学势)梯度不成线性关系；⑤温度系数($Q_{10}$)高。

在主动转运过程中，具有代表性的是ATP结合的转运蛋白超家族(ATP binding cassette，ABC)。典型的ABC有4个结构域，即2个跨膜结构域(transmembrane domain，TMD)和2个核苷酸结合区域(nucleotide binding domains，NBD)(图1-4)。每个TMD一般含有4~6个α螺旋，形成底物分子运输的通道。NBD能够结合和水解ATP，而TMD则能够利用ATP水解释放的能量，推动TMD构象发生变化，将其识别的底物进行跨膜转运。

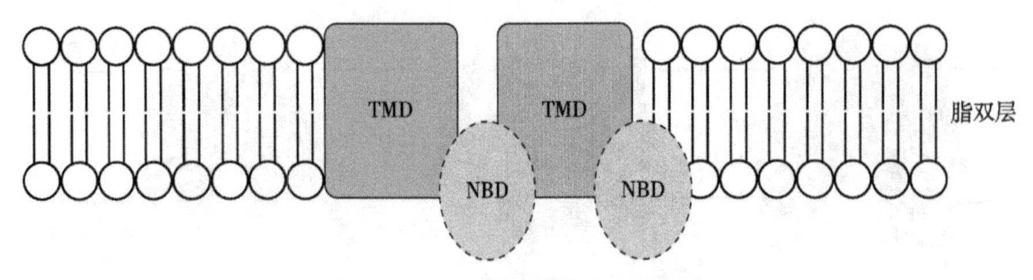


**图1-4 ABC转运蛋白的二级结构**

Dawson et al. (2007)解析了细菌*Staphylococcus aureus*多药抗性ABC转运蛋白Sav1866在结合ATP状态下的晶体结构，包括2个跨膜结构域的12个α螺旋形成药物运输通道，在NBD结合ATP的状态下，该转运蛋白呈现向外开放的构象(图1-5)。

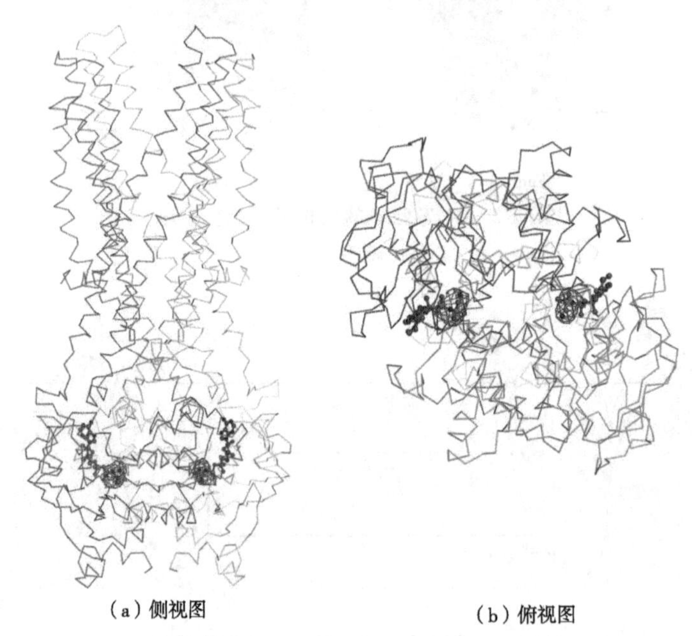

(a) 侧视图 (b) 俯视图

**图1-5 ABC转运蛋白Sav1866在结合ATP状态下的三维结构**

(深色区域为ADP和ATP结合区域)

综上所述，ABC和MFS转运蛋白对养分的结合与释放均与酶促反应类似，故养分吸收可用酶动力学方程描述。

$$C+E \underset{K_2}{\overset{K_1}{\rightleftharpoons}} E-C \underset{K_4}{\overset{K_3}{\rightleftharpoons}} C_i$$

式中，$C$为细胞膜外的离子；$C_i$为细胞膜内的离子；$E$为转运蛋白；$E-C$为离子—转运机构复合体；$K_1$、$K_2$、$K_3$、$K_4$为反应常数，$K_4$很小，可以忽略不计。

设$I$为转运蛋白吸收养分的速率，$I_{max}$为最大速率，$C_{min}$为转运蛋白养分净吸收要求的最低养分浓度，$K_m=\frac{K_2+K_3}{K_1}$根据质量作用定律，可以得到转运蛋白吸收养分离子的速率方程。

$$I=\frac{I_{max}\cdot(C-C_{min})}{K_m+(C-C_{min})} \tag{1-2}$$

当 $I=\frac{1}{2}I_{max}$ 时，即 $\frac{1}{2}I_{max}=\frac{I_{max}\cdot(C-C_{min})}{K_m+(C-C_{min})}$，$K_m=C-C_{min}$。

说明当转运蛋白吸收养分的速率达到最大吸收率的半值时，此时的底物浓度是 $K_m$。由于 $K_m=\frac{K_2+K_3}{K_1}$，与 $K_1$ 成反比。因此，$K_m$ 值越小，转运蛋白与养分的亲和力越大；反之，$K_m$ 值越大，转运蛋白与养分的亲和力越小。几种作物吸收养分离子的 $K_m$ 值列于表 1-19。

当 $C\to-\infty$ 时，$I\approx\frac{I_{max}}{K_m}\cdot C$。即在养分浓度很低时，吸收速率与养分浓度呈线性关系，就是图 1-6中养分浓度增加，吸收速率迅速提高的区段。当 $C\to+\infty$ 时，$I=I_{max}$。即在养分浓度很高时，吸收速率趋于饱和，接近最大吸收速率。就是图 1-6中养分浓度增加，吸收速率趋于稳定的区段。

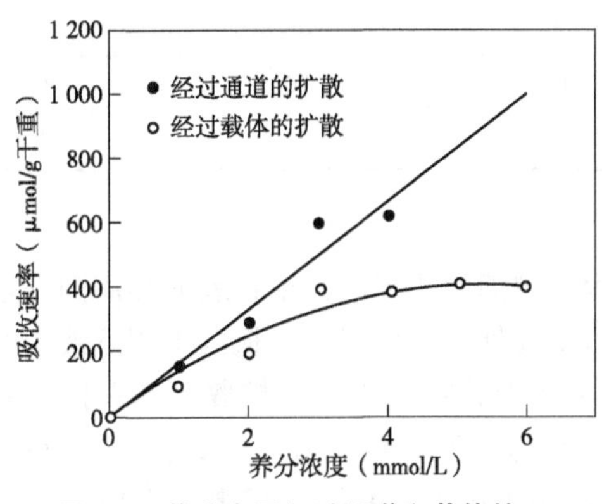


**图 1-6　养分离子经过通道和载体的动力学分析**

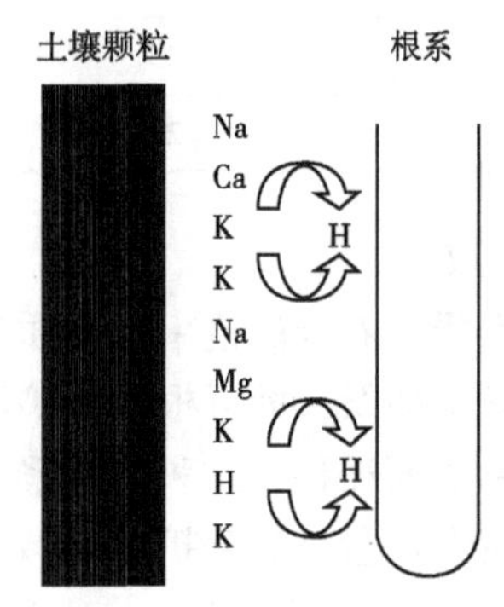


**图 1-7　土壤颗粒与根系之间的离子交换示意**

## 1.2.2　根系对养分的吸收

### 1.2.2.1　土壤养分到达根系的途径

土壤养分必须到达根系表面之后才能被吸收。土壤中的养分向根系迁移有 3 种方式：截获、质流和扩散。

**(1)截获**

截获是指根系与土壤颗粒紧密接触，土粒表面和根系表面的水膜互相重叠时，它们之间发生离子交换，使土粒吸附的阳离子到达根系表面(图 1-7)。根系上着生的根毛，增大了土壤与根系之间的接触面积，有利于接触交换。

如果把根系和周围土壤取出，先根据根系的有效吸收面积、一定土壤中根系所占的体积，以及土壤孔隙度，计算出根系与土壤颗粒之间的接触面积，然后，运用化学方法测定土壤颗粒的交换性养分，就可计算出根系截获的养分数量(表 1-15)。结果表明，通过截获到达根系表面然后被吸收的养分主要是难以移动的养分，如钙、镁和石灰性土壤中的铁等。从总量上看，通过截获到达根系表面的养分不多。

**(2)质流**

由于植物的蒸腾作用消耗根系周围土壤的水分，使其含量减少，远根区的土壤水分就会向根系表面移动，溶解在水中的养分也会随之到达根系表面，这种现象称为质流。当气温高，蒸腾作用强，土壤养分多(如施肥之后)的时候，通过质流到达根系表面的养分也较多。在土壤中，容易移动的养分，如 $NO_3^-$、$Cl^-$、$SO_4^{2-}$ 等，主要通过质流到达根系表面。在根系周围的土壤中，这些养分的积累亏缺主要取决于质流到达和根系吸收的相对数量。

**表 1-15 截获、质流和扩散供应玉米养分的情况** kg/hm²

| 养分种类 | 需要量 | 截获 | 质流 | 扩散 |
|---|---|---|---|---|
| 氮 | 190 | 2 | 150 | 38 |
| 磷 | 40 | 1 | 2 | 37 |
| 钾 | 195 | 4 | 35 | 156 |
| 钙 | 210 | 60 | 150 | 0 |
| 镁 | 45 | 15 | 30 | 0 |
| 硫 | 22 | 1 | 21 | 0 |

**(3)扩散**

当根系吸收养分的速率大于质流迁移到根系表面的速率时，根系表面和周围土壤中的养分浓度就会降低，即近根区土壤溶液的养分浓度低于远根区，远根区土壤溶液中的养分就会向根系表面迁移，这种现象称为扩散。植物养分在土壤中的扩散受到多种因素的影响，如土壤含水量、养分扩散系数、土壤质地和温度等。$NO_3^-$、$Cl^-$、$K^+$、$Na^+$等在土壤中的扩散系数大，$H_2PO_4^-$ 较小，故前4种离子在土壤中容易扩散，后者在土壤中的扩散缓慢。在含水量较高的土壤中，养分扩散速率比干燥的土壤快；在质地较轻的沙土中，养分扩散速率比质地黏重的土壤快；温度较高的土壤中，养分扩散速率比低温土壤快。

截获、质流和扩散是土壤养分移动到根系表面的3种途径。在不同情况下，三者对养分迁移到根系表面所起的作用不同。从距离上看，质流是长距离补充养分的主要形式，扩散则在短距离内的作用较大，截获补充根系养分的距离最短。从数量上看，在养分迁移到根系表面的过程中，3种方式同时存在，截获占根系吸收养分的少部分，扩散和质流所占的比例较大。此外，土壤质地条件、作物种类和离子特性等均影响到这3种养分迁移形式和到达根系表面的比例(表1-16)。

**表 1-16 几种作物根系的表观自由空间(*AFS*)**

| 作物种类 | 根系 *AFS*(%) | 作物种类 | 根系 *AFS*(%) |
|---|---|---|---|
| 蚕豆 | 13.0 | 大麦 | 23.0 |
| 小麦 | 27.5 | 向日葵 | 16.0~12.0 |

土壤养分通过各种途径到达根系表面之后，经过各种复杂的生物化学过程，将养分吸入根系，然后运输到地上部，营养植物；在地上部，部分养分又重新运输到根系。

### 1.2.2.2　根系吸收养分的区域

根系是植物吸收养分的主要器官，吸收养分的主要部位在根尖未木栓化的部分。分析整段根系的养分含量表明，根尖分生区积累量最多，过去认为根尖分生区是吸收养分最活跃的部位。但后来的研究发现，根尖分生区大量积累养分的原因是该区域没有输导组织，所吸收的养分不能迅速运出而发生了大量积累的结果。实际上，根毛区才是吸收养分最多、最快的区域，根毛养分含量较少的原因是所吸收的养分被快速运输到其他部位(图 1-8)。

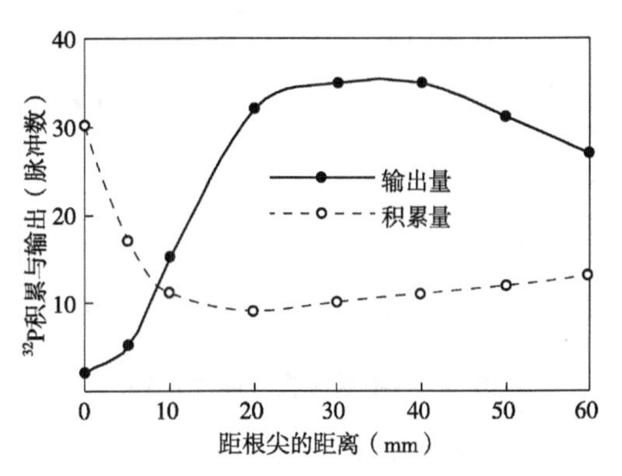


图 1-8　大麦根尖不同区域 $^{32}P$ 的积累与输出

### 1.2.2.3　根系结构与养分吸收

根系的基本结构与养分吸收密切相关。根系的结构如图 1-9 所示，根系从外到内由表皮、皮层、内皮层和中柱组成。在中柱内，有中柱薄壁细胞、韧皮部和木质部导管等。

在内皮层以外，皮层细胞间隙很大，细胞壁中的纤维素分子是亲水的，组成细胞壁的纤维素之间也被水分子占据，有相当一部分离子在进入根系细胞之前，先存在于这部分水相中。此外，在细胞壁中，还有许多果胶质。果胶质是多聚糖醛酸，其中的羧基可以发生电离。所以，细胞壁带有很多负电荷，这些负电荷使细胞壁和阳离子之间有很大的亲和力。有一部分离子在进入根细胞之前，先被这些带负电荷的基团吸引。在养分离子进入根系细胞之前，存在于质膜以外水相和吸引在带负电荷基团上的离子在养分吸收的过程中有重要意义。将离体的玉米根系浸于含有放射性的 RbCl 的溶液(此处 $Rb^+$ 代替 $K^+$)中，在起初的 10~15 min，$Rb^+$ 迅速进入根系，以后 $Rb^+$ 进入根系的速率减慢。如果将玉米根系浸于

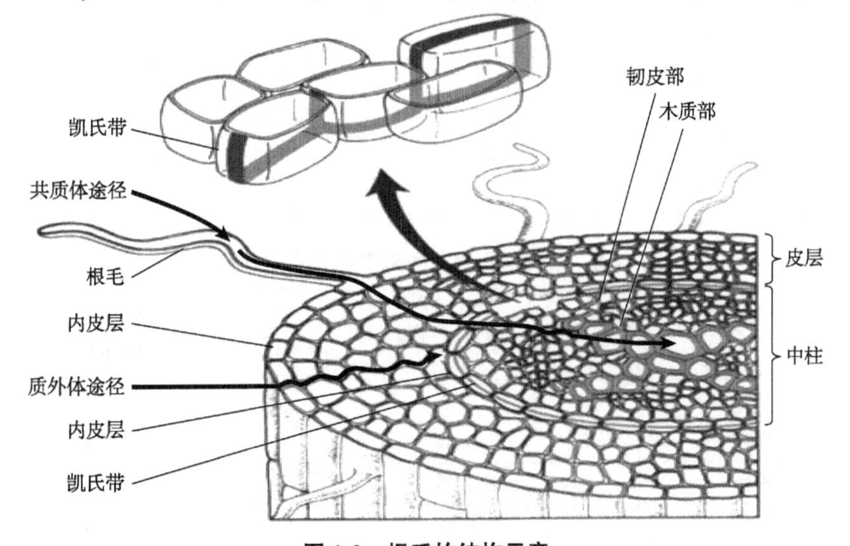


图 1-9　根系的结构示意

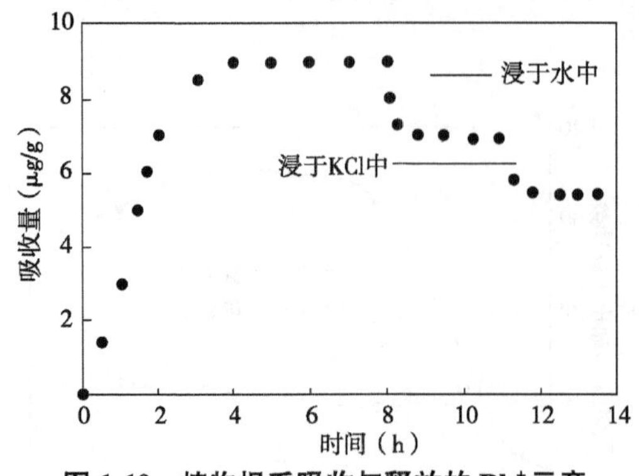


图 1-10　植物根系吸收与释放的 $Rb^+$ 示意

RbCl 溶液 1 h 后，再把它们转入水中，会有相当大的一部分 $Rb^+$ 从根系中浸泡出来，进入水中；随后再将根系置入 KCl 溶液，又有一部分 $Rb^+$ 可从根系中浸泡出来，同时溶液中的 $K^+$ 减少(图 1-10)。因此，进入根系的 $Rb^+$ 可以分别被水和 KCl 提取。

在根系内，能被水提取的离子占据的空间称为水分自由空间(*WFS*)，能被盐溶液提取的离子占据的空间称为杜南自由空间(*DFS*)，二者合称表观自由空间(*AFS*)。所以，*AFS* 可表示如下。

$$AFS = WFS + DFS \tag{1-3}$$

相对于 *WFS* 而言，*DFS* 的所占的体积极小，可以忽略不计。所以，*AFS* 可用这样的方法进行粗略测定：先将植物根系(或组织)浸入浓度为 *C* 的离子溶液中，一段时间后，将根系置于去离子水中测定扩散出来的离子数量(*Q*)，以百分率表示的 *Q/C* 就是 *WFS* 的数值。不同植物根系的 *AFS* 不同(表 1-16)。

实际上，细胞膜以外的水相就是水分自由空间。根系细胞壁带负电荷的区域就是杜南空间。杜南空间吸附离子的能力和数量与细胞壁中羧基的数量有关，羧基的数量可用阳离子交换量(*CEC*)来衡量。一般而言，作物根系的羧基含量越多，根系的 *CEC* 值越大；反之，根系的 *CEC* 值越低(表 1-17)。不同作物根系的 *CEC* 值是不一样的(表 1-18)，可能影响根系吸收阳离子。

表 1-17　作物根系的 *CEC* 值与果胶的羧基含量的关系　mol/(100 g · DW)

| 作物名称 | 果胶的总羧基含量 | 果胶的自由羧基含量 | *CEC* | $\frac{自由羧基}{CEC}\times100$ |
|---|---|---|---|---|
| 小麦 | 25 | 18 | 23 | 78 |
| 玉米 | 34 | 24 | 29 | 83 |
| 大豆 | 60 | 38 | 54 | 70 |
| 烟草 | 49 | 49 | 60 | 82 |
| 番茄 | 72 | 56 | 62 | 90 |

表 1-18　不同作物根系的阳离子交换量(*CEC*)

| 作　物 | | 极性 pH 值 | 阳离子交换量 [mol/(100 g · DW)] |
|---|---|---|---|
| 双子叶植物 | 大豆 | 3. 26 | 65. 1 |
| | 苜蓿 | 3. 42 | 48. 0 |
| | 荞麦 | 3. 39 | 39. 6 |
| | 花生 | 3. 42 | 36. 5 |
| | 棉花 | 3. 47 | 36. 1 |

（续）

| 作　物 | | 极性 pH 值 | 阳离子交换量 [mol/(100 g · DW)] |
|---|---|---|---|
| 双子叶植物 | 菠菜 | 3.61 | 36.1 |
| | 菜豆 | 3.67 | 34.8 |
| | 番茄 | 3.67 | 34.6 |
| | 油菜 | 3.37 | 33.2 |
| 单子叶植物 | 春燕麦 | 3.38 | 22.8 |
| | 玉米 | 3.80 | 17.0 |
| | 大麦 | 4.25 | 12.3 |
| | 冬小麦 | 4.70 | 9.0 |
| | 水稻 | — | 8.4 |

注：极性 pH 值是在 1 mol KCl/L 溶液中测定根的 pH 值。

#### 1.2.2.4　根系吸收养分的途径

养分离子达到根系表面之后，通过 2 种途径进入根系：一是质外体；二是共质体。但根系吸收养分通常是两者结合进行的。

**(1)质外体**

在内皮层以外，皮层细胞间隙很大，细胞壁中的纤维素分子是亲水的，组成细胞壁的纤维素之间也被水分占据。因此，从表皮到内皮层可能是连通的，称为质外体。几种作物表观自由空间的体积占根系体积的 12.0%～33.5%，通过扩散作用，各种离子可以从根系表面经质外体达到内皮层。由于内皮层是一列排列紧密的细胞，在细胞壁上还有一层四面均加厚的凯氏带，因此，质外体的扩散作用基本上到此为止。然后被主动吸收，再往中柱运转。不过对于幼嫩的根系而言，在内皮层细胞尚未形成凯氏带之前，离子和水分可能经过质外体到达导管。此外，在内皮层上，还存在个别细胞壁未加厚的通道细胞，允许离子和水分通过。

**(2)共质体**

离子达到根系表面之后，通过根毛或表皮细胞主动或被动吸收的方式进入细胞内部。然后经内质网和胞间连丝从表皮细胞转运至木质部薄壁细胞，最后释放到导管中，这种离子吸收与转运的方式称为共质体途径。木质部薄壁细胞释放离子的过程可以是主动的，也可以是被动的。研究表明，木质部薄壁细胞的质膜上存在 ATP 酶，对于离子分泌到导管中起积极作用。离子进入导管之后，主要依靠上升的水流运输到地上部，其动力是蒸腾拉力和根压。

细胞是构成根系的基本单位，如果以整个根系为对象，测定根系吸收养分的动力学参数($K_m$、$I_{max}$、$C_{min}$)，可从整体上反映根毛、表皮和内皮层细胞吸收养分的特性。根系吸收养分的动力学参数一定程度上可以反映植物适应土壤环境的能力，在了解植物营养特性时可作为参考资料。有人认为，植物根系的 $K_m$ 和 $I_{max}$ 值小，适宜比较贫瘠的土壤；植物根系的 $K_m$ 和 $I_{max}$ 值大，适宜比较肥沃的土壤，植物根系的 $K_m$ 值低，$I_{max}$ 值高，既适宜贫瘠的土壤，又适宜肥沃的土壤。不同作物根系的动力学参数见表 1-19。

表 1-19　主要作物吸收养分的米氏常数($K_m$)　mmol/L

| 吸收离子 | 作物 | 器官 | $K_m$ | 竞争离子 | 非竞争离子 |
|---|---|---|---|---|---|
| $K^+$ | 大麦 | 根 | 0.021 | | $Na^+$ |
| $K^+$ | 玉米 | 叶 | 0.038 | $Pb^+$ | $Na^+$ |
| $Na^+$ | 大麦 | 根 | 0.320 | $K^+$ | |
| $Mn^{2+}$ | 甘蔗 | 叶 | 0.061 | $H^+$ | $Zn^{2+}$、$Cu^{2+}$ |
| $Zn^{2+}$ | 甘蔗 | 叶 | 0.011 | $Cu^{2+}$、$H^+$ | $Mn^{2+}$ |
| $Zn^{2+}$ | 小麦 | 根 | 0.007 | $Cu^{2+}$ | $Ca^{2+}$、$Mg^{2+}$、$Mn^{2+}$、$Fe^{2+}$、$Ca^+$、$H^+$ |
| $Cu^{2+}$ | 甘蔗 | 叶 | 0.015 | $H^+$ | $Mn^{2+}$ |
| $Cl^-$ | 大麦 | 根 | 0.014 | $Br^-$ | $F^-$、$I^-$ |
| $NO_3^-$ | 玉米 | 根 | 0.021 | | |
| $H_2PO_4^-$ | 玉米 | 根 | 0.006 | | |
| $H_2BO_3^-$ | 甘蔗 | 叶 | 0.086 | | |

# 1.3　植物的叶部营养

## 1.3.1　叶片的结构与养分吸收

植物除了通过根系吸收养分之外，还能利用叶片吸收养分。叶片吸收养分的形式和根系相同，吸收养分的机理也与根系相似。

叶片由角质层、栅栏组织、海绵组织等组成(图 1-11)。叶片表面均匀地覆盖着角质层。角质层由最外边的蜡质层，蜡质和角质混合的中间层，以及最内的角质层组成。蜡质主要的化学成分是高分子脂肪酸和高碳一元醇。这类化合物可让水分子大小的物质透过；中间层的化学成分是蜡质和角质的混合物；角质层由角质、纤维素、果胶质组成，这层物质紧靠叶肉细胞的细胞壁。角质层从外到内的亲水能力由小到大，亲脂能力由大到小。一般而言，脂溶性物质易透过角质层，离子态养分则难于通过。在叶片表面，分布着有许多气孔和水孔，能使细胞原生质与外界直接联系。它们的主要功能是进行内外物质的交换。叶片背面的气孔和水孔的数量多于正面，加之海绵组织比较松软，栅栏组织排列紧密，所以，在进行叶面施肥时，施于叶背面的效果优于正面。

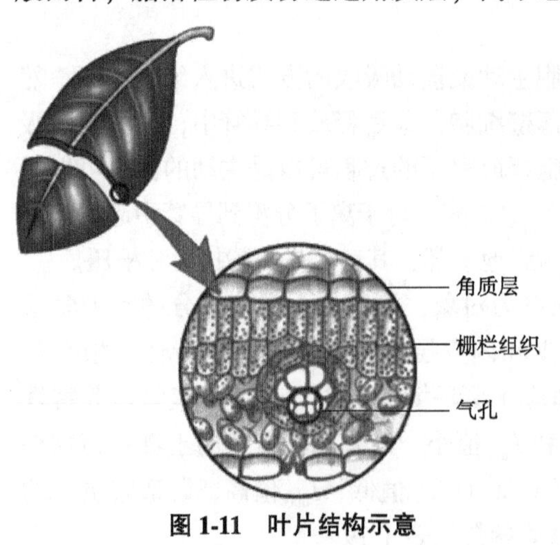

图 1-11　叶片结构示意

大量研究表明，在一定的浓度范围内，养分进入叶片的速率与浓度成正比。所以，叶面施肥时，应在不危害叶片的情况下尽量提高浓度。但值得注意的是，尿素进入叶片的速率很快，是其他离子的 10～20 倍，并与浓度的关系不密切，如果尿素与其他盐溶液混合，还能提高盐溶液中离子的吸收速率，故在实际叶面施肥中，尿素常与其他肥料混合，可以促进养分吸收。叶片吸收养分之后，可通过筛管运往其他部位。

叶片吸收养分的机理与根系相似，吸收养分的速率与外界溶液中的养分浓度符合米氏方程，对同一作物而言，植物根、叶吸收某种养分的 $K_m$ 值与 $I_{max}$ 值相似。但主动吸收养分的能量来源不同，根系的主动吸收被氰化钾(KCN)抑制，不被二氯酚靛酚(DCPIP)抑制；但叶片主动吸收养分被 DCPIP 抑制，不能被 KCN 抑制，说明前者的能量来源于氧化磷酸化，后者的能量来源是光合磷酸化。由于能量来源不同，叶片吸收养分的机制也可能不同于根系。

## 1.3.2　叶部营养的特点

**(1) 直接供给养分，防止养分在土壤中转化固定**

通过叶面喷施能直接供给作物养分，减少土壤固定，提高肥料利用率。某些生理活性物质，如植物激素，施入土壤容易发生分解，效果欠佳，采用叶面喷施就可克服这种现象。某些微量元素，如锌、铁、铜等元素施入土壤易被土壤固定，利用率不高，叶面施用的效果较好。在寒冷地区，根系活性弱，土壤施肥难以取得良好效果，叶面施肥则能较好地提供给作物养分，满足作物营养需要。

**(2) 吸收速率快，能及时满足作物营养需要**

有人利用放射性 $^{32}P$ 在棉花上进行试验，将肥料涂于叶片，5 min 后测定各个器官中的 $^{32}P$ 含量，均发现含有放射性磷，幼叶含量最高；10 d 以后，各器官中的含磷量达到最高值。相反，如果通过土壤施用，15 d 后植物吸收磷的数量才相当于叶面施肥 5 min 时的吸收量。植物从土壤中吸收尿素，4~5 d 后才能见效；但叶面喷施 2 d 后就能观察到明显效果。由于叶面吸收养分的速率快，在施肥实践中，常用于及时防治某些缺素症或补救因不良气候条件或根部受损而造成的营养不良。

**(3) 直接促进植物体内的代谢作用**

叶面喷施养分可用于调节某些生理过程，如一些植物开花时喷施硼肥，可防止“花而不实”。

叶面施肥的局限性在于肥效短暂，每次施用养分总量有限。因此，植物的叶部营养不能完全代替根部营养，仅是一种辅助的施肥方式。对于氮、磷、钾等大量元素来说，仅靠叶面供给数量有限，若多次施用，不仅成本增加，费工费时，而且会抑制根部营养，因此，应以土壤施用为主，叶面施用为辅。但对微量元素来说，由于需要量不大，叶片施用便可满足作物营养的需要，故叶面喷施可作为微量元素的主要施用方式。

## 1.3.3　影响叶片吸收养分的因素

在很多方面，叶片吸收养分与根系相似，故影响叶片吸收养分的因素基本上也与根相同。但叶面吸收养分又不完全同于根系，所以具有特殊性。现将影响叶片吸收养分的因素总结如下，以供叶面施肥时考虑。

**(1) 溶液组成**

溶液组成取决于叶面施肥的目的，同时也要考虑各种成分的特点。磷、钾能促进碳水化合物的合成与运输，故后期施用磷、钾肥对于提高马铃薯、番薯、甜菜的产量有良好作用，并能促进提早成熟。在早春作物苗期，土温较低，根系吸收养分的能力较差，叶面喷施氮肥效果很好。在选择具体肥料时，要考虑不同肥料形态的吸收速率。就钾肥而言，叶片吸收速率为：$KCl>KNO_3>KH_2PO_4$；对氮肥来说，叶片吸收速率为：尿素>硝酸盐>铵盐。在喷施微量元素和生理活性物质时，加入尿素可以促进吸收，防止叶面出现的暂时黄化。总之，在叶片施肥时，溶液的配制要促进吸收，防止拮抗。

**(2)溶液浓度**

叶片吸收养分和根系一样，在一定浓度范围内，营养物质进入叶片的速率和数量随浓度提高而增加。在叶片不受肥害的情况下，应适当提高喷施肥料的浓度，促进吸收。

**(3)溶液 pH 值**

溶液 pH 值影响叶片吸收养分的速率。一般而言，溶液酸性，有利于阴离子吸收；溶液碱性，有利于阳离子吸收。如果要供给阳离子，溶液应调节到微碱性；如果要供给阴离子，溶液应调节到微酸性。

**(4)溶液湿润叶片的时间**

溶液湿润叶片的时间与叶片施肥的效果密切相关。许多试验证明，如果能使营养液湿润叶片的时间超过 0.5~1 h，叶片可以吸收大部分溶液中的养分，余下的养分也可以被叶片逐渐吸收。因此，叶面施肥应选在傍晚或阴天，这样可以防止营养液迅速干燥。此外，使用湿润剂降低溶液表面张力，增加溶液与叶片的接触面积，对于提高根外追肥的效果有良好作用。

**(5)植物种类**

双子叶植物(如棉花、油菜、豆类、甜菜等)，叶面积较大，角质层较薄，溶液中的养分易被吸收；而单子叶植物(如水稻、小麦、玉米、大麦等)，叶面积较小，角质层较厚，养分透过速率较慢。故在叶面施肥时，双子叶植物的效果较好，浓度宜低，单子叶植物的效果较差，浓度宜高。

**(6)喷施次数与部位**

在叶片内，各种养料的移动速率不同。研究表明，移动性最强的元素是氮和钾；移动性较强的元素有磷、氯、硫；部分移动的元素有锌、铜、锰、钼等；不移动的元素是硼和钙。在叶面施用不易移动的元素时，必须增加施用次数，注意施用部位，如铁肥只有喷施在新叶上的效果才比较理想。另外，从叶片的结构来看，叶片正面的表皮组织下是栅栏组织、比较致密；叶背面是海绵组织，比较疏松，细胞间隙大，孔道多。故叶片背面吸收养分的能力较强，速率较快，喷施肥料的效果较好。

## 1.4 影响植物吸收养分的因素

影响植物吸收养分的因素有内因和外因。首要是内因，即植物本身的因素，主要有遗传特性、生长发育状况、激素水平等。外因是影响植物吸收养分的外部条件，主要有光照、温度、水分、pH 值、陪伴离子和离子浓度等。

## 1.4.1　影响植物吸收养分的内因

**(1)遗传因素**

很早以前，人们就发现在不同植物体内养分含量不同，即使是同一植物，在不同生育期的养分含量也不一样。植物体内的养分含量与养分吸收能力和利用效率密切相关，均受到基因的调控。图 1-12 是不同植物在同一营养液中吸收钾、铷、钠 3 种元素的数量。植物吸收钠的种间差异极为明显，吸收钾和铷的种间差异很小。说明遗传因素对不同养分吸收的调控能力各异。在本项研究中，遗传因素调控钠吸收的能力较强，调控钾和铷吸收能力较差。深入研究表明，在整个植物界，植物种属之间吸收钠的差异大于吸收钾的差异。

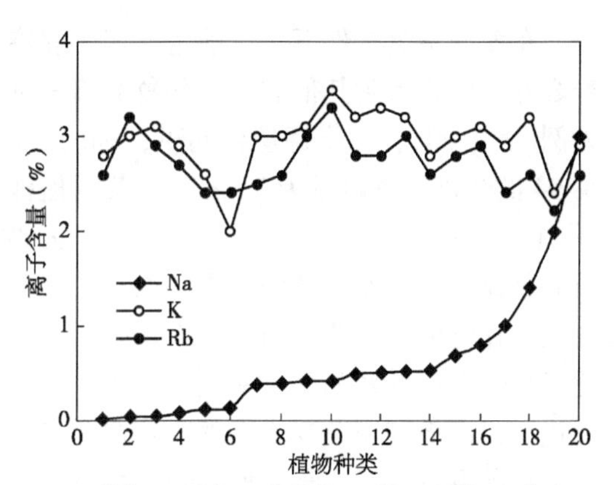


1.荞麦；2.玉米；3.向日葵；4.藜；5.沙蓬；6.豌豆；7.烟草；8.马铃薯；9.菠菜；10.燕麦；11.翠菊；12.罂粟；13.莴苣；14.长叶车前；15.草木樨；16.蚕豆；17.滨藜；18.白芥；19.海蓬子；20.大车前。

**图 1-12　不同植物在同一营养液中对 $K^+$、$Rb^+$、$Na^+$ 的吸收状况**

作物吸收难溶养分的能力越强，不仅能充分吸收土壤中的难溶养分，而且能提高肥效，减少施肥量。所以，吸收难溶养分能力强、体内适宜养分浓度低的作物品种是理想的栽培品种。在这方面国外已进行许多有益的工作，并培育出一些营养性状优良的品种和品系。在养分供应不足的条件，Shea et al. (1967) 首先研究了对缺钾反应不敏感的基因型的营养特性，他们收集了在养分不足时能够生长和繁殖的菜豆品系。在水培试验中，设置钾浓度为 0. 13 mmol/L 的人工选择压力，栽培 66 个菜豆品系，在钾素严重不足时，利用效率高的品系几乎没有缺钾症状，从中初步筛选出钾利用效率高的菜豆品系(58)，它的植株干重比钾利用效率最低的品系(63)高 41%，每株的干重分别为 8. 83 g 和 6. 00 g(表 1-20)。

**表 1-20　在氮、磷、钾、钙不足时，蚕豆和番茄不同品系的产量和养分利用效率**

| 作物 | 不足的元素 | 元素不足的水平含量 (mg/株) | 品系 | 产量 (g 干重/株) | 养分效率 | 养分适量时的产量 (g 干重/株) |
|---|---|---|---|---|---|---|
| 菜豆 | 钾 | 11. 3 | 63(I) | 6. 00 | 157 | 14. 01 |
| | | | 58(E) | 8. 83 | 294 | 17. 76 |
| 番茄 | 钾 | 5 | 94(I) | 0. 95 | 173 | 7. 93 |
| | | | 98(E) | 1. 97 | 358 | 7. 91 |
| 菜豆 | 磷 | 2 | 2(I) | 0. 87 | 562 | 2. 74 |
| | | | 11(E) | 1. 50 | 671 | 2. 07 |
| 番茄 | 氮 | 35 | 51(I) | 2. 51 | 83 | 10. 63 |
| | | | 63(E) | 3. 62 | 118 | 12. 70 |
| 番茄 | 钙 | 10 | 139(I) | 1. 35 | 381 | 6. 38 |
| | | | 39(E) | 3. 63 | 434 | 6. 25 |

注：低效品系 I 和高率的品系 E 的鉴别，是根据植株吸收每单位重量的元素所生产的干重做出的。

在养分不足条件下，目前进行了很多有关植物养分利用效率的研究。除菜豆和钾素营养之外，已扩大到其他的多种作物和多种元素。以番茄的氮、钾、钙效率和菜豆的磷效率为例(表 1-20)，在供钾量相同时，利用效率最高的番茄品系 98 所生产的干物质为低效品系 94 的 2 倍。供磷量为 2 mg 时，菜豆植株干物质从每株 0. 87 g(品系 2)上升到 1. 50 g(品系 11)，差异达 72%。当供氮量为 35 mg/株时，钾利用效率最高的番茄所生产的平均干物质的量比效率最低的植株高出 40%。在不同番茄品系之间，它们对钙质不足的抗耐性差异很大。在钙的初始浓度为 0. 125 μmol/L 的营养液中，加入 10 mgCa/株时，高效品系 39 的营养生长量比低效品系 139 高出 169%(分别为 3. 63 g 和 1. 35 g)。这些研究为选育营养特性优良，高效利用营养元素的高产品种提供了科学依据。

目前发现，对大量元素而言，多数植物的养分利用效率受多基因控制；对微量元素而言，多数植物利用养分的效率可能受多个或单个基因控制。所以，培育对大量元素利用效率高，产量品质性状好的品种或品系难度较大；培育对微量元素利用效率高的品种或品系也许相对容易。

**(2)激素**

在植物激素被发现后不久，就有关于激素影响养分吸收和运输的报道。关于激素影响养分吸收的研究始于 20 世纪 30 年代，当时发现生长素(IAA)能刺激盐呼吸；60 年代后期，发现 IAA 促进一价阳离子吸收；后来这方面的研究工作又扩展到脱落酸(ABA)和细胞分裂素(CTK)；70 年代以后，植物细胞吸收养分的研究在生物物理、电生理、生物化学等多个方面取得了重大进展。所以，人们实际上是在近几十年才初步弄清了植物激素(包括壳梭孢菌素、芸薹素内脂等天然物质)对养分吸收的影响。下面将阐述几种植物激素对养分吸收的影响。

①生长素(IAA)。IAA 能促进某些植物组织对 $K^+$、$Rb^+$ 等一价阳离子的吸收，同时在短时间内(几分钟)使介质酸化。介质酸化的原因是刺激了 $H^+$ 分泌。IAA 促进 $K^+$、$Rb^+$ 等一价阳离子吸收和刺激 $H^+$ 分泌是同时发生的，并迅速引起膜电子位过极化。James 等用 IAA 处理燕麦胚芽鞘 3~5 h，膜电位过极化+22 mV，$K^+$ 净吸收量增加，使细胞内的 $K^+$ 含量提高。他们认为，膜电位过极化是因为细胞吸收了 $K^+$，$K^+$ 内流增加不是因水分内流引起的，而是 IAA 促进了 $H^+/K^+$ 交换。但是，对某些植物组织(如玉米、甜菜等作物的根系)，IAA 刺激 $K^+$ 吸收和 $H^+$ 分泌的作用不甚显著。改用乙烯生物合成的抑制剂 Co 和 AUG 处理这些组织之后，低浓度的 IAA($10^{-10}$~$10^{-8}$ mol/L)能促进 $K^+$ 吸收和 $H^+$ 分泌，并能加速生长；相反，高浓度的 IAA 则抑制生长，在这时若加入 IAA 的拮抗剂，$H^+$ 分泌、$K^+$ 吸收、细胞生长、$H^+$ 分泌均能恢复。

②脱落酸(ABA)。ABA 对离子吸收的影响因植物组织不同而异。ABA 能强烈地抑制正在生长的蚕豆叶片吸收 $K^+$；但对停止生长的蚕豆叶片吸收 $K^+$ 无影响。ABA 抑制离体的燕麦胚芽鞘吸收 $K^+$ 和 $Cl^-$，降低玉米根系积累养分离子；相反，ABA 促进离体的菜豆根积累 $Na^+$ 和 $Cl^-$，并抑制它们向地上部分运输，从而改变离子在根茎叶中的分布。ABA 促进胡萝卜组织吸收 $K^+$、$Na^+$、$Cl^-$，并改变它们对 $Na^+$、$K^+$ 离子吸收的选择性，有利于 $Na^+$ 吸收、不利于 $K^+$ 吸收。

ABA 还影响根系的离子分泌和上行运输。有人发现，ABA 促进玉米、向日葵、番茄、

菜豆根系分泌 $Cl^-$、$K^+$、$Na^+$、$NO_3^-$ 等离子，并加速它们在木质部中的上行运输；但抑制玉米和大豆根系的 $Na^+$、$Cl^-$、$Rb^+$、$K^+$分泌和运输。

ABA 能刺激离体的玉米根系分泌 $H^+$和膜电位过极化。但如果先用芸薹素内酯和壳梭孢菌素处理玉米根系，ABA 则失去这种作用。根据 ABA 能引起人工脂质体膜电导波动的试验结果，推测 ABA 能像短杆菌肽、制霉菌素等载离子体那样，在膜上形成临时性孔道，影响养分离子的吸收和运输。

③细胞分裂素(CTK)和赤霉素(GA)。CTK 对离子吸收的影响也很复杂。CTK 抑制马铃薯吸收 $H_2PO_4^-$，人工合成的 CTK 类似物能抑制大麦共质体中的 $K^+$向导管转移。此外，CTK 还能影响 $H^+$分泌，但重现性不如 IAA、ABA 和 BR(芸薹素内酯)好。在大豆下胚轴生长区，CTK 抑制 $Ca^{2+}$吸收，但在成熟区促进 $Ca^{2+}$吸收。

用 GA 提前几天处理向日葵叶片，能加速 $K^+$在根系中的流动，促进 $Rb^+$的上行运输，但不影响根系对 $K^+$的吸收。说明 GA 可能作用于离子输入木质部导管的过程。

表 1-21 是叶面喷施 CTK 和 GA 对旱金莲(*Tropaeolum majus*)叶柄化学成分的影响。结果表明，喷施 CTK 之后，叶柄全氮变化不大，蛋白质态氮和可溶性碳水化合物减少，磷增加；喷施 GA 之后，全氮、蛋白质态氮和磷增加，碳水化合物减少，说明 CKT 和 GA 不是影响了氮、磷吸收，就是影响了它们在体内的重新分配。

迄今为止，关于植物激素调节离子吸收的知识大多源于对离体组织和细胞的研究，关于植物激素对整体植物吸收养分的报道很少。开展这方面的研究，首先要弄清植物组织和细胞吸收和运输养分的机理。然而，韧皮部的装卸、质外体的运输、胞间连丝的转运、主动吸收，以及不同组织和不同细胞的激素合成、代谢和使用过程却知之甚少，这些问题对于那些有兴趣研究激素调节离子吸收奥妙的人来说，无疑是不可回避的。从目前的研究看，植物激素对植物吸收养分的影响是复杂的，植物不同、组织不同、生育时期不同，会产生不同的效果。

总之，内因是影响植物养分吸收的主体，是十分重要的，外因是条件，通过内因起作用。目前，关于内因对植物吸收养分的影响还需深入研究，有关研究对于植物营养学的发展和生产实际有重要意义。

**表 1-21　叶面喷施 CTK 和 GA 对旱金莲叶柄化学成分的影响**　%

| 处理 | 全氮量 | 蛋白质态氮 | 可溶性碳水化合物 | 磷 |
|---|---|---|---|---|
| 对照 | 100 | 100 | 100 | 100 |
| +CTK | 95 | 83 | 47 | 117 |
| +GA | 150 | 118 | 63 | 167 |

注：引自 Allinger，1969。

## 1.4.2　影响植物吸收养分的外因

植物吸收养分随着外在环境的不同而异。影响植物吸收养分的外因主要有温度、通气状况、pH 值、养料浓度和离子间相互作用等。在施肥实践中，我们能够通过改变外界条件来促控养分吸收。

**(1)温度**

在一定温度范围内，温度上升，植物吸收养分的能力提高，但温度过高、过低都不利于养分吸收。图 1-13 表明，温度在 6~12 ℃时和 24~30 ℃时，大麦吸收 $K^+$的数量比 12~24 ℃低很多。在低温条件下，呼吸作用和各种代谢活动十分缓慢；在高温时，植物体的蛋白质和酶失去活性。因此，在温度过高、过低时，养分吸收速率降低，只有在适当的温度范围内，植物才能较多地吸收养分。早稻育秧常用薄膜覆盖，晚稻后期遇到低温来临采取深水灌溉，目的之一是提高土温，促进养分吸收，保证正常生长。在夏季高温，水稻经常日灌夜排，目的之一是降温保苗，促进吸收。

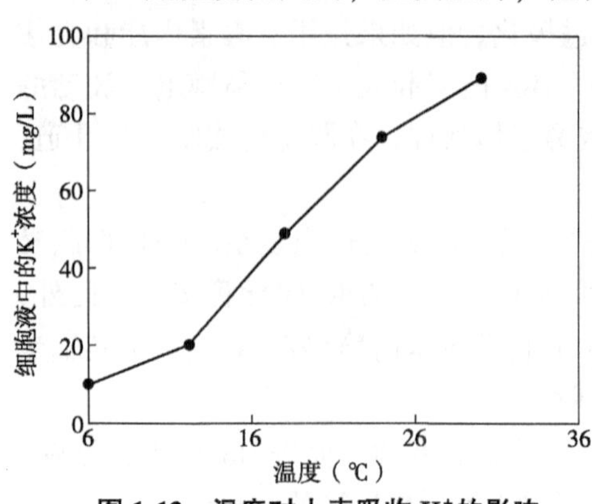

**图 1-13 温度对大麦吸收 $K^+$的影响**

**(2)通气状况**

通气有益于有氧呼吸，故能促进养分吸收。

在不同供氧条件下，利用溶液培养技术培养大麦，观察它们吸收磷素养分的状况可见，氧分压适宜时，吸收达到最大值。其他养分如 $NO_3^-$、$K^+$、$NH_4^+$、$Mg^{2+}$、$Cl^-$等吸收的情况与磷类似。有氧呼吸能形成较多的 ATP，供吸收养分之用。所以，土壤排水不畅，板结紧实，作物吸收养分减少；相反，土壤排水良好，疏松透气，作物吸收养分较多。在农业生产中，施肥结合中耕，目的之一就是促进作物吸收养分，提高肥料利用率。

**(3)pH 值**

溶液中的 pH 值常常影响植物吸收养分。用完整的植物根系和离体的根系进行试验表明，微酸至微碱性最有益于植物吸收养分。将大麦幼苗培养在 pH 值为 4. 5 的营养液中，根系中的 $K^+$发生外渗现象。若供给少量的 $Ca^{2+}$，这种现象会减弱或停止。在强酸性土壤中施用石灰，即使少量施用，对防止养分外渗也会起到良好效果。

此外，土壤 pH 值还影响土壤养分的转化及其有效性。一般而言，在中性或微酸、微碱性条件下，有益于土壤微生物活动，多数养分的有效性也比较高。

**(4)养分浓度**

作物吸收养分的速率随浓度的改变而变化。如果溶液中的浓度逐渐提高，吸收速率在起初随浓度的提高而迅速增加，接着缓慢增加，然后稳定在一定数值；如果再继续提高养分浓度，养分吸收速率又会出现迅速增加→缓慢增加→趋于稳定的现象(图 1-14)。这就是植物吸收养分的“二重图形”。

植物吸收养分具有“二重图形”的现象十分普遍。“二重图形”说明，养分浓度不同，吸收机构也不同，在较低的浓度时，起作用的机构称为机构Ⅰ；在较高浓度时，起作用的机构称为机构Ⅱ。关于机构Ⅰ和机构Ⅱ的位置，目前有两种认识，一种认为它们都在质膜上；另一种认为机构Ⅰ在质膜上，机构Ⅱ在液泡膜上。此外，两种机构的特性也不同(表 1-22)。

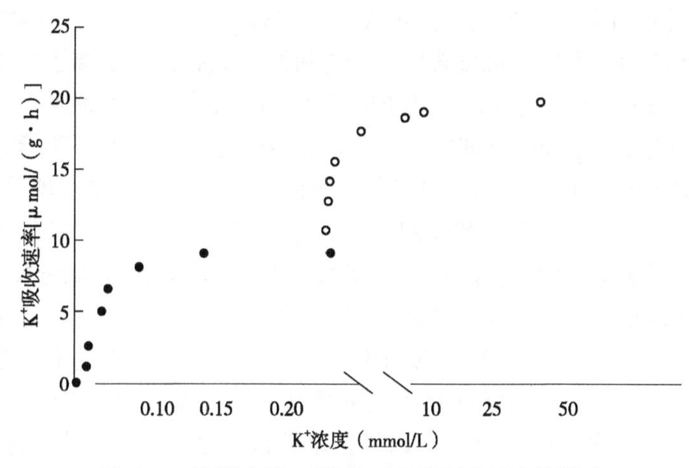


**图 1-14　溶液中的 $K^+$浓度对大麦吸收速率的影响**

**表 1-22　两种机构吸收 $K^+(Rb^+)$离子的特性**

| 性　质 | 机构 I | 机构 II |
| --- | --- | --- |
| 最适浓度 | 0. 005～0. 200 mmol/L | 3～5 mmol/L |
| 符合米氏方程的程度 | 极高 | 较低 |
| $K_m$ | $K_m$ = 0. 021 mmol/L，即亲和能力强 | $K_m$ = 11. 4 mmol/L，即亲和能力弱 |
| $I_{max}$ | $I_{max}$ = 11. 9 μm/(g · FW · h) | $I_{max}$ = 13. 2 μm/(g · FW · h) |
| 选择性 | 极高，例如有高浓度的 $Na^+$时，$K^+(Rb^+)$也不受影响 | 较低，例如有等量的 $Na^+$共存时，$K^+(Rb^+)$吸收受抑制 |
| 阴离子的影响 | $Cl^-$和 $SO_4^{2-}$ 对 $K^+(Rb^+)$吸收的影响无差异 | 促进 $K^+(Rb^+)$吸收率有差异，$Cl^- > SO_4^{2-}$ |
| 溶液中加入 $Ca^{2+}$ 对吸收的影响 | 促进吸收 | 拮抗作用 |

### (5) 离子之间的相互作用

离子之间有拮抗作用，也有协助作用。离子之间的拮抗作用是指某一离子的存在能抑制另一种离子吸收的现象；相反，某一离子能促进另一种离子吸收的现象称为离子之间的协助作用。

离子之间的拮抗作用主要表现在阳离子与阳离子之间或阴离子与阴离子之间。一价阳离子之间相互抑制吸收，如 $K^+$、$Cs^+$、$Rb^+$、$Na^+$、$NH_4^+$ 等。二价阳离子之间也有类似的现象，如 $Ca^{2+}$和 $Mg^{2+}$互相抑制吸收。此外，阴离子之间，如 $Cl^-$与 $Br^-$、$H_2PO_4^-$、$NO_3^-$ 和 $Cl^-$之间都有拮抗作用。

产生拮抗作用的原因很多。从离子水合半径看，$Li^+$为 1. 003 nm、$Na^+$为 0. 79 nm、$K^+$为 0. 532 nm、$NH_4^+$ 为 0. 537 nm、$Rb^+$为 0. 509 nm、$Cs^+$为 0. 505 nm，$K^+$、$NH_4^+$、$Rb^+$、$Cs^+$离子水合半径彼此接近，容易在载体吸收部位产生竞争作用，所以互相抑制吸收。

离子之间除拮抗作用之外，还有协助作用。阴、阳离子之间一般促进吸收，如 $NO_3^-$、

$H_2PO_4^-$ 和 $SO_4^{2-}$ 均能促进阳离子吸收，促进效果 $NO_3^- > H_2PO_4^- > SO_4^{2-}$。这些阴离子被吸收后，能增强植物的代谢活动，形成有机化合物，如有机酸，故有促进阳离子吸收的作用。还有些阴离子，如 $Cl^-$、$Br^-$、$I^-$也能促进阳离子的吸收，原因是维持了细胞的电荷平衡。据维茨(Viets，1940)研究表明，溶液中的 $Ca^{2+}$、$Mg^{2+}$、$Al^{3+}$等二、三价阳离子，在比较广泛的浓度范围内，能促进 $K^+$、$Rb^+$、$NH_4^+$、$Na^+$等一价阳离子的吸收，这种现象称为维茨效应。有趣的是细胞或根系内的 $Ca^{2+}$则无此作用。根据这一事实，认为 $Ca^{2+}$的作用点位应该在细胞膜，而不是通过影响了代谢活动起作用。实验证明，$Ca^{2+}$不但能促进 $K^+$、$Na^+$、$NH_4^+$ 等离子的吸收，还能防止它们的外渗。此外，保持质膜正常透性需要的 $Ca^{2+}$浓度不高，一般 $10^{-4}$ mol/L 已可满足。除了在 pH 值很低的土壤中，一般土壤都超过了此浓度。关于 $Ca^{2+}$对质膜的影响，有人用电子显微镜观察了大麦根系的生长点，发现在缺钙时，原生质膜、液泡膜和核膜均发生解体，形成碎片；如果在培养液中加入 $Ca^{2+}$，膜结构在短时间内恢复。说明 $Ca^{2+}$是构成膜的成分之一，维茨效应与钙影响细胞膜的透性有关。

必须指出，离子之间相互作用的关系十分复杂，作物种类、组织器官，以及作用时间不同，都能影响离子之间的关系。用离体根系作为实验材料，$NH_4^+$ 和 $K^+$之间存在着拮抗作用或互不影响吸收；但用整株植物作为实验材料，在短时间内，$NH_4^+$ 和 $K^+$之间的关系与离体根相似，然而在较长时间内，$NH_4^+$ 和 $K^+$之间表现出协助作用。此外，在一种浓度时，离子之间是拮抗作用，在另一浓度时，离子之间可能是协助作用。

## 1.5 植物体内的养分运输

根系吸收的养分必须运输到植物需要的部位才能起到营养植物的作用。根系吸收养分之后，少部分留存于根系内，大部分运输到其他部位；同样，叶片吸收养分之后，也发生类似现象。

### 1.5.1 矿质元素运输的形式

不同营养元素的运输形式不同。根系吸收铵态氮之后，大多数在根系内转化成有机氮，如天冬氨酸、天冬酰胺、谷氨酸、谷酰胺，以及少量的丙氨酸、蛋氨酸，然后上行运往地上部。根系吸收硝态氮之后，只有少量在根系中还原，大部分运输到叶片，在那里被还原成铵态氮。磷酸盐主要以无机离子的形式运输，少量以磷酰胆碱、ATP、ADP、AMP、葡萄糖-6-磷酸和果糖-6-磷酸的形式运输。$Ca^{2+}$、$Mg^{2+}$、$Fe^{2+}$、$Cl^-$、$SO_4^{2-}$ 等以离子形式向地上部运输。

就运输的速率或难易程度而言，低价离子一般比高价离子容易运输，如 $K^+$、$Na^+$比 $Ca^{2+}$、$Mg^{2+}$、$Fe^{2+}$容易运输；阴离子一般比阳离子容易运输。根据运输的难易程度，我们大致可以确定植物营养元素发生缺乏的部位。

### 1.5.2 矿质元素在根系和地上部之间的运输

利用有两个分枝的柳树苗作为试验材料，在两个枝条的对应部位把茎秆的韧皮部和木质部分开(图 1-15)，选择其中一枝，在韧皮部和木质部之间插入蜡纸(处理Ⅰ)；选择另

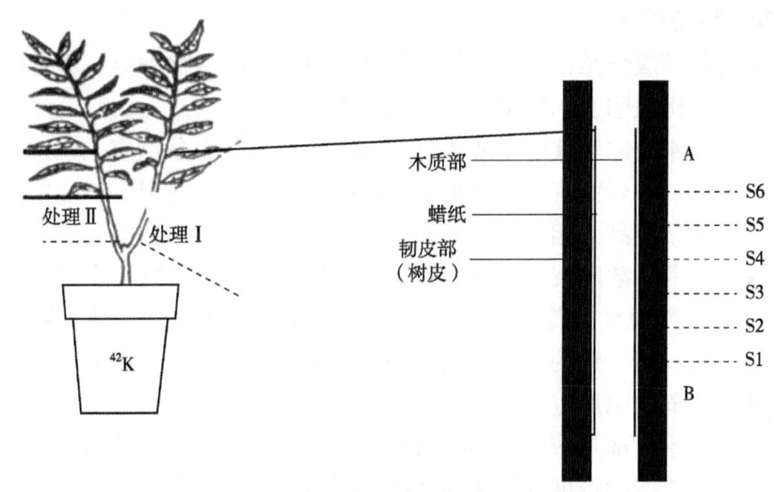


图 1-15　放射性 $^{42}K$ 的运输试验

一枝使韧皮部和木质部重新接触作为处理Ⅱ。然后，向根系供应 $^{42}K$，5 h 之后，测定 $^{42}K$ 在茎中各部位的分布情况。结果表明：①在处理Ⅰ中，$^{42}K$ 主要存在于木质部中，在韧皮部中几乎没有，由此表明根系吸收的 $^{42}K$ 通过木质部导管向上运输；②如果时间超过 12 h，在处理Ⅰ中的韧皮部可以检测到大量的 $^{42}K$ 存在，说明 $^{42}K$ 通过木质部导管向上运输到特定部位(叶片或茎尖)之后，通过韧皮部下行运输；③在未分离的 A、B 处，以及处理Ⅱ中，韧皮部和木质部中均有较多的 $^{42}K$，说明木质部中的 $^{42}K$ 可以横向运输到韧皮部(表 1-23)。

由此可见，根系吸收的矿质元素通过木质部导管上行运输，通过韧皮部下行运输，同时也存在木质部和韧皮部之间的横向运输。

表 1-23　$^{42}K$ 在柳条中的分布　mmol/L

| 部位 | 处理Ⅰ | | 处理Ⅱ | |
|---|---|---|---|---|
| | 韧皮部 | 木质部 | 韧皮部 | 木质部 |
| A | 43 | 47 | 64 | 56 |
| S6 | 11.6 | 119 | | |
| S5 | 0.9 | 122 | | |
| S4 | 0.7 | 112 | 87 | 69 |
| S3 | 0.3 | 98 | | |
| S2 | 0.3 | 108 | | |
| S1 | 20.0 | 113 | | |
| B | 84 | 58 | 74 | 67 |

#### 1.5.2.1　木质部运输

木质部是矿质元素上行运输的通道，木质部运输的动力是蒸腾作用和根压，矿质元素在木质部运输的难易程度影响它们在地上部的分布和积累。

### (1) 木质部汁液的成分

木质部汁液的化学成分是比较复杂的，其含量和浓度因植物种类、生育时期、环境条件不同而异。化学分析表明，木质部汁液的化学成分如下。

①矿质元素。是木质部汁液的主要成分，因植物种类、养分供应、根系吸收、生育时期和季节不同而变化。一般而言，养分丰富、根系代谢旺盛、处于生长旺盛期的植物，木质部汁液中的养分含量较高；相反，养分缺乏，根系代谢活动受到抑制。处于衰老期的植物，木质部汁液中的养分浓度较低。在大豆生殖生长期的不同阶段，木质部汁液中的养分含量见表 1-24。随着籽粒的逐渐成熟，木质部汁液流速减小，磷、钾、钙、镁的浓度降低，硫变化不大，硼、锌、铜的含量升高。此外，在一日之内，由于蒸腾速率不同，木质部汁液的流动速率和养分浓度也表现出明显的变化。

②有机物质。在木质部汁液中，还有低分子有机物质，它们是单糖、氨基酸、酰胺和有机酸等。其中，有机酸的浓度取决于根系吸收阴阳离子的比例和供氮形式。此外，木质部中还有少量的蛋白质，如酶类，它们可能来源于木质部周围细胞的释放。

③激素。是木质部汁液中的重要成分，主要有 GA 和 ABA，它们都是在根系中合成，然后运输到地上部起作用的。其中 ABA 可以视为反映土壤水分状况的化学信号。如果土壤水分减少或蒸腾强度过大，土壤水分不能满足植物的正常需要，根系就会大量合成 ABA，通过木质部运输到叶片，使气孔关闭，减少水分损失，木质部汁液的流动速率也会降低。由此可见，木质部汁液中的 ABA 是来自根系的化学信号，调控木质部汁液的流动速率，从而影响矿质养分的上行运输，并进一步影响根系吸收养分。在施肥实践中，施肥结合灌溉有益于养分吸收，提高肥料的利用率。

**表 1-24　在生殖生长期，大豆伤流的体积和矿质元素浓度的变化**

| 参　数 | 发育时期 | | | |
|---|---|---|---|---|
| | 荚果形成期 | 荚果成熟早期至中期 | 荚果成熟晚期 | 黄叶早期 |
| 伤流体积［mL/(50 min · 株)］ | 1.43 | 1.13 | 0.94 | 0.43 |
| K(mmol/L) | 6.1 | 5.0 | 4.0 | 2.4 |
| Mg(mmol/L) | 3.8 | 2.6 | 1.9 | 1.2 |
| Ca(mmol/L) | 4.8 | 3.9 | 3.9 | 2.2 |
| P(mmol/L) | 2.5 | 1.6 | 0.9 | 0.4 |
| S(mmol/L) | 1.8 | 1.6 | 2.1 | 1.5 |
| B(mmol/L) | 1.0 | 1.5 | 1.6 | 3.2 |
| Zn(mmol/L) | $23.0\times10^{-3}$ | $29.0\times10^{-3}$ | $32.0\times10^{-3}$ | $42.0\times10^{-3}$ |
| Cu(mmol/L) | $2.7\times10^{-3}$ | $3.6\times10^{-3}$ | $2.8\times10^{-3}$ | $6.9\times10^{-3}$ |

注：引自 Nooden et al.，1987。

### (2) 木质部运输的动力与养分的吸收运输

木质部汁液上升的动力是根压和蒸腾作用。在晚间，气孔关闭，蒸腾作用降低，木质部汁液由根压推动上升；在白天，气孔开放，蒸腾作用强，木质部汁液由蒸腾拉力和根压共同推动上升。以大麦为实验材料证明，在白天，$^{32}P$ 上升的动力主要源于蒸腾作用，上升速率大于晚间根压产生的推动作用。由此可见，蒸腾作用和根压是木质部汁液上行运动，也是养分上行运输的主要动力。

作为木质部运输的动力，蒸腾作用显著影响木质部汁液的运输速率，进一步影响到养分吸收。蒸腾作用对木质部运输和养分吸收的影响大小取决于植物种类、生育时期、环境条件、介质中的养分浓度和种类等多种因素。

①植物种类。对于高大的植物而言(如乔木)，它们吸收运输养分与蒸腾作用的关系密切，根压对它们的影响较小；相反，对于低矮的植物(如灌木)，吸收运输养分与蒸腾作用的相关性小于高大植物，根压所起的作用比较明显。

②生育时期。在苗期，幼苗叶面积小，蒸腾速率低，蒸腾作用对养分的吸收运输影响不大，水分和养分的上行运输主要依靠根压。随着苗龄的增加，叶面积增大，蒸腾作用对矿质养分的迁移运输和吸收的影响日益明显。

③环境条件。一般而言，气温高，空气干燥，土壤水分充足，蒸腾强度大，有利于养分的上行运输和吸收；反之，气温低，空气湿度大，土壤干旱，蒸腾强度低，不利于养分的上行运输和积累。

④养分种类。在相同的其他条件下，蒸腾对养分吸收运输的影响因矿质元素的种类不同而异。蒸腾作用对钾、硝酸盐、磷酸盐的吸收运输几乎不起作用或作用很小，但对钠、钙的作用明显。由表 1-25 可见，蒸腾作用对甜菜吸收运输钾无显著影响，但对钠的吸收运输影响显著，在高蒸腾条件下，钠的吸收运输速率大于低蒸腾条件。此外，蒸腾作用显著影响分子态的养分，如硼酸、硅酸的吸收运输，其效果大于对离子态养分的吸收运输的影响。

⑤介质中的养分浓度。如果介质中的矿质元素浓度较低，增大矿质元素的浓度，蒸腾作用对它们的吸收运输的影响也会增大。一般而言，养分运输速率对蒸腾作用的反应比吸收速率敏感(表 1-25)。

**表 1-25　在液培条件下，甜菜蒸腾率对钾、钠吸收运输的影响**

| 溶液养分浓度(mmol/L) | 钾 | | 钠 | |
|---|---|---|---|---|
| | 低蒸腾 | 高蒸腾 | 低蒸腾 | 高蒸腾 |
| 吸收速率[μmol/(株·4 h)] | | | | |
| $1K^{+}+1Na^{+}$ | 4.6 | 4.9 | 8.4 | 11.2 |
| $10K^{+}+10Na^{+}$ | 10.3 | 11.0 | 12.0 | 19.1 |
| 运输速率[μmol/(株·4 h)] | | | | |
| $1K^{+}+1Na^{+}$ | 2.9 | 2.9 | 2.0 | 3.9 |
| $10K^{+}+10Na^{+}$ | 6.5 | 7.0 | 3.4 | 8.1 |

注：蒸腾作用为相对值，低蒸腾 = 100，高蒸腾 = 650；引自 Marschner et al.，1967。

**(3) 木质部运输与矿质元素的分布**

木质部运输与矿质元素的分布有关，蒸腾作用是木质部运输的动力之一，显著影响某些矿质元素在植株内的积累分布。就器官各种矿质元素的总量而言，通常情况下，老叶蒸腾失水的时间长，矿质元素含量高；相反，果实表面积小，新叶蒸腾时间短，强度低，矿质元素含量也比较低。

但是，矿质元素的种类不同，蒸腾作用对它们的影响也不一样。与蒸腾强度相关性较好的元素有 $SiO_3^{2-}$、$BO_3^{2-}$、$NO_3^-$、$Cl^-$、$Ca^{2+}$ 和 $Mg^{2+}$，与蒸腾强度相关性较差的元素是 $NH_4^+$ 和 $K^+$等。例如，叶片的蒸腾强度大于果实，钙、镁含量也是叶片高于果实，但含钾量则相反，果实一般高于叶片，说明蒸腾作用对钙、镁的积累分布影响大，对钾的积累分布影响小。在木质部汁液中，硼以 $H_2BO_3$ 的形式运输，它在各器官中的积累分布状况与蒸腾量的关系极为密切，叶片>果实>新叶，甜菜叶片含硼量甚至出现叶缘>叶片中部>叶柄，这是因为蒸腾量叶缘>叶片中部>叶柄的缘故(图 1-16)。研究表明，硅向地上部的转运与蒸腾量之间存在极显著的正相关关系，如果培养液和土壤溶液中的硅浓度稳定，我们可以根据蒸腾失水的多寡，得知植物体内的含硅量(表 1-26)。相反，由于土壤溶液中的含硅量比较稳定，也可以通过测定植物体内的含硅量，计算植物的蒸腾量。

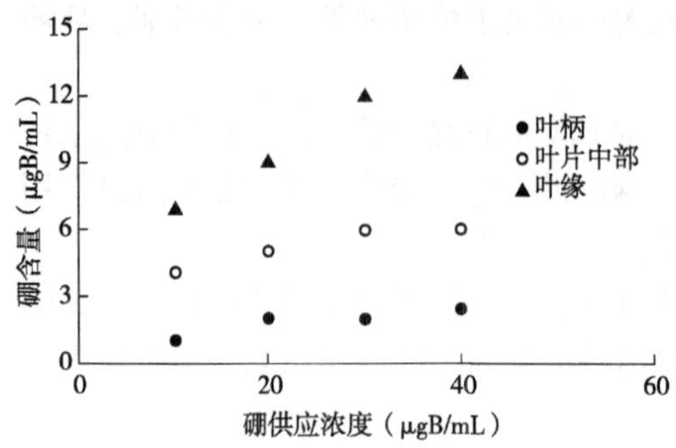


**图 1-16　甜菜叶片不同部位的含硼量**

**表 1-26　燕麦蒸腾率与硅的实际吸收量和计算吸收量的关系**

| 收获前的时间(d) | 蒸腾量(mL/株) | 硅实际吸收量(mg/株) | 硅计算吸收量(mg/株) |
|---|---|---|---|
| 44 | 67 | 3.4 | 3.6 |
| 58 | 175 | 9.4 | 9.4 |
| 82 | 910 | 50. | 49.1 |
| 109 | 2785 | 156.0 | 150.0 |

注：土壤溶液中的硅浓度为 54 mg/L；引自 Jones et al.，1965。

### 1.5.2.2　韧皮部运输

地上部的矿质元素通过韧皮部运输到根系。在那里，部分被分泌到外界环境。例如，在烟叶成熟时，韧皮部汁液中的钾浓度是木质部的 28 倍，大量的钾运至根系之后，有相当一部分被分泌到土壤中。杂交水稻在成熟时也有类似现象。在作物成熟期，根系分泌养分有利于矿质养分被下季作物再利用，但不利于提高当季作物体内的养分含量，如果分泌过度，还容易出现早衰现象。韧皮部下运到根系的营养元素，除部分被分泌到外界环境，另一部分则经过木质部再次运往地上部，形成地上部和地下部之间的养分循环。

**(1)韧皮部汁液的化学成分**

韧皮部汁液由低分子有机物质和无机离子组成。韧皮部汁液的有机物质主要是蔗糖，还有氨基酸、苹果酸，以及少量的蛋白质；无机离子主要是钾，其他无机离子的含量较低。目前，几乎所有的矿质元素都能从韧皮部汁液中检测到。韧皮部汁液一般呈中性至微碱性，原因是韧皮部汁液中氨基酸主要由中性和碱性氨基酸组成。表 1-27 是蓖麻韧皮部汁液的化学成分。

表 1-27 蓖麻韧皮部汁液的化学成分

| 化学成分(mmol/L) | | | | | | | | | | | pH值 |
|---|---|---|---|---|---|---|---|---|---|---|---|
| 蔗糖 | 氨基酸 | $K^+$ | $Ca^{2+}$ | $Mg^{2+}$ | $Na^+$ | $H_2PO_4^-$ | $SO_4^{2-}$ | $Cl^-$ | 苹果酸 | 蛋白质 | |
| 230~310 | 35 | 60~120 | 1~4.6 | 9~10 | 1~12 | 7~12 | 0.5~1 | 10~19 | 30~47 | 1.4~2.2 | 8.0~8.2 |

注：引自 Hall et al.，1972。

**(2)矿质元素在韧皮部的移动**

目前，研究营养元素在韧皮部中的运输还存在一定的技术问题。比较原始的方法是蚜虫取汁法，但这种方法获得的汁液究竟能否真实地代表韧皮部的成分或运输状况，尤其是长距离的运输的真实状况有待证实。此外，可用同位素示踪法研究韧皮部营养元素的长距离运输，结合韧皮部汁液成分的化学分析，能在一定程度上了解它们在韧皮部中的移动性。结果表明：①移动性强的元素有氮(氨基酸)、磷、钾、镁；②移动性中等的元素有铁、锌、铜、硫、锰、钼；③移动性弱的元素有钙和硼。必须指出，植物种类、品种和营养状况不同，营养元素在韧皮部的移动性也会发生变化。例如，许多直接和间接的测定结果表明，在很多情况下，钼在韧皮部有较强的移动性，发生这种现象可能与植物种类、品质和营养条件有关。

**(3)韧皮部与木质部之间的养分转移**

在植物维管束中，韧皮部和木质部之间仅仅相隔几个细胞。比较韧皮部和木质部汁液中的有机物质和无机离子的浓度可以发现，对大多数溶质而言，两者之间存在显著差异，前者远远高于后者(表1-28)。因此，韧皮部和木质部之间存在着物质交换，这种交换对于植物营养非常重要。木质部运输的主要方向是蒸腾作用最强的部位，但往往又不是营养元素需要最多的部位。通过木质部和韧皮部之间的物质交换作用，可以把营养元素运输到植物最需要的组织和器官，如生长点、种子等。

表 1-28 烟草韧皮部和木质部溶质含量的比较 μg/mL

| 溶质 | 韧皮部汁液 | 木质部汁液 | 韧皮部/木质部 |
|---|---|---|---|
| 蔗糖 | 155~168 | 未检测到 | — |
| 氨基酸 | 1 080 | 283.0 | 38.2 |
| 铵 | 45.0 | 9.7 | 4.7 |
| 钾 | 3 673.0 | 204.0 | 18.0 |
| 磷 | 434.6 | 68.1 | 6.4 |
| 氯 | 486.4 | 63.8 | 7.6 |
| 硫 | 138.9 | 43.3 | 3.2 |
| 钙 | 83.3 | 189.2 | 0.44 |
| 镁 | 104.3 | 33.8 | 3.1 |
| 钠 | 116.3 | 46.2 | 2.5 |
| 铁 | 9.4 | 0.60 | 15.7 |
| 锌 | 15.9 | 1.47 | 10.8 |
| 锰 | 0.87 | 0.23 | 3.8 |
| 铜 | 1.20 | 0.11 | 10.9 |

注：引自 Hocking，1980。

根据韧皮部和木质部汁液的浓度梯度可见，溶质从韧皮部转运到木质部是顺浓度梯度进行，但溶质从木质部转运到韧皮部则逆浓度梯度进行。从根系到地上部的上行运输过程中，溶质从木质部向韧皮部转移的现象随时发生，这种转移可能是由转移细胞负责的。在植物的茎中，木质部溶质向韧皮部转移最多的部位是节，尤其是禾本科植物最为明显。

在植物茎中，木质部汁液的流动速率和蒸腾强度影响木质部溶质向韧皮部的转移。例如，番茄木质部汁液的流动速率高，显著促进氨基酸向韧皮部转移，这有利于氨基酸运输至生长点，减少向老叶的运输。由此可见，溶质在成熟叶片、茎尖和果实(籽粒)之间分配的昼夜变化可能归因于蒸腾作用的昼夜变化。

## 1.5.3　矿质元素进入种子和果实的运输

矿质元素可以通过木质部或韧皮部的运输作用进入叶片、种子、果实等器官，两种途径运输的比例取决于该器官的蒸腾作用，蒸腾量大，通过木质部运输的比例也越大，反之韧皮部运输的比例则大。种子、果实、豆荚的蒸腾量小，韧皮部运输进入的养分量较多，木质部运输进入的量较少。以豆科植物豆荚为例，通过韧皮部输入的养分情况如下：碳、氮、硫占 80%左右；磷、钾、钙、镁、锌占 70%~80%；铁、锰、铜占 62%~66%，钙约占 70%。仔细研究可以发现，矿质元素由木质部或韧皮部输入的比例甚至存在昼夜变化。在白天，木质部与韧皮部的输入量比大于夜晚。此外，环境中的这些元素的有效性影响这种比例变化。表 1-29 是以羽扇豆为材料，以锰为研究对象的试验结果。

**表 1-29　培养液中锰的浓度对羽扇豆生长、种子含锰量及输入种子液流中锰浓度的影响**

| 培养液中锰浓度(μg/mL) | 生长量(g/株) | 种子含锰量(μg/mL) | 液流中的锰浓度 | | |
|---|---|---|---|---|---|
| | | | 木质部(μg/mL) | 韧皮部(μg/mL) | 质部/韧皮部 |
| 0.1 | 7.1 | 0.56 | 0.18 | 0.56 | 0.32 |
| 0.15 | 12.6 | 0.66 | 0.19 | 0.92 | 0.21 |
| 0.60 | 13.8 | 1.08 | 0.36 | 1.28 | 0.28 |
| 20.0 | 14.6 | 11.65 | 5.88 | 6.94 | 0.84 |

由表 1-29 可见，通过韧皮部输入豆荚的锰大于木质部，在培养液中的锰浓度很低时这种情况最为明显，当溶液中的锰浓度提高后，由木质部输入的锰就会逐渐增多。研究还表明，当韧皮部中的锰浓度低于 0.5 μg/mL 时，豆荚出现破裂、畸形，种子也会改变颜色。

硼在韧皮部中的移动性较强，因此贮藏器官中的硼主要由韧皮部供应，其含量也高于其他器官。研究表明，三叶草的籽粒和花生中的硼几乎全部来自韧皮部。值得注意的是，硼在韧皮部的移动性很强，应该可以被再利用。但实际情况是，缺硼最早发生的部位是生长点和新叶，这是目前利用运输理论不能解释的。

一般而言，由于种子和果实蒸腾作用小，通过木质部运输进入的矿质元素少，主要依靠韧皮部的运输作用。如果某种元素主要通过木质部运输(如钙)，这种元素在种子和果实中的含量就会很低。苹果的储存性能与钙的含量有关，含钙量不足，不易储存，容易腐烂。为了提高苹果的含钙量，可以利用氯化钙喷果。但果实含钙量过高，又会出现果实过于坚硬或成熟推迟的现象。

## 1.5.4　叶片矿质元素的再运输

学习叶片矿质元素再运输的知识对于了解植物抵抗逆境，提高养分利用效率，以及营养诊断有重要意义。Hill et al. (1978)研究表明，在小麦籽粒形成期间，在含铜量高的叶片中，铜的损失量高达 70%；但如果叶片缺铜，这个数值小于 20%。

在以下 3 种情况下，叶片矿质元素的再运输对植物的生长发育、物种延续和产量品质十分重要：①多年生植物在秋季落叶之前，矿质元素从衰老的组织运输到贮藏组织，有益于来年的生长发育，也有利于矿质元素的高效利用；②在养分不足的环境条件下，矿质元素从老组织运输到新组织，有利于维持生长点生长，对于生命的延续有重要意义；③在生殖生长时期，矿质元素从营养器官运输到生殖器官，有利于产量形成，也有利于生命延续。

矿质元素的再运转强度取决于它们的特性。氮、磷、钾、镁容易再运输；钙、铁、锌、锰、铜、钼、硼难于再运输。在营养缺乏的条件下，容易再运转的营养元素可以从老组织运输到新组织，满足新生组织的需要，故首先在老叶出现缺素症状，如氮、磷、钾、镁。相反，在营养缺乏的条件下，如果营养元素不能再运转，新组织从老组织那里获得营养元素就不多，故首先在幼嫩器官出现缺素症状，如钙、铁、锌、锰、铜、钼、硼等。营养元素从老叶再运转必须经过韧皮部，大致分为 4 个步骤：①营养元素从叶肉细胞的结构物质中分离；②经转运细胞装载，进入筛管；③营养元素在筛管中运输；④经转运细胞卸载。因此，上述 4 个环节是影响营养元素再运输的重要因素。

在种子萌发、叶片衰老和籽粒果实形成时期，根系吸收养分的能力一般不高，养分元素的再运输也特别重要，其再运输的数量取决于需要量(库)和供应量(源)多少。表 1-30 是羽扇豆在萌发 15 d 之内，籽粒中矿质元素的损失率。

**表 1-30　在羽扇豆在萌发 15 d 之内，籽粒中矿质元素的损失率**

| 元素 | N | P | K | Mg | Ca | Fe | Zn | Mn | Cu | Na |
|---|---|---|---|---|---|---|---|---|---|---|
| 损失率(%) | 73 | 73 | 75 | 57 | 18 | 25 | 45 | 50 | 43 | 4 |

由表 1-30 可见，在羽扇豆籽粒萌发过程中，除钙以外，大量元素氮、磷、钾、镁的需要量大，籽粒的含量高，转移率也较高；相反，微量元素铁、锌、锰、铜、钠等元素的含量均较低。

人们对营养元素的再运输有浓厚兴趣，原因之一是它可以用于筛选养分利用效率不同的基因型。养分利用效率高的基因型可能表现在以下几个方面：①吸收养分的能力强，可以有效吸收低浓度的养分；②活化土壤难溶性养分的能力强，充分利用一般植物不能利用的难溶性养分；③养分利用效率高，从衰老组织中(老叶、茎等)再运输和再利用的能力强。由此可见，研究养分元素的再运输是很重要的。

## 复习思考题

1. 哪些是植物的必需营养元素？判断标准是什么？
2. 什么是有益元素和有害元素？有益元素有哪些作用？
3. 主动吸收和被动吸收养分的特点是什么？
4. ABC 和 FMS 如何参与养分吸收？
5. 养分吸收动力学参数有何意义？
6. 土壤养分向根表迁移的途径有哪些？受到哪些因素的影响？
7. 根系吸收养分至中柱有哪两种途径？
8. 叶片吸收养分的特点如何？
9. 影响根系和叶片吸收养分的因素有哪些？
10. 学习植物体内的养分运输有何意义？
11. 养分运输的主要途径是什么？特点如何？受到哪些因素的影响？
12. 养分的再运输有哪些生物学意义？
13. 试述矿质营养与产量品质的关系。

# 第2章

# 土壤与植物营养

**【内容提要】**土壤是植物营养的主要来源，植物根系的代谢活动对土壤的理化、生物学性质，特别是土壤营养状况产生深刻的影响。本章分别介绍了根系的类型、分布，影响其生长的土壤条件；根际土壤的特点；根际在植物营养中的作用；土壤养分的形态及转化；我国土壤中大量、中量及微量元素的含量概况。

土壤是植物生长的基础，它不仅向植物提供水分、氧气和必需的营养元素，也是植物生长重要的化学、物理和生物环境。植物从土壤中吸收养分，改变土壤的养分状况。同时，植物又不断分泌有机物、无机物到土壤中，对土壤的物理、化学、生物学性质产生深刻的影响，从而改变土壤水、热、气、肥的供应状况。这些变化反过来又影响植物的养分吸收和新陈代谢。所以，植物的土壤营养是植物与土壤之间相互作用、彼此影响的复杂过程，而绝不是植物从土壤中吸收养分的单一过程。

## 2.1 植物根系与养分吸收

植物主要通过根系从土壤或介质中获取养分，因此养分的有效性不仅取决于土壤因素，也取决于植物因素。植物的根系粗壮发达、生活力强、耐肥耐水、抗逆境是植物丰产的基础。植物根系的生长和根系构型，首先取决于植物的遗传特征。不同植物种类，甚至是同一植物的不同品种，其根系的形态特征存在很大差异。根系的特性还受环境因素的影响。根系数量、形态和构型、生理活性都会影响对土壤养分的获取。

### 2.1.1 植物根系的类型和分布

植物的根系可分为直根系和须根系两种类型。大多数双子叶植物的根系属于直根系。双子叶植物(如棉花、大豆、胡萝卜、苜蓿)的种子发芽后由胚根直接生长形成主根，而后从主根上生出侧根，侧根再分生出二级侧根，经过反复分支最终形成直根系。直根系植物的根系总长度和总吸收面积上均较须根系小，但根系生长往往较深，这有利于深层土壤水分和养分的吸收。单子叶植物的根系属于须根系。单子叶植物如水稻，小麦、葱的种子萌发形成主根后，在茎基部长出许多不定根(或冠根)。与直根系植物相比，须根系的根系密度大，分布浅。

根系在土层中的分布是影响植物获取养分的重要因素。事实上，无论是双子叶植物还是单子叶植物，其根系大多集中在表层土壤中，根系密度显著高于底层土壤。表层土壤疏松且养分丰富，如 $K^+$、$NH_4^+$ 等阳离子和磷都主要分布在表层土壤，因此，表层土壤更适宜根系的生长，对植物养分吸收的贡献较大。然而底层土壤在养分供应上的作用在近年来也受到人们的重视。硝态氮在土壤中移动性强，冬小麦总吸氮量的30%来自深层土壤。在高产前提下，培育深根型作物品种，增加深层根系比例，可提高作物氮肥利用率，减少硝态氮的淋洗。春小麦孕穗期从 30 cm 以下的底层土中吸收的磷仅占 17%，开花期增加到 40%，灌浆期维持在 33%。在农业生产上可通过施肥、耕作和灌溉等措施来调控根系的生长情况。应用遗传改良的手段，将 *DRO1* 基因导入水稻，能促进根系向下生长，促进作物利用底层土壤中养分和水分。

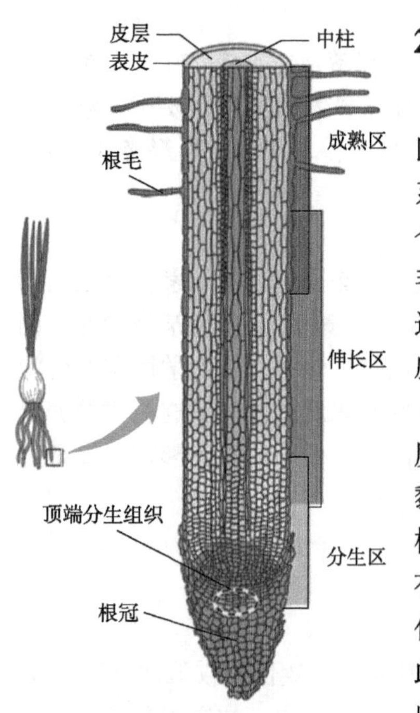


**图 2-1　根尖的结构**

## 2.1.2　根系的结构

根尖是根系吸收养分和水分、分泌化合物等的主要区域。根尖指从根的顶端到根毛着生的区域。沿植物根系的纵切面，依次分为根冠、分生区、伸长区和成熟区 4 个部分(图 2-1)。其中成熟区因为生长有根毛又被称为根毛区。根毛区以上的根系部分吸收能力较弱，主要执行运输和固定功能。根尖吸肥的特点决定了在施肥实践中应注意肥料施用的位置及深度。

根毛区是根吸收养分和水分最活跃的部位。根毛长度通常为 0.1~0.5 mm，直径 0.005~0.025 mm。根毛有黏性且直径细，易与土壤颗粒紧贴。根毛数量很大，单株植物最多可达 $5\times10^7$~$5\times10^8$ 条。与无根毛的根系相比，有根毛的根系表面积能增加 10 倍以上。根毛区内部已分化出成熟的输导组织，能快速转运根毛吸收的营养，因此，根毛吸收养分和水分的作用非常突出，特别是对那些在土壤中浓度低、移动性弱、靠扩散作用向根系表面迁移的营养元素(如磷、钾)，根毛的作用更为重要。大多数农作物都长有根毛，只有水生植物(如水稻)和少量的陆生植物(如洋葱、胡萝卜)没有根毛或者根毛少而短。表 2-1 表明，相同施磷水平下，侧根细而长、根毛多而长的植物地上部干重高，生长效应好。

**表 2-1　植物根系形态与施磷对地上部干重的影响**

| 植物种类 | 根形态 | | 施磷量(mg/kg) | | | |
|---|---|---|---|---|---|---|
| | 直径(cm) | 根毛 | 0 | 10 | 30 | 90 |
| 罗汉松 | >1.0 | 无 | 9 | 9 | 11 | 29 |
| | 0.2~0.3 | 无 | 3 | 3 | 5 | 71 |
| | 0.1~0.2 | 少量 | 10 | 16 | 38 | 61 |
| 龙葵 | 0.1~0.2 | 多而长 | 2 | 9 | 60 | 243 |

### 2.1.3　影响根系生长的土壤条件

根系有很强的可塑性，根系的生长是土壤环境和植物基因型综合作用的结果。

**(1)土壤容重**

土壤容重是反应土壤孔隙度的指标。容重大的土壤孔隙度小，根的生长较困难。当容重高于 1.5 mg/m³ 时，主根生长受到抑制，并激发侧根的生长(图 2-2)，根系分布变浅，在干旱和养分不足时能显著影响根系对养分和水分的吸收。坚实的土壤，不仅仅是增大了根系生长的阻力，还与水分产生互作效应。例如，小的孔隙易被毛细管水充满，造成通气不良，还会引起植物毒素积累，从而影响根的扩展。

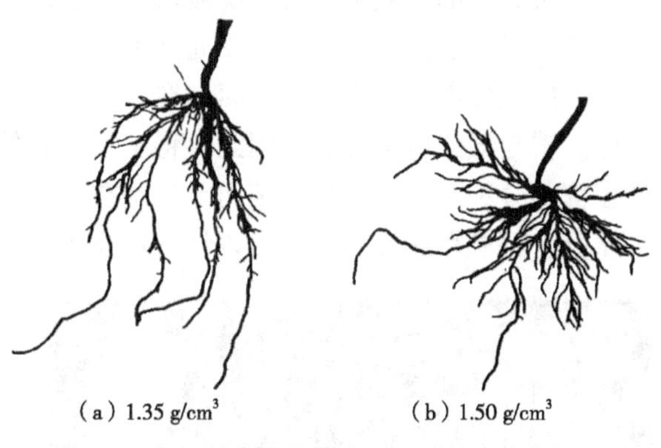


**图 2-2　在不同容重土壤中生长的幼大麦根系**

(Scott-Russell et al. , 1974)

**(2)空气和水分**

根系的生长需要适宜的水分和氧气条件，在空气充足而水分缺乏的土壤中，一般的作物根系难以深扎；在水分饱和而空气很少的土壤中，只有沼泽植物和水生植物才能正常生长，一般的旱地作物也难以扎根。在保证植物正常生长的范围内，减少水分，增加空气，促使根系向深层土壤中寻找水分，有利于根的深扎；相反，增加水分，减少空气，根的生长量随之减少，根冠比下降。在疏松农田土壤中的毛细管壁上总有一层水膜，毛细管中有空气，这样水气并存就是根系生长的理想条件。

**(3)土壤温度**

根生长最适宜的温度范围一般在 20~25℃。土温过低、过高均对根的生长不利。在一定的温度范围内，温度稍低，有利于植物长根；温度稍高，有利于植物长苗。不同植物所需要的最适温度不同，例如，小麦根系生长最适宜的土温一般为 16~20℃，最低为2℃，高于 30℃时根系生长受抑制；玉米最适宜的土温为 20~28℃，当土温低于 5℃时根的生长受到抑制。一般而言，温带作物的根系比热带作物的根系适应低温的能力强，而适应高温的能力弱。

**(4)土壤养分状况**

土壤养分状况影响根的生长。总体来说，养分含量偏低有利于长根，地上部生长受抑制；相反，养分含量偏高时，根系较短。例如，增加供氮量可以促进地上部和根系的生长，通常对地上部生长的促进作用大于对根系的影响，导致根冠比随施氮量的增加而减小。高磷供应降低根毛长度和密度，根系吸收面积下降。反之，缺磷时植物根冠比增大，侧根长度增加，根毛的密度加大。在长期进化过程中，一些植物形成适应缺磷胁迫的机制，如缺磷时山龙眼科植物形成大量丛生的排根，白羽扇豆形成羽毛状的根(图 2-3)，极大地扩大了根系吸收表面积。但并非所有的养分缺乏都会使植物的根冠比增大，缺镁或缺钾会导致根冠比减小，这可能是由于在这两种元素缺乏时，光合产物的合成和运输受到抑制。

趋化性是根系生长的主要特征，在不同的土层中，根系一般趋向于在养分浓度较高的部位生长。局部供应硝酸盐、磷酸盐等养分对根系的形态有明显的影响(图 2-4)。现已证实，根系对硝酸盐供应的响应受局部和系统信号的影响。均匀供氮时，高氮抑制根系的生长，而低氮促进侧根生长。然而，在不均匀供氮时，根系的响应相反，供肥区侧根会迅速增生。磷与氮的情况类似。因此，将肥料施到较深的土层中，有利于根的深扎和根系对深层土壤养分和水分的吸收和利用。特别在干旱的条件下，表土的水分较少而底土层有较多的水分，将肥料深施到底土可以促进作物的生长并可能获得高产。

(a) 排根　(b) 羽毛状根

**图 2-3　极度缺磷时植物形成丛生的排根和羽毛状根**

(Lambers et al., 2011)

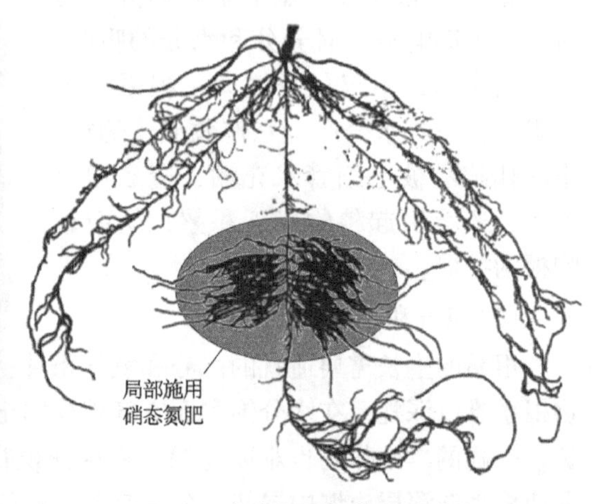


**图 2-4　大麦根局部供应硝酸盐对侧根生长的影响**

(Drew et al., 1978)

**(5) 有机物**

可溶性有机物以多种方式影响根系的生长。在土壤中，低浓度的富里酸和低分子量的酚类物质可促进根系的发生和生长，较高浓度的酚类物质和短链脂肪酸类低分子化合物却抑制根系的生长。在淹水或者通气不良的土壤中，尤其施用新鲜秸秆、绿肥等有机物质，常常会产生对羟基苯甲酸等酚类物质，当其浓度达到 1~10 mg/L 时就会严重抑制小麦等植物根系的生长。

**(6) 其他有毒物质**

在淹水土壤中，大量施用新鲜有机物质可能造成乙烯、$H_2S$、$Fe^{2+}$、$Mn^{2+}$ 等还原性物质的积累。低浓度的乙烯可促进根系的生长和侧根的发育，但高浓度的乙烯则产生抑制作用。在稻田中施用绿肥、作物秸秆等新鲜有机物过多、过迟时，水稻常出现叶黄根黑、返青困难、生长停滞的现象，这主要是由于土壤中积累了过多的有机酸、$H_2S$、$Fe^{2+}$ 等引起中毒。在酸性土壤中，过多的 $Al^{3+}$ 对根的生长有很大的危害作用，特别是对于铝敏感的植物(如大麦)，$Al^{3+}$ 的毒性更明显，微摩尔级的 $Al^{3+}$ 就可以使根的生长受到明显抑制。许多重金属离子，如 $Pb^{2+}$ 、$Cd^{2+}$ 、$Hg^{2+}$ 、$Ni^{2+}$ 、$Cd^{2+}$ 等，也严重危害根系的生长。

**(7) 生物因素**

植物地上部碳水化合物供应和植物激素等直接影响根系的生长发育。植物地上部产生的光合产物中，25%~50%运输到根系以维持根系生长和生理功能的执行，因此，影响光合效率、光合产物运输和分配的因素均影响根系的生长。此外，根系生长发育还受植物激素的影响，其中生长素和细胞分裂素对根系生长影响较大。生长素主要在茎尖和幼叶中合成，并通过极性运输到达根中，促进根系生长；与生长素的作用相反，根系中合成的细胞分裂素抑制侧根的发生和生长。

根长密度是一个重要的养分吸收参数，尤其是对磷这样在土壤中移动性较弱的养分来说，根长密度非常重要。在农田中，当种植密度过大，根系密度较高时，不同根系的根际养分耗竭区重叠，导致作物间相互竞争养分。

单一作物长期种植引起的连作障碍是生产中典型的生物因素。土壤中一些病原微生物通过产生毒素、与植物竞争养分等抑制根系的生长。反之，有益微生物通过提高植物对养分的吸收、影响激素水平、提高植物抗性等影响根系生长发育。

### 2.1.4　植物的根际

根际是指受植物根系活动的影响，在物理、化学和生物学上不同于土体的土壤微域。1904 年，德国科学家 Lorenz Hiltner 最早提出了根际的概念，他发现根际微生物的数量高于土体，并且认识到根际土壤具有抑病性。根际是各种养分、水分和微生物等进入植物体内的重要门户和通道，也是植物、微生物与土壤环境相互作用的场所。根际土壤环境与作物对贫瘠、酸害、盐害等逆境的抗性有着密切的关系。研究根际环境在农业生产上可为科学施肥、品种配置、间作和轮作制度的安排以及防治土传病害等提供科学依据。

根系的呼吸和分泌作用，以及根系对养分和水分的吸收特性，显著影响根际土壤理化、生物学性质变化的方向和强度。由于不同根区根系代谢的差异，导致根际效应在纵向和横向上产生梯度分布，存在高度的空间异质性。以根系释放的有机化合物为例，其在根表的浓度较高，随着离根表距离的加大，土壤对有机物的吸附和微生物对有机物的利用，有机物浓度逐渐下降。因此，大多数有机物仅能扩散到根表数毫米内，仅少数挥发性物质扩散距离稍远。受这些有机物诱导，微生物在根际也显著区别于土体。需要指出，根际是一个动态区域，根际过程具有时空特征，受植物发育阶段和环境变化的影响。

#### 2.1.4.1　根际在植物营养中的作用

在土壤中，根际是矿质养分向根表迁移的必经门户，又是根系吸收养分的重要场所。植物吸收养分的速率和土壤中养分向根系迁移的速率常常是不相等的。当迁移的速率大于吸收的速率时，根际的养分浓度大于土体，养分在根际富集；相反，根际的养分浓度低于土体，养分在根际出现亏缺。植物对养分的吸收特性、养分在土壤中的有效性和土壤缓冲性能等共同影响根际养分的分布。

植物需要量较小、土壤溶液浓度较高的养分容易在根际发生富集。例如，在石灰性土壤中，碳酸钙的浓度较高，当植物蒸腾量大时，由于较强的质流作用和较弱的吸收作用，碳酸钙常常在根际累积与沉淀。钙的富集进一步影响根际土壤中 $Ca^{2+}/K^{+}$ 的吸附交换平衡，以及磷和某些微量元素的有效性。在盐渍土壤溶液中，存在大量的 $Na^{+}$ 和 $Cl^{-}$，这些盐离

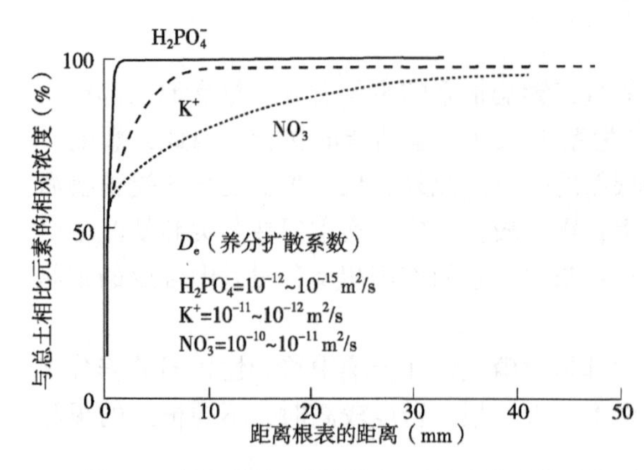


**图 2-5　根际的养分消耗取决于元素的扩散系数**
（Hinsinger，2004）

子常常在根际累积，导致根际土壤水分有效性降低，在蒸腾作用强烈时植物容易遭受干旱危害。

土壤溶液中养分的供应速率与植物根系对养分的吸收速率相当时，根际与土体之间养分浓度均匀，出现持平，但这种情况很少出现。土壤溶液中养分的供应速率低于植物根系对养分的吸收速率时，根际出现养分亏缺。一般而言，扩散系数小、迁移速率小的养分在根际的亏缺范围窄；相反，扩散系数、迁移速率大的养分在根际的亏缺范围宽。假如 $NO_3^-$、$K^+$、$H_2PO_4^-$ 等养分在根际出现亏缺，亏缺范围常常是 $NO_3^->K^+>H_2PO_4^-$(图 2-5)。$H_2PO_4^-$ 的移动性最弱，根际亏缺区也最窄，亏缺范围约数毫米。$NO_3^-$—N 一般不被土壤胶体吸附，在土壤中移动性最强，其亏缺区范围较 $H_2PO_4^-$、$K^+$都大，亏缺范围可达数厘米。$K^+$的移动性则介于两者之间。在养分亏缺区，由于这些养分离子浓度较低，有利于它们的解吸，以及从非根际土壤向根际的迁移，提高它们的有效性。研究发现，在低钾土壤中，黑麦草根际钾浓度显著下降，促进了土壤矿物晶格中钾的释放，加速了矿物的风化。

根际养分的积累和亏缺状况与植物的蒸腾速率、吸收强度、根毛特性等因素有关。蒸腾速率小、养分吸收强度大、根毛长而密的植物，根际养分的亏缺范围常常较大；相反，亏缺的范围小甚至出现富集。钙在一般植物的根际是富集的，但是由于蓝羽扇豆对钙的吸收强度很大，根际容易出现钙亏缺的现象。棉花的蒸腾作用较强，通过质流迁移至根表的养分较多，所以钾的亏缺范围较小，而大麦、箭筈豌豆的蒸腾作用较弱，钾的亏缺范围较大。根毛的形状、密度和长度对移动性弱的养分(如磷、钾)在根际的积累亏缺有重要影响。一般而言，根毛长而密的植物吸收磷、钾的能力强。研究发现，以玉米、油菜等植物为实验材料，根际磷、钾的最大亏缺区与根毛的最大长度接近，说明磷、钾在这些植物的根际的亏缺与根毛对养分的吸收有关。

土壤的特性也影响根际养分的积累亏缺。在土壤理化性质中，土壤的缓冲能力尤为重要。一般情况是，质地轻、缓冲能力弱的土壤，对养分的吸附力弱，离子的迁移速率快，养分的亏缺范围大；反之，缓冲能力强的土壤对养分的吸附力强，离子的迁移速率慢，养分的亏缺范围小。土壤水分含量也会影响根际养分状况。一般而言，土壤水分含量低，离子迁移的速率慢，在根际中养分容易出现亏缺现象；土壤水分充足，离子迁移的速率快，在根际中养分会出现富集现象。

#### 2.1.4.2　根际的 pH 值

植物根系的活动对根际土壤的酸碱性产生显著的影响，根际土壤的 pH 值往往不同于非根际土壤(土体土壤)。与土体土壤相比，根际 pH 值差异可达 2 个 pH 单位，其差值取决于土壤和植物因素。

**(1) 引起根际 pH 值变化的因素**

引起根际 pH 值变化的因素很多。根系吸收阴阳离子的不平衡是导致根际 pH 值变化的主要原因。当植物对阳离子吸收多于阴离子时，根系向根外释放 $H^+$以维持体内的生理酸碱平衡，使根际 pH 值下降；反之，根系释放 $OH^-$或 $HCO_3^-$，使根际碱化，pH 值升高。由于植物根系和根际微生物呼吸作用会释放二氧化碳，根尖在生长过程中会释放质子和有机酸，这些也都可能降低根际土壤的 pH 值。但是，在正常条件下，二氧化碳在土壤中扩散迅速，很少留在根际土壤中，根系释放的有机酸数量也有限，所以两者引起根际 pH 值变化的作用不显著。

①氮素形态。植物对氮素的需要量较大，植物吸收的 $NH_4^+$ 和 $NO_3^-$ 占植物吸收阴阳离子总量的 80%，因此，氮源是影响植物阴阳离子平衡的决定性因素。当供应的氮源是铵态氮时，根系吸收铵态氮后，为了维持体内细胞内电荷平衡，根系分泌质子，使根际的 pH 值下降。当供应的氮源是硝态氮时，根系分泌 $OH^-$或者 $HCO_3^-$，使根际的 pH 值上升。在石灰性土壤上进行的分根实验表明，铵态氮和硝态氮引起小麦根际 pH 值的变幅可相差 2 个单位(表 2-2)。

**表 2-2　供应不同形态的氮对菜豆根际及地上部分养分吸收的影响**

| 氮素形态 | 根际 pH 值 | K、P(mg/g) | | Fe、Mn、Zn(μg/g) | | |
|---|---|---|---|---|---|---|
| $NO_3^-$ | 7.3 | 13.6 | 1.5 | 130 | 60 | 34 |
| $NH_4^+$ | 5.4 | 14.0 | 2.9 | 200 | 70 | 49 |

注：引自 Thomson et al.，1997。

需要指出的是，不同根段的根际 pH 值响应不同。如在酸性土壤上生长的挪威冷杉，距根尖不同距离根际 pH 值变化强度不同。无论供应铵态氮还是硝态氮，根尖的根际 pH 值均有所上升，而伸长区 pH 值下降，仅在根的成熟区，根际 pH 值的变化与氮素供应形态的影响趋势一致。因此测定根际 pH 值时，要注意测定部位和方法。

②共生固氮作用。豆科植物通过根瘤菌固定空气中的氮气，使根际的 pH 值降低，其原因主要在于根瘤菌将氮气还原成铵态氮而被植物吸收，导致根系释放质子。长期连续种植豆科植物后，需要注意施用石灰缓解土壤酸化。

③养分元素胁迫。当植物缺乏某些营养时，它们会主动调节根际 pH 值，以提高该养分的有效性。例如，在缺磷的石灰性土壤上，白羽扇豆分泌大量的柠檬酸，根际 pH 值大幅降低。双子叶植物和一些耐低铁的非禾本科单子叶植物在缺铁时，根系主动分泌 $H^+$。与供应铵态氮不同，缺铁诱发的质子释放限于根尖，速率相对较高，可达 28 μmol/h。而供应铵态氮时诱导整条根系均匀酸化，质子释放速率仅为 2～4 μmol/h。在有毒元素过多的胁迫条件下，有些植物也能改变根际的 pH 值，以降低有毒元素的危害。例如，在铝胁迫环境中，耐铝的拟南芥品种能够主动碱化根际，降低铝的毒性，提高对铝毒害的忍耐能力。

④植物的遗传特性。不同种类植物遗传特征不同，其在阴阳离子吸收和体内酸碱平衡的生理调节等方面均存在差异，引起根际 pH 值改变的方向和幅度有一定的差异。禾本科植物对不同的氮素形态反应较敏感，符合吸收铵态氮使根际 pH 值降低，吸收硝态氮使根

际 pH 值升高的一般规律。但某些豆科植物(如大豆、绿豆等)无论吸收铵态氮还是硝态氮，根际的 pH 值均下降。荞麦吸收硝态氮后根际 pH 值上升，达到一定程度后反而迅速下降。此外，铵态氮肥和硝态氮肥引起小麦根际 pH 值的变化幅度较大，可达 3 个单位，而引起玉米根际 pH 值变化的幅度只有 1~2 个单位，这反映了不同物种阳离子、阴离子吸收比的差异。

⑤根际微生物。根际微生物呼吸作用，释放二氧化碳，根系分泌某些有机酸，也会对根际的 pH 值产生一定的影响。

**(2)根际 pH 值与植物营养**

pH 值是根际环境中变化最大、对根际土壤养分的生物有效性和植物吸收养分影响最显著的化学因素。在碱性和中性土壤中，以 $NH_4^+$ 为氮源时，根际 pH 值下降，增加了难溶性 Ca-P 的活化和一些微量元素(Fe、Mn 和 Zn)的有效性，提高了植物对养分的吸收。相反，以 $NO_3^-$ 为氮源时，根际 pH 值上升，不利于植物吸收磷。但在酸性土壤上，供应硝态氮引起根际 pH 值升高，降低了 $Al^{3+}$ 的活性，能缓解土壤酸性对植物生长的伤害。

蚕豆、大豆等豆科植物属于磷活化能力强的作物，玉米和小麦则较弱。在实际生产中，可以将豆科植物和禾谷类植物间作或套种。豆科植物分泌低分子量有机酸、质子、酸性磷酸酶活化土壤中的难溶性无机磷和有机磷，促进磷活化能力弱的相邻植物吸收磷。这种间(套)作的模式提高耕作层土壤氮素含量的同时，也可增加了磷、铁和锌等微量元素的有效性。

### 2.1.4.3　根际的氧化还原电位

根际氧化还原电位的改变显著影响变价元素(铁、锰)养分的有效性。在根际土壤中存在大量易分解的有机物，可为氧化还原反应提供电子供体，同时根际微生物及根系的呼吸作用消耗根际的氧气，使旱地土壤根际的氧化还原电位(*Eh*)低于土体，尤其是在通气不良或紧实的土壤上。这对植物吸收铁、锰等变价元素以及氮的转化非常重要。在缺铁时，低 *Eh* 值促进根际土壤中 $Fe^{3+}$ 的还原，双子叶植物和非禾本科单子叶植物根系还会释放酚类等还原性物质，进一步还原 $Fe^{3+}$。但低 *Eh* 值增加根际氮素反硝化损失的风险。

在淹水的条件下，土壤处于还原状况，$Fe^{2+}$、$Mn^{2+}$、$H_2S$ 以及一些低分子量的有机酸在土壤中累积，有时可达植物毒害水平。水稻等适应淹水和渍水环境的植物体内存在输氧组织，能够将叶片吸收的氧气运输到根系，并分泌到根际土壤中(图 2-6)，将 $Fe^{2+}$、$Mn^{2+}$ 氧化为铁、锰的氧化物(又称为铁膜)并沉积在根表附近，从而减弱或者消除还原物质对水稻根系的毒害。此外，水稻、稗草等植物的根系还具有乙醇酸代谢途径，使根系具有氧化能力。所以，水稻等水生植物的根际氧化还原电位高于土体，两者的电位差可达 55 mV，根际氧化区域一般为 1~4 mm，这取决于氧气的供应和消耗以及土壤的缓冲力。

如果氮素供应过多，钾素供应不足，根系可溶性分泌物增加，刺激根际微生物的活动、消耗大量的氧气，使根际 *Eh* 值过度降低，可导致水稻亚铁中毒(表 2-3)。同理，缺钾的条件下，陆生植物根际的还原状况加剧，使根际反硝化速率提高。

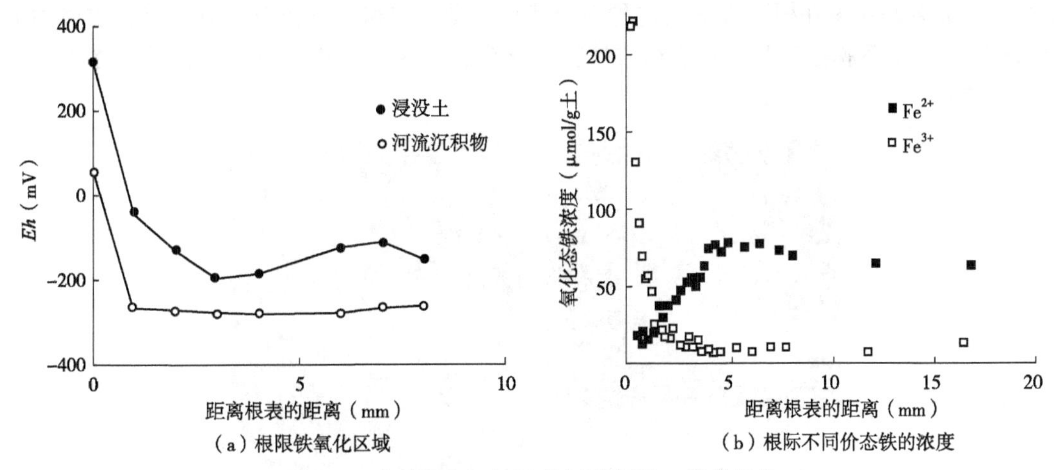

（a）根限铁氧化区域　　（b）根际不同价态铁的浓度

**图 2-6　水稻通气组织及其促进根际 $Fe^{2+}$ 的氧化**

（Flessa et al.，1992；Begg et al.，1994）

**表 2-3　水稻钾素营养与亚铁中毒**

| 处理 | 细菌数（$\times10^6$ 个） | 氧气浓度（mg/L） | $Fe^{2+}$ 浓度（mg/L） |
|---|---|---|---|
| 供钾 | 1 244 | 17.0 | 1.0 |
| 缺钾 | 1 688 | 8.6 | 2.4 |
| 供钾 55 d 后再停止供钾 20 d | 2 036 | 0.5 | 1.6 |

注：引自 Trollier，1973。

### 2.1.4.4　根际土壤的结构

与非根际土壤相比，根际土壤的结构较好。原因是根系的穿插、挤压以及根系释放的有机物及其分解产物等，都能够促进土壤形成良好的结构。例如，在包围于花生根群中心的土壤中，直径大于 0.25 mm 的水稳性团聚体占 41.0%，但在距离根系 5 cm 处的土壤中，水稳性团聚体只占 34.8%。

### 2.1.4.5　根系分泌物

在植物生长发育过程中，高等植物将净光合产物的 20%～60%运输到根部，根系会进一步向土壤中释放大量的有机物。根系释放有机物进入土壤的过程称为根际淀积，根际淀积的数量可观，一年生和多年生植物根际淀积量分别可占运输到根系的光合产物的 40%和 70%。这些有机物的主要成分是碳水化合物、有机酸、氨基酸、酶、维生素等。根系分泌的有机物是造成根际微区的土壤物理、化学与生物学特性不同于原土体的主要原因。

**（1）根系分泌物的分类**

按其释放的方式和部位，根际淀积可以分为以下 4 种类型：①分泌物。在根系代谢过程中，细胞主动释放的化合物。②渗出物。从根细胞中被动地渗漏至细胞间隙或者土壤中的低分子量有机物。③分解物。成熟根系的表皮细胞产生的自分解产物。④黏液和黏胶质。根冠细胞会向根际分泌黏液，这些黏液和脱落的根冠细胞被细菌分解，其代谢产物与土壤颗粒混杂并包裹在根系表面，这种由胶状物、微生物和土壤颗粒形成的混合物称为黏胶(图 2-7)。根系脱落物及分解物约占植物净光合碳的 30%，根系分泌物占植物净光合碳的 5%~20%。

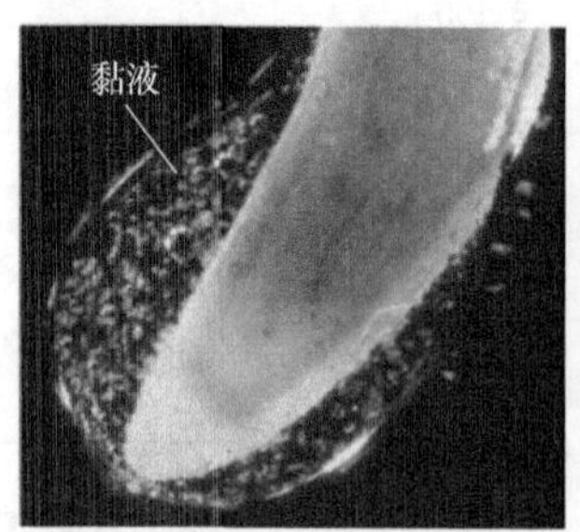


(a) 吸水后覆盖在根冠的黏液膨胀

(c) 黏液将土壤颗粒黏在根表

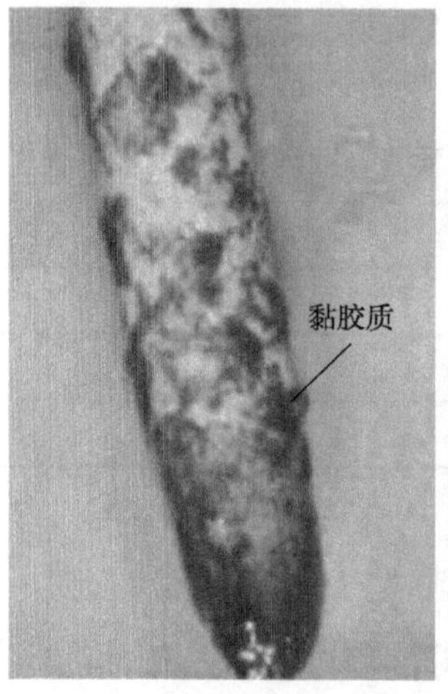


(b) 黏液与土壤颗粒胶结成黏胶质

(d) 黏液介导大田玉米形成根鞘

**图 2-7　黏胶的形成过程**

(Ingwersen et al., 2006; Neumann, 2007)

根系分泌物按分子量可分为以下两部分：①大分子化合物，包括黏液、多糖、多聚半乳糖醛酸及少量的蛋白质；②小分子、可扩散的可溶性化合物，主要有寡糖、有机酸、氨基酸、酚酸类化合物和无机离子等。根系分泌物中糖类化合物占可溶性组分的 65%，各种有机酸占 33%，其他 2%的可溶性组分有可溶性蛋白、氨基酸、脂肪酸、维生素、酶、黄酮和核苷酸等。通常，大分子化合物通过胞吐作用释放到细胞膜外。小分子化合物大多通过扩散方式释放，也可以通过载体的主动运输。

有机酸是根系分泌物的重要成分，显著影响根际过程。常见的有机酸有柠檬酸、苹果酸、草酸、酒石酸、琥珀酸、延胡索酸等，它们能促进铁、磷等元素的溶解，提高其有效性。酚酸类化合物包括苯甲酸、邻苯二甲酸、肉桂酸、阿魏酸、咖啡酸、香草醛等。它们作为化感物质，可对植物产生化感作用。例如，斑点矢车菊是北美的入侵物种，其根系分泌的儿茶素能抑制易感植物根系伸长，最终导致植物死亡。根系分泌物中的类黄酮类、甾醇类物质和新型植物激素独脚金内酯等，在抑制病原菌、诱导菌根萌发、促进结瘤等植物—微生物信号传递中有重要的作用。

**(2)影响根系分泌物的因素**

在植物生长过程中，经常遇到各种各样的胁迫条件，根系分泌物可影响环境，从而改善植物生长。根系分泌物受植物种类和生育期、逆境胁迫、根际微生物、机械阻抗，以及土壤水分和通气状况等因素影响。

①植物种类和生育期。不同植物产生的根系分泌物的组分和数量不同。豆科植物的根系分泌较多的可溶性含氮化合物，如氨基酸、酰胺等，而禾本科植物则分泌较多的碳水化合物，如单糖、多糖等。大麦、小麦、水稻等作物的根系分泌物中有7~8种有机酸，花生分泌草酸，而莴苣的根系分泌物中却分离不出任何有机酸。通常，作物苗期根系分泌物的数量低，生长旺盛期是根系分泌的高峰。

②逆境胁迫。植物的营养状况影响根系分泌物的组成和数量。一方面，在某些养分(如磷、钾、铁、锌、铜、锰)缺乏时，植物体内某些代谢过程受阻，低分子量有机化合物积累，导致根系分泌更多的有机物；另一方面，植物的营养状况也影响根细胞膜的透性，改变根系分泌物的数量。例如，在植物缺锌时，根细胞内的铜锌超氧化物歧化酶的活性下降，NADPH氧化酶活性增加，细胞内氧自由基大量累积产生毒害作用，使细胞膜脂质过氧化，根细胞膜的结构被破坏、透性增加，根系分泌的小分子化合物(如氨基酸、碳水化合物和酚类)的数量大大增加。除了被动释放，在某些营养胁迫下，植物根系会主动分泌某些特定的根系分泌物，它们的合成与分泌受营养胁迫的专一性诱导。例如，在低磷的条件下，木豆根系分泌番石榴酸，白羽扇豆的簇生根分泌柠檬酸，它们是缺磷诱导的专一性分泌物；如铁、锌、锰等微量元素缺乏时，也会诱导根系分泌有机酸和氨基酸等物质，如禾本科作物分泌的麦根酸是缺铁诱导的专一性分泌物。在某些有害元素的胁迫条件下，抗性的植物根系也能够分泌专一性分泌物以适应环境。例如，在酸性土壤中，过多的$Al^{3+}$是抑制植物生长的主要因素之一，但是耐铝的植物在铝胁迫的条件下，根尖能分泌有机酸，使铝形成毒性较低的有机酸—铝络合物，降低铝的毒性。例如，过多的铝诱导耐铝的小麦品种分泌苹果酸；耐铝的玉米、决明子分能泌柠檬酸；荞麦、芋能分泌草酸，黑麦能分泌苹果酸和柠檬酸。我们可以利用根系分泌的专一性化合物来进行植物营养诊断，了解植物应对缺素或有害元素胁迫的抗逆机理，筛选抗性较强的种质资源。与缺磷等元素不同，缺氮时，根际氮的沉积量降低，仅占小麦全生育期吸收氮的18%，而氮供应充足时可达33%。在溶液培养条件下，分泌到根际的90%氨基酸可以被根系再次吸收。在土壤中，这些根系沉积物主要作为氮源供根际微生物分解利用。

③根际微生物。土壤中的根际微生物常常促进根系的分泌作用。例如，在不灭菌的土壤中，小麦根系分泌物的总量是灭菌土壤的2倍。根际微生物可以通过影响根系的生长和活性，间接影响根系分泌。但是，根际微生物也参与根系分泌物的同化与分解，使根际分泌物的含量减少。

④机械阻抗。土壤的机械阻抗具有刺激根系分泌的作用。研究发现，与水培相比，玉米在玻璃珠中生长时，由于机械阻力增加，地上部光合产物向根系分配增加，而且会释放大量的根系分泌物。当土壤容重从1.2 $g/cm^3$增加到1.6 $g/cm^3$时，生长单位根长消耗的光合产物会提高2个数量级。

⑤土壤水分和通气状况。土壤水分和通气状况通过影响养分有效性和根系的生长，进而影响根系分泌物的种类和数量。例如，将大豆和小麦进行干旱处理，然后再灌水，这时根系分泌的氨基酸量会显著增加。

**(3)根际分泌物的作用**

根际土壤中的有效养分是植物能够直接吸收利用的养分。根际分泌物通过直接或间接的方式影响土壤养分的有效性。

①通过螯合作用和还原作用活化土壤养分，降低有害元素的毒性。

a. 螯合作用。植物根系分泌的有机酸、氨基酸、酚类等化合物，能与根际土壤中的营养元素(如铁、锌、铜、锰)和有害元素(如铝)形成螯合物。增加营养元素的有效性；活化被这些金属氧化物或者金属盐所固定的其他营养元素(如磷、钼)；降低有害元素(如铝、锌、铜)的毒性。根系分泌的有机酸络合铁、铝等金属元素，促进与这些金属元素结合的磷酸盐沉淀的溶解，提高根际中磷的有效性。在缺磷的条件下，很多植物能够主动分泌有机酸。例如，木豆的根系在缺磷时，主动分泌番石榴酸，作为 $Fe^{3+}$ 的一种较强的螯合剂，能活化难溶性 Fe-P 中的磷，明显促进木豆对磷的吸收。但番石榴酸对 Ca-P 的利用能力不强。缺磷的白羽扇豆形成簇生根，并通过簇生根分泌大量的柠檬酸，与土壤中的 $Fe^{3+}$、$Al^{3+}$、$PO_4^{3-}$ 等离子结合形成[Fe(Al)/O/OH/$PO_4$]多聚体，移动到根表，被植物吸收。禾本科植物根系分泌的麦根酸类物质是另一种专一性根系分泌物，对铁具有很强的螯合能力，使根际中无定型的氢氧化铁、磷酸铁等化合物转化为植物可吸收的形态，增加土壤中铁的有效性，这对于禾谷类植物利用土壤难溶性铁至关重要。麦根酸类物质属于非蛋白的氨基酸，其功能与微生物分泌的铁载体相似，所以又称植物铁载体。它能与 $Fe^{3+}$、$Fe^{2+}$、$Zn^{2+}$、$Cu^{2+}$ 等多种离子形成络合物，其中与 $Fe^{3+}$ 形成络合物的稳定常数最大。它的合成与分泌受缺铁条件的诱导。禾本科植物在缺锌时，根系也能分泌植物铁载体，但是分泌量远远低于缺铁条件下。在有害金属元素胁迫的条件下，耐性植物的根系能主动分泌有机酸。这些有机酸与有害金属离子(如 $Al^{3+}$、$Zn^{2+}$、$Cu^{2+}$、$Pb^{2+}$)形成毒性较低的络合物，大大降低了这些元素的毒性，从而提高植物的抗性。例如，$Al^{3+}$ 能专一性地诱导耐铝的植物分泌柠檬酸、苹果酸或草酸。有机酸与铝络合形成有机酸—铝络合物，铝的毒性降低，植物对铝的抵御能力随之提高。柠檬酸、草酸和苹果酸与铝的摩尔比分别为 1∶1、3∶1 和 8∶1 时，有机酸—铝络合物对植物基本上是无毒的。此外，植物根系分泌的黏胶质与 $Al^{3+}$、$Pb^{2+}$、$Cu^{2+}$ 等金属离子也能形成复合物，降低毒性。

b. 还原作用。根系分泌物中还含有还原性物质，能活化土壤中氧化态的金属元素(如铁、锰和铜等)，可以提高它们的有效性。在通气良好的土壤中，这些元素以难溶性的高价氧化态存在，难以被植物吸收利用。根系分泌的柠檬酸、苹果酸能使高价态的锰还原成为二价锰，有利于植物的吸收；缺铁诱导双子叶植物及非禾本科单子叶植物分泌酚类化合物、有机酸等还原性物质，还原根际、根表及根系自由空间的氧化铁，从而增加植物对铁的吸收和利用。

②增加土壤团聚体的稳定性，改良土壤结构。根系和根际微生物分泌的有机物质，不仅数量多，而且含有许多高分子有机物质，如多糖、木质素等。黏液与黏土矿物形成了有机—无机复合体，能促进土壤团聚体的形成和稳定。所以，根系和微生物的分泌物对于改

善土壤物理性质(如结构、孔隙度和容重)有重要作用。

③保护根尖。黏胶质是一种非常普遍的根系分泌物，大多数植物的根尖均被黏胶质包裹。在玉米根尖，黏胶质的体积可达根尖体积的 2~3 倍。黏胶质与植物营养直接或者间接有关，包括减少土壤颗粒与根尖间的摩擦阻力；避免根系在伸长过程中，土壤颗粒对根尖的摩擦伤害；加强根尖与土壤颗粒的联结，促进根系表面与土壤胶体间水分和离子的交换；通过填充土壤孔隙，降低养分迁移过程中的曲折度，有利于养分向根表迁移；由于黏胶质有很强的持水能力，在干旱条件下可以使根尖环境维持相对湿润的状态，避免根土间的接触不因脱水而割断，保证植物对水分和养分的吸收；在土壤中，如果有害离子(如 $Al^{3+}$、$Pb^{2+}$、$Cu^{2+}$)较多，包裹着根尖的黏胶质可能具有保护作用，使根尖免遭伤害。

### 2.1.4.6　根际微生物

在植物生长发育过程中，根系会释放大量的有机物，这些有机物结构简单、容易分解，为微生物生长提供基质、能量和信号分子，同时，特定的根系分泌物显著影响根际微生物在根表的定植和功能，因此，根际微生物的数量、群落组成和活性显著区别于土体。根际微生物能提高根际养分的有效性，增加植物对养分的吸收，在植物健康和抵御环境胁迫方面发挥着关键作用。这种植物-微生物根际互作关系维系着土壤生态系统的功能，对生物肥料、生物农药的开发和污染物去除也具有重要意义。

近年来，随着微生物研究技术的快速发展，人们对根际微生物的认识逐渐深入。目前，已经获得玉米、大麦、葡萄、莴苣、马铃薯、番茄、水稻、甘蔗、豌豆等作物的根际微生物组信息。此外，在实验室条件下，已成功分离培养拟南芥根系细菌，占总种群数量的 64%。这种规模化微生物培养技术，为开发和利用微生物资源，解决农业生产问题提供了巨大的潜力。

**(1)根际微生物群落的特点及其影响因素**

在根际土壤中，微生物的数量显著多于非根际。这可用 $R:S$ 来描述，即根际与土体微生物数量之比。根系对根际微生物的促进作用具有明显的选择性，表现在以下 3 个方面：①不同种类的微生物受到的促进程度不同，细菌受到的促进作用一般大于真菌。②不同植物的根系对微生物的促进作用不同，一般地说，农作物的效应大于树木，豆科作物的效应大于非豆科作物。由表 2-4 可见，6 种不同作物的根系对细菌的促进作用以红三叶草

**表 2-4　不同作物根际与非根际细菌数的比较**　　$\times 10^6$ 个/g 风干土

| 作物 | 根际土($R$) | 非根际土($S$) | $R:S$ |
|---|---|---|---|
| 红三叶草 | 3 255 | 134 | 24 |
| 燕麦 | 1 090 | 184 | 6 |
| 亚麻 | 1 015 | 184 | 6 |
| 小麦 | 710 | 120 | 6 |
| 玉米 | 614 | 184 | 3 |
| 大麦 | 605 | 140 | 3 |

注：引自 Rovira et al. , 1974。

的效应最显著，燕麦、亚麻、小麦次之，玉米、大麦最弱。③植物不同生育期的效应也有明显的区别。一般而言，随着植物生长发育进程的推进而增强，直到植物营养生长的高峰期达到最大，此后随着植物的衰老而减弱。例如，小麦的 $R:S$(细菌)在萌芽期、分蘖期、拔节期、成熟期分别为 3.0、27.7、16.8 和 5.4。

根际微生物包括细菌、真菌、卵菌、古菌和病毒等。其中细菌主要包括变形菌门、放线菌门、拟杆菌门和厚壁菌门，多以富营养型(R 型)为主。按照微生物对植物健康的影响，可将土壤微生物分为有益微生物、中性微生物和有害微生物。常见的有益微生物包括根瘤菌、菌根真菌和根际促生菌(plant growth promoting rhizobacteria，PGPR)。PGPR 主要包括假单胞菌、芽孢杆菌、固氮螺菌等，也包括一些促生真菌(如木霉属)等。病原微生物则是对植物生长有抑制作用的有害微生物。根际微生物对植物生长的作用，取决于土壤、植物和微生物等多种因素。

根际微生物呈非均匀性分布。植物基因型、植物生育期、土壤类型和环境条件均影响根际微生物的群落结构特征，不同根际区域驱动因子存在差异(图 2-8)。即使同一根系的不同根段，根际微生物群落结构也不相同。研究发现，从土体、根际、根表和根内，根际细菌和真菌的多样性逐渐下降，微生物群落结构差异显著。通常，土体中的微生物群落结构主要受土壤性质的影响。土壤质地、pH 值和有机质是重要的驱动因子，其他因素包括养分供应、水分、土壤容重等也影响微生物群落特征。其中，养分供应是影响根际微生物群落结构特征的重要环境因子。例如，过量施用氮肥，根瘤菌结瘤数显著下降，甚至不接瘤。高磷供应显著降低菌根真菌的侵染。

根际微生物群落主要受植物特性的影响，其中根系分泌物是一个重要调控因子。一些非专性根系分泌物，包括有机酸、葡萄糖、氨基酸等，在根表形成富营养区，有利于快速生长的富营养型微生物的定植。一些次生代谢物包括黄酮类、萜烯类和酚类等，作为信号物质调节植物—微生物的互作。例如，豆科植物根系释放的黄酮类物质，诱导根瘤菌结瘤因子的表达。缺磷时，植物体内大量合成独脚金内酯，诱导菌根真菌的定植和菌丝分枝。一些根系分泌的次生代谢物质还是抗菌物质，增强植物对病原菌的抗性。

根系分泌物影响氮循环相关微生物。一种墨西哥玉米的气生根在缺氮时分泌大量黏液，黏液能富集大量固氮菌，表现很强的固氮活性。一些植物根系分泌物会抑制硝化细菌，这些化合物称为生物硝化抑制剂。在水稻根系分泌的 1,9-癸二醇通过抑制氨单加氧酶活性来降低硝化作用，提高水稻对氮的利用。高粱根际分泌物野樱素和高粱素能抑制羟胺氧化和氨氧化过程，而对羟基苯丙酸主要作用于氨单加酶。外施羟基苯丙酸可抑制主根的伸长，并显著诱导侧根的发生，促进根系对氮素的吸收。

根尖细胞能分泌一系列具有生物活性的化学物质，如具有抗生作用的蛋白质、植保素、胞外 DNA 等，吸引特定土壤微生物在根尖形成胞外网或黏膜，保护根尖分生组织不受有害生物的伤害。例如，羽豆毅系被血红丛赤壳(*Nectria haemac-tococca*)侵染后，在根尖形成菌丝网、黏胶质和边缘细胞以保护根尖。

**(2)根际微生物的作用**

根际土壤中存在大量的微生物，在植物营养方面的作用有：影响养分的转化和吸收，

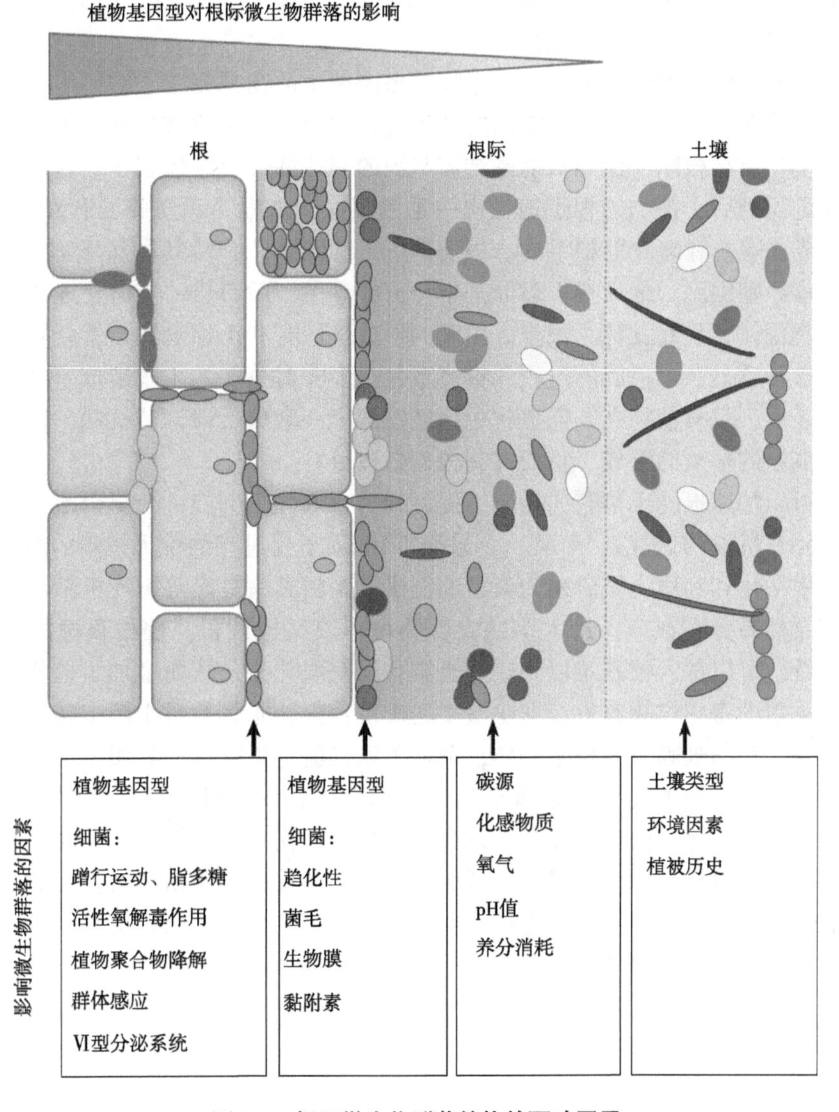


**图 2-8　根际微生物群落结构的驱动因子**

(Reinhold-Hurek et al. , 2015)

包括影响土壤养分的转化和有效性，促进或者抑制植物吸收养分，加快有机物质的分解矿化；影响根系的生长和生理代谢，包括改变根系的生长发育和形态构型，提高对胁迫的抗性等。

①影响养分的转化和吸收。根系分泌物中的可溶性糖、蛋白质、氨基酸等为根际微生物提供了丰富的碳源，刺激了根际微生物的生长，根际微生物的代谢活动远高于非根际土壤中的微生物。根际碳的释放可产生激发效应，促进根际有机态养分的矿化分解。根际土壤中存在大量的与氮素转化有关的微生物，其中氨化细菌可将有机氮矿化为铵态氮，其他微生物则利用无机氮建造其躯体，将无机氮固定成为自身的组分。如果根际土壤中的无机氮较缺乏，氮素的矿化作用受到促进；相反，氮的微生物固定明显加强。但是，土壤微生

物的寿命通常很短，微生物固定的氮素会因微生物的死亡重新释放。因此，从总体上看，根际微生物可以提高有机氮的有效性。

根瘤菌是研究最多的根际氮循环微生物。根瘤菌生活在根瘤中，它们能将氮气转化为能被植物同化的氨。豆科植物与根瘤菌的共生互作起始于共生双方的分子对话。首先，植物分泌黄酮类物质至根际，诱导根瘤菌结瘤基因的表达并合成结瘤因子。这些结瘤因子被植物特异性地识别后，植物的根迅速做出一系列反应，如根毛顶端膨胀和新的顶端生长、根毛分枝和卷曲等。在特化的根毛内，根瘤菌进入细胞壁，并使其局部降解，诱导皮层细胞转变为根瘤原基细胞，最后在根瘤原基中释放根瘤菌，后者进一步分化成被膜包围着的可以固氮的类菌体，最终发育为根瘤。根瘤的形成虽然有利于植物在氮素营养不足的环境中生存，但这毕竟是一个耗能的过程，根瘤数目过多将对植物的生长造成不利的影响，为了解决这一矛盾，豆科植物在长期进化中已经发展出一套负反馈调节机制，即已经形成的根瘤能够抑制新的根瘤的形成，从而控制根瘤的数目。

微生物可以加速根际土壤磷的转化，提高磷的有效性，例如，分泌磷酸酶促进有机磷的矿化，分泌有机酸(柠檬酸、草酸、苹果酸等)和质子促进难溶性无机磷的溶解释放。菌根真菌是高效活化和利用土壤磷最为典型的例子。菌根真菌是高等植物根系与真菌形成的共生体，在自然界分布很广，绝大多数农作物可形成丛枝菌根。菌根真菌的根外菌丝很细，分布广泛，可以深入根系难以到达的土壤孔隙获取养分，从而增加了植物对土壤养分的吸收面积，帮助寄主植物有效获取土壤中的矿质养分，尤其是对土壤中移动性较弱的磷及微量元素铜、锌的吸收。与根系一样，菌根菌丝也能分泌有机酸和质子活化无机磷。菌丝可分泌的有机酸、糖类化合物显著影响菌丝际微生物的活性，可促使解磷菌分泌磷酸酶，促进有机磷的矿化。菌丝吸收的磷以聚磷酸盐形式在菌丝中转运，再转变为磷酸盐进入共生体界面传输给根细胞。在磷含量低的土壤中，丛枝菌根对植物磷营养的贡献率高达 90%。菌根还可提高植物对各种生物和非生物胁迫的抗性，包括植物抗旱性、抗盐性、抗病性等。与根瘤的形成过程类似，菌根共生体的建立也涉及多种信号分子(如植物分泌的独脚金内酯和真菌产生脂质几丁寡糖等)的产生和识别。在农业生产中，磷肥的大量施用抑制菌根对植物根系的侵染，因此，合理的土壤养分供应对发挥土著菌根真菌的作用非常重要。

在土壤中，钾绝大部分以含钾矿物的形式存在，难以溶解。某些土壤微生物能将土壤难溶性钾转化为可溶性钾，供植物吸收。现已发现，有些外生菌根真菌和硅细菌或钾细菌(一种芽孢杆菌)，能将难溶性钾转化为可被植物吸收利用的有效钾。

根际微生物还影响微量元素的有效性。微生物释放有机酸和铁载体螯合活化 $Fe^{3+}$。通常，微生物铁难以被植物利用，但少根根霉(*Rhizopus arrhizus*)释放的真菌铁载体，在溶液培养的条件下可被植物吸收利用。另外，枯草杆菌(*Bacillus sublilis*) GB03 也促进拟南芥对铁的吸收，主要是影响缺铁诱导的转录因子 *FIT1* 及其下游的亚铁还原酶 FRO2 和铁转运蛋白 IRT1 的表达。锰氧化还原微生物，显著影响土壤中锰的有效性。但是，接种菌根植物地上部锰含量低于不接种植物，可能是菌根降低了锰还原微生物的数量。

②影响根系的生长和生理代谢，提高植物对胁迫的抗性。有些根际微生物能够分泌植物生长激素(如吲哚乙酸、赤霉素、细胞分裂素、乙烯等)，直接影响植物生长发育。例如，接

种厌氧产碱菌使水稻内根际的生长素和玉米素含量增加，分别达 14.4 mg/kg 和 1.5 mg/kg，而对照植物的根际仅检测到痕量生长素。据测定，许多根际微生物产生的分泌物能改变根的形态和结构，增加养分吸收面积，进而影响植物对养分的吸收。小麦接种巴西固氮螺菌(*Azospirillum brasilense*)后侧根数量增加，根毛密度和长度都显著增加，其效应相当于外源添加生长素的效应(表 2-5)，有利于养分的吸收。外源添加固氮结瘤因子脂质几丁寡糖，提高了根系长度根表面积和侧根分枝数。PGPR 还通过调节植物体内激素水平，影响根系构型和生长。

**表 2-5　接种巴西固氮螺菌对小麦根系生长的影响**

| 类别 | 总根长(m/株) | 侧根(个/株) | 根毛 | | 茎质量(g/株) |
|---|---|---|---|---|---|
| | | | 密度(个/mm) | 长度(mm) | |
| 未接种 | 0.25 | 5 | 24 | 1.2 | 0.8 |
| 接种 | 0.4 | 21 | 36 | 1.8 | 1.0 |

PGPR 还能提高植物对胁迫的抗性。例如，一些细菌和真菌能产生 ACC 脱氨酶，将 ACC 降解为丁酮酸和氨，抑制根系乙烯的合成，从而刺激根系伸长，提高植物对干旱、盐胁迫、重金属污染的抗性。

很多根际有益微生物是病原菌的拮抗菌。它们通过释放抗生素、铁载体、挥发性物质或与病原菌竞争在植物上的侵染位点，竞争水分和营养等途径直接抑制病原菌。有益微生物还影响植物的防御系统，提高植物对病原菌的系统抗性。例如，拟南芥根系分泌的苹果酸，影响促生菌枯草芽孢杆菌(*Baccillus subtiliszi*)在根表的定植，提高植物体内脱落酸和水杨酸的含量，关闭气孔，抑制病原菌的侵染。缺铁时，假单胞菌分泌的铁载体可激发植物体内产生系统抗性。生产上应用较多的生防细菌主要有芽孢杆菌、假单胞杆菌、放射杆菌等，真菌中的木霉菌、放线菌中的链霉菌也可用于防治植物病害。

## 2.2　土壤与植物营养

### 2.2.1　养分的类型与转化

土壤含有作物生长的各种养分，按照它们的物理形态，可以分为固态养分、液态养分和气态养分。按化学组成，可以分为有机养分和无机养分；也可分为离子态养分和分子态养分。但是，通常根据养分的来源、溶解性和对植物的有效性，将土壤养分大致分为以下 5 种类型。

**(1)水溶性养分**

水溶性养分是指土壤溶液中的养分，这种养分对植物的有效性高，容易被作物吸收利用。水溶性养分大部分是矿质盐类，实际上是离子态的养分，如阳离子中的 $K^+$、$NH_4^+$、$Mg^{2+}$、$Ca^{2+}$，阴离子中 $NO_3^-$、$H_2PO_4^-$、$SO_4^{2-}$ 所组成的盐类。这些水溶性矿质养分来源于土壤矿物质或有机物的分解产物。有一些水溶性的有机物质，如低分子有机酸、单糖等，也都属于水溶性有机养分。

**(2) 代换性养分**

代换性养分也称交换态养分，是土壤胶体上吸附的养分，主要是阳离子，如 $K^+$、$NH_4^+$、$Mg^{2+}$、$Ca^{2+}$等。一些带正电的胶体上也吸附阴离子态养分，如 $H_2PO_4^-$ 等。代换性养分是补充水溶性养分的直接来源。土壤中的代换性养分与水溶性养分之间不断地相互转化，处于动态平衡中。换而言之，土壤胶体上吸附的交换性养分经常与溶液中的养分发生离子交换反应。吸附态养分被植物吸收利用的难易程度取决于吸附量、离子饱和度，以及溶液中的离子种类和浓度等因素。通常将交换态养分和水溶性养分合称速效性养分。

**(3) 缓效性养分**

在土壤的某些矿物中，比较容易分解释放的养分称为缓效性养分。例如，缓效性钾，它们是水云母和黑云母晶层中固定的钾。缓效钾通常占全钾量的2%以下，最高可达6%。土壤中的缓效钾是速效钾的重要储备。

**(4) 难溶性养分**

难溶性养分主要指土壤原生矿物(如磷灰石、白云石和正长石)组成中所含的养分，一般很难溶解，不易被植物吸收利用。但是，难溶性养分在养分总量中所占的比重很大，是作物养分的主要储备和基本来源。此外，在土壤中新形成的沉淀(如磷酸铝等)也属于难溶性养分，这部分养分一般比原生矿物易于分解。

**(5) 土壤有机质和微生物体中的养分**

在土壤中，有机养分大多需要被微生物分解后才能转化为有效养分。微生物在生活过程中，需要从土壤中吸收一些有效养分，但微生物的生活周期很短，随着微生物的死亡，很快分解释放出来。所以，微生物体内的养分可视为有效养分。在有机质中，所含的养分只有少部分对植物有效，大部分必须经过分解释放才能被植物吸收利用。但总的来说，有机质中的养分比难溶性矿物态养分容易释放。

在土壤有机质分解过程中，除了产生作物生长需要的养分外，还产生腐殖质等有机物。腐殖质进一步分解后不仅可向作物提供养分，还是重要的土壤胶体，对改良土壤的理化和生物学性状起重要作用。所以，土壤腐殖质既是土壤养分的供应者，又是土壤养分的保蓄剂。必须指出，土壤养分的类型并不是固定不变的，而是存在时刻变化、日变化和季节变化，处于动态平衡之中。

### 2.2.2　影响土壤养分转化的因素

**(1) 土壤温度**

土壤热量状况是土壤中生物化学作用的动力，它不仅影响微生物的活动，也影响土壤养分的吸收与释放、土壤胶体对离子的吸附与解吸。

土壤温度显著影响磷的有效性。据研究，铁铝胶体结合的磷要在30℃左右才活化。所以，夏季土温高，磷的有效性高；冬季土温低，土壤磷的有效性低。在同一种土壤中，冬季测得的有效磷含量往往低于夏季。试验表明，在冷性土上施用磷肥能够部分补偿低温产生的不利影响，促进植物的生长发育。

温度影响土壤胶体的活性，进而影响土壤溶液中的养分浓度。在一定的温度范围内，低温可以增强土壤胶体吸附和保蓄养分的能力。这就是说，在高温时，土壤胶体释放的养分多，从而提高土壤溶液中养分的浓度；在低温时，土壤胶体吸附的养分多，从而降低土壤溶液中养分的浓度。

**(2) 土壤水分**

水分影响土壤养分的转化。首先，水分是溶解土壤养分的溶剂，土壤中的养分只有溶解在土壤溶液中才能被植物吸收。其次，在适宜的水分含量范围内，增加水分有利于土壤和肥料中养分的溶解，有利于提高养分有效性。但是，水分也会稀释土壤养分，并加速养分的流失。另外，水分影响土壤的氧化还原状态，间接地影响养分的转化和植物对养分的吸收。一般而言，土壤水分在田间持水量的 80%～90%的范围内，土壤养分的有效性较高。

**(3) 土壤氧化还原状况**

土壤的氧化还原状况是土壤通气状况的评价指标之一，直接影响作物根系和微生物的呼吸作用，影响土壤各种物质的存在状态。一般而言，土壤通气良好，氧化还原电位高，加速土壤有机养分的分解，可能增加土壤中的养分；通气不良，氧化还原电位降低，有些土壤养分处于还原状态，有机物分解产生一些有毒物质，对作物生长不利。

有些营养元素可以出现化合价改变的情况，以氧化态或还原态的形式存在。各种营养元素究竟是呈氧化态好，还是呈还原态好，这要根据实际情况具体分析。表 2-6 列出了几种营养元素的氧化—还原态的物质形式。

**表 2-6　土壤中几种元素的氧化态和还原态物质**

| 元素 | 氧化态 | 还原态 | 元素 | 氧化态 | 还原态 |
|---|---|---|---|---|---|
| C | $CO_2$ | $CH_4$ | Fe | $Fe^{3+}$ | $Fe^{2+}$ |
| N | $NO_3^-$ | $NH_4$ | Mn | $Mn^{4+}$ | $Mn^{2+}$ |
| S | $SO_4^{2-}$ | $H_2S$ | Cu | $Cu^{2+}$ | $Cu^+$ |
| P | $PO_4^{3-}$ | $PH_3$ | | | |

在氧化条件下，氮素以硝态氮存在，在一般旱地和水田 1～2 cm 表层土中，氮素都可以呈 $NO_3^-$ 态。硝酸盐易被植物吸收，但也容易随水流失。在稻田中施用硝态氮肥或铵态氮肥转化形成的硝酸盐后，可随水淋溶至还原层，再经反硝化作用导致氮素的损失。

土壤中的磷素一般以氧化态($PO_4^{3-}$、$HPO_4^{2-}$、$H_2PO_4^-$)形式被植物吸收，作物不能吸收还原态的磷。当稻田土壤处于还原条件时，低价铁与磷酸根形成的磷酸盐溶解度大，有效性较高。水田中的低价铁、锰可以与有毒的硫化氢结合形成硫化铁、锰沉淀，从而消除硫化氢的毒害，也可以避免活性铁、锰的毒害作用。

**(4) 土壤 pH 值**

土壤 pH 值影响作物的生长和养分的转化与吸收。一般而言，在酸性条件下，作物吸收阴离子多于阳离子；在碱性条件下，作物吸收阳离子多于阴离子。土壤 pH 值对养分转化的影响很大，因为土壤 pH 值既能直接影响土壤养分的溶解或沉淀，也能影响土壤微生物的活动。

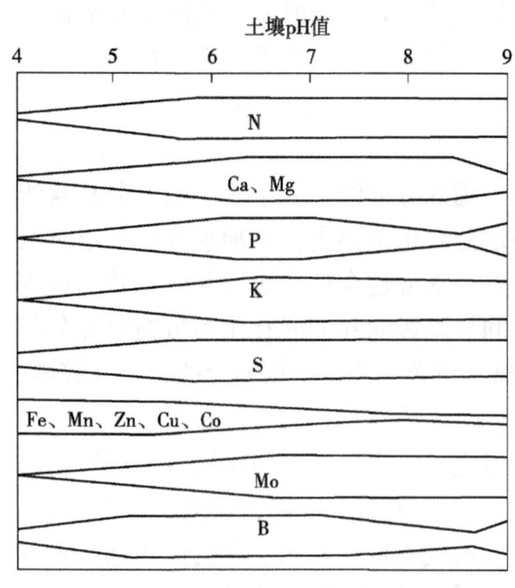


**图2-9 土壤pH值与植物营养元素的有效性的关系**

土壤中的氮大多是有机态氮，需经微生物分解转化形成硝态氮或铵态氮后再被作物吸收利用。氨化作用将有机态氮转化为铵态氮，硝化作用将铵态氮转化为硝态氮，它们需要适宜的土壤反应，最适 pH 值分别是 6.6~7.5 和 6.5~7.9。所以，在 pH 值>6.0 时，土壤有效氮的含量较高(图2-9)。

土壤中的磷一般在 pH 值为 6.6~7.5 时有效性较高。在这个 pH 值范围内，根分泌的碳酸和微生物分解有机质产生的碳酸，能使难溶性磷转化为可溶性的磷。当 pH 值>7.5 时，如果土壤中存在大量的碳酸钙，可使水溶性磷生成更难溶解的磷酸盐，有效性降低。但是，当土壤pH 值<6.5 时，土壤中铁、铝的溶解度高，使磷酸盐形成难溶性的铁、铝磷酸盐，有效性也会降低。

当 pH 值<6.0 时，土壤中有效钾、钙、镁的含量减少。因为土壤 pH 值越低，溶液中的氢离子浓度越大，土壤胶体上的代换性钾、钙、镁离子被氢离子代换出来，随雨水或土壤水分移动而流失。相反，当 pH 值>6.0 时，土壤中的代换性钾、钙、镁含量较高。

在土壤中，铁和铝的溶解度与 pH 值有密切的关系。土壤一般含铁较多，能满足一般作物的需要。但是，在 pH 值>7.0 的钙质土中，铁常形成难溶性的氧化铁，作物出现缺铁的症状。在酸性条件下，可溶性铁($Fe^{2+}$)含量提高，活性铁、锰、铝大量出现，这时作物常常又会受到危害。

酸性土壤约占我国耕地和潜在可耕地总面积的 50%。由于酸性土壤中存在酸害、铝毒和养分缺乏等多种胁迫因子，铝毒在前一章已详述，养分缺乏尤其是微量元素非常明显，锰、锌、铜在酸性条件下有效性显著增加，而在中性和有钙的情况下可溶性降低，甚至完全沉淀，致使作物感到这些微量元素不足。另外，在热带、亚热带的酸性土壤中，作物常因可溶性锌的淋失也会出现缺锌的症状。在酸性土中施用石灰常常会诱发作物缺锌，这是因为石灰引起根际土壤中的可溶性锌发生沉淀。硼的有效性受土壤反应的影响也很突出，在 pH 值为 4.7~6.7 的土壤中，硼的有效性最高；如果 pH 值升至 7.1~8.1，硼的溶解性显著降低。因此，缺硼现象大多发生在 pH 值>7.0 的土壤上。但是，在酸性的砂性土壤中，可溶性硼易于淋失，有时作物也会出现缺硼的现象。土壤中相当大部分的钼呈吸附态，在碱性条件下，这部分的钼被释放出来，使钼的有效性增加；在酸性条件下，钼的吸附很牢固，有效性降低，所以，缺钼症状多发生在酸性土壤上，在酸性土壤上施用石灰能显著提高钼的有效性。总而言之，土壤的酸碱度与微量元素的有效性关系密切，大体上可分为3种情况：在 pH 值<6.0 时，有效性较高的元素有 $Cu^{2+}$、$Zn^{2+}$、$Mn^{2+}$、$Ni^{2+}$、$Fe^{3+}$($Fe^{2+}$)；在 pH 值≥7.0 时，有效性较高的元素有 $Mo^{5+}$、$Mo^{6+}$、$Cr^{2+}$等；在广泛的 pH 值范围内，有效性较高的元素有 B、F、Cl 等。

整体来看，当pH值为5.5~7.0时，植物养分的有效性是最高的。但是这个规律并不是适用于所有的土壤和植物。例如，当用石灰中和土壤pH值至6.5~7.0时，植物常常会缺乏中微量元素。

必须指出，影响土壤养分转化的水、热、气、微生物、酸碱度等因素间相互影响、相互制约。例如，土壤铵态氮与硝态氮的含量受氨化作用和硝化作用的强度支配，氨化作用和硝化作用的强弱又受氨化菌及硝化菌活性的制约，而氨化菌及硝化菌的活性又受到水、热、气和酸碱度的影响。从土壤本身来看，影响土壤养分转化的水、气、热等因素，又受到土壤胶体数量和类型制约，而这些因素也在一定程度上影响土壤胶体对养分的吸收与释放。

## 2.2.3　我国土壤养分含量基本状况

### 2.2.3.1　土壤大量元素含量概况

**(1)土壤氮素和有机质含量**

土壤氮素含量受自然因素(如母质、植被、温度和降水量等)影响，同时也受人为因素(如利用方式、耕作、施肥及灌溉等措施)的影响。我国自然植被下土壤表土氮素含量与有机质含量密切相关。在温带，由东向西，随着降水量的逐渐减小和蒸发量的逐渐增大，植物生物量逐渐减少，因此，氮素含量依黑土—黑钙土—漠钙土的序列逐渐减少；由北向南，随着温度的增高，分解速率增大，但同时植物生物量也明显增多，因而土壤氮素含量的变化稍显复杂。耕地土壤氮素含量除受到自然因素的影响外，还强烈地受到人为耕作、施肥等因素的影响，但各地区耕地土壤耕作层中氮素含量的变化，大体趋势与自然植被下的土壤相似。一般农业土壤耕作层氮素含量在0.5~3.0 g/kg。极少数肥沃的耕地、草地、林地及一些未扰动的表层土壤氮素含量可达5.0 g/kg以上，而冲刷严重、贫瘠地的表层土壤氮素含量可低到0.5 g/kg以下。较高的氮素含量往往被看作土壤肥沃程度的重要标志。一般认为，肥沃水稻土的养分指标为：有机质含量20~40 g/kg，全氮1.3~2.3 g/kg。

根据全国土壤有机质和全氮含量的统计表明(表2-7)：土壤全氮含量大于2.0 g/kg的占耕地面积的12.2%，1.5~2.0 g/kg的占22.0%，0.5~0.75 g/kg的占20.1%，小于0.5 g/kg的占11.7%。如果说土壤全氮含量小于2 g/kg即为缺氮的话，那么，在上述地区缺氮土壤达到耕地面积的87.8%。实际上，土壤全氮含量大于20 g/kg的土壤主要分布在黑龙江、内蒙古两省(自治区)，对不少省份来说，缺氮土壤面积高于90%。如四川土壤全氮含量小于2 g/kg的土壤面积占96.2%，广东、广西、海南、云南分别占95.6%、82.6%、97.7%和78.7%。

土壤氮素含量的剖面分布也因各种土壤的内部及环境因素有较大的差异，但基本趋势为：表层含氮量最高，以下各层随深度增加而锐减。耕作层以下土壤剖面各层氮素同样是土壤氮素储量的重要组成部分，其含量高低与作物尤其是一些深根作物的氮素营养有相当大的关系，而且对地下水状况产生明显的影响。

表 2-7 不同地区土壤的有机质和全氮平均含量 g/kg

| 地区 | 利用情况 | 标本数 | 有机质 | 全氮 | 碳/氮 |
|---|---|---|---|---|---|
| 东北黑土 | 旱地 | 251 | 57.0 | 2.6 | 12.4 |
| | 水田 | 21 | 50.0 | 2.6 | 11.2 |
| 内蒙古、新疆 | 旱地 | 125 | 18.0 | 1.1 | 9.7 |
| 青藏 | 旱地 | 57 | 28.0 | 1.4 | 11.0 |
| 黄土高原 | 旱地 | 216 | 10.0 | 0.7 | 8.8 |
| 黄淮海 | 旱地 | 320 | 9.7 | 0.6 | 9.0 |
| | 水田 | 14 | 15.1 | 0.93 | 9.4 |
| 长江中下游 | 旱地 | 49 | 15.8 | 0.93 | 10.0 |
| | 茶园 | 20 | 14.5 | 0.81 | 10.4 |
| | 水田 | 524 | 22.7 | 1.34 | 9.8 |
| 江南 | 旱地 | 118 | 15.7 | 0.9 | 10.2 |
| | 茶、橘园 | 15 | 18.3 | 0.97 | 11.3 |
| | 水田 | 321 | 24.6 | 1.43 | 10.0 |
| 云、贵、川 | 旱地 | 71 | 19.3 | 1.09 | 9.7 |
| | 水田 | 124 | 27.3 | 1.49 | 10.5 |
| 华南、滇西 | 旱地 | 31 | 26.8 | 1.39 | 11.9 |
| | 胶园 | 7 | 24.3 | 1.13 | 12.7 |
| | 水田 | 181 | 28.5 | 1.5 | 11.1 |

注：引自鲁如坤，1998。

### (2) 土壤磷素含量

土壤中的磷绝大部分以难溶性形式存在，所以土壤全磷含量与土壤有效磷供应量之间没有严格的相关性。当然，土壤全磷含量低时，作物缺磷的可能性更大，在这种土壤上施用磷肥，往往能获得增产效果。上海市土壤普查资料表明，当土壤全磷达 1 g/kg 时，土壤速效磷含量丰富，在 0.6 g/kg 以下时，则比较贫乏。一般而言，土壤全磷含量在 0.35~0.44 g/kg 时，土壤速效磷不足，施磷肥都可能实现增产效果；而在此界限以上时，则因其他条件的影响，施磷肥的效果表现不一。

我国土壤全磷量大部分在 0.2~0.5 g/kg 范围内变化，其中全磷含量最低的是广东浅海沉积物发育的红壤，为 0.04 g/kg 以下，最高的达 1.7 g/kg。表 2-8 列出了我国富铝土区主要土壤类型的土壤含磷量。南方以酸性土壤为主，全磷含量在 0.6 g/kg 以下，属于中量级偏低；北方以石灰性土壤为主，含量在 0.6 g/kg 以上，属于丰富与较丰富水平。在全国范围内，除小面积土壤全磷含量达极丰富及极缺乏外，约有 50%以上的面积属丰富与较丰富水平。我国土壤全磷含量较高，因此，目前在施磷的同时更要注意活化土壤自身的磷素。

**表 2-8　我国富铝土区主要土壤类型的土壤含磷量**　g/kg

| 土壤类型 | 省份 | 全磷 |
|---|---|---|
| 砖红壤 | 广东 | 0.82 |
| | 广西 | 0.22 |
| | 云南 | 0.70 |
| 赤红壤 | 广东 | 0.48 |
| | 广西 | 0.43 |
| | 云南 | 0.60 |
| | 福建 | 0.55 |
| 红壤 | 广东 | 0.74 |
| | 广西 | 0.50 |
| | 云南 | 0.80 |
| | 贵州 | 0.31 |

| 土壤类型 | 省份 | 全磷 |
|---|---|---|
| 红壤 | 福建 | 0.59 |
| | 浙江 | 0.34 |
| | 湖北 | 0.43 |
| | 安徽 | 0.40 |
| 黄壤 | 广东 | 0.54 |
| 紫色土 | 广东 | 0.65 |
| | 广西 | 0.41 |
| | 云南 | 0.40 |
| | 贵州 | 0.51 |
| | 四川 | 0.70 |
| | 福建 | 0.61 |

| 土壤类型 | 省份 | 全磷 |
|---|---|---|
| 紫色土 | 浙江 | 0.27 |
| | 湖北 | 0.38 |
| | 安徽 | 0.39 |
| 石灰土 | 广东 | 0.92 |
| | 广西 | 0.79 |
| | 云南 | 1.20 |
| | 贵州 | 0.74 |
| 潮土 | 云南 | 0.90 |
| | 贵州 | 0.60 |
| | 福建 | 0.64 |

注：引自沈善敏等，1998。

土壤全磷含量状况因土壤类型、成土母质、风化程度、植被和利用状况的不同而有较大差异。我国土壤含磷量随风化程度增加而有所减少。这表现在从南到北土壤全磷含量有增加的趋势(表 2-9)。但是，由于耕作施肥等人为措施巨大影响，土壤全磷含量可以在较小的范围内有较大的变化。

**表 2-9　我国土壤全磷含量和土壤风化程度**

| 土壤 | 风化程度 | 地区 | 母质 | 全磷含量(g/kg) |
|---|---|---|---|---|
| 砖红壤 | ↑ | 广东、海南 | 花岗岩等 | 0.13~0.26 |
| 红壤及红壤性水稻土 | | 江西、湖南 | 第四纪黏土等 | 0.17~0.36 |
| 黄棕壤 | | 江苏 | 下蜀黄土 | 0.22~0.52 |
| 黄潮土 | | 华北平原 | 黄土性沉积物 | 0.43~0.96 |
| 黑土、白浆土 | | 黑龙江、吉林 | 黄土性沉积物 | 0.61~1.50 |
| 风蚀漠境土 | | 新疆 | 古冲积物 | 1.00~1.10 |

注：引自谢建昌，1998。

我国土壤磷素含量的变化具有明显的生物气候地带性特征。由于我国受季风气候影响显著，夏季高温多雨，降水量从东南到西北逐渐减少；冬季寒冷干燥，南北气温相差较大，土壤淋溶作用由南到北减弱，土壤全磷含量也随着不同生物气候带有规律地变化。湿润地区土壤全磷含量顺序是：黄褐土<赤红壤、红壤和黄壤<砖红壤、黄棕壤<暗棕壤<棕色针叶林土，南北部土壤全磷含量差值可达 3 倍以上(表 2-10)。在暖温带内，由于干燥度增大，土壤淋溶作用相对减弱，土壤全磷含量呈现逐步增加的趋势，其含量顺序为：棕壤<褐土<黄绵土<灰钙土。在中温带内，由东向西随着土壤干燥度的增大植被发生变化，出现森林草原、草原化草甸、草甸草原、半干旱草原、荒漠草原和荒漠的景观更替，土壤类型

则由灰色森林土逐渐过渡到草原化黑土、黑钙土、栗钙土和棕钙土。由于生物积累作用的减弱，土壤全磷含量也依次降低。

表 2-10 不同地区主要土壤的全磷含量 g/kg

| 土壤 | 热量带 | 全磷 | | 分布地区 |
|---|---|---|---|---|
| | | 样品数 | 含量 | |
| 砖红壤 | 热带 | 59 | 0.61 | 云南、广西、海南 |
| 赤红壤 | 南亚热带 | 194 | 0.48 | 海南、福建、云南、广西、四川 |
| 红壤 | 中亚热带 | 1 518 | 0.50 | 福建、贵州、云南、广西、四川、西藏、浙江、江西、江苏、安徽、湖南、湖北 |
| 黄壤 | 中亚热带 | 1 778 | 0.56 | 海南、贵州、云南、广西、四川、西藏、浙江、福建、江西、安徽 |
| 黄棕壤 | 北亚热带 | 1 416 | 0.61 | 贵州、云南、四川、西藏、江苏、河南、陕西、甘肃、江西、安徽、湖北 |
| 黄褐土 | 北亚热带 | 840 | 0.41 | 江苏、安徽、河南、湖北、四川、陕西 |
| 棕壤 | 暖温带 | 2 371 | 0.53 | 贵州、西藏、四川、江苏、安徽、湖北、河北、山东、河南、陕西、甘肃、山西、内蒙古、辽宁 |
| 暗棕壤 | 寒温带 | 696 | 0.92 | 西藏、湖北、陕西、甘肃、内蒙古、吉林、黑龙江 |
| 棕色针叶林土 | 寒温带 | 34 | 1.82 | 内蒙古、黑龙江 |

**(3) 土壤钾素含量**

我国土壤耕作层中全钾含量远比氮、磷高，主要土类钾素含量变化范围为 1.43～27.5 g/kg。我国农业地区主要土类的钾素状况见表 2-11。

在第二次土壤全国普查中，将土壤全钾含量水平分为6级：全钾含量小于5 g/kg为很低(6级)，5～10 g/kg为低(5级)，10～15 g/kg为中下(4级)，15～20 g/kg为中上(3级)，20～25 g/kg为高(2级)，大于25 g/kg为很高(1级)。按此标准，全国范围的土壤二级、三级含钾量的面积之和大于75%，一级、六级的面积仅占6.46%。华南地区的砖红壤、赤红壤区是我国钾素最贫乏的土区，例如广东浅海沉积物发育的砖红壤全钾含量仅为0.98 g/kg。红壤和黄壤区是我国第二个缺钾突出的土区，四川由冲积物发育的黄壤全钾含量9.6 g/kg，江西第四纪红色黏土发育的水稻土土壤全钾含量为8.66 g/kg。石灰土以及长江中下游地区的黄棕壤、黄褐土、潮土，土壤全钾含量中等，一般在10～20 g/kg。东北地区、华北、西北黑土、暗棕壤、栗钙土、棕钙土、灰钙土、灰漠土以及四川、湖南、江西、广东、浙江、湖北等地发育于石灰性或中性紫色砂、页岩母质的紫色土，土壤全钾量高，一般在20 g/kg以上，如黑龙江由黄土状冲积物发育的栗钙土，土壤含钾量达24 g/kg。总的来说，南方热带、亚热带生物气候条件下，土壤风化、淋溶强烈，土壤含钾量低。而北方土壤由于气候干燥，矿物风化、淋溶弱，因此含钾较多。所以，从南至北，土壤全钾、缓效钾及速效钾含量均呈递增趋势。

**表 2-11　我国农业地区主要土类的全钾含量**　g/kg

| 土区 | 主要成土母质 | 全钾 | 土区 | 主要成土母质 | | 全钾 |
|---|---|---|---|---|---|---|
| 砖红壤区 | 玄武岩、凝灰岩 | 2.2 | 水稻土 | 沉积物质 | | 16.8 |
| | 浅海沉积物 | 3.1 | | 长江中下游老冲积物 | | 14.3 |
| | 花岗岩、变质岩 | 14.3 | 黄潮土区 | 黄河冲积物 | 黏土 | 20.0 |
| 赤红壤区 | 花岗—片麻岩 | 3.8 | | | 壤土 | 18.1 |
| 红壤区 | 红色黏土 | 9.5 | | | 砂土 | 15.4 |
| | 红砂岩 | 7.1 | 褐土区 | 黄土 | | 17.0 |
| | 花岗岩、千枚岩 | 27.2 | 塿土区 | 黄土 | | 18.5 |
| 黄壤区 | 砂页岩、花岗岩 | 10.6 | 黑土区 | 黄土状物质 | | 17.6 |
| 紫色土区 | 石灰性及中性紫色砂页岩 | 20.3 | 黑钙土—栗钙土区 | 各种沉积物及冲积物 | | 21.5 |
| 黄棕壤区 | 砂页岩、下蜀黄土 | 12.8 | 漠土区 | | | 18.8 |

**(4)土壤钙素含量**

地壳中平均含钙量为 36.4 g/kg。土壤全钙含量变化很大，主要受成土母质、风化条件、淋溶强度和耕作利用方式的影响。例如，由石灰岩发育的土壤，一般因母质中含有大量的碳酸钙而使土壤含钙丰富；而在温湿条件，高度风化和淋溶的土壤含钙量通常很低。我国土壤碳酸钙含量有明显的地域差异，大体上东部低、西部高，南部低、北部高。在高温多雨地区，受淋失后土壤含钙量很低，如红壤、黄壤的含钙量在 4 g/kg 以下，甚至仅为痕量。酸性、微酸性土壤常常缺钙。在淋溶作用弱的干旱、半干旱地区，土壤含钙量通常在 10 g/kg，有的达 100 g/kg 以上。碱性—微碱性土(石灰性土壤)的游离碳酸钙含量高，土壤一般不缺钙。如果从汉中盆地北缘划一条通过河南南端与淮河相接的线，此线以北的土壤含碳酸钙(称为石灰性土)，全钙含量高；此线以南的土壤通常不含碳酸钙(称为非石灰性土)。

**(5)土壤镁素含量**

地壳平均含镁量为 19.3 g/kg，土壤全镁含量平均为 5 g/kg。土壤全镁含量主要受成土母质和风化条件等的影响。我国土壤含镁量具有明显的地域性差异。我国南方热带、亚热带地区，成土母质风化程度高，土壤含镁的原生矿物(如橄榄石、辉石、角闪石、黑云母)的化学稳定性差，容易风化，而且黏土矿物主要是不含镁的高岭石、三水铝石及针铁矿，因此土壤全镁量低，平均只有 3.3 g/kg。其中以粤西地区花岗岩、片麻岩和浅海沉积物发育的土壤，全镁含量最低，一般在 1 g/kg 以下。而以紫色土全镁含量高，达 22.1 g/kg。这是由于紫色砂页岩含镁量较高，它发育的紫色土，化学风化程度弱，镁的淋失相对较少，黏土矿物又以水云母和绿泥石为主，故紫色土全镁含量很高。华中地区由第三纪红砂岩和第四纪红色黏土发育的红壤，要高于华南地区的砖红壤和赤红壤。水稻土的全镁含量较其前身的旱地土壤低，这是由于水稻土经常受灌水、排水及水分渗漏而导致镁的损失；强烈的还原作用使矿物表面的氧化铁胶膜减少，促进了镁的释放和淋失，这也是水稻土含镁量较低的原因。

**(6) 土壤硫素含量**

我国土壤含硫量在0~600 g/kg范围内。土壤全硫含量因土壤形成条件、黏土矿物和有机物含量不同而异。在温湿条件下，土壤风化及淋溶程度较强，含硫矿物分解淋失，土壤中可溶性硫酸盐很少聚集，土壤硫主要存在于有机质中。在南部和东部湿润地区，有机硫占全硫的比例较高，为85%~94%，且随土壤有机质含量而异。黑土和林地黄壤有机质较高分别为57 g/kg和85 g/kg，土壤的全硫含量也较高，分别为336 g/kg和337 g/kg。红壤耕地有机质含量较低，仅为17 g/kg，土壤全硫含量也仅为105 g/kg。在干旱的石灰性土壤区，土壤中的钙、镁、钾、钠的硫酸盐常常大量积累在土层中，无机硫占全硫的比例较高，一般达39%~62%。我国南方省份，因高温多雨，土壤硫易流失，因此缺硫的可能性较大。

### 2.2.3.2 土壤微量元素概况

微量元表在土壤中的含量一般为$10^{-6}$~$10^{-5}$mg/kg，最高不超过$10^{-3}$mg/kg，只有铁例外，土壤中铁的含量可高达4%(表2-12)。

表2-12 我国土壤中微量元素的含量 mg/kg

| 土壤类型 | 硼 | 钼 | 锌 | 铜 | 锰 |
|---|---|---|---|---|---|
| 土壤 | 0~500(64) | 0.1~6.00(1.7) | 0~790(100) | 3~300(22) | 10~9 478(710) |
| 砖红壤 | 9~58(20) | 0.50~3.10(1.94) | 0~323(103) | 2~118(44) | 10~5 000(636) |
| 赤红壤 | 0.5~72(24) | 0.14~3.03(1.83) | 0~750(84) | 0~44(17) | |
| 红壤 | 1~125(40) | 0.30~11.9(2.43) | 11~492(177) | 0.1~91(22) | 11~4 232(565) |
| 黄壤 | 5~453(52) | 0.10~4.49(1.53) | 14~182(81) | 1~122(25) | 10~5 532(373) |
| 紫色土 | 20~43(31) | 0.32~1.10(0.55) | 48~131(109) | 7~54(23) | 425~920(548) |
| 红色石灰土 | 20~351(113) | 0.50~2.83(1.83) | 93~374(213) | 22~283(57) | 282~3 627(1520) |
| 棕壤 | 31~92(61) | 0~4.0(2.3) | 44~770(98) | 18~33(23) | 340~1 000(270) |
| 黄棕壤 | 56~100(85) | 0.3~1.4(0.8) | 55~122(94) | 14~65(22) | 200~1 500(741) |
| 草甸土 | 32~72(54) | 0.2~5.0(2.4) | 51~130(87) | 18~35(26) | 480~1 300(940) |
| 黑土 | 36~69(54) | 0.5~2.1(1.4) | 58~66(61) | 19~78(26) | 590~1 100(990) |

注：括号中数字为平均含量；引自刘铮，1987。

土壤中的微量元素主要来自成土母质，其含量受成土母质种类与成土过程影响。成土母质种类决定了土壤中微量元素最初的含量水平，而成土过程则促使最初含量发生变化，并影响微量元素在土壤剖面中的分布。因此，不仅在不同土类中，微量元素含量存在差异，而且即使在同一土类中，因成土母质不同，微量元素含量也往往有较大差异。例如，在赤红壤和红壤中，由花岗岩、片麻岩和砂岩发育的，硼含量都很低，而由石灰岩、页岩发育的，硼含量可高出10倍以上。

土壤微量元素含量也受土壤质地影响。质地很细的土壤或土壤的细粒部分，多来自易风化的矿物，是微量元素的主要来源。砂质土壤和土壤的砂粒，则来自抗风化能力强的矿物(如石英等)，其微量元素含量较低。因此，微量元素含量低或者缺乏微量元素的土壤，往往是质地粗松的土壤。

土壤微量元素含量还与土壤有机质含量有关。有机质含量高时，微量元素的含量相应较多，当土壤有机质含量为5%~15%时，微量元素含量将达最高值；有机质含量继续增加，微量元素含量反而减少。

土壤微量元素总含量只能看作潜在供给能力和储备水平的指标，而其可溶部分，即对植物有效部分，对于供给能力的评价则有更重要的意义。土壤微量元素的可溶部分占全量的百分之几或者更低。如土壤中可溶性硼约占全量10%，锰占1%~10%，铜和钼约占1%，而锌仅占0.1%。

**(1)铁**

土壤中含铁量受许多因素影响，其中以成土母质影响最为显著。基性岩铁含量较高，如玄武岩含 $Fe_2O_3$ 10%左右；酸性岩含量较低，如花岗岩含 $Fe_2O_3$ 1%~3%。玄武岩发育的红壤含 $Fe_2O_3$ 20%，花岗岩发育的红壤含 $Fe_2O_3$低于0.5%。此外，成土过程也显著影响土壤中铁的含量。以酸性和淋溶为主的灰化过程使大量的铁溶解，淋溶层 $Fe_2O_3$ 含量很低(<1%)，淀积层有较多 $Fe_2O_3$存在。淹水的水稻土有铁的还原和漂移现象，在表层 $Fe_2O_3$明显降低，淀积层有铁的累积。我国北方的石灰性土壤缺铁较为普遍，南方多年生林木也缺铁。有些土壤，如“白土层”，全铁和有效铁含量低，容易缺铁。缺铁会导致叶绿素的合成受阻，典型的可见症状是幼叶叶脉绿色、叶脉间失绿，严重缺乏时叶片变黄变白，如不及时纠正会导致叶片黄化死亡。

**(2)锌**

我国土壤全锌含量为3~790 mg/kg，平均含量为100 mg/kg，高于世界土壤的平均含量50 mg/kg。海南、广西、云南、贵州、山东、黑龙江等17省份的统计结果表明，云南和上海的土壤含锌量最高，分别为115 mg/kg和101.2 mg/kg；山东和广西最低，分别为55.5 mg/kg和30.0 mg/kg，其他省份均在60~90 mg/kg范围内。土壤全锌含量与土壤类型和成土母质有关，从表2-12可以看出，不同类型的土壤含锌量有一定的差异。在同一类型土壤中，土壤含锌量常常受成土母质的影响。例如，华中丘陵区的红壤中，以石灰岩、玄武岩和花岗岩发育的红壤含锌量最高，而以砂岩发育的红壤含锌量最低。

**(3)硼**

我国土壤含硼量在痕量至500 mg/kg，主要土类平均全硼含量则为8.4~205.0 mg/kg，平均含量为64 mg/kg。土壤全硼含量主要受土壤类型和成土母质的影响。一般说来，由沉积岩特别是海相沉积物发育的土壤含硼量比火成岩发育的土壤高，干旱地区土壤比湿润地区高，滨海地区土壤比内陆地区土壤高。盐土则可能有硼酸盐盐渍现象，含硼量一般较高。我国土壤含硼量(表2-12)有由北到南、从西到东逐渐降低的趋势。西部内陆的土壤含硼量较高，东部地区尤其是东部的砖红壤、赤红壤和红壤地区含硼量较低或者很低。

**(4)钼**

我国土壤的全钼含量在0.1~6.0 mg/kg，平均含量为1.7 mg/kg。主要土类平均全钼含量在0.1~2.62 mg/kg，红壤、赤红壤含钼量较高，多集中在0.5~1.1 mg/kg，甘肃的灰漠土和砂姜黑土全钼含量也较丰富，而辽宁的风沙土、广西的紫色土、石质土、滨海盐土等土类则较低。

土壤钼的供应状况主要受成土母质和土壤条件的影响。一般说来，花岗岩发育的土壤含钼量较高，而黄土母质发育的土壤含钼量较低。南方的酸性土壤含钼量虽然较高，但是钼被铁铝氧化物吸附，有效钼常低于缺钼的临界值。我国缺钼的土壤分布较广。南方缺钼的土壤包括红壤、赤红壤、砖红壤、黄壤、紫色土、黄棕壤。这些土壤的全钼含量较高，但有效钼水平较低。北方缺钼的土壤有黄潮土、黄绵土、埁土、褐土、棕壤等，这些土壤的全钼量和有效钼含量都较低。可见，我国南方和北方土壤均有可能缺钼。

**(5)锰**

我国土壤含锰量为 10~9 478 mg/kg，平均含量为 710 mg/kg。红色石灰土、黑土、草甸土、黄棕壤等土类的含锰量较高。全锰含量最低的土类有辽宁、吉林、甘肃和河北的风沙土。我国土壤的含锰量变幅很大，总的趋势是南方各地的酸性土壤含锰量较北方的石灰性土壤高。在南方的酸性土壤中有锰的富集现象，并因成土母质的不同有很大的差异。例如，由玄武岩发育的红壤含锰量可高达 1 311 mg/kg，而流纹岩发育的红壤含锰量仅为 126 mg/kg。

**(6)铜**

我国土壤的含铜量为 3~300 mg/kg，平均含量为 22 mg/kg。主要土类的土壤全铜平均含量在 17~57 mg/kg，大部分土类全铜含量集中分布在 20~30 mg/kg。全铜含量平均值高的土类有红色石灰土和砖红壤，而全铜含量平均值低的为赤红壤。石灰岩发育的各种土壤，含铜量较高。在富含有机质的土壤表层有铜富集的现象。成土母质对铜的含量也有较明显的影响，例如，红壤的含铜量以玄武岩和石灰岩发育的最高，分别为 304 mg/kg 和 105 mg/kg，而砂页岩和花岗岩发育的最低，分别为 17 mg/kg 和 20 mg/kg。

**(7)氯**

我国土壤中氯的分布北方高于南方，沿海高于内地，盐渍化土壤高于非盐渍化土壤。各类土壤变化范围都较大。成土母质、气候条件、海潮以及人类活动等均对土壤含氯量有明显影响。由于土壤中的氯离子易随水流动，往往是地势处土壤含氯量低，地势低洼处含氯量较高。干旱地区，尤其是盐渍土含氯量很高，甚至可累积到毒害水平。近海地区含氯量高，内陆由于雨水淋洗和植物吸收可能导致氯不足。施用含氯化肥和人粪肥可增加土壤氯的含量。

综上所述，我国土壤普遍缺氮，大部分缺磷，半数缺钾，局部缺少中微量元素。

## 复习思考题

1. 哪些土壤条件影响根系的生长发育？根际土壤有什么特点？
2. 举例说明不同氮素形态和营养胁迫对根际酸碱度的影响。
3. 什么是根系专一性分泌物？试论述其在植物营养上的作用。
4. 简述根际微生物对土壤养分有效化的影响。
5. 土壤养分有哪些类型？它们是如何相互转化的？
6. 通气条件和土壤 pH 值为什么会影响土壤养分的转化？
7. 简述我国土壤氮、磷、钾元素的分布特点。
8. 举例说明成土母质和土壤类型对土壤微量元素含量的影响。

# 第 3 章

# 肥料资源与利用

【**内容提要**】在农业生产中，肥料既是主要的投入物质，也是一种重要的农业生产资料。本章主要介绍肥料资源的种类与利用。从总体上看，肥料资源可分为化学肥料资源和有机肥料资源两类。化学肥料资源包括大量元素肥料资源和中微量元素肥料资源，主要是为肥料工业生产提供原料；有机肥料资源包括可作为肥料的各种动植物残体、生活废弃物和绿肥等。

## 3.1 大量元素肥料资源与利用

由物理和(或)化学方法制成，养分形态为无机化合物的肥料称为化学肥料(简称化肥)。此外，有些有机化合物，如硫氰氨化钙、尿素等，习惯上也称为化肥。根据作物生长所需的营养元素，化肥可分为氮肥、磷肥、钾肥、钙肥、镁肥、硫肥、微量元素肥料、复合肥料等。氮、磷、钾三要素占化肥施用量的绝大部分，我国 2020 年农用化肥的施用总量为 5 250. 7×$10^4$ t(折纯量，下同)，其中，氮肥 1 833. 9×$10^4$ t，磷肥 653. 9×$10^4$ t，钾肥 541. 9×$10^4$ t，复合肥 2 221. 0×$10^4$ t。

我国施用的化肥由国产和进口两部分构成。我国的化肥生产起始于 20 世纪 40 年代，1949 年，我国化肥产量仅 0. 6×$10^4$ t，只有$(NH_4)_2SO_4$一个品种；有机肥提供的养分比例占 99%。自 1951 年起，我国开始进口少量的化肥，其数量逐年增加。20 世纪 60 年代中期，我国开始发展以碳酸氢铵为主的小化肥厂，产量逾 100×$10^4$ t，至 1979 年，已超过 1 000×$10^4$ t，以氮肥为主；同时，磷肥工业开始发展，但钾肥占化肥总量比例始终很小，有机肥提供的养分比例下降到 65%。1986 年，化学工业部提出对化肥产品进行结构调整，将现有的碳铵产品进行生产装置改造、升级，转而生产尿素产品，化肥企业开始崭露头角，也推动了化肥产品全面发展，磷肥、复合肥等开始被广泛生产和应用。2008 年，我国氮肥产量突破 5 000×$10^4$ t、磷肥 1 200×$10^4$ t、钾肥 277×$10^4$ t。2015 年，化肥行业开始升级转型，到 2017 年，我国氮肥产量为 4 116×$10^4$ t、磷肥 1 802×$10^4$ t、钾肥 679×$10^4$ t，氮磷钾比例趋向合理，由 1：0. 23：0. 004(1988 年)的变为 1：0. 44：0. 16(2017 年)。随着化肥产量和产能的提升，我国逐渐从化肥进口国变为出口国。2011—2015 年，我国肥料出口量快速增加，年均增长30.6%，尤其是氮肥和磷肥(年均增长率分别达到41.9%和16.7%)。2014年，我国尿素和磷铵成为世界第一出口大国，分别占当年世界出口量的30%和33%，化肥出口总量前3位分别是俄罗斯、中国、加拿大。2015年，我国化肥出口量达3 450×$10^4$ t实物量，折纯量为1 562.7×$10^4$ t，超过俄罗斯，成为世界第一化肥出口大国。氮、磷、钾肥出口量分别占国内产量的20.8%、30.4%和3.6%。

从国产化肥的品种构成看，在化肥产量增加的同时，产品结构也发生了变化。化肥产品创新驱动化肥产业不断转型升级。化肥产业的第一个阶段是“初始化肥”阶段，代表性产品是草木灰和骨粉等，其养分浓度非常低，且有效性较差，属于原始化肥。化肥产业的第二个阶段是低浓度化肥阶段，代表性产品是碳铵、硫铵、过磷酸钙、钙镁磷肥等，其养分质量分数一般不超过30%。我国20世纪80年代以前化肥产业水平处于低浓度化肥阶段。化肥产业的第三个阶段是高浓度化肥阶段，代表性产品主要有尿素、磷铵、氯化钾和高浓度复合肥等，这些产品的养分质量分数一般都超过30%，甚至超过50%。我国现阶段的化肥产业水平整体处于高浓度化肥产业阶段。未来化肥产业代表性产品是绿色高效化肥，从绿色原料、绿色制造、绿色产品、绿色流通和绿色施用5个环节，全产业链、全生命周期构建国家绿色肥料产业体系，使土壤、肥料、植物和环境更加和谐发展。

肥料资源是指生产肥料所需的原料和矿产品。制造氮肥的基本原料是空气中的氮气，空气中的含氮量高达79%，储量十分丰富。合成氨是氮肥工业之母，合成氨的能量来源主要是煤和天然气。而在我国，则以煤和焦炭为主，约占合成氨总产量的60%以上；其次是天然气，占18%左右；此外，还有少量的轻油，占9%。我国煤炭资源十分丰富，仅无烟煤产量就达750×$10^8$ t。天然气产量一般，集中在川东南和西北少数地区，但却是最理想的氮肥能源。我国磷矿资源非常丰富，磷矿石储量253×$10^8$ t，居世界第二位，分布于全国26个省份，主要分布在湖北、云南、贵州、湖南、四川5省，储量占全国总储量的85%以上，但总体品位较低，90%以上的储量为中、低品位磷矿石，而且难选矿石超过总储量的60%，很难生产出高浓度磷肥。含钾矿物是制造钾肥的主要原料，我国钾矿资源相当贫乏，现探明的可溶性钾盐矿(包括含钾盐湖卤水)储量12.8×$10^8$ t(折KCl)，其中低品位的钾矿占绝大多数，难以开发利用。

可见，生产氮肥能耗高，受制于能源供应；生产磷、钾肥需要矿源，为不可再生的资源，因此，必须珍惜我国的肥料资源。

### 3.1.1　氮肥资源与利用

氮是蛋白质的组成成分，对农作物生长发育和产量形成有举足轻重的作用。施用氮肥是农业生产中提高产量、改善品质的一项重要措施。根据联合国粮食及农业组织分析，世界粮食增产量有50%是增施化肥的结果，氮肥占施肥总量的50%以上。1992年，我国每年施用氮肥逾2 000×$10^4$ t，居世界第一位，2012年为4 105.2×$10^4$ t，占世界消费量的37.3%。在施用合理的情况下，每千克标准氮肥(以纯氮计)可增产粮谷15~25 kg，经济效益十分显著。

新中国成立初期，我国只有年产能6 000 t氮的硫酸铵生产设备，经过自主设计小型氮肥设备、引进国外大型生产设备和在国外大型设备的基础上消化后自主设计建造大型设备3个阶段，我国建立起了自己的氮肥工业。随着氮肥工业的发展，我国氮肥产量迅速增加。1949年，氮肥产量6 000 t；1970年，氮肥产量$152.3\times10^4$ t；2003年，氮肥产量$2\ 880\times10^4$ t，实现自给；2004年，氮肥产量超过美国，成为全球最大生产国，产量$3\ 304.1\times10^4$ t。1961—2004年，氮肥产量年均增加13.0%，2005年后，氮肥产量年增长率4.7%，增长减缓。2011年，氮肥产量$4\ 347\times10^4$ t，占世界氮肥总产量的40.5%。

氮肥产量增加的同时，氮肥产品结构也发生了变化。氮肥结构从以低浓度为主的产品结构转变为以高浓度为主的产品结构。含氮量高的品种(如尿素、液氨等)正逐渐代替过去那些含氮量较低、带有副成分的品种，并研制出养分释放缓慢、持续供肥的长效氮肥。新中国成立初期，我国主要建设的是硫酸铵生产设备。20世纪60年代，我国自主研发了碳酸氢铵的生产技术，并在全国各地建厂。1970年，低浓度产品碳酸氢铵、硝酸铵、硫酸铵和氯化铵分别占总产量的39.8%、24.5%、5.9%和2.9%，高浓度的尿素仅占3.8%。20世纪70年代,我国开始引进国外大型尿素设备，尿素产量快速增加。1970—1996年，尿素的产量和比重快速增加，低浓度的碳酸氢铵和氯化铵产量增长次之，硝酸铵产量先升后降，总体变化不大，硫酸铵产量基本不变。1996年，碳酸氢铵、硝酸铵、硫酸铵和氯化铵分别占总产量的44.7%、2.3%、0.5%和2.7%，而尿素比例增加到44.0%。1996年之后，碳酸氢铵产量开始下降，而尿素产量不断增加，我国氮肥产品结构开始发生质的变化，受复混肥发展的带动，氯化铵和硝酸铵产量缓慢增加。2012年，尿素的比重增加到66.7%，氯化铵增加到7.3%，碳酸氢铵下降到7.9%，硝酸铵下降到3.8%，其他如合成氨直接生产的复合肥(硝酸铵钙和石灰氮等)占14.2%。

氮肥工业的长足发展，使我国从氮肥进口国转变为出口国。氮肥工业发展初期，氮肥生产量不足，需要依靠进口满足国内消费，1981年进口量为$143\times10^4$ t，没有出口，1995年进口量增长到$460\times10^4$ t，达到历史最高峰，同年出口$13\times10^4$ t。此后，随着氮肥产业的快速发展，进口量逐年减少，出口量不断增加。2003年进口$99\times10^4$ t，出口$154\times10^4$ t，首次实现净出口，净出口$55\times10^4$ t。随着我国氮肥产量的进一步增加，出口量越来越大，2007年成为世界第二大氮肥出口国，出口量为$358\times10^4$ t，占世界出口总量的11.6%。2010年氮肥出口$462\times10^4$ t，占世界氮肥出口总量的14.2%。2012年进口$32\times10^4$ t，出口$488\times10^4$ t，分别增加71.3%和31.1%。由于国内出口政策的调整和国际市场快速变化，氮肥出口年际间波动较大的主要产品是尿素，2012年，尿素占我国总出口量的65.2%，出口国家主要是印度，出口到印度的氮肥占我国出口总量的41.6%。

氮肥的品种很多，一般是在合成氨的基础上再进一步合成其他含氮化合物。主要化学反应如右：

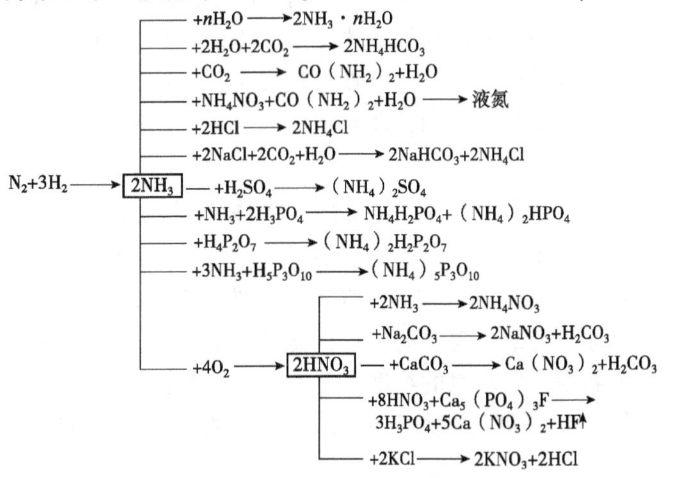

**(1)氨**

大多数氮肥生产的基础是合成氨($NH_3$),除了现已不常用的石灰氮外,几乎所有的氮肥都以氨为原料。氨还是染料、合成橡胶、树脂、合成纤维和医药工业的重要原料。德国化学家 Fritz Haber 和 Carl Bosch(1908)首先将氨的合成应用于工业生产。世界上第一个小型氨合成厂于1911年建成,在第一次世界大战后,合成氨工业得到迅速发展,为世界农业生产提供了大量的氮肥。

合成氨的生产包括制气、净化、压缩和氨的合成等过程。生产合成氨的原料为氮气和氢气,或是两者的混合气体。氮气来源于空气,氢气来源于含碳或碳氢化合物的各种燃料,如焦炭、煤、天然气、轻油和重油等,在高温下由它们与水蒸气反应获得,也可以直接由裂解焦炉气或天然气获得。由于原料气中的一氧化碳、二氧化碳和硫化物等对氨合成的催化剂有毒害作用,并腐蚀设备,所以必须除去。净化后的原料气经压缩,在高温、高压和催化剂作用下进行氨的合成。

氨合成所用的催化剂一般为熔铁催化剂,主要的原料为磁铁矿,并以氧化铝和氧化钾等为促进剂。为了提高催化剂的活性,往往还添加稀土(如氧化铈、氧化镧或氧化钇等)或氧化钴。

在美国、澳大利亚及西欧一些国家,氨直接施于土壤,如美国大约有40%以上的合成氨直接用作肥料。但在世界其他大多数国家和地区,合成氨多数被用作氮肥工业的原料,仅有极少部分的合成氨直接作为肥料使用。

**(2)硝酸铵**

硝酸铵($NH_4NO_3$)是第一种固态氮肥,生产规模曾经也是最大的。第二次世界大战后,硝酸铵由用于军工生产转变为用于农业肥料的生产。首先,将气态氨与稀硝酸进行中和反应,制得硝酸铵溶液;然后,将溶液蒸发,浓缩结晶,得到硝酸铵成品。工业上一般采用常压法生产硝酸铵,气态氨与浓度为40%~50%的稀硝酸在0.11~0.12 kPa压力下进行中和反应。反应分两步进行,先是气态氨与水反应生成$NH_4OH$,然后$NH_4OH$再与$HNO_3$作用生成$NH_4NO_3$,即

$$NH_3+H_2O \longrightarrow NH_4OH$$

$$NH_4OH+HNO_3 \longrightarrow NH_4NO_3+H_2O$$

上述两个反应都是放热反应,生成的热量用于硝酸铵溶液的蒸发浓缩。在生产上,硝酸铵溶液的浓缩一般采用真空蒸发工艺,浓缩后的硝酸铵溶液采用真空结晶器制成粉末状产品,在造粒塔中制成颗粒状结晶成品。硝酸铵的质量标准见表3-1。

**(3)尿素**

尿素[$CO(NH_2)_2$]是目前及今后我国主要的氮肥品种,它的含氮量高,物理性质好,对作物和土壤无不良影响。尿素的商业化生产始于20世纪初期,化学名称为碳酰二胺,肥料中尿素含氮46.0%,其质量标准见表3-2。

尿素合成所需要的原料为氨和二氧化碳,两者都是合成氨的主要副产品。在制造尿素的原料中,要求氨的纯度大于99.5%(质量),油小于10 mg/kg,水及惰性物质小于0.5%(质量);二氧化碳大于99.5%,硫化物含量小于15 mg/cm$^3$。

表 3-1 硝酸铵的产品质量标准(GB/T 2945—2017) %

| 结晶状硝酸铵指标 | 工业用 | | 农业用 |
|---|---|---|---|
| | 优等品 | 一等品 | |
| 硝酸铵的质量分数 | ≥99.5 | | — |
| 总氮的质量分数 | — | — | ≥34.0 |
| 游离水的质量分数 | ≤0.3 | ≤0.5 | ≤0.7 |
| 酸度 | 甲基橙指示剂不显红色 | | |
| 灼烧残渣的质量分数 | ≤0.05 | | — |

表 3-2 尿素产品质量标准(GB/T 2440—2017) %

| 指标名称 | 工业用 | | 农业用 | |
|---|---|---|---|---|
| | 优等品 | 合格品 | 优等品 | 合格品 |
| 总氮(N)的质量分数 | ≥46.4 | ≥46.0 | ≥46.0 | ≥45.0 |
| 缩二脲的质量分数 | ≤0.5 | ≤1.0 | ≤0.9 | ≤1.5 |
| 水分含量 | ≤0.3 | ≤0.7 | ≤0.5 | ≤1.0 |
| 亚甲基二脲(以 HCHO 计)的质量分数 | — | | ≤0.6 | ≤0.6 |
| 铁(以 Fe 计)的质量分数 | ≤0.000 5 | ≤0.001 0 | — | |
| 碱度(以 $NH_3$ 的质量分数计) | ≤0.01 | ≤0.03 | — | |
| 硫酸盐(以 $SO_4^{2-}$ 计)的质量分数 | ≤0.000 5 | ≤0.020 | — | |
| 水不溶物的质量分数 | ≤0.005 | ≤0.040 | — | |
| 粒度(0.85~2.80 mm; 1.18~3.35 mm; 2.00~4.75 mm; 4.00~8.00 mm) | — | | ≥93.0 | ≥90.0 |

以氨与二氧化碳为原料制取尿素的总反应为:

$$NH_3(液)+CO_2(气)=CO(NH_2)_2+H_2O+Q(热量)$$

目前认为，上述反应在液相中分两步进行。第一步，氨与二氧化碳反应生成氨基甲酸铵。

$$2NH_3+CO_2=NH_2COONH_4+Q(热量)$$

这是一个放热的可逆反应，反应速度率快，几乎是瞬时反应，很快达到化学平衡，氨基甲酸铵的获得率较高。然后，氨基甲酸铵脱水，生成尿素。

$$NH_2COONH_4=CO(NH_2)_2+H_2O-Q(热量)$$

这是一个吸热的可逆反应，但吸热量不多，反应速率较慢，需要较长的时间才能达到平衡，它是尿素合成过程中的控制反应，而且必须在液相中进行。

**(4)碳酸氢铵**

碳酸氢铵($NH_4HCO_3$)简称碳铵，目前在我国化肥生产中仍占有重要地位。与其他固体氮肥相比，其生产过程简单、基建投资少、建厂快、成本低，适合县级小化肥厂生产。但是，碳酸氢铵的含氮量低，容易分解、挥发、结块，肥效较低，今后必将被高效、化学性质稳定的氮肥品种所取代。

生产碳酸氢铵的原料为气态氨($NH_3 \geq 99.8\%$)和二氧化碳(30%~70%)。反应过程分为 3 步，首先，水吸收气氨形成浓氨水。

$$NH_3+H_2O \longrightarrow NH_4OH+Q(\text{热量})$$

接着，浓氨水与二氧化碳反应生成$(NH_4)_2CO_3$。

$$2NH_4OH+CO_2 \longrightarrow (NH_4)_2CO_3+H_2O+Q(\text{热量})$$

最后，碳酸铵进一步吸收二氧化碳形成$NH_4HCO_3$。

$$2(NH_4)_2CO_3+CO_2+H_2O \longrightarrow 2NH_4HCO_3+Q(\text{热量})$$

为了提高碳酸氢铵的肥效，有些厂家在制造过程(如氨水或母液)中加入硝化抑制剂双氰胺(DCD)，加入量为碳酸氢铵量的 0.4%，以达到抑制硝化作用，提高氮素利用率的目的。工业上制得的碳酸氢铵一般有干、湿 2 种产品。具体的技术指标见表 3-3。

**表 3-3　农用碳酸氢铵产品的质量标准**(GB 3559—2001)　%

| 指标标准 | 干碳酸氢铵 | 湿碳酸氢铵 | | |
|---|---|---|---|---|
| | | 优等品 | 一等品 | 合格品 |
| 含氮(N)量 | ≥17.5 | ≥17.2 | ≥17.1 | ≥16.8 |
| 水分含量 | ≤0.5 | ≤3.0 | ≤3.5 | ≤5.0 |

**(5)硫酸铵**

硫酸铵[$(NH_4)_2SO_4$]简称硫铵，是国内外生产和施用最早的氮肥之一，通常以它作为标准氮肥。由于工业生产需要消耗大量的硫酸，以及硫酸铵本身含氮量较低，现在生产的硫酸铵大多是炼焦、钢铁、石油炼制工业的副产品。

硫酸铵的生产方法有焦炉气氨回收法、中和法和石膏法，以及各种副产硫酸铵的方法。焦炉气氨回收制硫酸铵目前广泛采用半直接法。其过程是将焦炉气冷却，分离焦油与水。因水中含有一部分氨，所以为粗氨水。用蒸汽将粗氨水加热至 100℃，水中的氨成为气体逸出。由于在蒸馏过程中加入了一部分石灰，使粗氨水中的铵盐也分解而放出氨，将逸出的氨气合并冷却，然后用硫酸吸收成为硫酸铵并形成晶体，再通过离心分离和干燥过程即制得成品硫酸铵。直接中和法是在 100℃的条件下，将气态氨与浓度为 75%左右的稀硫酸进行中和反应而得到硫酸铵溶液，利用反应热可将$(NH_4)_2SO_4$溶液浓缩，然后通过结晶分离、干燥，得到成品硫酸铵。石膏法是先将气氨引入水中吸收，然后在碳化塔中与二氧化碳制成高浓度碳酸铵[$(NH_4)_2CO_3$]，接着在 50~60℃的条件下，将石膏粉加入$(NH_4)_2CO_3$水溶液中，搅拌反应 6~8 h，生产出硫酸铵和碳酸钙，过滤溶液除去碳酸钙，滤液为硫酸铵溶液，最后用高温蒸汽加热浓缩、结晶、干燥，即制得成品硫酸铵。此外，在很多化学产品生产过程中，副产硫酸铵的方法很多，这里不逐一介绍。肥料级硫酸铵的质量标准见表 3-4。

表 3-4　肥料级硫酸铵质量标准(GB/T 535—2020)　%

| 项目 | 肥料级硫酸铵 | |
|---|---|---|
| | 一级品 | 二级品 |
| 氮(N)含量 | ≥20.5 | ≥19.0 |
| 硫(S)含量 | ≥24.0 | ≥21.0 |
| 游离硫酸($H_2SO_4$)含量 | ≤0.05 | ≤0.20 |
| 水分($H_2O$) | ≤0.5 | ≤2.0 |
| 水不溶物含量 | ≤0.5 | ≤2.0 |
| 氯离子($Cl^{-1}$)含量 | ≤1.0 | ≤2.0 |

**(6)氯化铵**

氯化铵($NH_4Cl$)简称氯铵，是联合制碱工业的副产品，含氮 24%~25%。生产氯化铵所用的原料易得，价格低廉，生产工艺简单。反应如下：

$$NH_3+CO_2+NaCl+H_2O \longrightarrow NaHCO_3+NH_4Cl$$

目前，农用氯化铵作为氮肥施用，原因是作为联合制碱工业的副产品，价格低廉，一般不专门制造。其产品质量标准见表 3-5。

表 3-5　氯化铵质量标准(GB/T 2946—2018)　%

| 项目 | 农业用 | | | 工业用 | | |
|---|---|---|---|---|---|---|
| | 优等品 | 一等品 | 合格品 | 优等品 | 一等品 | 合格品 |
| 氯化铵 $NH_4Cl$ 的质量分数 | — | | | ≥99.5 | ≥99.3 | ≥99.0 |
| 氮(N)的质量分数 | ≥25.4 | ≥24.5 | ≥23.5 | — | | |
| 水的质量分数 | ≤0.5 | ≤1.0 | ≤8.5 | ≤0.5 | ≤0.7 | ≤1.0 |
| 钠盐(以 Na 计)的质量分数 | ≤0.8 | ≤1.2 | ≤1.6 | — | | |
| 粒度(2.00~4.75 mm) | ≥90 | ≥80 | — | — | | |
| 灼烧残渣的质量分数 | — | | | ≤0.4 | ≤0.4 | ≤0.4 |
| 铁(以 Fe 计)的质量分数 | — | | | ≤0.000 7 | ≤0.001 0 | ≤0.003 0 |
| 重金属(以 Pb 计)的质量分数 | — | | | ≤0.000 5 | ≤0.000 5 | ≤0.001 0 |
| 硫酸盐(以 $SO_4^{2-}$ 计)的质量分数 | — | | | ≤0.02 | ≤0.05 | — |
| pH 值(200 g/L 溶液) | — | | | 4.0~5.8 | | |

**(7)缓释性氮肥**

目前，普遍施用的化学氮肥几乎都是速效性的，一般难与农作物的吸收速率同步，如果用量较大，往往造成作物徒长，甚至烧苗，而且过量氮肥容易通过氨挥发、硝态氮淋失和反硝化作用等途径损失，造成环境污染。用量不足又难以满足作物整个生长期的需要，出现后期脱肥或需要多次施肥，花费劳力较多。为此，国内外都在研制缓/控释氮肥长效肥料，详细介绍见第4章植物的氮素营养与氮肥。

### 3.1.2 磷肥资源与利用

磷是植物营养的三要素之一，磷矿是重要的肥料资源和化工原料矿物，其主要成分可用化学式 $Ca_5F(PO_4)_3$ 表示。磷素主要以磷酸盐的形式存在于地壳中，含 $P_2O_5$ 超过1%的矿物有数百种，有工业价值的才称为磷矿。磷矿按其 $P_2O_5$ 的含量可分为高品位磷矿(>30%)、中品位磷矿(25%~30%)和低品位磷矿(12%~25%)。磷矿按组成主要分为两类，一类为磷灰石族；另一类为磷酸铝族。目前，工业开采的主要是前者，约90%的磷矿用于制造磷肥，4%作为饲料添加剂，其余6%用于制造洗涤剂和金属表面处理剂。

据美国地质调查局2012年统计数据显示，全球磷矿储量约 $670\times10^8$ t，磷矿资源主要集中在少数国家，其中美国、俄罗斯、摩洛哥和中国4个国家储量占全球磷矿总储量的80%。我国目前磷矿总量位居全世界第二，仅次于摩洛哥，是资源储备大国。截至2018年，我国共有磷矿区613个，储备的磷矿资源高达 $252.8\times10^8$ t。全国各地磷矿需求量大，开采量高，开采速度快，资源可以使用的期限大约持续37年。尤其是湖北、湖南、云南、贵州及四川等地是我国磷矿大省，资源丰富，资源总量占全国磷矿总资源的86%。

随着人口的增加，粮食生产对磷肥的需求持续增长，带动了我国磷肥工业的发展。从无到有，从小到大，从低浓度到高浓度，从单一的传统肥料到种类繁多的新型肥料，我国磷肥工业实现了从依赖进口到自给有余的巨大飞跃。1978年，我国磷肥生产量 $103\times10^4$ t(以 $P_2O_5$ 计，下同)，占全球总产量的4%；2017年，我国磷肥生产量 $1\,627\times10^4$ t，占全球磷肥总产量的35%，较1978年增长了15倍，磷肥产量位居世界首位。2017年，全国磷肥消费量 $1\,171\times10^4$ t，占全球总消费量的30%以上，较1978年增长了10倍。另外，2006年以前，我国是世界磷肥进口大国，1990—2006年，为满足国内农业生产的需求，每年进口磷肥(主要产品是磷酸二铵) $100\times10^4$~$300\times10^4$ t。从2007年开始，我国磷肥实现自给自足，之后每年出口磷肥 $100\times10^4$~$500\times10^4$ t，2015年我国磷肥出口量 $580\times10^4$ t，达到最大值。

目前，我国磷矿资源开发利用仍存在以下问题：①在地域上分布不均匀，磷矿资源主要集中在南方，尤其是西南，磷矿品位差，含磷量低，副成分多(表3-6)；②磷矿企业整体规模小，回采率低；③不少矿区交通条件差，运输费用高；④磷矿加工不合理，存在优矿劣用、高质低用的浪费情况。

**表3-6 我国部分磷矿石含磷量** %

| 磷矿产地 | 全磷($P_2O_5$) | 2%柠檬酸溶性磷 |
|---|---|---|
| 江苏锦屏 | 35.78 | 1.21 |
| 湖南石门 | 32.48 | 1.68 |
| 内蒙古卓资 | 39.65 | 2.97 |
| 贵州遵义 | 38.66 | 4.68 |
| 湖北荆州 | 39.94 | 4.88 |
| 四川什邡 | 36.51 | 5.42 |

（续）

| 磷矿产地 | 全磷($P_2O_5$) | 2%柠檬酸溶性磷 |
|---|---|---|
| 河南信阳 | 25.52 | 4.41 |
| 广西玉林 | 29.09 | 5.61 |
| 云南昆明 | 38.10 | 7.96 |
| 湖南沅陵 | 19.89 | 4.43 |
| 贵州开阳 | 35.98 | 8.41 |
| 四川峨眉 | 29.10 | 7.12 |
| 安徽凤台 | 22.40 | 5.62 |

**(1)过磷酸钙**

过磷酸钙是世界上最早实现工业化生产的磷肥品种，其生产曾居磷肥生产的主导地位，产量(以 $P_2O_5$ 计)曾占世界磷肥总产量的 60%以上。20 世纪 70 年代，世界过磷酸钙的年产量近百万吨，达到历史最高水平，后来由于转产高养分含量的磷肥，过磷酸钙在磷肥总产量中的比例渐趋下降。但是，目前过磷酸钙仍占我国磷肥总产量的 50%以上。2017 年，我国过磷酸钙的消费量达 $899\times10^4$ t。

过磷酸钙生产工艺简单，投资少，产品适用于各种作物和土壤。其缺点是有效成分含量不高，但对于土壤既缺磷又缺硫的地区，过磷酸钙仍不失为适宜的化肥品种。

在过磷酸钙生产中，用硫酸将磷矿中的 $Ca_5(PO_4)_3F$ 大部分转化为可溶性的 $Ca(H_2PO_4)_2$，少量转化为游离的 $H_3PO_4$ 和 $CaHPO_4$。硫酸分解磷矿粉的主要化学反应分为 2 个阶段。

第一阶段是硫酸分解磷矿粉生成磷酸和半水硫酸钙。

$$Ca_5(PO_4)_3F+5H_2SO_4+2.5H_2O \longrightarrow 3H_3PO_4+5CaSO_4+0.5H_2O+HF\uparrow$$

这一阶段的反应速率很快，只需 0.5 h 或更短的时间，在混合器和化成反应的前期完成。

磷矿被硫酸分解之后，进入第二个反应阶段，部分未完全分解的磷矿同磷酸作用，生成磷酸一钙。

$$Ca_5(PO_4)_3F+7H_3PO_4+5H_2O \longrightarrow 5Ca(H_2PO_4)_2\cdot H_2O+HF\uparrow$$

所以，硫酸分解氟磷灰石的总反应为：

$$2Ca_5(PO_4)_3F+7H_2SO_4+6.5H_2O \longrightarrow 3Ca(H_2PO_4)_2\cdot H_2O+7CaSO_4\cdot 0.5H_2O+2HF\uparrow$$

第二阶段的反应在料浆固化后开始，在颗粒间包藏的液相与固体矿粉颗粒之间进行。由于磷酸的酸性较硫酸弱，分解能力比硫酸小，故第二阶段反应较慢，需要耗时几天到十几天。过磷酸钙属水溶性磷肥。商品过磷酸钙含有 3.5%~5.5%的游离酸(以 $P_2O_5$ 计)，故呈微酸性，pH 值在 3.0 左右。如用氨中和游离酸，产品称氨化过磷酸钙。将过磷酸钙加热至 120℃以上，其中的一水磷酸二氢钙便失去结晶水而成为无水磷酸二氢钙，使水溶性磷的含量逐渐减少；若继续加热到 150℃，无水磷酸二氢钙转变为焦磷酸氢钙($CaH_2P_2O_7$)，随即失去肥效；温度升至 270℃以上，焦磷酸氢钙转变为枸溶性(弱酸溶性)的偏磷酸钙[$Ca_5(PO_4)_3F$]。因此，在生产粒状过磷酸钙时，必须控制干燥过程的物料温度。过磷酸钙的质量标准见表 3-7。

表 3-7　过磷酸钙质量标准(GB/T 20413—2017)　%

| 项目 | 疏松状过磷酸钙 | | | | 粒状过磷酸钙 | | | |
|---|---|---|---|---|---|---|---|---|
| | 优等品 | 一等品 | 合格品Ⅰ | 合格品Ⅱ | 优等品 | 一等品 | 合格品Ⅰ | 合格品Ⅱ |
| 有效磷(以 $P_2O_5$ 计)的质量分数 | ≥18.0 | ≥16.0 | ≥14.0 | ≥12.0 | ≥18.0 | ≥16.0 | ≥14.0 | ≥12.0 |
| 水溶性磷(以 $P_2O_5$ 计)的质量分数 | ≥13.0 | ≥11.0 | ≥9.0 | ≥7.0 | ≥13.0 | ≥11.0 | ≥9.0 | ≥7.0 |
| 硫(S)的质量分数 | ≥8.0 | | | | ≥8.0 | | | |
| 游离酸(以 $P_2O_5$ 计)的质量分数 | ≤5.5 | | | | ≤5.5 | | | |
| 游离水的质量分数 | ≤12.0 | ≤14.0 | ≤15.0 | ≤15.0 | ≤10.0 | | | |
| 三氯乙醛的质量分数 | ≤0.000 5 | | | | ≤0.000 5 | | | |
| 粒度(1.00~4.75 mm 或 3.35~5.60 mm)的质量分数 | — | | | | ≥80 | | | |

**(2)重过磷酸钙和富过磷酸钙**

重过磷酸钙是用磷酸分解磷矿制得的磷肥，是一种重要的、含磷量较高的磷肥品种，占世界磷肥总产量的11%~15%，富过磷酸钙则是用磷酸与硫酸的混合酸分解磷矿制得的磷肥，生产重过磷酸钙和富过磷酸钙非常适用于硫矿资源缺乏的国家。2种磷肥的主要成分都是一水磷酸二氢钙[$Ca(H_2PO_4)_2 \cdot H_2O$]，富过磷酸钙还含有 $CaSO_4$。重过磷酸钙有效磷($P_2O_5$)含量通常为40%~52%，富过磷酸钙有效磷含量一般在30%左右。在国外，还生产一种高浓度过磷酸钙(无水过磷酸钙或高浓度重过磷酸钙)，用含磷($P_2O_5$)75%~76%的过磷酸制成，产品主要为无水磷酸一钙，含有效磷54%，主要用于混合肥料的生产。

根据所用磷酸原料的来源，重过磷酸钙的生产方法可分为湿法和热法2种。前者以湿法磷酸分解磷矿，后者用热法磷酸分解磷矿。两者的主要化学反应相同，可用下列反应式表示。

$$Ca_5F(PO_4)_3+7H_3PO_4+5H_2O \longrightarrow 5Ca(H_2PO_4)_2 \cdot H_2O+HF\uparrow$$

反应生成的 HF 与磷矿中的 $SiO_2$ 或磷酸盐作用生成 $SiF_4$ 气体。

$$4HF+SiO_2 \longrightarrow SiF_4\uparrow+2H_2O$$

$SiF_4$ 一部分随水蒸气排出，另一部分生成氟硅酸盐留在反应后的料浆中。

$$3SiF_4+2H_2O \longrightarrow 2H_2SiF_6+SiO_2$$

磷矿中的碳酸盐等杂质也与磷酸反应，生成磷酸一钙和二氧化碳。

$$CaCO_3+2H_3PO_4 \longrightarrow Ca(H_2PO_4)_2 \cdot H_2O+CO_2\uparrow$$

因此，磷矿中适量的碳酸盐有利于料浆疏松多孔，使物理性质得到改善。制造富过磷酸钙的化学原理与制造过磷酸钙相同，但在制造富过磷酸钙时加入了一定量的磷酸。其主要化学反应分为2个阶段。

第一阶段是硫酸与磷矿反应生成磷酸和半水硫酸钙。

$$Ca_5(PO_4)_3F+5H_2SO_4+2.5H_2O \longrightarrow 3H_3PO_4+5CaSO_4 \cdot 0.5H_2O+HF\uparrow$$

该反应是放热反应，随着反应的进行，料浆温度迅速上升，半水硫酸钙结晶转变为无水硫酸钙。然后，加入的磷酸和第一个反应的产物继续作用，生成磷酸一钙。

$$Ca_5(PO_4)_3F+7H_3PO_4+5H_2O \longrightarrow 5Ca(H_2PO_4)_2 \cdot H_2O+HF$$

所以，制取富过磷酸钙的总反应式为：

$$3Ca_5(PO_4)_3F+7H_2SO_4+7H_3PO_4+8H_2O \longrightarrow 8Ca(H_2PO_4)_2 \cdot H_2O+7CaSO_4+3HF$$

第一阶段反应较快，在反应器和化成室中完成。第二阶段反应速率缓慢，在熟化过程中完成。生成的 $Ca(H_2PO_4)_2 \cdot H_2O$ 开始溶解在溶液中，当溶液中 $Ca(H_2PO_4)_2 \cdot H_2O$ 饱和时，便结晶析出。

我国重过磷酸钙生产技术的研发始于 20 世纪 60 年代，同时进行研发的还有湿法磷酸和热法磷酸技术。1975 年，广西柳城磷酸盐化工厂建成了热法重过磷酸钙生产装置，开启了我国重过磷酸钙生产的历史，填补了我国这一品种的空白。1982 年，我国第一套年产 $10\times10^4$ t 的湿法重过磷酸钙装置在云南建成，结束了我国重过磷酸钙依赖进口的历史。我国重过磷酸钙产品在对东南亚国家出口上具备较强的优势。2017 年，我国重过磷酸钙的消费量达 $75\times10^4$ t。

**(3)钙镁磷肥**

钙镁磷肥是采用高温煅烧含磷矿物制成的磷肥，与脱氟磷肥和钢渣磷肥同属于热法磷肥。磷矿石与含镁硅矿石经高温熔融后水淬、干燥、磨细便制成钙镁磷肥，其主要成分为钙镁磷酸盐和硅酸盐(表 3-8)。

**表 3-8　钙镁磷肥质量标准(GB/T 20412—2021)**　%

| 项目 | 粉状或砂状钙镁磷肥 | | | 颗粒状钙镁磷肥 | | |
|---|---|---|---|---|---|---|
| | 一级 | 二级 | 三级 | 一级 | 二级 | 三级 |
| 有效五氧化二磷($P_2O_5$) | ≥18.0 | ≥15.0 | ≥12.0 | ≥17.0 | ≥14.0 | ≥11.0 |
| 水分 | ≤0.5 | | | ≤1.0 | | |
| 有效钙(Ca) | ≥20.0 | | | ≥19.5 | | |
| 有效镁(Mg) | ≥6.0 | ≥5.0 | ≥4.0 | ≥6.0 | ≥5.0 | ≥4.0 |
| 可溶性硅($SiO_2$) | ≥20.0 | | | ≥19.0 | | |
| 细度(通过 0.25 mm 试验筛) | ≥80 | | | — | | |
| 粒度(2.00~4.75 mm) | — | | | ≥90 | | |
| 溶散率 | — | | | ≥85 | | |

由于钙镁磷肥可利用品位不高的磷矿，原料的适应性广，生产技术简单，故在我国发展较快。目前，我国钙镁磷肥的产量占磷肥总产量的 1/4，仅次于过磷酸钙。在世界钙镁磷肥产量中，我国名列第一。

**(4)其他磷肥**

其他磷肥还有钢渣磷肥、脱氟磷肥和磷矿粉等。钢渣磷肥是炼钢工业的副产品；在高温条件下，磷矿石通入水蒸气，除去矿石中的氟，制得脱氟磷肥；磷矿经直接磨细后制成磷矿粉。目前，这 3 种磷肥的生产不多，施用很少。

### 3.1.3　钾肥资源与利用

钾也是植物营养的三要素之一，有些作物需钾量与氮相当或者更多。与土壤有效氮、磷相比，我国农业土壤中有效钾含量相对丰富，缺钾问题并不突出，但随着农业生产的发展，作物产量提高，养分带走量增加，归还到土壤中的养分锐减，传统农家肥和草木灰施用量减少，氮、磷化肥施用增加，造成养分失调，出现不同程度的缺钾。因此，在我国的农业生产中施用钾肥越来越重要。

1838 年，Sprengel 确定钾是植物的必需元素；1839 年，施塔斯富特发现了钾盐沉积矿床；1861 年，德国建立了世界上第一座氯化钾生产厂。据美国地质调查局数据显示，全世界钾资源储量为 $95\times10^8$ t($K_2O$ 折纯，下同)，全球钾矿资源丰富但主要集中分布在欧洲和北美两个地区，其中加拿大、俄罗斯和白俄罗斯 3 个国家的钾资源储量占世界的 88.9%。加拿大的萨斯喀彻温省的钾资源储量占全球第一，目前产能和产量也均为世界第一，有“世界钾都”的美称。此外，德国、老挝、泰国、巴西、美国以及非洲也有一定的钾资源储量，但开发程度不高。

我国长期以来被定义为“贫钾”国家，但近年来随着国家钾矿勘探力度不断加大，对钾矿资源概况已有进一步了解。目前，我国的钾盐矿区主要包括新疆的罗布泊钾盐矿矿区(柴达木盆地东端)、青海的察尔汗钾盐矿矿区(柴达木盆地内)、西藏的扎布耶钾盐矿矿区(羌塘高原北部)、四川盆地钾盐矿矿区和云南的勐野井钾盐矿矿区(思茅盆地内)。矿床类型主要为现代盐湖型、地下卤水型和沉积型 3 种，其中现代盐湖型钾矿探明储量为 $4.2\times10^8$ t，占三者总量的 97.74%。新疆罗布泊通过深井勘探初步预测罗北地区深部藏有 $2.5\times10^8$ t 钾盐资源，在其凹地外围探测到约有数千万吨氯化钾的 4 个中型钾矿。另外，柴达木盆地西部阿尔金山前第四纪早期地层中发现新型砂砾含钾卤水层、塔里木库车凹陷发现厚达百米的古新纪含钾盐矿层、四川盆地发现大规模三叠系杂卤石资源。仅柴达木西部初步预测钾资源约 $6.6\times10^8$ t，可能成为察尔汗的后备资源区。目前，我国钾肥工业尚处于继续寻找资源和利用现有资源进行工业开发的初始阶段。与世界其他国家相比，由于受到资源条件的限制，钾肥主要依赖进口，但钾肥产能和产量也在不断提升。青海盐湖工业集团公司 2014 年产钾肥能力 $500\times10^4$ t 以上。2006 年，在罗布泊建设第三个百万吨钾肥工程，产能 $120\times10^4$ t。截至 2017 年，我国钾肥企业 100 多家，资源型钾肥产能 $1\,300\times10^4$ t，年产 $980\times10^4$ t。此外，我国已经在山东初步利用海水提取制造钾肥。

人们最早利用的钾肥是草木灰，其主要成分是碳酸钾。后来氯化钾成为钾肥的主要品种，因为许多钾矿资源都是含氯化钾的复盐。目前，生产的无机钾盐类有氯化钾、硫酸钾、硝酸钾和碳酸钾等，统称钾碱(potash)。世界钾碱资源比较丰富。据国际肥料工业协会(International Fertilizer Association，IFA)统计，目前全球钾盐资源的 83%用于生产农用化肥，2015 年全球钾肥总产量 $3\,980\times10^4$ t，世界前六大钾盐生产国分别是加拿大、俄罗斯、白俄罗斯、中国、德国和以色列，产量合计占全球产量的 86%以上。钾肥消费集中在亚洲、拉美和北美地区。据国际肥料工业协会数据，世界钾肥消费量由 2000 年的 $2\,209.5\times10^4$ t 增加到 2018 年的 $3\,710.5\times10^4$ t，东亚、拉美、加勒比地区及南亚是主要增长地区。人口数量决定着钾肥消耗总量及其增长，亚洲占有世界 60%的人口，吃饭问题是头等大事，钾肥消费量约占全球的 1/3，北美占 1/4。中国、巴西、美国和印度是世界主要的钾肥消费国，约占世界总消费量的 70%。

世界钾盐资源主要以钾石盐型和光卤石型等固体可溶性钾盐矿床为主，如加拿大、俄罗斯等钾资源大国。与世界钾矿资源特点不同，我国难溶性钾盐多而可溶性钾盐少。目前，有关可溶性钾盐制钾工艺已较为成熟，主要有冷分解—正浮选、冷分解—热溶结晶、反浮选—冷结晶等技术，而难溶性钾盐的经济开发价值相对较低、生产技术不成熟导致国内固体钾盐开发企业相对较少。近年来，制钾工艺从工业性试验向工业化生产转化，包括水热化学法、菌种发酵法和焙烧法等。此外，我国钾矿品位较低，一般 KCl 仅含 2%～6%，外表矿高达 96%，共生组分多，如钠、镁、锂、硼等，现有技术严重影响钾矿的综合开发利用，进一步降低了我国的钾资源可利用水平。近年来，我国钾盐产能建设有过热趋势，将加速我国可利用钾盐的消耗，呈现不可持续发展的模式。

综上所述，我国钾肥资源匮乏，钾肥生产量很低，近年来产能虽有提升，但钾肥进口量依然在 50%以上。今后我国除了加强钾肥资源的勘探利用，进一步提高产量外，还应把钾肥优先用在最缺钾的地区、最喜钾的作物上，使有限的钾肥发挥更大的增产作用和取得更好的经济效益。同时，必须着重指出，解决我国钾素供应的基本途径应放在活化土壤钾素和开发利用生物有机钾源上，在这方面是大有潜力的。

**(1)氯化钾**

钾矿的主要成分是氯化钾(KCl)，其加工简便，价格低廉，且氧化钾含量高于其他钾盐，是钾肥的主要品种，产量约占钾肥总产量的 95%。目前，90%以上的氯化钾可直接用作肥料，包括单独使用和与氮、磷肥制成复(混)肥施用，另有一部分氯化钾被转化制成硫酸钾、硝酸钾或磷酸氢钾等无氯钾盐，用作工业原料或钾肥。氯化钾的消费量约 4%用于工业原料。由于生产氯化钾的原料不同，其生产原理和方法也各异。

①以钾石盐为原料生产氯化钾。

a. 溶解结晶法。溶解结晶法从钾石盐中制取氯化钾的生产原理是利用氯化钾和氯化钠在不同温度下，根据它们的溶解度不同而加以分离。氯化钾的溶解度随着温度上升迅速增加，氯化钠的溶解度随着温度上升变化不大。在氯化钾和氯化钠共存时，氯化钠的溶解度实际上随着温度的升高而略有降低(图 3-1)。溶解结晶法就是利用氯化钾、氯化钠的溶解度在不同温度下的差别，从钾矿中分离出氯化钾。在高温条件下，溶浸钾矿，冷却溶浸液，结晶分离出氯化钾。其工艺流程可分为 4 步：首先，破碎矿石，用已经加热的结晶氯化钾母液浸提，使矿石中的氯化钾进入溶液，氯化钠几乎全部残留在不溶性残渣中。其次，将高温浸提液中的食盐、黏土等残渣分离，并使之澄清。再次，冷却澄清的浸提液，结晶析出氯化钾。最后，将分离出氯化钾结晶，纯化，干燥，制成产品。母液加热后返回，用于浸提新的矿石。

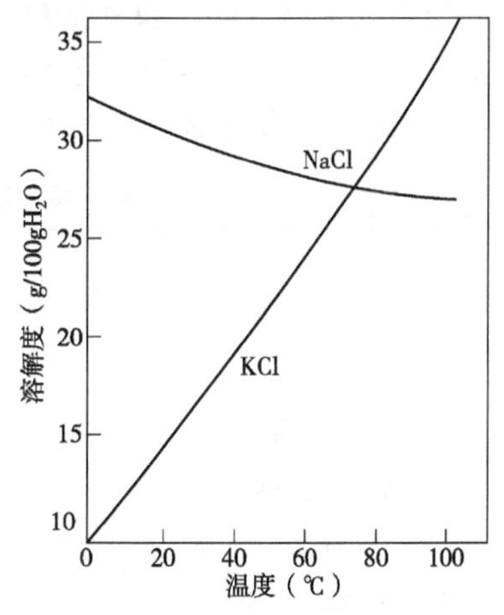


**图 3-1　在氯化钾与氯化钠共存时，二者的溶解度与温度的关系**

b. 浮选法。在钾矿中，氯化钾和氯化钠的晶体表面能不同程度地被水润湿。一般情况下，这种性能的差异并不显著，但加入某种表面活性剂后，就能大大地改变其表面性质，扩大其表面润湿性的差异。在需要浮选出氯化钾时，可加入一种捕收剂(如脂肪胺)，它能选择性地吸附在氯化钾晶体表面，增加其疏水性。当这种晶粒与矿浆中的小气泡(加入起泡剂而形成的)相遇时，即能附着于小气泡上，形成泡沫而上升到矿浆表面。然后在浮选槽中将它刮出，再经过滤、洗涤、干燥即得氯化钾产品，但氯化钠不能附着于气泡上，留在矿浆中作为尾矿排出。

②利用含钾盐湖卤水为原料生产氯化钾。这种工艺首先生产盐田光卤石，以含钾盐湖卤水为原料通过盐田日晒，蒸发结晶出光卤石。目前，生产盐田光卤石的国家主要有以色列、约旦和中国。盐田光卤石是我国生产氯化钾的主要原料。盐田光卤石的化学组成见表3-9。

**表3-9 盐田光卤石矿化学组成** %

| 项目 | KCl | NaCl | $MgCl_2$ | $CaSO_4$ | 水不溶物 | 游离水 | $\frac{MgCl_2}{KCl}$ |
|---|---|---|---|---|---|---|---|
| 含量 | >16 | <26.25 | <25.95 | <0.5 | <0.2 | <2 | <1.7 |

资料来源：何念祖，1998。

用盐田光卤石生产氯化钾可概括为2个基本步骤。第一步是冷分解去除氯化镁，用清水或具有一定组成的循环母液溶解光卤石，使光卤石中的氯化镁全部溶解而得到含氯化钾和氯化钠的固体混合物，即人造钾石盐。第二步除去人造钾石盐中的氯化钠，得到氯化钾。氯化钠的去除方法有浮选法、结晶法、热溶结晶法、结晶浮选法等，基本原理与一般钾矿为原料生产氯化钾所用的结晶法和浮选法相同。

③以制盐卤水为原料生产氯化钾。我国在20世纪30年代末，开始利用四川井盐的卤水——黄卤和黑卤生产氯化钾。首先蒸发卤水制取食盐，然后将制盐后的母液冷却，得到混合盐的沉淀物(旦巴)和氯化钾、氯化钠、$H_3BO_3$的饱和溶液(旦水)，最后分别对旦巴、旦水进行加工，可以得到氯化钾和粗硼酸。

我国制定的氯化钾质量标准见表3-10。

**表3-10 氯化钾质量标准(GB/T 37918—2019)** %

| 项目 | 粉末结晶状 | | | 颗粒状 | | |
|---|---|---|---|---|---|---|
| | Ⅰ型 | Ⅱ型 | Ⅲ型 | Ⅰ型 | Ⅱ型 | Ⅲ型 |
| 外观 | 白色、灰色、红色或褐色，粉末结晶状或颗粒状，无肉眼可见机械杂质 | | | | | |
| 氧化钾($K_2O$)的质量分数 | ≥62.0 | ≥60.0 | ≥57.0 | ≥62.0 | ≥60.0 | ≥57.0 |
| 水分的质量分数 | ≤1.0 | ≤2.0 | ≤2.0 | ≤0.3 | ≤0.5 | ≤1.0 |
| 氯化钠(NaCl)的质量分数 | ≤1.0 | ≤3.0 | ≤4.0 | ≤1.0 | ≤3.0 | ≤4.0 |
| 水不溶物的质量分数 | ≤0.5 | ≤0.5 | ≤1.5 | ≤0.5 | ≤0.5 | ≤1.5 |
| 粒度(1.00~4.75 mm) | — | | | ≥90 | | |
| 粒度(2.00~4.00 mm) | — | | | ≥70 | | |

**(2)硫酸钾**

工业制取硫酸钾($K_2SO_4$)的方法有多种，我国主要采用还原热解法，即综合利用明矾石制取钾肥。其主要原理是以明矾石为原料，与氯化物(食盐、苦卤)等混合，在高温炉中燃烧，通入水蒸气分解制取。其反应式为：

$$K_2SO_4 \cdot Al_2(SO_4)_3 \cdot 4Al(OH)_3 + 6NaCl \xrightarrow{600\sim700℃} K_2SO_4 + 3Na_2SO_4$$

$$+3Al_2O_3+6HCl+3H_2O$$

我国浙江的温州化工厂采用此法进行明矾石综合利用生产钾肥。此外，硫酸钾的生产方法还有：①用氯化钾和硫酸铵复分解制硫酸钾；②用氯化钾与硫酸转化制硫酸钾；③用氯化钾与芒硝转化制取硫酸钾；④由无水钾镁矾制取硫酸钾；⑤用石膏制取硫酸钾等。其反应式为：

$$2KCl+(NH_4)_2SO_4 \longrightarrow K_2SO_4+2NH_4Cl$$

$$2KCl+H_2SO_4 \longrightarrow K_2SO_4+2HCl$$

$$6KCl+4Na_2SO_4 \longrightarrow 3K_2SO_4 \cdot Na_2SO_4+6NaCl$$

$$3K_2SO_4 \cdot Na_2SO_4+2KCl \xrightarrow{H_2O} 4K_2SO_4+2NaCl$$

$$K_2SO_4 \cdot 2MgSO_4+4KCl \xrightarrow{NH_3} 3K_2SO_4+2MgCl_2$$

用杂卤石和盐湖卤水制硫酸钾的方法很多，请参见有关文献。硫酸钾的质量指标见表3-11。

**表3-11　农用硫酸钾国家标准(GB/T 20406—2017)**　%

| 项目 | 粉末结晶状 | | | 颗粒状 | |
|---|---|---|---|---|---|
| | 优等品 | 一等品 | 合格品 | 优等品 | 合格品 |
| 氧化钾($K_2O$)的质量分数 | ≥52 | ≥50 | ≥45 | ≥50 | ≥45 |
| 硫(S)的质量分数 | ≥17.0 | ≥16.0 | ≥15.0 | ≥16.0 | ≥15.0 |
| 氯离子($Cl^-$)的质量分数 | ≤1.5 | ≤2.0 | ≤2.0 | ≤1.5 | ≤2.0 |
| 水分($H_2O$)的质量分数 | ≤1.0 | ≤1.5 | ≤2.0 | ≤1.5 | ≤2.5 |
| 游离酸(以 $H_2SO_4$ 计)的质量分数 | ≤1.0 | ≤1.5 | ≤2.0 | ≤2.0 | ≤2.0 |
| 粒度(1.00~4.75 mm 或 3.35~5.60 mm) | — | | | ≥90 | ≥90 |

注：外观白色或带颜色的结晶或颗粒农用硫酸钾技术指标。

**(3)其他钾肥**

其他钾肥包括窑灰钾肥、草木灰等。在水泥生产过程中，用高温煅烧硅酸三钙、硅酸二钙和铁铝酸钙为主的水泥原料，以及辅料钾长石、云母类含钾矿物，使之结构破坏，所含的钾在1 100℃下挥发进入气相，同窑气中的二氧化碳、二氧化硫、氧气、水蒸气等反应生成碳酸钾、硫酸钾和氢氧化钾，这些含钾盐类随着气流进入非高温区冷凝于尾气中粉尘的表面，收集这些粉尘就成为窑灰钾肥。

植物残体燃烧后所剩下的灰分统称草木灰，含钾5%~10%。长期以来，我国广大农村生活能源大多来自各种秸秆、树枝、落叶等，所产生的草木灰是一种重要的钾肥肥源。

## 3.2　中量元素肥料资源与利用

农业上，作为钙、镁、硫、硅肥施用的资源种类很多，数量丰富，有的包含在大量或微量元素肥料中(如过磷酸钙中的钙、镁、硫、硅)，有的是工业副产品。

**(1)硅、钙肥资源**

水溶性硅肥：主要有硅酸钠、硅酸、硅胶等，是通过煅烧而制成的灰白色粉状肥料，由于它们也是其他工业原料，价格昂贵，故一般不作为主要的硅肥品种，而用工厂废渣作硅肥。

废渣硅、钙肥资源：高炉炉渣、黄磷炉渣、钢渣、粉煤灰均可作为硅钙肥应用，是广辟肥源、降低成本、保护环境的重要途径。

石灰石($CaCO_3$)、生石灰($CaO$)、消石灰[$Ca(OH)_2$]都是含钙肥料。石灰石粉价格低廉，效果平稳持久，不易流失，已逐渐代替生石灰或消石灰作为肥料施用。石灰石经破碎、磨细、烘干，即制得石灰石粉。肥料用石灰石粉要求含 CaO≥53%，全部通过 1.4 mm 筛(表 3-12)，日本还规定含水量在 1.0%以下。

**表 3-12　石灰肥料的质量指标**

| 项目 | 石灰石粉 | 生石灰 | 熟石灰 |
| --- | --- | --- | --- |
| 氧化钙(CaO)含量(%) | ≥53 | ≥80~90 | ≥60 |
| 细度(通过 1.4 mm 标准筛) | 全部 | — | — |

含钙原料如石灰石、白云石、贝壳或螺壳加煤或焦炭，在窑中煅烧，可制得生石灰。

$$CaCO_3 \xrightarrow{1\,000\sim1\,200\ ℃} CaO+CO_2\uparrow$$

通常，石灰石烧制的生石灰含 CaO 90%~96%，白云石烧制的镁石灰含 CaO 55%~85%、MgO 10%~40%，螺壳灰含 CaO 85%~95%，蚌壳灰含 CaO 41%左右。

石膏为含钙与硫的肥料，包括生石膏($CaSO_4 \cdot 2H_2O$)与熟石膏($CaSO_4$ 或 $CaSO_4 \cdot 0.5H_2O$)。生石膏为天然矿物，土粒密度(比重)2.320，熔点 1 360℃。生石膏通过加热，失去一部分结晶水，成为熟石膏，而熟石膏吸水后又可重新成为生石膏。农用石膏为生石膏，通过开采、破碎和粉碎等工艺过程制成。农用石膏要求 $CaSO_4$ 含量大于 80%，细度全部通过 250 μm 标准筛。

**(2)镁肥资源**

硫酸镁($MgSO_4 \cdot nH_2O$)因分子中的结晶水数量不同而含使镁量有显著差异，农用硫酸镁可来自盐化工的副产品，或用硫酸处理含镁矿石制得，也有的来自天然的硫镁矾矿。

氢氧化镁[$Mg(OH)_2$]作为农用镁肥具有含镁量(MgO 69.1%)高、肥效稳长、不易淋失的优点，适宜于在缺镁的酸性土壤或微酸性土壤上施用。氢氧化镁可由含镁的卤水制取或由白云石制取。

许多工业废弃物(炼钢耐火砖废料、炉渣镁肥)中含有一定量的镁，可以作为廉价农业镁肥的来源。钙镁磷肥也含有大量的镁，施用钙镁磷肥也可以起到提供镁的效果。

**(3)硫肥资源**

缺硫土壤除了施用含硫的大量或微量元素肥料，有时也可以直接施用硫黄粉。元素硫可在土壤微生物的作用下氧化为 $SO_4^{2-}$ 供作物吸收。硫黄可由天然硫矿直接开采或由 $FeS_2$ 焙烧制成。对于天然硫矿而言，只要含硫量高，即使含有一定量的杂质，并不妨碍作为硫肥施用，开采后经过粉碎、过筛即可施用。如果杂质含量过多，将天然硫矿石破碎、熔融、冷凝而形成纯度较高的硫黄块，然后粉碎、过筛后即可成为农用硫黄粉。

天然硫铁矿($FeS_2$)通过破碎、磨细后可直接作硫肥施用。在通气良好条件下，土壤微生物可将 $FeS_2$ 氧化成硫酸盐，成为作物可给态硫。硫铁矿也可以作为提取硫黄的原料。

## 3.3 微量元素肥料资源与利用

微量元素肥料简称微肥，其种类很多，一般可按肥料中所含元素的种类或所含化合物的类型划分。如按元素的种类，微肥可以分为铁肥、硼肥、锰肥、锌肥和钼肥等。硼和钼以酸根阴离子的形态存在，其他的微量元素多数以阳离子的硫酸盐形态存在，如硫酸亚铁、硫酸锰、硫酸铜、硫酸锌等。此外，还有以少量氧化物、氯化物等形式存在(表3-13)。

**表3-13 微量元素肥料的种类和性质**

| 肥料名称 | | 主要成分 | 有效成分(以元素计,%) | 性质 |
| --- | --- | --- | --- | --- |
| 硼肥 | 硼酸 | $H_3BO_3$ | 17.5 | 白色结晶或粉末，溶于水 |
| | 硼砂 | $Na_2B_4O_7 \cdot 10H_2O$ | 11.3 | 白色结晶或粉末，溶于水 |
| | 硼镁肥 | $H_3BO_3 \cdot MgSO_4$ | 1.5 | 灰色粉末，主要成分溶于水 |
| | 硼泥 | | 约0.6 | 是生产硼砂的工业废渣，呈碱性，部分溶于水 |
| 锌肥 | 硫酸锌 | $ZnSO_4 \cdot 7H_2O$ | 23 | 白色或淡橘红色结晶，易溶于水 |
| | 氧化锌 | $ZnO$ | 78 | 白色粉末，不溶于水，溶于酸或碱 |
| | 氯化锌 | $ZnCl_2$ | 48 | 白色结晶，溶于水 |
| | 碳酸锌 | $ZnCO_3$ | 52 | 难溶于水 |
| 钼肥 | 钼酸铵 | $(NII_4)_2MoO_4 \cdot H_2O$ | 49 | 青白色结晶或粉末，溶于水 |
| | 钼酸钠 | $Na_2MoO_4 \cdot 2H_2O$ | 39 | 青白色结晶或粉末，溶于水 |
| | 氧化钼 | $MoO_3$ | 66 | 难溶于水 |
| | 含钼矿渣 | — | 10 | 是生产钼酸盐的工业废渣，难溶于水，其中含有效态钼1%~3% |
| 锰肥 | 硫酸锰 | $MnSO_4 \cdot 3H_2O$ | 26~28 | 粉红色结晶，易溶于水 |
| | 氯化锰 | $MnCl_2 \cdot 4H_2O$ | 27 | 粉红色结晶，易溶于水 |
| | 氧化锰 | $MnO$ | 41~68 | 难溶于水 |
| | 碳酸锰 | $MnCO_3$ | 31 | 白色粉末，较难溶于水 |
| 铁肥 | 硫酸亚铁 | $FeSO_4 \cdot 7H_2O$ | 19 | 淡绿色结晶，易溶于水 |
| | 硫酸亚铁铵 | $(NH_4)_2SO_4FeSO_4 \cdot 6H_2O$ | 14 | 淡蓝绿色结晶，易溶于水 |
| 铜肥 | 五水硫酸铜 | $CuSO_4 \cdot 5H_2O$ | 25 | 蓝色结晶，溶于水 |
| | 一水硫酸铜 | $CuSO_4 \cdot H_2O$ | 35 | 蓝色结晶，溶于水 |
| | 氧化铜 | $CuO$ | 75 | 黑色粉末，难溶于水 |
| | 氧化亚铜 | $Cu_2O$ | 89 | 暗红色晶状粉末，难溶于水 |
| | 硫化亚铜 | $Cu_2S$ | 80 | 难溶于水 |

**(1)硼矿资源**

目前，世界上广泛开采利用的含硼矿物有10多种，主要是硼镁石、硼镁铁矿、硼钙石、白硼解石、钠硼解石、水方硼石、硼钾镁石、天然硼酸、硼砂及斜方硼砂等。在我国，辽宁储有较大的纤维硼镁矿、硼镁铁矿，青海有钠硼解石、柱硼镁石，西藏有天然结晶硼砂、含硼湖泥，四川有含硼卤水等。全球范围内，土耳其硼矿储量最高，占世界总储量的71%。我国硼矿储量与智利相当，仅占世界总储量的4%。

以硼矿为原料制取的硼砂、硼酸是硼系列产品中产量最大、应用面最广的产品，其本身又是生产其他硼系列产品的基本原料。

世界上生产的硼砂，多数来自矿物原料，有的矿物一经开采出来就是粗硼砂，如斜方硼砂，经过重结晶，即可得到硼砂，其他硼矿则需经过化学加工处理。我国主要利用硼镁矿(含$B_2O_3$大于10%)为原料生产硼砂，多采用碳碱法工艺生产，也有采用加压碱解的方法生产硼砂的工厂；生产硼酸的方法有碳铵法、硫酸法和硫酸中和法。

**(2)锌矿资源**

制造锌肥的锌矿以铅锌矿为主，在我国的甘肃、内蒙古、广东、云南、四川、陕西、湖南、安徽、江西及青海柴达木盆地等均有蕴藏。矿床类型有接触交代型铅锌矿床和热液层状铅锌矿床，主要成分是闪锌矿、方铅矿，伴生矿物有黄铁矿、黄铜矿等。此外，利用工业废物制造的锌肥也在逐年增加。例如，美国每年从大量的旧汽车、转炉炼钢中回收数千吨的锌尘用于制造锌肥，不仅减少了环境污染，而且降低了锌肥成本。

**(3)钼矿资源**

我国的吉林、陕西、河南等地分布有斑岩型钼矿，辽宁省分布有与铜、钨伴生的钼矿，这些钼矿经过精选后成为钼精矿，然后用于制造含钼化合物。

**(4)锰矿资源**

生产锰肥的原料种类很多，我国的锰矿主要集中在湖北、湖南、广西、四川和贵州等省份，大多为沉积型和堆积型锰矿，近海海底也蕴藏有丰富的锰结核。

**(5)铜矿资源**

我国的铜矿资源主要集中在长江中下游地区，安徽和湖北有矽卡岩型铁铜矿床，云南有矽卡岩型锡铜矿床，湖南等地有层状铜矿床分布，常见的含铜矿物有黄铜矿、辉铜矿、斑铜矿、黄铁矿、方铅矿、闪锌矿及辉银矿等。此外，江西、西藏有特大型斑岩铜矿，其矿石组合为典型的铜—钼组合，矿物为黄铜矿、斑铜矿、黝铜矿、辉钼矿，伴生有黄铁矿，山西、甘肃、内蒙古、黑龙江及青海等省份也是较大的铜矿产地，可以用于生产铜肥。

## 3.4 有机肥料资源与利用

### 3.4.1 有机肥料资源的种类和数量

根据有机肥的来源，可以将它们分为3类：一是来自动物的有机肥，主要包括人粪尿、家畜粪尿和禽粪；二是来自植物的有机肥，主要有秸秆、绿肥、饼肥等；三是来自地下埋藏的有机肥，主要有泥炭、塘泥、湖泥、河泥等。在农业生产中，来自动物和植物的有机物质往往要经过加工，形成堆肥、厩肥、沤肥、沼气肥，然后作为肥料施用。我国是农业生产大国，也是人口大国，为满足 14 亿人口粮食和肉蛋奶类蛋白质的摄入，每年约生产 $6.2\times10^8$ t 粮食和 $1.2\times10^8$ 头畜禽，产生大量的作物秸秆和畜禽粪污等农业废弃物，但这些有机肥资源利用率尚不足 40%。

### 3.4.2　发展有机肥料的途径

**(1)建立有机无机配合的施肥制度**

有机肥料和无机肥料配合使用，对实现作物稳产、高产，培肥地力，提高化肥肥效，增强农业生产后劲，改善农田生态环境，缓解养分比例失调，防止环境污染具有重要意义。有机无机肥结合，能收到缓急相济、互补长短之功效。

**(2)利用城市有机肥源**

据 1991 年对全国 473 个城市统计，环卫部门清运的生活垃圾、粪便就分别达 $7\,636\times10^4$ t 和 $2\,764\times10^4$ t，并且总量以每年 8%～10%的速率增长；此外，还有大、中型畜禽粪便几千万吨。2020 年，我国 196 个大、中城市生活垃圾产生量为 $23\,560.2\times10^4$ t，处理量为 $23\,487.2\times10^4$ t，处理率达 99.7%，但 80%以填埋的方式处理。由此可见，城市有机肥的开发利用具有很大的潜力。近年来，城市和养殖场有机肥的开发利用取得了一定的成就，各地采用的主要技术措施如下。

①无害化处理技术。常用的方法是高温堆肥发酵技术，这项技术投资少、见效快。垃圾堆肥应以有机垃圾为好，在微生物发酵过程中，堆肥物料的碳氮比例调整到 25∶1～30∶1 为宜，最后生成的堆肥物质的碳氮比约 15∶1。采用沼气厌氧发酵技术，可获得肥效很好的沼渣和能源物质——沼气。此外，还可利用槽式好气发酵技术处理禽畜粪便，其原理是利用光能和生物能，通过定期供氧蒸发发酵，可把废弃物中的水分从 60%降到 20%左右。该方法用于鸡粪的无害化处理效果良好。通过高效烘干炉处理鸡粪，将湿鸡粪送入滚筒破碎干燥器，快速烘干、灭菌和除臭。远红外微波处理是一种直接处理技术，有快速、卫生的特点，但成本较高。

②灌溉结合施肥。利用吸粪泵将一定量的人畜粪便泵入灌渠，水粪稀释混匀后进行灌溉。通常情况下，每公顷可消纳 75 t 以上城市粪尿。

③工厂化生产有机肥料。目前，北京、天津、江苏、河北、山东、黑龙江、湖南、浙江等地的大中城市都在这方面进行了有益的探索，将有机废物经高温发酵进行无害化处理，再经过筛、堆沤等系列工艺，制成优质的有机肥或有机—无机混合肥。工厂化生产有机肥可以一次性完成收贮、分类、处理和生产的各个环节，减少其他中间环节对环境的影响。当前，牛、猪、鸡粪处理设备和技术比较成熟，垃圾处理也有一定经验，但人粪尿加工处理还缺乏理想的办法。

**(3)积极发展绿肥**

随着我国化肥产业的发展和产能提升，种植绿肥作物的作用从缓解我国化肥数量不足和培肥地力逐渐转变为合理用地养地、部分替代化肥、提供饲草来源、保障粮食安全等方面。从 20 世纪 50 年代开始，绿肥作物种植在全国各地迅速发展；到 70 年代中期，全国绿肥作物种植面积达 1 200×10$^4$ hm$^2$，其中南方冬季绿肥作物种植面积高达 867×10$^4$ hm$^2$，是发展绿肥的鼎盛时期。在化肥使用量逐年增加、耕地复种指数日益提高的集约化农业生产背景下，绿肥的种植面积逐年下降，2009 年，我国绿肥种植面积估计仅有 300×10$^4$ hm$^2$ 左右，有必要采取相应措施保持稳定或扩大种植面积。充分利用休闲田和空地，并提倡间、套、混的种植方式，引进和推广与当地耕作制度相适应的经济绿肥作物。在城市郊区和经济发达、复种指数较高的地区，以发展兼用绿肥为主；在边远山区和经济相对落后地区，以扩大绿肥种植面积，提高绿肥鲜草量为重点。要注意加强绿肥种子基地建设和繁育良种的工作，以确保绿肥的种源优良，为绿肥稳定发展打下坚实基础。

**(4)推行秸秆还田**

秸秆是一种数量多、来源广、可就地利用的优质有机肥资源。它有补充和平衡土壤养分，增加土壤新鲜有机质，疏松土壤，改善土壤理化性质和提高土壤肥力的作用。秸秆还田是缓解当前有机肥资源和钾肥资源不足的一项有效措施。作物秸秆和残茬本身除含有比较丰富的有机质之外，还含有相当数量的养分，并具有养分齐全、比例合理的特性。如稻草含 0.5%~0.7%的氮、0.1%~0.2%的磷、1.5%的钾，以及硫和硅等。据统计，2015 年我国主要农作物秸秆资源总量为 7.2×10$^8$ t，所含的氮(N)、磷($P_2O_5$)、钾($K_2O$)养分资源总量分别达 625.6×10$^4$ t、197.9×10$^4$ t、1 159.5×10$^4$ t。

近年来，由于国家对农作物秸秆利用的补贴以及政策的引导，秸秆综合利用成效显著。2015 年，全国可收集秸秆资源量为 9.0×10$^8$ t，利用量为 7.2×10$^8$ t，秸秆综合利用率为 80.1%。从利用途径看，秸秆作为肥料的利用量为 3.9×10$^8$ t，占可收集资源量的 43.2%；作为饲料的利用量 1.7×10$^8$ t，占可收集资源量的 18.8%；作为基料的利用量为 0.4×10$^8$ t，占可收集资源量的 4.0%；作为燃料的利用量为 1.0×10$^8$ t，占可收集资源量的 11.4%；作为原料的利用量为 0.2×10$^8$ t，占可收集资源量的 2.7%。虽然我国农作物秸秆综合利用率在不断提高，但秸秆养分资源可利用空间依然很大。秸秆还田作为秸秆资源利用方式，加大开发新型秸秆分解技术，将秸秆养分资源充分利用是实现化肥施用零增长和维持粮食稳产增产的重要措施之一。

## 复习思考题

1. 常见的氮肥种类有哪些？
2. 试述尿素的合成原理及技术。
3. 试述常见的磷肥资源种类。
4. 我国的钾肥资源状况如何？简述钾肥的生产原理。
5. 按其来源分，有机肥料资源有哪些种类？
6. 发展有机肥料主要有哪些途径？

# 第2篇 化学肥料

化学肥料是农业生产中的重要生产资料，化肥对提高作物产量，改善农产品品质有非常重要的作用。但是，如果施用不合理，包括肥料形态、施用量、施用方法和施用时期等不合适，不仅造成肥料资源的巨大浪费，而且造成土壤退化，大气和水环境污染。科学施肥要求掌握植物的营养特性，化学肥料的种类、性质及其在土壤中的转化等。

# 第 4 章

# 植物的氮素营养与氮肥

【内容提要】本章主要讲述植物的氮素营养，土壤氮素含量与转化，氮肥的种类、性质与施用，氮肥的合理利用。

氮肥是我国生产、消费最多的化学肥料，在农业生产中，氮肥的增产效果也是最为显著的一类化学肥料，其对改善农产品品质也有十分重要的作用。了解植物氮素营养的特点，理解氮素在土壤中转化的过程与特征，掌握各种化学氮肥的性质及其在土壤中的转化和科学施用的方法，对于增加作物产量，改善农产品品质，提高氮肥利用率具有非常重要的意义。

## 4.1 植物的氮素营养

### 4.1.1 氮在植物体内的含量与分布

一般而言，植物的全氮含量占植物体干重的0.3%~5.0%，其含量与植物种类、器官、生育时期和环境条件等多种因素密切相关，如禾本科作物植株含氮量一般较少，仅为0.5%~1.0%，大豆植株含氮量可达2.49%。在相同种类的作物中，不同品种的含氮量也有明显差异。

由于植物体内氮素主要存在于蛋白质和叶绿素中，因此，幼嫩器官和种子的含氮量较高，而茎秆的含氮量较低，成熟器官的含氮量更低(表4-1)。如水稻、小麦、玉米等谷类作物籽粒含氮1.5%~2.5%，茎秆含氮仅0.4%~0.5%；豆科作物籽粒含氮量达4.5%~5.0%，茎秆含氮量只有1.0%~1.4%。

在不同生育时期，同一作物的含氮量也不相同。一般而言，作物不同生育时期的全株含氮量呈抛物线变化：从苗期开始吸收氮素，随着植株的生长，植株茎叶含氮量急剧上升，吸收的高峰一般出现在营养生长旺盛期和开花期，以后吸收速率迅速下降，直到收获。例如，水稻分蘖期含氮量明显高于苗期，通常分蘖盛期的含氮量达到最高峰，其后随生育期推移而逐渐下降，杂交晚稻'威优6号'茎叶含氮量移栽期为1.97%，分蘖初期为3.19%，分蘖盛期为3.35%，孕穗初期为2.26%，齐穗期为1.67%，成熟期为1.30%。

表 4-1　大田作物成熟期的平均含氮量(干重)

| 作物 | 植株含氮(%) | | 作物 | 植株含氮(%) | |
|---|---|---|---|---|---|
| | 籽粒 | 茎秆 | | 籽粒 | 茎秆 |
| 水稻 | 1.31 | 0.51 | 番茄 | 0.30(果实) | 1.88(茎叶) |
| 小麦 | 2.08 | 0.33 | 大豆 | 5.36 | 1.75 |
| 玉米 | 1.60 | 0.31 | 花生 | 4.16(果仁) | 2.30(茎蔓) |
| 高粱 | 1.78 | 0.28 | 马铃薯 | 0.28(块茎) | 2.57(茎叶) |
| 棉花 | 3.68 | 2.25 | | | |

在作物体内，氮素含量与分布明显受施氮水平和施氮时期的影响。一般而言，随着施氮量的增加，作物各器官的含氮量都明显提高。通常营养器官的含氮量增幅较大，而生殖器官含氮量增幅较小。若在生长后期施用氮肥，一定程度上可以提高生殖器官中的含氮量。

## 4.1.2　植物对氮的吸收与同化

植物主要吸收硝态氮、铵态氮、酰胺态氮，少量吸收其他低分子态的有机氮，如氨基酸、核苷酸、酰胺等。

**(1)植物对硝态氮的吸收与同化**

①植物对硝态氮的吸收。土壤中的硝态氮通过质流的方式到达根系表面，带负电荷的 $NO_3^-$ 通过质膜向内运输不仅需要克服负的质膜电位，还有内部较高的硝酸盐浓度梯度，因此硝酸盐的吸收是一个消耗能量的主动吸收过程。高等植物中负责硝酸盐吸收的主要是硝酸盐转运蛋白(nitrate transporters，NRT)家族的成员。其中 NRT1 是低亲和性的硝酸盐转运系统，NRT2 是高亲和性的硝酸盐转运系统。硝酸盐转运蛋白跨膜运输硝酸盐，伴随着质子$(H)^+$的同向转移；相反，$H^+$—ATP 酶需要消耗 ATP，由质子泵向外运输 $H^+$ 以维持质膜上的 $H^+$ 梯度(图 4-1)。

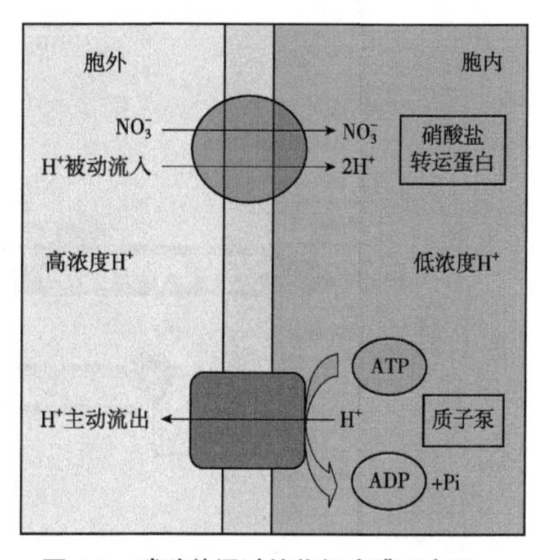


图 4-1　硝酸盐通过植物细胞膜示意图

被植物根系吸收的硝态氮主要有以下几种去向：在细胞质中，通过硝酸还原酶(NR)被还原成 $NH_3$，参与氨基酸合成；通过细胞膜流出原生质体，再次到达质外体内；存储在液泡中；通过木质部运输到地上部被还原利用。

②植物对硝态氮的同化。在植物细胞质内，$NO_3^-$ 在硝酸还原酶的作用下，被还原成 $NO_2^-$。在叶绿体或质体中，$NO_2^-$ 被亚硝酸还原酶(NiR)还原成 $NH_3$。所形成的 $NH_3$ 在谷氨酰胺合成酶(GS)和谷氨酸合成酶(GOGAT)的作用下形成氨基酸(图 4-2)。

**(2)植物对铵态氮的吸收和同化**

①植物对铵态氮的吸收。$NH_4^+$ 进入植物细胞有多种途径。电生理学研究表明，在拟南芥根

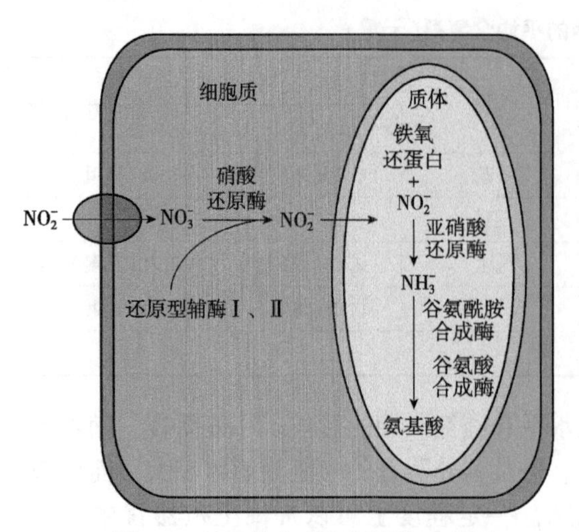


图 4-2　植物体内硝态氮同化示意图

系质膜上，存在一种非选择性阳离子通道可以转运 $NH_4^+$。由于 $NH_4^+$ 的化学性质与 $K^+$ 类似，故 $K^+$ 通道也可转运 $NH_4^+$。此外，$NH_4^+$ 也可以通过水分子通道蛋白 AtTIP 跨膜向液泡内运输。在高等植物中，高亲和力的 AMTNH$_4^+$ 转运蛋白是介导植物根系从土壤中跨膜运输 $NH_4^+$ 的主要途径。AMT 分为 2 个亚类 *AMT1*(包括 *AMT1. 1*、*AMT1. 2*、*AMT1. 3*、*AMT1. 4*、*AMT1. 5*)和 *AMT2*(包括 *AMT2. 1*)；每个亚类又包括不同的家族成员，在不同的部位发挥作用。在拟南芥中，除了 *AMT1. 4* 特异性地在花中表达外，其他的 5 个基因都在根系中表达(图 4-3)。

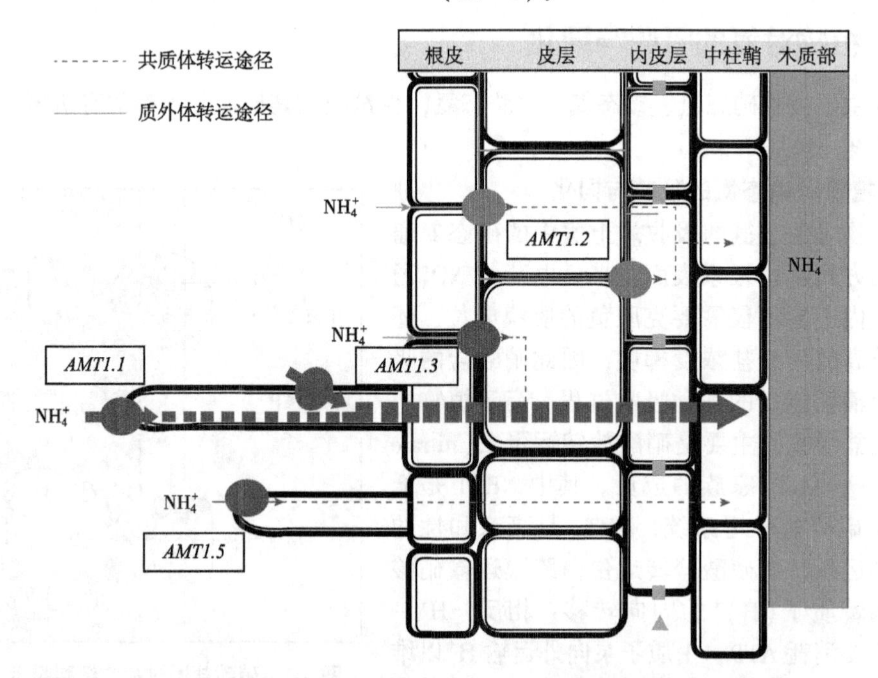


图 4-3　*AMT1* 型铵转运蛋白介导的高亲和力 $NH_4^+$ 跨膜运输示意图(拟南芥根系)

根系吸收的 $NH_4^+$ 同化后，或储存在根细胞的液泡中，或转移到地上部。一般认为，$NH_4^+$ 在植物体内经木质部向地上部转移，涉及 $NH_4^+$ 在根系木质部装载和在地上部卸载的转运蛋白目前还未知。

②植物对铵态氮的同化。$NH_4^+$ 主要通过谷氨酸合成酶和谷氨酰胺合成酶途径形成氨基酸(图 4-4)，其中谷酰胺合成酶与 $NH_3$ 的亲和力高。

总之，不论是硝态氮还是铵态氮，高等植物主要通过特定的转运蛋白对其吸收，吸收后一部分在根系中直接同化利用，另一部分运输至叶片中同化利用。硝态氮除需先还原成 $NH_4^+$($NH_3$)以外，其余同化过程与铵态氮完全相同。

供应的硝态氮或铵态氮与植物喜好吸收的氮形态一致，植物将会更好地吸收供应的氮；相反，如果供应的硝态氮或铵态氮与植物喜好的氮形态不一致，有可能不利于作物对氮的吸收，对生长发育产生不利影响。研究表明，喜硝作物黄瓜对 $^{15}N$ 标记的 $NO_3^-$ 吸收率(40.1%~47.7%)高于对 $NH_4^+$ 的吸收率(12.6%~39.3%)，而喜铵作物马铃薯恰好相反，说明施用的氮肥形态和植物氮形态喜好的契合程度可以影响植物氮吸收(程谊等，2019)。因此，一般情况下水生植物和强酸性土壤上起源的植物喜好 $NH_4^+$，如水稻、茶树、松树等，宜施用铵态氮肥，如果需要种植在硝化作用强的土壤(中性或碱性土壤)上，施用铵态氮肥应配合硝化抑制剂；而喜硝植物(如蔬菜等)宜施用硝态氮肥，如果种植在硝化作用强的土壤，也可施用铵态氮肥。

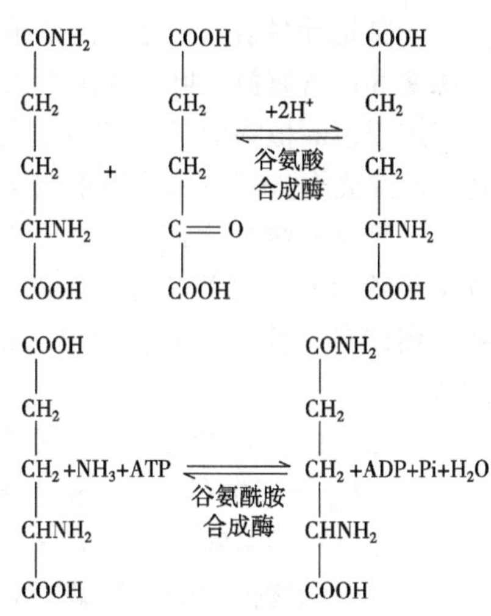


图 4-4　植物同化铵态氮的途径

**(3)植物对有机氮的吸收与同化**

①酰胺态氮。植物能够吸收简单的有机氮，与其他有机形态的氮素相比，尿素容易被叶片吸收，且速率较快。在一定浓度范围内，尿素的浓度越高，植物的吸收速率越快，如果过量吸收，尿素就会在体内发生积累，超过一定阈值，植物中毒死亡。尿素进入细胞之后被进一步同化。目前，关于尿素的同化机理有两种观点：多数学者认为，尿素进入植物细胞后，在脲酶的作用下分解成铵，然后与铵同化类似；另一种观点认为，有些作物(如麦类、黄瓜、莴苣和马铃薯等)体内几乎检测不到脲酶的活性，尿素是被直接同化的。

②氨基态氮。根据无菌培养和示踪元素法的研究证明，水稻可以吸收氨基态氮。根据氨基态氮对水稻生长的影响，可以分为 4 类：效果超过硫铵者(甘氨酸、天冬酰胺、丙氨酸、丝氨酸、组氨酸)；效果次于硫铵，但优于尿素者(天冬氨酸、谷氨酸、赖氨酸、精氨酸)；效果次于硫铵和尿素，但对生长仍有一定促进作用者(脯氨酸、缬氨酸、亮氨酸、苯丙氨酸)；抑制生长者(蛋氨酸)。

总之，植物主要吸收和利用的氮形态为硝态氮、铵态氮和酰胺态氮，而其他形态的氮只是极少量吸收利用，仅作为植物氮素营养的辅助供应形态。

## 4.1.3　氮的营养作用

氮是植物体内许多重要的有机化合物的组成成分，如蛋白质、核酸、叶绿素、酶、维生素、生物碱和激素等。氮也是遗传物质的基础，还是构成蛋白质的重要元素，所以被称为生命元素。

①氮是蛋白质的基本成分。在植物体中，蛋白质态氮约占总氮量的 80%，蛋白质平均含氮 16%~18%。在作物生长发育过程中，细胞增长和分裂都必须有蛋白质。缺氮时，作物体内新细胞的形成将受到阻碍，外观表现生长发育缓慢甚至停止生长的现象。

②氮是核酸和核蛋白的成分。氮是构成核酸的必需成分，核酸含氮 15%~16%，核酸态氮约占植株全氮的 10%。核酸与蛋白质的合成与植物的遗传、生长、发育有密切关系。

③氮是叶绿素的成分。高等植物叶片含20%~30%的叶绿体，叶绿体中的叶绿素a和叶绿素b都含有氮，叶绿体的含氮量为45%~60%。因此，观察叶色和测定叶绿素的含量可以用于诊断植物的氮素营养。植物缺氮时，体内叶绿素含量减少，叶色呈淡绿色或黄色，叶片光合作用减弱，碳水化合物含量降低，植物生长发育缓慢，产量明显降低。

④氮是植物体内许多酶的成分。酶是具有催化功能的蛋白质，植物体内各种代谢过程都必须有相应的酶参与，酶的活性直接影响生物化学反应的方向和速率，从而影响植物体内的各种代谢反应。所以，植物的氮素供应状况关系体内各种物质及其能量的转化过程。

⑤氮是植物体内许多维生素的成分。氮是某些维生素类物质的组成成分，如维生素$B_1$、$B_2$、$B_6$等都含有氮素。很多维生素是辅酶的成分，参与植物的新陈代谢。

⑥氮是一些植物激素的成分。很多激素(如生长素、细胞分裂素等)都是含氮有机化合物。此外，植物体内的生物碱(如烟碱、茶碱、咖啡因、胆碱、苦杏仁苷等)都含氮。

总之，氮对植物的生命活动及产量、品质都有极为重要的作用，合理施用氮肥是作物高产、优质的有效措施之一。

## 4.2　土壤氮素含量与转化

### 4.2.1　土壤氮素含量

土壤中的氮素含量变幅极大，我国主要耕地土壤的全氮含量多数为0.5~1.0 g/kg。土壤中的氮主要呈有机态，与土壤有机质含量一般成正相关。土壤中的氮素含量与供应取决于有机质的积累和分解速率，受气候、土壤类型、耕作、施肥等因素影响。氮在土壤—植物体系中，主要的收支途径如下。

收入：生物固氮、施肥、动植物残体归还、降水和降尘、土壤吸附$NH_3$。

支出：植物吸收和收获物带走、$NH_3$挥发损失、反硝化作用、淋失和流失。

对于农业土壤而言，施肥是土壤氮素的重要来源，$NH_3$挥发损失、反硝化作用、淋溶和径流是造成氮肥利用率低下的主要原因。

### 4.2.2　土壤氮素形态与转化

#### 4.2.2.1　土壤氮素形态

**(1)有机氮**

有机氮一般占土壤全氮的98%以上，根据有机氮溶解和水解的难易程度，可以把它们分为水溶性有机氮、水解性有机氮和非水解性有机氮。

①水溶性有机氮。主要包括一些结构简单的游离氨基酸和酰胺等，有些分子量小的水溶性有机氮可被作物直接吸收，分子量稍大的可迅速水解成铵盐而被利用。水溶性有机氮的含量一般不超过土壤全氮含量的5%。

②水解性有机氮。经过酸、碱和酶处理，能水解成比较简单的水溶性化合物或铵盐，包括蛋白质(占土壤全氮含量的40%~50%)、氨基糖类(占土壤全氮含量的5%~10%)和

其他尚未鉴定的有机氮。在土壤中，它们经过微生物的分解后，可以作为植物的氮源，在植物的氮素营养方面有重要意义。

③非水解性有机氮。主要有胡敏酸氮、富里酸氮和杂环氮，可占土壤全氮含量的 30%~50%。由于它们难以水解或水解缓慢，在短时间内对植物营养的作用较小，但对土壤物理和化学性质以及稳定土壤氮含量发挥重要作用。

**(2)无机氮**

土壤中的无机氮主要包括铵态氮、硝态氮、亚硝态氮和气态氮等。亚硝态氮是硝化作用的中间产物，嫌气条件下在土壤中短时存在，如果通气良好，很快转化为硝态氮。在土壤空气中存在少量气态氮，但不被作物直接吸收利用。因此，通常土壤无机氮通常指硝态氮和铵态氮，一般仅占全氮含量的 1%~2%，且波动性大，属于土壤速效氮。

### 4.2.2.2　土壤氮素转化

土壤中各种形态的氮素可以互相转化(图 4-5)，微生物是转化过程的主要参与者，凡影响微生物活性的因素(温度、水分、酸碱度、通气和碳氮比等)均能影响氮在土壤中的转化。

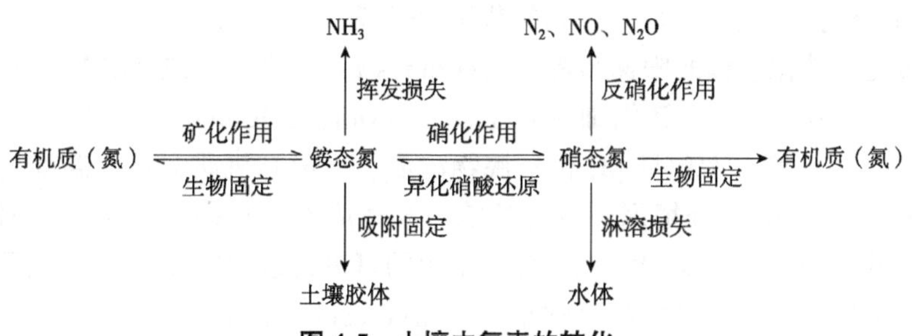


**图 4-5　土壤中氮素的转化**

**(1)有机氮的矿化**

有机氮先水解成氨基酸，然后再脱氨基，释放氨($NH_3$)，称为矿化作用或氨化作用。土壤温度为 20~30℃，土壤含水量为田间持水量的 60%~80%，土壤反应为中性，碳氮比小于 25/1 时，土壤有机质的矿化作用最为迅速。

**(2)土壤黏粒矿物对 $NH_4^+$ 的吸附固定**

伊利石、蒙脱石、水云母和蛭石等 2∶1 型土壤黏粒矿物，遇水膨胀，晶层间的距离增大，$NH_4^+$ 随水进入晶格，一旦干燥，晶层收缩，$NH_4^+$ 就被固定在晶格之中，称为土壤黏粒矿物对 $NH_4^+$ 的吸附固定。影响土壤 $NH_4^+$ 吸附固定的主要因素如下。

①黏粒矿物类型。一般蛭石对 $NH_4^+$ 的固定能力最强，其次是伊利石，蒙脱石较小。

②土壤质地。土壤对 $NH_4^+$ 的固定能力一般随黏粒含量的增加而增强。

③土壤有机质含量。一般土壤有机质含量高，能减少 $NH_4^+$ 的晶格固定。

④其他阳离子。土壤中 $K^+$、$Ca^{2+}$、$Mg^{2+}$ 等阳离子可能减少 $NH_4^+$ 的固定。

**(3)氨的挥发**

在土壤 pH 值较高时，矿化作用产生的 $NH_4^+$ 或施入土壤的铵态氮肥或尿素，容易转化成 $NH_3$ 而挥发损失。其过程为：

$$NH_4^+(代换性) \rightleftharpoons NH_4^+(液相) \rightleftharpoons NH_3(液相) \rightleftharpoons NH_3(气相) \rightleftharpoons NH_3(大气)$$

影响氨挥发的主要因素包括：

①土壤 pH 值。当 $pH<7.0$ 时，氨的挥发损失较少，随着 pH 值的增加，氨的损失量增多。

②土壤 $CaCO_3$ 含量。氨的挥发损失与土壤 $CaCO_3$ 含量成正相关。铵盐施入土壤后，与 $CaCO_3$ 反应生成 $(NH_4)_2CO_3$，$(NH_4)_2CO_3$ 不稳定，很容易分解造成氨的挥发。

$$2NH_4^+ + CO_3^{2-} \rightleftharpoons 2NH_3\uparrow + CO_2\uparrow + H_2O$$

③温度。温度影响氨在水中的溶解性和在土壤中的扩散速率，温度升高，氨在水中的溶解性减小，在土壤中的扩散速率增大，因而氨的挥发损失增加。

④施肥深度。施肥深度也能影响氨的挥发。大量的试验表明，铵态氮肥深施至 10 cm 左右，$NH_3$ 的挥发损失很少。

**(4)硝化作用**

土壤中的 $NH_4^+$ 在微生物作用下，氧化成 $NO_3^-$ 的现象称为硝化作用，可分为自养硝化和异养硝化作用。

①自养硝化包括氨氧化过程和亚硝酸盐氧化过程 2 个步骤。

氨氧化过程是硝化过程的限速步骤，由氨氧化微生物执行，包括氨氧化古菌(ammonia oxidizing archaea，AOA)和氨氧化细菌(ammonia oxidizing bacteria，AOB)。影响 AOA 和 AOB 生长和活性的环境因素包括 pH 值、底物浓度、土壤有机质含量、温度、氧含量、土壤类型等。AOA 和 AOB 对环境因子变化的响应和适应性存在差异，实验数据显示，AOA 在酸性土壤、低底物浓度土壤和低氧气含量土壤的氨氧化过程中发挥重要作用。

亚硝酸盐氧化过程由亚硝酸盐氧化细菌(nitrite oxidizing bacteria，NOB)驱动。亚热带酸性森林土壤自养硝化能力弱，使无机氮以 $NH_4^+$ 形态为主，减少了氮的淋溶风险，而酸性的土壤环境有效避免了 $NH_4^+$ 的挥发损失。农业利用显著激发了自养硝化过程速率，导致无机氮以 $NO_3^-$ 为主，破坏了该区域自然土壤所具有的保氮能力。完全硝化过程是在微生物的作用下将氨直接氧化为 $NO_3^-$ 而没有中间产物 $NO_2^-$ 产生的过程，参与该反应的细菌称为完全氨氧化菌(comammox)(张祎，2020)。

②异养硝化。既包括有机态氮直接氧化为 $NO_3^-$ 的过程，也包括无机态氮氧化过程和有机态、无机态氮联合氧化过程。由于以无机态氮为底物的异养硝化过程对 $NO_3^-$ 产生的贡献较小，所以，研究者多将有机态氮氧化为 $NO_3^-$ 的过程定义为异养硝化过程。通常异养硝化过程在酸性、碳氮比高的土壤中发生的可能性较大，真菌可能是异养硝化过程的主要驱动者。由于酸性会抑制自养硝化微生物的活性，通常在酸性土壤中异养硝化在 $NO_3^-$ 的产生过程中起重要作用。硝化作用使 $NH_4^+$ 氧化为 $NO_3^-$，同时释放 $H^+$，这是引起土壤酸化的重要原因。

**(5)硝酸还原作用**

在嫌气条件下，随着 $NO_3^-$ 的消失，伴随着 $NH_4^+$ 的产生，称为硝酸还原作用。$NO_3^-$ 还原成 $NH_4^+$ 的速率稍慢于反硝化作用，但比微生物同化 $NH_4^+$ 的速率快。$NO_3^-$ 还原成 $NH_4^+$ 的机理还不十分清楚。

**(6) 反硝化作用**

$NO_3^-$ 被还原成气态氮($N_2$、NO、$N_2O$)，称为反硝化作用，可分为生物反硝化作用和化学反硝化作用。

①生物反硝化作用。指在兼性厌氧硝酸盐还原细菌的作用下先将 $NO_3^-$ 还原成 $NO_2^-$，然后在反硝化细菌作用下将 $NO_2^-$ 还原成气态氮。通常在土壤排水不良，存在大量新鲜有机质，pH 值为 5.0~8.0，温度 30~35℃时，生物反硝化作用旺盛。

②化学反硝化作用。指土壤中的 $NO_2^-$ 经过一系列纯化学反应，形成气态氮的过程。化学反硝化作用可以在好气条件下进行，所要求的土壤 pH 值较低。一些研究认为，化学反硝化作用在农业土壤中造成的氮素损失不大；也有研究认为，气态氨从冲积土、红壤和黑土的逸出量依次占加入土壤氮的 43.2%、37.7%和 53.0%(Smith et al.，1978)。所以，化学反硝化作用在土壤氮素损失中的地位有待进一步研究。

**(7) 氮的淋洗损失**

氮的淋洗损失包括淋失(即淋溶作用)和流失(即径流损失)等途径。土壤中的 $NO_3^-$ 经降水和过量灌溉淋失至地下水，或随地表径流或排水流失进入河流、湖泊等，造成水体富营养化，是土壤中氮素损失的主要途径。

**(8) 无机氮的生物固定**

分子态氮在固氮生物体内由固氮酶催化形成氨的生物化学过程称为生物固氮作用。在土壤中，有机氮的矿化分解和无机氮的生物固定是同时进行的，都是微生物活动的结果。大量的室内和野外原位实验研究表明，微生物会优先利用 $NH_4^+$ 作为氮源，甚至当土壤中仅有少量 $NH_4^+$ 存在时，$NO_3^-$ 也不会被微生物利用。对草地土壤、松树种植园土壤和森林酸性土壤的研究发现，虽然微生物优先利用 $NH_4^+$，但并未阻碍对 $NO_3^-$ 利用。一般而言，碳氮比小、通气良好和耕作有利于有机氮矿化；相反碳氮比大、淹水和免耕有利于无机氮的生物固定。总体而言，林地和草地土壤微生物同化 $NH_4^+$ 和 $NO_3^-$ 的速率均显著高于农业土壤，其原因可能是农业土壤中的有机碳含量较低，无法满足微生物对碳源的需求。因此，农业土壤中常添加易分解的外源碳(如作物秸秆)，来提高微生物对的 $NH_4^+$ 和 $NO_3^-$ 的同化。

## 4.3 氮肥的种类、性质与施用

氮肥根据其所含氮素的形态可分为铵态氮肥、硝态氮肥、酰胺态氮肥和缓效氮肥等几种类型。各种类型氮肥的性质、在土壤中的转化和施用方式既有共同之处，也各有其特点。

### 4.3.1 铵态氮肥

目前，铵态氮肥已经很少施用，国外主要施用液氨，国内主要施用氯化铵和硫酸铵(一般为工业环境治理的副产物)。它们的理化性质见表 4-2。

表 4-2　铵态氮肥的基本性质

| 名称 | 分子式 | 含氮量(%) | 稳定性 | 理化性质 |
|---|---|---|---|---|
| 液氨 | $NH_3$ | 82 | 差 | 液体，碱性，副成分少 |
| 氯化铵 | $NH_4Cl$ | 24~25 | 大于液氨 | 白色结晶，易溶于水，水溶液呈酸性。吸湿性强，应密闭包装储运 |
| 硫酸铵 | $(NH_4)_2SO_4$ | 20~21 | 大于氯化铵 | 白色结晶，易溶于水，水溶液呈酸性。吸湿性小，不易结块，化学性质稳定 |

**(1)铵态氮肥的特性**

铵态氮肥含有 $NH_4^+$，具有以下特性：①易被土壤胶体吸附，部分进入黏粒矿物晶层固定，在土壤中移动性弱，不易淋失；②易发生硝化作用转化为硝态氮；③在碱性环境中，氨容易挥发损失；④高浓度铵态氮对作物产生毒害，尤其是在作物的幼苗阶段；⑤对钙、镁、钾等阳离子的吸收有一定抑制作用。

**(2)铵态氮肥施用技术**

①液氨。是目前含氮量最高的速效氮肥，是由合成氨直接加压制成的，在常温常压下呈气体状态，需要在耐高压的容器中运输和储存，施用时要有相应的防护设备和施肥机具。水田施用液氨可随水注入稀释，旱地施用液氨宜采用高压注入方式，以便减少氨挥发损失。施用深度在黏质土壤上可浅些，砂质土壤可深些。液氨可作为基肥和追肥，但不能直接接触作物根系。

②氯化铵。施入土壤后，发生以下反应：

$$[\text{土壤胶体}]H^+ + NH_4Cl \longrightarrow [\text{土壤胶体}]NH_4^+ + HCl$$

$$[\text{土壤胶体}]Ca^{2+} + 2NH_4Cl \longrightarrow [\text{土壤胶体}]2NH_4^+ + CaCl_2$$

可见，氯化铵施入土壤之后，$NH_4^+$ 被土壤胶体吸附，原来土壤胶体吸附的 $H^+$、$Ca^{2+}$ 被交换进入溶液，一方面导致土壤酸化；另一方面由于 $CaCl_2$ 溶于水，易随水流失，造成土壤脱钙板结，因此酸性土壤长期大量施用氯化铵应配合施用石灰和有机肥料；氯离子的致盐性较强，低洼地、干旱地区及盐碱地最好限量施用或不施用氯化铵。氯化铵适宜用于水田，一方面可以防止氯离子在土壤中积累；另一方面氯离子可以抑制硝化作用，减少稻田氮肥的损失。此外，氯化铵不宜用于耐氯能力差的烤烟、糖料作物、果树、薯类作物等。氯化铵可做基肥和追肥，但不宜做种肥，因氯离子对种子发芽有抑制作用。

③硫酸铵。施入土壤后，发生以下反应：

$$[\text{土壤胶体}]2H^+ + (NH_4)_2SO_4 \longrightarrow [\text{土壤胶体}]2NH_4^+ + H_2SO_4$$

$$[\text{土壤胶体}]Ca^{2+} + (NH_4)_2SO_4 \longrightarrow [\text{土壤胶体}]NH_4^+ + CaSO_4$$

可见，硫酸铵施入土壤之后，$NH_4^+$ 被土壤胶体吸附，原来土壤胶体吸附的 $H^+$、$Ca^{2+}$ 也被交换进入溶液，不仅导致土壤酸化，而且由于 $CaSO_4$ 溶解度小，容易堵塞土壤孔隙，故长期大量施用硫酸铵容易造成土壤酸化、板结，该肥料的长期大量施用应配合石灰与有机肥。

硫酸铵适合于各类土壤和各种作物，但最好用于缺硫土壤和大葱、大蒜及十字花科等喜硫植物。硫酸铵可作基肥、追肥和种肥。硫酸铵不宜大量施入水田，防止形成硫化氢毒害作物根系。

## 4.3.2 硝态氮肥

硝态氮肥主要包括硝酸钠、硝酸钙和硝酸铵等，其中硝酸钠和硝酸钙含氮量较低，施用很少，因此，目前硝态氮肥主要是指硝酸铵。

**(1)硝态氮肥的特性**

硝态氮肥含有 $NO_3^-$，具有以下特性：①不能被土壤胶体所吸附，在降水或灌水过多时，容易随水流失；②过量吸收对作物基本无害；③可促进钙、镁、钾等阳离子的吸收；④易发生反硝化作用而脱氮；⑤容易吸湿，易燃、易爆，储存时要采取防潮和安全措施。

**(2)硝态氮肥施用技术**

目前，我国主要施用的硝态氮肥为硝酸铵，含氮量为 34%~35%，其中硝态氮和铵态氮各占 1/2。硝酸铵为白色结晶，易溶于水，水溶液呈中性或微酸性，吸湿能力强，吸湿后结块。硝酸铵也是制造各种炸药的原料，从 2001 年起，我国对硝酸铵的生产、销售、运输、存储和使用进行严格的限制和管理，但允许将硝酸铵做改性处理，制成复合肥或者混合肥。由于铵态氮肥在土壤中易发生硝化作用成为硝态氮，该过程同时排放大量温室气体($N_2O$)。在我国北方，特别是华北平原，应适当供应改性硝态氮肥，减少铵态氮肥的施用。改性硝酸铵比尿素的价格高 10%~30%，由于其损失低，净花费并未增加(巨晓棠等，2017)。

## 4.3.3 酰胺态氮肥

常用的酰胺态氮肥只有尿素一种，含氮 42%~46%，是目前含氮量最高的固体氮肥，也是世界上施用量最多的氮肥品种。

尿素呈白色针状或柱状结晶，易溶于水，20℃时每 100 mL 水中可溶 100 g，水溶液呈中性；在干燥条件下物理性状良好，常温下基本不分解，但遇高温、潮湿气候，也有一定的吸湿性，储运时应注意防潮。为了防止吸潮，农用尿素常制成圆形小颗粒，外涂一层疏水物质；此外，尿素中含有少量的缩二脲(农用二级含量小于 1.8%)，可抑制幼根生长和种子萌发。

尿素施入土壤，少部分以分子形态存在，可与土壤胶体形成氢键被吸附，大部分在土壤中脲酶的作用下水解为碳酸铵，性质类似于铵态氮肥。

尿素适用于各种土壤和作物，可用作基肥和追肥，但由于它含有缩二脲且含氮量高，故不宜用作种肥。

此外，尿素适宜用作叶面追肥，其原因是：①尿素为中性有机分子，电离度小，不易引起质壁分离，对茎叶损伤小；②分子体积小，容易吸收；③吸湿性强，可使叶面较长时间地保持湿润，吸收量大；④尿素进入细胞后立即参与代谢，肥效快。尿素用作叶面追肥时，可在早晚进行，以延长湿润时间。

### 4.3.4 缓/控释氮肥

速效氮肥的养分释放速率快，一般难与农作物的吸收速率同步，易通过氨挥发、硝态氮的淋洗和反硝化作用等途径损失，造成环境污染。为了提高氮肥利用率，减轻环境污染，我国自 20 世纪 60 年代末开始研究缓/控释氮肥。缓/控释肥料应同时符合以下 3 个要求：在温度 25℃时，肥料中的有效养分在 24 h 内的释放率不超过 15%，28 d 内的养分释放率不能超过 75%，在规定时间段内养分的释放率不能低于 80%。缓/控释氮肥使肥料养分释放规律与作物养分吸收尽可能同步，兼具减少施肥次数、节约劳力、减轻作物病害、环境友好等优点，是 21 世纪肥料产业的重要发展方向。

按照养分控释方式、制备原理和工艺以及物质种类的不同将缓/控释肥料分为物理阻碍控释型肥料、微溶有机化合物肥料、微溶无机化合物肥料和稳定性氮肥四大类。

**(1)物理阻碍控释型肥料**

该类肥料又分为包膜肥料和基质复合肥料两类。

①包膜肥料。是通过喷涂、加热等方法在肥料颗粒表面包被上一层或多层控制养分释放的、致密、低渗透性的膜材料而形成的缓/控释肥料。膜屏障减缓了水分进入肥料内核的速率，达到养分缓慢释放的目的。包膜肥料是缓/控释肥料中发展最为迅速的种类，根据包膜材料的不同还可分为无机包膜肥料和有机包膜肥料两大类。

常见的无机包膜材料有硫黄、磷酸盐、硅藻土、滑石粉、钙镁磷肥、沸石等，硫包衣尿素是无机包膜肥料的标志性产品，也是包膜肥料中开发时间最早、工艺最成熟、用量最大的品种，另一种典型的无机包膜肥料是钙镁磷肥包裹型肥料。

常见的有机包膜肥料可分为天然高分子包膜肥料和合成高分子包膜肥料两大类。天然高分子包膜肥料所用的包膜材料主要包括木质素、淀粉、壳聚糖、腐殖酸、纤维素、天然橡胶、植物油脂、海藻酸钠等。合成高分子包膜肥料所用的包膜材料通常为聚烯烃类、树脂类等，如聚乙烯、聚酰胺、聚氨酯、聚乙烯醇、醇酸树脂、脲醛树脂等。

②基质复合肥料。是将肥料与可降低其溶解性的物质混合，通过键合、黏结作用制成的缓/控释肥料。常用的载体物质包括有机高分子聚合物、改性草炭、有机质等。

**(2)微溶有机化合物肥料**

将肥料营养元素通过共价键或离子键直接或间接连接预先合成的聚合物上，形成含有氮、磷或钾的微溶有机化合物。此类肥料中较为常见的有脲甲醛、异丁叉二脲、丁烯叉二脲、草酰胺等。

**(3)微溶无机化合物肥料**

通常采用化学合成方法制得，可在物理、化学或微生物作用下缓慢释放养分。此类肥料主要包括一些微溶性盐，如磷酸镁铵、磷酸钾铵、偏磷酸铵以及部分酸化的磷矿等。

**(4)稳定性氮肥**

稳定性氮肥指添加的生物抑制剂(包括脲酶抑制剂、硝化抑制剂或两者的混合物)的肥料。脲酶抑制剂通过抑制脲酶活性有效延缓尿素的水解，硝化抑制剂可以有效抑制铵态氮向硝态氮的转化。常见的脲酶抑制剂有醌类、多羟酚类、重金属类、磷酰胺类等；常见的硝化抑制剂有乙炔、双氰胺、3,4-二甲基吡唑磷酸盐、2-氯-6-三氯甲基吡啶等(陈冠霖等，

2021）。

当前，限制缓/控释肥料研发和推广应用的卡脖子问题在于成本高，其科学问题在于廉价优质材料的合理构建，换句话说，即如何采用价格低廉且环境友好的材料制备优质的缓/控释肥料。国外缓/控释肥料的成本较高，大多应用在花卉、园艺、高尔夫球场等经济种植上，而我国把缓/控释肥与其他肥料进行混掺，大幅降低成本，顺利地把缓/控释肥料推广到大田。2016 年，我国缓控释肥生产、消费量已居世界第一，总量超过 $300\times10^4$ t，占全球总量的 50%以上，不仅成功实现了缓/控释肥料产业的从小到大，还实现了我国缓/控释肥料生产技术从追随者变为领跑者的转变。

## 4.4　氮肥的合理利用

### 4.4.1　氮肥利用率

当季作物吸收肥料氮的数量占施氮量的百分数称为氮肥利用率。影响因素主要有作物种类、土壤条件、施肥技术等。施肥技术包括肥料品种、施肥量、养分配比、施肥时期、施肥方法和施肥位置等。

氮肥利用率的测定方法主要有以下 2 种。

**(1)差值法**

在试验设计中，设置施氮区和无氮区 2 个处理，在收获作物时分别测定作物体内的吸氮量，然后计算氮肥利用率。

$$\text{氮肥利用率}=\frac{\text{施氮区的作物吸氮量}-\text{无氮区的作物吸氮量}}{\text{施用氮肥的总氮量}}\times100\% \tag{4-1}$$

作物吸氮量包括地上部、地下部和枯枝落叶中的含氮量。作物根系和枯枝落叶难以完全收集，一般仅占作物吸收总量的 5%，因此作物吸氮量通常采用地上部含氮量。

利用差值法计算氮肥利用率的前提条件是，无氮区与施氮区的作物吸收等量的土壤氮素。但实际氮肥施入后，会对土壤氮素产生激发效应，使土壤有机质矿化出更多的氮素供作物吸收。因此，用差值法计算的氮肥利用率也称表观利用率，值略偏高。

**(2) $^{15}$N 示踪法**

采用 $^{15}$N 标记的氮肥进行试验，测定植物吸入的 $^{15}$N 原子百分超，进而根据 $^{15}$N 丰度的稀释原理计算氮肥利用率。

$$R(\%)=\frac{W_p\times N_{pc}\times{}^*N_{pc}}{W_f\times N_{fc}\times{}^*N_{fc}}\times100\% \tag{4-2}$$

式中，$R$ 为氮肥利用率；$W_p$ 为植物干重；$N_{pc}$ 为植物含氮量(%)；${}^*N_{pc}$ 为植物体内 $^{15}$N 富集度(原子百分超)；$W_f$ 为标记肥料的施用量；$N_{fc}$ 为标记肥料含氮量(%)；${}^*N_{fc}$ 为标记肥料 $^{15}$N 富集度。

利用 $^{15}$N 示踪法测出的氮肥利用率准确可靠，可以反映氮肥的真实吸收利用情况。但是，$^{15}$N 的价格比较昂贵，而且检测需要专门的仪器，因此，除科学研究之外，在农业生产中，一般采用差值法计算氮肥利用率。

### 4.4.2 氮肥施用与环境污染

新中国成立以来，我国化学氮肥施用量逐年增加，年用量已经突破 3 000×10$^4$ t。三大粮食作物(水稻、小麦、玉米)的氮肥利用率从 20 世纪 90 年代的 35%下降到 27.5%(来自 1 333 个测土配方田间试验结果)。农田氮素从亏损逐渐转为盈余，且 1985 年后盈余量很大，盈余的氮素通过淋洗、挥发和反硝化损失。从 20 世纪 60 年代后期开始，人们越来越重视化学氮肥施用对生态环境的影响，焦点主要是化学氮肥对大气和水体的污染。

**(1)氮肥施用与全球变暖**

近年来，温室效应使全球气候变暖日益受到关注。造成温室效应的气体主要有 $CO_2$、$CH_4$、$N_2O$ 等，其中 $CH_4$、$N_2O$ 的增温潜力远超过 $CO_2$，尤其是 $N_2O$ 在 100 年尺度上的增温效应是 $CO_2$ 的 298 倍，还可上升至平流层与臭氧发生光化学反应破坏臭氧层。人类农业生产活动是 $N_2O$ 的主要来源，尤其是氮肥施用，2005 年，我国因氮肥施用排放的 $N_2O$ 占 52.9%，表明减少氮肥施用量，提高利用率和减少以 $N_2O$ 形式逸失是控制 $N_2O$ 排放的有效途径。氮在土壤中发生的硝化和反硝化作用是产生 $N_2O$ 的主要来源。影响土壤硝化、反硝化作用的因素(如土壤中氧的分压、水分状况、土壤 pH 值、温度等)，都会影响土壤 $N_2O$ 排放量。$N_2O$ 排放量因氮肥品种而异。据报道，各种氮肥的 $N_2O$ 转化率为：液氮 1.63%、铵态氮 0.12%、尿素 0.11%、硝态氮 0.03%，可以看出，等氮量的情况下多用硝态氮肥可减少 $N_2O$ 排放。

**(2)氮肥对水体的污染**

$NH_4^+$ 在土壤中容易被土壤胶体吸附，移动性弱，不容易进入水体。相反，$NO_3^-$ 则难以被土壤吸附，流动性强，容易进入水体。所以，污染水源的氮肥主要是硝态氮。但当 $NH_4^+$ 在土壤中转化为 $NO_3^-$ 后同样污染水体，是水体污染的潜在威胁。过量施用的氮肥可通过地表径流污染河流、湖泊等地表水体，也可以通过淋洗污染地下水。

调查数据显示，自 2000 年以来，农业已经超过工业成为我国水污染的最大来源。《第二次全国污染源普查公报》显示(2020)，农业源是化学需氧量(COD)、总氮(TN)、总磷(TP)的主要来源，其中 TN 排放量占总排放量的 57.2%，农业面源氮、磷污染逐渐成为我国河流、湖泊、水库富营养化治理关注的重点。还有研究指出，地下水中的硝态氮浓度与氮肥施用量成正相关。

**(3)氮肥对土壤及农产品的污染**

氮肥施用不当会污染和危害土壤。长期大量施用氮肥会导致土壤中亚硝酸盐积累，特别是在雨水缺乏和设施栽培条件下，高量氮肥造成土壤大量氮素残留，使之发生次生盐渍化。长期施用酸性氮肥或生理酸性氮肥还会使土壤酸化。长期施用单一氮肥会使土壤板结，抑制植株初生根和次生根的生长。氮肥不恰当施用还会促进产生植物毒素的真菌的发育，使土壤中病原菌数目增多和生存能力增强。

过多氮肥致农产品尤其是蔬菜中 $NO_3^-$ 含量增加，危害人类健康。$NO_3^-$ 本身对人体没有毒害，但其在人体中被还原为亚硝酸盐后，可与食品中的二级胺(也称仲胺)作用生成强致癌物质亚硝酸胺，对人体具有潜在危害性。所以，世界各国对食品及饮用水中 $NO_3^-$ 含量都确定了最高限量标准，世界卫生组织规定，食品中的硝酸盐含量不得超过700 mg/kg(鲜重)。粮食作物由于生长周期长，籽粒中硝态氮及亚硝态氮含量极少，不足以危害人体健康。蔬菜则易于富集硝酸盐，人体摄入的硝酸盐80%以上来自蔬菜。世界卫生组织和联合国粮食及农业组织规定，蔬菜的硝酸盐日允许摄入量为3.6 mg/kg(体重)。按体重60 kg计，则硝酸盐日允许摄入量为216 mg，若以日食蔬菜量0.5 kg计，则蔬菜的硝酸盐的允许含量为432 mg/kg。不同种类和品种的蔬菜对硝酸盐的富集程度不同(表4-3)，一般而言，叶菜类>根菜类>豆类>甘蓝类>茄果类>瓜类。

**表 4-3　不同氮肥品种和施用量对蔬菜 $NO_3^-$ 含量的影响**　　mg/kg

| 处理(纯氮 kg/hm²) | 菠菜 | | 秋白菜 | | 青椒 | | 茄子 | |
|---|---|---|---|---|---|---|---|---|
| | 尿素 | 硝酸铵 | 尿素 | 硝酸铵 | 尿素 | 硝酸铵 | 尿素 | 硝酸铵 |
| CK | 2 732.62 | 2 730.32 | 1 540.20 | 1 515.77 | 238.07 | 180.52 | 364.18 | 289.50 |
| 135 | 3 593.72 | 3 754.06 | 1 760.40 | 1 636.20 | 330.78 | 262.26 | 409.95 | 303.03 |
| 270 | 3 900.70 | 4 271.04 | 1 514.60 | 2 516.10 | 292.41 | 205.42 | 356.03 | 290.21 |
| 540 | 3 756.25 | 4 956.46 | 1 956.00 | 1 567.17 | 313.16 | 238.32 | 363.57 | 266.51 |
| 1 080 | 4 092.30 | 5 415.50 | 1 761.30 | 2 216.27 | 282.09 | 211.68 | 398.05 | 324.21 |
| 国内参考标准(mg/kg) | <3 100 | | <1 440 | | <432 | | <432 | |

### 4.4.3　提高氮肥利用率的途径

为了提高氮肥利用率，达到高产、优质、高效的目的，必须根据气候条件、土壤特性、作物种类和品种以及肥料特性合理分配氮肥，合理计算用量与深施覆土，并与有机肥、磷、钾肥以及脲酶抑制剂和硝化抑制剂(氮肥增效剂)配合施用。

**(1)合理分配和施用氮肥**

①气候条件。在干旱条件下，作物对肥料用量的反应小，增产不明显；在水分供应充分时，作物对肥料用量的反应大，增产明显。我国北方地区干旱少雨，氮素淋溶损失不大；南方气候高温多雨，水田占重要地位，氮素淋失和反硝化损失问题严重，因此，在氮肥分配上北方以硝态氮肥为宜，南方则以铵态氮肥为宜。

②土壤特性。为了提高氮肥利用率，应将氮肥重点分配在中低产土壤上。碱性或生理碱性氮肥(如液氨、硝酸钙)宜施在酸性土壤上；硫铵和氯化铵等生理酸性氮肥宜分配在中性或碱性土壤上。砂质土壤施用氮肥应注意前轻后重、少量多次，而黏质土壤则需要前重后轻。旱地土壤铵态氮肥和硝态氮肥均可，但是水田不宜大量施用硝态氮肥。

③作物种类和品种。不同作物种类或品种对氮肥的需要量不同，如叶菜类蔬菜等需氮量较多，禾谷类作物需氮量次之，而豆科作物可少施甚至不施氮肥；马铃薯、甜菜、甘蔗等淀粉和糖类作物一般在发育初期需要充足的氮素供应，形成适当的营养体，但在生育后期，氮素过多则会影响淀粉和糖分的合成，反而降低产量和品质。杂交稻以及矮秆水稻品种的施氮量应高于常规稻、籼稻和高秆水稻品种。不同作物种类或品种对氮肥形态的需求不同，马铃薯喜好铵态氮，蔬菜、麻类作物喜硝态氮；水稻前期喜铵态氮，后期喜硝

态氮。

④肥料特性。铵态氮肥，由于 $NH_4^+$ 能被土壤胶体吸附，不易淋失，可作基肥、追肥，也可用于水田追肥，但易挥发损失，应深施覆土。尿素类似于铵态氮肥，可作基肥、追肥，应深施覆土。硝态氮肥在土壤中移动性强，宜作旱地追肥，少量多次，一般不用于水田。缓/控释氮肥在土壤中的保留时间及后效长，宜作基肥或追肥早施，一次用量可多些。

**(2)深施覆土**

氮肥深施能增强土壤对 $NH_4^+$ 的吸附作用，可以减少氨的直接挥发、随水流失以及反硝化脱氮损失，从而提高氮肥利用率和增产效率。氮肥深施的深度以作物根系集中分布的范围为宜。

**(3)与有机肥及磷、钾肥配合施用**

氮肥与有机肥配合施用，增加土壤有机质含量，通过有机促无机，可增加化学氮肥的保存和吸收。若磷、钾肥不足，也会影响氮肥肥效的发挥，因此，氮肥与磷、钾肥配合施用，可满足作物对养分的全面要求，提高氮肥利用率。

**(4)根据目标产量确定合理氮肥用量**

以实现作物目标产量所需养分量与土壤供应养分量的差额作为确定施肥量的依据。

**(5)与脲酶抑制剂、硝化抑制剂配合施用**

尿素与脲酶抑制剂、硝化抑制剂配合施用，不仅可以明显调控土壤中尿素氮素转化的全过程，还对尿素氮肥利用率的提高、减少环境污染以及促进农业的可持续发展起到积极影响。影响脲酶抑制剂和硝化抑制剂作用效果的因素主要包括 pH 值、土壤类型、温度、水分状况等。Qiao et al. (2015)基于全球 Meta 分析表明硝化抑制剂能显著减少 38%~56%的氮淋洗损失和 39%~48%的 $N_2O$ 排放以及提高 34%~93%的氮肥利用率。但是另一项 Meta 分析发现，硝化抑制剂使氨挥发增加了 35.7%，施用硝化抑制剂后氨挥发增加与土壤 pH 和施氮量呈显著正相关(Wu et al., 2021)。研究发现，脲酶抑制剂和硝化抑制剂在不同土壤中存在易分解、淋失等降低抑制剂作用效果的现象，同种抑制剂在不同类型土壤中的作用效果差异显著，因此，需要有针对性地研究不同土壤和作物专用的脲酶抑制剂和硝化抑制剂，提高抑制剂的作用效果(张蕾等，2021)。研究发现，尿素与 NBPT+DMPP 和 NBPT+DCD 制成的高效稳定性尿素分别在黑土和褐土中施用效果最好，其次分别是 NBPT+CP 和 NBPT+DMPP(李学红等，2021)。

## 复习思考题

1. 植物对铵态氮与硝态氮的吸收、同化各有何不同?
2. 植物缺氮有哪些典型症状?
3. 长效氮肥一般可分为哪些种类？各列举一个代表性产品。
4. 简述差值法与 $^{15}N$ 示踪法测定氮肥利用率的差异。
5. 氮素损失途径主要有哪些？如何提高氮肥利用率?

# 第 5 章

# 植物的磷素营养与磷肥

【**内容提要**】本章主要介绍植物的磷素营养，土壤磷素含量与转化，磷肥的种类、性质与施用。

磷是植物营养的三要素之一。在缺磷的土壤上，磷素常常成为作物生长的限制因子，施用磷肥能提高作物产量和改善品质。我国磷肥工业起步晚于氮肥工业，但发展迅速。我国自 1955 年开始建厂生产磷肥，1960 年的年产量已接近 $20\times10^4$ t(折计 $P_2O_5$，下同)，1984 年达 $235.96\times10^4$ t，2013 年达 $1\ 649\times10^4$ t，之后一直保持在 $1\ 700\times10^4$ t左右。我国农田土壤磷素自 20 世纪 90 年代初实现盈余，至 2017 年，农田土壤累积磷盈余量达$7\ 563\times10^4$ t，相当于 411 kg $P/hm^2$，保障了粮食安全和保持了土壤磷肥力，但是资源环境代价剧增，因此必须了解植物的磷素营养、磷肥的种类和性质，以及磷肥在土壤中的转化以及合理施用等方面的知识。

## 5.1 植物的磷素营养

### 5.1.1 磷在植物体内的含量与分布

在植物体内，磷的含量一般为植株干物重的 0.2%～1.1%。植物体内的磷主要以有机磷形态存在，约占植株全磷量的 85%；少量以无机磷的形态存在，仅约占全磷量的 15%。有机态磷主要是核酸、磷脂和植素等；无机磷则主要是钙、镁、钾的磷酸盐。无机磷的含量虽少，但波动很大，能较好地反映植株的磷素营养状况。在缺磷时，植物组织(尤其是营养器官)中的无机磷含量显著下降，但有机态磷含量变化不显著。

一般而言，植物体内的无机磷大部分存在于液泡中，只有一小部分存在于细胞质和细胞器内。Raven(1974)以巨藻为实验材料，研究了它们吸磷的数量与细胞质及液泡中无机磷含量变化的关系，发现磷脂只存在于细胞质中，而无机磷约 90%存在于液泡内，只有约 10%存在于细胞质中。此外，液泡中的无机磷浓度随巨藻吸收磷的时间延长而不断增加，细胞质中的磷比较稳定(图 5-1)。

Rebeill 的报道说明，在供磷适宜的植株中，85%～95%的磷存在于液泡中；如果中断

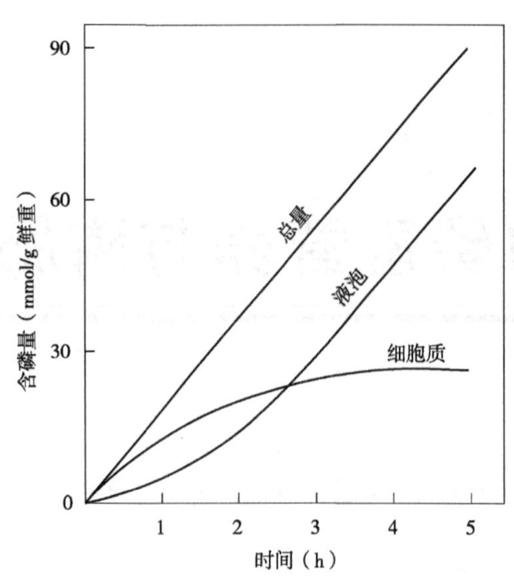


**图 5-1　巨藻细胞和液泡中无机磷含量的变化**
(Raven，1974)

供磷，液泡中的磷含量迅速下降，而细胞质中的磷含量变化不大，仅仅从 6 mmol/L 降到 3 mmol/L 左右。当细胞对磷的需要量大于吸收量时，液泡中储存的磷就会向细胞质转移。因此，当植物缺磷时，营养器官中的无机磷含量明显下降，而代谢和生长所必需的核酸、磷脂的含量则保持相对稳定。

在作物体内，磷的含量因作物种类、生育时期和组织器官等不同而异。不同作物种类含磷量差异很大，油料作物含磷量高于豆科作物，豆科作物又高于谷类作物。例如，油菜籽中的含磷量为 1.1%，大豆、花生的含磷量也接近 1%，但水稻、小麦、玉米籽粒的含磷量仅 0.6%~0.7%。

同一作物在不同生育期含磷量也有较大的变化，幼苗的含磷量高于成熟的植株。作物生长发育过程中，磷比较集中分布于幼嫩组织，如幼叶、顶芽、根尖等。此外，繁殖器官的含磷量也较高。用$^{32}P$进行的试验表明，作物体内磷的分配与积累规律总是随着作物生长中心的转移而变化的。例如，水稻在分蘖盛期以前，生长中心是叶与芽，此时有 67.5%的磷分布在叶片中，而叶鞘中仅占 32.5%；当水稻从营养生长进入生殖生长以后，水稻的生长中心转移到穗部，在抽穗前便开始从叶片经叶鞘、茎向穗部运转；到成熟期，叶片、叶鞘和茎秆中的含磷量分别降至植株含磷总量的 4.8%、4.5%和 6.6%，而此时穗部含磷量占含磷总量的 84.0%。由此可见，在作物体内，磷的再分配和再利用能力很强。因此，在磷素营养供应不足时，植株缺磷的症状首先从最老的器官和组织表现出来。

## 5.1.2　植物对磷的吸收与运输

**(1) 植物对磷的吸收**

植物根系能从磷浓度极低的土壤溶液中吸收磷素。例如，在植物根细胞和木质部汁液中，磷浓度约为 0.4 mmol/L，而根际土壤溶液中的磷浓度仅为 0.5~2.0 μmol/L，前者磷浓度为后者磷浓度的千余倍，说明植物根系逆浓度梯度主动吸收磷酸盐。植物主要吸收正磷酸盐，也能吸收偏磷酸盐和焦磷酸盐。后两种形态的磷酸盐在植物体内能很快被水解成正磷酸盐而被植物利用。磷酸可电离成 $H_2PO_4^-$、$HPO_4^{2-}$ 和 $PO_4^{3-}$ 3 种阴离子，其中 $H_2PO_4^-$ 最易被植物吸收，$HPO_4^{2-}$ 次之，而 $PO_4^{3-}$ 存在于强碱性介质中，过强的碱性不适宜植物生长。

植物根系吸收磷的部位主要是根毛区。在根毛区，根毛的数量众多，吸收面积大，木质部已经发育成熟，可将所吸收的磷运往地上部。在根尖分生区及邻近分生区的伸长区，由于木质部未发育完全，吸收和运输磷的功能较弱。植物吸收磷酸盐的速率与植物的代谢状况密切相关，旺盛的代谢作用促进植物对磷的吸收。试验表明，呼吸作用导致的能量代谢是促进植物主动吸收磷酸盐的动力。

植物对磷的主动吸收过程主要在根表皮细胞质膜上进行。首先，质子泵向细胞膜外泵出质子($H^+$)，然后土壤溶液中的磷酸根离子($H_2PO_4^+$)与细胞质膜上的磷转运蛋白结合，最后跨膜进入细胞内部(图 5-2)。因此，磷酸盐的跨细胞膜运输实际上属于磷酸根离子和质子的共运输方式。研究表明，植物体内存在高亲和与低亲和两种磷吸收系统。当植物根系生长环境磷素缺乏时，磷的跨膜运输主要由细胞质膜上高亲和的磷酸盐转运蛋白完成，其 $K_m$ 值水平为微摩尔每升数量级；而根系生长环境磷素充足时，磷的跨膜运输则主要由细胞质膜上低亲和的磷酸盐转运蛋白完成，其 $K_m$ 值水平为毫摩尔每升数量级。

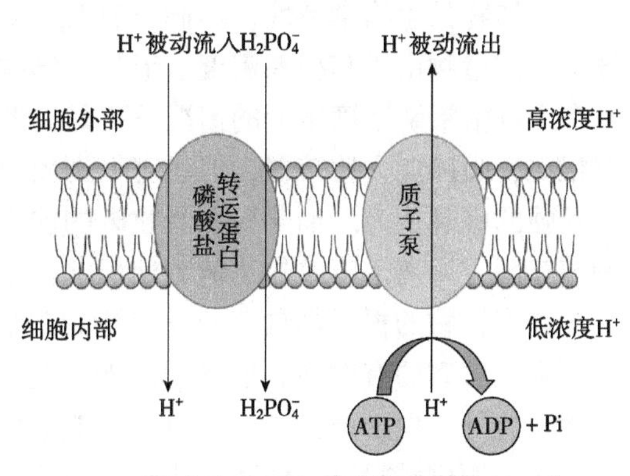


图 5-2　磷酸盐跨细胞质膜的吸收机制示意

植物体内细胞质膜上磷转运蛋白的种类与数量对植物吸收磷素的效率具有重要影响。根据功能和亚细胞定位特征，植物体内的磷转运蛋白 PTs(phosphate transporters)大体划分为 PHT1 家族、PHT2 家族、PHT3 家族、PHT4 家族和 PHT5 家族。其中，植物体内存在的磷转运蛋白大多属于 PHT1 家族，属于 $H_2PO_4^-/H^+$共转运蛋白。一般认为，PHT1 家族的磷转运蛋白属于高亲和系统，受缺磷诱导，主要在根系中表达。这类磷转运蛋白一般是膜整合蛋白，由 12 个跨膜结构域组成，2 个跨膜区域之间有 1 个亲水环。目前，已在水稻、小麦、玉米、番茄、土豆、大豆等植物中鉴定出编码 PHT1 家族的磷转运蛋白基因。

磷被植物吸收后主要有 3 个去向：①用于合成能量物质 ATP；②用于合成磷脂、DNA 和 RNA；③以无机磷形态存在于液泡中。

**(2)植物体内磷的运输**

植物根系吸收的磷跨膜进入细胞内部后，首先通过共质体途径运输到内皮层，然后装载进入木质部，最后通过木质部导管向上和通过韧皮部筛管向上、下运输，从而为植株生长提供磷素养分。研究表明，磷酸盐转运蛋白 PHO1 主要在中柱鞘和木质部薄壁细胞中表达，其主要功能为装载无机磷至木质部导管。在木质部导管中运输的磷以无机态磷酸盐为主，有机态磷含量很低；而韧皮部筛管中运输的磷则兼有无机态磷和有机态磷两大类。

由于磷在韧皮部筛管的双向运输，磷的再利用能力较强。植物根部吸收的磷通过木质部向地上部运输，约有 50%以上的磷通过韧皮部再转运至植物体其他部位，尤其是生长快速的器官。例如，在植物叶片中，新叶中的磷一部分来自根系吸收的磷酸盐，另一部分来自老叶中由有机磷转化产生的无机磷。在成熟期，禾谷类作物整个植物体内 60%～85%的磷素会被转移至籽粒。研究表明，大豆植株中开始形成籽粒后，籽粒里面的磷素约 45%来自根部吸收的磷酸盐，而另外 55%的磷素则来自营养器官中磷的再利用。

**(3)影响植物吸收磷的主要因素**

影响植物吸收磷的因素很多，主要有植物的生物学特性和环境因素两大方面。目前，筛选和培育吸磷能力强的作物优良品种日益受到重视，而植物吸收磷又与作物根系特性密切相关。

①植物的生物学特性。不同植物种类甚至不同的栽培品种，对磷的吸收都有明显差异。不同植物由于其根系密度、形状、结构等特性不同，致使吸收磷的能力也不一样，尤其在土壤溶液磷浓度很低的情况下更是如此。根毛是植物吸收磷的主要组织，洋葱由于没有根毛，吸磷能力比较弱，但也有个别植物在根系不发达也不能感染菌根的情况下，仍具有较强的吸磷能力。油菜根系吸收磷的能力很强，原因是在缺磷情况下，油菜根系能自动调节其阴、阳离子吸收的比例，使根际土壤酸化，从而提高土壤磷的有效性。

许多植物的根系都具有分泌 $H^+$ 和有机酸的能力，从而对铁、铝产生螯合作用，提高了根际土壤磷的有效性。最典型的例子是白羽扇豆，其除了分泌 $H^+$ 外，还能大量分泌柠檬酸。此外，白羽扇豆在缺磷时，还能形成排根，增加对磷的吸收。

②土壤供磷状况。植物主要利用土壤中的无机磷。因此，土壤中磷的形态与含量直接影响土壤供磷状况和植物对磷的吸收。土壤溶液中，磷酸根离子的浓度较低，并以扩散作用向根系表面迁移。因而影响磷酸根离子扩散速率的因素必然影响磷的吸收，如土壤的温度、水分含量、质地等。一般而言，温度升高、水分增多、土壤松散均有利于磷的扩散。土壤对磷酸盐的化学固定和物理吸附固定也显著影响植物对磷吸收。

③菌根。菌根能提高植物吸磷的能力。菌根的菌丝能够扩大根系的吸收面积，缩短根系吸收养分的距离，从而提高土壤磷的空间有效性。菌根的分泌物还能促进难溶性磷的溶解。

④环境因素。温度和水分影响土壤磷的有效性和磷的扩散迁移。在一定范围内(10~40 ℃)，提高土温可增加植物对磷的吸收。土温升高，加速土壤溶液中磷的扩散，提高根系和根毛的生长速率，增强呼吸作用，从而有利于植物对磷的吸收。增加土壤水分，能够促进土壤溶液中磷的扩散，提高磷的有效性。

⑤养分的相互关系。由于磷参与氮代谢、硝酸盐还原、氮素同化，以及蛋白质合成，所以施用氮肥常能促进植物对磷的吸收利用。

⑥土壤 pH 值。植物对磷的吸收与土壤有效磷的含量直接相关，而土壤有效磷的含量又受土壤 pH 值的影响。一般而言，在酸性土壤中的磷易被铁、铝所固定；在碱性土壤中则易被钙、镁所固定。土壤磷的有效性一般在土壤 pH 值 6.0~7.0 时最高。

### 5.1.3 磷的营养作用

在植物体内，磷不仅是植物体内重要化合物的组成成分，而且参与植物体内许多重要的生命代谢活动。

**(1)磷是构成植物体的重要元素**

①核酸和核蛋白。磷是核酸的重要组成元素，核酸和核蛋白是进行正常分裂、能量代谢和遗传所必需的物质，所以磷和每一种生物体都有密切关系。

②磷脂。磷是磷脂的重要组成元素，大部分磷脂是生物合成或降解作用的媒介物，它与细胞的物质代谢和能量代谢直接相关。生物膜由磷脂、糖脂、蛋白质以及糖类构成，是外界的物质、能量和信息进出细胞的通道。

③植素。是肌醇磷酸酯的钙镁盐，在植物种子中含量较高。植素作为磷的储藏形式，当种子萌发时，在植素酶的作用下水解为无机磷。植素的合成控制着磷的含量，并参与调

节籽粒灌浆和块茎生长过程中淀粉的合成。当作物接近成熟时，大量磷酸化的葡萄糖开始逐步转化为淀粉，并把无机磷酸盐释放出来。然而，大量的无机磷酸盐抑制淀粉的进一步合成，这时植素的形成则有利于降低磷的含量，保证淀粉能顺利继续合成。

④高能磷酸化合物。在植物体内有多种高能磷酸化合物，如腺苷三磷酸(ATP)、鸟苷三磷酸(GTP)、尿苷三磷酸(UTP)和胞苷三磷酸(CTP)等，它们在物质代谢和能量代谢过程中起着重要作用，尤其是 ATP，在能量代谢中起“中转站”的作用。例如，光合作用中吸收的能量、呼吸作用释放的能量、碳水化合物厌氧发酵产生的能量都能储存于 ATP 的 2 个焦磷酸键中，水解时，伴随着末端的磷酸根的脱出，生成腺苷二磷酸(ADP)，同时重新释放能量，其反应式如下：

$$\mathrm{ATP} \longrightarrow \mathrm{ADP} + \mathrm{Pi} + 32\ \mathrm{kJ}$$

**(2)磷能促进光合作用和碳水化合物的合成与转运**

磷参与光合作用各阶段的物质转化、叶绿体中三碳糖的转运以及蔗糖在筛管中的运输，从而影响光合作用和碳水化合物的合成与转运(图 5-3)。在磷缺乏时，叶片合成的碳水化合物累积，形成较多的花青素，从而使植株叶片呈紫红色。

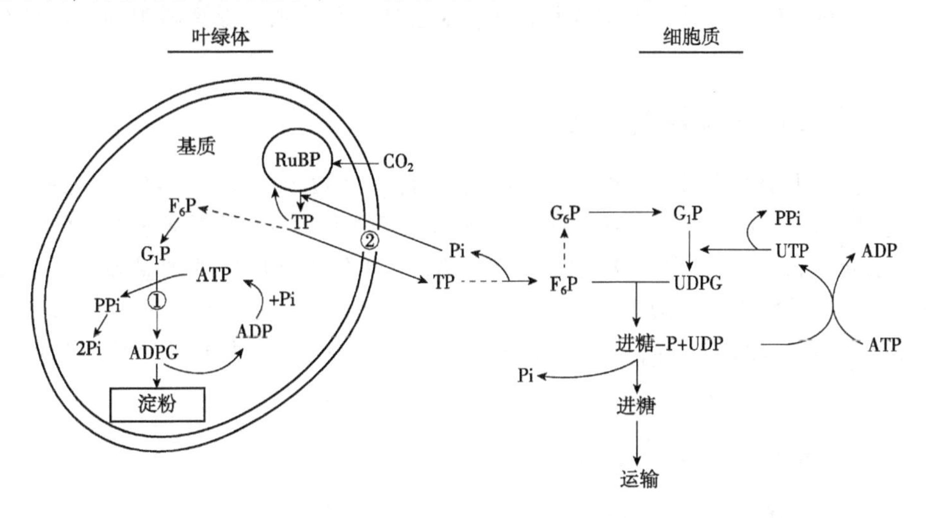


①ADP葡萄糖焦磷酸酶。调节淀粉合成速率，受Pi的抑制，由甘油酸-3-磷酸（PGA）促进。②磷酸盐转运器。调节从叶绿体向细胞质中释放光合产物的过程，受Pi和丙糖磷酸（TP）控制，由甘油醛-3-磷酸、磷酸二羟丙酮促进。

**图 5-3　磷参与调节叶细胞中淀粉合成和碳水化合物运输**

(Walker，1980)

**(3)磷能促进氮素的代谢**

磷作为酶的成分或提供能量(ATP)参与蛋白质合成、硝酸的还原和利用，促进氮代谢。磷还能提高豆科作物根瘤菌的固氮活性，增加固氮量。

**(4)磷能促进脂肪的代谢**

在植物体内，油脂由碳水化合物转化而来，在糖转化为甘油和脂肪酸的过程中，以及两者在合成脂肪时都需要磷的参与。因此，许多油料作物对磷的供应特别敏感，缺磷显著影响它们的生长发育和产品品质。

**(5) 磷提高植物对外界环境的适应性**

磷能提高植物的抗旱、抗寒、抗病等能力。磷能提高原生质胶体的水合度和细胞结构的充水度，使其维持胶体状态，并能增加原生质的黏度和弹性，因而增强了原生质抵抗脱水的能力，提高抗旱性。磷能提高体内可溶性糖和磷脂的含量。可溶性糖能使细胞原生质的冰点降低，磷脂则能增强细胞对温度变化的适应性，从而增强植物的抗寒能力。越冬植物增施磷肥，可减轻冻害，安全越冬。

磷还能增强植物对酸碱变化的适应能力(缓冲性能)，反应式如下：

$$KH_2PO_4 \underset{H^+}{\overset{OH^-}{\rightleftharpoons}} K_2HPO_4$$

这一缓冲体系在 pH 值为 6.0~8.0 时缓冲能力最大，因此在盐碱地上施用磷肥可以提高作物抗盐碱的能力。

## 5.2　土壤磷素含量与转化

了解土壤中磷的含量、形态及其转化，对合理施用磷肥，提高磷肥利用率具有重要的意义。

### 5.2.1　土壤磷素含量与平衡

我国耕地土壤的全磷量一般为 0.1~4.3 g/kg，多数土壤为 0.4~2.5 g/kg。土壤中磷含量受土壤母质、成土过程和耕作施肥等影响。我国土壤的含磷量表现明显的地带性分布规律，从南到北、从东到西依次增加。20 世纪 80 年代以来磷肥的大量施用，大部分地区土壤磷含量呈增加趋势，20 世纪 90 年代初实现盈余，尤其是一些蔬菜和果园土壤的速效磷含量高达 300~400 mg/kg，环境风险剧增。因此，在蔬菜、果树生产中合理施用磷肥非常重要。

### 5.2.2　土壤磷素形态与转化

在土壤中，磷的形态可分为有机磷和无机磷。不同土壤的有机磷含量差异很大，少至几乎没有，多至 0.2%以上。土壤无机磷含量一般比有机磷含量高，以有机质为主的土壤则另当别论。另外，由于土壤表层有机质含量高于底层，故在一般矿质土壤中，土壤表层的有机磷含量高于底层。

#### 5.2.2.1　土壤有机磷

土壤有机磷一般占土壤全磷量的 10%~15%。在土壤中，有机磷来源于动植物和微生物残体，其含量与土壤有机质含量的关系密切。土壤酸性越强，有机磷含量越高，在森林或草原植被下发育的土壤中，有机磷占土壤全磷量的 20%~50%，土壤微生物的含磷量一般占土壤有机磷的 3%，该值在草地土壤中为 5%~24%，在林地中可达 19.2%。

**(1) 土壤有机磷的形态**

目前，50%左右的土壤有机磷的化学性质尚不清楚。常见的天然有机磷是磷酸酯，可将它们分为 5 类：肌醇磷酸酯、磷脂、核酸、核苷酸和磷酸糖类。

**(2) 土壤有机磷的转化**

土壤有机磷分为活性态和非活性态 2 种形式。活性有机磷主要是尚未转化进入微生物残留的部分。非活性有机磷与腐殖酸中难分解的氮相似。迄今为止，有关在土壤有机磷矿化作用的研究并不多，这是因为有机磷和无机磷同时存在于土壤中，难以确定其来源。有机磷矿化释放的磷很快与土壤中的其他组分发生反应，生成难溶性化合物和复合体，研究起来比较困难。

研究表明，长期连续耕作降低土壤有机磷含量，休耕后又可回升。磷酸酶对土壤有机磷酸盐的矿化起主要作用。它们是一组酶系统，包括酸性、中性和碱性磷酸酶，催化酯类和酐类水解。土壤中存在多种微生物，能通过产生磷酸酶来矿化土壤中的有机磷酸盐。土壤有机磷的矿化受多种因素的影响。试验表明，有机磷的矿化作用随土壤 pH 值升高而增强；如果碳与无机磷的比值等于或低于 200 ∶ 1，将发生磷的矿化，超过 300 ∶ 1 时，将发生磷的固定作用。一些研究人员认为，氮磷比(N/P)与磷的矿化及固定关系密切，如果减少其中某种元素的供应，会使另一种元素增强矿化。因此，如果土壤供氮不足，就可能导致无机磷在土壤中积累，土壤有机质的形成也会受阻。

一般认为，土壤含磷量约 0.2%是有机磷矿化的临界浓度，如果土壤含磷量低于 0.2%，发生净固定，此时矿化释放的磷酸盐被微生物利用；高于 0.2%时，则发生净矿化，此时有机磷的矿化速率超过植物和微生物对磷的利用速率。

#### 5.2.2.2　土壤无机磷

土壤无机磷一般占土壤全磷的 50%~80%。

**(1) 土壤无机磷的形态**

①石灰性土壤。研究表明，在我国北方石灰性土壤中，Ca-P 平均占土壤无机磷的 80%以上，Al-P、Fe-P 各占 4%~5%，O-P 占 10%左右。所以，我国北方石灰性土壤中的无机磷以 Ca-P 为主。在 Ca-P 中，大多数是 $Ca_{10}$-P，占 Ca-P 的 70%左右，$Ca_8$-P 占 10%左右，$Ca_2$-P 占 1%左右。不同形态无机磷的生物有效性差异很大，$Ca_2$-P 的生物有效性较高；$Ca_8$-P、Al-P 的生物有效性低于 $Ca_2$-P，但大于 $Ca_{10}$-P、O-P 和 Fe-P 3 种形态的无机磷，可作为作物的第二有效磷源；O-P、$Ca_{10}$-P 的生物有效性最低，是植物的潜在磷源。

②酸性土壤。在酸性土壤中，Fe-P 所占的比例最大，Al-P 次之，Ca-P 最低。土壤风化程度越高，Fe-P 的量也越高。酸性土壤的 Fe-P 又分为非晶质的磷酸铁化合物($FePO_4 \cdot xH_2O$)、晶质的磷酸铁化合物(如针铁矿等)和闭蓄态磷酸铁化合物 3 种形态。磷酸铁化合物的活性随结晶程度的增加而降低。在酸性土壤中，各形态磷酸盐的生物有效性依次为磷酸一钙>水铝石>Ca-P>Al-P>Fe-P。我国几种主要土壤的无机磷酸盐组成见表 5-1。

**(2) 土壤无机磷的转化**

在土壤中，无机磷的转化主要包括无机磷的化学、生物固定与释放过程。在石灰性土壤中，水溶性磷首先被方解石吸附，被吸附的磷可进一步生成二水磷酸二钙和无水磷酸二钙，进而形成磷酸八钙，最后形成羟基磷灰石和氟磷灰石。这些磷酸钙盐的溶解度随 pH 值的降低迅速增大。施入石灰性土壤的磷肥短时期不易形成 O-P 和 $Ca_{10}$-P。在不同耕作

表 5-1 我国几种土壤的无机磷酸盐组成 %

| 土壤种类 | pH值 | Al-P | Fe-P | Ca-P | 闭蓄态P |
|---|---|---|---|---|---|
| 砖红壤 | 4.5~5.5 | 0~1.5 | 2.5~14.0 | 0.9~5.3 | 84.0~94.0 |
| 红壤 | 4.5~5.5 | 0.3~5.7 | 15.0~26.0 | 1.5~16.0 | 52.0~83.0 |
| 水稻土 | 6.0~7.0 | 0.7~6.8 | 7.2~28.3 | 2.2~10.8 | 62.0~86.8 |
| 黄棕壤 | 6.0~7.0 | 3.7~10.0 | 25.0~27.0 | 13.0~20.0 | 45.0~57.0 |
| 冲积性土壤 | 7.5~8.5 | 1.6~4.1 | 0~0.7 | 63.0~65.0 | 31.0~35.0 |
| 黄土性土壤 | 8.0~8.5 | 3.4~6.9 | 0~0.5 | 61.0~71.0 | 12.0~20.0 |

制度下，磷肥施入土壤后形成的转化产物各异。在石灰性的旱作土壤中，施入土壤的磷酸一钙转化为磷酸二钙和磷酸三钙，接着形成磷酸八钙，最后形成羟基磷灰石和氟磷灰石，只有很少部分转化为磷酸铁和磷酸铝。而在石灰性的稻田土壤中，施入土壤的磷肥主要转化为 Fe-P 和 Al-P。

在酸性土壤中，磷肥(磷酸一钙)施入土壤后，由于强酸性的饱和溶液可以溶解大量的土壤铁铝氧化物，从而沉淀生成非晶质的磷酸铁铝化合物，进一步水解转化为晶质磷酸盐，如粉红磷铁矿($FePO_4 \cdot xH_2O$)和磷铝石($AlPO_4 \cdot 2H_2O$)，再进一步转化为闭蓄态磷酸盐。

部分植物根系能分泌有机酸类物质，使根际土壤的 pH 值降低。所以，在根际土壤中，磷的转化明显不同于非根际土壤。不同植物根系分泌的有机酸的种类和数量不同，在石灰性土壤上，油菜和萝卜的根系分泌大量的苹果酸和柠檬酸等有机酸，降低根际土壤的 pH 值，增加根际土壤 $Ca_8$-P 和 Al-P 的有效性。水稻根系能释放氧气，氧化 $Fe^{2+}$，同时释放 $H^+$，使根际土壤的 pH 值比土体低 1~2 个单位，增加了土壤中磷的溶解度。此外，根系分泌的有机酸类物质可以螯合根际土壤中的 $Al^{3+}$ 和 $Fe^{3+}$，竞争根际土壤吸附 $H_2PO_4^-$ 的位点，从而释放 $H_2PO_4^-$。

## 5.2.3 土壤磷素的供应

土壤的供磷能力是合理施用磷肥的重要依据。过去一直以土壤全磷量和有效磷含量作为土壤供磷的指标。有效磷主要包括液相磷、活性磷和非活性磷。液相磷是指溶解于土壤水中的磷，可以被植物根系直接吸收利用。活性磷是吸附在固相表面而能被同位素 $^{32}P$ 所能交换出来的磷酸盐；非活性磷是不易被同位素 $^{32}P$ 交换出来的闭蓄态磷、无机磷和有机磷。活性磷与非活性磷之间保持着动态平衡，并相互转化。目前，常采用同位素稀释法、同位素平衡法、等温吸附法和磷位法测定土壤的供磷能力。

**(1) 同位素稀释法(*A* 值法)**

此法由 M. Fried 提出，基本原理是溶液中的标记磷肥($^{32}P$)施入土壤之后，与土壤固相中的磷($^{31}P$)发生代换反应。

$$[^{31}P]^3\text{—固} + [^{32}P]^3\text{—液} \rightleftharpoons [^{32}P]^3\text{—固} + [^{31}P]^3\text{—液}$$

液相中同时存在$^{31}P$和$^{32}P$，是按比例被植株吸收的，根据施入土壤中的$^{32}P$和植株吸收的$^{32}P$的总量可计算出土壤有效磷的含量，用$A$表示。

$$\frac{A_{土壤}}{B_{土壤}}=\frac{A_{植株}}{B_{植株}} \tag{5-1}$$

式中，$A_{土壤}$为土壤中的有效磷；$B_{土壤}$为施入土壤的$^{32}P$；$B_{植株}$为植株吸收的$^{31}P$；$A_{植株}$为植株吸收的$^{32}P$。

故

$$Y=\frac{B_{植株}}{A_{植株}+B_{植株}} \tag{5-2}$$

可简化为

$$YA+YB=B \quad 或 \quad YA=B-YB \tag{5-3}$$

即

$$A=\frac{B(1-Y)}{Y} \tag{5-4}$$

式中，$B$为标记磷施用量；$Y$为植株吸收标记磷的数量；$A$为土壤有效磷含量；$(1-Y)$为植株从土壤中吸收磷的数量。

**(2) 同位素平衡法**

此法由 Mcauliffe 提出，根据土壤表面吸附原理，用同位素交换法测定其含磷量，即

$$^{32}P(固相活性磷)={}^{32}P(总量)-{}^{32}P(液相磷)$$

**(3) 等温吸附法**

等温吸附曲线用来表示土壤固相表面吸附的磷与液相中的磷在平衡时固相磷与液相磷浓度之间的关系曲线。由于吸附量受温度变化的影响，故制作曲线时在恒温下进行，称为等温吸附曲线。当施入土壤中的磷被土壤吸附时，存在以下平衡：

$$P(固相) \rightleftharpoons P(液相)$$

上述反应平衡支配着土壤磷的有效性，故可以把液相中磷的浓度作为供磷强度的因素($I$)，把随时可以进入液相而尚留在固相表面的活性磷作为磷供应的容量因素($Q$)，固相磷转为液相磷的速率则称为缓冲能力($Q/I$)。根据上述平衡反应，液相中磷浓度的增加与减少，都将引起固相磷的相应变化。在质量相同的土壤中，分别加入不同浓度的磷溶液，在恒温下达到平衡后测定液相中的磷，并用差值法计算出被土壤吸附的磷，最后以土壤对磷的吸附量为纵坐标，以平衡溶液中磷的浓度为横坐标，即可绘制出土壤吸附磷的等温曲线，用 Langmuir 方程表示如下：

$$X=X_{max}\frac{C}{K'+C} \quad 或 \quad C/X=\frac{C}{X_{max}}+\frac{1}{K\cdot X_{max}} \tag{5-5}$$

式中，$X$为 100 g 土壤吸附磷的数量(mg P/100 g 土)；$C$为平衡溶液中磷的浓度(mg P/L)；$X_{max}$为最大吸附量(mg P/100 g 土)；$K'$为吸附常数；$K$为吸附常数的倒数。

$C/X$与$C$成直线关系，$1/(K\cdot X_{max})$则是这条直线的斜率($Q/I$)，可求出$X_{max}$值和$Q$值，如将直线延长，使之与纵坐标相交，则可计算出$K$值。

**(4)磷位法**

磷位法由 Schofield 提出，此法用能量的概念来表示土壤中磷的有效性。

$$磷位值=1/2pCa+pH_2PO_4 \tag{5-6}$$

磷位值的临界值约为 7 或 8，当磷位值大于 7 或 8 时，即表示土壤缺磷。

# 5.3　磷肥的种类、性质与施用

## 5.3.1　磷肥概述

我国的磷肥工业起步较晚，于 20 世纪中期在南京和太原兴建了 2 个大型磷肥厂，主要生产过磷酸钙，后转产钙镁磷肥。直至 80 年代，磷酸铵和硝酸磷肥相继投产，磷肥工业开始向高浓度、复合化方向发展。

我国古代很早就知道利用兽骨制成骨粉作磷肥施用。自 1818 年发现磷矿床以后，天然磷矿石成为制造磷肥的主要原料。目前，利用天然磷矿石制造磷肥的方法有机械法、酸制法和热制法。

用各种方法生产的磷肥，按磷酸盐的溶解度不同可分为水溶性磷肥、弱酸溶性磷肥和难溶性磷肥。水溶性磷肥中的磷酸盐以一水磷酸一钙形态存在，易溶于水，可被植物直接吸收，但在一定条件下，也易被土壤固定。弱酸溶性磷肥所含的磷溶于弱酸(如 2%柠檬酸，中性柠檬酸或非碱性柠檬酸)，又称枸溶性磷肥。如果磷肥中的磷只能溶于强酸则称为难溶性磷肥。

## 5.3.2　水溶性磷肥

这类磷肥主要有过磷酸钙、重过磷酸钙、氨化过磷酸钙等。

**(1)过磷酸钙**

①成分和性质。过磷酸钙简称普钙，是我国目前生产最多的一种化学磷肥，主要成分为水溶性的磷酸一钙和难溶于水的硫酸钙，还含有少量磷酸、硫酸、非水溶性磷酸盐，以及硫酸铁、铝等杂质。过磷酸钙一般为灰白色粉末或颗粒。由于含有游离酸故使肥料呈酸性，并具有一定的吸湿性和腐蚀性。当过磷酸钙吸湿后，除易结块之外，其中的磷酸钙还会与硫酸铁、铝等杂质发生化学反应，形成难溶性的铁、铝磷酸盐，导致磷的生物有效性降低，称为过磷酸钙的退化作用。以形成磷酸铁为例，反应式如下：

$$Ca(H_2PO_4)_2 \cdot H_2O+Fe_2(SO_4)_3+5H_2O \longrightarrow 2FePO_4 \cdot 4H_2O+CaSO_4 \cdot H_2O+2H_2SO_4$$

因此，过磷酸钙在储运过程中应防潮，储运时间不宜过长。

②在土壤中的转化。研究表明，过磷酸钙的利用率较低，一般只有 10%～25%。主要原因是过磷酸钙施入土壤之后，其中的水溶性磷，除一部分通过生物作用转化为有机态之外，大部分则被土壤吸附或发生化学沉淀作用。

a. 过磷酸钙的溶解过程与化学沉淀(固定)作用。如图 5-4 所示，过磷酸钙施入土壤后，周围土壤中的水分迅速向施肥点和肥料颗粒内汇集，使肥料中的水溶性磷酸一钙发生溶解和水解，形成磷酸一钙、磷酸和磷酸二钙的饱和溶液，其反应式为：

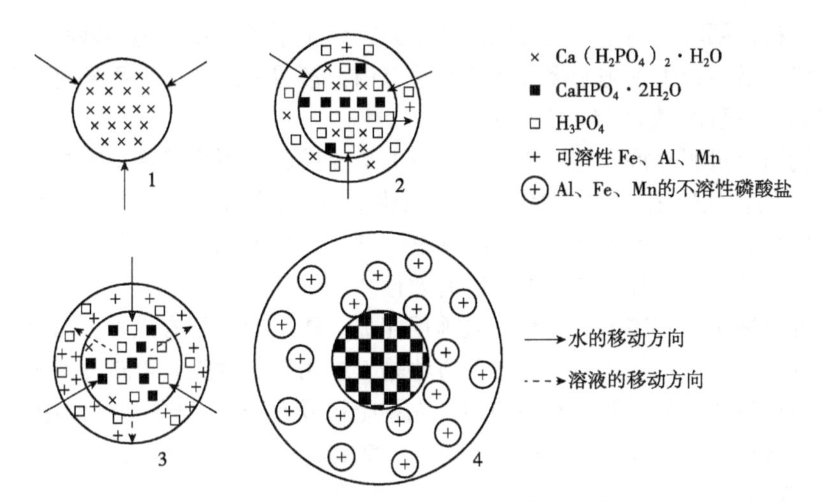


**图 5-4　过磷酸钙在土壤中的溶解与沉淀**

$$Ca(H_2PO_4)_2 \cdot H_2O + H_2O \longrightarrow CaHPO_4 \cdot 2H_2O + H_3PO_4$$

在饱和溶液中，磷酸根离子的浓度可高达 10~20 mgP/kg 土，比土壤溶液中磷酸根浓度高数百倍，形成以施肥点为中心的浓度梯度，随着磷酸根离子向周围土壤扩散，使土壤溶液 pH 值急剧下降，最低至 1.5 左右，导致土壤中的铁、铝或钙、镁等离子迅速溶解，这个过程也称为异成分溶解。其结果，土壤中被溶解出来的各种阳离子，迅速形成磷酸盐沉淀，发生磷的固定作用。

b. 磷的吸附作用。施用水溶性磷肥后，存在于液相中的磷酸或磷酸根离子会被土壤固相吸附(adsorption)。土壤对磷的吸附，按其作用力大小可分为专性吸附(又称配位体交换，specificad sorption)与非专性吸附(non-specificad sorption)两大类。专性吸附是在一定条件下，铁铝氧化物配位壳中的部分配位体被磷酸根置换而产生的吸附现象，不仅有库仑力引力，也包括化学引力(即化学键)。因此，专性吸附又称化学吸附。在土壤中，多种组分具有化学吸附磷的能力，其中以水合氧化铁吸附能力最强，其往往对土壤化学吸附磷起控制作用。非专性吸附是由带正电荷的土壤胶粒通过静电引力产生的吸附现象，通常发生在胶粒的扩散层，与氧化物配位壳之间有 1~2 个水分子的间隔，故结合较弱，易被解吸(desorption)，这种吸附过程与羟基表面的质子化有关，故与反应体系的 pH 值有很大关系，这种吸附作用随土壤 pH 值降低而增加。

吸附作用的逆过程称为解吸。对磷来说，解吸是指非专性吸附和专性吸附态磷释放重新进入土壤溶液的过程。一般而言，专性吸附态磷难以解吸，非专性吸附态磷容易解吸。另外，在淹水还原条件下，三氧化物包蔽的闭蓄态磷也可释放出来。

综上所述，当水溶性磷肥施入土壤之后，土壤对磷的吸附和化学沉淀作用都会发生，但何种过程为主导则由当时的综合条件决定，最终结果都会使水溶性磷肥的生物有效性降低，影响肥效。

③施用技术。过磷酸钙无论施于何种土壤，都容易发生磷的固定。因此，合理施用过磷酸钙的原则是：尽可能减少与土壤的接触面积，增加与作物根系的接触机会，以降低土壤对磷的吸附固定，提高肥料的利用率。过磷酸钙可作基肥、种肥和追肥，均应适当集中

施用和深施。在追肥时，用于旱地可穴施和条施，用于稻田可用撒施和塞秧根的方法；作种肥时，可将过磷酸钙集中施于播种沟或栽植点内，覆盖一层薄土后再播种，防止肥料与种子直接接触，一般用量为 75～150 kg/hm$^2$。

过磷酸钙与有机肥料混合施用是提高肥效的重要措施，因为可借助有机质对土壤中的三氧化铁(铝)的包蔽作用，减少对水溶性磷的化学固定。同时，有机肥料的分解过程产生的有机酸(如草酸、柠檬酸等)能与土壤中的钙、铁、铝等形成稳定的配合物，减少这些离子对磷的化学沉淀作用，提高磷肥的生物有效性。

在强酸性土壤中，过磷酸钙配合石灰施用能提高磷肥的生物有效性，但严禁石灰与过磷酸钙混合施用，以防降低肥效。正确的方法是，施用石灰数天后再施过磷酸钙。

过磷酸钙可以作根外追肥。在喷施前，先将肥料浸泡于 10 倍的水溶液中，充分搅拌、澄清，取上清液稀释 30～100 倍后喷施于叶片，喷施量为 750～1 500 kg/hm$^2$。

**(2)重过磷酸钙**

重过磷酸钙简称重钙，是一种高浓度磷肥，含磷量为 36%～54%，呈深灰色，颗粒或粉末状，主要成分为磷酸一钙，不含石膏，含 4%～8%的游离磷酸，酸性，腐蚀性和吸湿性强。由于铁、铝、锰等杂质少，存放过程中不致发生磷酸盐的退化现象。在储存时，不宜与碱性物质混合，否则会降低磷的有效性。

重钙的施用方法同普钙。但重钙的有效磷含量高，肥料用量应较普钙相应减少。由于不含石膏，对喜硫作物的肥效不如等磷量的普钙。

## 5.3.3 弱酸溶性磷肥

这类肥料主要有钙镁磷肥、钢渣磷肥、沉淀磷肥和脱氟磷肥等。

**(1)钙镁磷肥**

①成分与性质。在高温条件下，磷矿石与适量的含镁硅矿物(如蛇纹石、橄榄石、白云石和硅石)混合熔融，经淬水冷却后生成玻璃状碎粒，磨细后制成钙镁磷肥。

钙镁磷肥含磷量为 14%～18%，主要为 α-磷酸三钙，不溶于水，但能溶于 2%柠檬酸溶液。钙镁磷肥大多呈灰绿色或棕褐色，成品中还含有 25%～30%的氧化钙、10%～25%的氧化镁、40%的二氧化硅，水溶液呈碱性，pH 值为 8.2～8.5，不吸湿，不结块，无腐蚀性。

②在土壤中的转化。钙镁磷肥所含的磷酸盐必须溶解进入土壤溶液后才能被植物吸收。钙镁磷肥的溶解度受环境 pH 值影响很大，随 pH 值升高而降低。所以，钙镁磷肥施入酸性土壤之后，由于酸的作用，钙镁磷肥逐步溶解，释放磷酸盐。

在石灰性土壤中，根系分泌的碳酸和有机酸可以逐步溶解钙镁磷肥，缓慢地释放磷酸盐。其反应式如下：

$$Ca_3(PO_4)_2+2CO_2+2H_2O \longrightarrow 2CaHPO_4+Ca(H_2PO_4)_2$$

$$CaHPO_4+2CO_2+2H_2O \longrightarrow Ca(H_2PO_4)_2+Ca(HCO_3)_2$$

因此，在酸性土壤上，钙镁磷肥的肥效可能相当于或超过过磷酸钙，而在石灰性土壤上，其肥效低于过磷酸钙。在严重缺磷的石灰性土壤上，对吸收能力强的作物，适当施用钙镁磷肥，仍可能获得一定的增产效果。

③施用技术。钙镁磷肥的施用效果往往与土壤性质、作物种类、肥料粒径及施用方法

有关。根据上述转化过程，可看出钙镁磷肥最宜施于红壤、黄壤等酸性土壤。在有效磷含量低的非酸性土壤上，如白浆土、垆土，以及低温、高湿、黏重的冷浸田也有良好的效果，原因是它既能供应磷素营养，又能提供钙、镁、硅等营养元素。

钙镁磷肥的枸溶性磷含量与粒径有关。一般认为，粒径40~100目，随着粒径变小，枸溶性磷的含量增加，对水稻的增产效果提高。但是，在酸性土壤中，粒径对肥料中的磷酸盐的溶解没有明显影响；在石灰性土壤中，粒径显著影响肥料中磷的溶解度。目前认为，钙镁磷肥的粒径要求有90%可以通过80目筛孔，即粒径应小于0.177 mm。

钙镁磷肥可以用作基肥、种肥和追肥，但以基肥施用的效果最好，追肥要早施。作基肥时每公顷施用量为225~450 kg，若作种肥或蘸秧根时，每公顷施用量为75~150 kg。

钙镁磷肥也可先与新鲜的堆肥、沤肥或与生理酸性肥料配合施用，以促进肥料中磷的溶解，提高肥效，但不宜与铵态氮肥或腐熟的有机肥料混合，以免引起氨的挥发损失。

**(2)其他弱酸溶性磷肥**

除钙镁磷肥外，还有许多磷肥也属于弱酸溶性磷肥，如钢渣磷肥、脱氟磷肥、沉淀磷酸钙、偏磷酸钙等。

### 5.3.4　难溶性磷肥

**(1)磷矿粉**

①成分和性质。磷矿粉由天然磷矿磨成粉末制成，大多呈灰白色或棕灰色粉状，主要成分为磷灰石，全磷含量一般为10%~25%，可溶性磷含量为1%~5%。该类肥料的供磷特点是容量大、强度小、后效长。

②施用技术。磷矿粉适宜施用在南方的红壤、黄壤等酸性土壤上，适用于吸磷能力较强的油菜、萝卜、荞麦以及多年生木本植物，如果树、橡胶树、油茶、茶树、柑橘、苹果等。

磷矿粉宜作基肥，不宜作追肥和种肥，在作基肥时，以撒施、深施为好。连续数季施用后，可停施几年。当用于果树等经济林木时，可采用环形施用的方法，施后覆土。

磷矿粉和酸性肥料或生理酸性肥料混合施用，是提高磷矿粉当季肥效的有效措施，这是因为借助肥料的酸性可促进难溶性磷酸盐的溶解。

**(2)其他难溶性磷肥**

其他难溶性磷肥包括鸟类磷矿粉和骨粉等。我国南海诸岛储存有丰富的鸟粪磷矿。在高温、多雨的条件下，岛屿上的海鸟粪分解释放磷酸盐，淋溶至土壤，然后与土壤中的钙形成鸟粪磷矿，经开采磨细后，制成鸟粪磷矿粉。一般而言，鸟粪磷矿粉(西沙群岛产)的全磷含量为15%~19%，用中性柠檬酸铵提取的磷超过全磷量的50%，有效性较高。此外，鸟粪磷矿粉中还含有一定数量的有机质，施用方法与磷矿粉相似。骨粉是由动物骨骼加工制成，主要成分为磷酸三钙，占骨粉的58%~62%。

## 5.4　提高磷肥利用率的途径

磷肥施入土壤后容易发生沉淀或被吸附固定，当季利用率较低。研究表明，当季作物对磷肥的平均利用率为10%~25%，其中水稻为8%~20%，小麦为6%~26%，玉米为

10%~23%，棉花为4%~32%，紫云英为9%~34%。所以，磷肥施入土壤之后，并未被当季作物完全吸收利用，有75%~90%的磷被固定在土壤中。长期过量施用化学磷肥或有机肥，导致土壤磷吸附量达到饱和，磷素易随降水和灌溉水流失，造成水体富营养化。第一次与第二次全国污染源普查公报都表明，农业源是化学需氧量(COD)、总氮(TN)、总磷(TP)的主要来源，其中TP排放量分别占总排放量的67.4%和67.2%。因此，合理施用磷肥对水环境尤为重要。

减少磷的土壤固定，增加磷肥与根系的接触面积，是提高磷肥利用率、发挥磷肥增产效益的关键。为了提高磷肥的肥效，应根据作物种类、土壤类型、气候条件，以及磷肥性质等合理施用。

**(1)根据作物的需磷特性和轮作制度合理施用磷肥**

需磷较多的作物，如豆科作物、糖类作物(甘蔗、甜菜)、纤维作物中的棉花、油料作物中的油菜、块根块茎作物(甘薯、马铃薯)、瓜类、果树、桑树和茶树等施磷肥效果较好，既能提高产量，又能改善品质。

磷肥具有明显后效，在旱作轮作中，磷肥优先施在需磷较多的作物上，如绿肥或豆类的轮作中，优先施在绿肥或豆科作物上。需磷特性相似的作物轮作时，磷肥用于秋播的越冬作物，如麦—棉轮作地区，重点施在棉花上。因为秋播后，温度逐步降低，土壤微生物活动能力差，土壤供磷能力差，增施磷肥有利于壮苗，增强抗寒能力，促进早发。在水旱轮作中，土壤由干变湿的过程中，由于pH值趋于中性，有机质分解的中间产物络合铁、铝等有机阴离子与磷酸铁铝中磷酸根离子代换和磷扩散增加；土壤氧化还原电位(*Eh*)降低，使难溶性的磷酸铁转变为较易溶的磷酸亚铁以及闭蓄态磷释放等原因，使土壤有效磷增加，因此，在水旱轮作中，磷肥的分配应掌握“旱重水轻”的原则，将磷肥重点分配在旱作上。

**(2)根据土壤供磷状况合理施用磷肥**

全磷含量在0.08%以下时，施用磷肥均有增产效果。有效磷含量更能反映土壤磷素的供应水平，磷肥优先分配于有效磷含量低的低产土壤上。在氮、磷含量较低的土壤上，只有提高氮肥用量之后，才能发挥磷肥的增产作用。

**(3)根据肥料性质施用磷肥**

不同磷肥品种中磷的溶解性和酸碱度不一样，因而适用的作物和土壤也不一样。普钙、重钙等水溶性速效磷肥，由于含有游离酸，适于中性或碱性土，适用于吸磷能力较差、对磷反应敏感的作物(如甘薯、马铃薯)。

钙镁磷肥、脱氟磷肥等枸溶性磷肥，呈碱性，适用吸磷能力较强的作物，最好作为基肥施用于酸性土壤，也可施用在土壤有效磷较低的中性、石灰性土壤。

磷矿粉和骨粉等难溶性磷肥，适用于吸磷能力强的作物，如荞麦、萝卜菜、油菜及豆科植物等，最好撒施于酸性土壤，作基肥，不作追肥，有利于难溶性磷的溶解，提高磷肥的有效性。

由于磷在土壤中扩散速率慢，宜分层施用，如在作物苗期，根系分布较浅，应浅施；在作物生育中后期，根系深入土壤，后期利用的磷肥要深施。通常可以2/3作基肥深翻入土壤下层，满足作物中后期生长，1/3作种肥或前期追肥施入表层满足苗期生长。

**(4) 磷肥与氮肥、钾肥和有机肥配合施用**

磷肥与氮肥、钾肥和有机肥配合施用有利于协调磷与其他营养元素的平衡，消除其他养分限制因子，促进作物的生长，提高磷肥的利用率。

## 复习思考题

1. 磷在植物体内有哪些营养生理作用？
2. 植物缺磷的典型症状有哪些？影响植物吸收磷的因素有哪些？
3. 土壤中磷有哪些形态？它们分别是如何转化的？
4. 常用的磷肥分为哪几类？它们各有何特点？
5. 如何提高磷肥利用率？

# 第 6 章

# 植物的钾素营养与钾肥

【内容提要】本章主要介绍了植物的钾素营养、土壤中钾的含量与转化，以及化学钾肥的种类、性质和施用技术。

钾是植物生长发育的必需营养元素，也是肥料三要素之一。有些植物需钾量很大，甚至超过氮。以往农业生产水平较低时，作物所需的钾素从土壤和有机肥中可基本得到满足。但随着复种指数和产量的提高，氮磷肥用量的增加，高产、矮秆作物品种的推广，土壤钾素营养逐渐不足，钾肥肥效越来越明显。20 世纪 80 年代，我国约有 3.4 亿亩耕地缺钾，占耕地总面积的 23%；南方土壤的缺钾现象比北方严重，占耕地面积的 43%~73%。到 20 世纪 90 年代，南方大部分土壤施用钾肥有效，局部地区钾肥的增产效果超过磷肥，甚至超过氮肥；在北方，部分土壤也表现缺钾现象。因此，合理施用钾肥正成为作物高产、优质不可缺少的重要技术措施之一。

## 6.1 植物的钾素营养

### 6.1.1 钾在植物体内的含量与分布

作物需钾量较大，一般植物体内的含钾量(以 $K_2O$ 计)占干物质量的 0.3%~5.0%，比含磷量高，与含氮量相似，某些喜钾作物的含钾量甚至高于含氮量。植物体内的含钾量因植物种类和器官的不同而有很大差异。通常，含淀粉和糖类化合物高的植物含钾量较高，如马铃薯、甘薯、大豆、烟草等喜钾作物含钾量很高(表 6-1)。从植物不同器官来看，谷类作物种子含钾量较低，茎秆含钾量较高。

在植物体内，钾不能形成稳定的化合物，而是以离子状态存在于细胞液中或吸附于原生质胶体表面。钾在植物体内容易流动，再分配的速率很快，再利用的能力也很强，随着植物的生长，钾不断地向代谢作用旺盛的部位转移。因此，在代谢和细胞分裂旺盛的幼芽、幼叶和根尖中含钾量丰富。以水稻为例，其节间生长带的形成层、侧根发生点、新叶及生殖器官的含钾量较高。在叶片中，叶绿素含量较多的栅栏组织的含钾量高于海绵组织。

表 6-1　主要农作物不同部位中钾的含量　%

| 作物 | 部位 | 含 $K_2O$ | 作物 | 部位 | 含 $K_2O$ |
| --- | --- | --- | --- | --- | --- |
| 水稻 | 籽粒 | 0.30 | 紫云英 | 茎 | 2.06 |
| | 茎秆 | 0.90 | | 茎(鲜) | 0.35 |
| 小麦 | 籽粒 | 0.61 | 甘薯 | 块根 | 2.32 |
| | 茎秆 | 0.73 | | 茎 | 4.07 |
| 棉花 | 籽粒 | 0.90 | 马铃薯 | 块茎 | 2.28 |
| | 茎秆 | 1.10 | | 叶片 | 1.81 |
| 玉米 | 籽粒 | 0.40 | 大豆 | 籽实 | 2.77 |
| | 茎秆 | 1.60 | | 茎秆 | 1.87 |
| 油菜 | 籽粒 | 0.65 | 花生 | 荚果 | 0.63 |
| | 茎秆 | 2.30 | | 茎叶 | 2.06 |
| 苎麻 | 叶 | 0.13 | 烟草 | 叶 | 4.10 |
| | 茎秆 | 2.19 | | 茎 | 2.80 |

在细胞中，细胞核、细胞质中含钾较少，液泡中含钾较多。细胞质的钾浓度较低且十分稳定，为 100~200 mmol/L。当植物组织含钾量较低时，钾首先分布在细胞质内，直到钾的数量达到最适水平，之后吸收的钾几乎全部转移到液泡中(图 6-1)。此外，碳水化合物合成与分解部位的钾含量较高。可见钾与植物体内代谢活动密切相关。

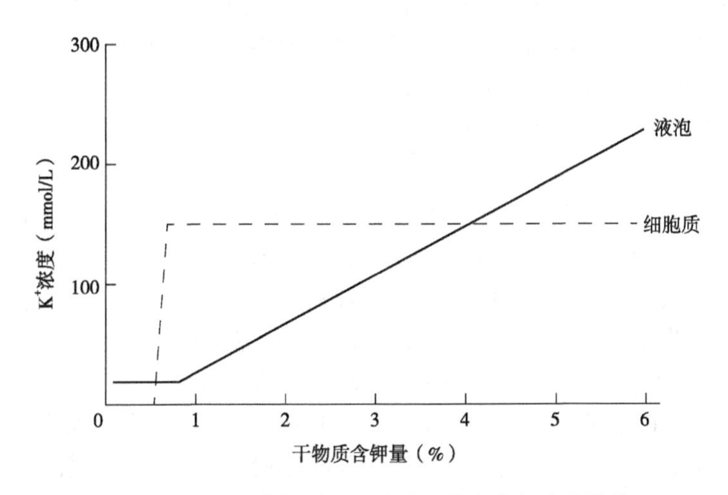


图 6-1　植物组织含钾量与细胞质和液泡中钾浓度的关系

细胞质的钾浓度保持在最适水平是出于生理上的需要。目前已知植物体内多种酶的活性取决于细胞质的钾离子浓度，稳定的钾含量是细胞进行正常代谢的保证。液泡是植物储藏钾的地方，是细胞质中钾的补给源，即液泡储藏着植物体内大部分钾。

### 6.1.2 植物对钾的吸收

钾是植物体内含量最高的金属元素。根系吸取的钾仅占植物总需钾量的 6%～10%。只有当土壤溶液钾离子浓度在 60 mg/kg 以上时，质流输送才能满足植物的需要，但大多数土壤钾浓度远低于这个数值，因此质流输送对于钾的吸收并不是很重要。土壤溶液中的钾离子主要是通过扩散途径迁移到达植物根表，然后主要通过主动吸收进入根内。但当土壤溶液钾离子浓度很高时，出现被动吸收。

20 世纪 60 年代，Epstein et al. (1963) 对大麦钾离子吸收速率及吸收动力学进行了研究，提出植物体内可能存在 2 种不同类型的钾吸收系统：高亲和系统(机制Ⅰ)与低亲和系统(机制Ⅱ)。在外界为低钾浓度时起作用的是高亲和系统，外界为高钾浓度时起作用的是低亲和系统。高亲和系统主要是存在于质膜上的钾高亲和转运蛋白，是与氢离子和钠离子相偶联的 $H^+$-$K^+$、$Na^+$-$K^+$转运体。可以吸收 1～200 μmol/L 的钾。转运过程是逆钾离子的电化学势梯度进行的，需要 ATP 提供能量，是主动运输过程。低亲和性系统主要是存在于质膜上的钾离子离子通道，在外界钾离子浓度为 1～10 mmol/L 时起主要作用。钾离子通道在跨膜电化学势梯度作用下，可以介导钾离子的跨膜流动。该过程不直接与 ATP 水解相连，是被动运输过程。随着电生理学技术及异源表达系统的应用，人们对这 2 种吸收系统进行了更深入和全面的研究，发现植物中的钾吸收过程远比上述过程复杂，钾转运蛋白和钾通道蛋白对钾离子的亲和性不能简单区分，而是有很多钾转运体和钾通道参与的吸收机制，是一个极其复杂的钾吸收转运机制。

**(1) 钾离子通道**

钾离子通道是植物吸收钾离子的重要途径，钾通道蛋白贯穿磷脂双分子层形成水通道，通过通道的开闭来实现钾离子的跨膜转运，到目前为止，已从多种植物或同一植物的不同组织器官中发现几十种钾离子通道。根据蛋白的序列和结构特征，钾离子通道分为 3 类：Shaker 家族、TPK 家族和 Kir-like 家族。

Shaker 家族是最早通过分子生物学技术鉴定出来的钾离子通道家族。研究者最早在拟南芥中克隆出了钾离子通道基因 *AKT1* 和 *KAT1*，并用酵母功能互补验证了它们的功能(Anderson et al., 1992)。Shaker 家族成员被认为是介导钾离子吸收转运、维持细胞钾离子动态平衡最重要的钾通道蛋白。一个完整的 Shaker 钾通道由 4 个蛋白亚基围绕在一起形成，通道中央是一个可供钾离子通过的疏水孔道结构。每个蛋白亚基自身具有 6 个跨膜片段(S1～S6)。第 4 个跨膜片段 S4 含有大量带正电荷的氨基酸残基，是电压感受器，其主要功能为响应膜电势的变化，该片段可在膜上移动，使膜通道构象改变，从而控制通道孔的开放与关闭。S5 和 S6 之间含有 1 个高度保守的 P 环结构域，该结构域是陷入细胞膜内的一段多肽片段，构成通道孔，其高度保守和特异的序列特征使 Shaker 通道具有较高的钾离子选择性。胞质 C 端从第 6 个跨膜片段末尾起，含有 1 个 C 接头(约有 80 个氨基酸残基)、1 个环核苷酸结合域(CNBD)、1 个锚定蛋白域和 1 个富含疏水性、酸性残基的 $K_{HA}$ 域(图 6-2)。另外，根据电压的依赖性及钾离子运输方向的不同，Shaker 钾离子通道家族成员可以分为三大类：内向整流型(IR)，介导钾离子从胞外流向胞内，这类通道在超极化膜电位下被激活；外向整流型(OR)，介导钾离子从胞内流向胞外，此类通道在膜电位去极化时被激活；弱整流型(WR)，介导钾离子双向流动，受超极化膜电位的激活，此类通道既可以介导钾离子内流也可以介导钾离子外流，这取决于当时的跨膜电化学势梯度及胞内外钾离子浓度。植物中钾离子通道的活性受到多种蛋白的调节，如蛋白激酶、磷脂酶、G 蛋白、蛋白的磷酸化与去磷酸化等。

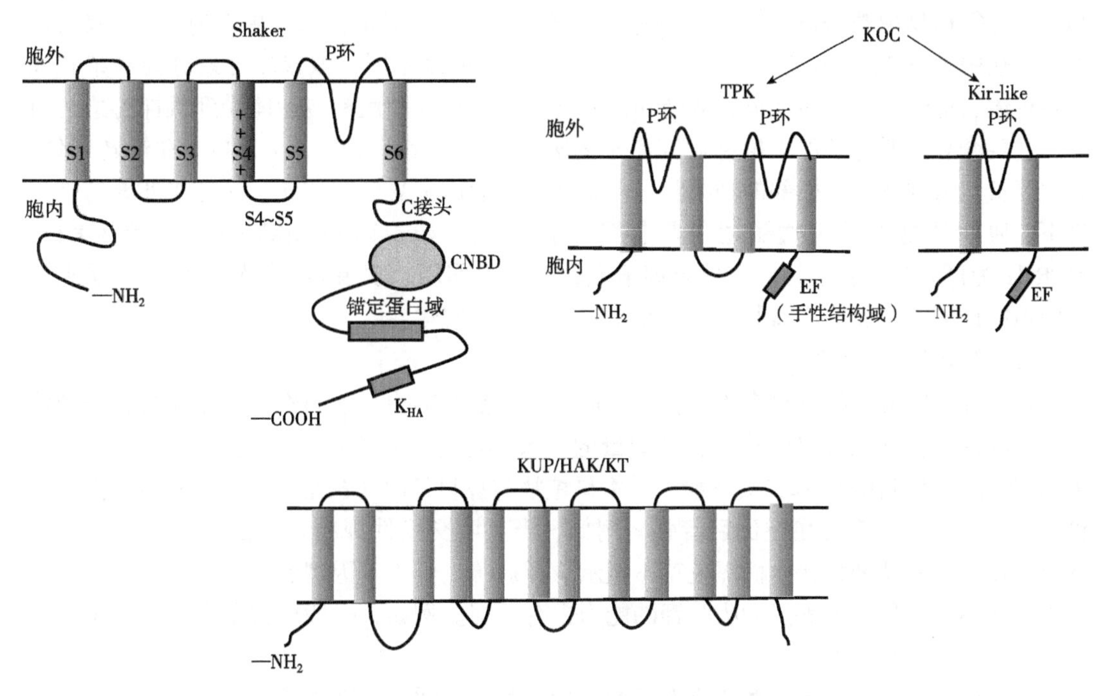


**图 6-2　植物中钾离子通道和钾转运体蛋白结构示意**

(Nieves-Cordones et al.，2014；Sentenac，2003)

TPK 和 Kir-like 是植物体内另外 2 个重要的钾通道蛋白家族。在 1997 年，科学家第一次从拟南芥中成功克隆第一个 TPK 家族基因 *AtTPK1*。TPK 钾离子通道亚基含有 2 个孔环结构和 4 个跨膜片段；Kir-like 家族钾离子通道亚基只有 1 个孔环结构和 2 个跨膜片段。与 Shaker 家族明显不同的是，这 2 个钾通道蛋白的跨膜结构域不能作为电压感应区，不能感受细胞膜电势的变化。它们的家族蛋白结构中孔环结构域都具有高度保守的特征序列，对钾离子具有高度的选择性，受到细胞内 $Ca^{2+}$ 的调控。拟南芥中除了最先发现的 TPK1，还有另外 4 个成员 TPK2~5，TPK4 定位于细胞膜上，与 TPK1 功能相同的是都具有钾通道的活性，都不依赖于细胞膜电势差，且都受到细胞内 $Ca^{2+}$ 浓度的影响。拟南芥 Kir-like 家族只有一个家族成员 $KCO_3$，目前对于 $KCO_3$ 蛋白的生理功能及在植物中的分子机制尚无报道。

**(2) 钾转运体**

植物中存在许多高亲和性钾转运体，其中大多为氢离子或钠离子相耦联的同向转运体或反向转运体。这些钾转运体能够协助植物从低钾的土壤环境下有效获取钾离子，转运钾离子并介导钾离子在植物细胞内以及各器官组织的分配。在植物中，根据钾转运体蛋白功能与结构的不同，可将其分为 3 个主要家族，即 KUP/HAK/KT、HKT、CPA 钾转运体家族。其中对 KUP/HAK/KT 家族作用的研究最为深入。KUP/HAK/KT 钾转运体家族因与大肠埃希菌钾转运体(KUP)及酵母钾转运体(HAK1)同源而得名，该家族成员包含 10~15 个跨膜片段和一个介于第二和第三跨膜片段之间的长胞质环(图 6-2)。植物中首次克隆到 KUP/HAK/KT 钾转运体是大麦的 HvHAK1 及拟南芥中的 AtKUP1/KT1，随后在棉花、葡萄、番茄等植物中被分离。在拟南芥中共含有 13 个家族成员，水稻中含有 27 个家族成员，番茄中含有 21 个家族成员。根据钾离子亲和性程度不同，该家族可划分为高亲和性钾转运体、低亲和性钾转运体、双亲和性钾转运体。高亲和性钾转运体受到低钾胁迫的诱导，主要介导在低钾条件下植物对钾离子的吸收，如拟南芥 AtHAK5 为高亲和钾转运体，它主要负责低钾条件下根部的钾吸收；低亲和性转运体不受低钾诱导，而是在外界高钾条件下，协助植物上的钾通道对外界钾离子的吸收，如拟南芥 AtKT2/KUP2 和 AtKT3/AtTRH1 为低亲和钾转运体，在外界钾浓度较高时起作用。双亲和性钾转运体可以受到低钾胁迫的诱导，并能响应盐胁迫，参与钠离子的吸收转运。

**(3)影响钾吸收的因素**

很多环境因素及植物自身生理特性对钾的吸收都有影响。不同作物的需钾量和吸钾能力是不同的，在常见栽培作物中，需钾量的大致顺序是：向日葵、荞麦、甜菜、马铃薯、玉米>油菜、豆科作物>禾谷类作物。禾本科植物与豆科植物从黏土矿物晶层间摄取固定态钾的能力也不同，前者往往比后者强。例如，当土壤交换性钾在 60 mg/kg 以下时，红三叶草已显示严重缺钾症状，而黑麦草不显示缺钾症状。由于基因型和根系特点的差异，同一类作物不同品种间需钾量和吸收钾的能力也有不同。例如，一般认为杂交稻需钾量和吸收钾的能力高于常规稻。

土壤中速效钾、缓效钾和矿物态钾的含量及其相互间的动态平衡，反映了土壤供钾状况，直接影响植物对钾的吸收利用。

介质中离子的组成也影响植物对钾的吸收。当土壤中钾离子浓度处于正常水平时，钙能促进钾的吸收；而水合半径相似的一价阳离子则对钾的吸收有强烈的竞争作用。如与 $Rb^+$共存时，钾离子的吸收可降低到 20%。钾的陪伴离子对钾离子吸收的影响也不一样，在高钾离子浓度下，$SO_4^{2-}$ 能降低对钾离子的吸收，而氯离子则没有影响。

钾的吸收还受植物生长速率和生育期的制约。Glass et al. (1980)研究表明，钾的吸收速率与大麦的生长速率呈正相关。禾谷类作物从分蘖到幼穗分化这一阶段对钾离子的吸收速率特别高。

植物激素也影响植物体内钾的吸收、运输与分布。脱落酸(ABA)以 2 种方式调节钾离子通道：①通道表达或(和)通道蛋白整合入原生质膜；②调节通道活性。ABA 也减少根中柱细胞外向电流。但值得注意的是，不同的部位钾离子离子通道受 ABA 的影响是不同的，玉米根中柱和保卫细胞的钾离子离子通道受 ABA 的调节是相反的。在保卫细胞中，ABA 可以增加钾离子的外流并减少钾离子的内流。叶肉细胞质膜与保卫细胞上的钾离子通道受 ABA 的影响也是不同的。

此外，温度、光照和介质中含氧量均影响植物对钾的吸收。温度较高有利于钾的吸收。黑暗时植物吸钾量减少。同时介质含氧不足，根系对钾的吸收大大减弱。

植物根吸收钾后，能通过木质部和韧皮部向上运输，供地上部物质代谢需要；也可以通过再运转，由韧皮部向下运输到根尖，供根吸收活动和物质代谢需要。钾离子在韧皮部汁液中浓度高，在长距离运输过程中起重要作用。

## 6.1.3　钾的营养作用

**(1)激活多种酶的活性**

目前已知有 60 多种酶需要一价阳离子活化，其中钾离子是植物体内最有效的活化剂(表 6-2)。这 60 多种酶可归纳为合成酶、氧化还原酶和转移酶三大类。它们参与糖代谢、蛋白质代谢、核酸代谢等植物体主要的生物化学过程，对植物生长发育起着独特的生理功能。关于钾离子提高酶促作用的机理有如下 2 种解释。

**表 6-2　由钾离子活化的几种主要植物酶**

| 酶的类别 | 催化反应 | 植物来源 |
|---|---|---|
| 丙酮酸激酶 | 烯醇式磷酸丙酮酸盐(或酯)+ADP=丙酮酸盐(或酯)+ATP | 甜瓜、玉米、番茄 |
| 6-磷酸果糖激酶 | 果糖-6-磷酸+ATP=1，果糖-6-二磷酸+ADP | 酵母、豌豆 |
| 谷胱甘肽合成酶 | 谷氨酰半胱氨酸+甘氨酸+ATP=谷胱甘肽+ADP+Pi | 酵母 |
| 琥珀酰-CoA 合成酶 | 琥珀酸盐(或酯)+CoA+ATP=琥珀酰-CoA+ADP+Pi | 烟草 |
| 谷氨酰半胱氨酸合成酶 | 谷氨酸盐+半胱氨酸+ATP=谷酰基-半胱氨酸+ADP+Pi | 菜豆、小麦 |
| $NAD^+$+合成酶 | 二胺基-$NAD^+$+谷酰胺+$H_2O$+ATP=$NAD^+$+PP+谷氨酸盐+NMP | 酵母 |
| 甲酸四氢叶酸合成酶 | 甲醛盐(或酯)+四氢叶酸+ATP=10-甲酰四氢叶酸+ADP+Pi | 菠菜 |
| ADP 葡萄糖-淀粉合成酶 | ADP 葡萄糖+(1，4-α-D-葡萄糖基)$_n$=(1，4-α-D-葡萄糖基)$_{n+1}$+Pi | 马铃薯 |
| ADP 葡萄糖焦磷酸酶 | ATP+α-D-葡萄糖-1-磷酸盐(或酯)=PPi+ADP-葡萄糖 | 马铃薯 |
| UDP 葡萄糖焦磷酸酶 | UDP+α-D-葡萄糖-1-磷酸盐(或酯)=PPi+UDP-葡萄糖 | 马铃薯 |
| 磷酸化酶 | (α-1,4-葡萄糖基)$_n$+Pi=α-D-葡萄糖-1-磷酸脂 | 马铃薯 |
| 焦磷酸盐(或酯) | $H_2O$+PPi=2Pi | 甜菜 |
| ATP 磷酸水解酶 | ATP+$H_2O$=ADP+Pi | 多种来源 |
| 苏氨酸脱氢酶 | 苏氨酸+$H_2O$=2-氧丁酸酯+$NH_3$ | 酵母 |
| 二磷酸果糖醛缩酶 | 果糖-1,6-二磷酸=二羟基丙酮磷酸盐(或酯)+甘油醛-3-磷酸 | 酵母 |
| 醛脱氢酶 | 醛+NAD($P^+$)+$H_2O$=酸+NAD(P)H | 酵母 |
| 非专性酶各个转化时期 | 例如，氨基、酰基、tRNA 被结合到核糖体上 | 小麦 |

①由于各种离子的水合程度不同，因而对酶外的水层结构有不同影响，从而导致酶活性的差别。例如，$Li^+$、$Na^+$的水合度强，对酶外的水层结构影响较大，常使酶本身脱水而降低其活性。$K^+$、$Rb^+$、$NH_4^+$ 等离子的水合度弱，对酶外的水层结构影响较小，所以能保持酶的活性。但 $Rb^+$在植物体内含量很少，$NH_4^+$ 浓度高时易产生氨毒，所以钾是酶最有效

的活化剂。当钾离子浓度为 100~150 μmol/L 时，可使酶蛋白处于最佳的稳定状态，而该浓度与供钾下植物细胞内钾离子浓度相吻合。

也有人认为，钾离子的水合直径(约 0.4 nm)小，能够进入酶的活化部位，改变酶的构象，使显露的活化部位增多，加速酶促反应速率，提高 $V_{max}$值，有时也可增加 $K_m$值。

②钾的存在有利于酶蛋白与辅酶结合形成全酶，使酶处于正常的活化状态；缺钾时，酶蛋白与辅酶分离，酶就失去活性，可用下式表示：

$$\text{全酶} \underset{+K^+}{\overset{-K^+}{\rightleftharpoons}} \text{酶蛋白} + \text{辅酶}$$

**(2)促进光合作用，提高 $CO_2$ 的同化率**

Stocking et al. (1962)发现，烟草和蚕豆细胞中的钾离子分别有 55%和 39%存在于叶绿体中，可见钾对光合作用有重要作用。

①促进叶绿素的合成，并改善叶绿体的结构。供钾充足时，作物叶片中叶绿素含量有所提高；缺钾时，叶绿体的结构易出现片层松弛现象而影响电子的传递和 $CO_2$ 的同化。因为 $CO_2$ 的同化受电子传递速率的影响，钾既能促进叶绿体中类囊体膜上电子的传递，又能促进线粒体内膜上电子的传递。电子传递率提高后，ATP 的合成数量将明显增加。植物体内含钾量高时，在单位时间内合成的 ATP 比含钾量低的大约要多 50%(表 6-3)，这有利于叶绿体对 $CO_2$ 的固定(表 6-4)。

**表 6-3　钾对叶绿体中 ATP 合成的影响**

| 作物 | 干物质中的 $K_2O$(%) | ATP 的数量[μmol/(g 叶绿素 · h)] |
|---|---|---|
| 蚕豆 | 3.70 | 216 |
| | 1.00 | 143 |
| 菠菜 | 5.53 | 295 |
| | 1.14 | 185 |
| 向日葵 | 4.70 | 102 |
| | 1.60 | 68 |

**表 6-4　钾对菠菜离体叶绿体 $CO_2$ 固定速率的影响**

| 处理 | $CO_2$ 固定速率[μmol/(g 叶绿素 · h)] | 相对值(%) |
|---|---|---|
| 对照 | 23.3 | 100 |
| 100 mmol$K^+$/L | 79.2 | 340 |
| 1 μmol/L 缬氨霉素 | 11.0 | 47 |
| 1 μmol/L 缬氨霉素+100 mmol/L $K^+$ | 78.4 | 337 |

②促进叶片对 $CO_2$ 的同化。一方面由于钾提高了 ATP 的数量，为 $CO_2$ 的同化提供能量；另一方面钾还能通过影响气孔的开闭，调节 $CO_2$ 进入叶片和水分蒸腾的速率。在日光下，保卫细胞内 $K^+$增多，使其水势降低，引起保卫细胞吸水，膨压增大，促进气孔张开，气孔阻力减小，从而有利于 $CO_2$ 进入叶绿体中，提高 RuBP 羧化酶活性，提高光合作用效

率(表 6-5)。因此，作物缺钾会影响气孔开启，增大气孔阻力，不利于 $CO_2$ 的吸收和利用。钾素供应适量，可以增加叶片中碳水化合物含量，甚至在弱的光照强度和较低的气温下，叶片都能表现较高的同化效率，使植株正常生长。

表 6-5　苜蓿 RuBP 羧化酶活性、$CO_2$ 交换与叶片钾含量关系

| 叶片钾含量 (mg/g) | 气孔阻力 (S/cm) | 光合速率 [mg $CO_2$/($dm^2$ · h)] | RuBP 羧化酶活性 [μmol $CO_2$/(mg 蛋白 · h)] | 光呼吸 [mg $CO_2$/ ($dm^2$ · h)] | 暗呼吸 [mg $CO_2$/ ($dm^2$ · h)] |
|---|---|---|---|---|---|
| 12.8 | 9.3 | 11.9 | 1.8 | 4.0 | 7.6 |
| 19.8 | 6.8 | 21.7 | 4.5 | 5.9 | 5.3 |
| 38.4 | 5.9 | 34.0 | 6.1 | 9.0 | 3.1 |

**(3)促进植物体内物质的合成与运转**

①促进碳水化合物的合成和运转。许多实验证明，钾和碳水化合物在植物体内的分布是一致的。钾对碳水化合物的合成和运转有良好的促进作用。当钾不足时，蔗糖、淀粉水解成单糖，从而影响产量；反之，当钾充足时，活化了淀粉合成酶等酶类，单糖向合成蔗糖、淀粉方向进行，可增加储藏器官中蔗糖、淀粉的含量。由于钾能使体内的糖类向聚合方向转变，对纤维素的合成也有利，所以，钾对麻、棉纤维类作物有特殊意义。

钾能促进光合作用产物向储藏器官运输，增加“库”的储藏。Harrt 曾用 $^{14}C$ 饲喂甘蔗叶片，在不同钾营养条件下，经 90 min 测定叶片中光合产物的分布情况。结果表明，在供钾情况下，光合产物能迅速地从叶片中转移出来(表 6-6)。光合产物从地上部向根部的运输也不能缺少钾。对于没有光合功能的器官(如块根、块茎等)，它们的生长及养分的储藏，主要靠同化产物从地上部向根或果实中转运。这一过程包括蔗糖由叶肉细胞扩散到组织细胞，然后被泵入韧皮部，并在韧皮部筛管中运输。钾在此过程中有重要作用。可见，钾既能增加同化器官——源的生产能力，又能增加储藏器官——库的储存，协调源与库的关系。

表 6-6　钾对甘蔗中 $^{14}C$ 光合产物运输的影响

| $^{14}C$ 涂抹部位 | 占总标记物的(%) | |
|---|---|---|
| | 有钾 | 无钾 |
| 标记叶的叶片 | 54.3 | 95.4 |
| 标记叶的叶梢 | 14.3 | 3.9 |
| 标记叶的节 | 9.7 | 0.6 |
| 标记叶上部的叶和节 | 1.9 | 0.1 |
| 标记叶节以下的茎 | 20.1 | 0.04 |

目前，关于钾促进光合产物输送的机制还不清楚。不少人认为，糖在韧皮部筛管中的运输与 $K^+$ 有关。筛管膜上有 ATP 酶，$K^+$ 能活化 ATP 酶，促进 ATP 的分解，产生能量，将筛管内 $H^+$ 泵出膜外，进入质外体，质外体中的 $K^+$ 与 $H^+$ 进行交换而进入筛管。质外体 $K^+$ 浓度低，促进叶肉细胞的蔗糖释放，进入自由空间。质外体高浓度蔗糖利于进入筛管。

②促进蛋白质的合成。钾通过对酶的活化作用，从多方面对氮素代谢产生影响。首

先，钾能提高植物对氮的吸收和利用。供钾充足，促进硝酸还原酶的诱导合成，并增强其活性，有利于硝酸盐的还原利用。其次，钾能显著地加快 $NO_3^-$ 由木质部向叶片运输，减少了 $NO_3^-$ 在根系中还原的比例。从能量角度看，$NO_3^-$ 在叶片中还原要比在根中还原经济得多(Rufty，1981)。再次，钾能促进蛋白质和谷胱甘肽的合成。因为钾促进碳水化合物代谢，增加氨的受体——有机酸的产生，从而促进氨基酸的合成。同时钾是氨基酸-tRNA 合成酶和多肽合成酶的活化剂。在绿色叶片中，叶绿体中的 RNA 和蛋白质占叶片总量的 1/2。$C_3$ 植物中，叶绿体的大部分蛋白是 RuBP 羧化酶。Peoples et al. (1979)研究表明，缺钾时苜蓿叶片中 RuBP 羧化酶合成量明显减少，供钾后迅速回升(表 6-7)。利用 $^{15}N$ 示踪法也证实了钾可促进蛋白质合成。Koch et al. (1974)发现，在钾充足和钾缺乏的烟草上，5 h 内分别有 32%和 11%所供应的无机态 $^{15}N$ 被结合到蛋白质中。当供钾不足时，植物体内蛋白质的合成减少，可溶性氨基酸、多肽含量明显增加，尤其是一种 45 kDa 的膜结合多肽数量明显增加。不仅如此，有时植物体内原有的蛋白质也会分解，在局部组织中出现大量异常的含氮化合物，如腐胺、鲱精胺等，导致胺中毒。一般老叶胺类物质积累量较多。当腐胺和鲱精胺在细胞内浓度达 0. 15%时，细胞即中毒而死亡，并出现斑块状坏死组织。由于植物体内胺类化合物含量与钾素营养有密切关系，所以有人建议用植物体内胺含量作为评价土壤供钾能力和确定钾肥用量的参考指标。

**表 6-7　供钾对苜蓿叶中 $^{14}C$-亮氨酸与 RuBP 羧化酶结合的影响**

| 预培养基 (mmol/LKNO$_3$) | $^{14}C$-亮氨酸结合量 (dpm · mgRuBP 羧化酶/24 h) |
|---|---|
| 0. 0 | 99 |
| 0. 01 | 167 |
| 0. 10 | 220 |
| 1. 00 | 274 |
| 10. 00 | 526 |
| 对照(钾丰富植物) | 656 |

钾能促进豆科植物根瘤菌的固氮作用。研究表明，提高钾素营养可大大增加豆科植物根瘤数量和根瘤重，显著地增加固氮量(表 6-8)。

**表 6-8　供钾对大豆生长、根瘤和固氮活性的影响**

| 处理 | 地上部重量 (g/株) | 单株根瘤数量 (个) | 单株根瘤重 (g) | 固氮酶活性 [μmol$C_2H_4$/(g 根瘤 · h)] |
|---|---|---|---|---|
| -K | 9. 05 | 54. 7 | 3. 0 | 86. 9 |
| +K | 12. 50 | 60. 8 | 3. 9 | 109. 8 |

**(4)维持细胞膨压，促进植物生长**

植物各种正常代谢过程都需要细胞维持正常的结构和形态。而细胞正常结构和形态的维持又需要一定的渗透压，$K^+$和 $Cl^-$正是维持植物细胞渗透压的主要离子。例如，为了形成膨压推动溶质转移到木质部以维持植物体水分的平衡，在根的中柱中产生高的渗透压是先决条件。同样，在单个细胞或某一特定组织器官中，上述的机理对细胞伸长和各种细胞运动也是极为重要的。钾作为典型的无机溶质，在这些过程中扮演关键的角色。

细胞的伸长包括占据细胞空间 80%～90%的巨大中央液泡形成的过程。细胞伸长需要以下 2 个主要的必要条件：细胞壁可延展性的增加；溶质的累积以产生细胞内的渗透压。细胞伸长是细胞内 $K^+$累积，以稳定细胞质 pH 值和增加液泡渗透压的结果。Mengel (1982) 研究表明，缺钾时，由于渗透压低，水分减少，还在伸展的蚕豆叶片的细胞伸展受到明显影响，蚕豆叶片细胞横截面仅为 $76\times10^{-4}$ $mm^2$，而钾供应正常植株的叶细胞横截面为 $200\times10^{-4}mm^2$。许多研究表明，液泡内同时能与无机离子和有机酸离子结合的 $K^+$，作为一种主要的溶质在细胞伸长中是必需的，而且无论在不同植物种类还是特定器官上，糖以及其他低分子量有机态溶质对细胞伸展所需的渗透压和膨压的形成所起的作用，依存于植物的钾营养状况。缺钾膨压减小，水分不足，生物膜、细胞器等受到损害，不能进行正常的代谢活动。

**(5) 增强植物的抗逆性**

钾能增强植物抗寒、抗旱、抗高温、抗病、抗盐、抗倒伏等能力，从而提高其抵御外界恶劣环境的能力，这对作物稳产、高产有明显作用。

①增强植物抗寒性。钾对植物抗寒性的改善与根的形态和植物体内的代谢产物有关。钾不仅能促进植物形成强健的根系和粗壮的木质部导管，而且能提高细胞和组织中淀粉、糖、可溶性蛋白以及 $K^+$含量。这些物质的增加，能提高细胞渗透势，使冰点下降，减少霜冻危害，增强植物抗寒性(表 6-9)。钾充足，细胞对水的束缚力加强，从而增加了细胞束缚水含量，增大束缚水与自由水的比例，降低水分损失，保护细胞膜的水化层，从而增强植物对低温的抗性。此外，钾充足有利于降低呼吸作用，有利于维持细胞原生质膜的稳定性和质膜的抗氧化能力，减轻低温对细胞膜的破坏，从而增强植物抗寒性。钾对抗寒性的改善也受其他养分供应状况的影响。一般来讲，施用氮肥会加重冻害，而氮肥、磷肥与钾肥配合施用，则能进一步提高植物的抗寒能力。

**表 6-9　供钾量与马铃薯抗寒性**

| 供钾量($kg/hm^2$) | 块茎产量($t/hm^2$) | 霜害叶片百分数(%) |
|---|---|---|
| 0 | 2.39 | 30 |
| 42 | 2.72 | 16 |
| 84 | 2.87 | 7 |

②增强植物抗旱性。增加细胞中钾离子含量可提高细胞的渗透势，防止细胞和植物组织脱水。同时，钾还能提高胶体对水的束缚能力，使原生质胶体充水膨胀而保持一定的充水度、分散度和黏滞性。因此，钾能增强细胞膜的持水能力，使细胞膜保持稳定的透性。渗透势和透性的增大，有利于细胞从外界吸收水分。钾可有效地调节叶片气孔的开合，增强气孔开合的敏感度，供钾充足时，气孔的开合可随植物生理的需要而调节自如，使植物减少水分蒸腾。此外，钾还能促进根系生长、提高根/冠比，从而增强植物吸收水的能力(表 6-10)。

表 6-10 水分供应和钾营养对玉米产量的交互作用

| 12周供水量(mm) | 不施钾($t/hm^2$) | 施钾肥($t/hm^2$) | 增产($t/hm^2$) |
|---|---|---|---|
| 202(不足) | 5.56 | 8.10 | 2.54 |
| 448(适量) | 9.30 | 9.80 | 0.50 |

③增强植物抗高温性。含钾水平高的植物，在高温条件下能保持较高的水势和膨压，钾还通过气孔运动及渗透调节来提高作物对高温导致的缺水胁迫能力，以保证植物正常代谢。施用钾肥可促进植物的光合作用，加速蛋白质和淀粉的合成，补偿高温下有机物的过度消耗。

④增强植物抗盐能力。供钾不足时，质膜中蛋白质分子上的巯基(—HS)易氧化成双硫基，从而使蛋白质变性，还有一些类脂中的不饱和脂肪酸也因脱水而易被氧化。因此，质膜可能失去原有的选择透性而受盐害。在盐胁迫环境下，$K^+$对渗透势的调节起重要作用。良好的钾营养可减轻水分及离子的不平衡状态，加速代谢进程，使膜蛋白产生适应性的变化。因此，增施钾肥有利于提高作物的抗盐能力。

⑤增强抗病虫害能力。高钾营养水平可减轻20多种细菌性病害、100多种真菌病害以及10多种病毒和线虫所引起的病害。例如，充足的钾能有效减少水稻胡麻叶斑病、条纹叶枯病、稻瘟病、纹枯病，麦类赤霉病、白粉病、锈病，玉米黑粉病、小斑病和大斑病，甘薯疮痂病，棉花枯萎病、黄萎病，黄麻枯腐病，柑橘黄龙病，苹果腐烂病，茶树炭疽病等真菌和细菌病害的危害。钾增强植物抗病性的原因可从植物组织特征和生物化学特性来解释。钾有助于植物厚壁细胞木质化、厚角组织细胞加厚、角质发育、表层细胞硅化以及纤维素含量增加。因此，充足的钾营养，不仅使植物茎秆粗壮，强度增大，机械性能改善，有效地阻碍病原菌侵入和害虫危害，而且提高了抗倒伏的性能。相反，当缺钾或氮、钾比例失调(氮多钾少)时，植物组织结构变差，抗性降低。钾能促进蛋白质、多糖的合成，如果缺钾，植物体内如氨基酸等可溶性氮化合物及单糖含量较高，为病原菌的繁育提供了营养条件。钾能促进淀粉等高分子化合物的合成，为合成酚类化合物创造有利条件，缺钾或有效氮多时，体内酚类化合物合成减弱，抗病性降低。钾能提高植物光合磷酸化效率，为植物生命活动的正常进行提供能量和促进物质代谢。

⑥减轻水稻受还原性物质的危害。在淹水条件下，增施钾肥可改善水稻根部乙醇酸代谢途径，提高根系氧化力，使水稻根际土壤氧化还原电位(*Eh*)升高，还原性物质总量和活性还原性物质含量明显降低，防止了土壤中硫化氢、有机酸和过量$Fe^{2+}$的危害，从而促进根系发育，防止叶片叶衰(表6-11)。

表 6-11 钾对水稻含铁量、根系氧化能力与 *Eh* 值的影响

| 处理 | $K^+$ (%) | $Fe^{2+}$ (mg/kg) | 稻根 *Eh* 值(mV) | | | 氧化力[μg/(g·h)] | | 鲜根重(g/盆) | |
|---|---|---|---|---|---|---|---|---|---|
| | | | 白根 | 黄根 | 细根 | 分蘖期 | 抽穗期 | 分蘖期 | 抽穗期 |
| 对照 | 0.56 | 405 | 407 | 400 | 246 | 20 | 42 | 1.17 | 52.6 |
| 施钾 | 2.35 | 267 | 487 | 427 | 348 | 48 | 84 | 1.30 | 91.5 |

注：供试土样为黑泥土；引自中国科学院南京土壤研究所，1982。

### 6.1.4　植物钾素营养与品质

由于钾可促进光合作用、光合产物运转以及糖、脂肪、蛋白质代谢，因而合理施钾可改善植物尤其是淀粉作物、糖类作物、纤维作物、油料作物及瓜果蔬菜的营养品质，同时可改善瓜果蔬菜的外观品质、耐储性以及耐运输性等，因此，钾被公认为品质元素。

钾与脂肪代谢有关。许多研究结果表明，施用钾肥可提高油料作物含油率 1.4%～6.0%；据中国农业科学院油料作物研究所报道，油菜单施钾肥，可增加菜籽中油份 0.03%～3.00%，若在氮、磷基础上增施钾肥效果更好。

钾有利于纤维素的合成，因此纤维作物需要较多的钾，而且增施钾肥对其纤维长度和强度等经济性状有明显改善。苎麻施用钾肥后不仅纤维拉力增加，又因施钾后细胞排列紧密，纤维细胞直径小，胞壁薄，使麻纺支数提高。

马铃薯属于需钾多的淀粉类作物，钾能促进其块茎中碳水化合物尤其是淀粉的合成。当钾不足时，碳水化合物输入块茎后转化成淀粉的速率极其缓慢。此外，钾能通过降低马铃薯中糖、氨基酸和络氨酸含量，使薯块颜色变浅，提高外观品质。

禾谷类作物施用钾肥有利于氮的代谢，促进蛋白质的合成。田间试验表明，在缺钾的土壤上，早稻和晚稻增施 $K_2O$ 30～180 kg/hm$^2$ 时，稻米蛋白质含量增加 12%～20%。施钾还能改善大麦籽粒的品质。据湖南省土壤肥料研究所测定，施钾较不施钾的大麦籽粒中氨基酸、淀粉和可溶性糖都有所增加(表 6-12)。

表 6-12　施钾对大麦品质的影响　%

| 处理 | 胱氨酸 | 蛋氨酸 | 酪氨酸 | 色氨酸 | 淀粉 | 可溶性糖 |
|---|---|---|---|---|---|---|
| NP | 0.18 | 0.14 | 0.36 | 0.121 | 44.9 | 9.36 |
| NPK | 0.20 | 0.20 | 0.42 | 0.135 | 46.5 | 10.40 |

施钾能提高烟草产量并能改善其品质。烟草是唯一不必担心奢侈吸收钾的作物，如果需钾量超过最高产量的需求时，叶片含钾量高，烟叶的颜色、光洁度、弹性、味道和燃烧性较好。据中国农业科学院烟草研究所的试验结果(表 6-13)，施钾使烟叶含糖量增加，含氮量降低，改善烟叶品味，刺激性小，吸味醇和。

表 6-13　钾肥对烟叶成分的影响　%

| 处理 | 还原糖 | 总糖 | 总氮 | 蛋白质 | 尼古丁 | 施木克值 |
|---|---|---|---|---|---|---|
| 对照 | 12.26 | 15.20 | 2.63 | 14.34 | 2.20 | 1.06 |
| 60 kg/hm$^2$($K_2O$) | 13.82 | 16.81 | 2.34 | 12.36 | 2.20 | 1.36 |
| 120 kg/hm$^2$($K_2O$) | 14.62 | 18.81 | 2.06 | 10.74 | 1.95 | 1.75 |

在蔬菜作物上施钾肥，不仅能提高蔬菜产量，更重要的是能改善蔬菜的品质。钾能抵消过量氮肥对莴苣、结球甘蓝、白菜等叶用蔬菜的消极影响，使其可食部分不易萎蔫，耐储藏和运输。此外，叶片中钾含量高时，硝态氮含量低，可减少硝态氮对人体的危害。

对于果树来说，适量钾能提高果实的还原型维生素 C 含量、全糖量和糖酸比，增加果实风味。在其他营养元素(如氮)过剩，对果实品质产生不良影响时，钾还起特殊的修补作用。例如，桃树氮素过剩时，由于花青素的形成受阻而导致果实着色不良，当体内钾增多时，不仅果实着色得以加强，而且能改善桃肉的糖酸比，促进适时成熟，提高风味品质。

但是，作物对钾的吸收具有奢侈吸收的特性。所谓奢侈吸收是指过量施肥使作物吸收的养分数量超过作物实际需要量，作物虽未直接表现中毒症状，但无助于作物产量的提高。施钾过量，作物过度吸收钾，不仅造成钾肥浪费，降低钾肥的经济效益，而且往往会抑制作物对$Ca^{2+}$、$Mg^{2+}$的吸收，出现钙、镁缺乏症，影响产量和品质，因此，应根据作物和土壤情况合理施用钾肥。

### 6.1.5 植物钾素营养失调症状

由于钾在植物体内流动性强，再利用能力强，故缺钾时下部老叶先出现缺钾症状，再逐渐向上部新叶扩展，如新叶出现缺钾症状，则表明植物严重缺钾。缺钾时，通常老叶的叶尖、叶缘先发黄，进而变褐，焦枯似灼烧状。叶片上出现褐色斑点或斑块，叶片皱缩或卷曲。随着缺钾程度的加剧，整个叶片变为红棕色或干枯状，坏死脱落。禾谷类植物缺钾时，下部叶片出现褐色斑点，叶尖、叶缘黄化焦枯并向上位叶发展。叶片柔软下披，茎细弱，节间短，虽能正常分蘖，但成穗率低，抽穗不整齐，田间景观表现为杂色散乱，生长不整齐，结实率差，籽粒不饱满。大麦对缺钾敏感，其症状为叶片黄化，严重时出现白色斑块。十字花科、豆科以及棉花等叶片首先出现脉间失绿，进而转黄，呈花斑叶，严重时出现叶缘焦枯向下卷曲，褐斑沿脉间向内发展。叶表皮组织失水皱缩，叶面拱起或凹下，逐渐焦枯脱落，植株早衰。果树缺钾时叶缘变黄，逐渐发展而出现坏死组织，果实小，着色不良，酸味和甜味都不足。烟草缺钾时还影响烟叶的燃烧性。

植物对钾具有奢侈吸收的特性，过量钾的供应，虽不易直接表现出中毒症状，但会抑制植物对镁、钙的吸收，出现镁、钙的缺乏症状。

## 6.2 土壤钾素含量与转化

### 6.2.1 土壤钾素来源与含量

我国土壤全钾含量一般为0.4~30.0 g/kg，变幅很大。它们主要来自土壤中的含钾矿物；其次为施肥带入土壤中的钾，如施用草木灰、有机肥、化学钾肥，以及秸秆还田等；灌溉也可使少量钾带入土壤。

土壤中钾的含量与许多因素有关，首先与母质中矿物的组成有关。成土母质中含钾矿物多的土壤，其含钾量一般都较高，如钾长石类、云母类和次生黏土矿物较多的土壤，其全钾量较高(表6-14)。土壤钾含量也受土壤质地的影响。土壤黏粒具有吸附和固定钾的能力，因此，质地黏重的土壤钾含量往往比较高，砂土含钾量低，即使黏土，其钾含量也会因黏粒种类而有所差异。土壤钾含量还受土壤淋溶作用的影响。在成土过程中，母质风化所释放的钾常随水淋溶而损失。我国广东、云南、海南一带的红壤和砖红壤，由于母质受到强烈的淋洗，钾的损失较多，土壤中钾的含量较低。

表 6-14　几种矿物全钾和化学提取钾含量

| 矿　物 | 全钾 (%) | 水溶钾 (mg/kg) | 1 mol/L HAc 提取钾 (mg/kg) | 1 mol/L $HNO_3$ 5 次提取钾占全钾的百分数(%) |
|---|---|---|---|---|
| 钾长石 | 8. 58 | 602 | 804 | 11. 49 |
| 白云母 | 10. 34 | 1 650 | 6 251 | 25. 82 |
| 黑云母 | 8. 54 | 3 450 | 4 850 | 93. 22 |
| 伊利石 | 4. 25 | 268 | 517 | 7. 17 |

### 6. 2. 2　土壤钾素的形态

土壤全钾含量较高，远高于全氮、全磷含量，但是，土壤中全钾含量的高低，只能说明土壤的潜在供钾能力，不能完全反映该土壤供钾的实际能力。因为土壤中的钾大部分是以植物难以吸收利用的矿物钾形式存在，对植物有效的仅占全钾量的 1%~2%。根据钾在土壤中的存在形态及其对植物的有效性，可将土壤钾分为以下 4 类。

**(1) 水溶性钾**

水溶性钾也就是土壤溶液中的钾，呈离子态，最容易被植物吸收。水溶性钾数量不多，一般含量为 1~40 mg/kg，只占土壤全钾的 0. 05%~0. 15%。土壤溶液中钾的含量因土壤风化、前茬作物以及钾肥施用情况而异。水溶性钾也会随降水和灌溉排水而流失。

**(2) 交换性钾**

交换性钾又称代换性钾，吸附在带有负电荷的土壤黏粒和有机质上。交换性钾不像水溶性钾可自由活动，但可被其他阳离子置换出来而进入土壤溶液。土壤中可交换性钾的含量一般为 40~200 mg/kg，占土壤全钾量的 0. 15%~0. 60%。交换性钾含量与黏土矿物种类、胶体含量、耕作和施肥等因素有关。

交换性钾和水溶性钾都是作物能直接吸收利用的，通常称为速效钾。交换性钾和水溶性钾可相互转化，处于动态平衡状态。施用钾肥后，土壤中水溶性钾含量增加，促使水溶性钾向交换性钾转化；当作物吸收导致土壤水溶性钾含量减少时，也会促使交换性钾向水溶性钾转化。

**(3) 缓效钾**

缓效钾主要指被 2 : 1 型胀缩性层状黏土矿物(如蒙脱石、伊利石、蛭石等次生矿物)层间所固定的钾离子，以及黏土矿物中的水云母和一部分黑云母中的钾。这部分钾是非代换性的。缓效钾通常只占全钾量中很小一部分，一般不足 2%，最多不超过 6%。研究表明，不仅在耗竭状态下，在供钾充足的土壤中，土壤缓效钾的供应对当季作物的有效性也有重要的作用，因此，缓效钾在土壤钾素肥力评价和植物钾素的吸收中具有重要意义，越来越受到重视。

**(4) 矿物钾**

矿物钾是指构成矿物或深受矿物结构束缚的钾，主要存在于微斜长石、正长石等原生矿物和白云母的晶格中，以原生矿物形态存在于土壤粗粒部分的钾。矿物钾约占全钾量的

90%以上，是土壤全钾的主体，植物对这部分钾难以利用，只有当矿物经风化后才可被释放供植物吸收利用，但是这个过程非常缓慢，因此，矿物钾只能被看作土壤钾的后备部分。

### 6.2.3　土壤钾素固定与释放

尽管各种形态的钾对植物的有效性各不相同，但相互间始终保持着动态平衡，在一定条件下可相互转化。土壤中钾的转化可归结为两方面，即速效钾的固定、缓效钾和矿物钾的释放。

**(1)速效钾的固定**

水溶性钾或交换性钾进入黏土矿物晶层间转化为非交换性钾称为速效钾的固定。土壤对钾的固定大致可分为 2 步进行，首先水溶性钾被吸附于矿物表面，然后再由表面进入晶格内部对钾离子有亲和力的“专性”位置上，整个过程进行很快。土壤中钾的固定机理有多种解释，一般认为比较重要的固定机理是钾由黏粒矿物的层间晶格电荷吸附并闭蓄在晶层之间。

钾的晶格固定通常发生在 2∶1 型黏土矿物的晶层之间，如蛭石、蒙脱石等 2∶1 型黏土矿物，由于同晶置换(如 Al 置换 Si)常产生负电荷，钾就被这种负电荷吸附而存在于晶层表面。另外，2∶1 型黏土矿物 2 个基面均有直径为 0.28 nm 的网眼，而直径为 0.266 nm 的钾离子恰好与网眼匹配。当晶层收缩时，钾离子陷入网眼并通过静电引力的增强而使层间闭合，钾被固定在晶格之中。

钾的固定受黏土矿物种类、土壤水分状况、土壤 pH 值和铵离子等因素的影响。

①1∶1 型黏土矿物，如高岭石，几乎不固定钾。钾的固定主要发生在 2∶1 型黏土矿物，不同矿物的固钾能力不同，大体有以下顺序：蛭石>伊利石>蒙脱石。钾的固定还随黏粒含量的增多而加强，因而沙土的固钾能力很弱。

②钾的固定常因土壤干燥而加强，特别是土壤频繁干湿交替能促进钾的固定。土壤干燥时，土壤溶液中钾含量提高，晶层易脱水、收缩，从而加强了钾的固定。水化云母、蛭石、伊利石无论在湿润还是干燥条件，均能固钾。蒙脱石具有明显的膨胀性，经过干湿交替，就会脱水收缩，促进钾的固定。许多报道表明，钾的固定量在干燥的土壤中要比在湿润的土壤高。

③土壤酸度增加可减少钾的固定。因为在酸性条件下，钾离子的选择吸附位置可能被铝离子、氢氧化铝及其聚合物所占据，高度膨胀的黏土也可能形成羟基聚合铝夹层，明显减少钾离子进入层间的机会。一般来说，在酸性条件下，土壤胶体所带的电荷减少，陪伴离子以氢、铝为主，能减少钾的固定。在中性条件下，陪伴离子以钙、镁为主，钾的固定较强。在碱性条件下，陪伴离子中钠的比例增加，可使钾的固定显著增强。不同的陪伴离子会明显地影响胶体的结合能，氢、铝使钾的结合能降低最多，所以在酸性条件下，钾的固定相对减弱。

④由于铵离子半径(0.143 nm)与 2∶1 型黏土矿物晶层网眼的大小(半径为 0.14 nm)相近，容易落入网眼中，形成固定铵，从而减少钾的固定位。同时 $NH_4^+$ 也能与吸附态的钾离子进行交换，与钾离子竞争结合点，因此，在先施用大量铵态氮肥后再施用钾肥，钾

的固定量明显减少。

另外，土壤中的钾可被微生物吸收利用而产生生物固定。但是由于微生物生命周期短，所以这种固定是暂时的，当微生物死亡、腐烂分解后，这部分钾又可被释放。

**(2) 矿物钾和缓效钾的释放**

土壤中的含钾矿物，在物理、化学及生物的作用下，通过风化和分解可逐步释放钾，尤其是缓效钾在一定条件下能为作物提供一部分钾素，它是速效钾的重要储备。

影响含钾矿物风化的因素很多，其中最重要的是矿物的晶格构造和化学成分。长石类的含钾矿物为架状结构，钾原子处于晶格内部，难以被取代，所以只有经过物理风化使键断裂后，或受植物与微生物产生的各种有机酸和无机酸作用，才能逐步水解而释放钾。这类矿物风化和水解的程度受水热条件及氢离子浓度所控制。在风化的过程中，氢离子和钾离子之间的交换作用是比较快的，交换作用的结果会在矿物表面产生铝硅酸，而铝硅酸又会进一步水解产生含水的氧化硅、氧化铝等胶体和高岭石一类的黏粒矿物。

新形成的胶体物质，常在矿物表面形成一层保护层，阻碍长石类矿物进一步风化。一般来讲，长石类矿物的风化取决于其颗粒的大小、破碎的程度以及保护风化膜的稳定性。颗粒越小，破碎程度越大，则风化得越快。在湿热和酸性条件下，表面膜的胶体物质易进一步水解和流失，因而有利于长石风化的持续进行。若处于寒冷、干燥及碱性条件下，表面膜比较稳定，长石的风化就比较困难。

云母类含钾矿物为层状结构，比长石类矿物易于风化。云母类矿物中常见的白云母和黑云母，由于它们的化学组成和晶胞体积不同，所以稳定性上就有明显的区别。黑云母晶格结构的负电性较弱，与钾离子的结合力比白云母小，晶层之间的联系因此而松弛，所以黑云母晶格易于瓦解风化而释放钾。

风化过程中释放的钾既可供作物吸收利用，又可存在于土壤溶液中、吸附在土壤胶粒上或重新进入次生黏粒矿物晶格中被固定。

## 6.3　钾肥的种类、性质与施用

钾肥品种不多，氯化钾约占 95%；硫酸盐型钾肥，包括硫酸钾、钾镁肥等约占 5%；硝酸钾和碳酸钾极少。此外，作钾肥施用的还有草木灰，以碳酸钾为主。

**(1) 氯化钾**

①成分和性质。氯化钾含 $K_2O$ 不低于 60%，主要以光卤石（含 KCl、$MgCl_2 \cdot H_2O$）、钾石盐（KCl、NaCl）和苦卤（主要含 KCl、NaCl、$MgSO_4$ 和 $MgCl_2$ 4 种盐类）为原料制成，杂质含量视原矿而定，主要有氯化钠和硫酸镁。氯化钾大多呈乳白色或微红色结晶，不透明，稍有吸湿性，易溶于水，水溶液呈中性，属化学中性、生理酸性的速效钾肥，是施用最多的化学钾肥品种。

我国由青海盐湖卤水中提炼的氯化钾，其组成为：$K_2O$ 52%～55%，NaCl 3%～4%，$MgCl_2$ 2%，$CaSO_4$ 1%～2%，含水量 6%～7%。其吸湿性较强，杂质和水分含量较高，其他性质与普通氯化钾一样。大量的肥效试验表明，其增产效果与等养分进口氯化钾相当。

②转化与施用。与氯化铵相似，氯化钾施入土壤后，能立即溶于土壤溶液，以离子状

态存在，除一部分钾被作物吸收利用外，另一部分则打破土壤中原有各种形态钾之间的平衡，产生离子交换、固定等过程，直至建立新的平衡体系。施入土壤中的钾，首先同土壤胶体上的阳离子发生代换作用而被土壤吸附，很少移动。残留的氯离子不能被土壤吸持，而与钾所代换出来的阳离子结合成氯化物，在中性和石灰性土壤中生成氯化钙。

$$[\text{土壤胶体}]Ca^{2+}+2KCl \rightleftharpoons [\text{土壤胶体}]\begin{matrix}K^+\\K^+\end{matrix}+2CaCl_2$$

所生成的氯化钙易溶于水，有利于植物吸收钙。但是在多雨地区、多雨季节或灌溉条件下，就随水淋洗，造成钙的流失。若长期施用氯化钾，而不配施钙质肥料，土壤中的钙会逐渐减少，造成土壤板结。此外，氯化钾为生理酸性肥料，会使缓冲性小的中性土逐渐变酸。石灰性土壤由于含有大量的碳酸钙，因而施用氯化钾肥料所产生的酸化作用一般不至于引起土壤酸化。

在酸性土壤上，氯化钾与土壤胶体发生代换反应生成盐酸。

$$[\text{土壤胶体}]\begin{matrix}H^+\\H^+\end{matrix}+2KCl \rightleftharpoons [\text{土壤胶体}]\begin{matrix}K^+\\K^+\end{matrix}+2HCl$$

生成的盐酸会使土壤酸性加强，也增大了土壤中铁和铝的溶解度，加重了活性铝的毒害作用，会妨碍种子发芽和幼苗生长。所以在酸性土壤上施用氯化钾应与有机肥料和石灰配合施用。因为施用有机肥有利于提高土壤缓冲性能，减缓土壤酸化，而石灰可中和土壤酸性，同时补充钙养分。

被吸附在土壤胶体表面的交换性钾一部分可能进入 2∶1 型黏土矿物晶片层间转化为非交换性钾而被固定，从而降低钾的有效性。

存在于土壤溶液中的钾，除被作物吸收外，常发生淋失，其淋失量与土壤性质和气候条件有关。在温带湿润气候条件下，矿质土每公顷淋失量可达 30 kg，而黏质土则低于 5 kg。因此，在多雨地区和土壤阳离子交换量低的矿质土上，钾肥一次用量不宜过多，否则会造成钾的淋失。

氯化钾可作基肥和追肥。作基肥时在中性和酸性土壤上宜与有机肥、石灰等配合施用，以防止土壤酸化利于作物生长。作基肥施用时应深施，以减少钾的晶格固定，因为深层土壤干湿交替变化较小，钾的晶格固定相对较弱。

氯化钾对甘薯、马铃薯和葡萄等对氯敏感的作物品质有不良影响，且用量越多，副作用越大。因此，这些作物一般不宜多施氯化钾，若土壤含氯量较低，可适量施用；若土壤含氯量较高，禁止施用。由于盐碱土和干旱地区土壤中含有大量 $Cl^-$，故施用氯化钾应谨慎。氯化钾宜用于麻类等纤维作物上，原因在于 $Cl^-$ 对提高纤维产量和质量有良好作用。

**(2) 硫酸钾**

①成分和性质。硫酸钾含 $K_2O$ 50%~52%。较纯净的硫酸钾是白色或淡黄色晶体，结晶较细，物理性状好，易溶于水，稍有吸湿性，储存时不易结块。硫酸钾也是速效性肥料，为化学中性、生理酸性肥料。

②转化与施用。硫酸钾施入土壤中，其转化与氯化钾大体相同，只是交换吸附后生成的物质不同。在中性及石灰性土壤中生成硫酸钙，在酸性土壤中生成硫酸，反应如下：

$$[土壤胶体]Ca^{2+} + K_2SO_4 \rightleftharpoons [土壤胶体]{}^{K^+}_{K^+} + CaSO_4$$

$$[土壤胶体]{}^{H^+}_{H^+} + K_2SO_4 \rightleftharpoons [土壤胶体]{}^{K^+}_{K^+} + H_2SO_4$$

生成的硫酸钙溶解度较小，易积存在土壤中堵塞土壤孔隙，长期连续施用有可能造成土壤板结。因此，应配施有机肥料，以改善土壤结构。酸性土壤施用硫酸钾时，则需适当施用石灰，以中和酸性。

硫酸钾可作基肥、追肥、种肥和根外追肥。硫酸钾是一种无氯钾肥，适用对氯敏感又喜钾的作物，如烟草、茶树、柑橘、葡萄、西瓜和马铃薯等作物，同时硫酸钾含硫 17.6%，对需硫的作物(如洋葱、大蒜等)施用效果较好。

**(3)草木灰**

植物残体燃烧后剩余的灰分统称草木灰，其中含有磷、钾、钙、镁及微量元素等。草木灰中含有多种钾盐，以碳酸钾为主，占总钾的 90%；硫酸钾次之，氯化钾最少。草木灰中的钾约 90%溶于水，有效性高，是速效性钾肥。由于草木灰中含有碳酸钾和氯化钙，因此，它的水溶液呈碱性，是一种碱性肥料。

不同植物灰分中磷、钾、钙等含量各不相同，一般木灰含钙、钾、磷较多，而草灰含硅较多，磷、钾、钙较少，稻壳灰和煤灰中养分含量最少。同种植物，因部位、组织不同，灰分的养分含量也有差别。幼嫩组织的灰分含钾、磷较多，衰老组织的灰分含钙、硅较多。此外，土壤类型、土壤肥力、施肥情况、气候条件都会影响植物灰分中的成分和含量，如盐土地区的草木灰含氯化钠较多，含钾较少。各类草木灰和煤灰的成分见表 6-15。

草木灰因燃烧温度不同，其颜色和钾的有效性也有差异。燃烧温度过高(>700℃)，钾与硅酸熔在一起形成溶解度较低的硅酸钾复盐，灰白色，肥效较差。低温燃烧的草木灰呈黑灰色，钾主要以水溶性的碳酸钾形态存在，肥效较高。

**表 6-15　草木灰与煤灰的成分**　%

| 灰类 | $K_2O$ | $P_2O_5$ | CaO |
|---|---|---|---|
| 一般针叶树灰 | 5.00 | 2.90 | 35.00 |
| 一般阔叶树灰 | 10.00 | 3.50 | 30.00 |
| 小木灰 | 5.92 | 3.14 | 25.09 |
| 稻草灰 | 8.09 | 0.59 | 5.90 |
| 小麦秆灰 | 13.80 | 0.40 | 5.90 |
| 棉籽壳灰 | 5.80 | 1.20 | 5.90 |
| 糠壳灰 | 0.57 | 0.52 | 0.89 |
| 花生壳灰 | 6.45 | 1.23 | — |
| 向日葵秆灰 | 35.40 | 2.55 | 18.05 |
| 烟煤灰 | 0.70 | 0.60 | 26.00 |

草木灰可作基肥或追肥，也可用于拌种、盖种或根外追肥，尤其用于水稻秧田，既可提供养分，还可提高地温，促苗早发，减少青苔，防止烂秧，疏松表土，便于起秧，有时还能减轻病虫害的发生和危害。

草木灰是碱性肥料，施用时应避免与铵态氮肥或含铵态氮较多的人粪尿混合，也不应撒在粪池或畜圈内，以免造成氮素的挥发损失。

## 6.4 提高钾肥利用率的途径

### 6.4.1 我国农田钾素平衡与调节

**(1)农田钾素养平衡概况**

农田土壤钾素养分平衡通常是以作物从耕地上带走的钾素量与以施肥形式归入耕地的钾素量之间的差值表示。许多研究者从宏观上分析了我国农田物质循环和养分状况，大多数的研究结果均认为氮、磷素盈余，钾素略亏缺。但也有研究认为，我国农田钾平衡状况表现为盈余。我国土壤全钾含量在3~36 g/kg，具有明显的由南往北、由东往西逐渐增加的趋势，含量最低的是广西的砖红壤，平均为3.6 g/kg；最高的为吉林的风沙土，平均高达26.1 g/kg。我国南方许多地区的耕地缺钾，原因是高温多雨、土壤风化作用强烈、淋溶严重，钾素养分损失大，加之复种指数高、作物生长量大、施有机肥较少、不施或少施钾肥，以致土壤钾素日益耗竭，土壤速效钾含量下降显著。

**(2)农田钾素平衡的调节**

减少耕地钾素的亏损，必须调节土壤中的钾素平衡。调节钾素平衡的方法涉及2个方面：一方面是土壤—作物体系内钾素的再利用；另一方面是体系外钾素资源的投入。体系内钾素的再利用就是将作物从土壤中带走的钾以残落物、秸秆还田和有机肥等形式返还农田。体系外投入钾素资源的主要形式是钾素化肥的施用。

秸秆和牲畜粪肥不仅在增加土壤腐殖质、改善土壤理化性质上有重要作用，而且在养分平衡特别是钾素平衡中起着非常重要的作用。根据我国畜牧业生产和作物生产状况估算，目前我国有机肥资源每年可提供养分总量($N+P_2O_5+K_2O$)约7 500×$10^4$ t，其中秸秆提供的钾养分约1 150×$10^4$ t。若每年有2/3的秸秆直接或间接(如垫圈等)还田，则有767×$10^4$ t的$K_2O$归还农田，这都远远超过进口钾肥的数量。即使以秸秆作燃料，氮和有机物损失了，其中的磷、钾等营养元素，仍然存在于灰分中。所以草木灰中的钾仍然大部分可以返回农田参与再循环。总之，粪肥、秸秆、草木灰等有机肥，应当大力收集、充分利用，这是维持土壤钾素平衡的重要基础，对环境保护也具有十分重要的意义。

### 6.4.2 钾肥的合理施用

钾肥的肥效受到许多因素和条件的影响，如土壤条件、作物种类、气候条件、肥料性质及施用技术、耕作制度等，因此，了解和掌握钾肥合理有效的施用条件和方法，对充分利用我国有限的钾肥资源，高效地利用钾肥，提高钾肥肥效，促进我国农业生产水平的提高有重要意义。

**(1) 根据土壤供钾水平合理施用钾肥**

钾肥肥效主要取决于土壤钾的供钾水平，即土壤中速效性钾、缓效性钾的含量及其释放速率。在供钾水平较低时，钾肥的肥效才明显表现。在生产上，应将钾肥优先分配在缺钾的砂质土壤上。由于砂土吸持钾的能力较差，施用应少量多次，防止钾的流失；而黏重土壤上施用量则可多些，可将较多的钾肥作基肥早期施用。

**(2) 根据作物需钾特性合理施用钾肥**

不同作物的需钾量和吸收钾能力不同。一般而言，每形成单位产量(如 100 kg 产量)所需 $K_2O$ 的量，马铃薯、甘薯、甘蔗等淀粉糖类作物较低，仅需 0.34~0.85 kg，而棉花、麻等纤维作物及烟草较高，需 8.0~12.0 kg。但由于作物生物产量特性差异极大，如甘蔗、马铃薯、甘薯的产量明显高于棉花、麻和烟草，因此，从单位种植面积需钾量上，甘蔗、马铃薯、甘薯和香蕉等较高，油料作物、棉麻作物、豆科作物次之，而禾谷类作物需钾量较少。因此在钾肥有限时，钾应优先用于需钾量大的喜钾作物上。

同种作物，不同品种对钾的需要也有差异，例如，水稻矮秆高产良种比高秆品种对钾肥反应更为敏感，粳稻比籼稻较为敏感。实验证明，杂交水稻对钾的吸收总量多于常规稻。杂交稻耐土壤低钾能力弱，因而要有较高的土壤速效钾。所以，在水稻生产中，钾肥应优先用于杂交稻。

作物不同生育期对钾的需要差异显著。一般而言，作物在开花结果期需钾最多，如棉花需钾量最大出现在现蕾期至成熟期阶段，梨树在梨果发育期，葡萄在浆果着色初期。对一般作物来说，苗期对缺钾最为敏感。但与磷、氮相比，其临界期出现要晚些。

作物吸收钾的能力也因作物种类、品种而异，水花生、糖用甜菜、水稻吸收钾能力较弱，豆科绿肥、十字花科的油菜和萝卜吸收矿物钾的能力较强。因此，在其他条件相同的情况下，钾肥应优先分配在吸收钾能力较弱的作物上施用。

**(3) 根据钾肥种类合理分配钾肥**

氯化钾在盐碱土、干旱地区和对氯敏感的作物(如烟草、茶叶、柑橘等)上施用需谨慎，宜用于麻类等纤维作物上。硫酸钾适用对氯敏感又喜钾的作物(如烟草、茶叶、柑橘等)和需硫的作物(如洋葱、大蒜)，但在水田中不宜大量施用，防止产生大量硫化氢毒害根系。

一般硫酸钾的价格比氯化钾昂贵，因此，通常在不影响产量和品质的情况下应尽量选用氯化钾，减少施肥的投资，提高经济效益。

**(4) 与其他肥料配合施用**

钾与氮、磷肥和有机肥配合施用是提高钾肥肥效的有效途径。在一定氮肥用量范围内，钾肥的肥效有随氮肥施用水平的提高而提高的趋势，高氮水平下，钾肥的效果尤为明显。磷肥供应不足，钾的肥效也受影响。因此应因土、因作物确定适宜的氮、磷、钾比例。

同时，要充分考虑有机肥种类与数量，在大量施用含钾丰富的有机肥料(如厩肥等腐熟优质有机肥)时，钾肥可少施或不施。

**(5) 钾肥的合理施用方法**

我国大多数作物的钾肥利用率在 35%~55%，利用率高的可达 70%~80%，利用率低的仅 10%～20%。为了提高钾肥利用率和肥效，首要是防止流失、减少固定。为此，钾肥应分次施用，尤其砂质土壤；开花结果期需钾多，应多追施，对提高产量和改善品质均较佳；深施，可防止表土干湿交替固定钾。

## 复习思考题

1. 为什么将钾称为品质元素？
2. 土壤中钾的形态有哪几种？为什么土壤的全钾含量常常不能反映土壤的供钾能力？
3. 为什么钾肥宜深施、早施和集中施用？
4. 如何根据作物需钾特性和肥料性质合理分配和施用钾肥？
5. 如何根据土壤质地合理施用钾肥？
6. 如何根据肥料的性质合理施用氯化钾、硫酸钾和草木灰？
7. 为什么施用钾肥能提高作物的抗逆能力？
8. 为什么要提倡氯化钾、硫酸钾肥料与石灰、有机肥、氮磷肥等肥料配合施用？

# 第 7 章

# 植物的中量元素营养与钙、镁、硫、硅肥

**【内容提要】**钙、镁、硫是植物必需的中量元素，硅是水稻等禾本科植物的有益元素。本章主要介绍钙、镁、硫、硅营养及其在土壤中的迁移转化，还介绍了这些肥料的种类、性质、作用和施用技术等。

随着氮、磷、钾和微量元素肥料用量的增加，作物产量不断提高，作物对钙、镁、硫肥的需要量也随之增大。在有些地方，中量营养元素甚至成为产量提高和品质保障的限制因子。硅对水稻生长和作物抗病虫害十分重要，故近年来，常把硅也视为中量营养元素。

## 7.1 植物的钙素营养与钙肥

### 7.1.1 植物的钙素营养

**(1) 钙在植物体内的含量、形态与分布**

植物体内钙的含量一般为 0.1%~5.0%。不同植物和同一植物的不同器官含钙量有很大差异。单子叶植物正常生长的需钙量低于双子叶植物，造成这种差异的主要原因可能是根系的阳离子交换量(*CEC*)不同，双子叶植物根系的 *CEC* 值一般高于单子叶植物。多数植株体内，钙大部分分布在叶中，老叶的含量高于嫩叶，茎次之，根部、种子和果实的含钙量较低。与氮、磷、钾、镁不同，钙在植物体内不易移动。因此，缺钙症状往往从新生叶片和生长点开始显现。在植物细胞中，钙大部分以易交换态结合在细胞壁中胶层，以水溶态存在于液泡，以水溶态和螯合态分布在内质网中。与上述 3 个部位相比，细胞质中总钙浓度低很多(0.1~1.0 mmol/L)。游离态 $Ca^{2+}$浓度则更低(100~200 nmol/L)。

**(2) 植物对钙的吸收、运输与同化**

土壤中钙的含量通常在毫摩尔级别，可通过质流迁移到根表。钙从根际进入根系质外体后，大部分以易交换态与果胶上的羰基连接并存留在细胞壁间隙中。根际或质外体溶液中的 $Ca^{2+}$经过钙渗透型阳离子通道进入根系表皮细胞、皮层细胞和中柱细胞。当根际土壤

溶液中 $Ca^{2+}$ 浓度较低时(≤0.3 mmol/L)，根系吸收符合米氏方程($K_m$ 值为 0.05～0.20 mmol/L)，当外层 $Ca^{2+}$ 浓度较高时，根系对 $Ca^{2+}$ 的吸收与外界浓度成正比。钙主要通过木质部向上转运，因此受植物蒸腾作用影响较大。

$Ca^{2+}$ 进入细胞后大部分被转移到液泡，细胞质中游离 $Ca^{2+}$ 浓度稳定地维持在 100～200 nmol/L，这一过程受膜上的逆向转运蛋白调控。在细胞质中，$Ca^{2+}$ 与多种蛋白质螯合形成钙调蛋白(又称钙调素，CaM)、钙调蛋白类似蛋白(CMLS)等，参与细胞内各种代谢过程。

**(3)钙的营养作用**

①稳定细胞壁。在植物组织中，钙大部分存在于细胞壁中，与果胶质形成果胶酸钙，是稳定细胞壁结构不可缺少的成分。由于细胞壁中有丰富的 $Ca^{2+}$ 结合位点，$Ca^{2+}$ 的跨质膜运输受到限制，大多依赖质外体运输，因此，$Ca^{2+}$ 主要分布在中胶层和原生质膜的外侧，这样不仅可增加细胞壁的稳定性，而且可发挥果胶的机械性能。果胶酸酯的降解会导致植物出现细胞壁解体、组织坏死，而较高浓度的钙能显著抑制多聚半乳糖醛酸酶活性，从而减少果胶酸酯的降解。缺钙容易使果实细胞壁解体，细胞壁和中胶层变软，导致病原微生物对组织的侵染。

②稳定膜结构和调节膜的渗透性。钙能稳定生物膜结构，保持细胞膜的完整性，其作用机理是依靠 $Ca^{2+}$ 把膜表面的磷酸盐、磷脂盐和蛋白质的羟基连接起来。膜表面上的 $Ca^{2+}$ 能与其他离子(如 $K^+$、$Na^+$、$H^+$ 等)进行交换，但 $Ca^{2+}$ 稳定质膜的作用是不可代替的。如图 7-1 所示，$Ca^{2+}$ 与细胞膜表面的磷脂和蛋白质的负电荷相结合，提高了细胞膜的稳定性和疏水性，并增加了细胞膜对 $K^+$、$Na^+$、$Mg^{2+}$ 等离子吸收的选择性。在轻度缺钙时，膜的选择性吸收能力下降，生物膜结构遭到破坏，膜渗透性增大，细胞内有机和无机物质大量外渗；在严重缺钙时，质膜结构全面解体，在植物的分生组织及贮藏组织中，质膜及其他膜系统呈片段状。

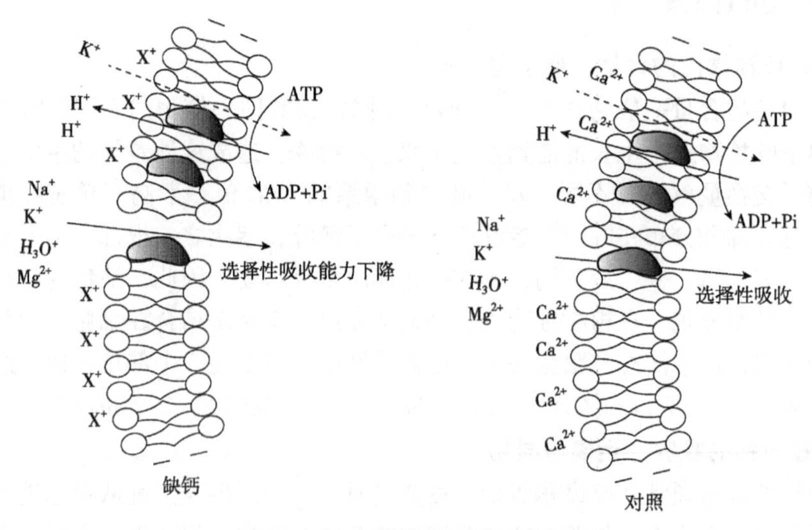


**图 7-1　钙对细胞膜稳定性的影响**

③调节酶活性。在植物体内，钙是许多酶的活化剂，而钙对酶的活化作用主要是通过钙调蛋白(CaM)实现的。CaM 是一种分子量较低、由 148 个氨基酸组成的环状多肽链，为动植物所必需。通过 $Ca^{2+}$ 与 CaM 结合形成复合物(图 7-2)，可调节多种酶的活性，协调许多植物细胞代谢活动。在植物体内，需 $Ca^{2+}$ 及 CaM 的酶有 $NAD^+$ 激酶。NAD 和 NADH 是能量代谢(如糖酵解和三羧酸循环等)的产物；$NADP^+$ 及 NADPH 则参与许多物质合成(如磷酸戊糖和脂肪酸的生物合成等)，$NADP^+$ 也是光合电子传递链的末端电子受体，$NAD^+$ 磷酸化后形成 $NADP^+$，其含量与 $NAD^+$ 激酶活性有关。CaM 还能活化质膜上的 $Ca^{2+}$-ATP 酶，CaM 通过对 $Ca^{2+}$-ATP 酶活性的控制来调节细胞内的 $Ca^{2+}$ 浓度，使之浓度处于低量水平，有利于植物的正常代谢。

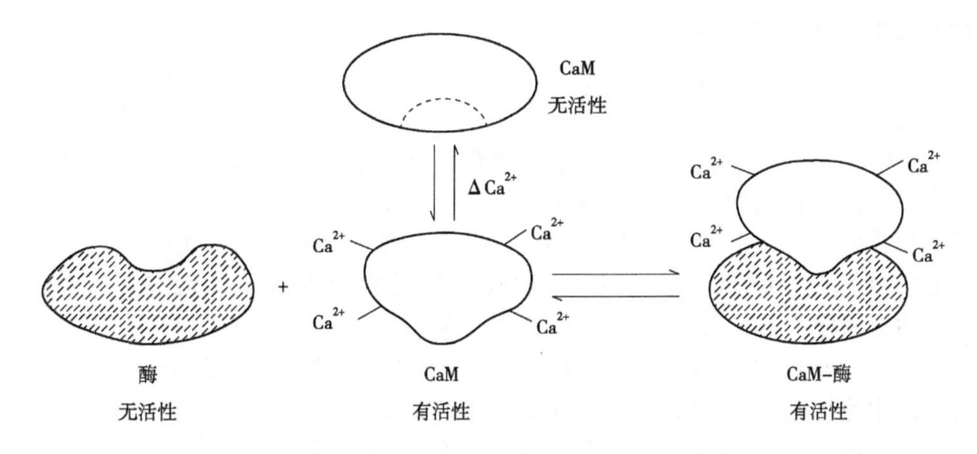


图 7-2　Ca–CaM 复合物的形成与酶的激活

CaM 对细胞的第一信使激素和第二信使激素($Ca^{2+}$、cAMP)都有直接或间接的调控作用。作为第二信使激素的 cAMP(环单磷酸腺苷)，其合成和分解反应受 CaM 调控。$Ca^{2+}$ 穿过细胞膜进入细胞质，在质膜上首先活化腺苷酸酶，催化 cAMP 合成；而当 $Ca^{2+}$ 扩散到细胞质后，活化磷酸二酯酶(PDE)，导致 cAMP 分解，这种依次的活化作用使 cAMP 短时间积累。因此，CaM 作为细胞质的 $Ca^{2+}$ 受体，既促进 $Ca^{2+}$ 功能的发挥，又调节细胞内的 $Ca^{2+}$ 浓度，同时还调节第二信使激素 cAMP 的合成分解。

④维持阴阳离子平衡。在有液泡的叶细胞内，大部分 $Ca^{2+}$ 可作为无机或有机阴离子的伴随离子存在于液泡中，对液泡中阴阳离子的平衡有重要贡献。

⑤消除某些离子的毒害作用。钙与氢、铝、钠、铵等离子，以及镉、汞等重金属离子有拮抗作用，主要原因是土壤溶液中的 $Ca^{2+}$ 能直接竞争膜转运蛋白或竞争根际和质外体离子结合位点，这种竞争抑制作用在一定程度上能够减轻这些离子对植物的危害。此外，钙能加速铵的转化，减少铵在作物体内的积累。

**(4)缺钙症状**

植物缺钙表现为新叶黄化，甚至坏死，单子叶植物幼叶黏结、不能完全展开。根系组织通常比正常状态变短、变密，甚至严重发育不良，呈凝胶状。甘蓝、白菜等出现叶焦病；番茄、辣椒等出现脐腐病；苹果出现苦痘病和水心病。

## 7.1.2　土壤中的钙

**(1)土壤中钙的含量**

在地壳中，钙的丰度居第五位，其平均含量(以Ca计)为3.64%。在土壤中，钙的含量变化很大，可以从痕量至4%以上，主要受成土母质和成土条件的制约。基性岩和沉积岩含钙量高，由其发育而成的土壤通常含钙量也高；酸性岩含钙量少，风化成后含钙量低。在成土过程中，钙的富集和淋失对含钙量有很大影响。在湿润地区，淋溶强烈，土壤含钙量多在1%以下；在干旱和半干旱地区，淋溶作用较弱，土壤含钙量多在1%以上，高的可达10%甚至20%以上。

**(2)土壤中钙的形态与转化**

土壤中钙的循环示意如图7-3所示。在土壤中，钙可以分为矿物态钙、交换态钙和土壤溶液中的钙3种形态。矿物态钙是指存在于矿物晶格中的钙，占土壤全钙量的40%～90%，主要有白云石、方解石、磷矿石、钙长石和闪石等。土壤中的含钙矿物分解后，钙的去向有：①在排水中流失；②被生物吸收；③吸附在黏土颗粒表面；④再次沉淀为次生的含钙化合物(在干旱地区更是如此)。交换态钙是指被土壤胶体所吸附的$Ca^{2+}$，能被一般交换剂交换出来。交换态$Ca^{2+}$占全钙量的比例变化范围为5%～60%，但在大多数土壤中，交换性钙占全钙量的20%～30%，交换态钙是大多数土壤的主要交换性离子，占交换性盐基总量的40%～90%。在土壤溶液中，$Ca^{2+}$的数量较多，含量可以达几十至几百毫克每千克，与溶液中的其他阳离子相比，$Ca^{2+}$的含量是$Mg^{2+}$的2～8倍，是$K^{+}$的10倍左右。此外，在土壤溶液中，除了$Ca^{2+}$之外，还有无机、有机络合态形式的钙存在。

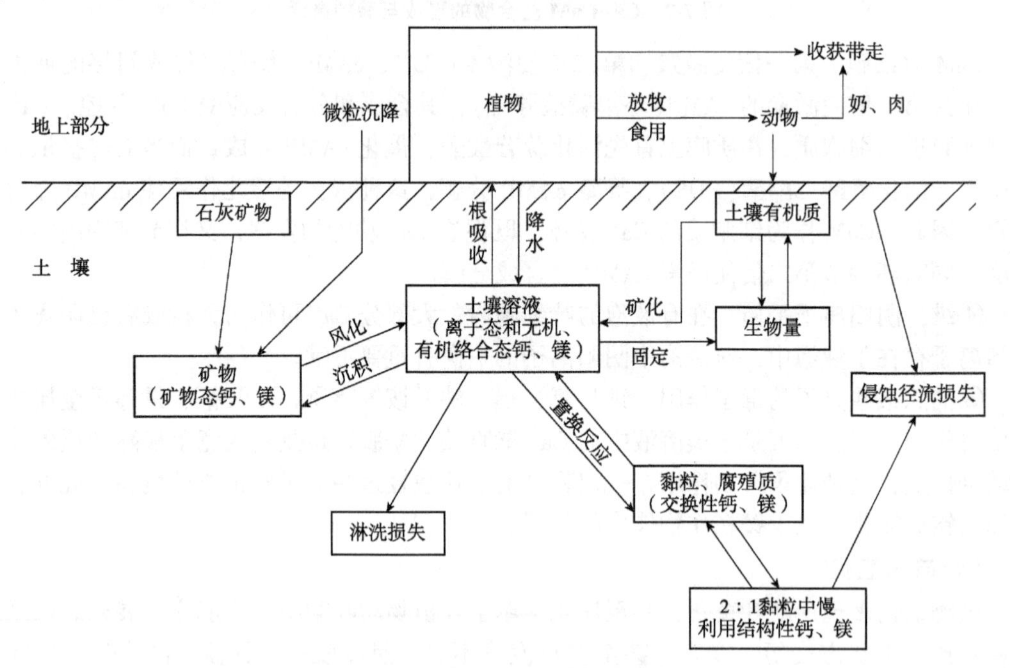


**图7-3　土壤中钙、镁的循环示意**

(布雷迪，2019)

**(3)土壤中钙的有效性及其影响因素**

土壤交换态钙和溶液中的钙是作物可以利用的形态，两者合称有效钙。在实验室中，常用1 mol/L的中性盐(如$NH_4Ac$、KCl等)提取测定有效钙。像其他阳离子一样，交换态钙和溶液中的钙随时处于动态平衡状态。因淋失或作物吸收，液相中钙的活度降低，吸附的钙将被置换下来。反之，土壤溶液中的钙的活度增加，平衡则向吸附方向移动。影响土壤钙素的有效性的主要因素如下。

①土壤全钙含量。是补给有效钙的基础。钙在土壤中以矿物态为主，通过风化作用而成为有效钙。因此，全钙含量高的土壤，有效钙含量一般也高。在中性和钙质土壤中，含钙量高，能满足植物需要；但一些酸性和矿质土壤中，含钙量较低，植物可能出现缺钙现象。

②土壤质地和阳离子交换量。交换态钙是土壤有效钙的主体。阳离子交换量高的土壤能保持更多的交换态钙，有效钙的供应容量大。在砂质土壤中，阳离子交换量低，有效钙的含量也较低，植物容易缺钙。此外，一些风化程度很高的土壤，如我国南方的一些红壤或砖红壤，阳离子交换量低，植物容易缺钙。

③土壤酸碱度和盐基饱和度。一般而言，盐基饱和度高的土壤，有效钙含量也高。土壤pH值对有效钙的影响是多方面的，既与盐基饱和度有关，又影响含钙化合物的溶解度和交换性钙的解离。一般在酸性环境下，交换性钙的解离度随pH值升高和盐基饱和度的增加而提高，含钙化合物的溶解度则随pH值降低而增加。但是，在中性至碱性土壤中，全钙含量较高，pH值对钙溶解度的影响并不显著。

④土壤胶体种类。交换性钙的释放与胶体种类有密切关系。高岭石吸附的钙容易被植物利用，而蒙脱石类黏粒吸附的钙则较难释放。

⑤其他离子的影响。在土壤中，$H^+$和$Al^{3+}$可促进交换性钙释放，但这两种离子对植物的生长有毒害作用。当pH值低、交换性$Al^{3+}$高时，植物对钙的需要量增加。当土壤中大量存在一价代换性盐基离子(如$K^+$、$Na^+$等)时，显著抑制交换性钙的有效性，因此，在大量施用含一价盐基离子的肥料时应注意补给$Ca^{2+}$。

## 7.1.3 含钙肥料的种类、性质与施用

**(1)含钙肥料的种类和性质**

石灰是最常用的含钙肥料，一般有3种：①碳酸石灰。由石灰石、白云石或海洋贝壳类磨细而成，主要成分是$CaCO_3$。其溶解度小，中和土壤酸性的能力较缓，但作用效果持久。②生石灰。农业上主要利用的石灰肥料是生石灰，其由石灰岩、泥灰岩和白云岩等含$CaCO_3$的岩石经高温烧制而成，又称烧石灰，主要成分是CaO，具有较强的腐蚀性，还有杀虫、灭草和土壤消毒的作用，但用量不能过多。生石灰呈强碱性，中和土壤酸性的能力很强，施入土壤之后，几乎立即与土壤发生酸碱中和反应。③熟石灰。又称消石灰，是生石灰与水作用后生成的，主要成分为$Ca(OH)_2$，中和土壤酸性的能力比生石灰弱，熟石灰长期暴露在空气中，吸收$CO_2$后又重新转化为$CaCO_3$。因此，长期储存的石灰肥料通常是熟石灰和碳酸钙的混合物。

**(2)含钙叶面肥**

近年来，含钙叶面肥在生产上也得到广泛的应用，常见的含钙叶面肥包括硝酸钙、氯化钙以及螯合态钙肥。硝酸钙、氯化钙可溶于水，多用作根外追肥，它们与硫酸钙(石膏)、磷酸氢钙等还常用作营养液的钙源。硝酸钙，溶于水，中性，吸湿性强，可同时给作物补充氮和钙，常用作基肥、追肥；氯化钙，易溶于水，中性，吸湿性极强，但施用过多易造成土壤的盐渍化，易流失；糖醇钙、柠檬酸钙、氨基酸钙和腐殖酸钙等利用螯合剂络合钙养分，避免钙被叶片角质层固定，促进钙吸收利用。另外，生产上常用的波尔多液就是氢氧化钙和硫酸铜的混合液。在番茄初果期喷施波尔多液，不仅提供钙营养，而且能防治病虫害。

**(3)其他含钙肥料**

除石灰之外，石膏也是含钙肥料，石膏还含有 $SO_4^{2-}$，可作硫肥。此外，常用的氮、磷、钾肥中都含有相当数量的钙。例如，氮肥中的硝酸钙、石灰氮，磷肥中的过磷酸钙、钙镁磷肥、钢渣磷肥，钾肥中的窑灰钾肥、含钙的炉渣等，都含有较多的钙(表7-1)，可以参照其含钙量加以施用。

**表7-1 常见含钙肥料的主要成分及含量**

| 名称 | 主要成分 | CaO(%) |
|---|---|---|
| 普通石膏 | $CaSO_4 \cdot 2H_2O$ | 32(26.0~32.6) |
| 磷石膏 | $CaSO_4 \cdot Ca_3(PO_4)_2$ | 20.8 |
| 磷矿粉 | $Ca_{10}(F、OH、Cl)(PO_4)_6$ | 42(40~55) |
| 过磷酸钙 | $Ca(H_2PO_4)_2 \cdot H_2O \cdot CaSO_4 \cdot 2H_2O$ | 23(16.5~28.0) |
| 重过磷酸钙 | $Ca(H_2PO_4)_2 \cdot H_2O$ | 20(19.6~20.0) |
| 钙镁磷肥 | $\alpha\text{-}Ca_3(PO_4)_2 \cdot CaSiO_3$ | 27(25~30) |
| 钢渣磷肥 | $Ca_4P_2O_9 \cdot CaSiO_3$ | 48(35~50) |
| 硝酸钙 | $Ca(NO_3)_2$ | 29(26.6~34.2) |
| 窑灰钾肥 | CaO | 52.5(30~40) |
| 钢渣 | $CaSiO_3$ | 34(16.8~45.1) |
| 硅钙肥 | $CaMgSi_2O_3$ | 39(30~48) |
| 草木灰 | $CaSiO_3$ | 16.2(0.89~25.20) |

**(4)石灰肥料的施用及效果**

酸性土壤施用石灰，不仅能满足作物的钙、镁营养需要，而且能消除其他多种障碍因子。

①中和土壤酸性。消除铝($Al^{3+}$)害：在酸性土壤中，施用石灰之后，$Al^{3+}$为$Ca^{2+}$所交换，并与石灰水解产生的$OH^-$反应生成溶解度低的$Al(OH)_3$。此外，施用石灰能降低$Fe^{2+}$和$Mn^{2+}$等阳离子的活度或溶解度。如果施用有机肥过多，有机质嫌气分解产生大量的有机

酸，将对作物生长造成不良影响。施用石灰可以中和有机酸，加速它们的分解，消除其毒害。

②增加土壤有效养分。酸性土壤施用石灰可提高土壤 pH 值，加强土壤有益微生物的活动，促进土壤有机质矿化和生物固氮，提高某些养分的有效性。同时，石灰可促进铁铝氧化物固定的磷和钼的释放，提高其有效性。

③改善土壤物理性质。酸性土壤施用石灰之后，土壤胶体由氢胶体变为钙胶体，使土壤胶体凝聚，有利于水稳性团粒结构的形成。

④减少病害。大部分病原真菌适宜在酸性条件下滋生。施用石灰提高土壤 pH 值，能有效抑制病原真菌的生长繁殖，减少植物病害。如十字花科植物的根肿病、油菜菌核病、番茄枯萎病等都会因施用石灰而降低发生率。

总之，施用石灰对于改良酸性土壤具有多方面作用是酸性土壤上作物优质、高产的一项重要措施。但是，过量施用也会造成不良后果，如导致有机质过度分解，土壤板结，降低 P、K、Fe、Mn、Zn、Ca 等养分的有效性，加速养分离子的淋溶等。因此，施用石灰要适量。

**(5) 石灰肥料施用技术**

①施用量的确定。石灰需要量根据作物适宜的土壤 pH 值确定。实际应用中，常根据土壤交换性酸度进行估算。在施用熟石灰时，石灰用量的计算公式为：

$$\text{石灰需要量}(t/hm^2)=\frac{M}{100}\times\frac{74}{1\,000}\times 2\,250\times\frac{1}{2} \tag{7-1}$$

式中，$M/100$ 为中和 100 g 土壤所需 $Ca(OH)_2$ 的物质的量；74/1 000 为 $Ca(OH)_2$ 的物质的量；2 250 为每公顷耕地耕作层土重(t)。

实际施用中，由于石灰与土壤不可能完全混合均匀，为避免局部施用过量，需要减半施用。农用石灰常伴有杂质，计算石灰的实际用量时，应按其中的有效成分计算。由于石灰需用量的确定是一个复杂的问题，因此必须综合考虑。中国科学院南京土壤研究所根据土壤 pH 值、土壤质地及施用年限，提出了酸性红壤第一年施用石灰的用量指标(表 7-2)。

**表 7-2　酸性红壤第一年的石灰施用量**　　$kg/hm^2$

| 土壤反应 | 黏土 | 壤土 | 砂土 |
|---|---|---|---|
| 强酸性(pH 值 4.5~5.0) | 2 250 | 1 500 | 750~1 125 |
| 酸性(pH 值 5.0~6.0) | 1 125~1 875 | 750~1 125 | 375~750 |
| 微酸性(pH 值 6.0) | 750 | 375~750 | 375 |

②施用方法。为充分发挥石灰的作用，应尽量使石灰与土壤充分接触。在施用石灰时，一般以作基肥和追肥撒施为好，如果用量较少，可采用条施或穴施。水稻在分蘖期和幼穗分化期，花生、玉米在盛花期施用石灰，可结合中耕撒施。施用石灰有一定的后效性，持续时间与石灰种类、用量和土壤性质等因素有关，一般不必每年施用。目前，叶面喷施钙肥主要用于果树或果类蔬菜上，一般硝酸钙的喷施浓度为 0.5%~1.0%、氯化钙为

0.3%~0.5%、氨基酸钙为 300~2 000 倍液、腐殖酸钙为 600~1 200 倍液、糖醇螯合钙为 1 000~2 000 倍液，于坐果期至果实着色期进行叶面钙肥喷施 2~5 次，每次喷施至叶面滴水为宜，若能均匀喷施于果面效果更好，可以有效补充钙营养。

③影响施用效果的因素。在酸性土壤上，施用石灰的主要目的是中和酸性，改善作物生长的环境，施用效果与石灰的种类与性质、作物耐酸性和土壤性质等有关。

a. 石灰的种类与性质。不同石灰中和土壤酸性、提高土壤 pH 值的能力不同。石灰中和酸性的能力一般用中和值表示，即以纯碳酸钙的中和能力为 100，某一石灰物质相当于同等数量碳酸钙的中和能力的比值(表 7-3)。

**表 7-3 肥料中和值**

| 名称 | 成分组成 | 中和值(%) |
|---|---|---|
| 生石灰 | $CaO$ | 150~179 |
| 熟石灰 | $Ca(OH)_2$ | 120~136 |
| 白云石 | $CaMg(OH)_2$ | 109 |
| 石灰石 | $CaCO_3$ | 100 |
| 硅酸钙 | $CaSiO_3$ | 86 |
| 高炉炉渣 | $CaO$ | 75~90 |
| 碱性炉渣 | $CaSiO_3$ | 60~70 |

b. 作物耐酸性。作物是决定石灰施用效果的重要因素。不同作物对土壤酸性的忍耐能力差异很大。一般而言，耐酸能力较强的作物(如马铃薯、燕麦、茶树)可不施石灰；耐酸能力中等的作物(如水稻、甘蔗、豌豆、蚕豆等)可以少施；耐酸能力差的作物(如大麦、小麦、棉花、玉米、大豆等)应适量多施。

c. 土壤性质。测定土壤交换性酸或水解性酸是确定石灰用量的基本依据。酸性强，施用多。土壤质地也影响石灰用量，在相似的酸度下，质地黏重的土壤用量多于质地轻的砂土。即使土壤反应呈中性或碱性，也不能完全排除土壤有效钙供应不足的情况，特别是一些质地偏轻的砂质土，钙的供应可能不足。一般认为，对大多数作物和土壤而言，交换性钙含量小于 400 mg/kg 时，钙的供应可能不足，施用钙肥一般有效。此外，钙的有效性不仅取决于交换性钙的含量，而且与钙饱和度有关。土壤钙饱和度如低于 15%~20%，使用钙肥有一定效果。在进行钙素营养诊断时，最好同时测定土壤钙的饱和度。对呈中性或碱性的缺钙土壤，宜施用石膏或磷肥，以增加土壤钙的有效性。

## 7.2 植物的镁素营养与镁肥

### 7.2.1 植物的镁素营养

**(1)镁在植物体内的含量、形态与分布**

在植物体内，镁含量为 0.05%~0.70%。豆科作物以及叶用作物的烟、茶、桑等需镁较多，其镁需要量是禾本科作物的 2~3 倍。比较植物的不同器官，种子含镁量最高，茎叶次之，根系最少。镁能从老叶转移到幼叶或植株顶部，其再利用程度仅次于氯、钾，但高于磷。所以，缺镁症状往往从老叶开始。

在植物体内，镁以 2 种形态存在：70%以上的镁与无机离子(如 $NO_3^-$、$Cl^-$、$SO_4^{2-}$ 等)、有机阴离子(如苹果酸、柠檬酸等)结合，容易迁移；另一部分镁则与草酸、果胶酸和植素磷酸盐等结合，形成难以迁移的沉淀。植素磷酸镁主要存在于种子中。

**(2)植物对镁的吸收、运输与同化**

土壤中的镁也是通过质流到达根部。植物根系对 $Mg^{2+}$ 的吸收包括 $Mg^{2+}$ 进入根系细胞质外体和跨膜运输进入细胞内 2 个过程。土壤中多数一价和二价阳离子与 $Mg^{2+}$ 也会产生拮抗作用，竞争能力表现为 $K^+>NH_4^+>Ca^{2+}>Na^+$。竞争作用在土壤中主要表现为这些离子能够与 $Mg^{2+}$ 竞争在土壤胶体表面的结合位点，增加被淋洗的风险，减少植物吸收；还表现为在植物体内能够竞争脂类、蛋白质等表面的结合位点，影响 $Mg^{2+}$ 的吸收和转运。

$Mg^{2+}$ 的木质部运输是长距离运输的主要方式。$Mg^{2+}$ 以游离态或有机酸结合态存在于木质部汁液中，含量在 0.5~1.0 nmol/L。地上部运输主要依赖蒸腾拉力和地上部质外体空间 $Mg^{2+}$ 的浓度梯度。液泡是叶片储存镁的主要器官，含量可达 20~120 mmol/L。

$Mg^{2+}$ 渗透性阳离子通道从液泡到细胞质，参与叶绿素合成、光合作用、蛋白质合成等生理生化过程。

**(3)镁的营养作用**

①叶绿素结构组成及参与光合作用。叶绿素由卟啉环和 20 个碳结构的叶绿醇侧链构成，镁位于卟啉环中心(图 7-4)。叶绿素 a 含甲基，叶绿素 b 含醛基，叶绿素中的镁占植物体内总镁量的 10%~20%。缺镁导致叶绿体结构破坏，叶绿素浓度降低，严重时幼叶失绿，影响植物生长发育。此外，叶绿素分子只有和镁原子结合后，才具备吸收光量子的必要结构。

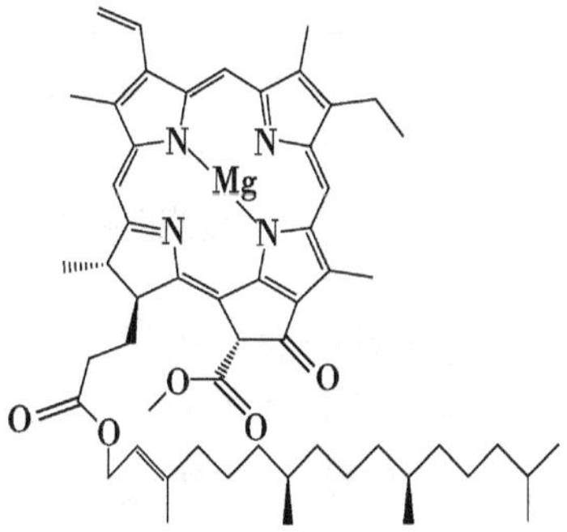

**图 7-4　叶绿素 a 的结构**

镁也参与叶绿体中 $CO_2$ 的同化，对叶绿体的光合磷酸化过程和羧化反应都有影响。在叶绿体基质中，镁能提高 1,5-二磷酸核酮糖羧化酶(RUBP)的活性。有镁存在的 RUBP 对 $CO_2$ 的亲和力提高，$K_m$ 值降低。在光照条件下，$Mg^{2+}$ 从叶绿体的类囊体进入基质，而 $H^+$ 从基质进入类囊体，互相交换，使基质的 pH 值升高，从而为羧化反应提供适宜的 pH 值环境；在黑暗条件下，$Mg^{2+}$ 和 $H^+$ 的移动方向则相反(图 7-5)。由此可见，$Mg^{2+}$ 通过活化 RUBP，促进 $CO_2$ 同化，有利于糖和淀粉的合成。

$$\text{二磷酸核酮糖}+CO_2 \xrightarrow[Mg^{2+}]{\text{二磷酸核酮糖羧化酶}} \text{磷酸丙糖}$$

在 $C_4$ 植物中，磷酸烯醇式丙酮酸是 $CO_2$ 的最初受体。它是在丙酮酸磷酸双激酶作用下由丙酮酸转化而成的。这种酶也需要 $Mg^{2+}$ 作为活化剂。

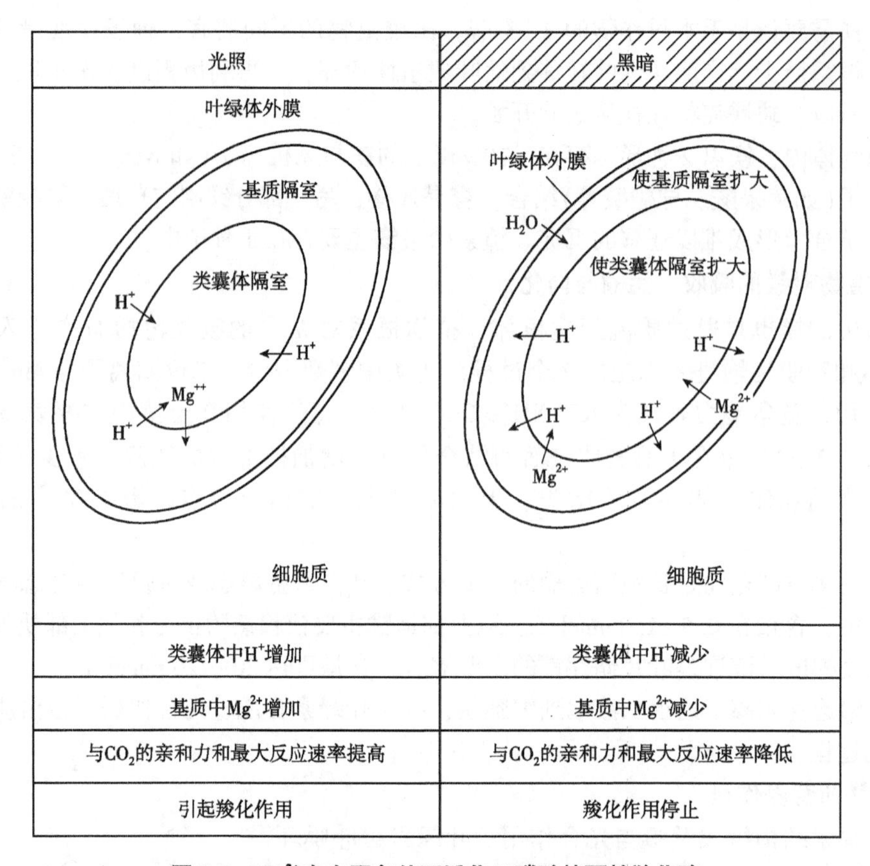


**图 7-5　$Mg^{2+}$在光照条件下活化二磷酸核酮糖羧化酶**

$$\text{丙酮酸}+\text{ATP}+\text{Pi}\xrightarrow[\text{Mg}^{2+}]{\text{丙酮酸磷酸双激酶}}\text{磷酸烯醇式丙酮酸}+\text{AMP}+\text{PPi}$$

②多种酶的活化剂。镁能活化的酶有 30 多种。几乎所有的磷酸化酶、磷酸激酶、某些脱氢酶和烯醇酶都需要 $Mg^{2+}$活化。这些酶参与植物体的光合作用、碳水化合物的合成、糖酵解、三羧酸循环、呼吸作用、硫酸盐还原等过程。

③参与蛋白质合成。镁的另一个重要生理功能是作为核糖体亚单位联结的桥接元素，能保证核糖体结构的稳定性，为蛋白质的合成提供场所，叶片细胞中有大约 75% 的镁是通过上述作用直接或间接参与蛋白质合成的。镁既是稳定核糖体颗粒，特别是多核糖体所必需的，又是功能 RNA 蛋白颗粒进行氨基酸与其他代谢组分按顺序合成蛋白质所必需的。此外，蛋白质合成中氨基酸的活化、转移、多肽合成的过程也需要镁。

**(4) 缺镁症状**

植物缺镁影响叶绿素合成，会引起失绿症，由于镁具有移动性，在植物生长初期幼叶颜色基本正常，后期老叶失绿明显。镁在韧皮部移动性强，双子叶植物表现为叶脉间失绿，颜色由淡绿色变为黄色或白色。单子叶植物叶基部叶绿素积累呈暗绿色斑点，其余部分呈淡黄色，严重时叶片会坏死。植物缺镁的整体表现为植株矮小，生长缓慢。

### 7.2.2　土壤中的镁

**(1)土壤中镁的含量**

镁在地壳中的平均含量为 2.1%，其丰度居第八位。在土壤中，镁的含量变化很大，为 0.1%~4.0%(以 MgO 计)，但大多数土壤的含镁量为 0.3%~2.5%。土壤的含镁量主要受母质、气候、风化程度和淋溶作用等因素的制约。我国土壤有效镁含量呈北高南低的趋势，多雨湿润地区的土壤，镁遭受强烈淋失，其含量多在 1%以下；在干旱和半干旱地区，石灰性土壤的含镁量可达 2%以上。质地偏砂的土壤含镁量低，随黏粒含量的增加，土壤含镁量增加。在不同母质中，以岩浆岩含镁量最高，平均含镁量为 3.49%，但其中的花岗岩等酸性岩的含镁量可低于 1%，沉积岩平均含镁量为 2.52%，其中石灰岩>页岩>砂岩。

**(2)土壤中镁的形态与转化**

土壤中镁的循环如图 7-3 所示。在土壤中，镁来源于含镁矿物，如黑云母、白云母、绿泥石、蛇纹石和橄榄石等。在这些矿物分解时，镁释放进入土壤溶液，然后去向是：①随排水淋失；②作物吸收；③土壤胶体吸附；④再次沉淀为次生矿物。因此，土壤中的镁主要以矿物态、交换态、水溶态和有机态等形态存在。

**(3)土壤镁的有效性及其影响因素**

在土壤中，有效镁的形态主要为水溶态和交换态。矿物态镁一般需经风化释放后才能被作物利用，通常被看作潜在的供应源。在一定酸度条件下，上述矿物释放酸溶态镁，可作为近期供应的有效镁，故称潜在性有效镁。土壤有效镁含量一般较高，但由于复种指数和作物单产的提高，加上高纯度单质肥料的施用和氮、钾肥用量的提高，缺镁的土壤面积有所增加。影响土壤镁素有效性的主要因素如下。

①土壤全镁量。土壤全镁量是供应镁营养的物质基础。在大多数土壤中，全镁量与酸溶态镁、交换性镁之间均有较强的相关性。在有些土壤中，交换性镁含量较低，而全镁量较高，施用镁肥对作物的效果往往不明显，说明在这种土壤条件下，作物仍然可以吸收较多的镁。

②土壤质地和阳离子交换量。交换态镁是有效镁的主要形态。阳离子交换量高的土壤可以容纳较多的交换性镁，同时还可减少土壤中镁的淋失，因而含有较高的有效镁。反之，土壤阳离子交换量低，有效镁的含量往往较低。土壤交换性镁的含量与作物吸镁量之间通常有明显的相关性。缺镁现象大多发生在砂质土和其他离子代换量较低的土壤上，这些土壤的代换性镁含量大多在 50 mg/kg 以下。

③土壤酸碱度和盐基饱和度。土壤酸碱度与盐基饱和度之间有一定联系，酸度高的土壤，代换性 $H^+$、$Al^{3+}$所占的比例高，盐基饱和度低，交换性镁的数量相应减少。当交换性镁的饱和度低于 10%时，就有缺镁的可能。对一般作物而言，土壤交换性镁的饱和度不应低于 4%；对于需镁较多的豆科作物，镁饱和度不应低于 6%；一些牧草要求镁的饱和度在 12%以上，才能充足地供应镁营养。大量研究表明，pH 值与有效镁之间成正相关，在 pH 值大于 6.5 的土壤上，可能发生缺镁现象。

④土壤胶体种类。不同土壤胶体对 $Mg^{2+}$ 的吸附力不同，因而黏粒矿物组成不同的土壤，其交换性镁的利用也有显著差异。几种黏粒矿物对镁的吸附能力为：蒙脱石>高岭石>伊利石。因此，在以高岭石和铁铝氧化物为主的土壤中，交换性镁的利用率较高，镁也容易淋失，易发生缺镁现象。相反，在以蒙脱石或硅石类型为主的土壤中，对镁有较强的保持能力，交换性镁的饱和度一般较大，不易出现缺镁。土壤胶体吸附的 $H^+$、$Al^{3+}$、$K^+$ 较多，会抑制作物对 $Mg^{2+}$ 的利用。此外，交换性钙镁比过高，也会对镁的利用产生不良影响。

## 7.2.3 含镁肥料的种类、性质与施用

### (1)含镁肥料的种类与性质

表 7-4 列出了含镁肥料的种类、含量和性质。按其溶解度可分为水溶性和难溶性两类，MgCl、$Mg(NO_3)_2$ 和 $MgSO_4$ 等为水溶性镁肥，施用后见效快，对于缓解作物缺镁有较高的有效性，也可用于叶面喷施。含镁矿物、轻烧氧化镁及氢氧化镁为难溶性镁肥，在土壤中释放速率较慢，但能够缓慢释放，具有较长的肥效。

表 7-4 常见含镁肥料的主要成分及含量

| 名称 | 主要成分 | MgO(%) |
|---|---|---|
| 氯化镁 | $MgCl_2 \cdot 6H_2O$ | 20(19.7~25.0) |
| 泻利盐 | $MgSO_4 \cdot 7H_2O$ | 16(13.0~16.9) |
| 硫镁矾 | $MgSO_4 \cdot H_2O$ | 29(27.0~30.3) |
| 钾泻盐 | $MgSO_4$ | 14(10~18) |
| 石灰石粉 | $CaCO_3 \cdot MgCO_3$ | 78 |
| 生石灰 | CaO，MgO | 14(7.5~33.0) |
| 菱镁矿 | $MgCO_3$ | 44.8 |
| 光卤石 | KCl、$MgCl_2 \cdot H_2O$ | 14.4 |
| 钙镁磷肥 | $Mg_3(PO_4)_2$ | 12(5~15) |
| 磷酸镁铵 | $MgNH_4PO_4$ | 21(16.4~25.9) |
| 钢渣磷肥 | $MgSiO_3$ | 3.8(2.1~10.0) |
| 粉煤灰 | MgO | 1.9(1.7~2.0) |
| 硫代硫酸镁 | $MgS_2O_3$ | 6.7 |
| 硫酸钾钙镁(杂卤石) | $K_2Ca_2Mg(SO_4)_4 \cdot 2H_2O$ | 6 |

### (2)含镁肥料的施用及效果

镁肥大多用作基肥、追肥和种肥。硫酸镁、硫镁矾等还可作根外追肥，硫镁矾喷施浓度约为 2%。镁在土壤中容易移动，要适当深施。镁肥的效果与土壤镁供应能力，特别与有效镁含量密切相关。一般认为，交换性镁含量超过 30mg/kg，施用镁肥无增产效

果；当土壤交换性镁含量低于15 mg/kg时，施用镁肥增产效果明显。我国大多数土壤不缺镁，只有在南方酸性红壤、黄壤中局部缺镁。例如，在红色砂土和红色黏土上发育的红壤土，每100 g土约含交换性镁2 mg，施用硫酸镁肥对花生、大豆有一定增产效果。

镁肥施用还要视作物种类而定。一般认为，需镁较多的作物有玉米、棉花、马铃薯、甜菜、烟草、柑橘、油棕、牧草等。在缺镁土壤上，这些作物可以适量施用镁肥。不同镁肥适用于不同的土壤，其施用方法也有所不同。水溶性镁肥可用于各类土壤，但以pH值6.5以上的缺镁土壤最佳。白云石等含镁矿物和其他碱性含镁化学肥料最宜用于pH小于6.0的酸性土壤，既能增加溶解度，提高镁的有效性，又能中和土壤酸性，调节土壤反应，后效也长，施用效果常比水溶性镁肥好。在酸性土壤中施用白云石，用量可根据肥料的中和能力、土壤酸碱度和作物耐酸能力等因素而定。一般撒施作基肥，用量少时，也可采用穴施或条施。

实验证明，高浓度的$K^+$、$Ca^{2+}$、$NH_4^+$抑制植物对镁的吸收，大量施用钾肥、石灰(不含镁)、铵态氮肥会诱发或加重植物缺镁。此时，应注意含镁肥料的配合施用，当土壤交换性钾镁比大于1.3时，施用镁肥效果明显，有效钾镁比一般应维持在2：1~3：1为宜。

一般而言，豆科作物、块根和块茎作物、葡萄、橡胶树、可可等对镁肥的反应良好，而谷类作物只有在严重缺镁的土壤上才有显著增产效果。施用镁肥除能增加作物产量外，还可增加大豆含油量，提高大豆品质，提高甘蔗、甜菜和柑橘类产品的含糖量等。施镁肥能提高烟叶百叶重、产量、上中等(尤其是上等)烟的比例和经济效益。

## 7.3 植物的硫素营养与硫肥

### 7.3.1 植物的硫素营养

**(1)硫在植物体内的含量、形态与分布**

植物干物质的含硫量一般为0.1%~0.5%，平均为0.25%左右。不同植物含硫量差别很大，表现为十字花科植物>豆科植物>禾本科植物。油菜籽含硫0.89%，花生果实0.26%，大豆籽实0.37%，稻谷0.12%~0.16%，小麦籽粒0.16%。同一作物不同器官中，种子>叶>茎秆。植物体内硫有2种形态：①无机硫($SO_4^{2-}$)，储存于液泡中；②有机硫化合物，包括含硫氨基酸(如胱氨酸、半胱氨酸和蛋氨酸)等，它们是构成蛋白质必不可少的成分。其他含硫化合物还有谷胱甘肽、维生素$B_1$、生物素(维生素H)、辅酶A、芥子油、亚砜等。

**(2)植物对硫的吸收、运输与同化**

①植物对硫的吸收和运输。植物主要通过根部吸收土壤中$SO_4^{2-}$。植物根系吸收的硫几乎全部为$SO_4^{2-}$，另外还可吸收有机形态的胱氨酸、半胱氨酸、蛋氨酸。植物叶片可以吸收并同化大气中的$SO_2$和$H_2S$。$SO_4^{2-}$的吸收是一个主动吸收过程，土壤溶液中的$SO_4^{2-}$主要在根毛、根表皮等根外层结构细胞膜上高亲和转运子的作用下与$H^+$共同进入根部。$SO_4^{2-}$进入根表皮和皮层细胞后，经共质体运输途径到达维管组织，并在蒸腾拉力的作用下通过

木质部向上运输。

②植物体内硫酸盐的还原和同化。$SO_4^{2-}$ 在植物体内的同化在许多方面与 $NO_3^-$ 的同化相似。植物体内硫酸盐的同化过程包括：活化阶段、还原阶段和 Cys 合成阶段。$SO_4^{2-}$ 的化学性质很稳定，在还原或与稳定的有机化合物发生酯化作用之前需要活化。$SO_4^{2-}$ 的还原和同化过程如图 7-6 所示。半胱氨酸是植物硫同化的最初产物。它和谷胱甘肽(GSH)都是细胞的组成成分。细胞的组成成分都来自植物基本代谢的 3 个重要途径(光合作用、氮同化和硫酸盐同化)。半胱氨酸中的硫来自硫酸盐同化途径中异养组织的叶绿体或质体内被还原的硫。在这个途径中，硫酸盐由硫酸盐运体运转到植物细胞。硫酸盐被活化为腺苷 5′-磷酸硫酸酐(APS)。APS 被还原为亚硫酸盐，电子由 GSH 产生。亚硫酸盐进一步被亚硫酸盐还原酶还原成硫化物，硫化物进而形成半胱氨酸。过量的硫酸盐被转移到液泡。根质体含有硫酸盐还原酶。硫酸盐还原成为硫化物以及而后形成半胱氨酸的反应主要发生在地上部的叶绿体中。

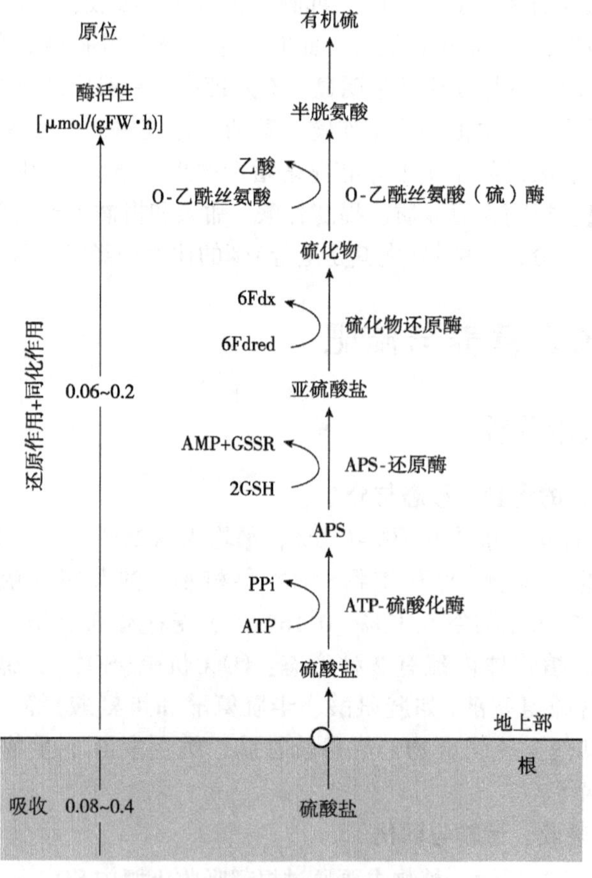


**图 7-6 $SO_4^{2-}$ 的还原和同化过程**

(De Kok et al.，2002)

③大气硫气体代谢。植物的叶片通过气孔吸入 $SO_2$，并在叶肉非原质体中形成 $HSO_3^-$ 和 $SO_3^{2-}$。亚硫酸盐可以直接进入硫的还原通道并被还原为硫化物，结合成半胱氨酸。亚硫

酸盐也可以被氧化为硫酸盐，并在细胞内和细胞外被过氧化物酶催化，进而进行还原和吸收。叶片吸入 $H_2S$ 直接取决于 $H_2S$ 代谢为半胱氨酸和其他硫化物的速率。植物也可以将硫酸盐转化为叶面吸附性 $SO_2$ 或 $H_2S$ 作为硫源。

**(3)硫的营养作用**

①氨基酸和蛋白质的组分。硫是含硫氨基酸[半胱氨酸(图 7-7)、胱氨酸和蛋氨酸]和蛋白质的组分。在供应硫的情况下，植物体内含硫氨基酸中的硫可占植物全硫量的 90%。在蛋白质结构中，二硫键使蛋白质分子互相联结，以稳定蛋白质结构，一般蛋白质含硫量为 0.3%~2.2%。含硫氨基酸是限制蛋白质营养价值的主要因子，其中蛋氨酸是人类及反刍动物的必需氨基酸。饲草氮硫比(N/S)是衡量其营养价值的指标之一。一般认为氮硫比为 10∶1~15∶1 最为适宜，如果大于 20∶1，动物不能有效利用饲草中的氮。

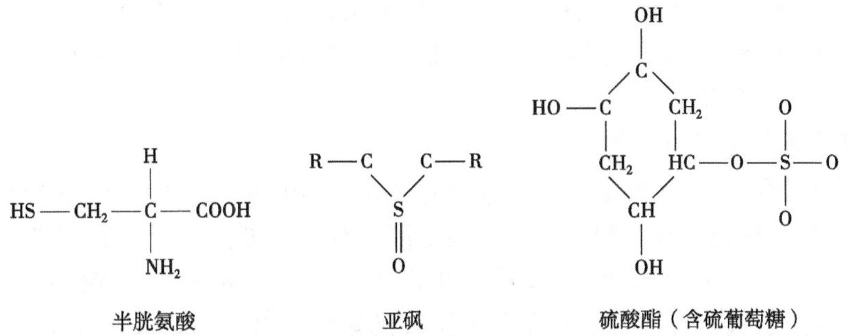

半胱氨酸　亚砜　硫酸酯（含硫葡萄糖）

图 7-7　几种重要含硫化合物的结构

②挥发性硫化物的组分。在植物体内，某些特殊物质含有硫，如十字花科的油菜、萝卜、甘蓝等植物的种子含芥子油，油菜籽含硫量可高达 0.89%。百合科的葱、蒜含蒜油，主要成分是硫化丙烯，还含有催泪性的亚砜(图 7-7)，这些硫化物具有特殊的辛香气味，在食品营养和风味方面具有独特的功效，同时又是抗菌物质，可用于预防或治疗某些疾病。

③多种酶和活性物质的组分，参与多种代谢过程。硫能提高多种酶的活性。例如，硫是辅酶 A(CoA)的成分，辅酶 A 中的巯基(—SH)属于高能键，有储存能量的作用。这种储存的能量可用于许多合成反应。已知氨基酸、脂肪、碳水化合物等的合成都与辅酶 A 有密切关系。维生素 $B_1$、辅酶 A 等维生素也含有硫。二硫辛酰焦磷酸维生素 $B_1$ 是丙酮酸氧化酶系统的辅酶。所以，硫还影响植物体内的氧化还原反应。此外，甘油磷酸、醛脱氢酶、苹果酸脱氢酶、α-酮戊二酸脱氢酶、脂肪酶、羧化酶、氨基转移酶、脲酶和磷酸化酶等都是含巯基的酶类，它们不仅与呼吸作用、脂肪代谢和氮代谢有关，而且对淀粉合成也有一定影响。

④参与光合作用和固氮过程。硫在光合作用中以硫酸酯(图 7-7)方式组成叶绿体基粒片层；以半胱氨酸—SH 在光合作用中传递电子；形成铁氧还蛋白的铁硫中心，参与暗反应 $CO_2$ 的还原过程。固氮酶的钼铁蛋白和铁蛋白均含有硫，施用硫肥能提高铁氧化还原素和 ATP 含量，促进豆科植物形成根瘤，提高固氮效率。

**(4)缺硫症状**

植物缺硫时，氮硫比增大，氮代谢不能正常进行，蛋白质合成速率缓慢，蛋白质水解，可溶性氮化合物积累。因此，缺硫外观症状与缺氮相似，表现为叶片失绿、植株矮小、发育缓慢，但因硫移动性弱，幼叶症状明显，失绿黄化，茎细弱，根细长而不分枝，开花结实推迟，果实和种子减少。

## 7.3.2 土壤中的硫

**(1)土壤中硫的含量**

土壤中硫的含量一般为0.01%~0.50%。不同土壤相差很大，成土母质、土壤性质和气候条件是影响土壤含硫量的主要因素。我国不同土壤类型全硫含量为100~500 mg/kg。土壤中的硫主要来自成土母岩中的金属硫化物。在风化时硫化物转化为硫酸盐。硫的另一个来源是大气，人类活动(化石燃料燃烧、开采元素硫和金属)和生物圈(土壤有机物质的氧化和生物质燃烧)释放$SO_2$到大气中，大部分通过降水(酸雨)最后又回到地面。此外，灌溉和施肥也是土壤硫的重要来源。

**(2)土壤中硫的形态与转化**

①土壤中硫的形态。土壤中的硫可分为有机硫和无机硫。对于一般耕作土壤，大部分硫以有机态存在。在我国南部和东部的湿润地区，有机硫可占全硫量的85%~94%，而无机硫仅占6%~15%；在北部和东部的石灰性土壤中，无机硫含量较高，占全硫量的39.4%~66.8%。土壤有机质中主要存在3类有机硫化合物。第一类由完全还原态硫与碳结合的化合物组成，如硫化物、二硫化物、硫醇以及噻吩，这包括了蛋白质和氨基酸，如半胱氨酸、胱氨酸和蛋氨酸。第二类硫处于中间氧化还原状态，包括亚砜和硫酸盐，其中的硫除了与碳结合，还与氧结合(C—S—O)。第三类主要是由酯类硫酸盐组成(C—O—S)，其中硫处于高氧化态并且是与氧结合而非直接与碳连接。无机硫可分为水溶性$SO_4^{2-}$、吸附态$SO_4^{2-}$、矿物态硫。土壤空气中还含有$SO_2$和$H_2S$等含硫气体，在某些条件下还可能有元素硫的存在。

②土壤中硫的转化。有机态硫在被微生物分解的过程中，会形成硫化物，同时会生成一些未完全氧化的物质，如单质硫($S^0$)、硫代硫酸盐($S_2O_3^{2-}$)和连多硫酸盐($S_{2x}O_{3x}^{2-}$)等。这些还原态物质，就像含氨物质分解后形成铁盐一样，容易被氧化。

$$H_2S+2O_2 \longrightarrow H_2SO_4 \longrightarrow 2H^++SO_4^{2-}$$

$$2S+3O_2+2H_2O \longrightarrow 2H_2SO_4 \longrightarrow 4H^++2SO_4^{2-}$$

一些含硫化合物的氧化反应，如亚硫酸盐($SO_3^{2-}$)和硫化物($S^{2-}$)，是严格意义上的化学反应。然而，土壤中大多数硫的氧化过程实质上是一个生物化学过程，有许多自养细菌参与，如产硫酸杆菌属(*Thiobacillus*)的5个种。由于这5个种对环境的要求以及自身的耐受力差异较大，因而硫的氧化过程可以在大多数土壤条件下发生，pH值为2.0~9.0的条件下都可以发生硫的氧化作用。与此相反的是，氮的氧化过程和硝化作用则只能在近于中性且非常小的pH值范围内发生。

硫的氧化会引起土壤酸化，$Ca^{2+}$、$Mg^{2+}$会伴随$SO_4^{2-}$淋失，盐基饱和度下降，这种酸化过程会对土壤、水体等生态系统产生危害。

硫的还原过程同 $NO_3^-$ 一样，$SO_4^{2-}$ 在厌氧环境下不稳定。它们能被以下 2 个属的许多微生物还原成 $S^{2-}$，包括脱硫弧菌属(5 种)和脱硫肠状菌属(3 种)。微生物利用硫酸盐中的氧来氧化有机质。有机质氧化耦合硫的典型反应式如下：

$$2R—CH_2OH+SO_4^{2-} \longrightarrow 2R—COOH+2H_2O+S^{2-}$$

在排水不良的土壤中，$S^{2-}$ 可立即与还原态铁或锰发生反应，通过形成硫化铁降低稻田和沼泽土壤中铁的毒性。同时 $S^{2-}$ 也可与 $Cd^{2+}$ 等重金属离子结合，降低重金属活性，减少吸收。反应式如下：

$$Fe^{2+}(Mn^{2+},\ Cd^{2+})+S^{2-} \longrightarrow Fe(Mn,\ Cd)S$$

$S^{2-}$ 还可以通过水解形成气态的硫化氢，这也是沼泽湿地散发臭鸡蛋味的原因。硫的还原可能来源于含硫离子而非硫酸盐中的硫。例如，亚硫酸盐、硫代硫酸盐、单质硫都非常容易被细菌和其他生物还原成硫化物形态。

**(3) 土壤有效态硫的输入与输出**

土壤有效态硫的输入和输出如图 7-8 所示。据 1990 年的测定和计算表明，在我国南方，随降水和灌溉水带入土壤的硫分别为 0. 688 $g/m^3$ 和 0. 39 $g/m^3$，而当年从土壤中淋失的硫为 1. 05 $g/m^3$，输入和输出接近平衡。但在近 30 多年，作物缺硫现象越来越普遍，主要原因是：空气质量标准的提高减少了化石燃料燃烧产生的 $SO_2$ 排放；高浓度的复合肥施用量增加，含硫化肥施用量相应减少；作物产量增加，收获带走了大量土壤硫。因此，在有些地区(如半干旱的草原)，由于硫的输入减少，硫已经是除氮之外最重要的限制因子。

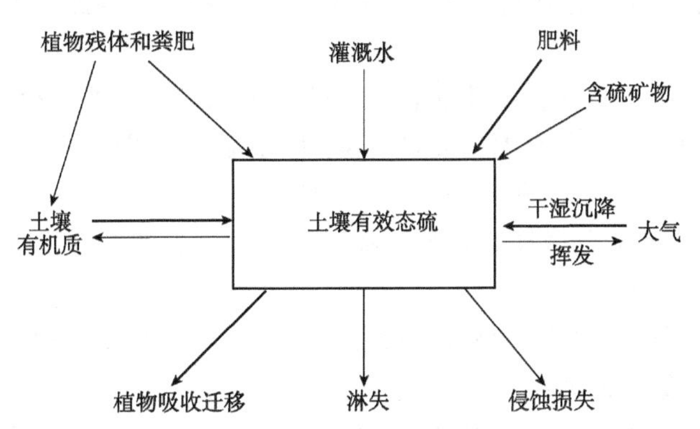


**图 7-8　土壤有效态硫的输入和输出**

(布雷迪，2019)

## 7. 3. 3　含硫肥料的种类、性质与施用

**(1) 含硫肥料的种类与性质**

农用硫肥主要是石膏和硫黄，石膏又分为生石膏、熟石膏和磷石膏 3 种。一般常用的化肥(如过磷酸钙、硫酸钾等)都含有相当数量的硫(表 7-5)。

表 7-5 常见含硫肥料的主要成分及含量

| 名称 | 硫的主要成分 | S(%) |
| --- | --- | --- |
| 石膏 | $CaSO_4 \cdot 2H_2O$ | 18(15~28) |
| 硫黄 | S | 80~100 |
| 黄铁矿 | FeS | 53.4 |
| 硫酸铵 | $(NH_4)_2SO_4$ | 24 |
| 硫酸钾 | $K_2SO_4$ | 18(16.0~18.4) |
| 硫衣尿素 | $(NH_2)_2Co$-S | 10 |
| 硫酸铜 | $CuSO_4 \cdot 5H_2O$ | 12.8 |
| 硫酸锰 | $MnSO_4 \cdot 7H_2O$ | 11.6 |
| 硫酸铁 | $FeSO_4 \cdot 7H_2O$ | 11.5 |
| 硫酸锌 | $ZnSO_4 \cdot H_2O$ | 17.8 |
| 普通过磷酸钙 | $CaSO_4 \cdot 2H_2O$ | 12(10~16) |
| 泻盐 | $MgSO_4 \cdot 7H_2O$ | 13 |
| 硫酸镁 | $MgSO_4$ | 20(16~23) |

①生石膏。又称普通石膏，主要成分是硫酸钙($CaSO_4 \cdot 2H_2O$)，含硫 18.6%，含 CaO 23%。石膏呈粉末状，微溶于水。生石膏是由石膏矿石直接粉碎而成，其产品质量与其细度有关，粒径越小，改土效果越好，也越易被作物吸收利用。因此，农用生石膏的颗粒应通过 60 目筛。

②熟石膏。又称雪花石膏，由普通石膏加热脱水制成，主要成分是 $CaSO_4 \cdot 0.5H_2O$，含硫 20.7%，呈白色粉状，易磨细，吸湿性强，吸水后又变成生石膏。

③磷石膏。主要成分是硫酸钙($CaSO_4 \cdot 2H_2O$)，约占 64%，含硫 11.9%，含 $P_2O_5$ 0.7%~3.7%。它是用硫酸分解磷矿石制取磷酸后的残渣。磷石膏呈酸性，易吸潮，宜施在缺乏硫、钙及磷的土壤上。

④硫黄。农用硫黄含硫 95%~99%，难溶于水，不易从耕层中淋失，后效较长。

**(2)含硫肥料的施用及效果**

石膏可作基肥、种肥和追肥。石膏作基肥的用量为 225~375 kg/hm$^2$，作种肥的用量为 60~75 kg/hm$^2$。水稻可以通过蘸秧根或配合其他肥料施用，蘸秧根用量为 30~45 kg/hm$^2$，作基肥或追肥用量为 75~50 kg/hm$^2$。此外，硫肥施用早比晚好。

在碱性土壤中，施用石膏应根据土壤性质及灌溉条件来确定。在灌溉条件很差的地区，应在雨季前把石膏均匀撒在地面，然后翻入土壤。因为石膏与土壤中交换性钠发生反应之后，钠盐可随降水排除。在有灌溉条件的地区，在灌水前把石膏均匀撒于地面，深翻入土，再灌水泡田，同样可以排除硫酸钠，达到脱碱的目的。为了提高改土效果，最好在结合灌溉的同时，配合施用有机肥料和种植绿肥作物，如苜蓿、田菁等。硫黄的一般用量为7.5~15.0 kg/hm²，施用硫黄能显著降低土壤的pH值，硫黄配合氮、磷、钾及其他肥料施用，还能发挥增产作用。硫肥中的$SO_4^{2-}$为速效硫，可作基肥或追肥，但是在土壤中，$SO_4^{2-}$容易淋失，肥效持续时间不长。一般情况下，施用量为20~25 kg/hm²时残效很低，用量达27~30 kg/hm²时，可以维持两季稻谷的需要。在热带地区，将硫加入重过磷酸钙和磷矿粉中是经济实用的施肥方法。在磷矿粉中，加入元素硫可以增加磷的释放，重过磷酸钙易被土壤中的游离$Fe^{3+}$、$Al^{3+}$固定，减少施用初期磷的释放，提高磷肥利用率。

## 7.4 植物的硅素营养与硅肥

### 7.4.1 植物的硅素营养

**(1)硅在植物体内的含量、形态与分布**

不同植物的含硅量差异很大。根据硅的含量，栽培植物一般可分为3类：①含硅量特高的作物，如水稻，水稻体内的含硅量占总干物质量的11%~20%($SiO_2$)；②旱地禾本科植物，如燕麦、大麦和小麦，干物质的含硅量为2%~4%；③以豆科植物为代表的低含硅量的双子叶植物，含硅量在1%以下。

硅在植物体内呈不均匀分布，植物地上部分的含硅量变化很大，从干重的0.1%到10.0%不等，且受环境的影响很大。例如，燕麦成熟时，其地上部的颖果、花序、叶、茎秆占植株总硅量的95%以上，而根系则低至2%以下。在水稻体内，硅多分布在地上部分，穗的含硅量占植株总硅量的10%~15%。在三叶草根系中，硅的含量相当于地上部分的8倍。一般而言，成熟植物的含硅量高于幼嫩植物，衰老器官的含硅量高于幼嫩器官。

在植物体内，硅几乎都是以硅胶的形态存在。以水稻为例，胶状硅酸只占总硅量的1.0%~3.3%，而90%~95%是硅胶($SiO_2 \cdot 2H_2O$)。植物体内的硅酸能与糖、纤维素、蛋白质等结合形成有机络合物，也有一部分可能以有机硅的形态存在。在植物的木质部汁液中，硅主要是以单硅酸形式存在；在根系中，离子态硅所占的比例较大，如水稻根系内可达3%~8%；在叶片中，硅胶可高达95%以上。在植物体内，硅一旦沉淀和固定，一般难以再利用。

**(2)植物对硅的吸收、运输与同化**

高等植物主要吸收分子态的单硅酸。植物对硅的吸收存在主动吸收、被动吸收和排斥吸收3种方式。大部分单子叶植物(如水稻、小麦等)以主动吸收为主，大多数双子叶植物以被动吸收为主。水稻硅的近距离运输是耦联跨细胞途径；而长距离运输是进入中柱后，通过木质部蒸腾流向地上部运输。硅在地上部器官中的分布取决于器官的蒸腾速率。

硅转运至地上部蒸腾失水后以无定形二氧化硅形态积累在叶、茎和外壳的细胞壁中。叶表皮细胞壁中的蛋白石可以形成二氧化硅—角质层的双层结构，并沉积在特定的硅化细胞中。当浓度超过2 mmol/L时，在不需要能量的情况下，硅酸可以聚合形成植硅体。植硅体的比例和位置随植物种类以及年龄而变化。硅还以硅质体形态存在于泡状细胞、纺锤状细胞和表皮刺毛中。

**(3) 硅的营养作用**

对于一些含硅高的禾本科植物(如水稻、小麦等)、甜菜和木贼属植物，硅是必需营养元素；而对大多数双子叶植物而言，硅只是有益元素。在植物体内，硅主要通过改善植物的形态结构和生理过程来发挥作用。

①强化细胞壁。高等植物需要硅元素强化细胞壁，以增强其抗病害和抗倒伏能力。硅藻等浮游生物生长时需要大量的硅元素组成躯壳。在植物体内，硅与果胶酸、多聚糖酸、糖脂等物质结合，形成稳定性强、溶解度很低的单硅酸及多硅酸复合物，并沉积在木质化细胞壁和中胶层中。试验证明，许多谷类作物对粉霉病的抗性，小麦对小双翅蝇的抗性，以及水稻对稻瘟病、白粉病和茎秆钻心虫的抗性都随着含硅量的增加而提高(图 7-9)。在氮肥和水分供应过度时，植株生长加快，高大而细弱，容易弯曲或倒伏。在这种情况下施用硅肥，作物茎叶生长健壮，抗倒伏能力增强。此外，有人提出，固态硅有利于种子的保存。

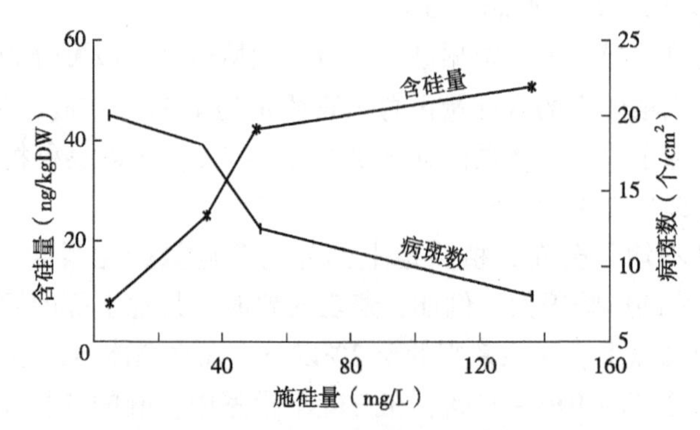


**图 7-9 施硅对水稻稻瘟病病斑数的影响**

②调节植物光合作用和蒸腾作用。植物叶片的硅化细胞对于散射光的透过量为绿色细胞的 10 倍，能增加光能吸收，从而促进光合作用。由于硅在植物表皮组织内沉积，增加了机械强度，使叶片直立、与茎夹角和弯曲度减小，防止叶片互相遮挡，有利于提高群体的光合效率。在植物缺硅时，蒸腾作用增强，容易失水凋萎，尤其是在大气湿度较低时最为明显。充足的硅可以加厚细胞壁，减轻植物凋萎，减少水分损失。此外，蒸腾速率可能受到表皮细胞的纤维和含硅量的影响。因此，较厚的硅胶层有利于阻止水分损失。

③增加根系的氧化能力。硅可以通过增加根系活力、水分吸收和提高根系水力导度来增加养分吸收。当二价铁、锰过多时，硅酸能促进 $Fe^{2+}$ 和 $Mn^{2+}$ 氧化沉积，降低体内铁、锰含量，增强植物体内磷酸的移动性，提高植物体内磷的利用率。硅酸根离子的化学特性与磷酸根离子相似，在活性铁、铝丰富的土壤中，能与活性铁、铝结合，防止对磷酸根离子的固定；或者能把土壤中固定的磷酸根离子置换出来，提高磷的有效性。但是，大量施用硅肥，可能由于吸收初期的离子间拮抗作用，反而使磷酸根离子的吸收降低。研究表明，在酸性土壤中，施用硅酸钙可以提高 pH 值和 $Ca^{2+}$ 浓度，降低活性 $Al^{3+}$ 含量，减少磷的吸附和固定，增加有效磷的释放和有效性，改善植物的磷素营养。

**(4) 缺硅症状**

硅是水稻生长必需的营养元素，缺硅水稻营养生长和籽粒产量都明显下降。当硅不足，而铁、锰含量高时，水稻叶片出现褐色斑点，与缺钾、缺锌的赤枯病病斑类似。甘蔗对硅需求较大，缺硅时产量下降，同时出现典型缺素症状——叶雀斑。硅供应不足还会影响黄瓜、番茄、大豆、草莓等植物的生长发育，导致产量下降，引发新生叶畸形、萎蔫、早衰、黄化，产生“花而不实”等症状。

### 7.4.2　土壤中的硅

**(1)土壤中硅的含量**

硅是地壳中第二大组成元素，占地壳总质量的26.4%。在土壤中，硅的总含量与地壳相近，但因气候条件、土壤母质和类型的不同而异。低硅土含硅25%，高硅土含硅35%，平均约30%。如以$SiO_2$计算，硅约占地壳组成的60%。土壤中的硅主要存在于土壤颗粒和溶液中，或被吸附于胶体表面。从数量上来看，土壤中的含硅量很高，但溶解度却极低，在土壤溶液中，正硅酸盐的含量很低，仅在0.5~12.0 mg/kg。

**(2)土壤中硅的形态与转化**

土壤中固态硅大致可分为两大类：一类是与铝或其他元素结合形成的硅酸盐；另一类是比较单纯的二氧化硅，主要有橄榄石、辉石、角闪石、黑云母、白云母、钾长石和石英等。在一定的环境条件下，固态硅酸盐和硅化物经过风化作用释放的硅进入土壤溶液、被植物吸收、被胶体所吸附或者随水流失。

**(3)土壤硅的有效性及其影响因素**

虽然土壤中富含硅，但大部分元素不能被植物完全吸收。土壤中硅的有效性与pH值有关。在pH值6.0~8.0范围内，土壤有效硅的含量随pH值升高而增加，当pH值超过8.0时，土壤有效硅含量有降低的趋势。在土壤溶液中，硅在pH值低于9.0时，都是单硅酸；当接近中性且溶液中的含量超过120 g/kg时，单硅酸将形成胶态硅。土壤胶体和一些氢氧化物(如新鲜的氢氧化铁和氢氧化铝等)，可吸附土壤溶液中的硅；石灰石微粒、氧化铁(铝)、高岭土和蒙脱土对硅的吸附能力很低；碱金属碳酸盐和硅酸盐矿物则无吸附作用。

土壤的供硅水平是作物施用硅肥的主要依据，硅肥的施用主要根据土壤有效硅含量来确定。测定土壤有效硅有多种浸提方法，例如，有机酸的缓冲液、有机酸和无机酸等。目前，比较通用的是醋酸缓冲液浸提法。

我国缺硅土壤主要是南方酸性、砂质的红壤和黄壤。南方水稻土含有效硅53~301 mg/kg，平均为125 mg/kg。红砂岩和花岗岩母质发育的水稻土供硅能力低；玄武岩和长江三角洲冲积物发育的土壤供硅能力高。前一类土壤的特点是砂性强和偏酸性；后一类土壤黏粒含量很高，偏中性。在我国从南至北，随着土壤pH值的升高，土壤有效硅含量随之增加，水稻施用硅肥的效果也逐渐降低。

### 7.4.3　含硅肥料的种类、性质与施用

**(1)含硅肥料的种类与性质**

近年来，全球硅肥产量在持续上升，2019年已达4 000×$10^4$ t左右。根据原材料及生产工艺的不同，硅肥可分为高效硅肥、熔渣硅肥及复合硅肥。国内外利用最多的含硅肥料

是钢铁炉渣，其次是各种冶炼炉渣，还有钙镁磷肥、石灰石粉和窑灰钾肥等。研究显示，高效硅肥利用率可达 38%，而熔渣硅肥利用率仅有 25%～30%。各种含硅肥料的主要成分和含硅量见表 7-6。

**表 7-6 常见含硅肥料的主要成分及含量**

| 名称 | 主要成分 | $SiO_2$(%) |
|---|---|---|
| 硅酸钠 | $Na_2O \cdot nSiO_2 \cdot H_2O$ | 55～60 |
| 硅镁钾肥 | $CaSiO_3 \cdot MgSiO_3$ | 35～46 |
| 钙镁磷肥 | $CaSiO_3$ | 40 |
| 钢渣磷肥 | $CaSiO_3$ | 25 |
| 窑灰钾肥 | $K_2SiO_3$ | 16～17 |
| 钾钙肥 | $SiO_2$ | 35 |
| 高炉铁渣 | $CaSiO_3 \cdot MgSiO_3$ | 40. 7 |
| 钢渣 | $CaSiO_3 \cdot MgSiO_3$ | 24. 5～27. 3 |

①高效硅肥。有效硅含量达 25%～60%，主要成分为硅酸钠及偏硅酸钠，具有水溶性。例如，硅酸钠含 $SiO_2$ 55%～60%，是由含硅矿物、硅石与纯碱($Na_2CO_3$)熔融而成的玻璃状流体，经水淬冷，磨细制成的肥料。其颜色为黄白色或灰白色。一般每亩施用 5～10 kg，由于成本较高，施用不普遍。

②熔渣硅肥。有效硅含量需超过 20%，其中以冶炼钢铁的副产物熔渣为原料的含硅量为 30%～35%，含硅化合物主要为硅酸钙和硅酸镁。钢铁炉渣为金属冶炼副产物，呈碱性，溶于弱酸，肥料呈灰黑色，主要成分为 CaO(MgO)与 $SiO_2$ 等，作为硅肥应用时，不仅可以补充硅，而且可供应钙和镁。目前，国内外所施用的含硅肥料主要是枸溶性的无定型玻璃体一类的肥料，其化学组成较为复杂，主要是焦硅酸复盐($Ca_2MgSi_2O_7$)和硅酸钙，其次是 $MgFe_2O_4$、$Ca_3(PO_4)_2$、$Fe_2O_3$、$CaTiO_3$ 等。凡含可溶性 $SiO_2$ 超过 15%、CaO 和 MgO 含量不大于 30%、有害重金属含量小于 0. 000 1%、含水量在 14%～16%的化工和冶炼废渣均可用于生产硅肥，如高炉炉渣、黄磷炉渣、粉煤灰、碳化煤球渣、铁锰渣等。一些硅工业冶炼厂排放粉尘中二氧化硅含量达 66. 59%。以炉渣、硅灰石和粉煤灰等原料的粗制品作为硅肥，其中的硅钙属于缓效性养分，当年的利用率很低。因此，施用量很大，每亩需 100～150 kg，只能作基肥施用。另外，我国有施用河泥、稻草的传统，这些物质中的含硅量丰富，是稻田补充硅肥的重要措施之一。稻草灰分含量是作物中最多的，达干重的 15%～18%。主要原因是水稻含硅量很高，氧化硅约占灰分总量的 78%，其次为钾的氧化物，约占 12%。所以，实施稻草或稻草灰还田，实际上起到了施用硅和钾等矿物质肥料的作用。

③复合硅肥。由熔渣经化学处理后制作形成，有效硅含量超过 20%，并含有其他微量元素，如硅钾肥。

**(2)含硅肥料的施用及效果**

钢铁炉渣施加于稻田，能够改善土壤环境并提高稻田生产力，一般作基肥施用，作水稻前期的追肥也有效。施用硅肥时，约有60%的硅被土壤固定，有效性降低，因此需要连续施用才能维持其增产效果，施用量一般为1 500 kg/hm$^2$。水稻施用硅肥，可在整地和插秧后撒施。硅肥的施用量因硅肥的种类而定。例如，吉林省施用硅钙复合肥时，每次施用500 kg/hm$^2$，硅酸石灰的施用量为每公顷施用1 000 kg。

硅肥施用主要考虑土壤硅的有效性。研究表明，在有效硅含量小于80 mg/kg的土壤上，施用硅肥，水稻平均增产率约10%；在有效硅含量约为120 mg/kg的土壤上，部分土壤有增产效果；在有效硅含量大于200 mg/kg的土壤上，水稻施用硅肥没有明显效果。对质地黏重的土壤而言，施用硅肥可以减轻黏性，改良土质；对砂质土壤，能增强其吸收养分的能力。在施用硅肥时，还要考虑硅肥的性质与作物种类，钢铁炉渣呈碱性，可施用于酸性土壤、泥炭地和酸性腐殖质的土壤，调节土壤酸碱度，其效果相当于等量碳酸钙的70%~80%；不同作物对硅的反应不同，水稻、甘蔗、大豆、油菜等作物对硅的反应良好程度大于玉米、高粱、小麦等作物。

施用硅肥有利于提高土壤有效硅、有机质和碱解氮含量。在河南、山东等地，在缺硅的土壤上对喜硅作物施用硅肥，水稻的增产幅度为15%~20%，棉花为10%~15%，玉米为12%~20%，蔬菜为15%~20%，草莓为30%~50%。通过施用硅肥，可提高糖类作物的糖分和维生素含量、豆类植物的蛋白质含量、谷类植物的淀粉含量、油料植物的脂肪含量等。施用硅肥之后，稻米品质比未施者提高1~2个等级；施用硅肥的甘蔗糖度比未施用者的糖度提高2~3°Bé。此外，施用硅肥的作物还会产生一种让害虫讨厌的气味，使之远离作物，可以减少虫害发生和农药使用量。

## 复习思考题

1. 钙有哪些生理功能?

2. 钙主要通过什么方式被植物吸收?其在植物体中如何运输?

3. 施钙对水果品质有何影响?

4. 现有1 hm$^2$ pH值为5.2的黏质黄壤，如果将pH值调节至5.5，计算施用石灰石和生石灰的用量。

5. 镁有哪些生理功能?

6. 简述镁肥的主要施用技术。

7. 如何理解钙、镁离子与其他阳离子的拮抗作用?其在植物营养生理上有何意义?

8. 缺硫症状与缺氮和缺铁症状有何异同?为什么?

9. 土壤中硫的氧化还原对土壤酸碱度以及铁、锰等金属离子有何影响?

10. 钙、镁、硫等中量元素在某些地方成为产量和品质的限制因子，造成这种现象的原因有哪些?

11. 硅有哪些营养功能?为何称其为有益元素?

# 第 8 章

# 植物的微量元素营养与微肥

【内容提要】植物正常生长发育除了需要氮、磷、钾三要素之外，还需要微量元素，即硼、锌、铁、钼、锰、铜、氯和镍。本章主要介绍植物的微量元素营养，以及缺乏与中毒的症状；土壤微量元素的含量、形态和有效性；微量元素肥料的种类与施用技术。

植物必需的微量元素包括硼、锌、铁、钼、锰、铜、氯和镍。植物对微量元素的需要量很少，其在植物体内的含量一般仅百万分之几到十万分之几，但它们对植物的作用与大量元素同等重要。在土壤中，任何一种微量元素缺乏或过多，都会影响植物的生长发育、产量和品质，同时，也在一定程度上影响人类和动物(家畜)的营养与健康。随着高产品种的栽培，氮、磷、钾等化学肥料的大量施用，作物产量的不断提高，某些土壤微量元素含量不断降低，已成为限制因子，合理施用微量元素肥料已成为农业生产中的一项行之有效的增产措施。由于植物对微量元素的适应范围比较窄，低于和超过这个范围都会引起植物生长不良，因此在施用时，一定要根据植物的需求和土壤的供肥能力，以及有机肥、氮、磷、钾肥的用量具体决定，因缺不缺，即缺乏就施，不缺不施。

## 8.1 植物的硼素营养与硼肥

### 8.1.1 植物的硼素营养

**(1)硼在植物体内的含量、形态与分布**

在植物体内，硼的含量一般在 2～100 mg/kg。如果小于 10 mg/kg，大多数植物将出现缺硼症状，但大于 100 mg/kg 则易引起植物中毒。

双子叶植物的含硼量一般高于单子叶植物，蝶形花科和十字花科植物的含硼量较高，具有乳液系统的双子叶植物，如蒲公英和罂粟的含硼量更高；谷类作物含硼量较低，一般不易缺硼；而双子叶植物因有大量的形成层和分生组织，需硼量比谷类作物多得多，所以容易缺硼。此外，根用植物的需硼量也较多。

一般认为，植物在吸收硼时，以分子态硼酸的形式通过质流被动吸收。根系吸收的硼和硼的上行运输主要受蒸腾作用的控制，土壤中有效硼含量也是影响植物吸收硼的主要因素。但叶片喷施硼肥时，硼主要依靠韧皮部筛管运输。

在植物体内，硼的移动性与植物的种类有关。梨、苹果、樱桃、杏、桃、李等果树可形成山梨醇、甘露醇等同化产物，这些同化产物可与硼形成稳定的复合物，然后运输到植物的其他部位。因此，在这些植物体内，硼的移动性强；在不含这些物质的植物体内，硼的移动性弱，缺硼的主要症状表现在这些植物的幼嫩部位。

硼在植物体内的一般分布规律：繁殖器官高于营养器官，叶片高于枝条，枝条高于根系。在营养器官中，硼在叶片中的含量最高，主要集中在叶尖和叶缘。同位素示踪实验表明，在果树体内，硼在花芽中的含量最高，叶芽次之，接着为韧皮部和木质部。

**(2) 硼的营养作用**

①促进花粉萌发和花粉管生长。试验表明，在植物的生殖器官，尤其是花的柱头和子房中含硼量最高。硼能促进花粉萌发和花粉管伸长，减少花粉中糖的外渗(图 8-1)，有利于受精作用的完成和籽粒的形成。在缺硼条件下，花粉活力降低，花药和花丝萎缩，花粉管形成困难，受精作用受阻。

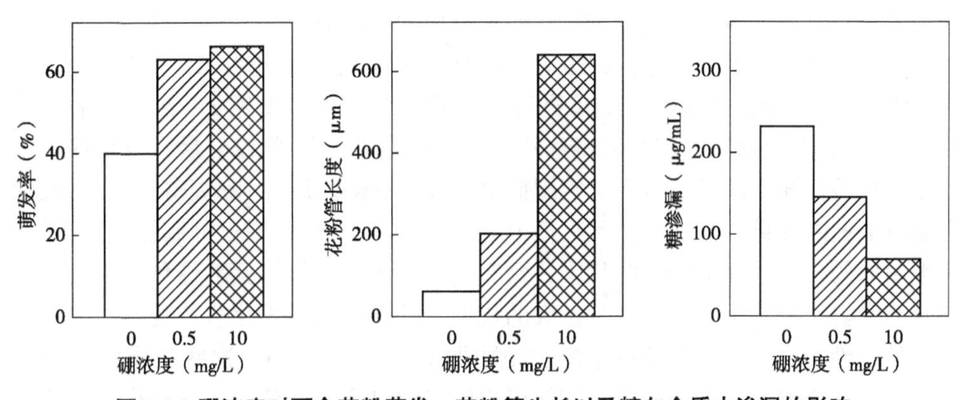


**图 8-1　硼浓度对百合花粉萌发、花粉管生长以及糖向介质中渗漏的影响**

缺硼还会影响种子的形成和成熟，甘蓝型油菜的“花而不实”，花生的“有壳无仁”，棉花出现的“蕾而不花”等都是缺硼引起的。缺硼会明显影响果树的花芽分化，结果率降低，果肉组织坏死，果实畸形。

②参与细胞壁的合成并保持其稳定。研究表明，在高等植物体内，硼大部分在细胞壁中被络合为顺式硼酸酯，而且只有顺式二元醇构型的多羟基化合物才能与硼形成稳定的硼酸复合物，许多糖及其衍生物(如糖醇、糖醛酸、甘露醇、甘露聚糖和多聚甘露糖醛酸等)均属于这类化合物，它们可作为细胞壁半纤维素的成分。在双子叶植物的细胞壁中，半纤维素和木质素的前体可能含有较多的具有顺式二元醇构型的化合物，这可能是它们需硼较多的原因。在单子叶植物根细胞中，牢固结合态硼的含量一般为 3~5 mg/kg，但在某些双子叶植物的根细胞中，可以高达 30 mg/kg。

$$\begin{matrix} =C-OH \\ | \\ =C-OH \end{matrix} + \begin{matrix} HO \\ \\ HO \end{matrix}\!\!>B-OH \rightleftharpoons \left[ \begin{matrix} =C-O \\ | \\ =C-O \end{matrix}\!\!>B<\!\!\begin{matrix} OH \\ \\ OH \end{matrix} \right]^{-} + H_3O^{+}$$

硼酸　　　　单酯

$$\left[\begin{array}{c} =C-O \\ | \\ =C-O \end{array} > B < \begin{array}{c} OH \\ \\ OH \end{array}\right]^- + \begin{array}{c} OH-C= \\ | \\ OH-C= \end{array} \rightleftharpoons \left[\begin{array}{c} =C-O \\ | \\ =C-O \end{array} > B < \begin{array}{c} O-C= \\ | \\ O-C= \end{array}\right]^- + 2H_2O$$

单酯　　　　　　　　　　双酯

③促进碳水化合物的运输和代谢。在植物体内，硼能促进糖的运输和代谢，改善植物各器官有机物质的供应，促进果实膨大和干物质积累。硼促进糖运输的可能原因是：合成含氮碱基的尿嘧啶需要硼，而尿嘧啶二磷酸葡萄糖(UDPG)是蔗糖合成的前体，所以硼有利于蔗糖合成和糖的外运。硼直接作用于细胞膜，影响蔗糖的韧皮部装载。缺硼容易生成胼胝质，堵塞筛板上的筛孔，使糖的运输不畅，导致大量的糖类化合物在叶片中积累，造成叶片变厚、变脆，甚至畸形。由于糖的运输受阻，会造成分生组织中糖分不足，致使新生组织难以形成，往往表现为植株顶端生长停滞，甚至出现生长点死亡的现象。此外，硼具有调控葡萄糖代谢的作用。当供硼充足时，葡萄糖主要通过糖酵解途径进行代谢；相反，葡萄糖容易进入磷酸戊糖途径进行代谢，形成酚类物质。

④参与分生生长和核酸代谢。缺硼导致的早期反应之一是分生组织(如根尖、茎尖及形成层组织)的发育受到抑制。用南瓜进行的实验表明，停止供硼 3 h 后，根的伸长受到轻微抑制，6 h 后严重抑制，24 h 后根系停止伸长；在恢复供硼 12 h 后，根系伸长迅速恢复。硼参与核酸代谢，缺硼一方面可能阻碍 RNA 的前体物质——嘧啶碱和嘌呤碱的合成；另一方面可能提高核糖核酸酶的活性，使 RNA 含量降低。缺硼不仅抑制核酸的生物合成，也影响蛋白质的含量。在缺硼的叶片中，常有过多的游离态氮、氨基酸和酰胺积累。

⑤调节酚类化合物、木质素和生长素的代谢。缺硼导致酚类化合物的积累，多酚氧化酶(PPO)的活性提高，导致细胞壁中醌(如咖啡醌)含量的提高，这些物质损害原生质膜透性，抑制膜结合酶的活性。此外，硼能促进糖酵解过程，调节由多酚氧化酶组成的氧化还原系统。在缺硼时，氧化还原系统失调，多酚氧化酶活性提高。当酚氧化成醌之后，产生黑色的醌类聚合物，使作物出现棕褐色病斑。例如，甜菜的腐心病和萝卜的褐腐病等都是醌类聚合物积累所引起的。硼还影响生长素的代谢。在缺硼植株中，吲哚乙酸(IAA)的含量往往高于正常植株，这是由于酚类化合物的积累抑制了 IAA 氧化酶活性的结果。有学者认为，生长素和酚类化合物的积累是缺硼引起植株坏死的主要原因。

⑥维持膜的稳定性与功能。硼与生物膜的某些成分形成二醇—硼酸复合体，抑制了氧自由基对生物膜的破坏作用，维护了生物膜的稳定性与透性，提高了细胞保护酶的活性，降低了脂质的过氧化作用。质膜是活细胞与环境之间的界限和屏障，质膜的结构和功能与植物抗逆性(如高温、干旱、低温、冻害等)关系密切。缺硼使植物的抗逆能力降低。

**(3)植物的硼缺乏与硼中毒症状**

①硼缺乏症状。由于硼具有多方面的生理功能，故植物缺硼的症状也是多种多样的。缺硼植物的共同特征可归纳为：茎尖生长点的生长受抑制，严重时枯萎，直至死亡；老叶变厚、变脆，卷曲、皱缩、畸形，枝条节间短，出现木栓化现象；根的生长发育明显受到抑制，根短粗兼有褐色；生殖器官发育受阻，结实率低，果实小、畸形，导致种子和果实减产，严重时有可能绝收。

②硼中毒症状。植物体内硼的运输主要受蒸腾作用控制，故植物硼中毒表现在成熟叶片的尖端和边缘，具体表现是叶尖和叶缘退绿，继而出现坏死斑点，由叶脉向侧脉发展，严重时全叶枯萎并脱落。当植物幼苗含硼过多时，可通过吐水方式向体外排出部分硼。

③植物对硼的敏感性。按植物对缺硼的敏感程度可分为以下3类。

a. 高度敏感的植物。紫花苜蓿、三叶草、油菜、莴苣、花椰菜、白菜、甘蓝、芹菜、萝卜、蔓菁、甜菜、向日葵、葡萄、苹果、柠檬、油橄榄等。

b. 中度敏感的植物。茬子、花生、胡萝卜、番茄、菠菜、马铃薯、辣椒、芥菜、甘薯、烟草、棉花、桃、梨等。

c. 不敏感的植物。大麦、小麦、燕麦、黑麦、玉米、高粱、水稻、大豆、豌豆、蚕豆、黄瓜、洋葱、亚麻、薄荷、柑橘、葡萄柚、樱桃、西瓜、胡桃等。

## 8.1.2　土壤中的硼

**(1)土壤中硼的含量与形态**

世界土壤的平均含硼量为8 mg/kg，我国土壤硼含量较高，平均为64 mg/kg，但变化幅度较大，从痕量到500 mg/kg。在土壤中，硼主要以矿物态硼、吸附态硼和土壤溶液中的硼等形态存在。此外，硼还存在于有机物中。

土壤的含硼矿物主要是含硼的硅铝酸盐，一般约含3%的硼。它是高度抗风化的矿物，风化缓慢，所含的硼难以溶解和释放。含硼矿物风化后，硼以氢氧化硼分子或硼酸根离子的形态进入土壤溶液，这些水溶性硼还可以被铁铝氧化物和黏土矿物(主要是伊利石和蛭石)吸附。

**(2)土壤中硼的有效性及其影响因素**

在土壤中，硼的有效性主要受成土母质、黏土矿物类型、土壤pH值、有机质含量、气候条件等因素的影响。由花岗岩、花岗片麻岩和其他火成岩发育的土壤容易缺硼，而由海相沉积物发育的土壤很少出现缺硼现象。

一般而言，土壤pH值在4.7~6.7时硼的有效性最高，在此范围内硼的有效性随pH值升高而提高；但是，pH值超过7.0，硼的有效性随pH值升高而降低，因为随着pH值上升，铁铝氧化物和黏土矿物对硼的吸附量增加。有人发现，在pH值为9.0时硼的吸附量最大。

有机质在吸附和保存有效硼方面具有良好的作用，土壤有机质含量与水溶态硼含量之间存在正相关关系。有机质吸附的硼易被土壤微生物作用而逐渐释放。在干旱季节，微生物活性低，有机质分解少，植物缺硼的可能性大于湿润季节，同理灌溉能增加硼的可给性。由于硼能被土壤有机质固定，在泥炭土等有机质含量较高的土壤中，即使硼肥的用量较高，植物也不易出现硼中毒的症状；但在有机质含量低的矿质土壤上，施用同样数量的硼肥植物通常会出现硼中毒的现象。

土壤质地影响硼在土壤中的移动。砂质土吸附硼的能力弱，容易造成硼的淋失；黏质土吸附硼的能力强，不易淋失。所以，黏质土的有效硼含量一般高于砂质土，植物缺硼多发生在砂质土上。但是，在土壤水溶性硼含量相同的情况下，砂质土中的硼更容易被植物吸收。

气候条件显著影响土壤中硼的有效性。干旱时，土壤中硼的有效性降低，一方面是由于微生物活动受到抑制，有机物分解释放的硼减少；另一方面是在干旱时，硼在土壤中的扩散速率慢，影响根系对硼的吸收。在湿润多雨地区，强烈的淋溶作用也会降低土壤有效硼的含量，这种现象在砂质土壤上表现更为显著。此外，温度升高，蒸腾作用增强，植物地上部硼的含量也会明显增加。

**(3)土壤有效硼含量分级与评价指标**

迄今为止，人们一直以水溶性硼的含量来评价土壤中硼的有效性(表 8-1)。

**表 8-1 土壤水溶性硼含量分级与评价指标**

| 分级 | 评价 | 硼含量(mg/kg) | 对缺硼敏感的农作物的反应 |
|---|---|---|---|
| Ⅰ | 很低 | <0. 25 | 缺硼，作物可见缺硼症状 |
| Ⅱ | 低 | 0. 25~0. 50 | 潜在性缺硼，作物无可见缺硼症状 |
| Ⅲ | 中 | 0. 51~1. 00 | 不缺硼，作物生长正常 |
| Ⅳ | 高 | 1. 00~2. 00 | — |
| Ⅴ | 很高 | >2. 00 | 硼过剩，作物生长受到抑制 |
| 缺硼临界值(mg/kg) | | 0. 50 | |

表 8-1 的分级标准会因土壤质地、作物敏感程度而变化。故有人建议，当轻质土壤的含硼量小于 0. 25 mg/kg、黏重土壤小于 0. 40 mg/kg 时，可视为硼供应不足；相反，当轻质土壤的含硼量大于 0. 50 mg/kg、黏重土壤大于 0. 80 mg/kg 时，可视为硼供应充足。

## 8. 1. 3 硼肥的种类、性质与施用

**(1)硼肥的种类与性质**

①硼酸。$H_3BO_3$，白色细结晶或粉末，能溶于水，含硼($B_2O_3$)17. 5%，速效，可作基肥、追肥和根外喷肥。

②硼砂。$Na_2B_4O_7 \cdot 10H_2O$，白色粉末状细结晶，难溶于冷水，但溶于 40℃ 热水，含硼 11. 3%，可作基肥、追肥和根外喷肥。

国内农田施用的硼肥主要是硼砂和硼酸，尤以硼砂较多。从国外进口的硼肥有 Solubor、Granubor 等。Solubor 是商品名(在我国常称为速乐硼)，主要成分是四水八硼酸钠，含硼量高达 20. 8%，易溶于水，其溶解度要比硼砂高很多，尤其在常温下更是如此，因而以叶面喷施尤佳。Granubor(在我国常称为持力硼)，主要成分是五水硼砂，白色圆球颗粒状，含硼量高，达 14. 3%，肥效持久，施入土壤具有良好的分散性，不易造成硼中毒，施用方便。

**(2)硼肥的施用技术**

①土壤施用。国内农田施用的硼肥主要是硼砂和硼酸，一般作基肥施入土壤，撒施或条施，可与有机肥混施，也可以将硼肥添加到氮、磷、钾肥料中，制成复混肥料后再施入土壤。在用量上(以纯硼含量计)，对于硼敏感的作物(如玉米、油菜、马铃薯)，一般施用 0. 7~1. 5 kg/hm$^2$；对于需硼较多的作物(如苜蓿、甜菜)，一般施用 1. 5~2. 5 kg/hm$^2$，

在砂土上应酌情减少用量。土壤施用硼肥后，后效往往能维持 3~5 年

②叶面喷施。对于不同地区的不同作物来说，叶面喷施硼肥的时期和次数也不一样，一般浓度为 0.1%~0.2%，多数可在开花结果期喷施 3~5 次。叶面喷施用量少，施用均匀，能及时防治缺素症。当作物出现缺硼症状时，应尽快喷施 2~3 次，每次间隔 5~7 d。

③种子处理。用 0.1%的硼砂溶液浸种 6 h 或硼砂 4 g/kg 拌种。

# 8.2　植物的锌素营养与锌肥

## 8.2.1　植物的锌素营养

**(1)锌在植物体内的含量、形态与分布**

在植物体内，锌的含量因植物种类和品种不同而异，一般为 25~150 mg/kg(干重)。锌大多数分布在茎尖、幼嫩的叶片和根系中。研究表明，正常番茄植株根系的含锌量常高于地上部分，地上部分顶芽的含锌量最高，叶片次之，茎最少。锌以 $Zn^{2+}$ 形态通过质流和扩散迁移的方式被植物吸收，以扩散迁移为主，而来源于质流提供的锌只占植物需锌总量的一小部分(如质流提供的锌占玉米需锌总量的 3.5%)。

**(2)锌的营养作用**

在高等植物体内，锌既是酶的成分，也可以作为酶结构和功能的调节因子，影响植物体内的蛋白质、核酸和激素代谢，以及光合作用和呼吸作用。

①酶的成分或激活剂。锌是乙醇脱氢酶、铜锌超氧化物歧化酶、碳酸酐酶、羧肽酶、碱性磷酸酶、磷脂酶和 RNA 聚合酶等许多酶的成分，也是许多酶的活化剂。在生长素合成过程中，锌与色氨酸酶的活性关系密切；在糖酵解过程中，锌是磷酸甘油醛脱氢酶、乙醇脱氢酶和乳酸脱氢酶的活化剂；缺锌会降低硝酸还原酶和蛋白酶的活性。总之，锌通过酶的作用对植物碳、氮代谢产生广泛的影响。

②参与生长素的合成。试验证明，锌能促进吲哚和丝氨酸合成色氨酸，色氨酸是 IAA 的前体，因此锌间接影响 IAA 的形成。反应如下：

吲哚 + 丝氨酸 ($CH_2(OH)—CH(NH_2)—COOH$) $\xrightarrow[Zn^{2+}-H_2O]{\text{磷酸吡哆醛}}$ 色氨酸 (吲哚基$—CH_2—CH(NH_2)—COOH$)

$\xrightarrow{-CO_2}$ 色氨酸 (吲哚基$—CH_2—CH_2—NH_2$) $\xrightarrow[-NH_3]{+O_2}$ 吲哚乙酸 (吲哚基$—CH_2—COOH$)

缺锌时，植物体内的 IAA 合成量锐减，在芽和茎中的含量明显下降，生长发育停滞，其典型表现是叶片变小，节间缩短，通常称为小叶病或簇叶病。

许多研究者还发现，锌影响赤霉素合成。在缺锌时，内源生长素和赤霉素缺少可能是

抑制茎生长和引起节间缩短的原因之一。此外，缺锌可能导致脱落酸含量增加。

③参与光合作用。在光合作用中，碳酸酐酶催化 $CO_2$ 的水合反应，反应式如下：

$$CO_2+H_2O \xrightleftharpoons{\text{碳酸酐酶}} HCO_3^-+H^+$$

锌是碳酸酐酶专一性的活化离子。研究表明，植物体内的含锌量与碳酸酐酶活性呈正相关，碳酸酐酶活性可以作为诊断植物锌营养供应状况的评价指标之一。当植物缺锌时，光合速率、叶绿素含量及硝酸还原酶活性下降，蛋白质合成受阻。锌是醛缩酶的激活剂。在光合作用中，醛缩酶是碳代谢的关键酶之一，催化二羟丙酮和甘油醛-3-磷酸转化为果糖-1,6-二磷酸的反应。在叶绿体中，果糖-1,6-二磷酸进入淀粉合成的途径；在细胞质中，果糖-1,6-二磷酸进入糖酵解支路——蔗糖合成途径。

④促进蛋白质合成。锌是影响蛋白质合成最为突出的微量元素。缺锌导致蛋白质合成受阻，原因之一是在蛋白质合成过程中，锌是多种酶的成分。例如，蛋白质合成所必需的 RNA 聚合酶含有锌。缺锌影响 RNA 的代谢，从而影响蛋白质合成。在缺锌的植物体内，游离氨基酸和酰胺发生累积。锌还是合成谷氨酸不可缺少的元素，因为锌是谷氨酸脱氢酶的成分，而谷氨酸是形成其他氨基酸的基础。由此可见，锌与蛋白质代谢的关系十分密切。

⑤促进生殖器官发育。锌影响植物生殖器官发育和受精作用。锌和铜一样，是种子中含量比较高的微量元素，且主要集中在胚中。利用缺锌的介质培养的豌豆一般不能结实。研究表明，三叶草增施锌肥，其种子和花产量的增加幅度远远高于营养体产量的增加幅度。

⑥增强植物抗逆性。锌能增强高温下叶片蛋白质构象的柔性。在供水不足和高温条件下，锌能增强光合作用强度，提高光合作用效率，因此锌可以增强植物抗旱性和抗热性。此外，锌还能提高植物抗低温或霜冻的能力，有助于冬小麦抵御霜冻侵害，安全越冬。

**(3)植物的锌缺乏与中毒症状**

①锌缺乏症状。叶片：脉间失绿发黄或白化，叶片小而且畸形，丛生呈簇状；枝条：节间生长严重受阻，茎间缩短，形成矮化苗；果实：开花期和成熟期推迟，开花不正常，落花落果严重，果实发育受阻。植物缺锌时，根系分泌的无机离子和低分子有机化合物的数量增加，原因在于缺锌导致细胞内的超氧化物歧化酶活性下降，自由基大量累积，对细胞产生毒害作用，质膜受损，透性增加。植物可以从 2 个方面适应缺锌：一是通过根系分泌酸性物质(如质子或有机酸)，活化土壤难溶性锌；二是改变植物根系的形态特征，如增加根系长度、增大根毛密度等，增大了吸收面积或降低了吸收锌的动力学参数，保证根系能从低浓度的环境中有效地吸收锌。

②锌中毒症状。在植物体内，锌的含量约 100 mg/kg 时可能发生过量，400 mg/kg 时对大多数植物就可能造成锌中毒。解剖学研究表明，在锌营养过剩时，细胞结构破坏，叶肉细胞严重收缩，叶绿体明显减少。从形态上看，锌过量的植株比较矮小，叶片黄化。与其他重金属元素相比，锌的毒性较小，植物的耐锌能力较强。在长期施用锌肥时，也应对土壤中锌的状况做必要的监测，以免施用过量造成毒害。锌的毒害作用可以通过施用石灰或磷肥消除。

③植物对锌的敏感性。植物对缺锌的敏感程度因植物种类不同而有很大差异，按照植物对缺锌的敏感程度，可将它们分为以下 3 类。

a. 高度敏感的植物。玉米、水稻、荞麦、大豆、棉花、亚麻、蓖麻、烟草、向日葵、啤酒花、油桐、莴苣、芹菜、菠菜、桃、樱桃、苹果、鳄梨、梨、李、杏、柑橘、葡萄、胡桃、美洲山核桃、杧果、番石榴、番木瓜、咖啡等。

b. 中度敏感的植物。高粱、紫花苜蓿、三叶草、马铃薯、番茄、甜菜、苏丹草、可可、洋葱等。

c. 不敏感的植物。大麦、小麦、燕麦、黑麦、豌豆、胡萝卜、芥菜、薄荷、红花、文竹等。

禾本科植物中的玉米和水稻，以及多年生果树柑橘和桃对锌特别敏感，通常可作为判断土壤有效锌丰缺的指示作物。

## 8.2.2　土壤中的锌

### (1) 土壤中锌的含量与形态

在世界范围内，土壤的含锌量一般为 10～300 mg/kg；我国土壤的锌含量为 3～709 mg/kg，平均含量为 100 mg/kg。土壤的全锌含量与成土母质密切相关。盐基性火成岩发育的土壤含锌量比酸性岩发育的土壤高。在各种火成岩风化物中，以安山岩及火山灰等风化物的含锌量最高(200～240 mg/kg)，玄武岩次之(155 mg/kg)，花岗岩的风化物含量最低(73 mg/kg)。在沉积物中，以页岩及黏板岩风化物的含锌量最高(110 mg/kg)，其次是湖积及冲积黏土(96 mg/kg)，砂土的含锌量最低(27 mg/kg)。

在土壤中，锌以矿物态锌、吸附态锌、水溶性锌和有机螯合性锌的形态存在。土壤中的含锌矿物主要有闪锌矿($ZnS$)、红锌矿($ZnO$)、菱锌矿($ZnCO_3$)和硅锌矿($Zn_2SiO_4$)等。在土壤溶液中，锌以 $Zn^{2+}$、$Zn(OH)^+$、$ZnCl^+$ 和 $ZnNO_3^+$ 等离子形态存在，这些离子形态的锌能被黏土矿物、碳酸盐和有机质所吸附。由于 $Zn^{2+}$ 的离子半径与 $Fe^{2+}$ 和 $Mg^{2+}$ 很相似，在某些情况下，$Zn^{2+}$ 可以通过同晶置换进入矿物的晶格中，成为不能被植物利用的锌。

土壤中能被植物吸收和利用的锌称为有效锌，包括水溶性锌、部分有机螯合态锌和部分吸附态锌。土壤有效锌只占全锌含量的极少部分。

### (2) 土壤中锌的有效性及影响因素

土壤全锌含量与有效锌含量有一定相关性，但也有全锌含量较高，而有效锌含量偏低的缺锌土壤。在我国北方，石灰性土壤(包括石灰性水稻土)就是全锌量高，而有效锌含量低的典型例子。土壤锌的有效性受多种因素的影响。

锌可被土壤中的碳酸钙和碳酸镁盐吸附，在它们的微粒表面上生成 $ZnCO_3$ 和 $2ZnCO_3 \cdot 3Zn(OH)_2$ 等沉淀，不易被植物所吸收。研究表明，菱镁矿对锌的吸附最为强烈，白云石[$Ca$、$Mg(CO_3)_2$]中等，方解石($CaCO_3$)不吸附锌。菱镁矿和白云石吸附的锌能进入晶体表面的晶格位置，置换原来的 $Mg^{2+}$。所以，在石灰性土壤上，常常可以看到缺锌的现象。

土壤锌的有效性随土壤酸度的增加而提高，一般 pH 值每增加一个单位，$Zn^{2+}$ 活度降低至原来的 1/100。随着 pH 值的升高，$Zn^{2+}$ 氧化物表面的专性吸附增强，难以解吸，形成锌酸钙沉淀而不能被植物所利用。但是，如果土壤含钠较高，则锌的有效性增加，因为锌易形成锌酸钠，溶解度较大。降低土壤 pH 值将减弱土壤对锌的吸附能力，增加吸附态锌的解吸量，从而增加土壤的有效锌含量。缺锌往往发生在 pH 值大于 6.5 的土壤上。

土壤有机质对锌的有效性有着双重作用。一方面，锌的有效性随土壤有机质含量的增加而提高，原因是锌与氨基酸、有机酸和富里酸结合，形成可溶性锌的有机络合物；另一方面，锌可能与腐殖酸结合，被固定成不溶性锌的有机螯合物。所以，在有机质含量低的砂质土壤上，往往容易缺锌。

据报道，稻草还田能提高土壤特别是石灰性土壤中锌的有效性。在淹水条件下，施入大量的秸秆等有机肥可能会加重缺锌，原因是降低了土壤 *Eh* 值，增加了 $CO_2$ 分压。土壤还原势增强，容易产生大量的 $Fe^{2+}$ 和 $Mn^{2+}$，这些离子会干扰作物对 $Zn^{2+}$ 的吸收与运输。此外，还有大量的硫化物生成，生成 ZnS 沉淀，降低锌的有效性。

在一定范围内，土壤中锌的有效性随着温度的升高而提高。对植物而言，低温抑制锌的吸收和上行运输。在农业生产中，冷湿季节常见缺锌，随着天气的转暖，缺锌症状则消失。光照强度也影响植物对锌的吸收。光照强度低，抑制锌的吸收，容易出现缺锌症状。

在有效磷含量高或施用大量磷肥的土壤中，常可观察到缺锌现象。施用磷肥促进植物生长而引起的稀释效应，土壤磷锌沉淀，高磷抑制锌的上行运输，磷锌结合导致锌在植物体内失去活性等都可能是磷锌拮抗的原因。

**(3)土壤有效锌含量分级评价指标**

土壤 pH 值不同，有效锌的提取剂也不一样。一般而言，酸性土壤用 0.1 mol/L HCl；中性、石灰性和碱性土壤用 DTPA(pH 值 7.3)溶液提取。目前，石灰性和中性土壤缺锌的临界值为 0.5 mg/kg，酸性土壤为 1.5 mg/kg。土壤有效锌含量分级与评价指标见表 8-2。

**表 8-2　土壤有效锌含量分级与评价指标**

| 分级 | 评价 | 锌含量(mg/kg) | |
|---|---|---|---|
| | | 0.1 mol/L HCl 提取 | DTPA(pH 值 7.3)提取 |
| Ⅰ | 很低 | <1.0 | <0.5 |
| Ⅱ | 低 | 1.0~1.5 | 0.5~1.0 |
| Ⅲ | 中 | 1.6~3.0 | 1.1~2.0 |
| Ⅳ | 高 | 3.1~5.0 | 2.1~5.0 |
| Ⅴ | 很高 | >5.0 | >5.0 |
| 缺锌临界值(mg/kg) | | 1.5 | 0.5 |

## 8.2.3　锌肥的种类、性质与施用

**(1)锌肥的种类与性质**

我国目前最常用的锌肥是硫酸锌与氯化锌，也有少量的氧化锌和有机络合锌(表 8-3)。

表 8-3　常见的锌肥种类

| 种类 | 主要成分 | 锌含量(%) | 性状 |
| --- | --- | --- | --- |
| 硫酸锌 | $ZnSO_4 \cdot 7H_2O$ | 23 | 白色或淡橘红色结晶，易溶于水 |
| 碳酸锌 | $ZnCO_3$ | 52 | 难溶于水 |
| 氧化锌 | ZnO | 78 | 白色粉末，不溶于水，溶于酸和碱 |
| 氯化锌 | $ZnCl_2$ | 48 | 白色结晶，溶于水 |
| 硝酸锌 | $ZnNO_3$ | 21.5 | 无色结晶，易溶于水，与有机物接触能燃烧、爆炸 |
| 有机络合锌 | ZnNaEDTA | 14.2(粉剂) | 易溶于水 |
| | $ZnNa_2EDTA$ | 6~14 | |

硫酸锌、氯化锌和有机络合锌属于水溶性肥料，氧化锌溶解度低，可磨成细粒施用，粒径越小，肥效越好。

**(2)锌肥的施用技术**

锌肥用量较少，在土壤中移动性较弱。为了提高肥效，水溶性锌肥可用于拌种、蘸秧根和根外追肥。

①土壤施用。水溶性锌肥常作种肥施入土壤，用量约为 15 $kg/hm^2$，可与生理酸性肥料混匀后施用，但不能与磷肥混施。锌肥应施在种子下面或旁边，避免表施。土壤施用锌肥后，肥效可持续数年，不必每年施用。

②叶面喷施。叶面喷施硫酸锌的浓度一般为 0.05%~0.20%，随作物种类而异，果树施用的浓度可达 0.5%。在作物生长前期或春季喷施果树的效果好，一般需要喷施 2~3 次，每次间隔 5~7 d。试验表明，玉米喷施锌肥的浓度以 0.2%较好，喷施的效果苗期最好，拔节期次之，抽雄期较差。苹果缺锌可在早春萌芽前一个月喷施 3%~4%硫酸锌溶液，萌芽后喷施的浓度应降低到 1.0%~1.5%，蕾期至盛花期喷施的浓度应进一步降低至 0.2%。现已证明，在缺锌的土壤上，水稻、玉米、小麦、甜菜、棉花以及果树、蔬菜等对锌肥反应良好。

③种子或种苗处理。浸种：硫酸锌溶液的浓度一般为 0.02%~0.05%，水稻可采用 0.1%硫酸锌溶液浸种 12~14 h，捞出晾干，即可播种。浸种可保证农作物前期生长对锌的需要。在严重缺锌的土壤上，还应在生长中期追施锌肥。拌种：每千克种子用硫酸锌 4 g 左右，先以少量水溶解，然后均匀地喷洒在种子上，晾干备用。蘸秧根：在秧苗移栽时，可采用 1%氧化锌悬浊液蘸根，每千株秧苗约需要 1 L 悬浊液，蘸根时间约 30 s。

## 8.3　植物的铁素营养与铁肥

### 8.3.1　植物的铁素营养

**(1)铁在植物体内的含量、形态与分布**

植物的含铁量随植物种类不同而异。以干重计，大多数植物的含铁量为 100~300 mg/kg；

某些蔬菜的含铁量较高，如菠菜、莴苣、绿叶甘蓝等，一般均在 100 mg/kg 以上，最高可达 180 mg/kg；而水稻、玉米的含铁量相对较低，为 60～180 mg/kg。一般情况下，豆科植物的含铁量高于禾本科植物。同一植株不同部位的含铁量也不相同。例如，禾本科植物秸秆的含铁量高于籽粒；在玉米茎节中，常有大量的铁沉淀，但叶片含铁量却很低，甚至会出现缺铁症状。

研究表明，除禾本科植物可以吸收 $Fe^{3+}$ 外，$Fe^{2+}$ 是植物吸收的主要形态，螯合态铁也能被植物吸收。在土壤中，多种离子都能影响植物根系对铁的吸收，这些离子包括 $Mn^{2+}$、$Cu^{2+}$、$Mg^{2+}$、$K^{+}$、$Zn^{2+}$ 等。

$Fe^{2+}$ 被根系吸收之后，大部分在根细胞中氧化成 $Fe^{3+}$，并被柠檬酸螯合，通过木质部运输到地上部。在向日葵和大豆的伤流液中，可以检测到柠檬酸铁存在。也有资料报道，铁能够与柠檬酸或苹果酸等有机酸形成络合物，并在导管中运输，到达地上部后优先进入芽和幼叶。但是，铁进入细胞和组织之后，就难以再转移到其他部位，幼嫩组织中的铁依靠木质部的不间断供应。因此，植物的新生组织容易出现缺铁症状。

**(2) 铁的营养作用**

①叶绿素合成所必需。在植物体内，70%以上的铁存在于叶绿体中。铁虽然不是叶绿素的成分，但叶绿素的合成需要铁的存在。在叶绿素合成过程中，铁可能是一种或多种酶的活化剂(图 8-2)，缺铁会抑制甘氨酸和琥珀酰辅酶 A 形成 *δ*-氨基乙酰丙酸(ALA)的速率，而 ALA 是叶绿素合成的前体。此外，缺铁还会严重阻碍叶绿体中蛋白质的合成。

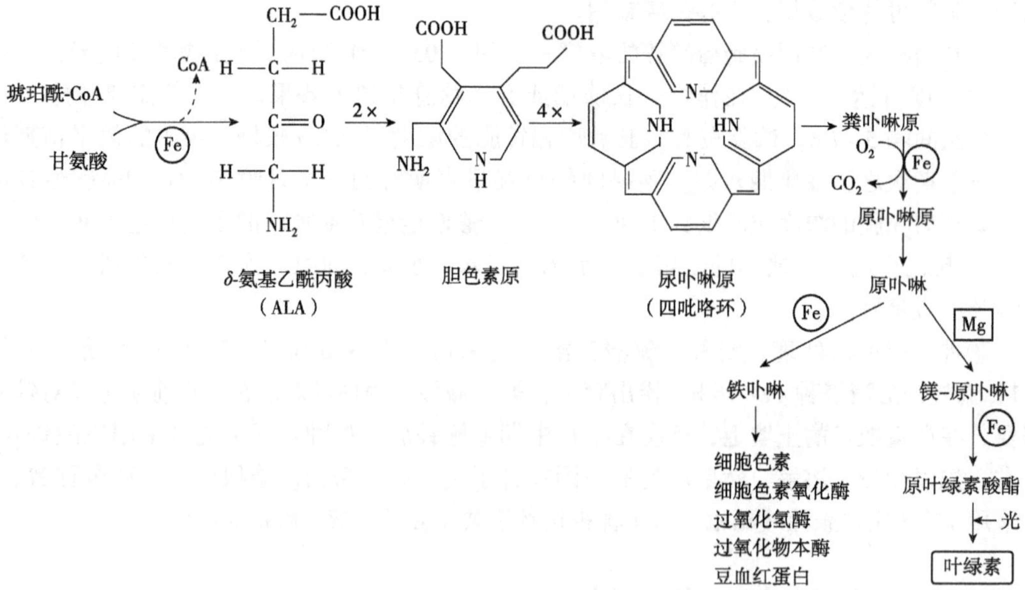

**图 8-2　铁在血红素辅酶和叶绿素生物合成中的作用**

缺铁导致叶绿体结构被破坏。电镜观察表明，缺铁植物的叶绿体变小，叶绿体基粒数目下降，基粒类囊体的片层数目减少，基粒类囊体与基质类囊体的结构发育不良，严重时甚至解体或液泡化。由于缺铁影响叶绿素的合成，加之铁难以再利用，老叶中的铁很难转移到新生幼叶，故缺铁首先引起新叶失绿。

②作为酶的成分参与氧化还原反应和电子传递。铁是一种变价元素，通过三价铁离子($Fe^{3+}$)和二价亚铁离子($Fe^{2+}$)之间的化合价变化，参与氧化还原反应和电子传递。无机铁盐的氧化还原能力较弱，但如果与某些特定的有机物结合，其氧化还原能力便大大提高。例如，铁与卟啉结合后形成血红素或进一步合成血红素蛋白，其氧化还原能力可分别提高 1 000 倍和 $10\times10^8$ 倍。细胞色素、细胞色素氧化酶、过氧化物酶、过氧化氢酶和豆血红蛋白等都是铁卟啉与蛋白质结合的产物，属于血红素蛋白；铁硫蛋白则是铁与半胱氨酸的硫醇基或无机硫相结合的含铁蛋白，其中铁氧还蛋白是最重要的一种铁硫蛋白(图 8-3)。在植物体内，这些不同的含铁蛋白构成了电子传递体系，参与光合作用、呼吸作用、硝酸还原作用、生物固氮作用和三羧酸循环等许多重要的生理代谢过程。

在呼吸作用中，铁作为细胞色素、细胞色素氧化酶、过氧化氢酶和过氧化物酶的成分，一般位于这些酶结构的活性部位。在过氧化物酶和过氧化氢酶分子中，铁卟啉(血红素)是辅酶，依靠铁的氧化还原变化催化下列反应：

$$H_2O_2 \xrightarrow{\text{过氧化氢酶}} H_2O+1/2O_2$$

$$AH_2+H_2O_2 \xrightarrow{\text{过氧化氢酶}} A+2H_2O$$

细胞色素氧化酶、过氧化氢酶、过氧化物酶的活性与植物铁营养密切相关。在叶片中，过氧化氢酶和过氧化物酶的活性对铁营养状况非常敏感，因此可以用这两类酶的活性作为植物铁营养诊断指标。

固氮酶由 2 种对氧敏感的非血红蛋白构成：一种是含铁和钼的蛋白，称为铁钼蛋白；另一种是铁氧还蛋白，其中铁钼蛋白是固氮酶的活性中心。当这 2 种蛋白单独存在时，固氮酶没有活性，豆科植物也不能固氮，只有当它们复合在一起之后才有活性并进行生物固氮。在固氮过程中，电子传递到铁氧还蛋白，然后铁氧还蛋白与 Mg-ATP 结合，形成还原型 Mg-ATP 铁氧还蛋白，并向活性中心的铁钼蛋白提供能量和电子。在活性中心上，铁钼蛋白直接与游离氮分子结合，使氮分子获得能量，电子被还原成 $NH_3$。

③作为酶的成分参与呼吸作用、光合作用、氮同化等多种代谢。铁作为与呼吸作用有关的酶的成分参与植物细胞的呼吸作用，如细胞色素氧化酶、过氧化氢酶、过氧化物酶等都含有铁。铁还是蔗糖磷酸合成酶最好的活化剂，植物缺铁会导致体内蔗糖合成减少。

在豆科植物的根瘤中还有一种粉红色的豆血红蛋白，它是铁卟啉和蛋白质的复合物。豆血红蛋白能把进入根瘤的 $O_2$ 输送到呼吸链中，防止 $O_2$ 与固氮酶接触，因为固氮酶遇 $O_2$ 即失去活性。

在光合作用中，铁硫蛋白是光合电子传递链的组成成分，接受光系统 Ⅰ 的作用中心传递来的电子，并将电子传递给辅酶Ⅱ，使辅酶 $NADP^+$还原为 NADPH(图 8-3)。

植物吸收硝态氮之后，必须还原成 $NH_3$ 后才能合成氨基酸和蛋白质。在硝酸还原和亚硝酸还原过程中，硝酸还原酶和亚硝酸还原酶所需要的电子和能量均由铁硫蛋白传递和提供。

**(3)植物的铁缺乏与铁中毒症状**

①铁缺乏症状。植物缺铁首先始于幼叶，典型的症状是叶脉保持绿色，叶肉黄化。严

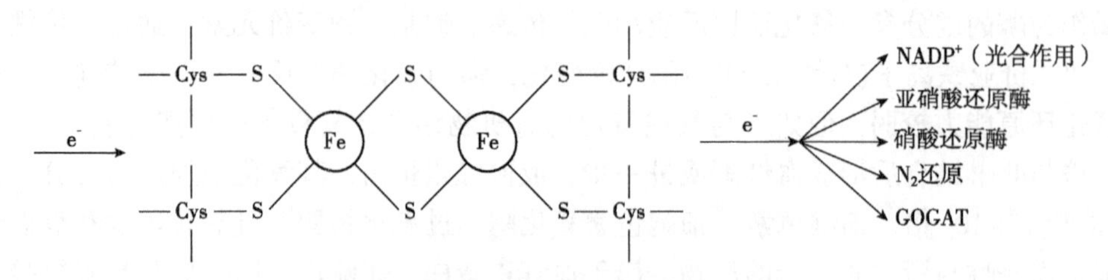


图 8-3　铁氧还蛋白在电子传递中的作用

重缺铁时，幼叶黄白化，甚至导致整株死亡。在缺铁环境中，植物会产生某些适应性机制以增加铁的吸收。根据植物缺铁表现的适应性反应将其分为以下两类。

一类植物为双子叶和非禾本科单子叶植物，也称为机理Ⅰ植物。缺铁时，这类植物的根系伸长受阻，根尖部分直径增加，并产生大量根毛，有些植物的根表皮细胞和皮层细胞会形成转移细胞，表现的生理反应包括受 ATP 酶控制的质子分泌量增加，根际 pH 值降低，以提高铁的有效性；这类植物的根系还分泌酚类物质等螯合剂，与铁形成螯合物，促进溶解。此外，在根系的皮层细胞原生质膜上，还会诱导产生 $Fe^{3+}$ 还原酶，在膜外将 $Fe^{3+}$ 还原为 $Fe^{2+}$，然后在转移运载体的协同作用下将 $Fe^{2+}$ 运到膜内，供植物利用。

另一类植物为禾本科单子叶植物，也称为机理Ⅱ植物。缺铁时，根系合成非结构蛋白氨基酸(即植物铁载体，phytosiderophore，简称 PS)的量增加。在重新供铁后，其释放速率迅速受到抑制。分泌到根外的植物铁载体(如麦根酸、阿凡酸、啤麦根酸等)能够与 $Fe^{3+}$ 形成稳定性很高的复合物；在单子叶植物根细胞质膜上，还有一种专一性极强的运输系统(图 8-4)，负责将 $Fe^{3+}$—植物铁载体复合物运入细胞质中。虽然植物铁载体也能与其他金属离子(如 $Zn^{2+}$、$Cu^{2+}$ 和 $Mg^{2+}$)形成复合物，但质膜上的运输系统与这些复合物的亲和力很低。

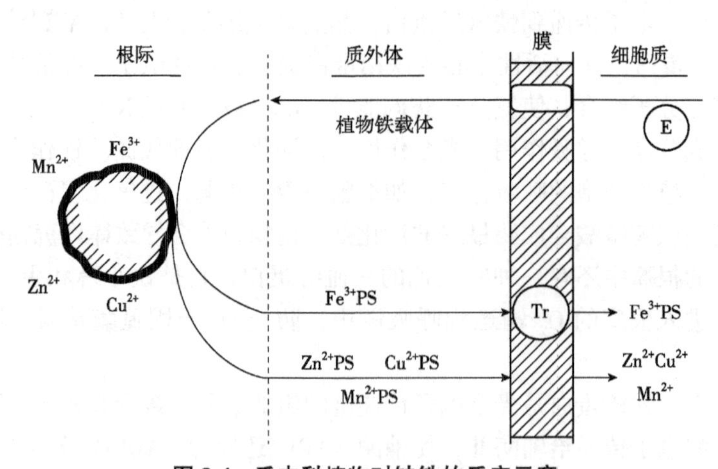


图 8-4　禾本科植物对缺铁的反应示意

②铁中毒症状。铁中毒的症状表现为老叶上有褐色斑点，根部呈灰黑色、易腐烂。在排水不良的土壤和长期渍水的水稻土中，经常会发生亚铁中毒现象。在水稻叶片中，如果 $Fe^{2+}$ 含量大于 300 mg/kg，便可能发生铁中毒。造成亚铁毒害的可能原因：植物吸收 $Fe^{2+}$ 过多，容易导致氧自由基的产生；铁中毒常伴随缺锌，缺锌致使含锌、铜的超氧化物歧化酶

活性降低，生物膜受到损伤。防治方法：适时排水晒田、增施钾肥等，也可通过选用抗性品种的措施加以解决。

③植物对缺铁的敏感性。在根际土壤中，如果植物根系具有铁还原能力，并能分泌氢离子、铁载体和络合物(如麦类植物能分泌麦根酸)等，它们一般能有效地利用土壤中的铁，因而较少发生缺铁现象；在有些植物(如旱稻)的根际中，土壤呈氧化状态，这些植物容易缺铁。按植物对缺铁的敏感程度可将它们分为以下 3 类。

a. 高度敏感的植物。花生、大豆、蚕豆、高粱、花椰菜、甘蓝、番茄、薄荷、苏丹草、葡萄、草莓、越橘、柑橘、葡萄柚、苹果、桃、梨、樱桃、鳄梨等。

b. 中度敏感植物。燕麦、大麦、紫花苜蓿、棉花、亚麻等。

c. 不敏感植物。小麦、水稻、粟、马铃薯、甜菜等。

## 8.3.2　土壤中的铁

**(1)土壤中铁的含量与形态**

一般土壤全铁含量为 10~100 g/kg。但是，有些土壤中的有效铁含量很低，这与铁在土壤中的化学性质有关。在土壤中，铁有多种形态，主要包括有机结合态铁、矿物结合态铁、交换态铁和水溶性铁。

①有机结合态铁。数量有限，在有些土壤中甚至不足 1%，但有机质分解之后有效性较高，对植物铁素营养有着重要作用。

②矿物结合态铁。在土壤中，大部分铁以矿物的形式存在，包括原生矿物、次生黏土矿物和数种次生铁盐。含铁的原生矿物有铁镁硅酸盐，如角闪石、橄榄石、辉石、黑云母等，一般原生矿物中的铁较易释放，尤其在湿润的亚热带和热带地区，含铁的原生矿物大多已经风化，转入次生矿物中。在高度风化的土壤中，土壤呈红色是针铁矿所致，土壤呈黄色是赤铁矿所致。铁也可存在于次生矿物的晶格中，是许多黏土矿物的主要成分。

③交换态铁。土壤中的 $Fe^{2+}$、$Fe^{3+}$、$Fe(OH)^{2+}$、$Fe(OH)_2^+$等阳离子可以被土壤胶体上的负电荷吸附而成为交换态铁。但在中性和碱性土壤中，交换态铁数量很少，不超过 1 mg/kg。这是因为形成了氢氧化铁沉淀的缘故。交换态铁随 pH 值下降而增加。在还原条件下，高价铁被还原，交换态铁显著增加。在高度还原的酸性土壤中，交换态铁甚至超过 100 mg/kg。

④水溶性铁。一般不足 1 mg/kg。水溶性铁的形态很复杂，在通气良好的土壤中，除以 $Fe^{3+}$的形态存在之外，还有水解形态，如 $Fe(OH)^{2+}$、$Fe(OH)_2^+$、$Fe(OH)_4^-$ 等。在 pH 值为 4.0~8.0 的土壤中，以 $Fe(OH)_2^+$ 为主；在淹水土壤中，则以 $Fe^{2+}$和 $Fe(OH)^+$为主。此外，在溶液中，还存在络合态铁，包括无机和有机络合铁。无机络合铁稳定性小，易于转化，有机络合铁比较稳定，数量也远远超过无机络合铁。

**(2)土壤中铁的有效性及其影响因素**

土壤全铁含量较高，远超过作物需求，植物缺铁往往是由于土壤中铁的有效性低所致。影响土壤铁有效性的主要因素如下。

在土壤中，铁的溶解性主要受 pH 值影响。在较高的 pH 值条件下，平衡向 $Fe(OH)_3$

沉淀方向进行，每增加1个pH值单位，溶液中铁的活性降低至原来的1/1 000，这是石灰性土壤上作物容易缺铁的原因。重碳酸盐除影响pH值外，还妨碍铁在植物体内运输。过量的重碳酸盐会导致植物生理失调，使植物体内的铁失活。供应硝态氮的植物比铵态氮的植物更容易发生缺铁失绿，就是因为硝态氮还原时释放$OH^-$使细胞质pH值升高。

在有机质分解时，可产生大量的可溶性低分子有机物，容易与水溶性铁发生络合作用，而提高铁的有效性。有机物的存在和分解还会降低土壤的氧化还原电位，提高铁的有效性。但土壤水分含量过高，有机质分解产生大量$CO_2$，会造成重碳酸盐积累，加剧缺铁症状。

土壤含水量高或通气不良，土壤还原性增强，$Fe^{3+}$还原为$Fe^{2+}$，土壤铁的有效性提高；但在石灰性土壤上，土壤湿度过大或通气不良反而诱发缺铁，其反应式为：

$$CaCO_3+CO_2+H_2O \longrightarrow Ca^{2+}+2HCO_3^-$$

在嫌气条件下，土壤$Fe^{3+}$和$F^{2+}$浓度比值可作为评价作物生长的重要参数。通过测定氧化还原电位，根据下列公式可以估算土壤$Fe^{3+}$的活度比值。

$$E=0.77+0.059\lg\frac{[Fe^{3+}]}{[Fe^{2+}]}$$

在嫌气条件下，水化氧化铁使$Fe^{2+}$含量升高，其反应式为：

$$Fe(OH)_3+3H^+ \xrightarrow{e^-} Fe^{2+}+3H_2O$$

上述反应表明：在嫌气条件下，$Fe^{3+}$还原为$Fe^{2+}$，消耗$H^+$，使pH值上升；在好气条件下，则情况相反，随着$Fe^{2+}$氧化为$Fe^{3+}$，pH值下降。

在低温和干旱条件下，土壤中的有效铁含量大大降低。但在连续阴雨时，土壤水分含量过高，$CO_2$不易向大气扩散，在石灰性土壤中就可能积累大量的$HCO_3^-$，形成铁的碳酸盐，也会引起植物缺铁失绿。此外，土壤过量施用磷酸盐及存在高浓度的$Cu^{2+}$、$Zn^{2+}$、$Mn^{2+}$金属离子也可能引起含量缺铁。

**(3)土壤有效铁含量分级与评价指标**

土壤有效铁的提取、分级与评价的研究不多，至今还没有比较公认的通用型提取方法和临界浓度。据报道，DTPA提取的铁量小于2.5 mg/kg为缺铁；2.5～4.5 mg/kg为边缘值，缺铁与否依具体情况而定；大于4.5 mg/kg为适量。在石灰性土壤或碱性土壤中，当土壤溶液中的$Fe^{2+}$含量小于2 mg/kg时，水稻便出现严重的缺铁症状。

## 8.3.3 铁肥的种类、性质与施用

**(1)铁肥的种类与性质**

铁肥分无机铁肥和有机螯合铁肥，常见的铁肥见表8-4。

①无机铁肥。包括硫酸亚铁、硫酸亚铁铵和尿素铁，其中，硫酸亚铁是我国最为常用的铁肥。硫酸亚铁施入土壤后会很快被氧化成难溶于水的高价铁盐而失效，因此，如何合理施用硫酸亚铁提高利用率是目前亟待解决的问题。

表 8-4　常见的铁肥品种

| 种类 | 主要成分 | 铁含量(%) | 性状 |
| --- | --- | --- | --- |
| 硫酸亚铁 | $FeSO_4 \cdot 7H_2O$ | 18.5~19.3 | 蓝绿色结晶，易溶于水 |
| 硫酸亚铁铵 | $(NH_4)_2SO_4 \cdot FeSO_4 \cdot 6H_2O$ | 14 | 淡蓝绿色结晶，易溶于水 |
| 尿素铁 | $Fe[(NH_2)_2CO_2]_6 \cdot (NO_3)_2$ | 9.3 | 天蓝色结晶，易溶于水 |
| 有机螯合铁 | FeEDTA | 5 | 易溶于水 |
| | FeDTPA | 10 | |
| | FeEDDHA | 6 | |

②有机螯合铁肥。包括以下种类：

a. 二胺盐络合物。乙二胺四乙酸(EDTA)、二乙酰三胺五醋酸铁(FeDTPA)、羟乙基乙二胺三乙酸铁(FeHEEDTA)、乙二胺二邻羟苯基大乙酸铁钠铁(FeEDDHA)等，这类铁肥适用的土壤类型广、肥效高、可混性强，但其成本昂贵、售价极高，多用作叶面喷施或叶肥制剂。

b. 羟基羧酸盐铁肥。柠檬酸铁、葡萄糖酸铁。柠檬酸铁土施可提高土壤铁的溶解吸收，促进土壤钙、磷、铁、锰、锌的释放，提高铁的有效性。柠檬酸铁成本低于 EDTA 铁类，效果优于硫酸亚铁，可与许多农药混用，对作物安全，但因原料来源少及其化合物本身吸潮严重，价格昂贵等，使用也较少。

c. 有机复合铁肥。天然有机物与铁复合形成的铁肥，如木质素磺酸铁、多酚酸铁、铁代聚黄酮类化合物和铁代甲氧苯基丙烷，不如螯合铁肥稳定，它们容易发生金属离子和配位体的交换反应，并且在土壤中易被吸附，肥效降低，因此，常被用作无土栽培和叶面喷施的肥料。其价格便宜，虽易降解，但在农业生产中常用。

**(2)铁肥的施用技术**

①土壤施用。将硫酸亚铁或铁屑与有机肥按 1∶10~1∶20 混匀，以基肥方式施入土壤，有一定后效。

②叶面喷施。硫酸亚铁溶液喷施浓度一般为 0.2%~1.0%，需多次喷施。果树比一年生作物容易发生缺铁失绿，可在果树叶芽萌发后，用 0.3%~0.4%的硫酸亚铁溶液每隔 5~7 d 喷 1 次，直至变绿为止。硫酸亚铁溶液应随用随配，避免发生氧化而失效。此外，有机螯合铁肥用于喷施效果也很好。

③树干处理。近年来果树缺铁也比较普遍，可进行树干处理防止缺铁。

a. 树干埋藏法。在树干上钻小孔将固体硫酸亚铁直接埋藏于枝干中。根据大小，每棵树埋入 1~2 g。

b. 涂抹法。1~3 年生的幼树或苗木用 0.3%~1.0%的有机螯合铁肥环状涂抹于主干上，涂抹宽度约 20 cm。大树干粗皮厚，表皮吸收能力较差，可将老皮剥去露出韧皮部后涂抹，环剥宽度约 1 cm。

c. 输液法。通过注射针头将 0.3%~1.0%硫酸亚铁溶液注入树干，先将输液瓶、橡胶管和注射针头互相连接，然后将输液瓶倒挂在枝干上，使硫酸亚铁溶液缓缓注射入树体。

d. 强力注射法。用专门机械将 4%硫酸亚铁溶液强力注入树体，这种方法速率快，在树体上又不留较大的疤痕。

④种子处理。可采用浸种法，硫酸亚铁溶液浓度控制在 0.01%～0.10%，时间在 12 h 左右。

# 8.4　植物的钼素营养与钼肥

## 8.4.1　植物的钼素营养

**(1)钼在植物体内的含量与分布**

在必需营养元素中，植物对钼的需要量较少，不同种类植物差异很大，其含量范围是 0.1～300 mg/kg 干重，一般为 0.1～2.0 mg/kg。豆科和十字花科植物需钼量较多(0.5～2.5 mg/kg)，禾本科植物需钼较少(0.3～1.4 mg/kg)。同一植株不同部位的含钼量也有所不同，以豆科植物为例，含钼量根瘤>种子>叶>茎>根。植物根系吸收钼的主要形态是 $MoO_4^{2-}$，但对吸收方式的解释一直存在争论。此外，$SO_4^{2-}$ 是植物吸收 $MoO_4^{2-}$ 的竞争离子。

**(2)钼的营养作用**

①硝酸还原酶的组分。在植物的氮素代谢中，钼是硝酸还原酶辅基中的金属元素，主要起电子传递作用。在缺钼时，植物体内硝酸盐积累，氨基酸和蛋白质的合成减慢。例如，柑橘黄斑病就是因硝酸盐积累过多而引起的。

②参与根瘤菌的固氮作用。钼对豆科作物非常重要。钼是固氮酶的成分，通过化合价的改变，起着电子传递的作用，直接参与根瘤菌的固氮作用。在豆科作物根瘤中，钼还能提高脱氢酶的活性，增加氢的流入量，提高固氮能力。钼不仅直接影响根瘤菌固氮的活性，而且影响根瘤的形成和发育。在缺钼时，豆科作物的根瘤发育不良，固氮能力下降。

③促进植物体内有机含磷化合物的合成。钼与植物的磷代谢密切相关。据报道，钼酸盐不仅影响正磷酸盐和焦磷酸酯等含磷化合物的水解，还影响植物体内有机磷和无机磷的比例。在缺钼时，植物体内磷酸酶的活性提高，磷酸酯水解，不利于无机态磷向有机态磷的转化，此时磷脂态-P、RNA-P 和 DNA-P 都减少。此外，钼可以促进大豆植株对 $^{32}P$ 的吸收和有机态磷的合成，从而提高产量。植物缺钼使核糖核酸酶活性升高，降低转氨酶的活性，膜的稳定性也下降。此外，在植物缺磷时，植物体内可能积累大量的钼酸盐，造成钼中毒。

④参与光合作用和呼吸作用。虽然钼在光合作用中的直接作用还不清楚，但钼对维持叶绿素的正常结构是不可缺少的。缺钼将使叶绿素含量减少，光合速率降低。研究表明，向缺钼的植物供给钼肥，可使植物光合速率提高 10%～40%。钼对植物的呼吸作用和物质代谢也有一定的影响，还能提高过氧化氢酶、过氧化物酶和多酚氧化酶的活性。此外，钼也是酸式磷酸酶的专性抑制剂。

⑤促进繁殖器官的形成。在受精和胚胎发育过程中，钼起着一定的特殊作用。当植物缺钼时，花蕾数目减少，不能形成正常花粉。例如，番茄缺钼造成花小，花器官发育不良；玉米缺钼时，花粉的形成受阻，活力降低(表 8-5)。

表 8-5　供钼水平对玉米花粉产量和生活力的影响

| 供钼水平（kg/亩） | 花粉粒中钼含量（mg/kg 干重） | 花粉产量（花粉粒数/花药） | 花粉直径（μm） | 花粉生活力（萌发率,%） |
|---|---|---|---|---|
| 2.0 | 92 | 2 437 | 94 | 86 |
| 1.0 | 61 | 1 937 | 85 | 51 |
| 0.1 | 17 | 1 300 | 68 | 27 |

**(3)植物的钼缺乏与钼中毒症状**

①钼缺乏症状。植株矮小，生长缓慢，叶片失绿，且出现大小不一的黄色或橙黄色斑点，严重缺钼时叶缘萎蔫，叶片扭曲呈杯状，老叶变厚，焦枯死亡。缺钼一般始于中位和较老的叶片，以后逐渐向幼叶发展。

②钼中毒症状。叶片褪绿、黄化且畸形，茎组织呈金黄色。但植物耐过量钼的能力很强。在植物体内，钼的含量为 100 mg/kg 时，大多数植物并无不良反应。有些植物在过量吸收钼的情况下，仍然生长良好。如在番茄植株中，钼的含量达 1 000～2 000 mg/kg 时，叶片才会出现明显的中毒症状。在大田条件下，植物发生钼中毒的情况极少，但是如果牧草含钼量超过 10～15 mg/kg，动物尤其是反刍类动物就可能会中毒，出现腹泻。饲料的含钼量一般不超过 5 mg/kg，在牧草施肥时，钼的用量必须适当。

③植物对钼的敏感性。最容易缺钼的植物是豆科植物、十字花科植物和柑橘。钼的生理作用与根瘤菌的固氮有密切关系，因而豆科植物对钼需要量较大。此外，对钼需要量较大的植物还有一些十字花科植物，如花椰菜和甘蓝等，禾本科植物对钼的需要量较少。按植物对缺钼的敏感程度可分为以下 3 类。

a. 高度敏感的植物。花生、三叶草、甘蓝、花椰菜、菠菜、莴苣、洋葱等。

b. 中度敏感植物。紫花苜蓿、黄花苜蓿、苕子、箭筈豌豆、大豆、蚕豆、绿豆、油菜、萝卜、蔓菁、番茄、胡萝卜、柑橘等。

c. 不敏感植物。大麦、小麦、黑麦、玉米、高粱、水稻、苏丹草、文竹、薄荷、葡萄、苹果、桃，以及禾本科牧草等。

## 8.4.2　土壤中的钼

**(1)土壤中钼的含量与形态**

我国土壤全钼含量为 0.1～6.0 mg/kg，平均含量为 1.7 mg/kg。钼在土壤中的形态可分为水溶态钼(可溶解于水中)、代换态钼(以 $MoO_4^{2-}$ 和 $HMoO_4^-$ 形态被土壤胶体吸附)、有机态钼(存在于有机质中)和难溶态钼(存在于原生矿物和铁铝氧化物中)。

**(2)影响土壤中钼的有效性及其因素**

在土壤中，钼的有效性受多种因素的影响，其中土壤全钼含量和 pH 值是主要因素。土壤的全钼含量主要与成土母质和土壤类型有关，在我国东北地区，玄武岩风化的土壤含钼量最多，其次是安山岩和贡岩，而砂土及黄土性母质的土壤含钼最少。此外，土壤全钼含量还与土壤的形成过程、风化程度、有机质含量和地理因素有关。

在土壤中，pH 值是影响钼有效性的重要因子。当土壤 pH 值提高到 6.0 时，土壤无机组分对钼的吸附作用减弱，pH 值为 7.5~8.0 时，吸附作用几乎停止。故在土壤中，钼的化学特性与其他以阳离子形式存在的微量元素不相同，随 pH 值的提高有效性提高。每提高一个 pH 值单位，土壤溶液中的 $MoO_4^{2-}$ 含量提高 100 倍。因此，在酸性土壤中，全钼量可能较高，但有效钼的含量却很低，容易发生缺钼的现象。

**(3)土壤有效钼的分级与评价指标**

土壤中的有效钼包括水溶态钼、代换态钼及其他能被螯合剂提取的钼。一般采用化学浸提法评价土壤钼的有效性，所采用的浸提试剂种类种类较多，目前应用比较普遍的是 pH 值为 3.3 的草酸铵[$H_2C_2O_4(NH_4)_2C_2O_4$]溶液(表 8-6)。

**表 8-6　土壤有效钼含量分级与评价指标**

| 分级 | 评价 | 钼含量(mg/kg) | 对缺钼敏感的作物的反应 |
|---|---|---|---|
| Ⅰ | 很低 | <0.1 | 缺钼，可能有缺钼症状 |
| Ⅱ | 低 | 0.1~0.15 | 缺钼，无症状，潜在性缺乏 |
| Ⅲ | 中 | 0.16~0.20 | 不缺钼，作物生长正常 |
| Ⅳ | 高 | 0.21~0.30 | — |
| Ⅴ | 很高 | >0.30 | — |
| 缺钼临界值(mg/kg) | | 0.15 | |

Davis 提出以"钼值"来评价土壤有效钼的供应情况。

$$钼值=pH值+有效钼含量(mg/kg)\times 10 \quad (8\text{-}1)$$

当钼值小于 6.2 时，土壤钼供应不足；钼值为 6.3~8.2 时，供应中等；钼值大于 8.2 时，钼供应充足。如果单纯以有效钼的供应量来判断土壤钼的供应情况，一般以 0.15 mg/kg 作为钼缺乏的临界值。

## 8.4.3　钼肥的种类、性质与施用

**(1)钼肥的种类与性质**

钼肥的种类较少，主要有钼酸铵(含钼 54%)和钼酸钠(含钼 36%)，以钼酸铵最为常用，这 2 种钼肥极易溶于水，适用于土壤施肥、叶面喷施和种子处理。市场上尚无有机钼肥出售。在我国，含钼的工业废渣也可作为钼肥。

**(2)钼肥的施用技术**

①土壤施用。钼酸铵土壤施用量一般为 130~370 g/hm$^2$，但对花椰菜等需钼较多的作物来说，用量可达 750 g/hm$^2$。但是，钼酸铵价格昂贵，一般较少采用土壤施用的方法。

②叶面喷施。钼酸铵或钼酸钠溶液浓度为 0.05%~0.10%，用肥量约为 27 g/hm$^2$。喷施钼肥时，施用时期极为重要，对豆科植物来说，应在苗期和花前期喷施 2~3 次。

③种子处理。浸种的浓度与喷施相同，种：液≈1：1，浸种 12 h 左右；拌种用肥量为 2~3 g/kg，先用少量水湿润种子，然后与钼肥搅拌均匀。当种子含钼量小于 0.2 mg/kg 时，钼肥拌种有效；在种子含钼量为 0.5~0.7 mg/kg 时可能无效。经钼肥拌肥后的种子，人畜

均不能食用。

# 8.5　植物的锰素营养与锰肥

## 8.5.1　植物的锰素营养

**(1)锰在植物体内的含量、形态与分布**

植物体内的全锰含量一般为 20~100 mg/kg，但植物种类、器官、环境条件不同，植物全锰含量的差异很大。麦类作物籽粒的含锰量为 16~40 mg/kg，茎秆为 30~350 mg/kg；豆类作物籽粒的含锰量为 14~80 mg/kg，茎秆为 110~130 mg/kg；水稻籽粒的含锰量为 20~250 mg/kg，秸秆为 280~900 mg/kg；根类作物的块茎、块根的含锰量为 10~240 mg/kg，茎叶为 120~320 mg/kg；苹果和梨叶片的含锰量为 20~200 mg/kg。同一植物不同器官中锰的含量也有较大差异。小麦叶片含锰量最高，茎秆其次，穗部最低；高粱不同器官中，叶鞘和叶片含锰量最高，颖壳、籽粒、穗轴和茎秆的含量依次降低。

植物主要吸收 $Mn^{2+}$，也可以吸收含锰的络合物。植物体内锰的移动性弱。据报道，当植物缺锰时，幼龄和中龄叶最易出现症状。单子叶植物体内锰的移动性强于双子叶植物。所以，谷类作物缺锰的症状常出现在老叶上。

**(2)锰的营养作用**

①参与光合作用。在光合作用中，锰参与光系统Ⅱ中的水光解反应，从水中获得 2 个活化的电子，释放氧(图 8-5)。其化学反应式为：

$$H_2O \longrightarrow 2H^+ + 2e^- + 1/2O_2$$

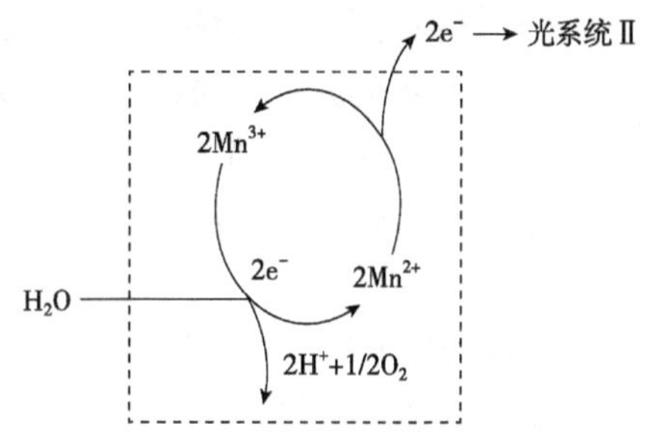


图 8-5　锰在水光解中的作用

②酶的成分或激活剂。$Mn^{2+}$可以活化许多脱氢酶(如柠檬酸脱氢酶、草酰琥珀酸脱氢酶、α-酮戊二酸脱氢酶、苹果酸脱氢酶、草酰乙酸脱氢酶等)，还有不少羧化酶也需要 $Mn^{2+}$作为激活剂。不过必须指出，被 $Mn^{2+}$激活的酶没有专一性，往往可以被其他离子(如 $Mg^{2+}$)所激活。

③维持叶绿体结构。锰不是叶绿体的成分，但与叶绿体合成有关。在缺锰时，膜结构遭破坏而导致叶绿体解体，叶绿素含量下降。此外，植物体内存在含锰的超氧化物歧化酶(Mn-SOD)，具有保护光合系统免遭活性氧毒害和稳定叶绿素的功能。

④参与氧化还原反应。在植物体内，锰以二价($Mn^{2+}$)和三价($Mn^{3+}$)的形态存在，这种价态的变化直接影响植物体内的氧化还原反应。当锰呈二价时，它可以将 $Fe^{2+}$氧化为 $Fe^{3+}$，或抑制 $Fe^{3+}$还原为 $Fe^{2+}$，减少有效铁的含量。因此，当植物吸收过量的锰之后，容易引起缺铁失绿，在酸性红壤和黄壤上，常常发生锰中毒现象。

⑤影响植物的氮代谢。锰作为羟胺还原酶的成分，参与硝酸还原过程，催化羟胺还原成氨(图 8-6)。当植物缺锰时，植物体内积累硝酸盐和亚硝酸盐。研究表明，在缺锰植株的根部，亚硝酸盐含量显著增加(表 8-7)。

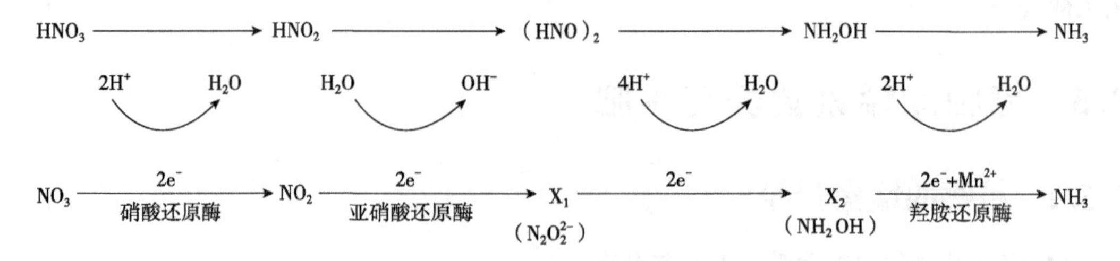


**图 8-6　硝酸的还原过程**

**表 8-7　燕麦和玉米的亚硝酸含量**

| 营养液锰含量(Mn，mg/L) | 燕麦(培养 4 d 后) | | 玉米(培养 5 d 后) | |
|---|---|---|---|---|
| | 叶片 | 根 | 叶片 | 根 |
| 0 | 1.8 | 20.6 | 2.7 | 14.5 |
| 5 | 1.8 | 17.5 | 2.0 | 10.5 |
| 10 | 1.5 | 8.7 | 1.9 | 7.8 |

锰还影响植物组织中的生长素(IAA)代谢。锰能活化 IAA 氧化酶，引起 IAA 氧化分解。在锰过多而引起毒害的植物体内，IAA 的含量降低。

**(3)植物的锰缺乏与锰中毒症状**

①锰缺乏症状。作物缺锰时幼嫩叶片失绿发黄，而叶脉仍保持绿色。叶片失绿的部分逐渐变为灰色或局部坏死，其过程是先在叶尖出现一些褐色斑点，然后扩散到叶片的其他部分，最后卷曲、凋萎、死亡。典型缺锰症状有燕麦灰斑病、豆类褐斑病和甜菜黄斑病。

②锰中毒症状。在锰中毒时，植物叶片脉间出现大量的褐色斑点，这些斑褐色点实际上是锰的氧化物沉淀。此外，根系也呈褐色，严重时发生死亡。在显微镜下，通过专一性的化学染色，如果发现大量的锰沉淀，即可确定植物锰中毒。

③植物对锰的敏感性。按植物对缺锰的敏感程度可将它们分为以下 3 类。

a. 高度敏感的植物。花生、大豆、豌豆、绿豆、燕麦、小麦、烟草、马铃薯、甘薯、黄瓜、莴苣、洋葱、萝卜、菠菜、苏丹草、葡萄、草莓、覆盆子、葡萄柚、樱桃、柠檬、苹果、桃、美洲山核桃、柑橘等。

b. 中度敏感的植物。紫花苜蓿、田菁、苕子、箭筈豌豆、三叶草、大麦、玉米、高粱、亚麻、薄荷、甜菜、甘蓝、花椰菜、芹菜、番茄、蔓菁、胡萝卜、棉花等。

c. 不敏感的植物。黑麦、水稻、越橘、文竹等。

## 8.5.2　土壤中的锰

**(1)土壤锰的含量与形态**

土壤的全锰含量很高，我国土壤的全锰含量为 42～5 000 mg/kg，平均 710 mg/kg。在土壤中，锰有矿物态锰、交换态锰、易还原态锰和水溶态锰等多种形态。锰存在于各种原生矿物中，特别是铁镁共生矿物，经风化后锰从原生矿物中释放出来，形成软锰矿

($MnO_2$)、黑锰矿($Mn_3O_4$)、水锰矿[MnO(OH)]、菱锰矿($MnCO_3$)、褐锰矿($Mn_7SiO_{12}$)等许多次生矿物。锰和铁的氧化物通常共同存于土壤结核和铁磐中，许多土壤都有含锰丰富的结核。

尽管土壤中的锰以多种形态存在，但植物只能吸收 $Mn^{2+}$。土壤中的有效锰可分为 3 类，即水溶性锰、交换态锰和易还原态锰。前两种形态的锰都以 $Mn^{2+}$ 的状态存在，而后者是氧化锰中易还原成 $Mn^{2+}$ 的部分。在石灰性土壤中，交换态锰含量小于 3 mg/kg，易还原态锰含量小于 100 mg/kg，许多植物往往缺锰。在我国南方砖红壤和红壤中，有效锰的含量很高，有时造成植物中毒。

**(2) 土壤中锰的有效性及其影响因素**

在土壤中，锰的有效性与 pH 值密切相关。在 pH 值 4.0~9.0 范围内，每增加 1 个 pH 值单位，可溶性锰含量降低至原来的 1/100。在强酸性土壤中，土壤溶液中存在大量的 $Mn^{2+}$，甚至发生锰的毒害。在北方石灰性土壤中，锰的有效性很低，表层土壤几乎没有代换态锰，易还原态锰也很少，大部分转化为氧化锰。

土壤水分和质地影响土壤氧化还原状况。在嫌气条件下，高价锰的氧化物被微生物或有机物还原为 $Mn^{2+}$。因此，在淹水土壤中，锰的有效性较高，有时甚至产生锰的毒害。通透性良好的轻质土壤，土壤处于氧化状态，锰由低价向高价转化，有效性降低。

向土壤加入有机质，特别是易分解的有机物质，使微生物活动加强，消耗土壤中的氧，促进了锰的生物和化学还原作用，有利于提高锰的有效性。锰还可以与某些有机酸形成螯合物后，有利于其在土壤中的移动。

**(3) 土壤有效锰含量分级与评价指标**

关于土壤供锰能力的评价方法，有人使用交换态锰(用中性 1 mol/L 醋酸铵溶液提取，临界浓度为 2 ~ 3 mg/kg)；也有人使用易还原态锰(用中性 1 mol/L 醋酸铵溶液+0.2%对苯二酚溶液提取，临界浓度为 65 ~ 100 mg/kg)，还有人建议用 DTPA(pH 值 7.3)溶液提取的锰，临界浓度为 5~7 mg/kg。随着土壤 pH 值的增高，水溶态及交换态锰与易还原态锰的含量之间呈相互消长的关系。在石灰性土壤中，有效锰实际上几乎就是易还原态锰，可用有效锰(用 0.2%对苯二酚的中性醋酸铵溶液提取)的含量评价土壤锰的有效性(表 8-8)。

**表 8-8　土壤有效锰含量分级与评价指标**

| 分级 | 评价 | 锰含量(mg/kg) |
| --- | --- | --- |
| Ⅰ | 很低 | <50 |
| Ⅱ | 低 | 50~100 |
| Ⅲ | 中 | 101~200 |
| Ⅳ | 高 | 201~300 |
| Ⅴ | 很高 | >300 |
| 缺锰临界值(mg/kg) | >100 | |

### 8.5.3　锰肥的种类、性质与施用

**(1)锰肥的种类与性质**

锰肥分为无机锰肥和有机锰肥两类，其中有机锰肥比较少见。在无机锰肥中，硫酸锰(含锰26%~28%)易溶于水，是应用最广泛的品种，也是我国最常用的锰肥。氧化锰(含锰41%~68%)的水溶性较差，但在酸性土壤中的肥效很高。此外，无机锰肥还有碳酸锰(含锰31%)、氯化锰(含锰17%)和二氧化锰，但用量较少。

为了均匀地施用锰肥，常将锰肥加到大量元素肥料中制成混合肥料或颗粒肥料。例如，将锰加到过磷酸钙中制成锰化过磷酸钙，或将锰肥加到磷酸铵中，形成一种缓效性的磷酸铵锰。人们通常利用生理酸性肥料，作为锰肥的载体来制造含锰的大量元素肥料。

**(2)锰肥的施用技术**

锰肥在我国施用的面积较小，同其他微量元素一样，锰肥也可土施、叶面喷施或种子处理。

①土壤施用硫酸锰。土壤施用量约为10~30 $kg/hm^2$，可溶性锰肥施入土壤之后，很快转化成无效状态。因此，欲一次性大量施用，并维持几年肥效的方法不适于锰肥施用。建议以条施取代撒施，与生理酸性肥料混合施用

②叶面喷施。叶面喷施锰肥通常是矫正植物缺锰的有效方法。可将硫酸锰配置成0.05%~0.10%的溶液，用液量450~750 $L/hm^2$，在敏感的生育时期连续喷2~3次，每次间隔7~10d。有时可将锰肥掺入农药中喷施。棉花在盛蕾期到棉铃形成期，大豆在花前期和初花期，小麦在分蘖期、拔节孕穗期，马铃薯等块根植物在块茎和块根形成期喷施的效果最好。严重缺锰的情况下，最好土施与叶面喷施结合。

③种子处理。浸种溶液的浓度为0.1%，种：液≈1：1，浸种8~12 h；用于拌种，浓度可增大2~4倍。

## 8.6　植物的铜素营养与铜肥

### 8.6.1　植物的铜素营养

**(1)铜在植物体内的含量、形态与分布**

植物对铜的需要量很低，大多数植物的含铜量仅2~20 mg/kg干重，即使施用铜肥，其含量一般也不超过30 mg/kg。作物体内铜的含量因作物种类、品种、器官和生育阶段而异。豆科作物的含量一般高于谷类作物。在同一土壤上，红三叶草地上部分的含铜量为21.2 mg/kg，而梯牧草只有6.4 mg/kg。在作物体内，铜主要积累在根部，特别是根尖和伸长区，而衰老区的含量较低，且不易上行运输。在同一组织中，铜的含量也因发育阶段不同而异，在成熟的叶片中含量较高，随叶片衰老而逐渐下降。

**(2)铜的营养作用**

①酶的成分或激活剂。细胞色素氧化酶、多酚氧化酶、抗坏血酸氧化酶、吲哚乙酸氧化酶等都是含铜的氧化酶。含铜氧化酶参与分子态氧的还原作用，以 $O_2$ 为电子受体，形

成 $H_2O$ 或 $H_2O_2$，铜在这些酶分子中起电子传递的作用。近年来，还发现铜与锌共存于铜锌超氧化物歧化酶(CuZn-SOD)中。超氧化物歧化酶催化超氧自由基的歧化作用，使生物体免受损伤。

②参与光合作用。铜是叶绿体质体蓝素的成分。光合链中，质体蓝素位于光系统 I 的前端，电子从细胞色素传递给质体蓝素，再由质体蓝素传递给光系统 I。在植物体缺铜时，质体蓝素的形成就会受到抑制，光合电子传递过程也就受到抑制。另有研究表明，铜对叶绿素和其他色素的合成或稳定性起重要作用。在缺铜时，引起叶片失绿和光合效率降低。

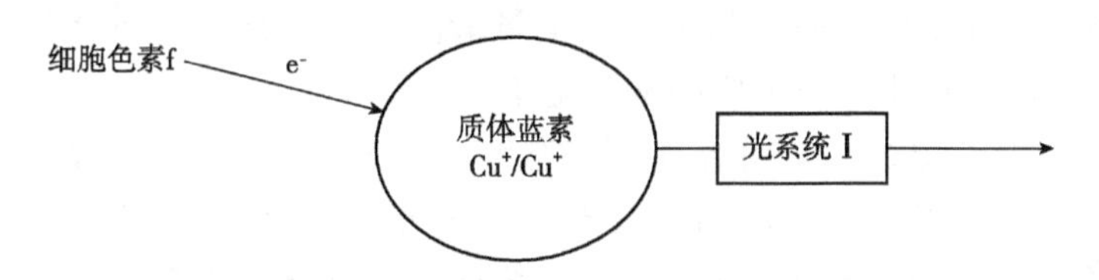


③参与氮素代谢。铜促进氨基酸的活化和蛋白质合成。在缺铜时，蛋白质合成受阻，可溶性铵态氮和天冬酰胺积累，有机酸含量增加，DNA 含量降低。此外，根瘤缺铜时，末端氧化酶的活性降低，根瘤细胞中氧的分压提高，抑制固氮作用。

④影响花器官发育铜还参与受精过程，影响胚珠的发育。缺铜明显抑制禾本科作物的生殖生长。此外，在麦类作物缺铜时，主茎丧失顶端优势，分蘖增加，秸秆产量较高，但结实少。

**(3)植物的铜缺乏与铜中毒症状**

①铜缺乏症状。禾本科植物和果树对缺铜最敏感。禾本科植物缺铜的表现是植株丛生，顶端逐渐变白，症状通常从叶尖开始，严重时不抽穗，或穗萎缩变形，结实率降低，籽粒不饱满，甚至不结实，如小麦的“白叶尖病”或“尖端黄化病”均为缺铜引起的生理疾病。果树在开花结果的生殖生长阶段对缺铜比较敏感，缺铜表现为顶梢叶片簇生，叶和果实褪色，严重时顶梢枯死，出现“郁汁病”或“枝枯病”等。此外，缺铜的一个明显特征是某些作物的花发生褪色现象。例如，在蚕豆缺铜时，花的颜色由原来的深红色变为白色。

②铜中毒症状。植物对铜的忍耐能力不强，铜过量容易引起毒害。对于一般作物而言，含铜量>20 mg/kg(干重)时，作物可能中毒。铜对植物的毒害首先表现在根部，主要症状是主根伸长受阻，侧根变短；地上部新叶失绿，老叶坏死，叶柄和叶的背面出现紫红斑点。长期喷施波尔多液的多年生植物(如葡萄)或者大量施用规模化养殖场的畜禽粪污容易发生铜中毒。豆科植物对铜中毒尤为敏感，含铜多的饲用植物对动物尤其是反刍类动物有较大的危害作用。

③植物对铜的敏感性。根据植物对缺铜的敏感程度可将它们分为 3 类：

a. 高度敏感的植物。大麦、小麦、燕麦、紫花苜蓿、莴苣、洋葱、菠菜、胡萝卜、苏丹草、柑橘、向日葵、葡萄柚等。燕麦和小麦是判断土壤是否缺铜的最理想的指示作物。

b. 中度敏感的植物。玉米、高粱、三叶草、硬花甘蓝、甘蓝、花椰菜、芹菜、黄瓜、萝卜、蔓菁、番茄、棉花、油桐、草莓、越橘、苹果、梨、桃等。

c. 不敏感的植物。黑麦、水稻、大豆、豌豆、马铃薯、薄荷、文竹、油菜、芥菜等。

### 8.6.2 土壤中的铜

**(1)土壤中铜的含量与形态**

我国土壤的全铜含量比较丰富，范围在 3~300 mg/kg，平均为 22 mg/kg，但大多数土壤的含量为 20~40 mg/kg。土壤中铜的含量主要决定于成土母质。一般而言，玄武岩风化物的含铜量最高，安山岩风化物次之，花岗岩、石英岩、凝灰岩和火山灰风化物含铜量最低。在沉积母质中，以湖积及冲积黏土的含铜量最高，其次是页岩风化物和黄土性母质，砂土的含铜量最低。有机质土是主要的缺铜土壤。

土壤中铜可分为矿物态、交换态和水溶态等。在土壤中，大部分铜存在于原生和次生矿物的晶格内，如橄榄石、角闪石、辉石、黑云母、正长石、斜长石等。此外，局部地区还有富集的含铜矿物如辉铜矿($Cu_2S$)、黄铜矿($CaFeS_2$)、赤铜矿($Cu_2O$)、孔雀石[$Cu_2(OH)_2CO_3$]、蓝铜矿[$Cu_3(OH)_2(CO_3)_2$]等，它们的含铜量很高。

铜可能是土壤中最不容易移动的微量元素，植物所需要的铜绝大多数依靠植物根系截留获得。因此，影响植物根系发育的因子也会影响植物对铜的吸收。

**(2)土壤中铜的有效性及其影响因素**

土壤中铜的有效性与 pH 值有关。随着 pH 值上升，土壤对铜的吸附和固定增强。pH 值每增大一个单位，$Cu(OH)_2$ 的溶解度下降至原来的 1/100。因此在酸性土壤中，铜的有效性较高；在石灰性土壤中，铜的有效性较低。

有机物质结合铜的能力大于黏粒。有机质中的胡敏酸、富里酸等能络合铜，使之成为无效铜。因此，在有机质丰富的土壤中，植物常常发生缺铜。在沼泽土和泥炭土中，存在大量有机质，致使土壤有效铜的含量降低，植物容易发生缺铜。

在淹水土壤中，铜对植物的有效性可能降低，原因可能是在渍水土壤中，存在大量的锰和铁还原物，对铜产生表面吸附。

**(3)土壤有效铜含量分级与评价指标**

土壤有效铜的提取方法同有效锌，其分级与评价指标列于表 8-9。

**表 8-9 土壤有效态铜含量分级与评价指标**

| 分级 | 评价 | 铜含量(mg/kg) | |
|---|---|---|---|
| | | 0.1mol/L HCl 提取 | DTPA(pH 值 7.3)提取 |
| Ⅰ | 很低 | <1.0 | <0.1 |
| Ⅱ | 低 | 1.0~2.0 | 0.1~0.2 |
| Ⅲ | 中 | 2.1~4.0 | 0.2~1.0 |
| Ⅳ | 高 | 4.1~6.0 | 1.1~1.8 |
| Ⅴ | 很高 | >6.0 | >1.8 |
| 缺铜临界值(mg/kg) | | 2.0 | 0.2 |

### 8.6.3　铜肥的种类、性质与施用

**(1)铜肥的种类与性质**

铜肥包括无机铜肥和有机铜肥两大类。无机铜肥有硫酸铜($CuSO_4 \cdot 5H_2O$、含铜 24%~25%)、氧化铜(CuO，含铜 78.3%)等，CuEDTA(含铜 8%~13%)属于有机铜肥。

硫酸铜是最常用的铜肥，水溶性好，价格便宜。在园艺生产中，硫酸铜广泛用于配制波尔多液，防治果树等植物的病虫害。

**(2)铜肥的施用技术**

①土壤施用。铜在土壤中的移动性低，施于根系附近的效果较好。推荐施铜量一般为 3~6 $kg/hm^2$，相当于 12~24 $kg/hm^2$ $CuSO_4 \cdot 5H_2O$。在砂性土壤上，用量应适当减少，防止铜过量；在有效铜含量低的土壤上，对缺铜反应敏感的植物用量可适当增加。如果施用氧化铜，应研磨成粒径 0.2~3.0 mm 的粉末，以提高肥料的溶解性与对当季作物的有效性。若施用含铜量高的污泥、猪粪等时，土壤适宜的 pH 值应大于 6.5，以避免铜害。

②叶面喷施。叶面喷施可用硫酸铜或螯合铜，用量少，见效快，尤其在干旱条件下效果更佳。推荐用量为 100 $g/hm^2$(相当于 400 g $CuSO_4 \cdot 5H_2O$)。如果还需兼顾控制真菌病害，则铜肥的用量可适当加大。为避免烧苗，可加入少量石灰中和酸性，石灰的用量为硫酸铜的 1/2。叶面喷施需要 2~3 次，每次间隔 2 周。对于果树而言，喷施的最佳时期是早春；小麦可在分蘖期与拔节期各喷 1 次。

## 8.7　植物的氯素营养及含氯化肥

### 8.7.1　植物的氯素营养

**(1)氯在植物体内的含量、形态与分布**

植物正常生长发育所需的植株含氯量一般为 150~300 mg/kg，但是植物体内氯的含量可达 1~20 g/kg，有些植物的含氯量甚至可以超过 100 g/kg(如烟草)，相当于大量元素的含量范围。

在植物体内，氯一般是以 $Cl^-$ 形态存在，主要分布在植物的茎秆和叶片等营养器官中，其含量占植株含氯量的 80%以上，老叶中的含量高于上部叶和嫩叶。在籽粒和根部，氯的含量较低。

耐盐作物能够抑制氯从根部向地上部转移。例如，在耐盐的大豆品种中，根系的含 $Cl^-$ 量高于叶片；而敏感品种则相反，$Cl^-$ 可以迅速转运到叶片中而发生积累，使作物受害。

**(2)氯的营养作用**

①参与光合作用。氯促进光合磷酸化和 ATP 的合成，直接参与光系统Ⅱ氧化位上的希尔反应(图 8-7)。在缺氯时，植物光合作用受到抑制，叶面积减小，叶片失绿坏死。

$$H_2O \longrightarrow O_2 \xrightarrow[Mn+Cl]{e^-} PS\,II \xrightarrow{e^-} PS\,I \xrightarrow{e^-} H^+$$

**图 8-7　氯参与希尔反应示意**

$Cl^-$过量也影响光合效率和光合产物的运输，降低植物体内叶绿素的含量和叶片光合强度。研究表明，当营养液中 $Cl^-$含量高于 300 mg/kg 时，马铃薯的 $CO_2$ 同化量减少，光合产物的形成量减少，光合产物向块茎运输的速率也降低了 20%~40%，导致马铃薯块茎小而少，产量低下。

②激活酶。在植物体内，某些酶类必须有 $Cl^-$的存在和参与才可能具有活性。例如，$\alpha$-淀粉酶只有在 $Cl^-$的存在时，才能使淀粉转化为蔗糖。$\beta$-淀粉酶也需要有 $Cl^-$的存在才具有活性。因此，适量的氯有利于碳水化合物的合成和转化。

在原生质膜上，$H^+$-ATP 酶受 $K^+$激活，但在液泡膜上，$H^+$-ATP 酶被氯化物活化。液泡膜 $H^+$-ATP 酶起着质子泵的作用，将 $H^+$从原生质转运到液泡中。在天冬酰胺的形成过程中，氯能提高天冬酰胺合成酶的活性，促进天门冬酰胺的合成。

$$\text{谷氨酰胺} \xrightarrow[\text{天冬酰胺合成酶}]{NH_3} \text{天冬酰胺} + \text{谷氨酸}$$

在植物体内，$Cl^-$积累达到一定量会抑制硝酸还原酶的活性，干扰氮代谢，降低植物吸收 $NO_3^-$。当 $Cl^-$的含量提高到一定程度时，蔗糖酶和超氧化物歧化酶的活性降低。

③参与激素的组成。在植物体内，氯可能是某些激素的成分。在豌豆植株体内，存在含氯的生长素，即 4-氯吲哚-3-乙酸。$Cl^-$能调控乙烯含量的变化，用 $CaCl_2$ 处理甜瓜果实，与其他钙盐的处理相比，果实能产生更多的乙烯，使果实的呼吸高峰期提前，加速果实成熟。

④渗透调节。$Cl^-$能够维持细胞渗透压和调节气孔运动，增强细胞的吸水能力，提高束缚水含量，有利于吸收更多的水分，从而增强植物的抗旱能力。在植物生长发育过程中，需要不断从土壤中吸收大量的阳离子，而为了维持植物体内的电荷平衡，则需要有一定数量的阴离子，才能保持电中性，$Cl^-$在维持电荷平衡方面起着重要的作用。一般而言，随着植物体内阳离子数量的增加，$Cl^-$也不断积累。

⑤抑制病害发生。施用含氯肥料能减轻多种真菌病害的发生。例如，冬小麦的白粉病、全蚀病和条锈病，大麦的根腐病，玉米的茎腐病，水稻的稻瘟病和病毒病，芦笋的茎枯病，马铃薯的空心病、褐心病等。一些研究认为，$Cl^-$能抑制硝化作用。当施用铵态氮肥时，$Cl^-$抑制铵态氮向硝态氮的转化，作物可能吸收更多的铵态氮，促进根系释放 $H^+$，酸化根际，抑制真菌等病原微生物在根际土壤中大量生长繁殖，减轻病原菌的滋生；另有认为，$C1^-$可降低植物体内的硝酸还原酶活性，抑制硝态氮的吸收，使植物体内的硝酸盐含量处于较低水平。作物体内 $NO_3^-$ 含量低，根腐病发病率减轻。

水稻施氯可促进输导组织的发育，有利于水分和养分的吸收，还能提高植株纤维素含量，有利于增强水稻的抗倒伏能力。

**(3)植物的氯缺乏与氯中毒症状**

由于植物可从土壤、降水、灌溉水、大气中吸收氯，还可随着三要素肥料(如氯化铵、氯化钾)带入，故大田作物很少出现缺氯症状，一些耐氯力弱的作物反而容易出现氯中毒症状。

①氯缺乏症状。植物在轻度缺氯时生长不良；严重缺氯时叶片失绿、凋萎。例如，番

茄缺氯叶片尖端首先凋萎，然后叶片失绿，进而呈青铜色，逐渐由局部遍及全叶而坏死；根系短小，侧根少；结果少或不能结果。又如，甜菜缺氯时的叶片生长明显缓慢，叶片小，叶脉间失绿。

②氯中毒症状。植物在氯中毒后，叶尖、叶缘呈灼烧状并向上卷曲，老叶死亡，提早脱落。例如，烟草氯中毒后叶色浓绿，叶缘向上卷曲，叶片肥厚、脆性、易破碎；水稻氯中毒，叶片呈"∧"字形并出现暗紫褐色斑点，分蘖减少，稻株弱小，成熟延迟，穗小粒少，空壳率高，产量降低。

③植物对氯的敏感性和耐氯力。由于氯也是植物必需的营养元素，用植物耐氯力代替忌氯作物更为确切。

a. 耐氯力强的植物。指耐氯临界值大于 600 mg/kg 的植物，如甜菜、菠菜、红麻、粟、红薯、萝卜、水稻、高粱、棉花、油菜、黄瓜、大麦等。

b. 耐氯力中等的植物。耐氯临界值为 300~600 mg/kg，如小麦、玉米、番茄、茄子、大豆、蚕豆，豌豆、甘蔗、花生、亚麻、甘蓝、辣椒、白菜、草莓等。

c. 耐氯力弱的植物。耐氯临界值小于 300 mg/kg 的植物，如烟草、马铃薯、甘薯、莴苣、苋菜等。

一般而言，植物不同生育期对氯的敏感性不同，往往仅在某一特定的生育时期对氯比较敏感，敏感期过后，即使氯的含量偏高，植株生长也基本不受影响。对禾本科植物而言，氯的敏感期主要在苗期，如小麦、大麦、黑麦等在 2~5 叶龄期；白菜、青菜和油菜在 4~6 叶龄期；水稻在 3~5 叶龄期，柑橘和茶树在 1~4 年的幼龄期。

## 8.7.2　土壤中的氯

**(1) 土壤中氯的含量与形态**

地壳中氯的含量为 0.05%，土壤含氯量一般为 37~370 mg/kg，平均为 100 mg/kg。研究表明，我国土壤耕作层平均含氯量为 59.4 mg/kg，变幅为痕量至 2 808 mg/kg，土壤耕作层含氯量小于 25 mg/kg 的样本数占 40.3%；小于 50 mg/kg 的样本数占 72.8%；小于 100 mg/kg的样本数占 90.7%。

**(2) 土壤中氯的有效性及影响因素**

由于土壤对氯的吸附量小，氯的移动性强，容易循环利用。土壤的含氯量与降水、地势及是否盐渍化有密切关系。降水多、地势高、土壤淋溶性能好的非盐渍化土壤，其含氯量低；反之则高。海水的含氯量高达 1.9%，在近海地区，土壤中的含氯量可能过高，造成植物中毒；而远离海岸的内陆，可能会出现植物缺氯的现象。大量施用人粪尿和含氯化肥提高土壤中的 $Cl^-$ 含量。在水田或多雨的地区或季节，$Cl^-$ 容易随水流失，稻田施用氯化铵 1 个月后，水中的 $Cl^-$ 含量接近初始含量；小麦施用氯化铵后，5%~10% 被小麦吸收，5%残留在根层土壤中，其余的 $Cl^-$ 被淋溶至土壤下层。

## 8.7.3　含氯化肥的种类、性质与施用

**(1) 含氯化肥的种类与性质**

含氯肥料有氯化铵、氯化钾、氯化镁、氯化钙、氯化钠及含氯复混肥等。常用的含氯

化肥主要是氯化铵、氯化钾及其配制而成的单氯或双氯复混肥。

**(2) 含氯化肥的施用技术**

①含氯化肥应优先用于耐氯力强的作物。含氯化肥应优先用于甜菜、菠菜、红麻、水稻、棉花、油菜、大麦等耐氯力强的作物，可以获得与等养分不含氯化肥等产、等质的效果，对水稻还略有增产，对红麻、棉花还可改善纤维品质，如增大纤维拉力和增强纤维韧性等。耐氯力中等的作物如小麦、玉米、豆类、亚麻、白菜等，只要用量适宜、用法得当，也可获得与等养分不含氯化肥等产、等质的效果。耐氯力弱的烟草、甘薯、莴苣、苋菜等作物，含氯化肥宜少用、慎用，但在含氯量低的土壤上，也可以适量施用。例如，贵州植烟黄壤含氯量约 10 mg/kg，而烟草耐氯临界值为 140 mg/kg，烟草—土壤氯容量为 130 mg/kg。因此用 30%～50%的 KCl 溶液与 50%～70%的 $K_2SO_4$ 溶液配施不仅可以提高钾吸收率，也不致影响烟草品质，即烟草含氯量小于 1%。含氯化肥作种肥和基施应深施，并与种子间隔 6～8 cm 土层，以免“烧苗”。在对氯敏感的苗期含氯化肥用量宜少、浓度宜低，中后期浓度可高一些。

②含氯化肥应优先用于含氯量低的土壤和植物。耐氯临界值越高，土壤含氯量越低，则植物—土壤氯容量越大，含氯化肥用量越高，安全性越好；反之亦然。

我国含氯量特低的土壤(<25 mg/kg)主要是四川、重庆和贵州的黄壤、红壤及部分酸性紫色土；含氯量低(<50 mg/kg)的土壤主要是南方潮土、红壤、黄壤、紫色土、黑土、草甸土、黄褐土等；含氯量中等的土壤(50～150 mg/kg)主要是北方潮土、褐土等；含氯量高(>150 mg/kg)的土壤主要是碱土、浅海滩涂泥、盐渍土等。

植物—土壤氯容量低的地区，特别是旱地要少用、慎用含氯化肥。同时含氯化肥要优先用于高肥力的中性、石灰性土壤，低肥力强酸性土壤慎用。

## 8.8 植物的镍素营养与镍肥

### 8.8.1 植物的镍素营养

**(1) 镍在植物体内的含量、形态与分布**

1987 年，镍才被正式确定为高等植物的必需营养元素。植物体含镍量一般为 1～5 mg/kg，但生长在由蛇纹岩或超基性岩发育的土壤上一些镍积累或超积累植物，其体内镍含量高得多。不同种类植物对镍的需求不同，正常条件下豆科植物对镍的需求量大于非豆科植物。苔藓、蕨类、地衣含量镍较高，原因是能吸收大气微尘中的镍，因而可作环境监测之用。

在植物体内镍主要以 $Ni^{2+}$形态存在，此外也有少量的 $Ni^{+}$和 $Ni^{3+}$。镍还能与柠檬酸和半胱氨酸等形成稳定的配位体。镍在木质部和韧皮部中较容易移动。镍积累或超积累植物根系的含镍量比地上部分低，而非积累植物根系的含镍量比地上部分高。豆科植物的根瘤中含镍量比茎部高 1.3～1.9 倍。一般来说，营养生长期镍主要分布于叶和芽中，生殖生长期绝大部分镍从叶和芽转移到生殖器官，因此，成熟种子的含镍量通常较高。

**(2) 镍的营养作用**

镍是脲酶和某些脱氢酶的金属组分，并与氮代谢关系密切。

①酶的重要组分。镍是许多酶保持活性的辅助因子。在这些酶中，镍与氧、氮(脲酶)或硫(脱氢酶)以共价键形式存在。例如，1975 年，Dixon 等首次证实从菜豆中分离的脲酶分子含 6 个亚基，每个亚基含 2 个镍原子。亚基中的镍与 N—配位体和 O—配位体配合，在水解反应中其中一个 Ni—O 配位键由水分子代替。镍作为脲酶的金属组分，是保持酶结构和催化功能必需的元素。

②参与氮代谢。镍在高等植物特别是豆科植物的氮代谢过程中起着非常重要的作用。在以尿素为氮源的情况下，不供镍植物的尿素利用能力下降且会出现尿素中毒的现象。大豆叶面喷施尿素，叶尖坏死(尿素中毒)程度与植株镍营养状况有关。不供镍的大豆叶片脲酶活性低，尿素累积导致叶尖坏死；反之供镍大豆叶片脲酶活性提高，尿素含量降低，尿素中毒症状较轻。

③与植物的抗毒性有关。增强植物的抗病性，如施用镍肥可防治小麦锈病，积累高浓度镍的某些芸薹属植物可以抵抗白粉菌等病原微生物的侵染。镍还与植物的抗衰老有一定关系，可能是通过抑制内源乙烯的生成而实现。

**(3)植物的镍缺乏与镍中毒症状**

植物正常生长对镍的需求量很少，虽然利用石灰性土壤进行的小麦盆栽试验表明，以尿素为氮源镍显著促进了小麦的生长，且小麦地上部含镍量高达 15~22 mg/kg。迄今为止，还未发现在土壤中生长的植物出现镍缺乏的现象。

一般情况下，植物镍中毒的现象更为常见，镍中毒主要表现为根系生长严重受阻。如施用含镍量高的污泥、城市垃圾，以及冶炼、采矿等工业活动产生的含镍微尘的沉积和沉降，容易对植物造成镍的毒害。对镍敏感的植物，体内含镍量大于 10 mg/kg 时(以干重计)出现镍中毒现象；中等敏感的作物，体内镍含量大于 50 mg/kg 时出现镍中毒现象。一些耐镍的植物(如小麦)，在以尿素为氮源的情况下，镍中毒的临界值可以提高至 63~112 mg/kg。

## 8.8.2 土壤中的镍

**(1)土壤中镍含量与形态**

土壤含镍量一般为 5~500 mg/kg，大部分土壤含镍量低于 50 mg/kg。土壤的含镍量主要取决于成土母质，发育于砂岩、石灰岩或酸性火成岩的土壤含镍量在 50 mg/kg 以下；发育于泥质沉积岩和基性火成岩的土壤，含镍量可达 50~100 mg/kg 或以上；发育于超基性火成岩(如蛇纹岩)的土壤每千克含镍高达几克。

土壤中的镍有 4 种形态：水溶态镍、交换态镍、配位吸附态镍和矿物态镍。其中水溶态镍和交换态镍的含量很低，主要以配位吸附态镍和矿物态镍形式存在，矿物态镍主要存在于一些含铁的原生矿物、铁锰氧化物、原生或次生的砷化物、硫化物中。此外，磷矿粉和一些次生硅酸盐矿物中也含有镍。

**(2)土壤中镍的有效性及其影响因素**

影响土壤镍有效性的因素主要有土壤 pH 值、有机质和质地等，其中 pH 值对土壤中镍的影响最显著，酸性条件下镍的有效性较高，因此，施用石灰是降低土壤镍毒最有效的方法之一。

# 复习思考题

1. 简述植物缺铁的症状、原因以及植物对缺铁可能的适应机制。
2. 简述植物缺硼症状、部位与硼的营养作用之间的关系。
3. 缺锰对植物的生长有何影响？为什么？
4. 除缺铜以外，还有哪些微量元素缺乏时会影响植物的生殖生长？为什么？
5. 缺锌和缺铁的症状有何异同？为什么？
6. 请描述典型的缺钼症状，缺钼对高等植物体内的哪些生理过程有直接影响？
7. 微量元素肥料施用技术要点有哪些？

# 第 9 章

# 复混肥料

**【内容提要】**复混肥料是科学施肥与化肥工业发展的必然产物，在现代农业生产中有非常广阔的发展前景。本章主要介绍复混肥料的概念、分类、特点，以及养分含量的表示方法；继而介绍复合肥料和混合肥料的主要种类与性质；在此基础上，重点介绍配制混合肥料的计算方法以及复混肥料的合理施用。

随着农业科学技术的进步，世界化肥生产正朝着高效化、复合化、液体化和缓效化方向发展，总趋势是发展高效复混肥料，节省能源，减少副成分，提高肥效和劳动生产率，节省包装、储存、运输和施用等费用。复混肥料可减少施肥次数，节省施肥成本，其产量和技术已成为衡量一个国家化肥工业发达程度的重要指标，在各国化肥生产和施用中所占比例越来越大。例如，美国、英国销售的肥料约 80%是复混肥料，日本、法国、德国及其他西欧国家的复混肥料也占化肥消费总量的 60%~80%，全世界复混肥料的平均消费超过化肥总量的 1/3。因此，复混肥料是科学施肥的客观要求，也是化肥工业发展的方向，在现代农业生产中有广阔的发展前景。

## 9.1 复混肥料概述

### 9.1.1 复混肥料的概念与分类

所谓复混肥料是指含有氮、磷、钾 3 种养分元素中至少 2 种的化学肥料。根据不同的分类标准可以将复混肥料分为不同的种类，主要有如下几种。

**(1) 根据生产工艺分类**

根据生产工艺，复混肥料可以分为复合肥料和混合肥料。

①复合肥料。是采用化学方法制成的，也称化成复合肥料，如磷酸铵等。其特点是性质稳定，但其中的氮、磷、钾等养分比例固定，难以适应不同土壤和不同作物的需要，在施用时需配合单质化肥。例如，磷酸铵中磷的含量约是氮的 3 倍，施用时一般要配合适量氮肥才能满足作物需求。因此，复合肥料直接单独施用较少，而通常作为配制混合肥料的基础肥料。

②混合肥料。以单质化肥或复合肥料为基础肥料，通过机械混合而成，工艺流程以物理过程为主，也有一定的化学反应，但并不改变其养分的基本形态和有效性。其优点是可按照土壤的供肥情况和作物的营养特点分别配制成氮、磷、钾养分比例各不相同的混合肥料，缺点是混合时可能引起某些养分的损失或某些物理性质的变化。

另外，按混合肥料的加工方式和剂型还可以分为粉状混合肥料、粒状混合肥料、粒状掺合肥料、清液混合肥料和悬浮液混合肥料等类型。粉状混合肥料采用干粉掺和或干粉混合；粒状混合肥料由粉状混合肥料经造粒、筛选、烘干而制成；粒状掺合肥料也称 BB 肥，是将各种基础肥料加工制成等粒径、等密度的肥料颗粒之后，再混合而成；清液混合肥料将所有肥料组分都溶解于水中，形成清澈溶液的液体肥料；悬浮液混合肥料是将一部分肥料组分通过悬浮剂的作用而悬浮在水溶液中而制成。

**(2) 根据养分组成分类**

根据营养元素的种类或有益成分，复混肥料可以分为二元复混肥料、三元复混肥料、多元复混肥料和多功能复混肥料。含有氮、磷、钾三要素中任意 2 种的化学肥料称为二元复混肥料；含有氮、磷、钾三要素的化学肥料称为三元复混肥料；复混肥料添加 1 种或多种中、微量元素后称为多元复混肥料；在复混肥料中，添加植物生长调节物质、农药、除草剂等之后，称为多功能复混肥料。

**(3) 根据总养分含量分类**

根据总养分含量，复混肥料可以分为低浓度复混肥料、中浓度复混肥料、高浓度复混肥料和超高浓度复混肥料。总养分含量为 25%～30%的是低浓度复混肥料，30%～40%的是中浓度复混肥料，40%以上的是高浓度复混肥料，超过 80%的是超高浓度复混肥料。

**(4) 根据适用范围分类**

根据适用范围，复混肥料可以分为通用型复混肥料和专用型复混肥料。通用型复混肥料适用的地域及作物的范围比较广泛，针对性不强，有时出现其中的 1 种或多种有效养分不足或过剩，在施用时需根据具体情况补施单质化肥或其他肥料才能充分发挥肥效；专用型复混肥料仅适用某一地域的某种作物，针对性强，养分利用率高，肥效较好。因此，专用型复混肥料发展很快，种类也越来越多，如水稻专用肥、烟草专用肥等。

### 9.1.2 复混肥料的特点

**(1) 复混肥料的优点**

①养分种类多，含量高，副成分少。复混肥料至少含有氮、磷、钾三要素中的 2 种，养分种类比单质肥料多。因此，施用复混肥料可同时供给作物多种养分，以满足作物生长需要，并有利于发挥营养元素之间的协助作用，减少氧分损失，提高肥料利用率。复混肥料养分含量较高，即使低浓度复混肥料，总养分含量也都在 25%以上，比许多单质肥料的有效养分含量都高。有效成分高，副成分必然少。此外，配制复混肥料时加入的填料，如黏土、粉煤灰等，还有一定的改土作用。

②物理性状较好。复混肥料一般制成颗粒状，有些还制成包膜肥料，吸湿性明显降低，便于储存、运输和施用，尤其适合现代机械化施肥。

③节省包装、储存、运输和施用等费用。由于复混肥料养分含量高，副成分少，所以，在等量有效养分条件下，其体积总量比单质肥料少，如 1 t 硝酸钾所含的氮几乎相当于 1 t 碳酸铵，所含的钾($K_2O$)几乎相当于 1 t 硫酸钾，体积却比单质化肥缩小一半，可节省包装、储存、运输和施用等费用，降低生产成本。另外，由于复混肥料含有多种养分，每次施肥可施入多种养分，有利于减少施肥次数，提高劳动生产率。如果需要供给氮、磷、钾 3 种元素，至少需要施用 3 次单质化肥，如果施用氮、磷、钾复混肥料，只需施用 1 次。

**(2)复混肥料的缺点**

①养分比例固定，尤其复合肥料，很难完全适用于不同土壤和不同作物。例如，5-15-12 的复混肥料，磷、钾含量较高，只适用于豆科等需氮较少的作物。所以，最好根据土壤供肥情况和作物营养特点配制成专用肥，以充分发挥复混肥料的增产作用。

②难以满足不同肥料的施肥技术要求。磷、钾肥一般适宜作基肥，氮肥容易损失，宜少量多次施用。如果把氮、磷、钾配成复混肥作基肥一次施入，则会造成大量氮素损失。

### 9.1.3 复混肥料养分含量的表示方法

复混肥料都要用阿拉伯数字按 N-$P_2O_5$-$K_2O$ 顺序标出有效养分的百分率。例如，10-10-10 表示在复混肥料中，N、$P_2O_5$、$K_2O$ 的含量均为 10%；15-15-0 表示 N、$P_2O_5$ 的含量分别为 15%，$K_2O$ 的含量为 0；15-0-15 表示 N、$K_2O$ 的含量分别为 15%，$P_2O_5$ 的含量为 0。对于多元复混肥料，如果加入中量元素或微量元素，不必在包装容器或质量证明书上标明(国家标准或行业标准规定标明的除外)；如果复混肥料中 $Cl^-$ 含量大于 3.0%，必须在包装容器上标明。

复混肥料的总养分含量是 N、$P_2O_5$ 和 $K_2O$ 的含量之和，其他养分元素不得计入，如 15-15-15 表示总养分含量为 45%；15-15-0 表示总氧分含量为 30%。

## 9.2 复合肥料的主要种类与性质

### 9.2.1 磷酸铵系复合肥

**(1)磷酸铵**

磷酸铵简称磷铵，是氨中和浓缩磷酸而生成的一组产物。由于氨中和的程度不同，主要产物有磷酸一铵(MAP)和磷酸二铵(DAP)，其反应式如下：

$$H_3PO_4+NH_3 \longrightarrow NH_4H_2PO_4 \qquad H_3PO_4+2NH_3 \longrightarrow (NH_4)_2HPO_4$$

磷酸一铵又称安福粉，为白色四面体结晶，饱和水溶液的 pH 值为 3.47；总养分含量为 62%~66%，其中含氮 11%~13%，含磷 51%~53%；在 10℃和 25℃时，每 100 mL 水分别溶解 29 g 和 40 g。

磷酸二铵又称重安福粉，为白色单斜结晶，饱和水溶液的 pH 值为 7.98；总养分含量为 62%~75%，其中含氮 16%~21%，含磷 46%~54%；在 10℃和 25℃时，每 100 mL 水分别溶解 63 g 和 71 g。

磷酸一铵的热稳定性好，氨不易挥发，临界相对湿度高，不易吸潮，溶解度大，物理性质较好。磷酸二铵的稳定性较磷酸一铵差，在湿热条件下氨易挥发，与过磷酸钙混合易造成磷的退化，与尿素混合易造成氨的损失。磷酸一铵的水溶液呈酸性，磷酸二铵的水溶液呈碱性。

磷酸一铵和磷酸二铵产品按照外观分为粒状和粉状 2 类；按照生产工艺分为料浆法和传统法。料浆法磷酸一铵和磷酸二铵是以镁、铁、铝含量较高的中低品位磷矿为原料，采用料浆浓缩法制得的；传统法磷酸一铵和磷酸二铵是采用料浆浓缩法以外其他方法制得的。我国生产的磷酸一铵和磷酸二铵的品质规格见表 9-1 至表 9-3。

**表 9-1　传统法粒状磷酸一铵和磷酸二铵的要求**　　%

| 项　目 | 磷酸一铵 | | | 磷酸二铵 | | |
|---|---|---|---|---|---|---|
| | 优等品 12-52-0 | 一等品 11-49-0 | 合格品 10-46-0 | 优等品 18-46-0 | 一等品 15-42-0 | 合格品 14-39-0 |
| 外　观 | 颗粒状，无机械杂质 | | | | | |
| 总养分($N+P_2O_5$)的质量分数 | ≥64.0 | ≥60.0 | ≥56.0 | ≥64.0 | ≥57.0 | ≥53.0 |
| 总氮(N)的质量分数 | ≥11.0 | ≥10.0 | ≥9.0 | ≥17.0 | ≥14.0 | ≥13.0 |
| 有效磷($P_2O_5$)的质量分数 | ≥51.0 | ≥48.0 | ≥45.0 | ≥45.0 | ≥41.0 | ≥38.0 |
| 水溶性磷占有效磷百分率 | ≥87 | ≥80 | ≥75 | ≥87 | ≥80 | ≥75 |
| 水分($H_2O$)的质量分数 | ≤2.5 | ≤2.5 | ≤3.0 | ≤2.5 | ≤2.5 | ≤3.0 |
| 粒度(粒径 1.00~4.75 mm) | ≥90 | ≥80 | ≥80 | ≥90 | ≥80 | ≥80 |

注：水分为推荐性要求；引自《磷酸一铵、磷酸二铵》(GB/T 10205—2009)。

**表 9-2　料浆法粒状磷酸一铵和磷酸二铵的要求**　　%

| 项　目 | 磷酸一铵 | | | 磷酸二铵 | | |
|---|---|---|---|---|---|---|
| | 优等品 11-47-0 | 一等品 11-44-0 | 合格品 10-42-0 | 优等品 16-44-0 | 一等品 15-42-0 | 合格品 14-39-0 |
| 外　观 | 颗粒状，无机械杂质 | | | | | |
| 总养分($N+P_2O_5$)的质量分数 | ≥58.0 | ≥55.0 | ≥52.0 | ≥60.0 | ≥57.0 | ≥53.0 |
| 总氮(N)的质量分数 | ≥10.0 | ≥10.0 | ≥9.0 | ≥15.0 | ≥14.0 | ≥13.0 |
| 有效磷($P_2O_5$)的质量分数 | ≥46.0 | ≥43.0 | ≥41.0 | ≥43.0 | ≥41.0 | ≥38.0 |
| 水溶性磷占有效磷百分率 | ≥85 | ≥75 | ≥70 | ≥80 | ≥75 | ≥70 |
| 水分($H_2O$)的质量分数 | ≤2.5 | ≤2.5 | ≤3.0 | ≤2.5 | ≤2.5 | ≤3.0 |
| 粒度(粒径 1.00~4.75 mm) | ≥90 | ≥80 | ≥80 | ≥90 | ≥80 | ≥80 |

注：水分为推荐性要求；引自《磷酸一铵、磷酸二铵》(GB/T 10205—2009)。

表 9-3　粉状磷酸一铵的要求　%

| 项　目 | 传统法 | | 料浆法 | | |
|---|---|---|---|---|---|
| | 优等品 9-49-0 | 一等品 8-47-0 | 优等品 11-47-0 | 一等品 11-44-0 | 合格品 10-42-0 |
| 外　观 | 粉末状，无明显结块现象，无机械杂质 | | | | |
| 总养分($N+P_2O_5$)的质量分数 | ≥58.0 | ≥55.0 | ≥58.0 | ≥55.0 | ≥52.0 |
| 总氮(N)的质量分数 | ≥8.0 | ≥7.0 | ≥10.0 | ≥10.0 | ≥9.0 |
| 有效磷($P_2O_5$)的质量分数 | ≥48.0 | ≥46.0 | ≥46.0 | ≥43.0 | ≥41.0 |
| 水溶性磷占有效磷百分率 | ≥80 | ≥75 | ≥80 | ≥75 | ≥70 |
| 水分($H_2O$)的质量分数 | ≤3.0 | ≤4.0 | ≤3.0 | ≤4.0 | ≤5.0 |

注：水分为推荐性要求引自《磷酸一铵、磷酸二铵》(GB/T 10205—2009)。

目前，我国生产的磷铵是磷酸一铵和磷酸二铵的混合物，总养分含量为 60%～68%，其中含氮 14%～18%，含磷($P_2O_5$)46%～50%，性质较稳定，多用于配制混合肥料。以磷铵为基础，可加工出各种不同的氮、磷复混肥。例如，加硝酸铵，可制成硝磷铵；加硫酸铵，可制成硫磷铵；加尿素，可制成尿磷铵。用 50%的浓磷酸与氨反应，还可制成聚磷酸铵。在磷铵中加入防潮剂还可制成颗粒磷铵，颗粒磷铵呈灰白色，易溶于水，水溶液 pH 值为 7.0～7.2；总养分含量为 57%～69%，其中含氮 11%～18%，含磷($P_2O_5$)46%～51%。

磷铵可作种肥、基肥和追肥。作种肥时用量不宜过多，应避免与种子直接接触，以免影响种子发芽或烧苗。磷铵是磷多氮少的肥料，宜用于豆科作物，在用于其他作物时，要适当配施单质氮肥。磷铵不宜与草木灰、石灰等碱性肥料混施，否则引起氨的挥发损失，磷的有效性也会降低。

磷铵是一种不含副成分的高浓度氮磷复合肥，不仅是生产高浓度混合肥料的基础肥料，而且适于远程运输，但储存时应注意防潮。

**(2)聚磷酸铵**

聚磷酸铵又称多磷酸铵，主要成分有磷酸铵、焦磷酸铵、三聚磷酸铵和四聚磷酸铵等。聚磷酸铵是由正磷酸脱水或者过磷酸与氨反应制成的超高浓度的氮磷复合肥，总养分含量高达 70%～76%，其中含氮 13%～23%，含磷($P_2O_5$)53%～61%。聚磷酸铵的溶解度大于正磷酸铵，并可螯合金属阳离子，阻止肥料中的杂质在溶液中沉淀。同时，聚磷酸铵还能螯合铁、锰、铜、锌等微量营养元素，使其溶解度增大，常用于配制高浓度、多元素(尤其微量元素)的液体复混肥料。聚磷酸铵中的 N∶$P_2O_5$ 为 1∶4，也是一种以磷为主的氮磷复合肥，施用方法可参照磷酸铵。

**(3)偏磷酸铵**

将元素磷在空气中燃烧生产 $P_2O_5$，在高温和水蒸气存在的条件下，再与氨反应生产偏磷酸铵，其主要反应式如下：

$$P_2O_5+2NH_3 \longrightarrow 2(OH)_2PN+H_2O \qquad (OH)_2PN+H_2O \longrightarrow NH_4PO_3$$

同时还发生以下副反应：

$$(OH)_2PN+NH_3 \longrightarrow NH_4OOHPN \qquad NH_4OOHPN+H_2O \longrightarrow NH_4PO_3+NH_3$$

如果用湿式洗涤器收集，可以制成液体复合肥(11-40-0)。偏磷酸铵的总养分含量为69%～84%，其中含氮11%～12%，含磷($P_2O_5$)58%～62%。氮以铵态氮为主，占82%～98%，95%～99%的磷为枸溶性磷。稍有吸湿性，但不易结块。

偏磷酸铵适宜在酸性或中性土壤上施用，在石灰性土壤上肥效稍差。施用方法可参照磷酸铵。

**(4)磷酸二氢钾**

磷酸二氢钾(0-52-35)是一种高浓度的磷钾复合肥，过去曾用氢氧化钾或碳酸钾中和热法磷酸的方法生产，其反应式如下：

$$KOH+H_3PO_4 \longrightarrow KH_2PO_4$$

由于生产磷酸二氢钾的原料短缺，价格高，成本较高，故生产和施用都受到限制。湖北省化学研究所提出了应用离子交换法生产磷酸二氢钾的新工艺，它不仅可用廉价的氯化钾代替碳酸钾或氢氧化钾，而且可用氨中和湿法磷酸除去大部分杂质，获得较纯的磷酸二氢铵溶液作为离子交换的原料，解决了不用热法磷酸的问题。原料及能耗相较通用的中和法节省30%以上。新工艺的基本原理是利用001型强酸性苯乙烯系阳离子交换树脂进行铵钾交换。其操作步骤是，先用氯化钾将钠型树脂转变为钾型树脂，再用磷酸一铵将钾型树脂转变为铵型树脂，同时生产出磷酸二氢钾溶液，然后用氯化钾将铵型树脂转变为钾型树脂，如此反复循环，最后将磷酸二氢钾溶液分离、浓缩、冷却结晶，得到固体磷酸二氢钾和副产品氯化铵，其反应式如下：

$$R\text{-}SO_3Na+KCl \longrightarrow R\text{-}SO_3K+NaCl \qquad R\text{-}SO_3K+NH_4H_2PO_4 \longrightarrow R\text{-}SO_3NH_4+KH_2PO_4$$

$$R\text{-}SO_3NH_4+KCl \longrightarrow R\text{-}SO_3K+NH_4Cl$$

纯净的磷酸二氢钾为灰白色粉末，吸湿性小，物理性状好，易溶于水，在20℃时每100 mL水可溶解23 g，水溶液的pH值为3.0～4.0。磷酸二氢钾品质规格见表9-4。

磷酸二氢钾由于价格高，多用于根外追肥、拌种和浸种。多数作物每公顷喷施0.1%～0.2%的磷酸二氢钾溶液750～1 125 kg，连续喷施2～3次，可获得10%左右的增产效果，但要注意喷施时间，水稻、小麦宜在拔节期至孕穗期，棉花宜在花期喷施。用0.2%的磷酸二氢钾溶液浸种20 h左右，晾干后播种，也有一定的增产效果。在国外，还利用磷酸二氢钾配制高浓度的混合肥料。

**(5)氨化过磷酸钙**

氨化过磷酸钙是用氨处理过磷酸钙而制成的一种物理性状较好的氮磷复合肥。其中含氮2%～3%，含磷($P_2O_5$)13%～15%。由于氨可以中和过磷酸钙中的游离酸，因此过磷酸钙的吸湿性和腐蚀性降低，加上氨化作用是放热反应，所以氨化时能蒸发掉一部分水分，也能改善成品的物理性状，储存、运输和施用均较方便，还增加了氮素。整个氨化作用的过程包括以下反应：

$$CaH_4(PO_4)_2 \cdot H_2O+NH_3 \longrightarrow NH_4H_2PO_4+CaHPO_4+H_2O$$

$$H_3PO_4+NH_3 \longrightarrow NH_4H_2PO_4 \qquad H_2SO_4+2NH_3 \longrightarrow (NH_4)_2SO_4$$

因此，氨化过磷酸钙是一种含有磷酸一铵、硫酸铵、磷酸一钙和磷酸二钙等成分的肥料。但加氨量必须严格控制，若氨过量就会发生下列反应：

$$CaH_4(PO_4)_2 \cdot H_2O+2CaSO_4+4NH_3 \longrightarrow Ca_3(PO_4)_2\downarrow +2(NH_4)_2SO_4+H_2O$$

由上可知加氨过量会导致磷的有效性降低，通常加氨量以 5%～10%为宜，超过 20%则造成严重的磷酸退化和氮损失，具体加入量要根据过磷酸钙中 $P_2O_5$ 含量和氨水浓度而定。

氨化过磷酸钙对多数作物的肥效略优于等磷量的过磷酸钙，尤其对豆科作物效果较显著。

**表 9-4　肥料级磷酸二氢钾的要求**

| 项　目 | 等　级 | | |
|---|---|---|---|
| | 优等品 | 一等品 | 合格用 |
| 磷酸二氢钾（$KH_2PO_4$）的质量分数（%） | ≥98.0 | ≥96.0 | ≥94.0 |
| 水溶性五氧化二磷（$P_2O_5$）的质量分数（%） | ≥51.0 | ≥50.0 | ≥49.0 |
| 氧化钾（$K_2O$）的质量分数（%） | ≥33.8 | ≥33.2 | ≥30.5 |
| 水分（%） | ≤0.5 | ≤0.3 | ≤1.5 |
| 氯化物（Cl）的质量分数（%） | ≤1.0 | ≤1.5 | ≤3.0 |
| 水不溶物的质量分数（%） | ≤0.3 | | |
| pH 值 | 4.3～4.9 | | |
| 砷及其化合物的质量分数（以 As 计，%） | ≤0.005 0 | | |
| 镉及其化合物的质量分数（以 Cd 计，%） | ≤0.001 0 | | |
| 铅及其化合物的质量分数（以 Pb 计，%） | ≤0.002 0 | | |
| 铬及其化合物的质量分数（以 Cr 计，%） | ≤0.005 0 | | |
| 汞及其化合物的质量分数（以 Hg 计，%） | ≤0.000 5 | | |

注：引自《肥料级磷酸二氢钾》（HG/T 2321—2016）。

由于氨化过磷酸钙中的氮磷比约为 1∶6，施用时应配合氮肥才能充分发挥肥效，而且不宜与碱性肥料混存混用，以免引起氨的挥发和物理性状变差。其他施用方法参照过磷酸钙。氨化过磷酸钙还是我国生产低浓度混合肥料的基础肥料之一。

## 9.2.2　硝酸磷肥系复合肥

硝酸磷肥也是生产混合肥料的基础肥料，在此主要介绍硝酸磷肥的生产原理和性质，硝酸钾也在本节中一并介绍。

**（1）硝酸磷肥**

硝酸磷肥是由硝酸分解磷矿粉而制成的氮磷复合肥。其优点是用硝酸分解磷矿粉，既可节省硫源，同时硝酸本身又含有氮。硝酸磷肥制造过程的第一步是用硝酸分解磷矿粉制得磷酸和硝酸钙溶液，其反应式如下：

$$Ca_5(PO_4)_3F+10HNO_3 \longrightarrow 3H_3PO_4+5Ca(NO_3)_2+HF\uparrow$$

第二步是对此溶液进行化学加工，从溶液中除去硝酸钙。去除硝酸钙的加工方法如下。

①冷冻法。首先在低温(-5~5℃)条件下分离析出硝酸钙结晶，然后将氨通入溶液进行中和，再经浓缩、干燥即得硝酸磷肥，其反应式如下：

$$3H_3PO_4+Ca(NO_3)_2+4NH_3+2H_2O \longrightarrow CaHPO_4 \cdot 2H_2O+2NH_4H_2PO_4+2NH_4NO_3$$

所制得的硝酸磷肥是一种含有二水磷酸二钙、磷酸一铵和硝酸铵等组分的氮磷复合肥。其总养分含量达 40%，其中水溶性磷占全磷量的 75%。但此法所用的设备复杂，投资大。

②碳化法。先氨化，再通入氨和二氧化碳对反应溶液进行中和，使其中的硝酸钙生成碳酸钙沉淀出来，其反应式如下：

$$3H_3PO_4+5Ca(NO_3)_2+10NH_3+2CO_2+8H_2O \longrightarrow 3CaHPO_4 \cdot 2H_2O+10NH_4NO_3+2CaCO_3\downarrow$$

所制得的硝酸磷肥是一种含有二水磷酸二钙、硝酸铵和碳酸钙等组分的氮磷复合肥。此法所需设备简单，成本较低，但所含磷素养分形态全部为枸溶性。

③混酸法。用硝酸和硫酸混合分解磷矿粉，这样制得的溶液中只有少量硝酸钙，大部分的钙与硫酸发生反应，生成硫酸钙，从溶液中沉淀下来，然后再用氨去中和反应溶液，其反应式如下：

$$2Ca_5(PO_4)_3F+12HNO_3+4H_2SO_4 \longrightarrow 6H_3PO_4+6Ca(NO_3)_2+2HF\uparrow+4CaSO_4\downarrow$$

$$6H_3PO_4+5Ca(NO_3)_2+11NH_3 \longrightarrow 5CaHPO_4+10NH_4NO_3+NH_4H_2PO_4$$

所制得的硝酸磷肥是一种含有无水磷酸二钙、磷酸一铵和硝酸铵等组分的氮磷复合肥。用此法生产硝酸磷肥设备简单，但需消耗一定的硫酸，总养分含量较低，仅 24%~28%，其中的磷只有 30%~50%为水溶性，其余均为枸溶性。

由上可见，硝酸磷肥中的组分及氮、磷含量随制造方法而异(表 9-5)。

**表 9-5　硝酸磷肥的技术指标**　　%

| 项　目 | 要　求 | | |
|---|---|---|---|
| | Ⅰ型 | Ⅱ型 | Ⅲ型 |
| 总养分($N+P_2O_5$)的质量分数 | ≥40.0 | ≥37.0 | ≥35.0 |
| 总氮 | ≥20.0 | | |
| 有效磷($P_2O_5$) | ≥14 | ≥11 | ≥10 |
| 硝态氮占总氮百分率 | ≥35 | | |
| 水溶性磷占有效磷百分率 | ≥65 | ≥50 | ≥40 |
| 游离水($H_2O$)含量 | ≤1.5 | | |
| 粒度(粒径 1.00~4.75 mm) | ≥90 | | |
| 氯离子 | ≤0.5 | | |

注：单一养分测定值与标明值负偏差的绝对值不大于 1.5%；引自《硝酸磷肥、硝酸磷钾肥》(GB/T 10510—2023)。

在硝酸磷肥中加入氯化钾或硫酸钾，即制成含有氮、磷、钾的三元复合肥——硝磷钾肥，如 15-15-15、13-11-12 等复混肥料。用硫酸钾制成的硝磷钾肥特别适用于烟草等作物。

硝酸磷肥中的氮素形态有很大一部分是硝态氮，宜在旱地上施用，而不宜用于水田。其中含氮量一般高于含磷量，所以也不宜施用于豆科作物，否则影响其固氮效果。硝酸磷肥宜优先施在含钾较高而氮、磷、有机质均缺乏的北方石灰性土壤上，且颗粒不宜过大。硝酸磷肥在大气湿度为 40%~60%时即开始吸潮，在储存、运输和施用时应注意防湿防潮。

**(2)硝酸钾**

硝酸钾是将硝酸钠和氯化钾溶一起进行复分解后重新结晶制成的，其反应式如下：

$$NaNO_3+KCl \longrightarrow KNO_3+NaCl$$

我国生产的硝酸钾有部分是用土硝制成的，故又称火硝。硝酸钾为斜方或菱形白色结晶，其中含氮 12%~15%，含钾($K_2O$)45%~46%，不含副成分，吸湿性低。

硝酸钾宜作追肥，但不宜作基肥或种肥；宜施用于旱地，而不宜施于水田；宜施于马铃薯、甘薯、甜菜、烟草等喜钾作物。

硝酸钾是配制混合肥料的理想钾源。用它代替氯化钾配制复混肥料可明显降低其吸湿性。

硝酸钾也是制造火药的原料，储存、运输时要特别注意防高温、防燃烧、防爆炸，切忌与易燃物质接触。

## 9.3　混合肥料的主要种类与性质

我国混合肥料的生产量与西方国家相比占化肥总量比例低，中、低浓度肥料多，高浓度肥料较少；通用型混合肥料多，而针对性强的专用型混合肥料较少。因此扩大混合肥料生产规模、提高总养分含量是今后肥料研究工作的重要任务之一。为了保证混合肥料产品质量，我国制定了混合肥料国家标准(表 9-6)。

**表 9-6　复混肥料的技术指标**　　%

| 项　目 | | 指　标 | | |
|---|---|---|---|---|
| | | 高浓度 | 中浓度 | 低浓度 |
| 总养分含量($N+P_2O_5+K_2O$) | | ≥40.0 | ≥30.0 | ≥25.0 |
| 水溶性磷占有效磷百分率 | | ≥60 | ≥50 | ≥40 |
| 硝态氮 | | ≥1.5 | | |
| 水分($H_2O$)含量 | | ≤2.0 | ≤2.5 | ≤5.0 |
| 粒度(1.00~4.75 mm 或 3.35~5.60 mm) | | ≥90 | | |
| 氯离子含量 | 未标“含氯”的产品 | ≤3.0 | | |
| | 标识“含氯(低氯)”的产品 | ≤15.0 | | |
| | 标识“含氯(中氯)”的产品 | ≤30.0 | | |

(续)

| 项　目 | | 指　标 | | |
|---|---|---|---|---|
| | | 高浓度 | 中浓度 | 低浓度 |
| 单一中量元素(以单质计) | 有效钙 | ≥1.0 | | |
| | 有效镁 | ≥1.0 | | |
| | 总硫 | ≥2.0 | | |
| 单一微量元素(以单质计) | | ≥0.02 | | |

注：组成产品的单一养分量不应小于4.0%，且单一养分测定值与标明值的负偏差绝对值不应大于1.5%；以钙镁磷肥等枸溶性磷肥为基础肥料，并在包装容器上注明为"枸溶性磷"时，可不控制"水溶性磷占有效磷百分率"的指标；若为氮、钾二元肥料，也不控制"水溶性磷占有效磷百分率"的指标；包装容器上表明"含硝态氮"时检测本项目；水分以生产企业出厂检验数据为准；氯离子的质量分数大于30.0%的产品，应在包装上标明"含氯(高氯)"；标识"含氯(高氯)"的产品氯离子的质量分数可不做检验和判定；包装容器上标明含钙、镁、硫时检测此项目；包装容器上标明含铜、铁、锰、锌、硼、钼时检测此项目，钼元素的质量分数不高于0.5%；引自《复合肥料》(GB/T 15063—2020)。

混合肥料按加工方式和剂型可以分为粉状混合肥料、粒状混合肥料、粒状掺合肥料、清液混合肥料和悬浮混合肥料等类型。

### 9.3.1　粉状混合肥料

粉状混合肥料是混合肥料生产中最古老、最简单的工艺。主要设备是混合器，主要配料成分有粉状过磷酸钙、重过磷酸钙、硫酸铵、硝酸铵、氯化钾等。粉状混合肥料容易结块，在加工过程中添加稻壳粉、蛭石粉、珍珠岩粉、硅藻土等物料可减少结块现象。粉状混合肥料加工方法简单，生产成本低，但容易吸湿结块，物理性状差，施用不便，尤其不适宜机械施肥，因此生产较少，并且由于粒度指标是《复合肥料》(GB/T 15063—2020)中的强制性指标，故不宜发展粉状混合肥料。

### 9.3.2　粒状混合肥料

粒状混合肥料的优点是颗粒中养分分布比较均匀，物理性状好，施用方便，而且可以根据农业生产需要灵活变换肥料配方，目前多用于生产经济作物专用肥，在我国具有很好的发展前景。粒状肥料的基础肥料可以是粉状、结晶状或颗粒状。主要设备之一是造粒机，我国广泛采用的有转鼓造粒机、圆盘造粒机和挤压造粒机，其中挤压造粒机成粒率高，返料少。生产粒状混合肥料的主要流程为固体物料破碎、过筛、称重、混合、造粒、干燥、筛分、冷却、包装等。

不管采用哪种造粒工艺，都应该注意基础肥料之间的相合性。如果将相合性不好的肥料混合，不仅破坏肥料的物理性状，而且降低肥料组分的有效性或导致养分损失。因此，在选择基础肥料时必须遵循以下原则。

①混合后肥料的临界相对湿度较高。肥料的吸湿性以其临界相对湿度来表示，即在一定的温度下，肥料开始从空气中吸收水分时空气的相对湿度。一般肥料混合后临界相对湿度比混合前任一基础肥料都低，所以吸湿性增强。例如，硝酸铵的临界相对湿度为59.4%(图9-1)，尿素为75.2%，而两者混合后仅为18.1%，临界相对湿度大大降低。因此，在

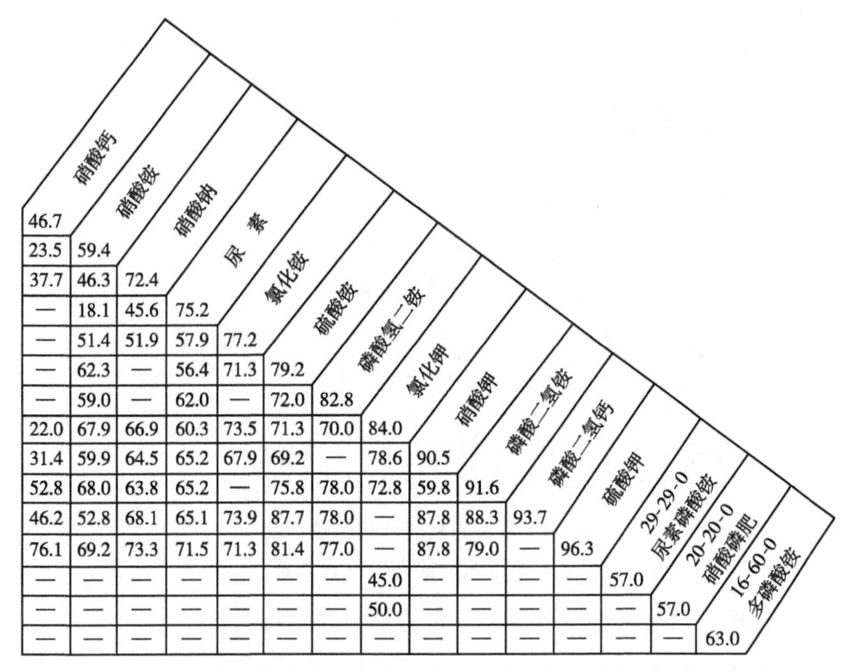

| 硝酸钙 | 硝酸铵 | 硝酸钠 | 尿素 | 氯化铵 | 硫酸铵 | 磷酸氢二铵 | 氯化钾 | 硝酸钾 | 磷酸二氢铵 | 磷酸二氢钙 | 硫酸钾 | 29-29-0 尿素磷酸铵 | 20-20-0 硝酸磷肥 | 16-60-0 多磷酸铵 |
|---|---|---|---|---|---|---|---|---|---|---|---|---|---|---|
| 46.7 | | | | | | | | | | | | | | |
| 23.5 | 59.4 | | | | | | | | | | | | | |
| 37.7 | 46.3 | 72.4 | | | | | | | | | | | | |
| — | 18.1 | 45.6 | 75.2 | | | | | | | | | | | |
| — | 51.4 | 51.9 | 57.9 | 77.2 | | | | | | | | | | |
| — | 62.3 | — | 56.4 | 71.3 | 79.2 | | | | | | | | | |
| — | 59.0 | — | 62.0 | — | 72.0 | 82.8 | | | | | | | | |
| 22.0 | 67.9 | 66.9 | 60.3 | 73.5 | 71.3 | 70.0 | 84.0 | | | | | | | |
| 31.4 | 59.9 | 64.5 | 65.2 | 67.9 | 69.2 | — | 78.6 | 90.5 | | | | | | |
| 52.8 | 68.0 | 63.8 | 65.2 | — | 75.8 | 78.0 | 72.8 | 59.8 | 91.6 | | | | | |
| 46.2 | 52.8 | 68.1 | 65.1 | 73.9 | 87.7 | 78.0 | — | 87.8 | 88.3 | 93.7 | | | | |
| 76.1 | 69.2 | 73.3 | 71.5 | 71.3 | 81.4 | 77.0 | — | 87.8 | 79.0 | — | 96.3 | | | |
| — | — | — | — | — | — | — | 45.0 | — | — | — | — | 57.0 | | |
| — | — | — | — | — | — | — | 50.0 | — | — | — | — | — | 57.0 | |
| — | — | — | — | — | — | — | — | — | — | — | — | — | — | 63.0 |

**图 9-1　肥料盐及混合物 30℃的临界相对湿度(%)**

选择基础肥料时要求临界相对湿度尽可能高。

②混合后肥料的有效养分不受损失。肥料混合过程中由于肥料组分之间发生化学反应，导致养分损失或有效性降低。不能直接相合的肥料主要有：铵态氮肥(如硫酸铵、磷铵、硝酸铵等)、腐熟的有机肥(如粪尿水、堆肥等)不应与钙镁磷肥、草木灰等碱性肥料混合，以免发生氨挥发，其反应式如下：

$$NH_4NO_3+K_2CO_3 \longrightarrow KNO_3+(NH_4)_2CO_3 \qquad (NH_4)_2CO_3 \longrightarrow 2NH_3\uparrow +CO_2\uparrow +H_2O$$

$$(NH_4)_2SO_4+CaO \longrightarrow CaSO_4+2NH_3\uparrow +H_2O$$

硝态氮肥(如硝酸铵，硝酸钙等)不应与过磷酸钙或未腐熟的有机肥(如植物油饼等)混合，否则易发生反硝化脱氮。硝态氮肥不能直接与氯化钾、过磷酸钙等肥料混合，因为容易产生吸湿性更强的硝酸钙等，其反应式如下：

$$2NH_4NO_3+Ca(H_2PO_4)_2 \longrightarrow Ca(NH_2)_2(HPO)_2+N_2O\uparrow +3H_2O$$

$$2NH_4NO_3+2C(\text{未腐熟的有机肥中的碳}) \longrightarrow N_2O\uparrow +(NH_4)_2CO_3+CO_2\uparrow$$

尿素不应与豆饼类有机肥混合，因为豆饼类有机肥中含有脲酶，相混合后加速尿素的水解，造成氨挥发损失。尿素也不能与过磷酸钙直接混合，因为尿素与过磷酸钙发生加合反应，使混合物含水量迅速增加，导致无法造粒。但可以先用 5%～10%的碳铵氨化过磷酸钙再与尿素混合，则可以消除直接相合的不良影响。

速效磷肥(如过磷酸钙、重过磷酸钙等)不应与碱性肥料混合，特别是含钙的碱性肥料，容易引起速效磷的退化，其反应式如下：

$$Ca(H_2PO_4)_2+CaO \longrightarrow 2CaHPO_4+H_2O \qquad 2CaHPO_4+CaO \longrightarrow Ca_3(PO_4)_2+H_2O$$

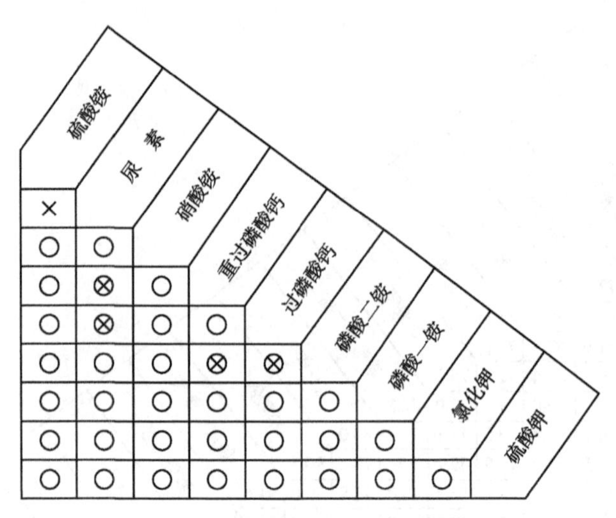


**图 9-2 常用肥料混合相合性判别**

(×表示不可混合；⊗表示可以暂时混合但不宜久置；○表示可以混合)

因此，在选择原料时必须注意各种肥料混合的宜忌情况(图 9-2)。

## 9.3.3 粒状掺合肥料

粒状掺合肥料最大的优点是可以根据不同土壤、作物的需要灵活变换配方，具有明显的针对性和实用性。其缺点是各基础肥料要求粒径、密度接近，否则容易产生分离，导致各颗粒养分组成差异，从而降低肥效。生产粒状掺合肥料也要考虑基础肥料的相合性。目前，我国粒状掺合肥料生产规模较小，主要是尿素和氯化钾等造粒的技术措施还没有完全解决。而粒状掺合肥料在美国施用最多，施用量约占化肥消费总量的 40%，占整个复混肥料的 70%。

## 9.3.4 清液混合肥料

清液混合肥料具有生产装置简单、投资费用和能耗少，无烟雾和粉尘污染，特别适宜叶面喷施，肥料利用率高等优点。但缺点是对基础肥料要求高，必须是水溶性的，而且肥料组分之间不能产生沉淀，还需要特殊的储存和运输设备，如汽车槽罐等。

清液混合肥料一般是以多磷酸铵溶液为基础，通过冷混或热混工艺制成。在冷混工艺中，用多磷酸铵溶液(10-34-0、11-37-0)与无压力氮溶液(含氮 28%～32%)和钾盐混合形成不同规格的产品，如 7-21-7，10-10-10 等，也可以与尿素和氯化钾溶液，或尿素—硝酸铵溶液、钾盐混合制成。在热混合中，湿法磷酸和氨反应时加入聚磷酸铵溶液螯合湿法磷酸中的杂质，并借助酸和氨的反应提高物料的温度，加快其他配料的溶解速率，加入尿素或氯化钾溶液混合后可制成多种组合的清液混合肥料。

清液混合肥料生产过程中还要特别注意液体混合肥料的盐析温度，即开始析出结晶时的温度。值得注意的是，盐析温度与总养分含量有关，如尿素、氯化钾等用热混合法制得的清液混合肥料的盐析温度与总养分量的关系见表 9-7。为了防止低温发生盐析，一般要求液体混合肥料的盐析温度低于使用地区的最低温度。还要注意基础肥料的选择：①氮素可选用铵态氮、硝态氮、酰胺态氮、氨基酸或氮溶液。氮溶液就是将硝铵、尿素按一定比例溶解在氨水或液氨中而成。②磷素以正磷酸、焦磷酸、多磷酸等为原料。③钾素一般多用氯化钾，但溶解度较低，因此生产低含钾量的液体肥料可用氯化钾，而高含钾量的液体肥料则最好选用硫酸钾、碳酸钾等。

**表 9-7　清液混合肥料的总养分含量与盐析温度的关系**

| 总养分含量($N+P_2O_5+K_2O$)(%) | 32 | 29.6 | 27 | 25 |
|---|---|---|---|---|
| 盐析温度(℃) | 16 | 10 | 0 | -4 |

### 9.3.5　悬浮液混合肥料

悬浮液混合肥料的生产方法以及优缺点与清液混合肥料大致相似，只是需加入悬浮剂(如黏土)等，使肥料的液相与固相处于稳定的悬浮平衡状态。如以多磷酸铵作为悬浮液，然后与氮、钾肥料溶液及黏土混合制成。另外，清液混合肥料要求基础肥料完全溶解，尤其在配制含有微量元素的清液混合肥料时，为使其完全溶解，常用价格昂贵的螯合态微量元素，而悬浮混合肥料对微量元素的溶解度要求不严，除非它影响农艺效果才加以考虑。总之，液体混合肥料(清液混合肥料和悬浮液混合肥料)是一种有发展前途的肥料。

## 9.4　复混肥料的肥效与施用

### 9.4.1　复混肥料的肥效

**(1)复混肥料与等养分单质化肥的肥效**

各地试验结果表明，施用复混肥料或单质化肥均比不施肥有明显的增产效果，而复混肥料与单质化肥相比，在两者养分形态、用量和其他栽培管理措施一致的条件下，其肥效相当或略高。尽管复混肥料(单质化肥的二次加工)比等养分的单质化肥成本高，但是由于肥料利用率提高，产量增加，运输和施用等费用降低，总的来说经济效益一般比单质化肥高，即等价格优于等养分。

**(2)同养分形态的复混肥料的肥效**

①碳化法硝酸磷肥与混酸法硝酸磷肥比较。上海化工研究院在四川、吉林和黑龙江等地进行的田间试验结果表明，碳化法硝酸磷肥对豆科作物的效果不佳，对绿肥的效果多数不仅低于过磷酸钙，甚至低于不施肥处理。在黑龙江缺磷但不缺氮的新垦黑土上，对春小麦的肥效仅与施用等量过磷酸钙相当。而混酸法硝酸磷肥比碳化法硝酸磷肥增产效果显著，特别是在四川低肥力的黄泥土和紫色土上效果更佳。

②硝酸磷肥系与磷酸铵系复混肥料的肥效比较。多数试验结果表明，磷酸铵系复混肥料比硝酸磷肥系复混肥料的肥效更稳定，后者因土壤、作物不同而有很大差异。一般来说，在旱地作物上，尤其在石灰性土壤的旱地作物上，硝酸磷肥系复混肥料与磷酸铵系复混肥料的肥效相当或稍高。但在水稻土上，硝酸磷肥系复混肥料的肥效显著低于磷酸铵系

复混肥料。原因可能是硝酸磷肥系复混肥料中有相当部分的硝态氮，在水田中易随水流失或因反硝化作用而损失。所以硝酸磷肥系复混肥料主要施用于石灰性土壤的旱地作物，而不宜施用于水田。磷酸铵系复混肥料的施用范围相对较广，旱地和水田均可。

③尿素过磷酸钙系与尿素钙镁磷肥系复混肥料的肥效比较。过磷酸钙和钙镁磷肥是我国主要的磷肥品种，用其加工而成的复混肥料主要区别在于：前者的磷素是水溶性的，而后者是枸溶性的。试验表明，尿素过磷酸钙系、尿素钙镁磷肥系复混肥料的肥效也因土而异。在北方石灰性土壤上，钙镁磷肥系复混肥料的肥效略低于过磷酸钙系复混肥料，而在南方酸性土壤上，钙镁磷肥系复混肥料的肥效与过磷酸钙系复混肥料基本相当，前者在水稻等作物上的肥效有时还略高。

④氯磷铵系与尿素磷铵系复混肥料的肥效比较。试验表明，凡耐氯力强、即适应在氯含量大于 600 mg/kg 的土壤上正常生长的作物，如水稻、棉花、蒜等作物，氯磷铵系复混肥料与尿素磷铵系复混肥料的肥效相当，即对产量和品质影响基本一致，而且前者对水稻产量略有增加，对棉花纤维品质有所改善。耐氯力中等，即适应在氯含量为 300~600 mg/kg 土壤上正常生长的作物，如小麦、玉米、大豆等作物，氯磷铵系复混肥与尿素磷铵系复混肥对作物产量的影响基本一致，但前者对其品质略有不利。耐氯力弱，即适应在氯含量小于 300 mg/kg 土壤上正常生长的作物，如莴苣、烟草、甘薯等作物，则不宜施用氯磷铵系复混肥，主要是防止氯过量对作物品质不利，尤其不能用氯化铵来配制复混肥料，因为氯化铵比氯化钾含氯量更高，但由于硫酸钾价格昂贵，可用部分氯化钾代替硫酸钾，并不影响作物的品质，因有些作物需要一定的氯才能获得较好的品质。

**(3) 不同加工剂型复混肥料的肥效**

大量试验结果表明，粒状混合肥料的肥效均相当或高于粉状混合肥料，但枸溶性磷含量较高时，前者不及后者，主要原因是粉状混合肥料与作物根系接触面积大，有利于作物吸收利用。粒状混合肥料与粒状掺合肥料在等养分条件下，两者的肥效也基本相当。因此，除含高枸溶性磷的复混肥料外，其肥效与加工剂型关系不大。生产复混肥料主要以生产成本低，产品养分含量高，储存、运输和施用等方便为基本原则。

**(4) 专用型复混肥料与通用型复混肥料的肥效**

由于专用型复混肥料是根据不同土壤的供肥能力和不同作物的营养特点而配制的，针对性强，所以专用型复混肥料的肥效常常优于通用型复混肥料。研究表明，规格为 8-8-16 的烟草专用肥比等量通用型复混肥料(15-15-15)增产 14.5%，总体而言，施单质化肥不如复混肥料，施通用型复混肥料不如专用型复混肥料。江苏海安在小麦、水稻和棉花等作物多年的试验结果表明，专用型复混肥料比通用型复混肥料平均增产 3%。

## 9.4.2 复混肥料的施用

一般来说，复混肥料具有多种营养元素、物理性状好、养分含量高、施用方便等优点。复混肥料的增产效果与土壤、作物以及施用量和施用方法等因素有关，为了发挥复混肥料的增产作用，施用复混肥料应考虑以下几个问题。

**(1) 作物类型**

按照不同作物的营养特点选用适宜的复混肥料种类，对于提高作物产量，改善品质具有非常重要的意义。一般粮食作物以提高产量为主，对养分的需求一般是氮>磷>钾，所以宜选用高氮、低磷、低钾型复混肥料；经济作物多以追求提高品质为主，对养分的需求一般是钾>氮>磷，所以宜选用高钾、中氮、低磷型复混肥料；豆科作物宜选用磷、钾含量较高的复混肥料；烟草、茶叶等耐氯力弱的作物，宜选用含氯较少或不含氯的复混肥料。

此外，在轮作中，前后茬作物适宜施用的复混肥料品种也应有所不同。如在南方水稻轮作中，同样在缺磷的土壤上，磷肥的肥效往往早稻好于晚稻，而钾肥的肥效则相反。在北方小麦—玉米轮作中，小麦苗期正处于低温生长阶段，对缺磷特别敏感，需选用高磷复混肥料；而夏玉米因处于高温多雨的生长季节，土壤释放的磷素相对较多，且可利用前茬中施用磷肥的后效，故宜选用低磷复混肥料。若前茬作物为豆科作物，则宜选用低氮复混肥料。

还要注意作物在不同生育期对养分的需求不同，如苗期对磷、钾较敏感，宜选用磷、钾含量较高的复混肥料，而旺长期对氮肥需要较多，宜选用高氮、低磷、低钾的复混肥料或单质氮肥。

**(2) 土壤类型**

土壤养分以及理化性质不同，适用的复混肥料种类也不同。

①水田与旱地。一般是水田优先选用氯磷铵钾，其次是尿素磷铵钾、尿素钙镁磷肥钾、尿素过磷酸钙钾等品种，不宜选用硝酸磷肥系复混肥料；旱地则优先选用硝酸磷肥系复混肥料，也可选用尿素磷铵钾、氯磷铵钾、尿素过磷酸钙钾，而不宜选用尿素钙镁磷肥钾等品种。

②土壤酸碱性。在石灰性土壤上宜选用酸性复混肥料，如硝酸磷肥系、氯磷铵系等，而不宜选用碱性复混肥料，如氯铵钙镁磷肥系等，酸性土壤则相反。

③土壤养分供应状况。一般来说，在某种养分供应水平较高的土壤上，应选用该养分含量低的复混肥料，例如，在含速效钾较高的土壤上，宜选用高氮、高磷、低钾复混肥料或氮、磷二元复混肥料。相反，在某种养分供应水平较低的土壤上，则选用该养分含量高的复混肥料。

**(3) 复混肥料的养分形态**

复混肥料中氮素有铵态氮、硝态氮和酰胺态氮。酰胺态氮施入土壤后，在脲酶的作用下很快转化为碳酸氢铵而以铵态氮形式存在。铵态氮由于易被土壤吸附，不易淋失，所以含铵态氮和酰胺态氮的复混肥料在旱地和水田都可施用，但应深施覆土，以减少氮素损失。硝态氮在水田中易淋失或反硝化损失，故含硝态氮的复混肥料宜施于旱地。

复混肥料中磷素有水溶性磷和枸溶性磷。含水溶性磷的复混肥料在各种土壤上都可施用，而含枸溶性磷的复混肥料更适合在酸性土壤上施用。还需考虑的是，在缺磷的土壤上水溶性磷应较高，酸性土壤一般要求水溶性磷的含量为30%~50%，石灰性土壤为50%以上。

复混肥料中钾素有硫酸钾和氯化钾，从肥效来说两者基本相当，但对某些耐氯力弱的作物(如烟草等)，氯过量对其品质不利，所以在这一类作物上应慎用，由于硫酸钾的价格比氯化钾高，在不影响品质的前提下选用一定量的氯化钾可降低生产成本，提高经济效益。含氯较高的复混肥料也不宜施用在盐碱地上，干旱和半干旱地区的土壤也应限量施用。

**(4)复混肥料施用方法**

由于复混肥料一般含有磷或钾且呈颗粒状，养分释放缓慢，所以作基肥或种肥效果较好。复混肥料作基肥要深施覆土，防止氮素损失，施肥深度最好在根系密集层，以利于作物吸收。复混肥料作种肥必须将种子和肥料隔开 5 cm 以上，否则会影响出苗而减产。施肥方式有条施、穴施、全耕作层深施等，在中低产田土上，条施或穴施比全耕作层深施效果更好，尤其是以磷、钾为主的复混肥料穴施于作物根系附近，既便于吸收，又减少固定。

**(5)施用量计算**

不同复混肥料的养分种类和养分含量各不相同，因此，施用前应根据复混肥料的特点和植物对养分的需求计算合理施用量。计算时以复混肥料满足最低用量的养分元素为准，其余养分用单质化肥补充。

例如，计划每公顷基肥施氮(N)75 kg，磷($P_2O_5$)60 kg，钾($K_2O$)75 kg，计算养分含量为 15-15-15 的复混肥料和其他单质化肥的需要量。

由于复混肥料中氮、磷、钾养分含量相同，而磷需要量最少，所以应根据磷用量计算复混肥料用量。

①计算 60 kg 磷素需要多少复混肥料。

$$60 \div 15\% = 400\ \text{kg}$$

②计算 400 kg 复混肥料中所含氮、钾的量及其需要补充的量。

$$含氮量 = 400 \times 15\% = 60\ \text{kg}$$

$$含钾量 = 400 \times 15\% = 60\ \text{kg}$$

$$需补充氮素 = 75 - 60 = 15\ \text{kg}$$

$$需补充钾素 = 75 - 60 = 15\ \text{kg}$$

若用尿素(含氮 46%)和氯化钾(含 $K_2O$ 60%)补充氮、钾，则

$$需尿素 = 15 \div 46\% = 33\ \text{kg}$$

$$需氯化钾 = 15 \div 60\% = 25\ \text{kg}$$

若用 75 kg 氮或钾计算复混肥料的需要量，复混肥料中所含磷素将过量而造成浪费($75 \div 15\% \times 15\% = 75$ kg，75 kg>60 kg)。如果要求施入的氮、磷、钾养分量不同，复混肥料中氮、磷、钾养分含量也不同，难以直接判断以哪种养分计算复混肥料的用量，可以根据要求施入的氮、磷、钾养分量分别计算所需的复混肥料用量，再以最低复混肥料用量计算其他养分的含量，不足的部分用单质化肥补充。

## 复习思考题

1. 什么是复混肥料？怎样表示复混肥料的养分含量？
2. 复混肥料有哪些优缺点？
3. 复合肥料和混合肥料有什么区别？
4. 配制复混肥料时选择基础肥料的原则是什么？如何计算各自用量？
5. 如何合理施用复混肥料？

# 第3篇 有机肥料

肥料是重要的农业生产资料，是作物的“粮食”。几十年来，我国农业生产大量施用化肥，长期、过量施用化肥恶化土壤理化性质，降低农产品品质，影响农业生产的可持续性。有机肥兼具供肥改土作用，施用有机肥可部分替代化肥，减少化肥用量，与此同时；充分利用有机质和养分资源，可减少环境污染，兼顾农业生产和环境保护。

# 第 10 章

# 有机肥料概述

**【内容提要】**本章主要介绍有机肥的种类、作用，以及施用方法和效果。在农业生产中，有机肥是重要的有机质和养分资源，成本低、来源广、数量大、养分全，作用多样，但含量低、肥效迟缓、体积大、施用不便。有机肥与化肥配合施用能取长补短，培肥土壤，增加产量，改善品质，提高肥效，保护环境，有利于农业生产的长期、健康、可持续发展。

有机肥料主要指来源于植物和(或)动物排泄物，包括人畜粪尿、作物秸秆、绿肥、泥炭、餐厨余物以及食品和制药业等含碳有机物料，经过发酵腐熟、无害化处理后用作肥料，其功能是改善土壤肥力，提供植物营养，提高作物品质。

## 10.1 有机肥的种类

有机肥按其来源、特性和积制方法，主要分为以下种类。

**(1)粪尿肥**

粪尿肥包括人粪尿、畜粪尿、禽粪和厩肥等，以人畜粪尿为主。据不完全统计，我国畜禽粪有 $8.5\times10^8$ t，其中牛粪 $5.78\times10^8$ t、猪粪 $2.59\times10^8$ t、鸡粪 $0.14\times10^8$ t。相对于其他有机肥，粪尿肥养分含量高、数量大。按估算，全国 14 亿人的排泄物养分相当于 $4\,550\times10^4$ t 化肥($3\,080\times10^4$ t 硫酸铵，$952\times10^4$ t 过磷酸钙和 $487\times10^4$ t 硫酸钾)。人粪尿是我国的重要有机肥源，所提供的养分占有机养分总量的 13%~20%。

**(2)堆沤肥**

堆沤肥是以秸秆、粪尿、杂草、绿肥、泥炭及其他农林废弃物为原料，混合后按一定方式堆制或沤制腐熟而成，分为堆肥和沤肥。堆制是指在较高温度下发酵，以好氧微生物分解为主，我国北方多采用堆制制作有机肥，工业化的商品有机肥生产工艺中，堆肥是重要的过程；沤制是指在常温、淹水条件下发酵，以厌氧微生物分解为主，我国南方广泛采用沤制制作有机肥。堆沤肥包括秸秆还田、堆肥、沤肥和沼气肥。按照我国农作物种植面积测算，2017 年，我国秸秆资源总量为 $8.84\times10^8$ t，包括粮食作物(谷物、豆类和薯类)、油料作物(花生、油菜、芝麻、胡麻和向日葵)、棉花、麻类(黄麻、红麻、苎麻、大麻和亚麻)、糖料作物(甘蔗、甜菜)、烟草、药材、蔬菜及其他作物的田间秸秆和加工副产物。我国秸秆作物以水稻、小麦和玉米为主，其中稻草占 25.1%、小麦秸秆占 18.3%、玉米秸秆占 32.5%，棉秆占 3.1%，油菜和花生秸秆占 4.4%。

作物秸秆约占有机肥总量的 20%。2017 年，我国秸秆资源综合利用率超 82%，基本形成肥料化利用为主，饲料化、燃料化稳步推进，基料化、原料化为辅的综合利用格局。作为饲料的秸秆通过牲畜粪尿也可转化为有机肥料。随着农业生产机械化水平的提高和农村能源结构的转变，秸秆直接还田成为秸秆综合利用的主要方式和途径。

**(3) 绿肥**

绿肥包括栽培绿肥和野生绿肥。绿肥是培肥地力的重要物质基础，发展绿肥是多、快、好、省地解决用地养地和有机肥源的良好途径。我国区域性、结构性和季节性闲置耕地多，这些耕地可种植绿肥。据估算，全国可供种植绿肥的耕地约 $4\,600\times10^4$ $hm^2$，包括南方冬闲稻田、西南冬闲旱地、西北冬闲及夏秋闲地等。近年来，华北地区冬小麦种植面积减少，果园面积迅速扩大，也为发展果园绿肥提供了空间。目前，我国种植绿肥的潜在面积远大于 20 世纪的 $1\,900\times10^4$ $hm^2$。我国绿肥种植面积较大的省份是湖南和江西，分别达 $300\times10^4$ $hm^2$ 和 $530\times10^4$ $hm^2$，种植面积最大的绿肥品种是紫云英，产量可达 75 $t/hm^2$。

从我国农业生产特点来看，存在人多地少、复种指数高、绿肥与粮经作物争地等一系列问题。处理好粮食与肥料、肥料与蔬菜、肥料与饲料的关系是发展绿肥的关键所在。目前，我国多以种植饲料绿肥为主，也存在直接翻耕绿肥的利用方式。

**(4) 商品有机肥**

商品有机肥是生产企业经过加工处理生产的有机肥，经过无害化处理后，有机物料中的病虫害和杂草种子等基本死亡。商品有机肥的原料来源主要有：畜禽粪便、作物秸秆、食品和制药固废等。根据商品有机肥的物理形态，分为固态有机肥和液态有机肥。

经无害化加工处理后，商品有机肥具有腐熟、无害、养分含量稳定和理化性质好等特点。与商品有机肥相比，粪尿肥含盐分较多，长期大量施用使土壤盐渍化；粪尿肥带有大量的病菌、虫卵、杂草种子等，存在健康和传播杂草风险；粪尿肥养分含量不稳定，难以做到合理施用；集约化养殖产生的畜禽粪便含抗生素等有害物质，其施用会影响土壤微生物的种群结构和生物多样性。因此，将农用有机废物进行工业发酵制成商品有机肥可克服传统有机肥的缺点，但存在能源消耗、成本增加、有机质利用率降低等缺点。

**(5) 其他有机肥**

其他有机肥包括泥炭、腐殖酸、生物炭、饼粕类等有机肥料。此外还有以有机物为载体，将有益微生物(如根际促生微生物和生防微生物等)接种到有机肥料中制备而成的生物有机肥；以有机肥或有机原料为载体，补充化学肥料可制备有机肥无机复合肥。与化肥相比较，普通有机肥具有成本低廉、来源广(表 10-1)、数量大、养分全、功能多样等优点，但具有养分含量低、肥效迟缓、体积大、施用不便等缺点。

表 10-1 主要有机物料碳、氮、磷和钾含量 %

| 有机物料 | 碳 | 氮 | 磷 | 钾 |
|---|---|---|---|---|
| 小麦秸秆 | 42.96 | 0.64 | 0.33 | 0.65 |
| 水稻秸秆 | 39.05 | 0.62 | 0.39 | 1.05 |
| 稻壳 | 41.73 | 0.48 | 0.31 | 0.35 |
| 玉米秸秆 | 42.15 | 0.68 | 0.41 | 1.01 |
| 玉米芯 | 43.67 | 0.38 | 0.30 | 0.59 |
| 芦苇 | 43.76 | 0.31 | 0.33 | 0.84 |
| 花生壳 | 45.73 | 0.83 | 0.33 | 0.45 |
| 油菜秸秆 | 42.07 | 0.80 | 0.29 | 0.50 |
| 木屑 | 45.37 | 0.24 | 0.24 | 0.07 |
| 竹片 | 45.88 | 0.46 | 0.38 | 0.41 |
| 甘蔗渣 | 43.20 | 0.32 | 0.26 | 0.18 |
| 中药渣 | 36.92 | 1.92 | 0.38 | 0.61 |
| 鸡粪 | 31.69 | 1.79 | 1.24 | 0.70 |
| 猪粪 | 37.51 | 0.88 | 0.88 | 0.74 |

## 10.2 有机肥料的作用

**(1)营养植物**

有机肥料含有作物生长发育所需的多种营养元素，如氮、磷、钾、钙、镁、硫和微量元素等。其中，有机肥料的钾最容易利用，秸秆直接还田50%~90%的钾素可被作物利用。集约化养殖产生的牛粪、猪粪、鸭粪和鸡粪等畜禽粪中，钾主要以速效态钾和缓效态钾形式存在，生物有效性好。

有机肥料中的含碳化合物包括：①大分子有机化合物，如淀粉、纤维素、半纤维素、木质素、脂肪、树脂，在土壤中的降解速率相对慢，以腐殖质积累的比例高；②分子量相对较小的有机化合物，如单宁、有机酸、醇、醛、酚和糖类等，施入土壤后容易被微生物迅速降解。

有机肥料中的含氮有机化合物包括：①蛋白质、氨基酸、酶、肽、酰胺、生物碱；②某些维生素、生长素、色素；③来自动物排泄物的尿素、尿酸、马尿酸；④来自腐熟有机肥的胡敏酸、富啡酸等。含氮有机化合物是作物良好的氮源，如尿素、氨基酸和酰胺，但它们的营养作用因作物而异。Virtanen 等发现三叶草、豌豆能较好地吸收天冬氨酸和谷氨酸，而大麦和小麦则不能利用，但能吸收甘氨酸和α-丙氨酸。Shimoda 的水稻试验表明，各种氨基酸吸收效果分为：效果接近或超过硫酸铵，如甘氨酸、天冬酰胺、丙氨酸、丝氨酸和组氨酸等；效果虽不及硫酸铵，但好于尿酸，如天冬氨酸、谷氨酸、赖氨酸和精氨酸等；效果不及硫酸铵和尿素，如脯氨酸、亮氨酸、苯丙氨酸和缬氨酸等；有抑制作用，如蛋氨酸。

Mori 和 Nishizawa 利用碳、氮、氢标记技术，同时供给大麦有机态氮和无机态氮(U-$^{14}$C-谷氨酰胺、3-$^{3}$H 精氨酸和 $Na^{15}NO_3$)，大麦从有机氮中吸收的氮素均比无机氮多，有机态氮的效果优于硝态氮，说明植物利用有机氮可能是自然界中广泛存在的普遍现象。

植物不仅能吸收氨基酸和酰胺，而且能迅速同化。用$^{14}$C-甘氨酸喂饲水稻秧苗，5 min 后就能在放射性自显影照片上观察到水稻根吸收甘氨酸；5 h 后甘氨酸已转运到叶部；8 h 后吸收量达最大值。同时，从植株内有机组分结果可见，$^{14}$C-甘氨酸吸收后很快进入代谢系统，转化为其他氨基酸、糖类和有机酸等(表 10-2)。

**表 10-2　$^{14}$C 在水稻植株各部位及代谢产物中的分布(干重)**　　脉冲数/mg

| 代谢产物 | 总强度 | 总氨基酸 | 粗蛋白 | 游离氨基酸 | 糖类 | 有机酸 | 其他代谢物 |
|---|---|---|---|---|---|---|---|
| 心叶 | 4 327 | 2 442 | 684 | 1 738 | 279 | 1 304 | 232 |
| 叶 | 3 453 | 1 557 | 462 | 1 095 | 438 | 1 218 | 240 |
| 叶鞘 | 1 857 | 1 121 | 158 | 963 | 29 | 601 | 57 |
| 茎 | 2 205 | 1 325 | 239 | 1 086 | 235 | 517 | 128 |
| 根 | 2 038 | 1 310 | 218 | 1 092 | 158 | 452 | 118 |

有机肥料中含磷有机化合物主要包括核蛋白、磷脂、植素、磷酸腺苷、核酸及其降解产物，仅少部分可被植物直接吸收利用。Mepehoba 等以大麦、小麦和菜豆为试验材料，供给葡萄糖 1-$^{32}$P 磷酸和果糖 1,6-$^{32}$P 二磷酸，二者均能被直接吸收利用并参与代谢反应。植物不仅能吸收简单的含磷有机物，还能吸收大分子 RNA 和核酸降解产物，如嘧啶、核苷酸、嘌呤和肌醇核酸等。用$^{32}$P 标记大分子有机物，$^{32}$P-RNA 供给水稻磷营养，6 d 后可观察到株高差异以及$^{32}$P 脉冲数和植株磷增加的现象。

有机肥料中的其他营养元素包括存在于有机物质中的硫、钙、镁和微量元素，如胱氨酸含硫、叶绿蛋白含镁等，也会随着它们的腐解而不断释放，成为植物有效养分的来源。

**(2) 改良土壤**

①增加和更新土壤有机质。适量的土壤有机质是作物高产、稳产、优质的必要条件。施用有机肥料是增加和更新土壤有机质的重要方式。据统计，在我国南方的耕地土壤中，有机肥来源形成的有机质可占总有机质年生成量(来自脱落根和根分泌物的有机质未计入内)的 2/3。有机肥施入土壤后，会加快或减慢土壤原有有机碳的分解，即产生正或负的激发效应。一般认为，厩肥、秸秆、堆肥及根茬等高碳氮比的有机肥增加土壤有机质累积；而粪尿肥和绿肥，尤其是豆科绿肥对提高有机质含量作用较小，往往在供应养分、更新土壤有机质方面起良好作用。郭军成等(2020)在宁夏持续 4 年的秸秆还田试验显示，玉米秸秆还田后土壤有机质含量明显增加，且土壤有机质含量随着秸秆还田量的增加也持续上升。

②改善土壤理化性质。有机肥施入土壤之后，经微生物分解和合成作用形成新的腐殖质，与土壤颗粒胶结，增加有机无机复合度(可用追加复合度来表示)，改善土壤团粒结构，从而提升土壤物理性质。几种有机肥料的追加复合度见表10-3。

表 10-3　几种有机肥料的追加复合度　%

| 土壤类型 | 处理 | 土壤有机碳 | 追加复合度 |
|---|---|---|---|
| 黏质潮土（安徽） | 苕子 | 1.15 | 65.3 |
| | 黑麦草 | 1.13 | 68.2 |
| 石灰性黏质潮土（徐州） | 苕子 | 1.28 | 59.7 |
| | 田菁 | 1.63 | 65.9 |
| | 麻 | 1.51 | 72.8 |
| | 玉米秸秆 | 1.41 | 70.9 |
| | 大麦秸秆 | 1.22 | 81.6 |

有机肥能够提高土壤阳离子交换量，改善土壤化学性质。土壤腐殖质含有较多的羧基、羟基、酮基和醇基等功能团，增加了与阳离子进行交换的位点。田间试验表明，施用紫云英、稻草或风化煤均能增加土壤阳离子交换量，尤以风化煤处理效果最为明显(表 10-4)。土壤阳离子交换量的增加有利于提高土壤保蓄养分的能力和缓冲性。在以高岭石和铁铝氧化物为主的红壤和黄壤中，土壤阳离子交换量较低，施用有机肥对提高保蓄养分的能极为重要。有机肥形成的腐殖质以松结态和紧结态方式与矿质胶体相结合，形成有机无机复合体，进一步缔合成微团聚体和大团聚体，从而改善土壤结构和孔性状况。其中，紧结态腐殖质有利于团聚体的形成和稳定，松结态腐殖质则更有利于土壤养分供应。

表 10-4　有机肥对土壤阳离子交换量的影响　mmol/100 g 土

| 土壤类型 | 对照 | 稻草 | 紫云英 | 风化煤 |
|---|---|---|---|---|
| 黄棕壤 | 26.9 | 27.4 | 28.2 | 34.4 |
| 红壤 | 9.4 | 10.7 | 12.3 | 25.8 |

③提高土壤生物活性。有机肥为土壤微生物提供充足的碳源和养分，促进微生物生长繁殖，增强微生物活性，以及促进微生物参与的土壤生物化学过程，如有机质矿化，有机氮胺化，铵态氮硝化，硝态氮反硝化等。有机肥还含有大量酶类(表10-5)，施用有机肥增强土壤酶活性(表10-6)。褐土连续多年施用秸秆和猪粪后，土壤固氮酶活性增高 6.0~7.5 倍，纤维分解菌数增加 61.6%。与对照(不进行稻草还田)相比，稻草还田的土壤微生物总量增加 64.8%(表10-7)。因此，有机肥能明显改善土壤的生物学活性。

表 10-5　畜禽粪中酶的活性

| 种类 | 脱氢酶 [mg/(g · 24 h)] | 转化酶 [还原糖 mg/(g · 48 h)] | 脲酶 [$NH_4^+$—N mg/(g · 24 h)] | 蛋白酶 [$NH_2$—N mg/(g · 24 h)] | 磷酸酶 [$P_2O_5$ mg/(g · h)] | ATP 酶 [P mg/(100 g · h)] |
|---|---|---|---|---|---|---|
| 猪粪 | 12.4 | 166 | 7.5 | 15.8 | 2.5 | 281 |
| 牛粪 | 7.6 | 178 | 9.2 | 17.2 | 1.5 | 430 |
| 羊粪 | 8.2 | 74 | 3.8 | 11.8 | 1.4 | 158 |
| 鸡粪 | 10.5 | 78 | 5.6 | 10.9 | 1.6 | 166 |

**表 10-6　猪粪与土壤混合对土壤酶活性的影响**

| 酶的种类 | 土壤种类 | 小粉土 | 黄斑岬 | 青紫泥 | 黄泥田 | 鲜猪粪 |
|---|---|---|---|---|---|---|
| 脱氢酶［TPE mg/(g · 24 h)］ | a | 0.4 | 0.8 | 0.4 | 0.6 | 18.9 |
| | b | 0.5 | 1.3 | 0.5 | 1.6 | — |
| | c | 2.8 | 2.4 | 0.5 | 2.3 | — |
| 转化酶［还原糖 mg/(g · 48 h)］ | a | 1.7 | 6.1 | 2.8 | 1.3 | 290 |
| | b | 9.8 | 30.5 | 22 | 8.3 | — |
| | c | 36.4 | 61.5 | 40.5 | 50.8 | — |
| 脲酶［N mg/(g · 48 h)］ | a | 0.1 | 0.2 | 0.6 | 0.4 | 11 |
| | b | 2.5 | 1.5 | 1 | 2.5 | — |
| | c | 5.9 | 3.7 | 2.4 | 6.2 | — |
| 蛋白酶［$NH_2$—N mg/(g · 24 h)］ | a | — | 0.2 | — | 0.2 | 21.6 |
| | b | 0.3 | 0.5 | 0.3 | 0.5 | — |
| | c | 0.5 | 0.6 | 0.3 | — | — |
| 磷酸酶［$P_2O_5$ mg/(g · h)］ | a | 0.2 | — | 0.3 | 0.1 | 3.2 |
| | b | 0.3 | 0.1 | 0.3 | 0.2 | — |
| | c | 0.3 | 0.3 | 0.3 | 0 | — |

**表 10-7　晚稻分蘖期稻草还田的土壤生物学效应**　$10^4$ 个/g 土

| 处理 | 微生物总量 | 真菌 | 放线菌 | 细菌 | 纤维分解菌 |
|---|---|---|---|---|---|
| 对照 | 745.3 | 6.4 | 88.7 | 650.2 | 3.6 |
| 稻草(200 kg/亩) | 1 228.6 | 13.2 | 151.3 | 1 064.1 | 8.7 |
| 稻草(200 kg/亩) | 1 601.9 | 27.6 | 191.3 | 1 383 | 11.1 |
| 碳胺(25 kg/亩) | 945.9 | 14.9 | 85.3 | 836 | 5.2 |

④降低土壤有害物质活性。有机肥施入土壤之后，由于土壤吸附力增强，能消除和减弱农药对作物的毒副作用。腐殖质会影响农药在土壤中的残留、降解、生物有效性、流失和挥发等，如在含狄试剂的矿质土壤上种植胡萝卜，其体内狄试剂残留量显著高于有机质土壤。汞、镉、铜、锌、镍、铅等重金属对作物的危害和在作物体内的含量既取决于它们在土壤中的绝对含量，还与其有效性相关。研究表明(表 10-8)，无论在小麦苗期还是收获期，土壤中有效态铅和汞的含量均随着有机肥施用量的增加而减少；但有机肥种类不同，施用量不一样，土壤有效态铅和汞的降幅有所差异。但必须指出的是，施用有机肥在一定程度上降低了土壤重金属的有效性，减少了重金属在作物体内的积累，但作用有限，持续时间不长，因而不是治理土壤污染的根本手段。

**(3)其他作用**

有机肥中的腐殖酸具有植物生理活性作用。施用腐殖酸肥料可促进作物新陈代谢，刺激作物生长，增加果实含糖量和促进插条生根等。合理利用有机肥料可以减少环境污染。有机入田，实现资源化利用，有利于减少环境污染。

**表10-8 有机肥对土壤汞和铅有效性的影响**

| 处理($t/hm^2$) | 有效态汞含量(μg/kg) | | 有效态铅含量(mg/kg) | |
|---|---|---|---|---|
| | 苗期 | 收获期 | 苗期 | 收获期 |
| 0 | 61.31 | 55.14 | 3.577 | 2.628 |
| 3.00 | 51.3 | 46.21 | 3.009 | 2.279 |
| 3.75 | 43.36 | 39.25 | 2.305 | 1.805 |
| 4.50 | 39.21 | 36.14 | 1.626 | 1.005 |
| 5.25 | 38.56 | 35.87 | 0.961 | 0.673 |
| 6.00 | 37.93 | 35.64 | 0.963 | 0.586 |

## 10.3 有机肥与化肥配合施用的效果

有机肥与化肥配合施用是我国土壤肥力能够长期维持并不断提高的重要措施，它不仅能提高和更新土壤有机质、培肥土壤，还能促进作物优质高产，增加农民收益。

**(1)促进作物增产、化肥增效**

长期田间试验研究发现，有机肥与化肥配施促进油菜和水稻生长及产量形成。与氮、磷、钾肥处理相比，施用60%有机肥可使双季稻总产量增加9.2%(表10-9)。在等养分条件下，有机肥与化肥配合施用超过单施化肥的效果，且配施时间越长，增产效果越好。有

**表10-9 有机肥与无机肥配合施用对稻、麦产量的影响**

| 处理 | 株高(cm) | 有效穗(穗/蔸) | 实粒数(粒/穗) | 结实率(%) | 千粒重(g) | 稻谷产量($kg/hm^2$) | 稻草产量($kg/hm^2$) | 生物产量($kg/hm^2$) |
|---|---|---|---|---|---|---|---|---|
| CK | 53.0 | 5.2 | 28 | 66.4 | 24.18 | 1 155 | 1 243 | 2 398 |
| N、P、K | 74.5 | 8.5 | 78 | 75.0 | 24.42 | 4 038 | 4 388 | 8 426 |
| 30%有机肥 | 77.4 | 9.4 | 81 | 74.9 | 24.48 | 4 603 | 4 938 | 9 541 |
| 60%有机肥 | 79.5 | 9.0 | 79 | 76.8 | 24.54 | 4 506 | 4 828 | 9 334 |
| N、K | 56.8 | 5.6 | 30 | 66.0 | 24.12 | 1 197 | 1 294 | 2 491 |
| N、P | 75.2 | 7.9 | 77 | 70.7 | 24.48 | 3 893 | 4 232 | 8 125 |
| 习惯 | 78.7 | 8.7 | 78 | 74.5 | 24.52 | 4 254 | 4 630 | 8 884 |

机无机肥料合理配施可以增加土壤有机碳含量和团聚体数量，提高土壤碳氮比和田间持水率，增强土壤酶活性，增加细菌和放线菌等微生物数量及活性(林海波等，2017)。研究表明，有机无机配施可提高小麦季的氮肥利用率、氮肥偏生产力、氮肥农学效率和氮肥生理利用率(何晓雁等，2010)。

表 10-10 是中国农业科学院长期定位试验的结果。研究表明，单施氮肥或低量有机肥处理下，土壤磷都是亏缺的，亏缺的高低顺序为：单施氮肥>低量有机肥与氮肥配施>单施低量有机肥。只有施用高量有机肥或高量有机肥与化肥配施处理时，土壤的磷才有盈余。施用高量有机肥并配合施用氮肥处理，可使土壤速效钾含量增加 11 mg/kg，说明有机肥配施化肥对维持土壤磷、钾平衡十分重要。有机肥中还含有各种微量元素，其有效性较高。例如，猪粪的有效硼、有效锌、有效锰和有效铁含量分别为 0.26 mg/kg、0.16 mg/kg、5.55 mg/kg 和 26.00 mg/kg，这些微量元素可与有机质结合形成螯(络)合物，避免土壤固定，提高其生物有效性。

**表 10-10　连续 9 年施肥对土壤速效磷和速效钾平衡的影响**

| 项　目 | 养分 | 对照 | 氮肥 | 低量有机肥 | 高量有机肥 | 高量有机肥+氮肥 |
|---|---|---|---|---|---|---|
| 试验前养分含量(mg/kg) | $P_2O_5$ | 15 | 15 | 15 | 15 | 15 |
| | $K_2O$ | 38 | 38 | 38 | 38 | 38 |
| 试验后养分含量(mg/kg) | $P_2O_5$ | 7 | 6 | 11 | 16 | 16 |
| | $K_2O$ | 36 | 36 | 44 | 47 | 47 |
| 施入养分总量(kg/亩) | $P_2O_5$ | 0 | 0 | 22.5 | 45 | 45 |
| | $K_2O$ | 0 | 0 | 90 | 180 | 180 |
| 携出养分总量(kg/亩) | $P_2O_5$ | 19.7 | 23.2 | 25.8 | 33.3 | 35 |
| | $K_2O$ | 49.6 | 57.4 | 64.8 | 99.3 | 102 |
| 盈亏(kg/亩) | $P_2O_5$ | -19.7 | -23.2 | -3.3 | 11.7 | 10 |
| | $K_2O$ | -49.6 | -57.4 | 25.2 | 80.7 | 78 |

综上所述，有机肥与化肥配合施用能提高土壤氮、磷、钾的生物有效性，促进化肥增效、作物增产。

**(2)改善作物品质**

有机肥与化肥配施能改善作物品质。陈会鲜等(2019)研究发现，增施生物有机肥显著提高木薯块根产量，有利于淀粉、蛋白质、干物质和可溶性糖形成，改善支链淀粉与直链淀粉的比值和块根综合品质(表10-11)。因此，增施有机肥可提高食用木薯的营养价值，同时也可很好地改善食用木薯的甜度、弹性和黏性，从而提高品质。

表 10-11 不同施肥方式下木薯品质指标的变化

| 指标 | 处理 | 品种 | | |
|---|---|---|---|---|
| | | NK-10 | SC12 | ST-1 |
| 淀粉含量 | 复合肥 750 kg | 70. 83 | 74. 03 | 71. 05 |
| | 复合肥 750 kg+有机肥 3 000 kg | 74. 96 | 75. 67 | 73. 63 |
| 蛋白质含量 | 复合肥 750 kg | 2. 8 | 1. 56 | 1. 83 |
| | 复合肥 750 kg+有机肥 3 000 kg | 3. 04 | 1. 76 | 2. 18 |
| 干物质率 | 复合肥 750 kg | 30. 92 | 37. 38 | 36. 33 |
| | 复合肥 750 kg+有机肥 3 000 kg | 37. 29 | 38. 11 | 43. 52 |
| 粗纤维 | 复合肥 750 kg | 1. 80 | 1. 60 | 1. 87 |
| | 复合肥 750 kg+有机肥 3 000 kg | 1. 80 | 1. 72 | 1. 85 |
| 可溶性糖 | 复合肥 750 kg | 9. 90 | 3. 00 | 3. 20 |
| | 复合肥 750 kg+有机肥 3 000 kg | 10. 10 | 8. 80 | 3. 40 |
| 支/直淀粉 | 复合肥 750 kg | 0. 80 | 0. 75 | 0. 72 |
| | 复合肥 750 kg+有机肥 3 000 kg | 0. 97 | 0. 78 | 1. 00 |

注：引自陈会鲜等，2019。

此外，有机肥与化肥配合施用还可明显改善果实外观品质，如水果着色性变好、商品率提高。在西瓜、葡萄等水果上喷施腐殖酸类肥料，可提高可溶性糖含量，降低酸度，口感更佳。在花卉上施用饼肥和蚯蚓粪等，可使花朵大而艳丽，花期延长。

**(3)培肥地力、用养结合**

有机肥与化肥配合施用能提高土壤有机质含量。在有机质含量低和肥力差的土壤上，短时间能明显提高土壤有机质和有效养分含量(表 10-12)。在大多数情况下，连续多年施用有机肥，随施用量增加，土壤有机质、碱解氮、有效磷和速效钾含量均显著提高；连续增施有机肥可改善土壤理化性质，增加土壤养分，并且随着有机肥施用量的增加，土壤养分含量明显提高。

有机肥与化肥配合施用还可增强土壤生物活性，特别是有益微生物和土壤酶活性。秸秆还田配施适量化学氮肥的土壤中，纤维分解菌、氨化菌、硝化菌等土壤微生物的数量明显高于直接翻压还田的处理。同时，有机无机配施还能增强土壤脲酶、转化酶、蛋白酶和磷酸酶活性。土壤酶主要以酶—有机无机复合体(尤其是<2 μm 微团粒)形式存在于土壤中。

有机肥料是人类活动中自然产生的一类生物废弃物，若不把它们作为资源加以利用，而将其任意抛弃将成为污染源。合理利用有机肥料，归还土壤，可起到增加作物产量、改善作物品质、提高肥效、培肥地力、降低生产成本的作用，可为人类带来巨大的社会效益、生态效益、环境效益和经济效益。

**表 10-12　有机肥施用量对土壤养分的影响**

| 时间 | 有机肥施用量（t/km²） | pH 值 | 有机质（g/kg） | 全氮（g/kg） | 碱解氮（mg/kg） | 有效磷（mg/kg） | 速效钾（mg/kg） |
|---|---|---|---|---|---|---|---|
| 2019 年 | 0 | 7.20c | 9.45a | 0.55a | 12.98a | 5.35a | 52.26a |
| | 1 334 | 7.13b | 11.06b | 0.59a | 13.65b | 6.43b | 56.22b |
| | 1 800 | 7.05a | 13.04c | 0.68b | 14.59c | 7.55c | 57.84c |
| | 2 134 | 7.04a | 13.55d | 0.77c | 14.71d | 7.96d | 58.43d |
| 2020 年 | 0 | 7.17c | 9.08s | 0.62a | 13.32a | 5.45a | 52.60a |
| | 1 334 | 7.13b | 11.11b | 0.66b | 13.96b | 6.54b | 56.64b |
| | 1 800 | 7.03a | 13.12c | 0.77c | 15.05c | 7.72c | 57.90c |
| | 2 134 | 7.01a | 13.64d | 0.87d | 15.36d | 8.13d | 58.56d |

注：不同小写字母表示在 $\alpha=0.05$ 水平差异显著；引自明广增等，2021。

# 复习思考题

1. 有机肥有何特点？
2. 为什么要积极倡导有机肥与化肥配合施用？

# 第 11 章

# 常用有机肥的性状、生产与施用

【**内容提要**】本章主要介绍粪尿肥、秸秆还田、厩肥、堆肥、沼气肥和商品有机肥的积制生产与利用。粪尿肥、厩肥是全球普遍施用的传统优质有机肥，提供了我国农村有机肥料总量的一半以上。秸秆等植物残体含有植物生长所需的营养元素，其来源广、取材易、数量大，可采用多种方式作为肥料加以利用，主要利用方式有直接还田和生产厩肥、堆肥、沼气肥等。

## 11.1 粪尿肥

粪尿肥包括人粪尿、家畜粪尿和禽粪。

### 11.1.1 人粪尿

**(1)人粪尿的成分**

人粪尿是一种养分含量高、肥效快的有机肥料。人粪与人尿的成分和性质均不相同。

人粪是食物经消化后未被人体吸收而排出体外的残渣，混有多种消化液、微生物和寄生虫等物质。人粪中水分含量 80%，有机物含量 5%~10%，氮、磷、钾含量分别为 0.5%~0.8%、0.2%~0.4%和 0.2%~0.3%。人粪中的养分易挥发损失，并含有多种病原菌和寄生虫卵，必须经无公害处理后方可施用，以防止病原菌和寄生虫传染。腐熟人粪用于白菜、结球甘蓝、菠菜等叶类蔬菜上的增产效果显著；但因含有氯离子，对烟草、土豆，山药等忌氯作物不宜过多施用，以免影响品质。人粪适用于各种土壤，可作基肥和追肥。

人尿是食物经消化吸收并参与新陈代谢后所产生的废水，水分含量约 95%，水溶性有机物和无机盐类含量 5%，主要是尿素(1%~2%)、氯化物 1%及少量尿酸、马尿酸、肌酸酐、氨基酸、磷酸盐、铵盐以及微量生长素和微量元素。成年人的鲜尿液不含微生物而含酸性磷酸盐(如 $KH_2PO_4$ 和 $NaH_2PO_4$)和多种有机酸，故呈弱酸性。

人粪尿的养分和有机物含量与人的年龄、饮食和健康状况等因素有关。表 11-1 列举了粪尿的主要养分含量，数据显示，人粪尿含氮较多，含磷、钾少，碳氮比低(约 5 : 1)；人尿的速效养分含量高，磷、钾均为水溶性；氨以尿素、铵态氮为主，约占 90%。人粪中

表 11-1　人粪尿的养分含量及成人粪尿养分排泄量

| 种类 | 水分(%) | 主要养分含量(占鲜重百分比,%) | | | | 成人粪尿养分排泄量(kg/年) | | | |
|---|---|---|---|---|---|---|---|---|---|
| | | 有机质 | N | $P_2O_5$ | $K_2O$ | 鲜重 | N | $P_2O_5$ | $K_2O$ |
| 人粪 | >70 | ≈20 | 1.0 | 0.5 | 0.37 | 90 | 0.9 | 0.45 | 0.34 |
| 人尿 | >90 | ≈3 | 0.5 | 0.13 | 0.19 | 700 | 3.5 | 0.91 | 1.34 |
| 人粪尿 | >80 | 5~10 | 0.5~0.8 | 0.2~0.4 | 0.2~0.3 | 790 | 4.4 | 1.36 | 1.68 |

的养分为复杂有机态，需进一步转化才能被作物吸收利用。

**(2)人粪尿的储存与转化**

①储存变化。人粪尿必须经储存腐熟、经微生物作用将复杂的有机物逐步分解为简单化合物才能施用。一方面，人粪中大量有机态养分要分解后才易被作物吸收；另一方面，人粪中含有大量病菌、虫卵，如不腐熟就地施用易造成肝炎、痢疾、伤寒等传染病传播。

人尿中的尿素在脲酶作用下分解为碳酸铵。腐熟后的人尿呈碱性，其主要反应如下：

$$CO(NH_2)_2+H_2O \longrightarrow (NH_4)_2CO_3 \longrightarrow NH_3\uparrow +H_2O$$

人粪中的含氮有机物以未消化的蛋白质为主，它们在微生物作用下分解为氨基酸、氨、二氧化碳以及各种有机酸，其主要反应如下：

$$\text{蛋白质}\rightarrow\text{氨基酸}\rightarrow NH_3\uparrow +CO_2\uparrow +\text{有机酸}$$

人粪中的无氮有机物则分解成各种有机酸、碳酸、甲烷等。在碱性条件下，人粪中褐色的粪胆质易氧化成胆绿素，故腐熟后的人粪尿颜色为暗绿色。

$$\underset{\text{粪胆质（褐色）}}{C_{32}H_{36}N_4O_4}+O_2 \longrightarrow \underset{\text{胆绿素（暗绿色）}}{C_{32}H_{36}N_4O_8}$$

人粪尿的腐熟速率与季节有关。人尿单存时，夏季需 6~7 d 能够腐熟，其他季节需要 10~20 d。腐熟后的人粪尿为均匀流体或半流体，可稀释后施用。

②储存条件。人粪尿的储存应满足以下条件：保蓄养分、减少氨挥发和养分渗漏。人粪尿在腐熟过程中碳酸铵逐渐增多，到腐熟后期铵态氮占全氮量的 80%以上。碳酸铵极易分解并释放氨气，造成氮素损失。杀灭各种病原菌，达到无害化要求。防止蚊蝇滋生繁殖，以利环境卫生。

$$(NH_4)_2CO_3 \longrightarrow 2NH_3\uparrow +CO_2\uparrow +H_2O$$

③储存方式。人粪尿的储存方式主要分为以下两大类。

第一类又分为盖粪缸、三格化粪池、沼气发酵池 3 种类型。

盖粪缸，因各地乡俗不同，便所的种类大小各异。使用粪坑的(地下挖坑)，要在粪上撒些细土，坑满后挖出堆置，外面封上泥土。使用茅缸的(地下埋大缸)，缸口高出地面，缸口上加盖。属于公共厕所的，便池上面多数盖成死盖，中间留有通气孔，加活盖，以便于取粪。人粪尿储存过程中，含氮化合物分解形成碳酸铵，在温度高、空气流通时容易挥发。露天粪坑积存的人粪尿，3 个月后氮损失可达 68%，加盖茅坑氮损失不到 9%。

三格化粪池是城市普遍采用的一种无害化储粪池。第一池的作用是截留粪便并初步发酵，第二池是无害化处理的主要部分，第三池是蓄粪池，此池粪液可取出施用。第一、二池的粪皮和粪渣要定期清理，清出物中含有少量存活的虫卵和病原菌，需经高温堆腐或药物处理后再施用。第三池的粪液基本上达到无害化处理要求，铵态氮含量一般在 0.2%以上，适宜用作追肥。

沼气发酵池，详见本书 11.5 小节。

第二类为堆制处理。北方农村一般将人粪尿按一定比例与细土相混做成堆肥，俗称大粪土，有时还加入作物秸秆、家畜粪尿制作高温堆肥。用泥浆封堆，利用堆积过程中微生物分解有机质产生的热量使堆体温度上升，可杀死大部分病原菌，达到无害化处理要求。大粪土堆积要考虑土与粪的适当比例，粪尿混存或尿液单存时加 3~4 倍土为宜；人粪单存加 2 倍土即可。加土过多影响大粪土的质量，浪费劳力；加土过少又起不到吸收肥分的作用。其制作方法是：先将土晒干捣碎，成堆后及时封泥，以便保温、保肥和有利环境卫生；经 7~14 d 堆制后进行翻捣、再堆成堆、封泥备用，使其腐熟均匀。此外，粪尿分存是北方农村常采用的储存方式，人粪制成大粪土，人尿经短期沤制就可施用。由于人尿数量大、腐熟快，粪尿分存、分用可减少堆腐用工和人尿腐熟过程中的氮素损失。

**(3) 人粪尿的施用**

人尿肥既可作基肥，也可作追肥。人尿肥养分含量较高、肥效快，更适宜作为追肥。大粪土一般用作基肥，但在有灌溉条件的地方，也可沟施或穴施用作追肥。人尿肥不仅可以用作追肥，还可浸种。用鲜尿浸种后，出苗早、根系发育好、苗势壮，产量高，一般浸种 2~3 h 为宜。人粪适用于大多数作物，尤其对叶类蔬菜、桑和麻等作物有良好肥效；但对烟草、薯类、甜菜等忌氯作物应适当少用，否则影响作物品质。人粪尿施用量取决于土壤肥力、作物种类、与其他肥料的配合等因素，一般大田作物的用量为 7.5~15.0 $t/hm^2$，但对需氮较多的叶类蔬菜或生育期较长的玉米等作物，其用量可达 15.0~22.5 $t/hm^2$；宜分次施用，基肥应配合磷、钾肥。

## 11.1.2 家畜粪尿

**(1) 家畜粪尿的成分**

家畜粪与家畜尿的成分、性质差异较大。家畜粪是未经吸收利用的饲料排出体外而成的残渣，主要成分为纤维素、半纤维素、木质素、蛋白质及降解物、脂肪、有机酸和无机盐。家畜尿的主要成分为可溶性尿素、尿酸及钙、镁、钠、钾等无机盐。家畜粪尿的成分因家畜种类、大小和饲料等不同而有差异。表 11-2 为几种主要家畜粪尿的养分含量。

**表 11-2 几种主要家畜粪尿的养分含量** %

| 家畜种类 | 水分 | | 有机物 | | N | | P | | K | |
|---|---|---|---|---|---|---|---|---|---|---|
| | 粪 | 尿 | 粪 | 尿 | 粪 | 尿 | 粪 | 尿 | 粪 | 尿 |
| 猪 | 1.8~2.1 | 94.0~98.0 | 15.0~18.1 | 0.2~2.50 | 0.4~1.1 | 0.2~0.8 | 0.2~1.7 | 0.01~0.20 | 0.1~0.4 | 0.1~1.0 |
| 牛 | 80.0~85.0 | 92.5~99.3 | 12.3~18.0 | 0.1~3.1 | 0.2~0.9 | 0.2~1.1 | 0.1~0.4 | 0.04~0.10 | 0.1~0.3 | 0.1~1.8 |
| 马 | 75.0~76.0 | 89.0~90.0 | 20.0~23.0 | 6.5~7.0 | 0.5 | 1.2 | 0.3 | 0.01~0.10 | 0.2~0.3 | 1.8~2.1 |
| 羊 | 65.0~68.0 | 87.0~87.5 | 28.0~31.4 | 7.2~8.0 | 0.6~0.7 | 1.4~1.5 | 0.3~0.5 | 0.03~0.20 | 0.2~0.3 | 1.8~2.1 |

从表 11-2 可以看出，家畜粪富含有机质和氮、磷、钾养分；家畜尿富含氮、钾养分。从氮、磷、钾含量看，不同家畜粪尿变化范围较大。此外，家畜尿由于组成(表 11-3)和性质不同，其分解速率和利用也不相同。

**表 11-3　家畜尿中各种形态氮的含量**(占全氮的百分比)　%

| 氮的形态 | 猪尿 | 牛尿 | 马尿 | 羊尿 |
|---|---|---|---|---|
| 尿素 | 26.6 | 29.7 | 74.4 | 53.3 |
| 马尿酸 | 9.6 | 22.4 | 3.0 | 3.8 |
| 尿酸 | 3.2 | 1.0 | 6.5 | 4.1 |
| 肌酐态氮 | 0.6 | 6.2 | — | 0.6 |
| 铵态氮 | 3.7 | — | — | 2.2 |
| 其他形态氮 | 56.1 | 40.4 | 21.8 | 10.4 |

马尿和羊尿的尿素含量较高，腐解最快。猪尿的尿素含量较低，较难分解的马尿酸含量也较低，所以腐熟居中。牛尿的马尿酸含量高，尿素含量少，因而分解慢(表 11-4)。

**表 11-4　猪尿和牛尿分解速率比较**

| 试验天数(d) | 猪尿分解(%) | 牛尿分解(%) |
|---|---|---|
| 3 | 24.6 | — |
| 7 | 72.3 | 23.6 |
| 14 | 85.7 | 46.7 |
| 20 | 82.2 | 65.3 |
| 28 | 97.2 | 71.3 |

**(2)家畜粪尿的储存与转化**

家畜粪尿的储存方式较多，但最常用的是垫圈法和冲圈法。有的地方是春冬垫圈、夏秋冲圈两者结合使用。

①垫圈法。畜舍内垫上大量的秸秆、杂草、泥炭和干细土等垫料，积制优质有机肥(详见本书 11.4 小节)。垫圈材料(简称垫料)的选择十分重要，一般要选择吸收力强、取材方便的材料，如南方多用草、秸秆，北方多用土，东北一些地区用泥炭。垫料既可吸收家畜尿液、保存肥分，又能减少畜栏臭气、保持干燥清洁的环境，有利家畜健康。表 11-5 是几种主要垫圈材料吸水、吸氨能力的比较。

从表 11-5 可以看出，吸水能力以泥炭效果最好，秸秆次之，干有机质土最差。吸氨能力强弱顺序为：泥炭>干有机质土>秸秆。

起垫圈次数应掌握勤起、勤垫的原则。牛、马圈天天垫，天天起。羊圈可天天垫，数天起。起出的牛圈粪和马圈粪可混合起来，掺些人粪尿，加 1%～2%过磷酸钙和少量泥土，进行圈外混合堆积。羊圈粪起出后加适量水分，可单独堆积。

表 11-5　几种垫圈材料吸水、吸氨情况比较

| 垫圈材料 | 吸水量(24 h,%) | 吸氨量(24 h,%) |
|---|---|---|
| 小麦秸秆 | 220 | 0. 17 |
| 燕麦秸秆 | 285 | — |
| 豌豆秸秆 | 285 | — |
| 新鲜树叶 | 160 | — |
| 泥炭 | 600 | 1. 1 |
| 干有机质土 | 50 | 0. 6 |

垫圈积肥是利用畜粪中的微生物对有机物进行矿质化和腐殖化，积制优质有机肥料。坚持常年垫圈积肥，可造出大量优质粪肥；不足之处是畜舍卫生条件不如冲圈。

②冲圈法。适用于典型畜牧场积肥。冲圈畜舍地面用水泥砌成，并向一侧倾斜以利尿液流入舍外所设的粪池。畜舍内每天用水将粪便冲到舍外粪池里，在嫌气条件下沤成水粪，其优点是有利畜舍卫生和家畜健康，不用垫圈材料，节省劳力；在嫌气条件下沤制粪肥可减少氮素损失。此外，还可结合沼气发酵，制备生物质能源。

**(3) 畜粪的施用**

各种畜粪的特性不同，在施用时必须注意，以充分发挥肥效。

①猪粪。质地较细、纤维素含量低、碳氮比低、养分含量高，氮素含量比牛粪高 1 倍，磷、钾含量高于牛粪和马粪，钙、镁含量低于其他粪肥，还含有微量元素。猪粪含水较多，纤维分解菌数量少，氨化细菌数量较多，其分解较慢。腐熟后的猪粪能形成大量腐殖质和蜡质，而且阳离子交换量高于其他畜粪(表 11-6)。施用猪粪能增加土壤保水性，蜡质能防止土壤毛管水分蒸发，对保持土壤水分有一定作用。猪粪的后劲长，既长苗、又壮棵，使作物籽粒饱满。因此，猪粪适用于各种土壤和作物，既可作底肥也可作追肥。

表 11-6　家畜粪的有机组成

| 种类 | 腐殖质(%) | 蜡质(%) | 胡敏酸(%) | 富啡酸(%) | 阳离子交换量(mmol/100 g) |
|---|---|---|---|---|---|
| 猪粪 | 25. 98 | 11. 42 | 10. 22 | 17. 78 | 468~494 |
| 牛粪 | 23. 60 | 8. 00 | 13. 95 | 9. 88 | 402~423 |
| 马粪 | 23. 80 | 0. 05 | 9. 05 | 14. 74 | 380~394 |
| 羊粪 | 24. 79 | 11. 35 | 7. 54 | 17. 25 | 438~441 |

②牛粪。牛是反刍动物，饲料经瘤胃反复消化后，粪便质地细密。牛饮水多，粪便含水量高、通气性差，因此牛粪分解腐熟缓慢、发酵温度低，故称冷性肥料。牛粪中养分含量较低，特别是氮素含量低，碳氮比高(平均约 21∶1)。新鲜牛粪稍风干后，加入 3%~5%的钙镁磷肥或磷矿粉混合堆沤，可加速分解。牛粪一般作基肥。对于质地粗、有机质含量低的砂

土，牛粪具有良好的改良效果。

③马粪。马对饲料的消化不及牛细致，所以马粪中纤维素含量较高，疏松多孔，水分易蒸发，含水量少。马粪中含有较多的高温纤维分解菌，能促进纤维素的分解，其腐熟分解快。在堆积过程中，马粪发热量大，故称热性肥料。马粪除直接作肥料外，还可用于制作高温堆肥的原料和温床的酿热物。茄果类蔬菜早春育苗时，采用马粪与秸秆混合，铺垫在苗床的下层，上面辅以肥沃菜园土，可提高苗床温度，幼苗可提前移栽。对于质地黏重的土壤，马粪有良好的改良效果。

④羊粪。羊也是反刍动物，羊对饲料咀嚼很细，饮水少，所以粪便质地细密干燥、肥分浓厚。羊粪中有机质、氮、磷和钙的含量都比猪、马、牛粪高。此外，羊粪可与猪、牛粪混合堆积，这样可缓其燥性，达到肥劲平稳。羊粪适用于各种土壤。

⑤兔粪。兔粪作为一种肥源也不容忽视。据浙江省农业科学院分析，兔粪的氮、磷、钾含量分别为 22.9 g/kg、13.4 g/kg、12.2 g/kg；其氮、磷含量超过猪粪，所以兔粪也是一种优质的有机肥料。

## 11.1.3　禽粪

**(1) 禽粪的成分**

鸡、鸭、鹅等家禽的排泄物和海岛鸟粪统称禽粪。禽的粪便排泄量少，但养分含量高。常见家禽粪的养分含量见表 11-7。

**表 11-7　家禽粪的养分含量**　%

| 种类 | 水分 | 有机质 | N | $P_2O_5$ | $K_2O$ | $N:P_2O_5:K_2O$ |
|---|---|---|---|---|---|---|
| 鸡粪 | 50.5 | 25.5 | 1.63 | 1.54 | 0.85 | 1:0.94:0.521 |
| 鸭粪 | 56.6 | 26.2 | 1.1 | 1.4 | 0.62 | 1:1.27:0.56 |
| 鹅粪 | 77.1 | 23.4 | 0.55 | 0.5 | 0.95 | 1:0.91:1.73 |

鸡、鸭为杂食动物，以虫、鱼、谷、草等为主食且饮水少，因此，鸡粪和鸭粪有机质含量高，水分少，氮、磷含量比畜粪和鹅粪高。鹅以食草为主，饮水多，因此，鹅粪的养分含量以及氮、磷、钾三要素组成比例与畜粪相近，养分含量低于鸡粪和鸭粪。

禽粪中的氮素以尿酸为主，尿酸盐不易被作物直接吸收，且有害于根系正常生长，故禽粪必须腐熟后施用。

**(2) 禽粪的储存与转化**

一般将干细土或碎秸秆均匀铺于禽舍。禽粪养分浓度高，容易腐熟、达到高温，易造成氮素损失，需定期清扫。应选择干燥阴凉处积存，可以加入 5%的过磷酸钙以减少氮素损失；可加污水沤制或与其他材料混合堆沤。

**(3) 禽粪的施用**

经腐熟的禽粪是一种优质的速效肥料，禽粪中的氮素对当季作物的肥效相当于化肥氮的 50%，常作蔬菜或其他经济作物的追肥，能提高作物产量和改善品质。在等氮量基础上，与每公顷施用7.2 t饼肥相比，施用3.6 t鸡粪处理的烟草产量略低，但烟草品质较高，总的经济效益有所提高。

# 11.2 秸秆与秸秆还田

农作物秸秆有着巨大的利用价值，是一种重要的可再生资源。据统计，全球每年各类作物秸秆总量约$45×10^8$ t，中国的秸秆总量约$8.8×10^8$ t，占全球总量的19.5%。发达国家已将秸秆还田作为一项基本耕作制度，如美国、英国、加拿大和日本的农作物秸秆还田率分别达68%、75%、66%和68%。秸秆还田包括传统翻耕还田和免耕表面覆盖还田，均可以起到提高土壤有机质含量、培肥地力、增强土壤保水保肥性能的作用。

## 11.2.1 秸秆的成分与性质

秸秆作为植物残体，含有作物生长所需的大量元素和微量元素。秸秆的有机成分主要是纤维素、半纤维素和木质素，占有机物质干重的63.8%~85.6%；其次是蛋白质、醇溶性物质等，占有机物质干重的2.63%~4.82%。秸秆的矿质元素中，以氮、磷、钾和钙的含量最高。作物种类不同，秸秆中矿质元素含量差异很大，通常豆科作物秸秆氮含量较高，禾本科作物秸秆钾含量较高，油菜、花生等油料作物秸秆氮、钾含量均较丰富(表11-8)。

**表11-8 几种作物秸秆的养分含量** %

| 种类 | 干物质 | 粗蛋白 | 粗脂肪 | 粗纤维 | 中性洗涤纤维 | 酸性洗涤纤维 | 木质素 | 无氮浸出物 | 可溶性糖 | 灰分 | 钙 | 磷 |
|---|---|---|---|---|---|---|---|---|---|---|---|---|
| 玉米 | 93.7 | 10.95 | 1.30 | 26.55 | 14.40 | 9.34 | 2.4 | 55.12 | 14.50 | 6.07 | 0.36 | 0.19 |
| 小麦 | 94.2 | 2.47 | 0.70 | 34.39 | 21.06 | 14.02 | 9.2 | 56.47 | 23.63 | 5.98 | 0.13 | 0.08 |
| 青稞 | 92.8 | 2.71 | 1.19 | 38.46 | 27.82 | 18.25 | 8.6 | 52.69 | 10.52 | 4.95 | 0.18 | 0.08 |
| 燕麦 | 93.0 | 10.20 | 1.49 | 31.15 | 18.07 | 9.65 | 9.4 | 50.00 | 8.04 | 7.17 | 0.06 | 0.21 |
| 油菜 | 91.8 | 5.15 | 3.24 | 40.45 | 26.02 | 21.54 | 7.9 | 44.02 | 5.86 | 7.13 | 0.74 | 0.12 |
| 土豆 | 92.5 | 10.90 | 1.82 | 23.16 | 11.80 | 7.78 | 3.3 | 51.86 | 10.08 | 12.26 | 1.53 | 0.13 |

## 11.2.2 秸秆在土壤中的转化及影响因素

**(1)秸秆在土壤中的转化**

秸秆翻压进入土壤后，在微生物的作用下，通过矿化分解和腐殖化合成作用，形成新的有机物质。秸秆有机成分中的纤维素和半纤维素是微生物生长和繁殖所需的能源和碳源。在适宜条件下，微生物只需几周的时间就能分解大部分的纤维素和半纤维素。蛋白质是微生物生长所需的氮源，其分解形成的氨基酸和氨基糖会与多环芳烃、酚类和酮类等物质聚合形成腐殖质，存在于土壤中。分解纤维素和蛋白质的微生物包括真菌、细菌和放线菌。一般而言，在酸性低温、潮湿的土壤中，分解纤维素的微生物以真菌为主；在半干旱地区土壤中，细菌的分解作用比较重要；在中性偏碱的干旱土壤中，放线菌有较强分解作用。在土壤中，半纤维素的分解速率大于纤维素，一方面归因于它容易被分解；另一方面则是由于分解半纤维素的微生物种类较多，包括细菌、真菌、放线菌、原生动物和藻类等。

木质素是苯丙氨酸的衍生物，结构稳定，微生物分解比较困难。只有在好气条件下，通过侧链氧化断裂、脱甲基、羟基化以及氧化脱羧等作用，分解成较小的有机分子。在氧化过程中，单体芳香环发生破裂而形成的脂肪类化合物也可以作为微生物的碳源。通常，4 个月后木质素仅分解 25%~45%，其余部分残留在土壤中。分解木质素的微生物主要是放线菌(如诺卡氏菌属、链霉菌属)和真菌(如镰刀菌、毛壳霉属、侧孢菌属)。木质素分解的同时还伴随着腐殖质合成。如上所述，木质素分解形成的酚类化合物与蛋白质分解产物(如氨基酸、酰胺等)缩合形成腐殖质类物质(图 11-1)。

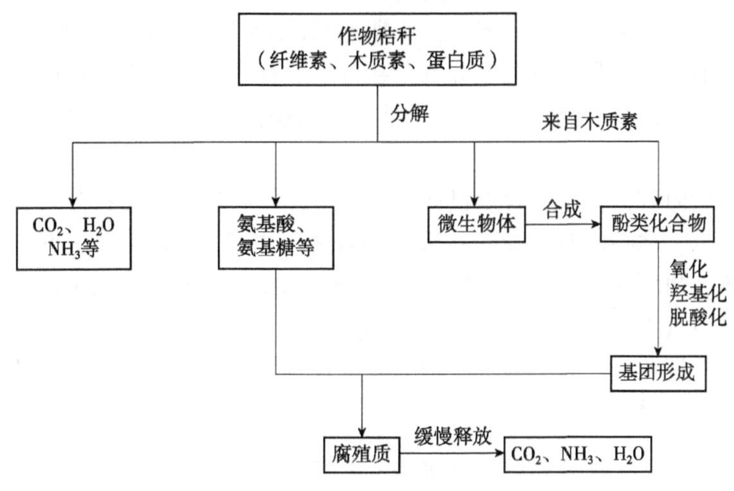


**图 11-1　作物秸秆在土壤中转化示意**

**(2)秸秆在土壤中转化的影响因素**

秸秆在土壤中的分解和转化主要取决于作物秸秆的本身性质(如化学成分和物理结构)、土壤状况及气候条件等。

①秸秆化学成分。秸秆化学组成会影响微生物的生命活动，由于农作物秸秆具有高碳低氮的特点，秸秆还田对土壤微生物的固氮作用受到普遍关注。土壤中无机氮主要来源于化学氮肥和土壤有机氮矿化，是植物可以利用有效氮的主要形式。还田秸秆种类会显著影响土壤无机氮的浓度。高质量的有机物料要求高氮含量、低木质素和纤维素，以及低的碳氮比(C/N)。相反，低质量的作物秸秆，如小麦、玉米等(低氮、高碳、木质素和纤维素含量偏高，表 11-9)，会因为微生物降解过程中氮素供应不足而对土壤溶液中的氮素产生固定，从而影响作物获取土壤氮素。一般而言，作物秸秆中蛋白质等含氮化合物、醇溶性物质和水溶性物质分解最快；纤维素、半纤维素次之；木质素分解最慢。因此，作物秸秆在土壤中转化和腐殖化作用的强弱主要取决于秸秆的碳氮比和木质素含量。

表 11-9　常用还田秸秆化学组成

| 种类 | C (%) | N (%) | C/N | 组成成分(占有机物质干重的百分比,%) | | | | |
|---|---|---|---|---|---|---|---|---|
| | | | | 醇溶性物质 | 水溶性物质 | 半纤维素 | 纤维素 | 粗蛋白 |
| 稻草 | 42.7 | 0.69 | 61.8 | 6.5 | 11.4 | 24.5 | 31.9 | 3.6 |
| 玉米秆 | 47.4 | 0.93 | 51.0 | 2.4 | 7.9 | 28.6 | 34.3 | 4.8 |
| 麦秸 | 52.1 | 0.50 | 104.2 | 3.0 | 14.4 | 26.6 | 34.9 | 2.6 |

②土壤水分状况。秸秆分解过程是一个需水过程，土壤含水量对秸秆的分解有较大影响。秸秆在前期的分解量较大，需要水分较多，因此，土壤水分含量主要影响秸秆前期的分解。秸秆分解过程同时也是一个产水过程，按照纤维素最终分解为二氧化碳和水的化学反应推算，秸秆分解时可以产生水分，从而补给土壤水分，起到保墒、增墒作用。秸秆还入旱地，通过灌溉、保墒等措施保持田间持水量的 60%~80%，有利于秸秆分解腐烂。土壤过于干旱，秸秆分解速率降低；但土壤长期淹水(如水田)，处于还原缺氧状态，不利于好气微生物的活动，也不利于有机质分解，在分解过程中还会产生大量的还原性物质。因此，对于稻田而言，最好浅水勤灌、干干湿湿、适时烤田，这些措施有利于秸秆还田分解。

③温度。一般而言，在土壤含水量适宜条件下，气温越高，秸秆分解越快，残留在土壤中的有机质越少。林心雄等(1985)在温带的吉林公主岭、暖温带的天津、北亚热带的无锡、南亚热带的广州(年平均气温最低 4.9℃；最高 21.8℃)的研究表明，同种秸秆(稻草)分解一年后的残留量为吉林公主岭>天津>无锡>广州(表 11-10)。从施用季节来看，夏季施入土壤的秸秆分解较快；秋季施入的秸秆分解较慢。由此可见，温度显著影响秸秆分解速率，高温快、低温慢。

表 11-10　不同气候条件下稻草在土壤中的碳残留量　　%

| 土壤类型 | 广州 | 无锡 | 天津 | 吉林公主岭 |
|---|---|---|---|---|
| 黄棕壤 | 21.4±0.1 | 21.8±0.5 | 32.8±1.5 | 34.7±4.5 |
| 红　壤 | 27.1±0.8 | 35.2±2.8 | 41.6±1.9 | 49.7±1.6 |

④土壤质地。在相同的水热条件下，黏质土壤中的秸秆分解速率慢于砂土，这是因为砂土的通气性较好，有利于好气性微生物的生长和繁殖，秸秆的腐殖化系数随黏粒含量的增多而提高。此外，土壤 pH 值、土壤利用方式等对秸秆的分解都有影响。

### 11.2.3　秸秆直接还田的作用

秸秆直接还田是作物秸秆综合利用的主要途径，它的作用包括：

①补充土壤养分。秸秆的养分齐全、比例适当，施入土壤之后，通过微生物的分解作用，能向植物提供生长所需的各种养分，满足植物的营养需要。此外，秸秆作为一种有机物料，对环境无污染，对农作物无毒害作用。

②保持和提高土壤有机质含量。在一定土壤气候条件下，要保持和提高土壤有机质的

含量，作物秸秆或植物残体进入土壤的数量应等于或大于微生物的分解量。实施秸秆还田有益于保持或提高土壤有机质含量。

③改善土壤物理性质。还田秸秆转化形成的腐殖质作为重要的胶结物质，有利于大团聚体的形成，能够显著提高土壤大团聚体的含量及其稳定性。同时，秸秆分解过程中释放的养分，能促进作物根系的生长与分泌有机物，增加新鲜有机物质的输入；此外，作物根系的代谢产物能使土壤中较小的颗粒胶结成大的水稳性团聚体。秸秆还田处理都能够降低耕作层(0~20 cm)土壤的容重，增加土壤总孔隙度、毛管孔隙度、通气孔隙度和土壤含水量，同时增加土壤>0.25 mm 水稳性团聚体的百分含量，其原因在于根系分泌物或根毛等物质将<0.25 mm 的水稳性团聚体进一步形成大团聚体。

④固定和保存土壤氮素。作物秸秆施入土壤后，一方面为好气性微生物和嫌气性的自生固氮菌提供碳源，促进生物固氮作用；另一方面，秸秆碳源有利于土壤微生物的生长繁殖，它们吸收土壤中的速效氮素用于构成微生物体，有利于氮素保存。需要说明的是，微生物体内的氮素大部分为有效氮，可供当季作物吸收利用。作物秸秆的碳氮比变化很大，如麦秸、稻草、玉米的碳氮比分别为 80~100、30~60、30~51。土壤微生物细胞的碳氮比大约为 25/1，所以碳氮比高的作物秸秆在分解时需要补充外源氮素，这些氮素可以来源于土壤，也可来源于施入土壤的氮肥。微生物将土壤中的氮素转变成微生物体成分的现象，称为土壤氮的生物固定。

当秸秆碳氮比大于 30 时，一般就会出现土壤氮的生物固定。稻麦秸秆施入土壤 7~20 d 后，即可出现土壤速效氮降低的现象；20 d 跌至最低值，然后微生物固定的氮素又会逐渐释放出来。所以，在碳氮比高的秸秆直接还田时，前期容易出现短暂的“氮饥饿”现象，解决这一问题的有效办法是配合施用一定量的化学氮肥，可避免作物出现暂时性的缺氮落黄现象。

### 11.2.4　秸秆直接还田技术

**(1)秸秆还田方法**

秸秆还田的方法很多，应该因地制宜，采用适合当地农业生产、农民易接受的方式。

①秸秆直接翻压还田。北方平原麦区、玉米区以及南方麦区、稻区可采用秸秆直接还田方式，结合机械收割，尽量先将秸秆粉碎撒入田中，再翻压入土。

②秸秆覆盖还田。南、北方均可采用秸秆覆盖还田的方式，并结合水土保持、少(免)耕技术，利用麦秸、玉米秆覆盖土壤。一般有 2 种方式：一种是在作物生长期间将粉碎的麦秸或玉米秸秆覆盖行间；另一种是残茬覆盖，即在收割作物时，适当高留残茬(15~20 cm)，再割倒残茬覆盖于土壤表面。试验表明，在夏播大豆的初花期田间覆盖麦茬，土壤中圆褐固氮菌的数量比对照增加 9.5 倍；同时，还有提高地温、保水、防冲刷等作用(表 11-11)。

③留高茬还田。在南方再生稻区、部分冬水田区采用留高茬还田。一般做法是只收获稻穗，残留 40~60 cm 稻秆直接翻压入土。

总之，不论采用何种方式秸秆还田，都应尽早翻施入土壤，并保持充足的土壤水分，以利于秸秆充分吸收水分，促进分解。翻压时秸秆宜浅埋，埋入 10~20 cm 耕作层，因为此层土壤水分充足、微生物活跃、通气良好，能够加速秸秆分解。

表 11-11 作物残体覆盖对径流、渗透及土壤流失的影响

| 作物残体量 (kg/hm²) | 径流 (%) | 渗透 (%) | 土壤流失量 (kg/hm²) |
|---|---|---|---|
| 0 | 45.3 | 54.7 | 30 807 |
| 618 | 40 | 60 | 8 004 |
| 1 236 | 24.3 | 74.7 | 3 508.5 |
| 2 470.5 | 0.5 | 99.5 | 741 |
| 4 941 | 0 | 99.5 | 0 |
| 9 882 | 0 | 100 | 0 |

**(2)秸秆还田注意事项**

①秸秆还田量。大量研究表明，秸秆还田量以2 250~3 000 kg/hm$^2$ 为宜。北方单季地区可结合机械收割，将秸秆切碎后全部犁施入土壤。旱地土壤上，秸秆直接覆盖还田对减少水土流失、提高地温、促进后作出苗有重要意义，在第二季播种前将早已腐烂的秸秆再犁翻入土。南方茬口较短地区，秸秆还田数量要根据当地情况而定，可采用留高茬还田、再生稻草还田等方式。一般情况下，旱地要在播种前15~45 d，水田要在插秧前7~10 d将秸秆施入土壤，并配施一定数量尿素。在气候温暖多雨季节，可适当增加秸秆还田数量；否则，应减少秸秆还田数量。

②配施速效化肥。秸秆还田应配合施用适量化学氮肥或腐熟的人畜粪尿来调节碳氮比，以免出现微生物与作物竞争氮素、影响作物苗期生长的情况。同时，增施氮肥还可以增强土壤微生物活动和促进秸秆分解。一般认为，干物质含氮量提高至1.5%~2.0%，碳氮比降低到25：1~30：1为宜。配施的化学氮肥可以是铵态氮肥和酰胺态氮肥，不宜施硝态氮肥，以免因还原条件下的反硝化作用，出现脱氮现象。

③水分管理。秸秆还田后，土壤要保持适当含水量。在旱地，应保持田间持水量的60%~80%；在水田，应浅水灌溉、干干湿湿、排水烤田相结合，才有利于秸秆分解；同时，也可以减少在水田还原条件下，秸秆分解产生如甲烷、有机酸和硫化氢等物质。

④其他因素。因直接还田的秸秆没有经过高温发酵，其携带的病原菌没有被灭杀，可能会引起水稻纹枯病、小麦黑粉病、玉米大斑病和黑粉病等病害蔓延。因此，在不具备相应化学防治或已发生病虫害的情况下，秸秆不能直接还田，避免造成病虫害蔓延。

## 11.3 厩肥

厩肥是家畜粪尿和垫圈材料、饲料残茬混合堆积后经微生物分解作用而成肥料，富含有机质和各种营养元素。各种畜粪尿中，以羊粪氮、磷、钾含量高，猪粪、马粪次之，牛粪最低。排泄量则以牛粪最多，猪粪、马粪次之，羊粪最少。垫圈材料有秸秆、杂草、落叶、泥炭和干土等。厩肥分圈内积制(将垫圈材料直接撒入圈舍内吸收粪尿)和圈外积制(将牲畜粪尿清出圈舍外与垫圈材料逐层堆积)，经嫌气分解腐熟。在北方多用土垫圈，称

为土粪；在南方多用秸秆垫圈，称为厩肥。积制期间，厩肥化学组分受微生物的作用而发生变化。

## 11.3.1　厩肥的积制与转化

**(1)厩肥的积制方法**

厩肥的积制有深坑圈、平地圈和浅坑圈 3 种方式。

①深坑圈。深坑圈是我国北方农村养猪采用的积肥方式，南方也有部分地区采用。圈内设有一个 0.6~1.0 m 深的坑，是猪活动和积肥场所。逐日往坑内添加垫圈材料并经常保持湿润，借助猪的不断踏踩，粪尿与垫料充分混合，在缺氧条件下就地腐熟，待坑满之后出圈一次。一般来说，满圈时坑中下部的肥料达到腐熟或半腐熟程度，可直接施用；上层肥料需经再腐熟一段时间后利用。深坑圈积肥的优点是处于缺氧条件下，有机质矿化所释放的养分可被土壤胶体吸附、不易损失，腐殖化所产生的腐殖质与垫土充分融合后，使垫入的生土转化为肥沃的熟土。这种积肥方法利于保肥、节省劳力，厩肥质量和肥效高。缺点一是增加起圈劳力；二是圈内堆存厩肥使圈舍充满臭气和二氧化碳，不利家畜健康和环境卫生。

②平地圈和浅坑圈。平地圈与地面相平，浅坑圈在圈内挖 0.15~0.20 m 深的坑，2 种积肥方式类似。垫圈方法有 2 种：一种是天天垫、天天起，将厩肥运到圈外堆积发酵；另一种是每日垫、数日起，即垫料留在圈内堆积一段时间再移到圈外堆制。前者适用于牛、马、驴、骡等牲畜积肥；后者适用于养猪积肥，特别是在地下水位较高、雨量大、不宜采用深坑圈的地区。平地圈或浅坑圈积肥需定期清扫出料，再移至圈外堆腐，费工较多，需堆制场所，但比较卫生，有利家畜健康。

**(2)厩肥的储存**

出圈的厩肥一般需要经过储存才能进一步腐熟。储存过程中，微生物活动使厩肥中有机物发生分解、转化，释放速效养分和合成新的腐殖质；同时，还可借助堆沤发酵时的高温杀灭垫料和粪便中的病菌、虫卵和杂草种子；腐熟后的厩肥比较松散、均匀，便于田间施用。厩肥的储存有紧密堆积、疏松—紧密堆积和疏松堆积 3 种方法。

①紧密堆积法。将出圈的厩肥运到堆肥场地，堆成宽 2~3 m、长度不限的堆体。堆积时要层层压紧，至堆体达 1.5~2.0 m 高为止，接着堆后续堆体，待堆积完毕，用泥土、泥浆或塑料薄膜密封，以保持嫌气状态并防止雨水淋溶。

采用这种方式堆积，堆体内的温度变化较小，一般会保持在 15~30℃。由于处于嫌气状态，有机物分解产生的二氧化碳和氨易合成碳酸铵。

$$CO_2+H_2O+2NH_3 \longrightarrow (NH_4)_2CO_3$$

同时，有机酸与氨形成铵盐类物质能减少氮素损失，因此，与疏松堆积法相比，紧密堆积法的氮素损失少，腐殖质累积多。一般紧密堆积 2~4 个月可达半腐熟，半年可达全腐熟，在生产上不急需用肥可用此法。

②疏松—紧密堆积法。先将新鲜厩肥疏松堆积，浇适量粪水以利分解。一般 2~3 d 后厩肥堆内温度达 60~70℃，可杀死大部分细菌、虫卵和杂草种子。待温度稍降时，及时踏实压紧，然后再加新鲜厩肥，处理如前。如此层层堆积至高 1.5~2.0 m，然后用泥浆或塑

料薄膜密封。这种方法堆积的厩肥腐熟较快，一般1.5~2.0个月可达到半腐熟，4~5个月可达全腐熟，还可较快而彻底地消灭有害生物。此法腐熟快、养分和有机质损失少，如急需用肥可采用此法。

③疏松堆积法。本法与上述方法相似，其不同之处是整个过程自始至终不压紧，厩肥一直处于好气条件，堆内温度可达60~70℃。高温维持的时间越长，病菌、虫卵和杂草种子等有害生物灭杀得越彻底，在短期内厩肥就可腐熟。这种方法堆制的厩肥氮素和有机质损失较大，所以只在急需用肥或鲜厩肥中病菌、虫卵和杂草种子较多时才宜采用。

**(3)厩肥的分解与转化**

厩肥在堆制储存过程中，其有机物转化主要是在微生物主导下的矿化和腐殖化作用。

①有机物矿化作用。厩肥中的有机物经微生物作用分解为简单的化合物，最终产物为二氧化碳、水和矿物质，并释放热量。有机质分解产生的部分中间产物可进一步合成腐殖质。有机物的矿化过程可分为：

a. 不含氮有机物矿化。厩肥中的淀粉、糖、纤维素、半纤维素和木质素等有机物，在好气条件下，淀粉和糖大部分被彻底分解为二氧化碳和水，大部分碳转化为微生物体有机成分；在嫌气条件下，它们转化为简单的有机酸类、醇类、醛类等碳氢化合物。

b. 含氮有机物矿化。新鲜厩肥中含氮有机物可分为蛋白氮和非蛋白氮两类，且以蛋白氮为主。蛋白氮先分解形成多肽、二肽、氨基酸，经氨化作用形成氨，再经硝化作用形成硝态氮以及经反硝化作用形成氮气等。反应如下：

氨化作用：

$$\text{氧化}\quad RCHNH_2COOH+O_2 \longrightarrow RCOOH+CO_2+NH_3\uparrow$$

$$\text{还原}\quad RCHNH_2COOH+H_2 \longrightarrow RCH_2COOH+NH_3\uparrow$$

$$\text{水解}\quad RCHNH_2COOH+H_2O \longrightarrow RCHOHCOOH+NH_3\uparrow$$

上述氨化作用对提高厩肥的肥效有利，但要注意防止氨损失。

硝化作用：在好气条件下，氨化作用形成的氨在硝化细菌作用下进一步氧化为硝酸；形成的硝态氮可随水流失或经反硝化作用形成氮气，但厩肥在积制过程中形成的硝态氮数量不多，主要以氨为主。因此，防止氨挥发是厩肥储存的主要注意事项。

非蛋白氮主要有尿素、尿酸和马尿酸等，它们分解后可产生氨。在尿酸氧化酶作用下，尿酸分解为尿囊素，继续分解为尿囊酸，再进一步分解为尿素和乙醛酸，尿素再进行分解形成氨和二氧化碳。马尿酸最初分解为苯甲酸和甘氨酸，再继续分解释放氨。尿酸和马尿酸经转化后都形成尿素，然后在脲酶的水解下生成碳酸铵，再分解为氨。尿酸的分解比尿素慢，在常温下(15~20℃)需10 d才能完全分解。马尿酸的分解更慢，分解速率与尿素相比，在同条件下尿素在2 d内完全分解，而马尿酸24 d后仅有23%的全氮分解。马尿酸分解的最终产物也是氨。为了防止氨损失，一般可在厩肥堆制时加入3%~5%的过磷酸钙，不仅有保氮作用，而且可以提高过磷酸钙的肥效。

c. 含磷有机物的矿化。厩肥中含磷有机物主要有核蛋白、磷脂和肌醇六磷酸及肌醇五磷酸等，它们在微生物作用下进行分解、矿化，形成无机磷供植物吸收利用。

d. 含硫化合物的矿化。厩肥中含硫有机化合物主要是蛋白质，其次是一些含硫的芥子油等挥发性物质。蛋白质水解成氨基酸，其中的胱氨酸、半胱氨酸和蛋氨酸等含硫氨基酸经氨化作用，既产生氨也形成硫化氢；如果分解不彻底还会形成甲硫醇($CH_3SH$)、二甲基硫($(CH_3)_2S$)等中间产物，再经分解形成硫化氢。硫化氢不能被植物直接利用，浓度过高还会危害植物根系生长，但其氧化成硫酸可为植物提供硫素营养。

②腐殖化过程。厩肥堆制过程中经矿化作用形成的木质素、芳香族化合物、氨基酸、多肽、糖类化合物等中间产物，在微生物的作用下，木质素、纤维素能转化为多酚化合物，然后在多酚氧化酶的作用下形成醌，再与氨基酸结合形成苯醌亚胺，最后经多次缩合形成腐殖质。嫌气、偏湿润的条件更利于厩肥腐殖质的形成，腐熟的中、后期形成的腐殖质较多，使厩肥腐殖质含量较高，改土效果明显。

## 11.3.2　厩肥的成分、性质与施用

**(1)厩肥的成分与性质**

厩肥的成分会因垫圈材料与用量、家畜种类、饲料优劣等条件而异(表11-12)。新鲜厩肥一般不直接施用，因为新鲜厩肥垫料如果是秸秆一类碳氮比大的物质，作物难以吸收，施入土壤易出现与作物争水争肥的现象，影响作物生长；在淹水条件下还会引发反硝化作用，增加氮的损失。新鲜厩肥需经过储存腐熟后再施用。在土壤质地较轻、排水较好、气温较高、作物生育期较长等条件下，可选用半腐熟的厩肥。

**表11-12　厩肥的平均肥料成分**　%

| 家畜种类 | 水 | 有机质 | 氮 | 磷 | 钾 | 钙 | 镁 | 硫 |
|---|---|---|---|---|---|---|---|---|
| 猪 | 72.4 | 25 | 0.45 | 0.19 | 0.64 | 0.08 | 0.08 | 0.08 |
| 牛 | 77.5 | 20.3 | 0.34 | 0.16 | 0.42 | 0.31 | 0.11 | 0.06 |
| 马 | 71.3 | 25.4 | 0.58 | 0.28 | 0.53 | 0.21 | 0.14 | 0.01 |
| 羊 | 64.6 | 31.8 | 0.83 | 0.23 | 0.67 | 0.33 | 0.28 | 0.15 |

腐熟厩肥的养分差异较大，施入土壤后当季养分利用率不同。氮素当季利用率变幅较大，高的大于30%、低的小于10%。厩肥中磷的有效性较高，土壤对厩肥中磷的固定较小，且厩肥中的有机酸可提高磷的有效性。此外，厩肥中含有较多的高分子化合物，可掩蔽黏土矿物的吸附位，减少磷的吸附从而提高磷的有效性，所以厩肥中磷的利用率可达30%~40%，超过化学磷肥。厩肥中钾的利用率也可达60%~70%。厩肥具有较长的后效，常年大量施用可使土壤积累较多的腐殖质，有助于改良土壤性质，提高土壤肥力，尤其对低产田土的熟化有积极意义。

**(2)厩肥的施用**

厩肥与其他有机肥料类似，可为作物提供多种营养元素，是一种完全肥料。厩肥的主要特点是含有大量腐殖质和微生物，能提高土壤肥力，改善土壤理化与生物学性质。厩肥的施用应依作物种类、土壤性状、气候条件及肥料性质等因素来综合考虑，因地制宜地合理施用才能更好地发挥肥效。

①根据土壤性质施用。厩肥应首先考虑肥力较低的土壤，施用等量厩肥，瘦地的增产幅度高于肥地。砂质土因通透性良好、粪肥易分解，可施半腐熟厩肥；但由于砂质土保肥性差，所以每次用量不宜太多，宜深施。对于黏重土壤，应施用腐熟厩肥，腐熟厩肥保肥性好，一次用量可大些但不宜深施。

②根据作物种类施用。油菜、玉米、马铃薯、甘薯、棉花、麻类等作物生育期长且生长旺，当其生长期长期处于高温季节时，可施用半腐熟的厩肥。西瓜、番茄、大豆、花生等生长期较短的作物，须施用腐熟度较高的厩肥。

③根据肥料性质施用。半腐熟的厩肥最好用作基肥，腐熟的厩肥既可用作基肥又可用作种肥和追肥，用作追肥时施后必须盖土，以免肥分损失。

④根据气候条件施用。在降水量小、气温较低的地区或季节，宜选施腐熟的厩肥且耕翻得深些；在降水量较大、气温较高的地区或季节，可施用半腐熟的厩肥且翻耕得浅些。

## 11.4 堆肥

### 11.4.1 堆肥的原料与性质

堆肥是利用各种有机废物(如农作物秸秆、杂草、树叶、泥炭、餐厨垃圾、人畜粪尿、酒糟，菌糠及其他废弃物)，经堆制、腐解而成的有机肥料。堆肥所含营养物质丰富且肥效长而稳定，有利于改善土壤团粒结构，增加土壤保水、保温、透气、保肥能力；与化肥混合使用，可弥补化肥所含养分单一，长期施用化肥会引起土壤板结，保水、保肥性能减退的缺点。

根据堆肥的温度条件，可将堆肥分为普通堆肥和高温堆肥。在堆制过程中，前者温度较低、变化幅度较小，需较长时间才能腐熟，适用于常年积制。后者以纤维素含量高的有机物为主料，加入一定量的人畜粪尿或化学氮肥等物质，调节原料的碳氮比。在堆制过程中，温度有明显的升温阶段，腐熟快，利用高温杀灭病原菌、虫卵和杂草种子。高温堆肥不仅加入了较多的营养物质，还会杀灭有害生物，其肥效比普通堆肥好。

堆肥原料根据性质可分为3类：①不易分解的物质，包括秸秆、杂草和有机垃圾等。这类物质含大量的纤维素、木质素、果胶等不易分解的有机物，碳氮比大，一般在60：1～100：1。②促进分解的物质，包括人畜粪尿、石灰、草木灰和适量的化学氮肥等，作用是调节碳氮比和酸度，补充营养物质，促进微生物的生长繁殖和分解活动。由于有机质在分解的过程中会产生有机酸，因此，在堆肥中加入少量的石灰或草木灰可以调节酸度。③吸收性强的物质，主要有泥炭等物质。堆肥腐解过程中会逐步释放水溶性的氮、磷、钾等养分，容易流失或挥发。因此，在堆肥表面往往需要加盖一层细土或泥炭等物质，其作用是保蓄养分，减少养分损失。

堆肥的基本性质与厩肥类似，其养分含量因堆肥的原料、堆肥类型不同而差异明显。由表11-13可知，堆肥富含有机质、碳氮比较小，虽氮、磷养分含量较低，但含有丰富的钾，是优良的有机肥料。在缺钾地区，施用堆肥对补充土壤钾素有重要意义。

表 11-13　堆肥的养分含量

| 堆肥类型 | 有机质 | C/N | N(%) | $P_2O_5$(%) | $K_2O$(%) |
|---|---|---|---|---|---|
| 普通堆肥 | 15~25 | 0.4~0.5 | 0.18~0.26 | 0.45~0.70 | 16~20 |
| 高温堆肥 | 24.1~41.8 | 1.05~2.00 | 0.30~0.82 | 0.47~2.53 | 9.7~10.7 |

## 11.4.2　堆肥的原理与方法

**(1)堆肥的积制原理**

堆肥积制的原理是在多种微生物的作用下，将堆肥物料的有机物质分解，腐熟成优质肥料，是一系列微生物活动的复杂过程，包括堆制物料的矿质化和腐殖化。堆肥温度的变化反映了微生物的活动概况，可将整个过程划分为以下 4 个阶段。

①发热阶段。堆肥初期以中温好气性微生物为主，常见的有无芽孢的细菌、芽孢细菌和霉菌等。它们在好气条件下将易分解的有机物质分解为简单的有机质，如简单的糖类、淀粉、蛋白质、氨基酸等，并产生大量的热量，不断提高堆肥的温度，称为发热阶段。一般在几天之内即达 50℃以上。堆肥中简单的糖类、淀粉、蛋白质等在该阶段继续分解，释放氨、二氧化碳和热量，导致堆肥温度逐渐升高，好热性微生物逐渐替代中温性微生物，进入高温阶段。

②高温阶段。这一阶段的温度在 50~70℃。起作用的微生物以好热性微生物为主，其中，优势微生物有好热性真菌(白地霉、烟曲霉、嗜热毛壳霉、嗜热子囊菌、微小毛霉等)、好热性细菌(嗜热脂肪芽孢杆菌、高温单孢菌、热纤梭菌)以及高温放线菌等。它们分解堆肥中的纤维素、半纤维素和果胶类物质等复杂有机物，并释放大量热量，使堆肥温度上升至 60~70℃。这一阶段除了矿质化过程外，还开始出现腐殖化过程。

高温微生物的旺盛活动产生并积累大量热量，使堆肥温度升高。当堆肥温度超过 70℃，部分好热性微生物也会因温度过高而大量死亡或进入休眠状态，其分解作用随之减弱，导致堆肥的产热量小于散热量，堆肥温度逐渐下降。当温度下降到 70℃以下时，休眠状态的好热性微生物又能恢复分解产热活动，堆肥温度重新升高。如此循环，堆肥会处于一个能自然调节且延续时间较长的高温期。若堆制方法得当，堆肥维持在 50℃以上的高温阶段可达 20 d。长时间的高温作用既能加速腐熟，又能有效地杀死堆肥材料中的虫卵、病原菌和杂草种子等有害生物。

③降温阶段。高温阶段维持一段时间之后，由于纤维素、半纤维素、木质素等残留量减少，或因水分散失和氧气供应不足等原因，微生物生长、繁殖、活动的强度减弱，产热量减少，堆肥温度逐渐降到 50℃以下，称为降温阶段。此时，堆肥中的微生物种类和数量较高温阶段多，并以中温性微生物为优势种类，如中温性的纤维素分解菌、芽孢杆菌、真菌和放线菌等的数量显著增加。部分好热性和耐热性微生物种类在降温过程中仍然维持着活动。在此阶段，微生物的作用主要是合成腐殖质，腐殖化作用占绝对优势，堆肥质量也与这一过程的进行情况密切相关。

④腐熟保肥阶段。此阶段继续进行缓慢的矿质化和腐殖化作用，堆肥内的温度仍高于外部的气温，堆肥物质的碳氮比已逐渐减小，腐殖质累积量明显增加。能分解腐殖质等有

机物的放线菌数量和比例也有所增加，嫌气纤维分解菌、嫌气固氮菌和反硝化细菌逐步增多，导致新形成的腐殖质的分解、逸出氨。此外，如果露天淋雨，硝化作用形成的硝酸盐会随雨水进入堆体内部发生反硝化作用，造成氮素损失。这一阶段微生物的作用利弊皆有，关键是调控水热条件，抑制放线菌、反硝化细菌的活动，达到腐熟保肥的目的。完全腐熟的堆肥体积大大缩小，颜色呈黑褐色，汁液呈棕色，原材料完全失去原形、很容易拉断，并有一定的泥土味(表11-14)。

**表11-14 成熟堆肥的外观与腐熟等级**

| 编号 | 堆肥的外观 | 腐熟等级 |
|---|---|---|
| 1 | 成品呈深褐色，无臭味，呈疏松团粒结构 | Ⅰ(完全腐熟) |
| 2 | 成品呈暗褐色，有轻微臭味，表观较为疏松部分粒径较大 | Ⅱ(较好腐熟) |
| 3 | 成品呈褐色，略有臭味，表观较疏松部分结块 | Ⅲ(基本腐熟) |
| 4 | 成品呈浅褐色，有明显臭味，有较大或明显结块 | Ⅳ(未腐熟) |

综上所述，堆肥的堆制过程是一个微生物交替活动的过程，矿化—腐殖化作用受到堆肥材料、环境温度、水分、通气和pH值等因素的影响。

**(2)堆肥的积制方法**

堆肥的积制一般是将秸秆、粪尿、化学氮肥等按照一定比例混合，再加入少量的畜粪或浸出物，即可进行堆积。堆肥的材料若为玉米、小麦等较硬的秸秆，可先将秸秆压扁，切成约5 cm长的小段，以利吸收水分；若为稻草则无须粉碎，适当切短即可。将堆肥材料大致按100份秸秆、10~20份人畜粪尿、2~5份石灰或草木灰的比例混合，再加入适量水即可。堆积可在地势较高的积肥场进行，地下挖几条通气沟，沟上横铺一层长秸秆，堆体中央再垂直插入一些秸秆束或竹竿等以利通气。然后将秸秆等原料铺成宽3~4 m、长度不限、厚度约0.6 m；再铺马粪、洒上污水或粪水，撒些石灰或草木灰。如此一层一层往上堆积，堆成2~3 m长的梯形堆体。最后在堆体表面覆盖0.1 m厚的细土或用稀泥封闭即可。

北方降水少的地区也可采用半坑式堆积，但要注意四周雨水不能流入坑内。采用此法堆肥，堆后3~5 d堆体的温度显著上升，高者可达60~70℃、维持达10 d。利用堆体长时间高温可杀灭病原菌、寄生虫卵、杂草种子等有害生物。在夏天，高温堆肥一般40~50 d就能腐熟，即可利用。冬天或北方积制的时间需要长些，一般3~4个月，甚至半年。

**(3)堆肥的条件及其调控**

堆肥要注意调节原料碳氮比，并调节水分、空气、温度、酸碱度等条件。

①原料碳氮比。指堆肥固相中全碳与全氮的比值。受堆料组成及堆肥工艺的影响，从堆肥初始到结束，碳氮比会有变化。碳氮比对微生物的生长代谢具有重要的影响。若碳氮比低，则微生物分解速率快，温度上升迅速，堆肥周期短；若碳氮比过高，则微生物分解速率缓慢，温度上升慢，堆肥周期长。低碳氮比堆肥盐分过高，会抑制种子发芽率，而高碳氮比会导致堆肥养分含量不达标。相比之下，碳氮比初始值为25~30，有利于减少氮素的损失，促进堆肥腐熟。在禽畜粪便的堆肥过程中，碳源被消耗，转化为二氧化碳和腐殖

质，氮则主要以氨的形态散失或转化为硝酸盐和亚硝酸盐，或为微生物生长代谢所吸收。因此，碳和氮的变化是反映堆肥发酵过程变化的重要特征，碳氮比可作为判断堆肥是否达到腐熟的重要指标。

②水分状况。水分对堆肥进程具有重要影响，含水量是控制堆肥过程的重要参数。水分在堆肥过程中的作用：水分是微生物生长繁殖的必需物质；水分使堆肥原料软化并使其易于分解；水分在堆肥中移动时可使菌体和养分向各处扩散，有利于腐熟均匀；水分有调节堆内通气和堆温的作用。堆肥的含水量应控制在 45%～65%，初始含水率 50%～60%是较适合的。堆肥过程中，高温过程会导致水分蒸发，含水率下降，水分状况可以反映堆肥的腐熟程度。

③通气状况。良好的通气状况是促进好气微生物生长、分解有机物并产生热量的必要条件。在堆肥升温和高温阶段，都是好气性微生物在分解中占主导地位，所以良好的通气状况是高温杀灭病原菌、寄生虫卵、杂草种子等有害生物，实现无害化的重要保证。主要可以通过调节原料的粗细比例(即可增大孔隙度)，设置地下通气沟或在地面、堆肥中部设置通气管道等方法，调节堆体的通气状况。

④温度状况。堆体温度是反映堆肥中各种微生物活动强弱的重要标志。在 30～40℃，大部分好气性微生物最为活跃；在 40～50℃，中温性纤维分解菌生长占优势；在 50～65℃，高温纤维素分解菌和有些放线菌分解有机质能力最强，能在短时间内迅速分解纤维素；超过 65℃，微生物生长及其分解活动受到抑制。因此，在冬季或气温较低的北方积制堆肥时，需加入一定量的富含纤维素的骡马粪便，利用高温纤维素分解菌的分解活动与热量释放，提高堆体温度，以加速堆肥进程。若温度过高，须采用翻堆或加水等方法降温。

⑤酸碱度。堆肥的酸碱度要适合微生物的生长与分解活动。微生物的生长一般要求 pH 值为 6.0～8.0，pH 值过高或过低均会抑制微生物的分解活动。堆肥内有机质大量分解时，尤其在嫌气条件下分解时，会产生有机酸累积，导致堆体 pH 值下降，可加入少量的石灰、草木灰等碱性物料调节 pH 值。

⑥原料颗粒度。也是影响堆肥进程的重要因素，最主要的是调节物料颗粒为微生物生长提供的表面区域与氧气供应之间的关系。如果物料颗粒过大，比表面积小，不利于微生物与物料颗粒的充分接触，并且降解的有机物会在物料颗粒表面形成一层不易通过的腐殖化膜，不利于有机物充分降解；如果物料颗粒过小，则会导致物料的过分挤压，氧气供应不足，造成堆体局部厌氧发酵，产生硫化氢等气体；还会导致堆体升温速率慢，延长发酵周期。

### 11.4.3　堆肥的施用

腐熟的堆肥可用作基肥、种肥或追肥。堆肥用作基肥，适宜各种土壤和作物。用作种肥时，应该配合施用一定量的速效磷肥。用作追肥时，应适当提前施用，并施入土层以利于发挥肥效。无论采用何种方式施用堆肥，都要注意只要启封堆肥，就要及时将肥料运到田间并施入土中，以减少养分损失。

施用堆肥不仅可为作物提供各种养分，还能增加土壤有机质含量、微生物种类与数量。连续多年施用堆肥，对提高土壤肥力、改善土壤理化性质有明显作用，特别对贫瘠的砂质土或黏质土效果更好。

## 11.5 沼气肥

沼气发酵是自然界广泛存在的现象。沼气是指在厌氧条件下微生物分解转化动植物残体所产生的一种可燃性气体，因多产于沼泽和池沼中，故称沼气，主要成分是甲烷和二氧化碳。沼气发酵充分利用有机废弃物的生物能，可进一步使之转化为电能和热能；其发酵产生的废水、废渣又可作为肥料，称为沼肥。沼气发酵的利用对于改善城乡环境、节约能源、扩大肥源、开发和发展生态农业等都有积极意义。

### 11.5.1 沼气发酵的原理与流程

**(1) 沼气发酵的原理**

沼气发酵又称厌氧消化，是各种有机物在厌氧条件下被各类沼气发酵微生物分解转化，最终生成沼气的过程。沼气发酵微生物可分为 3 类：发酵性细菌，将大分子有机物水解为单糖；在产氢和产乙酸菌的作用下，以单糖为底物产生氢和乙酸；产甲烷菌将乙酸还原为甲烷。必须指出的是，产氢、产乙酸和产甲烷必须严格密封，故不漏气是修建沼气池的关键。

**(2) 沼气发酵的流程**

沼气发酵的流程涉及沼气池的修建、配料准备、水分和温度调节、菌剂接种 4 个环节。

①沼气池的修建。产甲烷菌是典型的严格厌氧菌，暴露在空气中数分钟就会死亡。沼气池氧化还原电位在-410~-8 mV，随着氧化还原电位负值的增加，其产气率提高，所以必须建立严格密封的沼气池。

②配料准备。沼气发酵是微生物主导作用下的生物化学反应。适当的 C/N 比和其他营养元素的均衡供给有利微生物繁殖，试验表明，配料碳氮比为 25∶1 最宜。沼气发酵原料中，秸秆、青草和人畜粪尿相互配合有利于持久产气，三者的用量以 1∶1∶1 为宜。此外，加入硫酸锌、牛粪、豆腐坊和酒糟对持久产气有良好的效果；加入 1%的磷矿粉能增加 25.8%的产气量。在配料中添加一些老发酵池的残渣，可起到接种产甲烷菌的作用。因为产甲烷菌最适 pH 值为 6.7~7.6，如果发酵液酸度过高，还应加入原料干重 0.1%~0.2%的石灰或草木灰，以调节 pH 值。沼气发酵的原料主要来源于作物秸秆，注意不要将残留农药的作物秸秆混入沼气池，否则残留农药对产甲烷菌较强的毒杀作用将导致产甲烷菌死亡，影响产气量。

③水分和温度调节。产甲烷菌正常产气需要适宜的水分，要求水分与原料配合恰当。水分过多，发酵液中干物质少，产气量少；水分过少，发酵液偏浓，会因酸集积而影响发酵(乙酸浓度达 2 000 mg/kg 时沼气发酵受抑制)，浓度过高也容易使发酵液面形成结皮层，对产气不利。加水时应将原料含水量计算在内，使干物质含量以 5%~8%为宜。产甲烷菌可分为高温型(适宜温度为 50~55℃)、中温型(适宜温度为 30~35℃)和低温型(适宜温度为 10~30℃)3 种，且高温型产甲烷菌的产气能力比中温型和低温型多。由于沼气池

的产气状况与温度密切相关，所以要从建池、配料及科学管理多方面着手，控制好池温，保证正常产气。

④接种产甲烷菌。新发酵池的使用初期，纤维素分解菌和产酸菌等繁殖较快，产甲烷菌繁殖慢，往往使发酵液偏酸，甚至导致出现长期不产气的严重现象。若接种产甲烷菌，能使发酵保持协调。26℃条件下，经接种产甲烷菌，每立方米沼气池日产气 0.47~0.48 $m^3$，甲烷浓度 71%~79.4%；而未经接种的沼气池，夏季立方米沼气池仅能产沼气 0.1~0.4 $m^3$，甲烷浓度 50%~60%。因此，在新建池第一次投料时，可事先将材料堆沤后加入适量的老发酵池中的发酵液或残渣，或加入 5%的屠宰场或酒精厂的阴沟泥；老发酵池每次换料时，至少应保留 1/3 的底部残渣作为母种。

### 11.5.2　沼肥的成分与性质

沼渣中有机质、氮、磷、钾含量较沼液中含量高(表 11-15、表 11-16)，养分比较全面，能较长时间供给作物养分，对作物的后续生长有促进作用。沼液中钾的含量与沼气发酵的原料有关，变幅很大。沼液钾含量高，则沼渣中钾含量低，说明在沼气发酵过程中钾不会流失。沼液的磷含量相对较低，而沼渣的磷含量相对较高，这与沼渣及沼液的成分有关。由于沼肥中含有较多的钙、镁及铝等物质，而磷又易被这类离子固定，因而沼液的磷含量较低。沼液 pH 值与发酵时间有关，一般发酵时间越长 pH 值越高，发酵越完全，沼渣氮、磷、钾含量较高，所测定的沼液 pH 值呈微碱性，有利于改善土壤的酸性。

**表 11-15　沼渣养分含量**　　g/kg

| 沼渣 | 有机质 | 氮 | 磷 | 钾 |
|---|---|---|---|---|
| A | 586.1 | 1.1 | 1.1 | 0.7 |
| B | 586.7 | 1.1 | 0.8 | 0.9 |
| C | 637.7 | 1.0 | 0.8 | 0.8 |

**表 11-16　沼液养分含量**

| 沼液 | pH 值 | 有机质(g/L) | 氮(g/L) | 磷(mg/L) | 钾(mg/L) |
|---|---|---|---|---|---|
| A | 8.28 | 1.76 | 1.08 | 68.7 | 1 125 |
| B | 8.09 | 1.495 | 0.89 | 36.0 | 300 |
| C | 8.06 | 1.262 | 0.86 | 94.0 | 800 |

### 11.5.3　沼肥的肥效和施用

残渣可直接作为基肥，适合于各种作物和土壤。沼液适宜作为追肥，也可将两者混合后施用，作为基肥或追肥均可。

发展沼气是解决我国农村能源问题的有效途径之一。将传统有机肥积制方法改为密闭沼气池发酵，产生的沼气可作为燃料，清洁卫生。因此，沼气发酵是农村有机物料和城市生活垃圾综合利用的良好方式，是发展生态农业的重要技术。

# 11.6　商品有机肥

## 11.6.1　商品有机肥的概念和发展历程

**(1) 商品有机肥的概念**

商品有机肥是一种经过工业生产过程制成的有机肥料。有机废弃物，如畜禽粪污、作物秸秆、餐厨余物等，经无害化处理和腐熟后生产出商品有机肥。我国对商品有机肥制定了严格的国家标准——《有机肥料》(NY/T 525—2021)，规定了商品有机肥的原料和产品质量标准。目前，我国生产销售的商品有机肥包括普通商品有机肥、有机无机复混肥(在普通商品有机肥中添加化学肥料)、生物有机肥(添加有益微生物)等。

**(2) 商品有机肥的发展历程**

在古代，我国就开始应用有机肥。南宋陈敷的《农书》有这样的记载："若能及时加新沃之土壤，以粪治之，则益精熟肥美，其力当常新壮矣。"到了现代，大量的化学肥料施用导致有机肥施用率显著下降，数据显示，有机肥在肥料总投入量中的比例已由 1949 年的 99.9%下降至 2016 年的 20%，并呈现持续下降趋势。

随着现代农业的发展和产业化结构调整，有机肥料趋于产业化、商品化，出现了工厂化生产的精制有机肥、有机无机复合肥和生物有机肥，原料大多为风化煤、草炭、畜禽粪便、作物秸秆、食品和发酵工业下脚料等。我国有机肥料产业化发展历史很短，20 世纪末才有零星企业和产品，进入 21 世纪后有机肥料生产企业如雨后春笋般涌现(图 11-2)，但规模和技术水平参差不齐。据统计，在国内注册的年产 $10\times10^4$ t 以上的有机肥料生产企业超过 300 家，大部分分布在内蒙古、辽宁、吉林、河北、山东、江苏、福建、广东等省份。

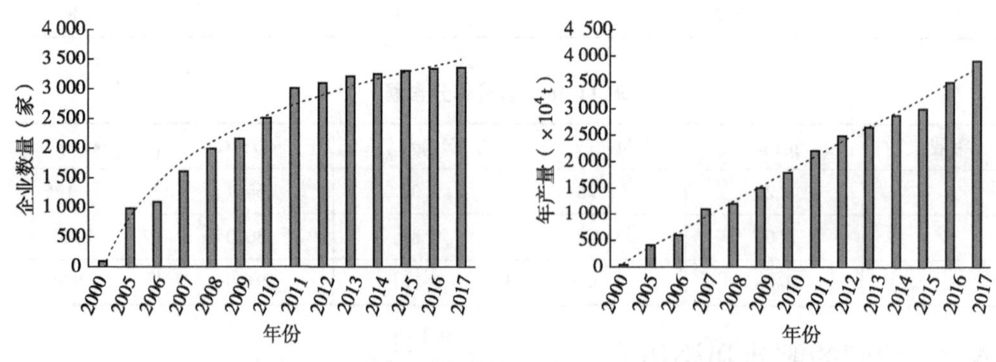


图 11-2　我国商品有机肥生产企业数量和年产量

## 11.6.2　商品有机肥分类、制备、特点

目前，在我国市场销售的商品有机肥包括：①普通商品有机肥，不含特定的功能微生物，提供有机质和养分；②有机无机复混肥，在普通商品有机肥中加入化肥，使之既含有机质，又含有较多的养分；③生物有机肥，在普通商品有机肥中加入有益微生物，如促生

和生防菌，使之兼具改良土壤、营养植物、促进生长、防治病害的作用。

来源于动物、植物、餐厨、食品工业和制药工业产生的有机废弃物经微生物高温堆肥发酵，发生矿化、腐殖化、脱水，生产出商品有机肥。商品有机肥的质量应符合国家标准。

商品有机肥具有普通有机肥的基本作用，其作用特点可以从两个方面进行总结。①对耕地来说，商品有机肥可以增加土壤有机质含量，降低黏性土壤黏结度，使沙性土壤保水保肥性能变强，有助于形成稳定的团粒结构，发挥良好的肥力协调供应能力，提升耕地地力；还可以使土壤微生物大量繁殖，特别是固氮菌、氨化菌、纤维素分解菌等有益微生物。同时，有机肥料中有动物消化道分泌的以及微生物产生的各种酶，施入土壤后，可大大提高土壤的酶活性，增加土壤生物多样性，提升土壤健康状况水平。因此，长期持久使用有机肥可以改善土壤质量。②对农作物来说，商品有机肥含有植物所需的多种营养成分，含有氮、磷、钾三元素合计 5%，有机质 45%，可为农作物提供全面的营养。虽然有机肥含有的养分种类较多，但是每种养分含量较低，尤其是作物生长所需的氮、磷、钾大量元素，仅约为化肥的 10%。因此，商品有机肥应配施化肥作为基肥施用，效果更佳。

## 11. 6. 3　商品有机肥的施用

**(1) 商品有机肥施用技术**

施肥的首要目标是改善土壤理化性质，协调作物生长环境条件。充分发挥肥料的增产作用，不仅要协调和满足当季作物增产对养分的要求，还要保持土壤肥力不降低，维持农业可持续发展。

不同作物类型，有机肥施用量有所不同。设施瓜果、蔬菜如西瓜、草莓、辣椒、番茄、黄瓜等，基肥每季用量为 4 500~7 500 $kg/hm^2$；露地瓜菜如西瓜、黄瓜、马铃薯、大豆及葱蒜类等，基肥每季用量为 4 500~6 000 $kg/hm^2$；青菜等叶菜类，基肥每季用量为 3 000~4 500 $kg/hm^2$；莲子等每季基肥用量为 7 500~11 250 $kg/hm^2$；粮食作物如小麦、水稻、玉米等，基肥每季用量为 3 000~3 750 $kg/hm^2$；油料作物如油菜、花生、大豆等，基肥每季用量为 4 500~7 500 $kg/hm^2$；果树、茶叶、花卉、桑树等根据树龄大小，基肥每季用量为 7 500~11 250 $kg/hm^2$，新苗木基地则在育苗前基施 11 250~15 000 $kg/hm^2$；对于新平整后的生土田块，3~5 年内每年增施有机肥 11 250~15 000 $kg/hm^2$，方可逐渐恢复提高土壤肥力。

根据作物类型、耕作方式等，可采用撒施、条状沟施、环状沟施、放射状沟施、穴施法等不同施用方式。

**(2) 商品有机肥施用注意事项**

商品有机肥施用应注意以下事项：

①避免土壤重金属累积。商品有机肥的原料来源主要为有机废弃物，内含有一定量的重金属，施入土壤存在积累重金属的风险，故严控商品有机肥中的重金属含量很有必要。

②防止传播病虫害。对以人、畜、禽粪尿及其他废弃物为原料制备的商品有机肥而言，有的含有病原菌，应当充分进行无害化处理，否则存在病虫害传播的风险。

③土壤 pH 值变化。长期施用过酸或过碱的商品有机肥，可能造成土壤酸碱度失调。

④抗生素残留。集约化养殖使用抗生素，约15%的抗生素药物被动物吸收，其余85%通过粪便排放至环境中，影响环境中的微生物种群结构和多样性。充分进行高温发酵等无害化处理可分解其中的抗生素。

## 复习思考题

1. 人畜粪尿各有何肥效特点？
2. 如何合理施用人粪尿有机肥？
3. 如何才能积制优质厩肥？
4. 厩肥的分解转化特点是什么，如何合理施用？
5. 秸秆的特性是什么？
6. 秸秆转化对土壤和植物营养有何影响？
7. 影响秸秆转化的因素有哪些，是怎样影响的？
8. 秸秆还田有哪些方法和注意事项？
9. 简述堆肥和沤肥的性质。
10. 简述堆肥过程中的微生物变化与堆肥物料转化的关系。
11. 简述沼气肥的成分、性质及沼气发酵的原理和过程。

# 第 12 章

# 绿　肥

【内容提要】本章主要介绍绿肥作物在现代农业生产中的作用及主要绿肥作物的种类。

绿肥泛指用作肥料的绿色植物体。因其主要依赖植物所含养分归还农田，以达到提高土壤肥力的目的，故其具有绿色、环保、安全、长效的特点。随着农业生产的不断发展，绿肥已由原来大田轮作和直接肥田为主的栽培利用模式，逐步过渡到多途径发展的草牧业模式。绿肥与牧草生产相结合，将土壤资源的开发利用、养殖业的发展、土壤的改良与培肥联系起来，有利于实现有机物质的多级转化利用，促进整个农业中物质和能量的良性循环，改善生态条件和食物结构，促进农牧业的全面发展，实现农业生产的优质、高产、高效。

## 12.1　绿肥在农业生产中的作用

**(1)提高土壤肥力**

①增加土壤有机质的积累。绿肥作物平均鲜草产量一般为 $1.5\times10^4$～$3.0\times10^4$ kg/hm$^2$，地下生物量为 $1.20\times10^4$～$2.25\times10^4$ kg/hm$^2$。如以平均有机质含量 150～180 g/kg 计算，直接翻压后，施入土壤的新鲜有机质为 3 240～7 875 kg/hm$^2$。翻压绿肥对土壤有机质的积累效率和数量受绿肥本身的碳氮比、翻压量、翻压频率、气候条件、土壤类型、耕作措施等多种因素制约。一般气候较冷、土壤透气性较差的地区，有机质积累要比气候温暖、透气性好的地区高。在我国北方，每公顷翻压鲜草 $1.13\times10^4$～$2.25\times10^4$ kg，土壤耕作层有机质增加 0.76～2.40 g/kg。南方因气温高，翻压绿肥后分解较快，土壤有机质积累量低，如江西红壤旱坡地种植 3 年绿肥作为肥料，土壤有机质从 15.3 g/kg 增加到 17.8 g/kg，平均每年增加 0.83 g/kg。此外，采用豆科和禾本科绿肥混合施用，可有效调节有机质组分，有利于土壤有机质的积累。

绿肥不仅能提高土壤中的有机质含量，而且可以改善土壤有机质的品质。绿肥翻压后，既增加了土壤中易分解的有机质，又提高了与无机胶体相结合的有机质数量和紧结态的腐殖质含量。长期种植绿肥和牧草，腐殖质积累增加，特别是胡敏酸大量合成，能有效配位化合热带酸性土壤中的铝，使铝活性降低，从而减小了铝毒对作物的影响。

②增加土壤氮素。豆科绿肥具有固氮能力，能将其他农作物不能吸收利用的气态氮转化为可利用的氮素形式，提高土壤含氮量。一般认为，豆科绿肥作物的含氮量有1/3来自土壤，2/3来自根瘤菌的生物固氮(表12-1)。翻压豆科绿肥之后，每年每公顷可供给土壤氮素28~112 kg，最高可达168 kg。种植豆科绿肥作物可以利用生物固氮增加土壤氮素，改善农业生产中的氮素循环。

**表12-1　不同豆科绿肥作物的平均固氮量**　kg/hm²

| 名称 | 固氮量 | 名称 | 固氮量 |
|---|---|---|---|
| 苜蓿 | 217.64 | 蚕豆 | 135.71 |
| 草木樨 | 133.51 | 香豆子 | 104.76 |
| 红三叶 | 127.90 | 山黧豆 | 97.62 |
| 葛藤 | 120.40 | 小扁豆 | 83.30 |
| 白三叶 | 115.54 | 花生 | 78.57 |
| 豇豆 | 100.96 | 大豆 | 40.48 |
| 1年生胡枝子 | 95.35 | 埃及三叶草 | 230.10 |
| 苕子 | 89.35 | 莱豆 | 44.87 |

③富集和转化土壤养分。豆科绿肥作物的主根入土较深，一般达2~3 m。例如，光叶紫花苕入土2.5 m，紫花苜蓿根系长达4 m，能吸收一般作物难以吸收的下层养分，并将其转移到地上部分，待绿肥翻耕腐解后，富集于土壤耕作层，有利于后茬作物的吸收利用。种植绿肥作物能提高土壤中的有效养分，促进作物生长。绿肥翻压还能促进微生物的生长繁殖和提高土壤中酶的活性。在绿肥腐解过程中，土壤微生物能分泌有机酸并产生绿肥分解的中间产物，溶解土壤中难溶性矿物质，从而提高土壤有效养分。此外，微生物种群也不断发生变化。

④改良低产土壤。我国的低产土壤面积大、分布广，严重影响着农业生产的稳定发展。绿肥种植可为土壤提供大量的新鲜有机质，加上其根系极强的穿透、挤压和团聚能力，可促进土壤水稳性团聚体结构的形成，有效保护农业生产环境，提高土壤的化学缓冲力，协调土壤的水、肥、气、热状况。

**(2)减少水土流失，改善生态环境**

绿肥作物茎叶茂盛，覆盖地面可减少水、土、肥的流失。尤其在坡地上种植绿肥，由于茎叶的覆盖和根系的固结作用，可大大减少雨水对表土的冲刷和侵蚀。果、茶、桑、橡胶园种绿肥，可减小土温的日变幅，不仅有利于作物根系生长，还能减轻杂草的危害。风沙大的荒地、沟渠坡边和梯田梯壁种植多年生绿肥牧草，有固沙护坡的作用。绿肥作物还能绿化环境，净化空气。每公顷绿色植物每天能吸收360~900 kg的二氧化碳，放出240~600 kg的氧气。除此之外，种植绿肥还可减少或消除悬浮物、挥发酚及多种重金属的污染。

**(3)绿肥饲料促进农牧结合**

把绿肥作为饲草来应用是发展畜牧业最为经济有效的办法。如草木樨、苜蓿、紫穗槐、白三叶等既是绿肥又是很好的牧草饲料。绿肥牧草富含蛋白质、矿物质、维生素等多种营养成分，不仅饲用价值高，而且适口性好，便于加工和储存，是畜禽的优良饲草来源。绿肥牧草可以直接放牧利用，如果园间作绿肥，可以放养肉鹅；冬闲田种植多花黑麦草、紫云英或苕子，可放养鹅、山羊等。绿肥牧草也可刈割后饲喂，或制作青贮、干草及加工草粉、草块和草颗粒等，用于山羊、绵羊、奶牛、肉牛养殖。而家畜养殖可以产生大量粪尿，对解决农牧业生产肥料来源起着重要作用。

目前，各地均在提倡种养循环，在有机肥源短缺情况下大力种植绿肥牧草，以草促牧，以牧促农，农田消纳牲畜粪污，具有积极的经济、社会和生态效益。绿肥牧草首先作为饲料，再作肥料，经物质、能量的多层次转化，可获得更大的经济效益。此外，豆科绿肥作物如紫云英、苕子、草木樨、紫花苜蓿、三叶草等，花期长、蜜质优良、产量高，是优良的蜜源植物，其种植可促进养蜂业的发展。

## 12.2 绿肥的种类及其合理施用

### 12.2.1 我国绿肥的种类

我国幅员辽阔，各地水热条件差异很大。我国植物资源非常丰富，多数植物无论栽培或野生都能用作肥料。由于不同地区所用的绿肥种类、种植的时期和方式各不相同，对绿肥种类存在着几种不同的分类方法和名称。

**(1)按绿肥来源划分**

①栽培绿肥。又称绿肥作物，是绿肥的主体，如紫云英、金花菜、田菁等。

②野生绿肥。又称秧草、山青等，是利用天然自生的青草、水草和树木的青枝嫩叶作肥料，如马桑、蝉豆、紫穗槐等。

**(2)按植物分类划分**

①豆科绿肥。指具有根瘤菌生物固氮能力的植物，如紫云英、苕子、箭筈豌豆、草木樨、金花菜、蚕豆、竹豆、白三叶等，生产中所占比重最大。

②非豆科绿肥。指豆科绿肥之外的所有绿肥种类，包括禾本科、十字花科及其他科植物，如多花黑麦草、饲用油菜、肥田萝卜等。

**(3)按栽培季节划分**

①冬季绿肥作物。为秋季或初冬播种，到第二年春季或初夏利用，其整个生育期有一半以上是在冬季。例如，南方秋播的紫云英、苕子、金花菜、蚕豆等，是我国栽培绿肥的主要形式。

②夏季绿肥作物。为春季或夏季播种，到夏末初秋利用，其生育期有一半以上在夏季。例如，北方小麦收获后播种的田菁、箭筈豌豆、柽麻；南方种植的豇豆、藜豆、竹豆等。

**(4)按栽培时间划分**

①一年生或越年生绿肥作物。秋季播种，第二年开花结子后死亡；或当年播种，当年开花结子后死亡的绿肥作物。如多花黑麦草、紫云英、箭筈豌豆、苕子、蚕豆等。

②多年生绿肥作物。为栽培时间在一年以上的绿肥，一般是多年生植物，如紫花苜蓿、白三叶、葛藤等。

### 12.2.2　绿肥的合理施用

**(1)直接翻压**

翻压绿肥是绿肥利用的主要方式，一般作为基肥。间套种的绿肥也可就地掩埋作为作物的追肥。耕翻前最好将绿肥切短，稍加暴晒，这样不仅有利于翻耕，也能促进分解。旱地无灌溉条件下翻耕，要做到深埋、严埋，防止土壤跑墒，影响绿肥分解和作物生长。春旱地区多在秋季提前翻埋。早稻田翻耕最好干耕，这样可以提高地温，改善土壤通气条件，促进微生物的分解作用。棉田、玉米地(尤其是砂质土)耕翻要加农药，以减少地老虎等地下害虫对作物的危害。旱地生长的多年生绿肥应在雨季来临前翻压，而在水田翻压后，则应晒田几天再灌水。绿肥翻压效果与绿肥翻压时间、翻压深度、翻压量、配施磷肥等因素密切相关。

①翻压时间。绿肥翻压原则上应在绿肥鲜草产量和总氮量最高的时期进行。一般豆科作物自初花期后，茎叶比例和植株的碳氮比都很快提高。到盛花期后水分含量逐渐下降，而茎的伸长速率则以盛花期前后最快，氮素的积累最高，所以理论上产草量最高时期为盛花期稍后。但此时匍匐性强的绿肥作物下部叶片脱落严重，产量反而有所下降。因此，一般豆科绿肥作物宜在初花期至盛花结荚前期进行翻压。而禾本科则宜在抽穗初期进行翻压。此时产草量较高，且植株柔嫩多汁，施用后分解较快，可发挥良好的肥效。此外，还要考虑作物的播期和需肥时间来确定翻压时间。如用作基肥，翻压期与后作的播种期或栽培期之间有一段间隔，以免绿肥分解过程中产生的有机酸等中间有害物质影响种子发芽和幼苗生长。一般水田翻压绿肥，要在栽秧前10 d进行。双季稻三熟制地区，茬口衔接紧，而此时多数冬季绿肥在春暖以后才迅速生长。为了解决早翻影响绿肥产量的矛盾，可采用边耕边插秧的办法，这时应注意：绿肥要切碎并稍晒凋萎；精耕细耙，翻埋后灌水细耙，使土肥充分混合，以免秧苗与绿肥直接接触而发生“坐苗”现象；每公顷绿肥用量约15 000 kg；配合适量氮肥作为面肥，酸性较强的土壤，应加施少量石灰，以减少有机酸的危害。

②翻压深度。绿肥的翻压深度应根据土壤、气候、绿肥的品种及生育期等因素来考虑。旱田要翻压适中，翻压过深供氧不足，减慢绿肥腐解速率，肥效不能及时发挥，如翻深超过耕作层，使生土翻转于地面，导致作物减产。对水稻田压施绿肥，早稻田地温低宜稍浅耕翻，使绿肥腐解快，及时发挥肥效，而晚稻田和稻、麦两熟田则宜结合深耕，深埋绿肥以延长肥效。同时，气候干燥，田土少墒宜深翻，相反，雨水多的季节宜浅翻；植株较嫩可稍深，植株比较老熟可浅埋。总之，翻压深度要有利微生物大量繁殖，因为绿肥的分解腐烂主要依靠微生物的活动来完成。耕翻深度一般以12~18 cm为宜。

③翻压量。绿肥的翻压量与有效养分的供应量和土壤有机质的保持量呈正相关。翻压量较低的矿化较快，土壤有机质的净矿化度增加。一般在一定范围内，随着绿肥翻压量的增加其作物产量和培肥地力的效果也逐渐提高。据中国科学院南京土壤研究所在红壤地区对3种紫云英鲜草用量(每公顷分别为11 250 kg、22 500 kg、33 750 kg)观察，无论耪田还是垄田均以每公顷施22 500 kg处理的氮素在水稻中的回收率最高，可达42%左右。各地经验认为，以每公顷施用鲜草$1.5\times10^4$~$2.3\times10^4$ kg较为适宜。在这个基础上再配合其他肥料以满足作物对养分的需要。

④配施磷肥。豆科绿肥是一种高氮低(缺)磷的绿肥作物。豆科绿肥施入土壤后，虽然

给土壤增加了大量的氮源，但同时也打破了土壤养分的平衡，往往因施入大量豆科绿肥而导致减产。因此在翻压过程中，配施磷肥可以调节土壤中氮磷比，协调土壤氮、磷供应，从而充分发挥绿肥的肥效，提高后茬作物产量。研究表明，绿肥(柽麻)配合施用磷肥的增产效果十分显著，尤其在缺磷的低产土壤上；在浆土上的试验结果也表明，翻压草木樨鲜草或根茬，配施磷肥的玉米产量明显高于不配施磷肥的处理。

⑤绿肥翻压容易出现的毒害现象。在水稻田中，绿肥直接翻压，有时水稻会出现一系列中毒现象，如发僵、叶黄、根黑、生长停滞、返青慢，甚至烂秧死苗。这主要是由于绿肥直接翻压后，在淹水条件下，绿肥分解消耗土壤中的氧，使土壤氧化还原电位迅速降低，产生硫化氢、有机酸等有毒物质，在排水不良的酸性土壤中还会有 $Fe^{2+}$ 的积累。对于碳氮比小的绿肥，在分解前期释放大量的氨，使局部土壤 pH 值提高到 8.0 以上，还会有亚硝酸的积累。这些物质累积到一定的浓度都会对作物产生危害，影响根系有氧呼吸作用和养分吸收，致使水稻出现萎缩现象。为了防止上述毒害现象的发生，一是要控制绿肥的翻压量，在翻压前先刈割一部分鲜草制成草塘泥，作为晚稻肥料；二要提高翻耕质量，保证翻压绿肥与插秧期间有足够的腐解时间。若发生中毒现象，要立即烤田，施用适量石膏(每公顷 22.5~37.5 kg)或过磷酸钙(每公顷 75.0~112.5 kg)。

⑥绿肥翻压后的腐解与矿化速率。绿肥只有通过腐解矿化才能发挥肥效。翻压绿肥后，土壤中的微生物大量繁殖，土壤酶的活性增强。研究表明，在田间条件下，当气温在 25~35℃时，最初 3 个月内紫云英、水葫芦和满江红的分解量分别为 71%、68%和 44%；一年内的分解量分别达 77%、76%和 50%。可见，在环境条件适宜时，翻埋后的绿肥分解速率一般在最初 3 个月内较快，以后逐渐变慢。

**(2)沤制**

绿肥的沤制就是将绿肥掺和到秸秆、圈肥、杂草、肥泥和其他废弃物中，利用微生物的发酵作用制作肥料。我国南方水稻产区，稻田冬季绿肥是制作草塘泥的主要原料之一。草塘泥中加入绿肥的数量一般为原材料(包括泥土)总重量的 10%~15%，稻草为 2%~4%，猪厩肥约为 20%，其余为河泥。沤制后的绿肥不仅肥效较好，还能避免绿肥直接翻压引起的危害。

**(3)割青饲用**

利用荒坡隙地种植的绿肥，须割青后利用。割青后可用青草或干草直接肥田或制堆肥、草塘泥等，也可先作饲料，然后利用家畜、家禽和鱼的排泄物作肥料。绿肥牧草可用作青饲料、青贮料或调制成干草、干草粉，其品质与刈割时期、刈割高度有关。掌握适当的刈割时期是保持和提高草地单位面积产量和干草品质的重要因素。牧草的适宜收割期一般以开花期为最好。

## 12.3 绿肥的栽培利用

生产中推广使用的绿肥品种较多，其中豆科绿肥是绿肥作物的主体，其品种多、栽培面积大。常见的豆科绿肥品种有紫云英、金花菜、苕子、蚕豆、竹豆、箭筈豌豆等。此外，部分地区也在使用水生绿肥，如满江红和细叶满江红。

## 12.3.1　紫云英

紫云英(*Astragalus sinicus*)又称红花草、江西苕、小苕，原产我国，为一年生或越年生豆科植物(图12-1)。它是我国稻田主要的冬季绿肥作物，种植面积占全国绿肥面积的70%以上，在长江以南各地广泛种植，近年来，有北移趋势，在旱地也有种植。

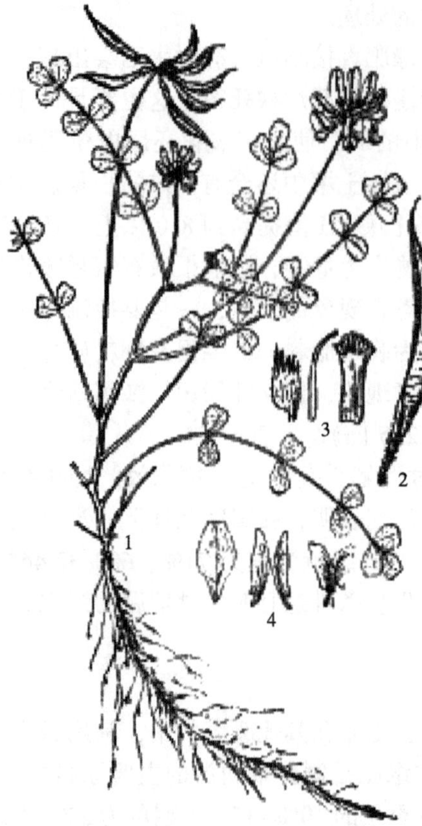

紫云英主根粗大，根系呈圆锥形，侧根发达，根瘤较多。植株高60~100 cm，种子肾形，有光泽，黄绿色，千粒重3.2~3.6 g。

紫云英喜温暖，种子发芽的适宜温度为15~25℃，低于5℃或高于30℃时发芽困难。春季月平均气温在10~15℃时生长很快，开始结荚的适宜温度为15~20℃。紫云英喜湿润，适宜在约75%田间持水量的土壤中生长。喜肥性强，耐旱、耐瘠、耐涝力较差，在保水能力差的砂质土壤或黏重土壤、渍水的田块和干旱的土壤中均生长不良。紫云英适宜的土壤pH值为5.5~7.5，pH值低于5.0的土壤需施用石灰才能正常生长。紫云英耐盐力差，在含盐量超过0.2%的土壤上不能生长。

1.植株；2.荚果；3.雌蕊；4.花冠部分。

**图12-1　紫云英**

(苏加楷等，2009)

紫云英多与水稻轮作，但连年轮作则产量下降。连种几年紫云英后应与小麦、大麦或油菜轮换种植，使土壤有机质能较好地分解。其栽培要点如下：

**(1)种子处理**

①选用新鲜种子。选用当年收获、饱满的、保存良好的种子。当年收获的种子发芽率高达90%；随着储存时间延长，种子的发芽率下降。

②晒种。目的是晒死杂菌，增强酶活性，提高种子发芽率。

③擦种。紫云英种子硬实率高(主要因种皮不透性、外表皮的角质层厚、有蜡质、不易吸水)，播前将种子和细砂按2∶1的比例拌匀，放在石臼中捣种10~15 min，或用碾米机碾2次，以种子有臭青味或种皮“起毛”而不破裂为度，以提高种子发芽率。

④盐水选种。用密度1.03~1.09 g/L的盐水选种，以去杂、去劣、去秕籽或清除菌核。

⑤浸种。用30%~40%腐熟人尿或0.05%~0.20%钼酸铵溶液或硼酸溶液浸种10~12 h，浸后稍晾干。

⑥接种根瘤菌。未种过紫云英的地方，播前可将菌剂加水或米汤调成糊状，立即与种子拌匀，拌后立即播种，不宜久存。

**(2)播种**

适时早播是获得高产的关键措施之一。苏南地区，与单季或双季晚稻套种的多在9月下旬播种，与中稻或棉田套种的在9月上、中旬播种；华南地区，与晚稻套种的多在10月上、中旬播种。紫云英的产量与冬前基本苗和茎枝数有关。为确保高产，每公顷播种量22.5~37.5 kg，冬前苗期每公顷实苗数不应少于$375\times10^4$~$600\times10^4$株。

**(3)田间管理**

①开沟排水。一般要求开好主沟、围沟和厢沟，并根据田块的面积、排水的难易，分别开十字沟、井字沟或田字沟。以做到沟沟相通，旱能灌，涝能排，为紫云英生长创造良好的土壤条件。

②施肥。紫云英在苗期和蕾期对土壤氮素的反应比对磷素敏感。当土壤瘠薄，幼苗生长很差时，可在越冬前和早春增施少量氮肥，促进其营养生长。在缺磷的低产田，增施磷肥能收到"以磷增氮"的效果。一般每公顷施过磷酸钙225 kg或钙镁磷肥390~625 kg作基肥，作追肥以早施、集中施效果最佳。

③病虫害防治。紫云英的主要害虫有蚜虫、蓟马、潜叶蝇，病害有白粉病和菌核病等。可用乐果、敌百虫、多菌灵和石硫合剂等药剂进行防治。

**(4)收获利用**

①留种。留种田应集中连片，选地势较高，较阴凉，排灌方便，土质疏松，肥力中等，杂草少，不是重茬的田块作留种田。播种量应减少(约为绿肥田的2/3)，以利多分枝、多结荚；注意增施磷、钾肥，控制氮肥用量；花荚期间要特别注意防治蚜虫和蓟马的危害。当种荚约有80%变黑，趁露水未干时采收。

②饲用。紫云英鲜嫩多汁，适口性好，粗蛋白含量丰富，营养价值很高。作青饲、青贮、制作干草或干草粉，最好在初花期至盛花期收割。

## 12.3.2 金花菜

金花菜(*Medicago polymorpha*)又称南苜蓿、黄花草子、草头等。原产印度，我国华东等地区有野生(图12-2)，以江苏、浙江的沿江、沿海地区栽培最多，四川、湖北、湖南、江西、福建等地也有栽培。

金花菜为豆科苜蓿属一年生或越年生草本植物。主根细小，侧根发达，密集于表土层。茎丛生向上或倾卧，长30~100 cm，种子肾形，黄褐色，千粒重2.4~3.0 g。金花菜喜温暖湿润的气候。种子发芽适温约为20℃，秋季播种，4~6 d出苗，如带荚播种，则需要7~10 d才能齐苗。早播、秋播时，分枝多，且匍匐地面生长，在密植与有支架作物混播时，茎叶向上生长，当气温下降到5℃时，茎叶停止生长，根部能继续生长。幼苗在绝对低温达-10℃以下时，易冻死，在-5~-3℃时，地上部虽有冻害，但翌年春季地上部仍可重新生长。

金花菜对土壤要求不严，pH值5.5~8.5为宜，能耐可溶性氯盐含量0.2%以下的盐碱土，也能耐一定酸性。金花菜在南方的水田、旱地可作冬绿肥，在北方的灌溉地也可春播作为春绿肥。其栽培要点如下：

1. 植株的一分枝；2. 荚果；3. 花及其他部分。

图 12-2　金花菜

(苏加楷等，2009)

**(1) 种子处理**

①晒种。在播种前，选择晴天把果荚摊在泥场地上进行暴晒，不宜放在水泥场地上。中午以后用芦席或帘子盖好，夜间揭开，连续 2～3 d 即可。

②擦种。晒过的种子在播种前首先浸湿，再用草木灰搓揉使荚刺软化，种荚分散。或者将晒过的果荚按 5 kg 果荚加水 7.5 kg，放在石臼里捣 100 下左右，边翻边轻捣，使荚刺变软，擦破荚壳和种皮，则易吸水。随后再拌上河泥、草灰、磷肥或骨粉。也可将果荚摊放场上，先用石碾来回压 10 次，再用少量河泥拌种，用草灰搓揉后即可播种。

**(2) 播种**

金花菜适时早播，冬前植株生长健壮，分枝多，根系发育好，抗寒力强，有利于越冬，翌年早发，产草量高。但不能过早播种，在棉田，稻田套种，荫蔽时间长，苗弱易死，而且冬前生长过旺，也易冻害。在湖北武昌，自 9 月中旬至 10 月中旬播种鲜草产量变化不大，江苏南京以 9 月中旬播种鲜草产量最高，在我国北方可以春播。

江苏通常每公顷播 90～113 kg 果荚，高产田每公顷播种量为 113～150 kg 果荚。与小麦或其他绿肥间、混种时，则要减少播种量，一般每公顷播种量约 75 kg。在冬季气温较高的地方，没有冻害，冬季常分枝，播种量要相应减少。浙江南部每公顷一般播 45～60 kg/hm$^2$ 的果荚，就可获得高产。金花菜播种后覆土不能太厚，一般不超过 2 cm，并且要使种荚与土壤紧密接触，以利吸水，同时要做到果荚分散而不重叠。

**(3) 田间管理**

①抗旱和排水。金花菜要求土壤维持田间持水量的 50%～70%，过干过湿都不好。幼苗极不耐旱，受旱易死苗，也不耐积水，南方雨水较多，在稻田种植更要注意排水。棉田及旱地除在田的四周开深沟外，在畦的垂直方向也要开腰沟，以降低地下水位，尤其是黏重的土壤和地下水位高的地区，要做到沟沟相通，田间不积水。

②施用肥料。金花菜不耐瘠，需肥量大，增施磷、钾肥和必要的氮肥，增产效果显著。

**(4) 收获利用**

①翻压。金花菜鲜草一般含水 860 g/kg，含氮 5 g/kg，含磷 1.3 g/kg、含钾 3.5 g/kg。翻压时间不同养分含量也不一致。绿肥用量以 15 000 kg/hm$^2$ 为宜。

②饲用。金花菜可以鲜喂、晒制干草粉或制作青贮。青饲应在蕾期至初花期收割，晒制干草和青贮可在盛花期进行，一般每公顷产鲜草 $2.25\times10^4$～$3.75\times10^4$ kg。

③留种。金花菜在与大麦或蚕豆的间种田，其产种量一般为900~1 125 kg/hm$^2$，单作田1 500~2 250 kg/hm$^2$。金花菜的果荚易脱落，当有60%~70%的果荚呈黑色和黄褐色时，就应收获。金花菜为自花授粉植物，留种田可在收获前先进行去杂或片选，拔掉不良的植株，最好能进行荚选，选择果荚盘数较多、荚盘大、种子饱满的进行留种。

## 12.3.3　苕子

苕子系巢菜属多种苕子的总称，为一年生或越年生豆科草本植物，其栽培面积仅次于紫云英和草木樨。我国栽培最多的品种为蓝花苕子(图12-3)，如四川油苕、花苕，湖北嘉鱼苕子，江西九江苕子等，在四川、湖北、浙江及华南等地栽培较为广泛。紫花苕子适应性广，除不耐湿外，其他抗逆性都强，属这一种的主要有光叶紫花苕(简称光苕)和毛叶紫花苕，前者适合于长江中下游地区和西南各地区种植，而后者在西北、华北、东北等地区栽培较多。

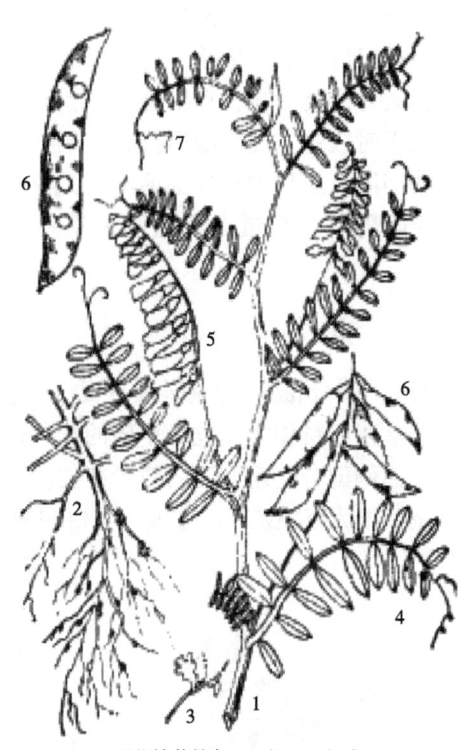


1. 开花结荚枝条；2. 根；3. 根瘤；4. 叶；5. 花序；6. 荚；7. 卷须。

**图12-3　蓝花苕子**

(焦杉，1987)

光叶紫花苕主根大，入土深达1~2 m，侧根极为发达。株高2.0~2.5 m，种子圆形、暗黑色，千粒重15~30 g。光叶紫花苕子发芽最适温度约为20℃，耐寒性较毛叶紫花苕稍差。它属于冬性类型，需经过0~5℃的低温20 d以上，才能度过春化阶段。目前选育出的早熟光叶紫花苕，春性强，对低温的要求不严格，具有早发、早熟、高产的特性。

光叶紫花苕除耐湿性比紫云英差外，耐寒、耐瘠、耐盐、耐酸和耐旱的能力均比紫云英、黄花苜蓿强，其在pH值5.0~8.0、含盐量0.15%的土壤上均能正常生长。

苕子的栽培技术与紫云英相似，主要技术特点如下：

**(1)播种**

因苕子的生育期比紫云英长，在同一地区，应比紫云英早播10~15 d。在四川，8月下旬至9月下旬是最佳播种时期。稻田套种采用撒播，收鲜草田每公顷播种45~75 kg，留种田则每公顷播种22.5~37.5 kg。旱地以开沟条播为好，收鲜草田行距为25 cm，留种田行距70~80 cm，播后覆土约3 cm。

**(2)田间管理**

①施肥。用磷肥作基肥或种肥，在多数土壤上均有明显的增产效果。当幼苗生长差时，早春追施少量速效氮肥能促进早生快长；越冬期间，对土壤肥力差，迟播、苗势弱的苕子田增施堆肥、泥杂肥、草木灰，有利于幼苗安全越冬和春后旺盛生长。

②开沟排水。苕子比紫云英更忌渍水，要求田间持水量在 65%~75%为好。稻田套种苕子更要开好“三沟”(腰沟、畦沟和田边沟)；旱地要有排灌沟，做到遇旱能灌，遇涝能排，特别在现蕾至结荚期更要注意防渍防旱。

**(3)收获利用**

①翻压。苕子鲜草含干物质达 150~180 g/kg，含氮 5.0 g/kg，含磷 0.7~1.6 g/kg，含钾 2.0~6.0 g/kg。在不同生育期其养分含量不同，一般以蕾期最高，翻压效果好。

②留种。苕子留种困难，产量低而不稳，繁殖系数小，在长江以南和川东地区尤为突出。留种田应早播、稀播，使其有效分枝多，春暖后早生快长，减少落花荚。苕子是无限花序，又易裂荚落粒，宜在全株种荚有五成枯黄带褐色、三成淡黄色、两成带青色时，趁露水未干时收割，随收随运。脱粒晒干储于干燥处。

③饲用。因品种与收割期不同，苕子的营养价值差异较大。如毛叶苕子早熟种纤维含量高于晚熟种，粗蛋白含量则相反。苕子一般割下中上部茎枝，经晒干粉碎后可长期喂猪。

## 12.3.4 蚕豆

蚕豆(*Vicia faba*)为豆科豌豆属一年生草本植物。蚕豆营养丰富，用途广泛，既是食品工业的重要原料作物，也是重要的饲草作物。目前生产上将蚕豆干籽粒与其他谷物饲料按一定的比例配合使用，饲用效果甚佳。蚕豆也是草田轮作体系中的重要作物。

蚕豆根为直根系，由主根、侧根和根瘤 3 部分组成。茎秆为草质茎，直立(部分原始类型为蔓生或半蔓生)，四棱形，中空多汁，表面光滑无毛，质地柔嫩。株高差异较大，为 30~180 cm，但早熟品种一般较矮，晚熟品种较高。蚕豆分枝能力较强，第一次分枝多数是从主茎基部 2 个节的叶腋中发生，一般可达 4~6 个，个别的从第三叶或子叶节的叶腋中发生。蚕豆的叶分为子叶、单叶和复叶。其叶片由托叶、叶枕、叶柄和叶轴组成。叶互生，为偶数或奇数羽状复叶，由 2~9 片小叶组成(图 12-4)。小叶椭圆形或倒卵形，全缘，叶面灰绿色，叶背略带白色，肥厚而多肉质，长 5~8 cm，宽 2.5~4.0 cm。

**图 12-4 蚕豆**
(Thomé，1885)

蚕豆花为蝶形花，花冠左右对称，腋生，数朵聚生，呈短总状花序，一般着生于第十片叶腋间以上的花梗上，花朵聚生成花簇。一个花簇着生花 2~6 朵，多的达 9 朵。花朵由花萼、花冠、雄蕊和雌蕊组成。花萼钟形，位于花的下方，无毛，长约 1 cm，先端 5 裂，裂片狭披针形，下部合成一环状；花冠不整齐，有旗瓣、翼瓣和龙骨瓣。果实为荚果，由子房发育而成，一小心皮组成圆筒形。豆荚单独或成簇着生在节上，每株可结荚10~30个，荚果嫩时为绿白色，也能进行光合作用。豆荚沿背缝线处裂开散落种子，腹缝线由心皮的边缘结合而成。种子以种柄着生于腹缝线上，荚内藏2~7粒种子，通常以2~4粒为最多。种子形状、大小、颜色各不相同，其形状扁平，长圆形，略有凹凸。种子百粒重，大粒种在120 g以上，中粒种在70~120 g，小粒种低于70 g。蚕豆种子由种皮、子叶和胚3部分组成。

在适宜土壤水分、温度和空气条件下，蚕豆种子开始吸水膨胀，然后萌动生长。蚕豆一般在2.5~3.0叶时发生分枝，一般早出生的分枝生长势强，积累的养分多，大多数都能开花结荚，成为有效枝；秋播蚕豆在春后发生的分枝常因营养不良、生长弱而自然衰亡，或不能开花结荚。分枝期促早发、保冬枝是蚕豆高产的基础。

蚕豆主要栽培技术如下：

**(1)播种**

在秋播蚕豆区，10月平均气温在14.8~18.1℃，较适合蚕豆发芽出苗；而在春播蚕豆区，较为适宜的播种期为当地气温回升并稳定在0~5℃时。一般大粒型品种株形高大，适宜稀播，播种量为108~144 kg/hm$^2$，每穴2粒种子；中粒型品种植株高度中等，播种量为108~135 kg/hm$^2$，每穴2粒种子；小粒型种子适宜密植，一般播种量为105~126 kg/hm$^2$，每穴2粒种子。土壤水肥条件好的地块应适当稀植，肥力差的地块适宜密植；迟播条件下，也应适当增加播种量来维持产量稳定。

**(2)田间管理**

蚕豆需肥较多，在苗期对钾、钙的吸收量较多；在花期对各种营养元素的吸收量都是最多；终花期至成熟期，对氮、磷的吸收比钾、钙多。总的原则是：有机无机结合，氮、磷、钾配合；重施底肥，看苗追肥。具体施肥水平根据生产实际确定。干旱时注意灌水，尤其是蚕豆花期，此时是蚕豆需水量最大、需水最迫切的时期，雨后应及时排水，确保田间无积水。南方秋播区一般进行3次中耕除草，分别是出苗后、冬至前后以及入春后开花前；春播蚕豆区则一般中耕2次，拔1次大草。第一次中耕在苗高13~16 cm时结合追肥进行；第二次中耕在始花期进行，再过一个月左右拔大草。适时整枝摘心，植株生长不旺，密度不高，土壤肥力不足的蚕豆不宜整枝摘心。注意赤斑病、褐斑病、轮纹病、锈病等病害和蚕豆象、苜蓿蚜和地蚕等虫害的防治。

**(3)收获与利用**

收获籽粒时，黄熟后期(植株中上部叶子由绿变灰至淡黄，荚壳转绿为黄，逐渐变褐，种皮呈品种固有颜色，种子迅速失水，体积缩水，用指甲不易划破种皮)收获最为适宜。蚕豆收获后的茎叶、荚壳及干籽粒加工成粉糠是家畜的优质饲料，新鲜蚕豆的种子、茎、叶经青贮后，可去除苦味、涩味，增加适口性，使猪、牛喜食且易消化。在江苏沿江地区，'启豆2号'的采荚期饲草产量为28 000 kg/hm$^2$，成熟期为13 000 kg/hm$^2$。蚕豆花前茎叶与苜蓿花前营养价值比较，除粗纤维低10.90%外，粗蛋白高1.39%，消化能和代谢能分别高75.34%和74.49%。蚕豆叶粉和蚕豆花前茎叶的趋势一致。

### 12.3.5　竹豆

竹豆(*Vigna umbellata*)是豆科菜豆属一年生短日照藤本植物，是良好的覆盖绿肥作物，适合坡地种植，常种于疏林及果园、茶园的行间。草层厚度常达 40 cm，保水保土效果良好，在江西用作绿肥一次收割的亩产鲜草可达 2 000~2 500 kg。

竹豆根系发达，为直根系，主根入土深约 40 cm，并存在小根瘤和大量的侧根。株高多为 30~100 cm，部分品种可高达 200 cm，茎蔓长 2~3 m，分枝 3~10 个，分枝也长达 100~200 cm。茎有凹槽，并具有白色的短绒毛。三出复叶，叶片呈心形或菱状卵形，长 7.5~10.0 cm，宽 3.0~6.5 cm，多为全缘，少数为 3 裂；叶柄长 6~12 cm，密布白色绒毛，托叶明显，为卵圆形或披针形，着生于叶柄的中下部分。总状花序，腋生，自花授粉，花序直立，每花序有 5~20 朵花，常 2 或 3 朵簇生于一个节上。竹豆花黄色或淡黄色，小苞片线形或披针形，旗瓣直径 1.5~2.0 cm。荚果长 6~12 cm，宽 0.5 cm，褐色，每荚含种子 6~12 粒；荚光滑，镰刀形或直线形，有落粒现象。种子呈长圆形或长圆柱形，也有近似不规则的梯形，一般长 5~10 mm，宽 2~5 mm。脐长 2.5~4.5 mm，宽 0.6~1.5 mm，呈带状，中间直线下凹，珠孔一般为种阜掩盖。种皮光滑。百粒重为 8~12 g，发芽时子叶不出土。

竹豆基本上属于热带和亚热带作物，对低温霜冻敏感，耐干旱和高温，一般在年平均气温 18~30℃的地区种植。竹豆虽然有一定的抗旱能力，但要获得较高的产量，需要年降水量 1 000~1 500 mm。我国部分种植竹豆的地区年降水量达不到该标准，应进行适当的灌溉。竹豆对于多种类型土壤的适应性良好，但肥沃的土壤对于高产量而言是一个必需条件，竹豆可耐土壤 pH 值为 6.8~7.5。

竹豆栽培技术如下：

**(1)播种**

竹豆的栽培对整地要求不严，但需要土壤耕作层较厚。4 月中下旬至 7 月上旬均可以播种，我国北方地区一般在 4 月下旬至 5 月上旬播种，南方地区则多在 6 月中旬至 7 月底播种。撒播时播种量一般为 65~90 $kg/hm^2$，点播和条播播种量接近，为 30~45 $kg/hm^2$。行距一般为 30~50 cm，株距一般为 15~18 cm。饲用的播种量为 25~30 $kg/hm^2$，留种的播种量为 10~15 $kg/hm^2$，行、穴距为 45 cm×30 cm，每穴 5~6 粒种子，覆土厚度约 2 cm，留种的可适当放宽。每穴留苗 2~3 株。

**(2)田间管理**

竹豆肥料以基肥为主，过磷酸钙应在播种前施用。在开花结荚期施用磷、钾肥，可以提高结实率并能增强种子饱满度。竹豆苗期生长较慢，田间易生杂草，需中耕除草。雨水较多的季节需注意培土和排水。若发生徒长，可进行整枝，以提高结实率，增加产量。竹豆抗病虫害的能力较强，病虫害较少，偶有蚜虫、稻蝗等危害，须注意防治。

**(3)收获与利用**

竹豆可作为青饲料使用，其适口性良好，刈割后可直接饲喂牲畜。鲜草含氮 0.44%、含磷 0.13%，含钾 0.34%；种子含碳水化合物 60.7%，含粗蛋白质 20.9%。竹豆各节上荚的成熟期很不一致，因此须分次收获种子。竹豆的荚成熟时易裂荚脱粒，故应在清晨空气湿度较大时摘收，以减少损失。竹豆播种时间影响地上部植株养分含量，从而影响后期肥田效果或饲用价值。竹豆收获作为绿肥使用时，可直接粉碎翻埋入土，其腐解时间和腐解效率与土壤温度和土壤含水量息息相关。较高的土壤温度和土壤含水量是加快竹豆腐解的适宜环境条件。同时，竹豆作为夏季绿肥作物，翻埋期适当提前能消除其对于下茬秋季作物播种的影响。所以，8月是较为适宜的竹豆翻埋时间。

## 12.3.6　满江红

满江红(*Azolla pinnata*)又称红苹、常绿满江红、多果满江红，是热带、亚热带淡水水域中的漂浮植物。我国南方各地分布广泛。长江以北和黄河流域、东北各地也广泛分布。满江红是槐叶蘋科植物。萍体细小，扁平，呈三角形，浮生于水面。根细长，密生根毛，悬垂于水中。生出新根时老根脱落。满江红为与蓝藻共生的植物，共生的固氮蓝藻，能将空气中的游离氮素固定下来，供给萍体需要，增加氮素积累。当固氮蓝藻生长旺盛时，其固氮能力也强。此时萍体浓绿，生长良好，饲用价值也较高。

满江红对温度要求较高。气温低于5℃停止生长，8~14℃开始生长，15~20℃显著生长，20~25℃最适合的生长繁殖，35℃以上生长显著减弱，40℃停止生长，48℃就会死亡。0~5℃能存活20~30 d，以后逐渐死亡。

1. 单萍；2. 群体。

**图12-5　满江红**

(南京农学院，1980)

空气湿度直接影响满江红对水分的蒸发、营养代谢和抗逆性能的强弱。在正常的条件下，水深15~30 cm、空气相对湿度80%~90%时，生长最为适宜。当空气相对湿度增至100%或降至60%以下时，均对满江红生长不利。光照过强，颜色变红，生长受阻，反之，则颜色灰绿，生长也缓慢。日平均温度在20~25℃时，固氮蓝藻的固氮能力增强，应以施磷、钾肥为主。日平均温度在30~35℃时，虽适合固氮蓝藻的繁殖，但萍体生长不良，不能供给充足的碳源，引起共生失调，因此，应在施磷肥的基础上适施氮肥。

**(1)萍种繁殖**

①萍田选择。选择背风向阳，水源便利，阳光充足，土地肥沃的地块作萍田用。也可选择较肥的水沟、水塘进行繁殖。

②整地。要精耕细耙，使田面平滑，然后分格下种。格宽2.0~2.5 m，长5~10 m，每两格间留一宽30 cm的排水沟(也是工作行)，每小格的两端设一灌排水口，水口处用干草或竹筏代闸，让水能自由通过，而萍体不能流失。

③放种苗。放种苗前，要进行田底灭虫。必要时每公顷施石灰375 kg，清除杂藻。每公顷萍苗用量6 000~7 500 kg。要求密放密养，不开天窗(不空水面)。放萍时，如有成团，相互重叠，可用竹帚轻拍萍体，使之均匀分布于水面。每公顷施草木灰225 kg，以促

进生长。

④施肥。天气寒冷，需增施肥料，在磷、钾肥基础上，施用氮肥。每当分萍后，用 1% 过磷酸钙和 1%尿素混合液喷施，每公顷施 750 kg。用过磷酸钙 37.5 kg，拌干灰粪 375 kg，薄施萍面亦可。

⑤排灌。萍母田经常保持水层 8~12 cm。如遇气温在 15℃以下而又有阳光时，上午要排水晒萍，下午 14:00 左右灌水提高温度。为保持水质新鲜，每隔 6~7 d 换水 1 次。

⑥分萍。当萍面起皱褶时，可捞取移至水田养殖。分萍时要保持水深 10 cm，以便操作。

**(2)水面放养**

①整地。整地要求基本与萍母田相同。

②放量。冬萍每公顷放萍种 7 500 kg，春萍放 4 500~6 000 kg。春萍在水面放养期间，由于气温逐渐上升，生长速率较快，故比冬萍可少放一些。

③施肥。春萍由于气温逐渐上升，固氮蓝藻的固氮能力也随之加强，故以施磷肥为主，磷、钾肥配合，少施氮肥。如果萍色变红或呈暗灰色时，要适施氮肥。每公顷施尿素 7.5 kg，过磷酸钙 15 kg，溶水 750 kg，喷雾萍面，效果显著。

④采收。每公顷满江红一般产鲜萍 $30\times10^4$ ~ $37.5\times10^4$ kg。当萍面起皱褶时，即可采收。有些地区，在采收时全部收捞，重新整田放入萍种，此法虽较费工，但产量较高。

**(3)越冬保苗**

越冬保种是为了春繁。因地区气温不同，可以分为自然越冬和人工保温越冬 2 种。自然越冬除利用水温较高的泉水或工厂废水露地育萍外，在长江以南地区和四川冬季气候暖和区，主要采用大田露天越冬。人工保温越冬在较寒冷地区采用，多采用塑料薄膜覆盖萍种或采用火炕温室、地窖温室等以保护萍体安全越冬。

**(4)越夏保种**

从芒种前后到立秋前后为满江红越夏阶段。夏季高温、高湿、光照强、暴风雨、虫害、热害、藻害等不良因素较多，对满江红生长不利。为此，应认真管理，选好越夏场所，及时防治病虫害，消除苔藻的危害，以及采用日灌夜排或人工遮阴降温等措施，才能确保满江红安全越夏，尤其是及时防治病虫害，已成为满江红能否安全越夏的关键。

**(5)饲用**

满江红鲜嫩多汁，纤维含量少，味甜适口，是猪、鸡、鸭、鱼的好饲料。满江红可不经打浆、切剁、煮熟等调制过程，随捞随喂。

### 12.3.7　细绿苹

细绿苹(*Azolla filiculoides*)又称细叶满江红或蕨状满江红(图 12-6)，与上述满江红是同属异种。细绿苹原分布于美国、智利、玻利维亚、巴西等地，我国 1977 年自民主德国引进，现已在我国南、北方水稻田养殖和利用。

细绿苹与满江红相比具有较强的抗寒性和较低的起繁温度，但耐热性较差。它在 5℃时开始繁殖生长，10℃时的繁殖率是满江红的 3 倍，短期在-8℃下未见冻害死亡。适宜温度为 15~22℃。当温度升高到 25℃，繁殖速率下降，30℃时生长很弱。细绿苹在温度偏低的情况下能保持较强的固氮能力。据测定，在18℃时其固氮率比满江红高42%，在25℃时，细绿苹的固氮酶活性比满江红低25.5%。故细绿苹适于南方早稻田和北方水稻区放养利用。

细绿苹耐盐性也较满江红强，据试验，细绿苹在盐分浓度为0.3%时仍有较高的固氮能力。土壤含盐量增至0.5%时，细绿苹除叶色转红外，生长速率未见明显变慢，而满江红在这样的条件下已渐趋死亡。因此，在有淡水来源的条件下，细绿苹可作为改良滨海重盐土的先锋植物。细绿苹放养和利用的基本技术要点与满江红相似。但与满江红相比，细绿苹具有较高的结孢率，大孢子果数比例大，孢子果育苗发芽整齐，小苗生长较快。

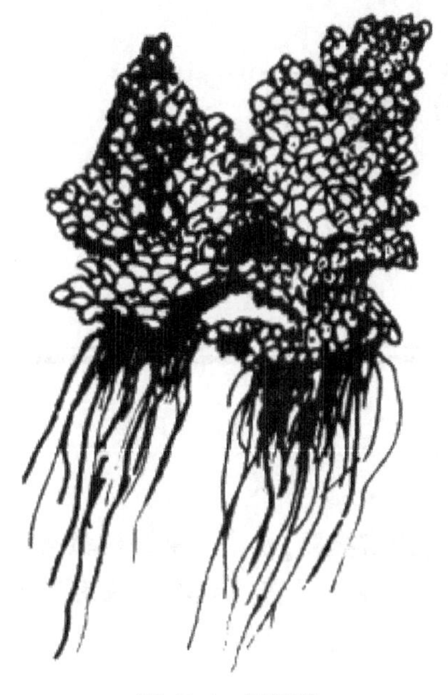

**图12-6 细绿苹**
（毛知耘，1997）

田间育苗时，播种期需根据育苗利用的目的以及当地自然条件而定，一般3~5月和8~9月分别为春秋育苗期。选择土壤肥沃、排灌方便的田块，做成湿润苗床。播种前1 d用呋喃丹灭虫。播后搭架覆盖，做好防雨、保温或控温、保湿等工作。当苹苗长有20~30片小叶后，可进行露地湿养，待幼苗着生10个芽以上时就可以起苗水养。自此，幼苗进入无性繁殖利用阶段。细绿苹幼苗对磷营养需求迫切，应少量多次施用磷肥。苗弱时，还可配施适量氮肥，促进其生长。

## 复习思考题

1. 什么是绿肥作物？绿肥作物在现代农业生产中发挥着怎样的作用？
2. 我国的绿肥作物主要分为哪几类？
3. 为什么说豆科绿肥是绿肥生产的主体？
4. 如何提高绿肥作物的翻压肥效？

# 第 13 章

# 微生物肥料

【内容提要】本章主要介绍微生物肥料的概念、种类，微生物肥料的作用及机理，以及微生物肥料的生产、标准、施用和效果等。

## 13.1　微生物肥料概述

微生物肥料又称菌剂、菌肥、生物肥料等，是利用微生物有机体开发的具有促进植物生长或减少植物病害的微生物制剂。

人们对微生物肥料的认识存在一定的偏差，一种观点认为微生物肥料的肥效很高，完全可以取代有机肥和化肥；另一种观点则认为它们不能作为肥料。试验证明，用根瘤菌接种大豆、花生等豆科作物可提高其共生固氮能力，促进它们的生长发育，增加产量，在某些方面优于化肥。此外，在低产和低肥条件下，联合固氮菌对非豆科作物也有一定增产效果。用优良的外生菌根真菌制成菌剂，接种木本植物，可以活化土壤养分，提高植物的抗逆能力，促进寄主的生长发育。

陈华癸院士指出，微生物肥料是一类含活性微生物的特定制品，应用于农业生产，能获得特定的肥料效应。但是，微生物肥料的性质和作用机理不同于化肥和有机肥，除固氮菌之外，微生物肥料一般不直接提供营养元素，它们主要通过微生物的生命活动来刺激植物生长或改善营养条件。因此，微生物肥料必须含有大量有益于作物生长的活性微生物，对环境友好、无公害。

### 13.1.1　微生物肥料的种类与作用

**(1)微生物肥料的种类**

根据我国微生物肥料的产品标准，并按照微生物肥料的有效菌和物质组成，微生物肥料分为农用微生物菌剂、复合微生物肥料和生物有机肥三大类，其对应的质量标准分别为《农用微生物菌剂》(GB 20287—2006)、《生物有机肥》(NY 884—2012)和《复合微生物肥料》(NY/T 798—2015)。

农用微生物菌剂指目标微生物(有效菌)经过工业化生产扩繁后加工制成的活菌制剂。它具有直接或间接改良土壤、恢复地力，维持根际微生物区系平衡，降解有毒、有害物质的作用；应用于农业生产，通过其中所含微生物的生命活动，增加植物养分吸收的供应量或促进植物生长，改善农产品品质及农业生态环境。按内含的微生物种类或功能特性，分为根瘤菌、固氮菌、解磷类微生物、硅酸盐微生物、光合细菌、有机肥料腐熟剂、促生菌、菌根菌和生物修复菌等菌剂。在剂型上产品分为固体剂型(含粉剂剂型、颗粒剂型)和液体剂型。

复合微生物肥料是指特定微生物与营养物质复合而成，能提供、保持或改善植物营养，提高农产品产量或改善农产品品质的活体微生物制品。

生物有机肥指特定功能微生物与主要以动植物残体(如畜禽粪便、农作物秸秆等)为来源并经无害化处理和腐熟的有机肥料复合而成的一类兼具微生物肥料和有机肥效应的肥料。

**(2)微生物肥料的作用**

《微生物肥料生产菌株质量评价通用技术要求》(NY/T 1847—2010)行业标准将微生物肥料的作用通过菌株质量评价方式归纳为 6 个方面，具体为：提供或活化养分；产生促进作物生长的活性物质；促进有机物料腐熟；提高农产品品质；增强作物抗逆性；改良和修复土壤。

①提供或活化养分。包括溶解无机磷、分解有机磷、解钾、固氮、溶解中量元素等能力。其中，溶解无机磷能力要求菌株在含有难溶性无机磷培养液中，与未接种相比，可溶性磷的含量增加 70 mg/L 以上。分解有机磷能力要求菌株在含有难溶性有机磷培养液中，与未接种相比，可溶性磷的含量增加 5 mg/L 以上。解钾能力要求菌株在土壤中能通过自身的生命活动，分解硅铝酸盐类矿物，释放钾素营养，与未接种相比，速效钾含量增加 20%以上。溶解中量元素能力要求菌株在含有难溶性钙、镁或硫元素的培养液中，与未接种相比，相应的可溶性元素增加量分别达到检验差异显著水平。固氮能力要求共生固氮菌具有共生固氮作用，与未接种相比，收获籽粒的作物植株总氮量增加 20%以上，收获植株生物量的作物(牧草类)植株总氮量增加 15%以上；自生固氮菌和联合固氮菌在盆栽试验中，与未接种处理相比，植株总含氮量增加量达到检验差异显著水平。

②产生促进作物生长的活性物质。在适宜培养条件下，菌株产生的具有促进作物生长功能的活性物质总量应在 5 mg/L 以上，包括赤霉素、吲哚乙酸、细胞分裂素等。

③促进有机物料腐熟。菌株具有产纤维素酶、木聚糖酶、蛋白酶等能力，能加速各种有机物料(包括农作物秸秆、畜禽粪便、生活垃圾及城市污泥等)分解、腐熟。要求菌株在适宜的培养条件下，产生纤维素酶的活力在 70 U/mL(g)以上，产生木聚糖酶的活力在 700 U/mL(g)以上，产生蛋白酶的活力在 100 U/mL(g)以上。

④提高农产品品质。接种菌株与基质处理相比，提高农产品品质效应差异达到统计检验显著水平。如增加蔬菜的维生素含量，降低叶菜类作物中的硝酸盐含量，提高果菜类作物中的糖分含量等。

⑤增强作物抗逆性。接种菌株与基质处理相比，能够减轻作物病虫害发生(病情指数)，或提高作物抗倒伏、抗旱、抗寒、克服作物连作障碍等方面的能力达到检验差异显著水平。

⑥改良和修复土壤。接种菌株与基质处理相比，能够改善土壤容重、团粒结构、养分

供给，以及土壤中的微生物种群结构与数量等；还能够减少试验作物或土壤中的残留农药、重金属等有毒有害物质的含量达到检验差异显著水平。

### 13.1.2　微生物肥料的特点

含有已知的、具有特定功能的微生物，是微生物肥料产品的本质特征；产品中的这些功能微生物含量是它不同于其他肥料的核心技术参数和关键指标。为了充分发挥微生物肥料的作用，微生物肥料应具备如下特点：

①菌种优良，代谢旺盛。功能微生物是微生物肥料的核心，微生物菌种是针对不同作物、不同土壤类型，通过人工筛选或生物工程技术选育、改造出来的。这些微生物应具备参与植物的生理代谢活动，提供营养物质，调节生长，抑制病原微生物等特定作用。各种微生物在自然界中广泛存在，菌种或菌株不同，其功效也不一致。以根瘤菌为例，有的菌株固氮能力强，有的较差甚至不能固氮，因此，在制作根瘤菌肥时要有所选择。此外，菌种在继代、繁殖过程中会发生退化，在制作菌肥前需要复壮甚至更新，以保证菌种具良好的侵染、结瘤和固氮能力。

②活性微生物的数量丰富。活性微生物是微生物肥料的核心，是发挥肥效的基础，微生物肥料必须含有大量的、纯化的、有活性的微生物，其数量和纯度直接关系微生物肥料的应用效果，是衡量微生物肥料质量的重要标志。当微生物肥料中特定微生物的数量降低到一定程度，或纯度达不到要求时，肥效就会降低甚至失效。

③种类明确，作用清楚。微生物肥料中起作用的微生物必须经过严格的鉴定，其分类地位明确，对人、畜、植物无害，也不会破坏土壤微生态环境。例如，某些假单胞菌在生长和代谢过程中，可以产生促进植物生长的物质，但也产生某些有害物质，甚至是人、其他动物或植物的病原菌，这类微生物不能作为微生物肥料。因此，“有效、无害”是生产、施用微生物肥料的原则，国家对此有明确的规定。

④针对性强，有一定的适用范围，不同的微生物肥料适用于相应的作物和特定的土壤环境条件。然而，在生产实践中，许多使用者对此并不十分注意，在我国曾有错误地将大豆根瘤菌剂应用于小麦、玉米的情况。

⑤储存和施用技术严格。温度、光照、酸碱度和渗透压等环境因素都能影响微生物的存活。储存微生物肥料应选择避光、低温条件。施用微生物肥料应防止长时间暴露在阳光下，以免紫外线杀死肥料中的微生物；微生物肥料不应直接与化肥混合施用，以免因渗透压的改变而抑制或杀死其中的有效菌等。

### 13.1.3　微生物肥料的生产与使用

**(1)微生物肥料的生产过程**

微生物肥料是活菌制剂，其肥效与菌株、纯度、活菌数量和环境因素密切相关，所以生产微生物肥料应遵循严格的微生物无菌操作原则，采用严格条件下的工业发酵过程。

①优良菌种的筛选。从自然界分离筛选或经人工诱变具备微生物肥料功能的优良菌种，是生产微生物肥料的关键环节。其基本要求包括：菌株通过安全性评价，符合《微生物肥料生物安全通用技术准则》(NY/T 1109—2017)的规定。菌株细胞、菌落形态一致，无杂菌污

染，生长繁殖力强；生长所需的碳源、氮源等原料易获得。菌株遗传性状稳定，其功能和发酵性能可长期保持，存活能力强。

②优良菌种的生产。经过母种、一级、二级或多级菌种的扩繁，生产出用于规模化生产的栽培种。

③吸附剂(载体)的选择和灭菌。吸附剂是微生物肥料中微生物的载体，有助于在一定时期内维持活性微生物的数量。一般而言，吸附剂应选择含有一定营养成分、颗粒小而疏松的中性物质。常用的吸附材料有草炭、褐煤、蛭石、皂土、玉米芯、花生壳等，其中以富含有机物质的草炭为最佳。吸附剂使用前需经灭菌处理，可以采用 $\gamma$ 射线辐射或高压蒸汽灭菌。

④肥料剂型的选择。微生物肥料包括单菌株制剂和多菌株制剂。根据肥料的成品性状，微生物肥料的剂型主要有液体和固体 2 种：液体剂型可以用发酵液直接装瓶制成，也可以用矿物油密封液面；固体剂型又包括粉剂和颗粒 2 种，主要以草炭或蛭石为载体。此外，还可将发酵液浓缩后添加适量保护剂，再通过真空或冷冻干燥获得。

**(2)微生物肥料产品的质量标准和质量管理**

微生物肥料有严格的质量标准，各个国家对微生物肥料所制定的标准有所不同，但所规定的标准都与菌肥的使用效果有关。以根瘤菌肥为例，有的国家以每克菌肥中的活菌数为标准，有的国家则以每粒种子能够接种的活菌数为标准(表 13-1)。

**表 13-1 一些国家制定的根瘤菌菌剂质量标准**

| 国家 | 最低活菌数 |
|---|---|
| 澳大利亚 | 失效期前每克菌剂含活菌数大于 $10^8$ 个 |
| 加拿大 | 每克菌剂含活菌数大于 $10^6$ 个，失效期前向每粒种子提供的活菌数大于 $10^3$ 个 |
| 荷兰 | 每克菌剂含活菌数大于 $4\times10^9$~$25\times10^9$ 个 |
| 印度 | 出厂时每克菌剂含活菌数大于 $10^8$ 个，到失效期时每克菌剂含活菌数大于 $10^7$ 个 |
| 新西兰 | 每克菌剂含活菌数大于 $10^8$ 个活菌 |

注：引自 Hordorson，1991。

我国早在 1959 年就提出了微生物肥料的质量标准(表 13-2)，其核心内容是遵循无害和有效的原则。无害原则包含有两方面的含义：一是微生物肥料中的微生物不是人或动植

**表 13-2 中国商品菌剂标准**

| 菌剂名称 | 每克菌剂所含的最低活菌数($\times10^8$ 个) |
|---|---|
| 根瘤菌肥 | 1~3(大豆、花生 0.5~1.0) |
| 固氮菌肥 | 0.5~1.0 |
| 磷细菌肥 | 2~3 |
| 钾细菌肥 | 0.5~1.0 |
| 抗生菌肥 | 2 |

注：引自中国农业科学院土壤肥料研究所，1994。

物的病原菌；二是吸附剂中的寄生虫卵、大肠埃希菌以及重金属等有毒物质的含量低于国家规定标准。一般而言，根瘤菌、固氮菌和菌根真菌等生物学特性清楚、分类地位明确，利用它们生产的微生物肥料无害而安全。但是对于新开发的一些菌肥，必须通过科学鉴定，确认安全、无害后，方可进行生产和使用。有效原则是指微生物肥料中的特定微生物对作物产生有益作用，与不接种的对照处理相比，微生物肥料有明显的肥效。

微生物肥料的质量标准主要包括以下内容：

①活菌数。指在产品保质期内，微生物肥料中具有活性的特定微生物的数量。我国制定的微生物肥料行业标准中关于微生物肥料的主要技术指标是产品在出厂时和失效期前所含的有效活菌数。

②水分含量。在固体微生物肥料中，适当的水分含量是保证特定微生物存活的重要条件，一般以 25%~35%(*W/W*)为宜。水分含量不足，微生物会因干燥失水而死亡；含水量过高，易滋生杂菌。

③颗粒直径。肥料颗粒越小，表面积越大，吸附的微生物数量越多。但颗粒太小，其孔隙度会随之减小，使透气性降低，微生物的存活期缩短。如果用草炭作为添加剂，直径一般以 60~150 目为宜。

④pH 值。微生物肥料的 pH 值应在 6.5~7.5 范围为宜。pH 值的异常变化常表示受杂菌污染。固体菌剂的基质在处理前后应调节 pH 值。

⑤杂菌数。微生物肥料中的杂菌含量与储存时间、使用效果直接相关。微生物肥料允许含有少量杂菌，但不能含有病原微生物。根据我国的有关标准，微生物肥料的杂菌总含量应低于 10%。

⑥有效期。储存时间是微生物肥料产品质量指标的重要内容。在常温(20℃)条件下，微生物肥料应能在一定时间内保证其中的特有微生物数量不低于规定的标准。有效期的长短取决于生产工艺和设备、活菌纯度和数量、吸附剂的类型和颗粒大小、营养成分，以及储存条件等。根据我国的有关标准，微生物肥料的最低有效期为 6 个月，不同的菌剂有效期也不同，最长为一年。

除以上规定之外，微生物肥料的产品还应有产品标签、使用说明书、包装等规定。

**(3)微生物肥料的有效使用条件**

正确使用微生物肥料才能发挥其肥效，使用微生物肥料要注意以下几个方面：

①与所应用的对象相符合。许多微生物对其宿主有严格的要求，微生物肥料只有应用于它们相应的寄主作物才能有效。根瘤菌、外生菌根真菌对寄主有很强的专一性，故必须对应地用于它们各自的寄主植物。

②储存条件适宜。在储存微生物肥料时，温度不应超过 20℃，避免阳光直射，防止水分损失。微生物肥料应在有效期内使用，否则可能降低其中有效活菌的数量，而增加杂菌含量，从而影响肥效。

③禁忌与化肥、农药、杀虫剂等合用、混用。

④与所使用地区地理条件相适宜。微生物都有一定的气候、土壤适应性，因而微生物肥料要注意应用范围。在推广使用前，要进行科学的田间试验，以确定其肥效。

### 13.1.4 微生物肥料的发展趋势

有关微生物肥料的研究从 20 世纪初就已经见诸报道，但 1990 年之前研究很少，从 1990 年开始才逐渐增加，尤其是 2003 年以后的研究论文明显增加。因此，可将微生物肥料的研究分为 3 个阶段：初始阶段(1900—1990 年)、平稳发展期(1991—2002 年)和快速发展期(2003 年至今)。

在研究学科上，微生物肥料的研究虽然以微生物学、植物科学和农学为主，但是却发生了明显的学科变化，经历了从最早的主要以微生物研究为主、到以植物科学为主、再到以环境科学为主的过程，并且逐渐交叉融合工程学、化学等学科领域，显示微生物肥料研究学科的多样性，表明利用微生物来维持农业生态平衡将是该领域发展的主要趋势。

在研究主题上，当前主要是围绕微生物菌种展开的，研究热点包括固氮作用、解磷作用、解钾解硅作用、有机质腐熟、促生长作用、提高抗逆性、生物防治、生物降解与修复和改善土壤生态环境等。其中，有关固氮作用的研究从 20 世纪 60 年代开始明显增加，而其他领域研究则相对滞后。从 1990 年开始，各领域的研究都出现了快速增长，尤其是以固氮、生物降解与修复和促进作物生长的研究最为迅速，其次是有关改善土壤生态环境、提高作物抗性、生物防治和解磷作用的研究，而有关解钾解硅的研究虽有增加但整体趋势较缓。微生物肥料研究主题演化分析表明，固氮作用、生物降解与修复和促生长作用依然是研究的主要内容，但是有关生物降解与修复、有机质腐熟、改善土壤生态环境和增强作物抗逆性等主题在未来的研究中将成为快速增长的热点领域。

在微生物肥料功能上，由单一菌种向复(混)合菌种方面发展，经历了单一营养菌种、复合营养菌种、营养菌种与生防促生菌种复合，通过功能微生物的生命活动及其发酵后的代谢产物，使作物得到特定肥料、生长调节、防病虫和土壤生物修复等效应，具有改善土壤结构和土壤微生态环境，培肥地力，提高化肥利用率，降低化肥农药施用量，防止土壤出现连作障碍和提高农作物产量、品质等方面的作用。

## 13.2 根瘤菌与固氮菌肥

根瘤菌肥料是研究最早、应用范围最广、效果最明显和稳定的微生物肥料之一。

### 13.2.1 根瘤菌的生物学特性

根瘤菌能与豆科植物共生，形成根瘤并固定空气中的分子态氮，供给植物营养。在共生体中，宿主植物为根瘤菌提供生长繁殖的空间和碳源、能源，以及其他营养要素；而根瘤菌则为宿主植物提供氮素营养。世界上有豆科植物近 2 万种，其中超过 98%的蝶形花亚科、90%左右的含羞草亚科、28%左右的云实亚科的物种能形成根瘤以固氮。Hardy et al. (1975)研究表明，根瘤菌共生体系的固氮量很大，全世界通过各种途径固定的氮素约为 $255\times10^9$ kg/年，其中 70%来自生物固氮，而根瘤菌与植物形成的根瘤是生物固氮的最重要的组成部分。例如，苜蓿与根瘤菌的共生固氮量估计达 125～335 kg/($hm^2$ · 年)。

根瘤菌菌体呈杆状，属于革兰阴性细菌($G^-$)，具鞭毛，为好气性化能异养微生物。其生长适宜 pH 值范围为 6.5～7.5，但大豆、豇豆的根瘤菌较耐酸，苜蓿根瘤菌较耐碱，根瘤菌的生长最适温度为 25～30℃，但有些根瘤菌菌株能耐低温(4℃)或耐高温(42℃)。此外，不同根瘤菌对维生素和生长素的需求不同。

## 13.2.2　根瘤菌的种类与固氮作用机理

**(1)根瘤菌的种类**

根瘤菌多数属于 $\alpha$-和 $\beta$-变形菌纲以及 1 个属于 $\gamma$-变形菌纲的属，共计 17 个属，近 100 个种。它们分别是：$\alpha$-变形菌纲中的根瘤菌属、中华根瘤菌属、剑菌属、申氏杆菌属、新根瘤菌属、伴根瘤菌属、中慢生根瘤菌属、慢生根瘤菌属、叶瘤杆菌属、甲基杆菌属、微枝形杆菌属、苍白杆菌属、固氮根瘤菌属、德沃斯氏菌属；$\beta$-变形菌纲中的伯克氏菌属、贪铜菌属；$\gamma$-变形菌纲的假单胞菌属。

**(2)根瘤菌感染根系形成根瘤的过程**

在豆科植物识别根瘤菌的结瘤因子之后，根瘤菌侵染豆科植物会经历吸附、感染、侵染线形成和根瘤菌释放 4 个步骤。在豆科植物—根瘤菌共生互作中，根瘤菌能否成功进入宿主植物形成的根瘤，是共生固氮能否形成的关键过程之一。根瘤菌侵染植物由根瘤菌发出信号起始，并受宿主植物控制。在进化过程中，豆科植物受侵染的方式从依赖于侵染线形成的细胞间隙侵入，进化为依赖于受结瘤因子介导的侵染线侵入。

除了结瘤因子外，根瘤菌分泌的胞外多糖(EPS)也是侵染线形成所必需的。EPS 很可能作为一种信号分子，被宿主植物感知后，抑制宿主植物的防御反应，使根瘤菌能够成功侵入宿主植物。因此，豆科植物与根瘤菌早期的侵染依赖于结瘤因子和胞外多糖这 2 个信号分子的信号交流。目前，根瘤菌侵入豆科植物根系的方式主要包括：①依赖于植物细胞伤口侵入植物；②依赖于植物侵染线侵入宿主植物。目前研究较多的是依赖于侵染线的侵染(图 13-1)。根瘤菌从侵染线进入根瘤细胞后，分裂繁殖，形成梨形、棒状、杆状、T 形或 Y 形的含菌组织——类菌体。

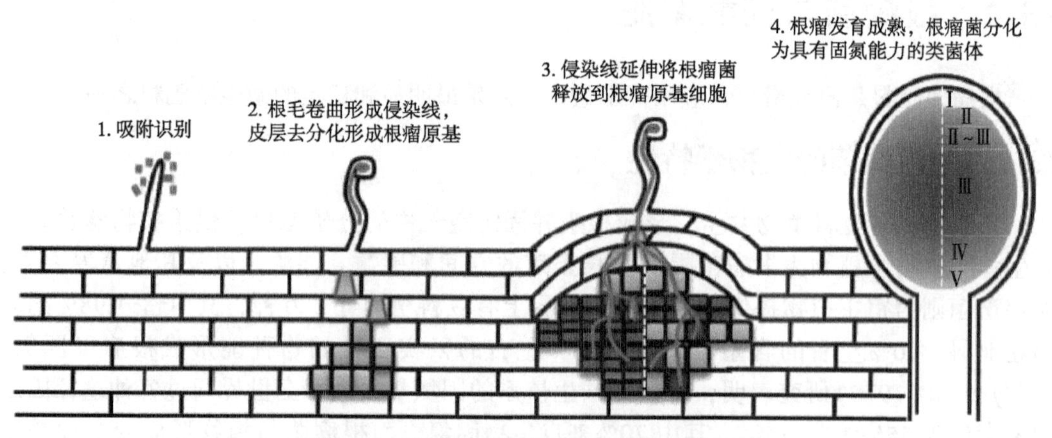


图 13-1　典型的依赖根毛侵染的结瘤过程

**(3)根瘤菌的生物固氮机理**

当根瘤菌侵染线到达根系皮层，就刺激宿主皮层细胞分裂，形成根瘤。在根瘤发育的同时，产生根瘤特有的豆血红蛋白，它是有效根瘤菌的标志，能调节类菌体内外的氧分压，在根瘤的固氮作用中起到保护固氮酶的作用。固氮酶包括分子较小、含铁元素的铁蛋白和分子较大、含铁和钼元素的铁钼蛋白；前者是ATP依赖的电子供体，后者包含酶的催化位点，可以将游离的氮气还原为氨，然后分泌至根瘤细胞质内，形成氨基酸或酰胺类化合物，经根瘤和植株的输导组织运输至宿主，提供氮素营养。

根瘤菌中与生物固氮有关的基因多达20个，主要包括：结瘤基因、固氮基因、细菌素基因、宿主专一性基因、胞外多糖基因和色素基因、调控基因等。克雷伯肺炎杆菌(*Klebsiella pneumoniae*)是第一种解析固氮基因的微生物，其固氮基因簇共由20个固氮基因组成，长约23 kb，包括固氮酶结构基因*nifHDK*及在固氮酶非活性产物成熟过程(如参与电子转运和铁钼辅因子生物合成及组装过程等)中起作用的其他固氮相关基因*nifS*、*nifU*、*nifB*、*nifE*、*nifN*、*nifV*、*nifZ*、*nifQ*、*nifW*和*nifJ*等。

固氮酶主要由2部分组成：*nifH*编码的铁蛋白(又称为固氮还原酶)和*nifDK*编码的铁钼蛋白(又称固氮酶)。铁蛋白负责转移电子给铁钼蛋白，铁钼蛋白负责铁蛋白与铁钼辅因子之间的电子转移，而铁钼辅因子是底物结合和还原的位点；耦联Mg-ATP水解释放的自由能，铁蛋白与铁钼蛋白一起催化氮气还原为氨。此外，还有由*vnf*编码的钒铁(VFe)固氮酶和由*anf*编码的铁铁(FeFe)固氮酶。尽管这3种固氮酶所含金属离子不同，但是这些固氮酶亚型在结构、催化机制和系统进化上是相关的。

### 13.2.3 其他固氮微生物

自1886年荷兰学者贝杰林克(Beijerinck)首次分离到共生固氮的根瘤菌以来，已发现约50多个属100多种固氮微生物。它们都属于原核微生物，根据固氮方式分为3类：自生固氮菌、共生固氮菌和联合固氮菌(表13-3)。

**表13-3 生物固氮微生物的类型**

| 种类 | 生物特征 | 固氮微生物 |
|---|---|---|
| 自生固氮菌 | 好氧化能异养 | 固氮菌属、拜叶林克菌属、固氮单胞菌属、固氮球菌属、德克斯菌属、黄色分枝菌、自养棒杆菌、产脂螺菌等 |
| | 好氧化能自养 | 氧化亚铁硫杆菌 |
| | 好氧光能自养 | 念珠蓝菌属、鱼腥蓝菌属、织线蓝菌属等 |
| | 微好氧化能异养 | 棒杆菌属、固氮螺菌属 |
| | 兼性厌氧化能异养 | 克雷伯氏菌属、无色杆菌属、多黏芽孢杆菌、柠檬酸杆菌属、欧文氏杆菌属、肠杆菌属 |
| | 兼性厌氧光能异养 | 红螺菌属、红假单胞菌属 |
| | 厌氧化能异养 | 巴氏梭菌、脱硫弧菌属、脱硫肠状菌属 |
| | 厌氧光能自养 | 着色菌属、绿假单胞菌属 |

(续)

| 种类 | 生物特征 | | 固氮微生物 |
|---|---|---|---|
| 共生固氮菌 | 根　瘤 | 豆科植物 | 根瘤菌属 |
| | | 非豆科植物 | 弗兰克菌属 |
| | 动物肠道 | | 肠杆菌属 |
| | 植　物 | 地　衣 | 单歧蓝菌属 |
| | | 满江红 | 满江红鱼腥蓝菌 |
| | | 苏铁珊瑚根 | 念珠藻属、鱼腥藻属 |
| | | 肯乃拉草 | 念珠藻属 |
| 联合固氮菌 | 根　际 | 温　带 | 杆菌、克雷伯菌属 |
| | | 热　带 | 固氮螺菌属、拜叶林克菌属、雀稗固氮菌 |
| | 叶　面 | | 拜叶林克菌属、固氮菌属 |

注：引自周德庆，2020。

**(1) 自生固氮菌**

自生固氮菌是贝杰林克于 1901 年首先从菜园土及运河水中发现并分离出来的，后来苏联、英国和印度等国家的科研人员又发现了一些类似的固氮菌，并对它们进行了有关研究。研究表明，在每公顷土壤中，自生固氮菌平均可固定 3.75~7.50 kgN/年，有些自身固氮菌如圆褐固氮菌(*Azotobacter chroococcum*)，还能形成维生素 $B_{12}$、维生素 $B_1$、维生素 $B_6$ 和维生素 $B_7$ 等。这些物质不仅本身可以刺激植物的生长发育，还能促进根际微生物的生命活动，加速土壤有机质矿化，间接地影响植物的氮素营养。近年还发现，一些自生固氮菌还能溶解难溶性的磷。

值得注意的是，这类固氮微生物中的一些种类可能是病原菌，在分离、鉴定和筛选时应进行生物安全性鉴定。此外，田间试验表明，它们的肥效极不稳定，将它们作为微生物肥料还有很大争议。

**(2) 共生固氮菌**

除根瘤菌外，弗兰克菌也是研究较多的共生固氮微生物。弗兰克菌是放线菌中的一个属，能与多种非豆科木本植物共生结瘤固氮。与豆科植物根瘤菌相比，弗兰克菌的研究相对较晚，学术上公认有弗兰克菌属的存在，但对其分类学地位尚无定论，还没有确定它们的种名。弗兰克菌的特点如下：

①宿主范围广，环境适应能力强。到 20 世纪 90 年代，全球已发现弗兰克菌的宿主有 8 科 24 属 220 多种，它们是桦木科、杨梅科、鼠李科、胡颓子科、蔷薇科、马桑科、木麻黄科、打提加科，这些宿主皆为非豆科的乔木和灌木植物，尚未发现有单子叶草本宿主植物。弗兰克菌比较耐干旱、水渍、盐碱等逆境，杨梅、赤杨在 pH 值 4.0，木麻黄在 pH 值为 7.8~8.0 的条件下都能结瘤固氮。

②专一性差，易发生交叉侵染。弗兰克菌与豆科根瘤菌不同，它与宿主的共生专一性并不十分严格，同一种弗兰克菌可以侵染不同的宿主植物，侵染部位也因宿主的不同而异，它们的菌丝可通过根毛、表皮细胞间隙等进入植物体。

③固氮机理独特，固氮能力强。弗兰克菌的共生根瘤为多年生枝状结构，因而较根瘤菌有更长的固氮时间和更高的固氮效率。弗兰克菌有菌丝、孢囊、孢子丝、孢囊孢子和拟类菌体5种不同的结构，固氮酶存在于顶囊这一特殊结构中，孢囊中不含血红蛋白，起屏障作用的是具多层结构而有一定厚度顶囊胞壁，它们的固氮酶对氧气的耐受程度略高于根瘤菌的固氮酶。弗兰克菌不能利用糖类物质，而通常利用简单的有机酸作为碳源，大多数菌株可利用分子态氮作为唯一氮源。有研究报道，弗兰克菌能提高杨树、桤木等树木的生长能力。

**(3)联合固氮微生物**

联合共生固氮的概念是1976年由巴西Dobereiner实验室提出的，目前已为各国科学家所重视。这类微生物可定殖于多种作物(尤其是禾本科植物)的根表皮层细胞间或根际土壤中，但不形成像根瘤那样的共生结构，统称为联合固氮微生物。

常用的根际联合固氮菌有：巴西固氮螺菌(*Azospirillum brasilense*)、产脂固氮螺菌(*A. lipoferum*)、肺炎克氏杆菌(*Klebsiella pneumoniae*)、阴沟肠杆菌(*Enterbacter cloacae*)、粪产碱菌(*Aleligengs faecalis*)等。联合固氮作用的效率低于共生固氮作用。据报道，使用小麦、水稻、玉米的根际联合固氮菌菌剂可能增产。目前，一些国家已利用联合固氮微生物生产肥料，并用于生产。

田间试验表明，接种固氮螺菌后，60%~70%的试验可以增产，增产率为5%~30%。除了给植株提供氮源外，联合固氮微生物促进植物生长的主要机制可能是分泌促进植物生长的物质，提高了根毛的密度和长度，增大了侧根和根系的表面积等。

## 13.2.4　根瘤菌肥的生产与使用

自1895年首次在德国出现了以"Nitragin"为商品名的根瘤菌接种剂以来，苏联、英国、美国和法国等相继实现了根瘤菌剂的工业化生产和大面积推广使用。

**(1)根瘤菌菌种的选育**

选育高效菌种，匹配宿主植物，对于高效固氮至关重要。高效菌种的选育主要有以下几种方法：

①自然选育。是一种最基础也是应用最为广泛的菌种选育方法，其实质是利用自然界中丰富的豆科根瘤菌菌种资源，将自然条件下存在的各种优良根瘤菌菌种进行搜集、整理和利用。具体的分离方法有平板划线法和稀释涂布法，其中平板划线法使用较多，通过多次的分离纯化得到纯的单株菌落，再对初步分离的根瘤菌进行鉴定。

②杂交选育。是利用两个或多个遗传性状差异较大的菌株，通过有性杂交、准性杂交和遗传转化等方式，使菌株基因重组，把亲代的优良性状集中在后代中的一种育种技术。可以加大对不同来源的根瘤菌菌株进行基因重组，富集优良基因，但重组过程需要进行多次移接和筛选，较为烦琐，目的性不强，加之后期基因工程技术的快速发展，使该育种方法逐渐被取代。

③诱变选育。是一种利用物理、化学或生物诱变因子对目的微生物基因组进行处理，从而得到所需优良菌种的技术。常用的物理诱变方法有紫外诱变、激光诱变、微波诱变等；化学诱变的突变率要高些，但因其较高的致癌率和突变的不稳定性，需要谨慎操作，

亚硝基胍和吖啶橙是最常用的化学诱变剂。生物诱变主要是利用营养缺陷型菌株的回复突变来选育具有高效结瘤固氮能力的根瘤菌。

④原生质体融合选育。可以根据需要有目的地选择菌株进行融合，得到较为理想的融合体。如韦革宏等(2001)应用原生质体融合技术，成功地获得了 *Rhizobium leguminosorum* USDA2370 和 *Sinorhizobium xinjiangnesis* CCBAU110 的属间融合菌株，可分别在双亲寄主植物上结瘤。但该技术中有原生质体的制备和再生，对环境依赖很大，应用受到了一定限制。

⑤基因工程选育。是目前应用最为广泛的方法，它可以克服菌种间远缘杂交不亲和的现象，有效地提高菌种的结瘤和固氮性能。国外的成功例子是利用 *dctBA*、*dctB*、*dctC* 和 *nifA* 基因构建的重组苜蓿根瘤菌菌株 RMPBC-2，美国环境保护署批准其进行商品化生产，成为世界上第一株通过了遗传工程菌安全性评价并进入有限商品化生产的重组根瘤菌菌株。

**(2)根瘤菌肥的生产**

首先扩大培养根瘤菌原种，然后将二级种接种于液体培养基，使根瘤菌继续增殖得到大量的活性根瘤菌。在整个操作过程中，必须严格无菌，防止杂菌感染。

根据载体状态和制备工艺，根瘤菌菌剂主要分为 5 种类型：琼脂平板菌剂、固体菌剂、颗粒菌剂、液体菌剂、冻干菌剂。琼脂平板菌剂和液体菌剂是最早应用的菌剂，其生产工艺简单，但不便于运输和保存。固体菌剂就是将培养好的菌液在无菌状态下直接加于吸附剂上制备而成的。颗粒菌剂则是将根瘤菌液吸附在草炭、蛭石、细黏土等固体材料上，再经造粒、烘干而成，经过造粒制备而成菌剂适合大规模机械播种。冻干菌剂是用冷冻干燥技术除去细胞水分制成的。

固体菌剂由于具有轻质、保质期长、便于运输等优点得到了较为广泛的应用。制备高品质的固体根瘤菌剂，最重要的是选择合适的吸附剂，要求通气良好、持水量大、有机质含量在 30%以上、酸碱度中性。据此，草炭、蛭石、珍珠岩由于其营养水平与 pH 值适中，表面积比较大和吸附性好，有利于根瘤菌的存活及菌剂保存，且资源丰富，价格低廉，适合在根瘤菌剂生产中应用推广，成为根瘤菌菌剂的主要吸附剂。随着学科发展，新型高效吸附剂不断出现，如地方工业废料(海藻酸钠、草酸生产废料、飞灰)、食品行业吸附剂(多孔淀粉)、医用吸附剂(离子交换树脂、吸附树脂、氧化淀粉或氧化纤维素)等。

**(3)根瘤菌肥的使用**

多数情况下豆科植物需要接种根瘤菌，尤其是下列 4 种情况：从未种植过或是新引进的豆科植物；豆科植物自然结瘤情况不佳，出现延迟结瘤、根瘤难以着生或结瘤数量少，如砂壤土上种植的花生常常需要接种；非豆科—豆科植物轮作；新垦地。

在根瘤菌肥使用中应注意：因为根瘤菌有严格的宿主专一性，根瘤菌肥必须用于相应的豆科植物，大豆根瘤菌肥只能用于大豆，豌豆根瘤菌肥只能用于豌豆，不能交叉使用，也不能用于其他豆科植物；避免与速效氮肥和杀菌剂、农药等同时使用；根瘤菌肥可配合适量的磷、钾及其他微量元素(如钼、锌、钴等)肥料使用，但应减施氮肥；一般用于拌种，随拌随用。

目前，在美国、巴西等国家，接种根瘤菌的面积一般占播种面积的 30%~50%。我国根瘤菌剂的研究从 20 世纪 30 年代开始，目前共生固氮的基础研究已达到国际先进水平，但根瘤菌剂的产业化和大面积推广应用与国外相比还有差距。

# 13.3　菌根真菌肥料

菌根一词最早由德国植物生理学家弗兰克(Frank)所提出，意指真菌与高等植物根系之间形成的一种共生体，它是植物与菌根真菌长期共同进化的结果。地球上 97%的显花植物都是菌根植物，90%的草本植物能与内生菌根真菌形成菌根，73.9%的木本植物能形成外生菌根。

## 13.3.1　菌根真菌的种类和特点

1989 年，Harley 根据菌根真菌在植物根系上着生部位及形态特征，将菌根分为外生菌根、丛枝菌根、内外兼生菌根、浆果鹃类菌根、兰科菌根、欧石楠类菌根和水晶兰类菌根共 7 种类型(表 13-4)。

表 13-4　菌根类型及其特点

| 特点 | 菌根类型 | | | | | | |
|---|---|---|---|---|---|---|---|
| | 外生菌根 | 丛枝菌根 | 内外兼生菌根 | 浆果鹃类菌根 | 兰科菌根 | 欧石楠类菌根 | 水晶兰类菌根 |
| 菌丝隔膜 | + | - | + | + | + | + | + |
| 菌丝进入细胞 | - | + | + | + | + | + | + |
| 菌鞘 | + | - | +或- | + | - | - | + |
| 哈蒂氏网 | + | - | + | + | - | - | + |
| 胞内菌丝圈 | - | + | + | + | + | + | - |
| 菌丝二叉分枝 | - | + | - | - | - | - | - |
| 泡囊 | - | + | - | - | - | - | - |
| 真菌分类 | 担子菌纲 | 接合菌纲 | 担子菌纲 | 担子菌纲 | 担子菌纲 | 子囊菌纲 | 担子菌纲 |
| | 子囊菌纲 | | 子囊菌纲 | | | 半知菌纲 | |
| | 半知菌纲 | | | | | 担子菌纲 | |
| | 接合菌纲 | | | | | | |
| 宿主植物 | 裸子植物 | 苔藓植物 | 裸子植物 | 欧石楠类 | 兰科植物 | 欧石楠类 | 水晶兰类 |
| | 被子植物 | 蕨类植物 | 被子植物 | | | | |
| | 蕨类植物 | 裸子植物 | | | | | |
| | | 被子植物 | | | | | |

注："+"和"-"分别表示"有"和"无"；引自 Harley，1989。

### 13.3.2 菌根真菌的生物学特性

**(1)外生菌根的生物学特性**

高等植物中有30余科许多属的木本植物能形成外生菌根，其中松科植物可以认为是专性外生菌根植物。能与木本植物根系形成外生菌根的真菌主要是担子菌(产生担孢子)和部分子囊菌(产生子囊孢子)。

外生菌根真菌的菌丝体能紧密包裹植物幼嫩营养根的表面，形成致密的菌套与外延菌丝。菌根的菌套和外延菌丝取代植物的根毛，起着吸收养分和水分的作用。此外，部分菌丝侵入根部皮层细胞间隙，形成网络状的结构——哈蒂氏网。受菌根真菌的影响，植物根部通常会发生形态学的改变，如变短、变粗、变脆等，无根冠和根毛，并且常常因菌根真菌分泌的色素而在颜色上发生改变。

**(2)丛枝菌根的生物学特性**

丛枝菌根是分布最广泛的一类内生菌根。该类菌根以其在根系皮层细胞内形成丛枝结构而得名；除此之外，大多数丛枝菌根真菌还能在根系皮层内形成泡囊结构，少数则在土壤中产生类似泡囊的结构。

随着现代分子生物学和生化技术在分类学中的广泛应用，丛枝菌根真菌分类学进展迅速，其分类系统发生持续变化。目前，丛枝菌根真菌归属球囊菌门，它是菌物界晚近新增加的一个门，下设1纲4目11科27属300多个种，并随着新种的不断发现、分类技术的进步与研究的深入，丛枝菌根真菌分类系统及其菌种学名仍在持续变更。

丛枝菌根真菌侵染植物根系皮层细胞内，其菌丝连续二叉式分枝生长，形成树枝状或花椰菜状结构，即为丛枝。它是丛枝菌根最重要的结构，是真菌进入根系皮层细胞组织内部以后进一步延伸的端点。在功能上，丛枝是真菌与植物进行物质交换的场所，不仅与养分的吸收和释放有关，还与植物的抗逆性密切相关。

### 13.3.3 菌根真菌的作用与机理

植物根系形成外生菌根或丛枝菌根之后，宿主植物向菌根真菌提供碳水化合物，真菌则将从土壤中吸收的养分和水分供给宿主植物，在改善植物矿质营养、增强植物抗逆性和抗病性，以及促进植物生长，提高产量与改善品质等方面有重要作用。

**(1)菌根真菌改善植物营养的作用与机理**

菌根真菌被誉为“生物肥料”，其主要功能之一就是改善植物的矿质营养。菌根真菌能够活化土壤中的无机或有机养分，增加根系吸收面积，促进宿主植物对土壤中氮、磷、钾、硫、锌、铜、锰等元素的吸收(图13-2)。

在氮素营养上，外生菌根主要吸收铵态氮，少量吸收硝态氮，还能利用有机氮，扩大宿主植物的氮素来源，增加植物对氮的吸收和利用。丛枝菌根真菌根外菌丝可以利用铵态氮、硝态氮和简单形态的氨基酸，可以加速有机氮的矿化进而使有机氮成为其可利用的氮素形态，并提高宿主植物的硝酸还原酶和谷氨酸合成酶的活性，促进植物对氮的吸收利用，改善植物的氮素营养。

在磷素营养上，外生菌根通过分泌质子和有机酸，产生磷酸酶，提高磷的生物可利用

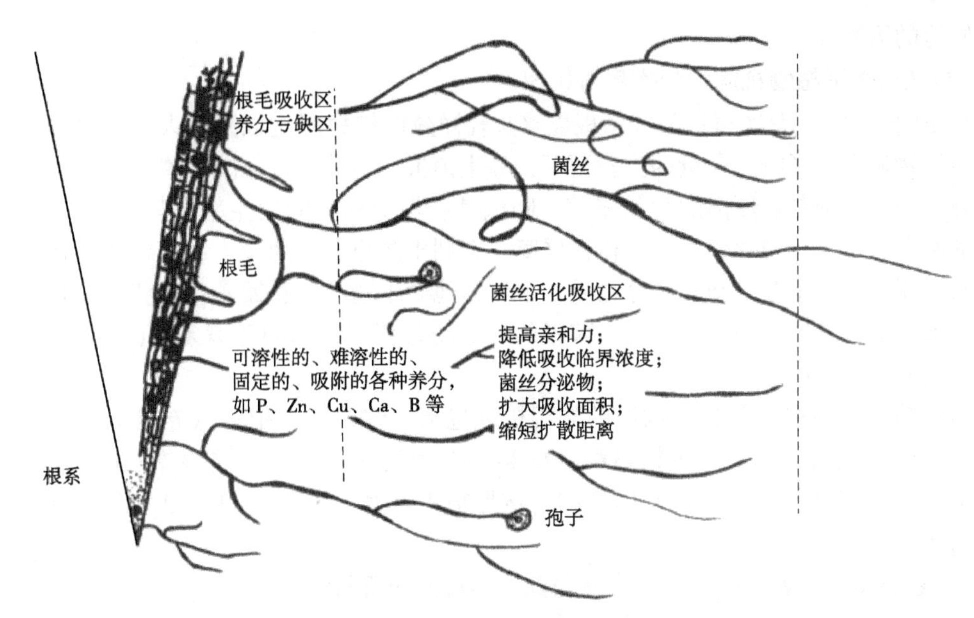


图 13-2 菌根真菌促进宿主植物养分吸收的机制

性，能活化土壤中的难溶性磷；通过外延菌丝扩大吸收面积，增大吸收空间，提高了根系对磷素的摄取能力，促进植物吸收磷素养分。丛枝菌根通过改变宿主植株的根系形态和形成菌丝网络，扩大植株对养分吸收范围；释放有机酸、磷酸酶和质子等根系分泌物改变土壤结构和理化性质，与根际微生物共同作用降解土壤中难溶性磷酸盐；诱导相关磷转运蛋白基因的特异性表达，提高植株对磷的转运能力，改善宿主植物磷素营养。

此外，外生菌根和丛枝菌根还具有改善宿主植物其他矿质营养（K、S、Cu、Zn、Mn 等）的效应，该类效应受到土壤类型、菌根真菌与共生植物种类及碳源分配等因素的影响。

**(2) 菌根增强植物抗逆性的作用与机理**

早在 20 世纪 60 年代，人们便发现外生菌根具有干旱适应能力。此后，人们发现外生菌根、丛枝菌根都能增强宿主植物的抗逆性，帮助宿主植物适应非生物胁迫（干旱、寒冷、高温、盐碱、重金属和有毒物质），尤以增强植物的抗旱性最为明显。

菌根提高植物抗旱性的直接作用机制在于菌根真菌通过菌丝直接吸收水分，改善植物水分状况，增强植物抗旱性；间接作用机制包括促进土壤团粒结构的形成，改善植物根系构型，提高植物光合能力，增强对矿质元素的吸收，降低植物氧化损伤，增强植物渗透调节能力及诱导相关基因表达等作用，间接地增强植物的抗旱性。

菌根提高植物重金属抗性的直接作用机制包括：菌根菌丝可以吸收重金属离子，菌丝细胞壁或分泌物（多糖或蛋白质等）能够吸附固定重金属离子，成为植物抵御重金属危害的第一道有效屏障；菌丝内的多聚磷酸盐颗粒、富含色氨酸的多肽、富含胱氨酸的巯基蛋白等物质能螯合重金属离子，起到解毒作用。间接作用机制包括：菌根菌丝通过分泌低分子量有机酸、球囊霉素相关蛋白等代谢产物，改变根形态条与根际环境，调节土壤重金属离子的生物有效性；改善植物光合、矿质营养、水分代谢等生理，促进植物生长；调节植物体内重金属离子的转运蛋白表达，调控根系对重金属元素的吸收、转运和分配等过程，将重金属离子转运至液泡等结构中，减少重金属离子对植株的毒害作用，从而增强植物对重金属胁迫的耐受性。

**(3) 菌根增强植物抗病性的作用与机理**

自1968年Safir首次报道丛枝菌根能够减轻洋葱的红根腐病以来，人们开始广泛关注菌根对植物病害的影响，大量的实验证明，外生菌根、丛枝菌根能减轻植物土传病害。

外生菌根能抑制病原菌的生长繁殖，降低某些根部病害的发生率，其作用机理包括：菌根的菌套和哈蒂氏网形成了一种机械屏障，有利于防止病原菌侵入；菌根真菌在植物根际内与病原菌竞争生存空间和养分物质，不利其他微生物的生长繁殖；某些菌根真菌能产生抗生素，抑制病原菌的生长繁殖；菌根的分泌物改变了根际的环境条件(如酸碱度等)，不适宜病原菌生存。

丛枝菌根提高宿主植物抗病性的作用机理包括：改善宿主植物营养状况；影响根系形态与根际微生物区系，产生精氨酸、酚类等次生代谢物质，抑制病原菌的生长繁殖；与病原菌竞争侵染位点和光合作用产物；诱导宿主植物产生相关的保护蛋白，激活宿主植物防御机制。

**(4) 菌根促进植物生长、提高产量与改善品质的作用与机理**

许多外生菌根真菌能产生多种植物生长刺激物质，如细胞生长素、细胞分裂素、赤霉素、维生素$B_1$、吲哚乙酸等，这些物质可以促进植物的生长发育。

丛枝菌根真菌能显著提高果树苗木移栽的成活率，促进生长发育，增加产量，改善品质等。此外，丛枝菌根还能促进禾本科作物(小麦、玉米、大麦、高粱等)、豆科作物(大豆、花生、绿豆、豇豆等)、果树和花卉(苹果、梨、桃、葡萄、樱桃、月季、玫瑰等)、蔬菜(辣椒、番茄、茄子、黄瓜、洋葱等)、牧草(三叶草、苜蓿等)、棉花、西瓜、甘薯和多种药用植物的生长发育，提高产量，改善品质。

## 13.3.4　影响菌根形成的因素

菌根真菌只有在与宿主根系形成共生体的条件下，它们的生理作用才能得到发挥。菌根真菌和宿主植物的生物学特性、环境因子和农业措施都会影响菌根的形成。这些影响因素大致涉及土壤因素、地理因素、生物因素、农业措施等方面。

**(1) 土壤因素**

土壤类型、质地和理化性质等能对菌根真菌的分布、孢子密度和侵染能力产生影响。

①土壤养分。一般认为，土壤含磷量过高会抑制菌根真菌的发育和菌根的形成；土壤含氮量也产生类似影响。

②土壤pH值。中性和微酸性土壤有利于菌根真菌的生长、发育和菌根的形成。此外，土壤pH值可通过影响土壤养分的有效性，进而影响菌根的形成。

③土壤温度。土壤温度对菌根真菌的孢子萌发、生长和菌根的形成有重要影响。不同的菌种需要的适宜温度不同，就同一菌种而言，相对较高的温度适宜于孢子萌发，而相对较低的温度适宜于菌丝的生长和菌根的形成。

④土壤水分和透气性。菌根真菌都是好气性真菌，孢子萌发、菌丝生长和菌根的形成都需要有充足的氧气供应。一般而言，20%～40%的土壤含水量有利于通气，也有利于菌根真菌的孢子萌发和菌根的形成；土壤渍水则易滋生腐生菌并抑制菌根的形成。

**(2)地理因素**

土壤和植被有明显的地理性分布规律，菌根真菌的种类、数量、分布也呈现明显的地域性。虽然从热带到寒带都有菌根真菌分布，但由于纬度和海拔的不同，温度、光照、降水、土壤和植被等因素也不尽相同，从而导致菌根真菌的种类、数量之间的差异。

**(3)生物因素**

在土壤中，菌根真菌与有益微生物(如根瘤菌、自养固氮菌、磷细菌和硅酸盐细菌)之间具有协同作用，但与其他微生物更多地表现为竞争和拮抗作用。某些寄生性或捕食性的土壤昆虫和线虫会危害菌根真菌，是影响外生菌根真菌的主要生物因素。

**(4)农业措施**

相对于外生菌根而言，农业措施对丛枝菌根的影响更大。大量施用化肥明显抑制丛枝菌根的生长和菌根的形成，农药对菌根真菌的生长也有明显的抑制作用。大量使用杀真菌剂和土壤熏蒸剂，可能完全杀灭包括外生菌根和丛枝菌根真菌在内的土壤真菌。

## 13.3.5　菌根真菌菌剂的生产与储存

外生菌根真菌菌剂的生产过程与一般微生物肥料的生产过程相似。首先是采集子实体、菌根、菌索或子实体孢子等繁殖体，分离和纯化后获得纯净的菌丝体；经鉴定后，筛选出优良的外生菌根真菌菌种，作为一级菌种或“原种”。再采用固体发酵、液体发酵、液体深层发酵等适宜的发酵工艺，生产不同的菌剂。

对于丛枝菌根真菌，由于它们目前还不能进行纯培养，无法像外生菌根真菌那样采用工业发酵的方法来生产接种剂，只能将菌种接种在活体宿主植物的根系上，经共生生长，获得孢子土和根系残体作为接种剂。丛枝菌根真菌菌剂的生产方法有：活体培养(盆栽培养法、培养基培养法、静止营养液培养法、流动营养液培养法、雾化培养法、玻璃珠分室培养法、大田培养法)、离体纯培养和离体双重培养。

## 13.3.6　菌根菌剂的应用与效果

**(1)外生菌根菌剂**

外生菌根菌剂的应用已不单纯局限于促进林木生长，在引种、育苗、逆境造林、果树栽培、植物病害防治以及菌根食用菌生产等方面都有成功的应用。

①在引种上的应用。引种新植物时，应同时引进相适应的菌根菌种，尤其是那些对菌根真菌依赖性较强的树种，以便引种能取得成功。②在育苗上的应用。生产上菌根真菌接种大多在种苗期进行，种苗期树木幼嫩根系较多，易被侵染形成菌根，菌剂用量少、成本低、效益好。③在逆境造林上的应用。在退化和被污染的地区造林，应选择适应性强的树种和与之相适宜的外生菌根，对苗木进行菌根化处理，以提高造林成活率。④在防治根部病害上的应用。应用外生菌根防治植物根部病害是可行的，目前已在生产中得到应用的外生菌根菌剂有毒蝇鹅膏菌、白毒鹅膏菌、双色蜡蘑、松乳菇、卷边桩菇、彩色豆马勃、黄硬皮马勃等。⑤在菌根食用菌生产上的应用。外生菌根真菌中有一大部分为食用菌，不能完全人工栽培，只有利用菌根技术才能获得子实体，如法国 Agro-Truffe 公司率先宣布黑孢

块菌的栽培成功，意大利等国家先后建立了块菌的种植园，中国科学院昆明植物研究所成功实现了松乳菇的人工培育。

**(2)丛枝菌根菌剂**

丛枝菌根真菌种质资源是研究、应用的基础。国际丛枝菌根真菌种质资源库主要包括国际丛枝菌根真菌保藏中心(INVAM)和欧洲丛枝菌根真菌保藏库(BEG)等若干保藏机构。北京市农林科学院植物营养与资源研究所建有我国最大的丛枝菌根真菌种质资源库(BGC)，保藏5属25种共136株丛枝菌根真菌资源。

国际上很多丛枝菌根真菌生产商都能提供固体、液体菌剂，以及与其他微生物组配的混合菌剂，还可根据目标土壤和植物定制产品。我国在丛枝菌根真菌菌剂生产技术方面有一定积累，但由于市场需求有限、技术体系不成熟及缺乏投入，尚未实现菌剂的大规模工厂化生产和广泛的商品化应用，仅有少数几家企业从事丛枝菌根真菌相关产品的生产和销售。其应用主要集中于蔬菜、果树和花卉等园艺作物和其他经济作物上，在西瓜、黄瓜、菜豆、芋头、生姜和大葱上进行了推广应用。

此外，在煤矿复垦修复中，丛枝菌根真菌可以提高采煤塌陷地土壤根际酶活，尤其是磷酸酶活性，改善土壤根际微生态环境，利用菌根技术对煤矿区进行复垦，每公顷土地可节约2.5万元，极大地降低了复垦费用。在重金属污染矿区，丛枝菌根真菌能够有效增强植物对重金属污染环境的适应性，促进重金属污染土壤的生态恢复与植被重建，有助于快速建立具有物种多样性和结构稳定性的植被。

## 13.4 其他微生物菌肥

### 13.4.1 硅酸盐细菌肥料

硅酸盐细菌肥料，又称细菌钾肥、生物钾肥、硅酸盐菌剂等，是指在土壤中通过其生命活动，增加植物营养元素的供应量，刺激作物生长，抑制有害微生物活动，有一定增产效果的活体微生物制品。硅酸盐细菌肥料按剂型分为：液体菌剂、固体菌剂和颗粒菌剂。

**(1)硅酸盐细菌的种类**

早在1912年，K. Passik就发现了一种芽孢杆菌，用它可以分解正长石等硅酸盐矿物和磷灰石。1930年，苏联学者亚历山大洛夫从土壤中分离出一种细菌，它能分解正长石和磷灰石并释放出磷和钾，称之为硅酸盐细菌，在我国将其称为钾细菌。目前发现的硅酸盐细菌大多属于芽孢杆菌属，包括环状芽孢杆菌、胶质芽孢杆菌、多黏芽孢杆菌、土壤芽孢杆菌，此外还有邻单胞菌、恶臭假单胞菌、阪崎氏肠杆菌等。

**(2)硅酸盐细菌肥料的作用**

硅酸盐细菌施入土壤之后，可以在根际内外大量繁殖，但以在根际内的繁殖最快、数量最多。硅酸盐细菌肥料内含高效分解硅酸盐矿物的细菌，具有溶解磷钾、固定氮素、分泌生长刺激物质(吲哚乙酸、赤霉素)等作用，能提高土壤钾、磷、镁、铁、硅等养分有效性，刺激作物生长；此外，硅酸盐细菌能产生多黏杆菌素类物质，对一些病原菌有一定的抑制效果。

硅酸盐细菌溶磷解钾的关键机理在于其分泌的低分子量有机酸、多糖和氨基酸类等代谢产物。低分子量有机酸易与矿物结构中的金属离子螯合形成金属—有机复合体，会促进矿物发生生物风化；有机酸解离的水合氢离子大小与钾离子相似，可以取代矿物晶格中的钾，从而促进土壤钾素释放。硅酸盐细菌产生的多糖、氨基酸等代谢产物，其羧基、氨基等官能团能有效络合金属离子，促使土壤矿物的分解。

**(3) 硅酸盐细菌肥料的应用**

自 20 世纪 50 年代以来，国内外对硅酸盐细菌肥料进行了大量研究，有关试验多在盆栽条件下进行，与田间结果差异很大，效果不稳定；盆栽试验有效，而田间试验结果得到否定的结论。因此，对硅酸盐细菌是否真正能提高土壤有效钾的能力尚有争论，有待进一步研究。

硅酸盐细菌菌株虽然有一定的解钾作用，但其活化土壤难溶性钾的效果尚不如人意。因此，硅酸盐细菌肥料的研究和制备需在以下几方面加强研究：①继续筛选高效硅酸盐细菌，培育解钾效率高、定殖生存效果好、不易退化的硅酸盐细菌菌种资源；②研发高效活化土壤难溶性钾、增强生物有效性、提高钾肥和土壤钾利用效率的生物肥料，尤其研发适应南方酸性土壤、北方石灰性土壤的硅酸盐细菌肥料；③建立硅酸盐细菌肥料在不同地域的高效使用和调控技术，确保硅酸盐细菌肥料发挥解钾、增产、促进钾素吸收的作用。

## 13.4.2　磷细菌肥料

磷细菌肥料是指能把土壤中难溶性的磷转化为作物能吸收利用的有效磷素营养，又能分泌激素刺激作物生长的活体微生物制品。磷细菌肥料按剂型分为：液体磷细菌肥料、固体粉状磷细菌肥料和颗粒状磷细菌肥料。按菌种及肥料的作用特性分为：有机磷细菌肥料和无机磷细菌肥料。有机磷细菌肥料是指能在土壤中分解有机态磷化物(卵磷脂、核酸和植素等)的有益微生物经发酵制成的微生物肥料。无机磷细菌肥料是指能把土壤中难溶性的、不能被作物直接吸收利用的无机态磷化物溶解转化为作物可以吸收利用的有效态磷化物。

**(1) 解磷细菌的种类**

分解有机态、无机态磷化物的细菌有：芽孢杆菌属、类芽孢杆菌属、假单胞菌属、欧文氏杆菌属、伯克氏菌属、农杆菌属、西地西菌属、沙雷氏菌属、黄杆菌属、肠细菌属、微球菌属、固氮菌属、不动细菌属、根瘤菌属、沙门氏菌属、色杆菌属、产碱菌属、节细菌属、硫杆菌属和埃希氏菌属等。某些微生物(如链霉菌属)不仅可以溶解无机磷，也能分解有机磷，所以二者之间并无严格界限。

**(2) 磷细菌肥料的作用**

磷细菌主要用于活化土壤中的难溶性磷，提高磷的有效性。它们溶解土壤磷酸盐的主要机理如下：

①酸解。磷细菌在代谢过程中产生的有机酸(如乳酸、草酸、柠檬酸等)，能溶解土壤中难溶性的磷酸盐，或通过与土壤矿物表面的阳离子形成复合物来提高磷的生物有效性。

②磷酸酶的作用。磷细菌分泌的各种磷酸酶，能腐解矿化有机质，使之矿化为植物能够吸收利用的可溶性磷。

③环境 pH 值变化。磷细菌通过呼吸作用释放二氧化碳等物质，降低土壤环境的 pH 值，从而使难溶性磷酸盐溶解。

④其他作用。某些磷细菌在代谢过程中释放硫化氢，其与磷酸铁作用产生硫酸亚铁，从而活化磷酸盐。

**(3)磷细菌肥料的应用**

1935 年，苏联科学家蒙金娜从土壤中分离出第一株具有解磷作用的巨大芽孢杆菌(*Bacillus megatherium*)，并于 1947 年开始应用于生产。据报道，接种巨大芽孢杆菌可使土壤磷的有效性提高 15%以上；施用难溶性的磷肥并接种磷细菌，能增加植物对磷的吸收，促进植物生长。

我国从 20 世纪 50 年代开始研究磷细菌，并先后分离出一些解磷细菌。据报道，磷细菌肥料或制剂在室内模拟试验，以及在粮食和蔬菜等经济作物上的田间试验取得了一些进展。但与硅酸盐菌肥类似，目前学术界对解磷细菌的肥效尚有争论。因此，有必要加强对解磷细菌的研究：①筛选和培育适应我国典型农业土壤和主要作物的高效溶解土壤多种难溶磷的菌种资源；②不断增强磷细菌肥料活化土壤难溶性磷的能力、减少土壤对磷肥固定、提高磷肥利用率；③研制适合大量化肥投入的农田环境与土壤和作物适配的磷细菌肥料，实现养分资源的高效循环利用。

### 13.4.3 复合微生物肥料

复合微生物肥料集微生物、有机养分和无机养分于一体，不仅克服了传统微生物肥料养分含量低、见效慢等问题，而且符合农业绿色发展的需求，能达到减少化肥用量、增产提质等目的。如何将无机养分与特定的活的微生物组配在一起，是复合微生物肥料生产的关键。

**(1)复合微生物肥料中的功能菌**

①改善土壤养分供应的功能菌。它们通过提供养分或活化土壤中营养元素，增加植物的养分供应，从而促进增产，如前文介绍的根瘤菌、自生固氮菌、硅酸盐细菌、磷细菌等，还有一些微生物(如巨大芽孢杆菌)通过分泌有机酸促进土壤磷的释放。

②促进植物生长的功能菌。如植物根际促生菌，是指自由生活在土壤或附生于植物根系的一类可促进植物生长及其对矿质营养的吸收和利用，并能抑制有害生物的有益菌类。其种类繁多，有假单胞菌、芽孢杆菌、类芽孢杆菌、土壤杆菌、黄杆菌、沙雷氏菌、肠杆菌、根瘤菌、固氮菌、伯克霍尔德菌等。

③病害生物防治的功能菌。通常是放线菌，如我国应用最广的'5406'抗生菌，为链霉菌属的细黄放线菌(*Streptomyce smicroflavus*)，能防治小麦锈病、马铃薯晚疫病、黄瓜霜霉病、棉花黄萎病、水稻稻瘟病、纹枯病、立枯病、白菜"干烧心"病、黑斑病、黑腐病等农作物病害；又如木霉菌，它是一种广谱性拮抗菌，国内外已有超过 50 多种木霉菌制剂作为生物农药或生物肥料登记。

④有机污染物降解功能菌。即用于土壤修复的有机污染降解微生物和农药降解微生物，如白腐真菌、假单胞菌、棒状杆菌等。

⑤有机物料腐熟功能菌。能促进有机废弃物降解，如链霉菌属、小单孢菌属、纤维单胞菌属、木霉属等。

为更好地研究利用和保藏农业微生物资源，我国各级科研机构、高校先后建立了各具特色和规模的农业微生物资源保藏中心，如 1979 年成立的中国农业微生物菌种保藏管理中心，保藏有细菌、放线菌、根瘤菌、食用菌、植物病原菌等微生物资源，约占国内主要农业优势微生物资源总量的 35%，涵盖微生物肥料、饲料、生物防治、污染降解等各类功能微生物菌株。中国农业大学根瘤菌研究中心，保藏根瘤菌 9 000 多株，是国际上数量最多和多样性最丰富的根瘤菌资源库。福建芽孢杆菌资源保藏中心，保藏芽孢杆菌菌株 3. 6 万株，是国内规模最大的芽孢杆菌资源库，这些农业微生物资源保藏库的建立为微生物肥料菌种组合使用提供了丰富的选择和有效的技术支撑。

**(2) 复合微生物肥料的作用**

①恢复土壤微生态平衡。施用复合微生物肥料后，其功能微生物在土壤中繁殖，能够改变土壤微生物群落结构，为植物生长提供健康的环境。如施用含枯草芽孢杆菌和解淀粉芽孢杆菌的微生物肥料，能够改变土壤微生物群落组成，使土壤中鞘氨醇单胞菌、芽孢杆菌等微生物群落丰度增加。此外，功能微生物可以通过重寄生、胞外酶降解、产生抗菌蛋白和抗生素等高分子化合物来直接抑制土壤中病原菌的数量，减少植物病害，还能通过改变土壤微生物群落结构来诱导抑制土壤病害，恢复土壤微生态平衡。

②改善土壤养分供应。特定功能微生物可通过固氮、解磷、解钾和对其他元素的增溶作用，改善土壤养分供应；还可以改善土壤团粒结构，提高土壤酶活性，增加土壤持水能力、植物养分储存和有效性，改善土壤肥力，促进作物生长。

③释放植物激素，促进植物生长。特定功能微生物能释放对植物生长有利的植物激素，如植物生长素、赤霉素、细胞分裂素、铁载体和吲哚乙酸等物质，显著改善作物总根长、根体积和根表面积等根系性状，促进作物生长。

④增强植物系统抗性。功能微生物不仅可以通过营养物质和生态位的竞争改变土壤微生物多样性、发挥生防作用、改良土壤养分功能状况，还可以通过诱导植株系统抗性，激活植物防御反应，增强作物的抗病性和抗逆性。

**(3) 复合微生物肥料的应用**

我国微生物肥料产品菌种的使用正逐渐由单一菌种向复合菌种转化，由单一功能向多功能复合转化，由功能模糊型向功能明确型转化。我国登记的肥料产品中所使用的菌种达 170 多种，菌种功能已从最初的共生固氮向促生拮抗发展，菌种类型也正从细菌向真菌拓展。2008—2018 年，使用复合菌种的微生物肥料产品数量逐年增加，占总登记产品数量的 47%；菌种组合类型不断丰富，如“固氮菌+根际促生菌”“根瘤菌+根际促生菌”“根际促生菌+生防真菌”等菌种的复合使用得到广泛应用。

## 复习思考题

1. 什么是微生物肥料？微生物肥料有哪些种类？
2. 微生物肥料有哪些作用？微生物肥料菌种有何要求？
3. 微生物肥料的生产主要包括哪些环节？应从哪些方面判断其质量的优劣？
4. 什么是根瘤菌？根瘤菌是如何感染根系形成根瘤的？其侵入豆科植物根系的方式

有哪些？

5. 除根瘤菌之外，还有哪些固氮微生物？
6. 根瘤菌菌种的选育方式有哪些？根瘤菌菌剂有哪些？
7. 哪些情形建议使用根瘤菌菌剂？根瘤菌剂的使用有哪些注意事项？
8. 菌根真菌有哪些种类、特性和作用？
9. 丛枝菌根真菌菌剂的生产方法有哪些？
10. 外生菌根菌剂的应用有哪些？
11. 什么是硅酸盐细菌肥料？简述其溶磷解钾的机理。
12. 什么是磷细菌肥料？其种类有哪些？其作用机理有哪些？
13. 什么是复合微生物肥料？其包含哪些功能菌？有哪些作用？

# 第4篇

# 施肥原理与技术

现代农业的单位面积产量和传统农业相比有了大幅的提高，这很大程度上归因于肥料的科学合理施用。科学施肥能提高作物产量、改善品质、培养地力和保护生态环境。但是，肥料不合理施用会导致土壤、水体及大气的污染，降低农产品的产量和品质。科学施肥的中心问题是合理确定肥料用量，这需要借助于植物营养诊断、土壤测试和肥料效应函数等手段，最终要建立在作物田间试验基础之上。只有明确作物的营养规律、土壤养分的供应动态，并结合科学的施肥技术，才能有效地促进农业的可持续发展。

# 第 14 章

# 科学施肥基本理论

【内容提要】矿质营养是影响植物生长发育和产量形成的重要因素，但土壤中的养分一般难以满足植物的需要，施肥是补充和调控植物营养的重要措施。科学施肥能提高植物产量、改善品质、培肥地力、保护生态环境。本章主要介绍植物营养与产量品质的关系、植物营养特性、施肥基本原理与原则、施肥技术。

## 14.1 矿质营养与作物产量品质的关系

矿质元素是植物生长发育的物质基础。植物体内养分的含量与比例，是植物生长发育正常进行的关键因素，其影响的最终表现就是植物的产量和品质。植物体内养分大多来自土壤，若土壤供给不足，就需要以施肥的形式加以补充和调理。科学施肥可以大幅提高作物产量，改善品质，是重要的农业生产措施。

### 14.1.1 矿质营养与作物产量的关系

**(1)养分含量与作物生长(产量)的关系**

植物的生长取决于光照、温度、水分、养分、二氧化碳浓度等环境因素。就养分供应量而言，如果除去某一种必需营养元素的供应量外，其余的环境因素都处于恒定，则植物的生长量(干物质量)是该元素供应量的函数。通常，增加某元素的供应量，就会使植物增加对该元素的吸收速率与吸收量，这种现象可在植株干物质中元素浓度的变化上反映出来。因此，我们可以通过植株分析，确定养分浓度与作物生长(产量)之间的关系，并以此来判定作物营养状况，估计养分需要性。作物产量与养分供应量之间的典型关系如图 14-1 所示。

由图 14-1 可见，首先，随着养分供应量的增加，有一段很陡的上升曲线(Ⅰ区和Ⅱ区)，在此范围内，植株生长率剧增而养分浓度几乎不增加，对某些元素而言甚至降低，这是因为生长量的剧增使该养分含量被稀释，称为稀释效应。其次，植物产量的增加与矿质养分浓度都呈直线上升(Ⅲ区)。第三是曲线的水平段(Ⅳ区和Ⅴ区)，在此段内，尽管植株养分含量不断增高，但植物产量并不增加，形成了养分的奢侈吸收。第四是曲线下降段(Ⅵ区)，即养分含量过剩引起植物受害，而使生长量相应地下降。

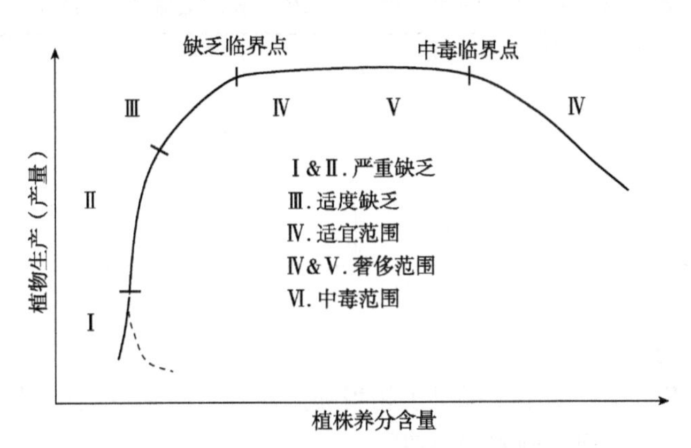


**图 14-1　植株养分含量（干重）与生长（产量）的关系**

通常认为，植物最高产量时的养分浓度为最适养分浓度，图 14-1 中Ⅲ区和Ⅳ区、Ⅴ区和Ⅵ区的交界点，称为临界浓度。由于种种原因，最适养分浓度和临界浓度都不应该是一个固定的点，而是一定范围。一般而言，在养分适宜范围内，这种养分不是生长限制因子的概率最高；养分处于奢侈吸收范围内则易直接引起某种养分中毒，或者引起其他养分的缺乏。最好的情况是某种养分虽有过剩，但未引起植物中毒，但这也会使养分浪费，导致施肥效益不高。表 14-1 为几种植物矿质养分含量的适宜范围。

**表 14-1　几种植物矿质养分含量的适宜范围**

| 植物种类（器官） | 矿质养分含量 | | | | | | | | | |
|---|---|---|---|---|---|---|---|---|---|---|
| | N（%） | P（%） | K（%） | Ca（%） | Mg（%） | B（mg/kg） | Mo（mg/kg） | Mn（mg/kg） | Zn（mg/kg） | Cu（mg/kg） |
| 春小麦（上部，孕穗期） | 0. 3~0. 5 | 0. 3~0. 5 | 2. 0~3. 8 | 0. 4~1. 0 | 0. 15~0. 30 | 5~10 | 0. 1~0. 3 | 35~150 | 20~70 | 5~10 |
| 柑橘（成熟叶片） | 2. 4~3. 5 | 0. 15~0. 30 | 1. 2~2. 0 | 3. 0~7. 0 | 0. 25~0. 70 | 30~70 | 0. 2~0. 5 | 25~125 | 25~60 | 6~15 |

注：引自毛知耘，1997。

植物矿质养分之间一系列的专性或非专性相互作用，都会影响养分的临界水平。养分间专性相互作用已在前面有关章节中论述，这里仅以氮和磷的非专性相互作用为例来讨论这一问题。由表 14-2 可见，氮缺乏的临界值随磷的含量增高而增加；反之亦然。而当两种矿质养分的水平都接近缺乏范围时，两者之间的相互作用是重要的。如果增加其中一种矿质养分的供应，虽然促进了植物的生长，但又会由于稀释效应造成另一种养分的缺乏。这种养分间的非专性相互作用，原则上适用于接近临界水平的任何矿质养分。因此，除了单个养分含量之外，植物养分之间要保持适当比例，这是平衡施肥的理论基础。当然，植物矿质养分之间的适宜比例又因植物种类、品种、生育阶段而异，也受土壤、气候条件的影响，要因地制宜审慎确定。

表 14-2　南洋杉叶片氮、磷缺乏对磷、氮缺乏临界值的影响　　干重%

| 氮含量 | 磷缺乏临界值 | 磷含量 | 氮缺乏临界值 |
|---|---|---|---|
| 0. 60 | 0. 07 | 0. 06 | 1. 07 |
| 1. 05 | 0. 08 | 0. 09 | 1. 18 |
| 1. 35 | 0. 10 | 0. 12 | 1. 24 |
| 1. 65 | 0. 11 | 0. 16 | 1. 31 |
| 1. 80 | 0. 12 | 0. 21 | 1. 35 |

注：引自毛知耘，1997。

**(2) 施肥的增产效应**

一般而言，土壤为作物的生长提供了相当部分养分，但土壤的供肥能力还不能完全满足作物的营养需求，需要通过施肥加以协调。

现代农业的单位面积产量与传统农业相比有了巨大提高。数据表明，我国小麦和水稻的单产从公元前 200 年左右到 1911 年，平均年增长率分别为 0. 027%和 0. 075%。这一时期，土壤养分基本靠自然再循环维持，完全没有化肥投入。与之相比，在现代农业条件下，1952—2000 年，两种作物的单产分别由 735 kg/hm$^2$ 和 2 408 kg/hm$^2$ 增长到 3 738 kg/hm$^2$ 和 6 272 kg/hm$^2$，平均年增长率为 3. 45%和 2. 01%，增长率分别增加了 128 倍和 27 倍。这种巨大增长也反映在世界其他地方的农业中。这得益于现代农业科技进步和生产条件的综合改进，包括高产品种的选育、病虫害和杂草的控制、耕作和灌溉措施技术的改进、化肥的施用等措施。其中，施肥是增加产量的物质基础，没有肥料养分的供应，其他措施的作用将大大下降。表 14-3 是我国 1958—2007 年 3 个时期氮、磷、钾肥单位面积施用量和增产量(kg/hm$^2$)以及肥效(即单位肥料的增产量，kg/kg)。

表 14-3　我国不同时期氮、磷、钾肥施用量、粮食增产量和肥效

| 作物 | 肥料 | 1958—1962 年 | | | 1981—1983 年 | | | 2002—2007 年 | | |
|---|---|---|---|---|---|---|---|---|---|---|
| | | 肥料施用量(kg/hm$^2$) | 粮食增产量(kg/hm$^2$) | 肥效(kg/kg) | 肥料施用量(kg/hm$^2$) | 粮食增产量(kg/hm$^2$) | 肥效(kg/kg) | 肥料施用量(kg/hm$^2$) | 粮食增产量(kg/hm$^2$) | 肥效(kg/kg) |
| 水稻 | N | 45~60 | 675~1 200 | 15~20 | 126 | 1 140 | 9. 0 | 207 | 2 369 | 11. 4 |
| | $P_2O_5$ | 45~60 | 360~720 | 8~12 | 58 | 275 | 4. 7 | 99 | 1 029 | 10. 4 |
| | $K_2O$ | 45~60 | 90~240 | 2~4 | 87 | 426 | 4. 9 | 137 | 1 064 | 7. 8 |
| 小麦 | N | 45~60 | 450~900 | 10~15 | 117 | 1 170 | 10. 0 | 181 | 1 911 | 10. 6 |
| | $P_2O_5$ | 45~60 | 225~600 | 5~10 | 81 | 656 | 8. 1 | 110 | 945 | 8. 6 |
| | $K_2O$ | 45~60 | 不显著 | 不显著 | 86 | 180 | 2. 1 | 142 | 1 035 | 7. 3 |
| 玉米 | N | 45~60 | 900~1 800 | 20~30 | 124 | 1 665 | 13. 4 | 218 | 2 092 | 9. 6 |
| | $P_2O_5$ | 45~60 | 225~600 | 5~10 | 84 | 815 | 9. 7 | 118 | 1 070 | 9. 1 |
| | $K_2O$ | 45~60 | 90~240 | 2~4 | 98 | 156 | 1. 6 | 143 | 1 309 | 9. 2 |

注：引自谭金芳，2011。

联合国粮食及农业组织对 62 个主要谷物生产国的统计表明，谷物单产与单位面积施肥量显著相关。该机构在 41 个国家的研究也表明，一个国家单位面积上作物的产值与该国单位面积肥料用量有很强的相关性。据分析，在我国农业实践中，化肥消费量与粮食产量的变化也有很强的相关性。

数据显示，在适宜的施用量范围内，世界主要谷类作物每单位化肥用量($N+P_2O_5+K_2O$，纯养分)总的平均增产量(production index，PI)为 10.3 kg/kg，变化幅度范围为 7~30 kg/kg，其中小麦 7.5(5.2~10.7) kg/kg，水稻 10.7(6.0~22.4) kg/kg，玉米 11.3(6.0~14.0) kg/kg；1984—1988 年，我国谷类氮、磷、钾平均增产量分别为 11.1 kg/kg、7.5 kg/kg、3.0 kg/kg。有人估算，整个发展中国家在粮食总产量中化肥施用的贡献为 31%；在增产部分中，化肥的贡献平均为 57%，其中我国为 60%，拉美为 65%，印度则高达 75%。正如前文所述，肥料的增产效果取决于土壤、作物、气候、耕作和肥料本身等诸多因素。土壤养分水平是决定肥效大小的基本因素；作物种类甚至品种不同也会对肥料反应不同；同一肥料品种在不同气候和耕作条件下增产作用也可能不同；肥料种类、类型、用量、施用方法等也极大地影响着肥效。我国化肥的肥效也在发生变化：氮肥有过量的趋势，因而其肥效没有过去高；一些地区磷肥肥效也存在不同程度的下降，这是因为这些地区有较长的磷肥施用历史，磷素在土壤有不同程度的积累；土壤钾素长期不断消耗而缺乏补充，使我国缺钾面积扩大，钾肥肥效明显增加(表 14-3)。

### 14.1.2 矿质营养与农产品品质的关系

农业生产不仅追求作物产量，也追求农产品的品质。随着人们生活水平的提高，品质甚至更重要。所谓农产品的品质，大体包括 3 方面的含义：营养价值品质(如蛋白质、维生素等含量)、商业价值品质(如外观、口感、风味、耐储性等)和符合进一步加工的某些品质(如面粉的面筋)。作物产品的品质主要取决于作物品种内在的遗传特性，但外在的环境因素也可以影响和通过不同途径调节某种品质遗传潜力的实现程度。外在的环境因素包括养分供给、土壤性质、气候环境和栽培管理措施等。因而施肥是调控和提高品质的重要途径。矿质营养对农产品品质的影响，取决于特定的营养元素对生物化学反应和生理过程的作用。例如，贮藏组织、籽粒或果实中的碳水化合物的含量与作物的光合作用活性和光合产物的运输、分配有关，在这里钾起着特别重要的作用。种子的蛋白质含量一般与土壤肥料中氮的供应有密切关系。营养元素的组合更会对农产品品质产生重大影响，养分的均衡供应对改善品质有极重要的作用。

由表 14-4 可看出，施用钾肥，葡萄中糖和酸的含量均提高，出酒率自然提高(表 14-4)。氮、磷、钾配合施用能增加玉米籽粒几种必需氨基酸含量(表 14-5)。

**表 14-4 钾对葡萄品质的影响**

| 钾用量(kg/株) | 鲜葡萄 | | 葡萄等级 | 出酒率(%) |
|---|---|---|---|---|
| | 糖(%) | 酸(%) | | |
| 0 | 23.3 | 4.0 | 六级 | 13.2 |
| 1.5 | 25.7 | 5.0 | 二级 | 15.2 |

注：引自毛知耘，1997。

表 14-5　不同肥料处理对玉米籽粒氨基酸含量的影响　g/kg

| 处理 | 赖氨酸 | 苏氨酸 | 缬氨酸 | 异亮氨酸 | 亮氨酸 | 酪氨酸 |
|---|---|---|---|---|---|---|
| P | 2.3 | 2.7 | 3.5 | 2.4 | 7.6 | 3.1 |
| NP | 2.5 | 2.8 | 3.8 | 2.6 | 8.5 | 3.3 |
| NPK | 2.6 | 3.1 | 4.3 | 3.0 | 10.3 | 4.0 |

注：引自 Keeny，1969。

## 14.2　植物营养特性

施肥是提高作物产量和改善农产品品质的重要生产措施，但要做到科学合理施肥，还必须了解植物的营养特性，遵循一些基本的原则。

### 14.2.1　植物营养的一般性与特殊性

植物正常生长发育都需要 C、H、O、N、P、K、Ca、Mg、S、Fe、B、Mn、Cu、Zn、Mo、Cl 16 种必需营养元素，植物同时还从环境中吸收其他元素，有益元素促进植物生长，有害元素或元素过量则导致毒害。这些都是植物营养的共性，也称植物营养的一般性。

植物营养的特殊性也广泛存在。不同类型植物(甚至不同品种)必需营养成分的数量和比例各不相同。例如，块茎、根茎类作物(如马铃薯、甘薯)需较多的钾；豆科植物有根瘤，能利用分子态的氮，可以少施或不施氮肥，但磷、钾的需要量较多；麻、桑、茶、叶类蔬菜以产茎叶为主，氮素十分重要；油菜、甜菜需要硼较多，容易缺硼。生育期长的作物一般比生育期短的作物需肥量大，但吸肥强度比生育期短的作物低。植物营养的特殊性需辩证看待，例如，通过根瘤固氮，是豆科相对于其他科植物而言的特殊性，但同时又是不同豆科作物的共性，而不同豆科作物彼此也存在各自的特殊性。同一作物，其品种不同对养分的需要量也不同，常规稻的需肥量低于杂交稻，粳稻一般比籼稻耐肥；高产品种的需肥量往往比低产品种高。一些植物甚至需要特殊的养分，如水稻喜硅，豆科植物固氮时需要钴，盐生植物和 $C_4$ 植物需要钠。重金属元素危害植物生长，但不同植物的毒害临界浓度范围各不相同，如十字花科植物较能忍耐镉，因而可利用该类植物的富集作用去除环境中的镉。

各种植物不仅对养分的需要量不同，而且吸收能力、利用效率也不一样。豆科植物利用难溶性磷肥的能力最强，其他双子叶植物次之，玉米和马铃薯再次之，小麦、大麦最差。据报道，不同品种的小麦、菜豆、玉米等对某些营养元素(如氮、磷等)的吸收能力、利用效率表现出较大差异，且这种差异属数量遗传。

不同形态的肥料对不同作物产生的肥效各异。水稻在营养生长期适合铵态氮，效果比硝态氮好；烟草则以硝态氮较为适合，比铵态氮有更好的品质。

### 14.2.2　植物营养的阶段性和连续性

植物生长发育过程中，要连续不断地从外界吸收养分，以满足生命活动的需要，这种现象谓之植物营养的连续性。在营养液中种植马铃薯，断断续续地供应氮素营养，结出许多串珠状的小马铃薯。分析供氮与结薯的关系时发现，供氮时就结薯，中止则长根，如此反复终于形成串珠状的薯块。由此可见养分连续供应对生长发育影响的重要性。一般而言，植物吸收养分的速率呈连续的“S”形曲线，即前期和后期慢，中期快(图 14-2)。作物积累养分总量呈连续上升的状态，不过一些植物后期有养分外渗现象。

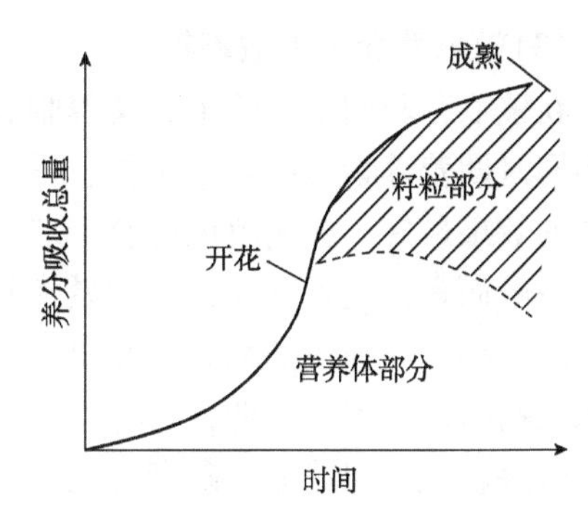


**图 14-2　植物生长发育期间养分吸收总量在营养体与籽粒中的分配**

虽然植物吸收养分具有连续性，但在不同生育阶段，对营养元素的种类、数量和比例等有不同的要求，表现出植物营养的阶段性。因此，肥料在不同时期施用，其效果不同；作物营养期的长短与施肥数量及次数有关；各生育期的营养特性与肥料分配及品种有关。

**(1)植物生长期与植物营养期**

不同作物、同一作物不同品种的生长期与营养期并不完全相同。植物生长期是指从播种到种子成熟的整个时期，根据生理变化，可以分若干时期。植物营养期是指作物开始从环境中吸收养分至吸收养分停止的时期，根据植物的生理特性和植物营养的阶段特性，植物营养期也可划分若干时期。虽然植物的营养过程在整个生活周期中进行，但吸收养分的时期并不是发生在整个生活周期中。植物生长初期，幼苗利用种子中的储藏养分，到了生长末期，许多作物都停止吸收营养物质，甚至从根部排除养料，营养期不与生长期一致。一般而言，生长期长，营养期也长；生长期短，营养期也短。营养期长的作物应分次施肥，营养期短的作物应重底肥、早追肥。

在植物营养期中，有几个时期特别关键，对养分反应的强度和敏感性与其他时期不同，在施肥时期上必须加以重点考虑，如营养临界期、最大效率期。

**(2)植物营养临界期**

植物营养临界期是指营养元素过多、过少或营养元素比例不平衡，对于植物生长发育起着显著不良影响的那段时期。这个时期是施肥的关键时期之一。通常植物对外界环境最敏感的时期就是营养临界期，如幼苗期、营养生长转入生殖生长的过渡期等。幼苗期，特别是种子营养耗竭与根系吸收介质养分的转折期，如果养分不足或过多，都会显著影响植物生长，以至于再补充或调整养分的供应也难以弥补损失，从而影响作物产量。所以，在农业生产中，培育壮苗是高产的关键。在播种时，适量施用种肥，在出苗后，及时施用追肥，常常能收到良好的效果。

水稻氮素的营养临界期在三叶期和幼穗分化期，棉花在现蕾初期，小麦、玉米在分蘖期和幼穗分化期。作物磷素的营养临界期一般在苗期，因为种子储存的磷以植素、磷酸盐为主，其在生长发育期被很快消耗，此时根系吸收能力还很差，必须供给养料。钾的营养临界期多在作物生长的前期和营养生长转变到生殖生长的时期，如水稻在分蘖初期和幼穗形成期。张潇丹(2021)研究发现，6 月底至 7 月初薄壳山核桃果实多种元素绝对累积量虽不大，但相对累积速率却成倍快速增长，这一时期，养分对薄壳山核桃果实产量的形成不可或缺，是营养临界期。

**(3) 植物营养最大效率期**

在植物营养期中，除了在营养临界期必须供应养分之外，其他时期也要供给养分，但在不同时期营养物质的效率不同，其中效率最大的时期称为营养最大效率期。这一时期，肥料的效果最好，施用单位肥料所获得的产量最高。

一般而言，植物营养的最大效率期在生长最旺盛和形成产量的时期，即作物生长中、后期。各种营养物质的最大效率期有所不同。就氮而言，稻、麦的最大效率期在分蘖期，玉米在喇叭口期到抽雄期；甘薯生长初期氮肥的营养效果最好，而块根膨胀期则钾、磷的营养效果较佳；棉花氮、磷营养的最大效率期都在花铃期。

**(4) 植物养分快速积累期**

该时期是植物养分积累的关键期，也是植物需要养分量多的时期，通常伴随植物生长加速，生物量快速增大。由于生长量大，需要吸收大量的养分以满足需求，但通常土壤供应相对不足，要通过施用相对多的肥料进行补充，甚至提前补充到土壤。张潇丹(2021)研究发现，薄壳山核桃8月中旬、9月下旬，果实中大部分矿质养分的绝对累积量、相对累积速率都远大于其他时期，是果实养分积累关键期；果实对养分的需要，直接消耗于叶片和韧皮部的储存，而此前就需要通过施肥予以补充，果实采收后的秋季，也应及时补充树体营养以应来年。

必须指出，作物营养有它的阶段性，但也要注意它们的连续性。例如，对水稻来说，底肥施得多，分蘖肥就可少施；如果分蘖肥施得多，幼穗分化期则可少施或不施。相反，若分蘖期肥料施得少，幼穗分化期作物就会肥料不足，必须施肥补充植物营养。在施肥实践中，要根据植物营养的阶段性和连续性综合制订施肥方案。

## 14.3　施肥的基本原理与原则

### 14.3.1　科学施肥的基本原理

**(1) 养分归还学说与平衡补偿原理**

养分归还学说又称养分补偿学说，是由德国化学家李比希于19世纪提出的。该学说认为，人类在土地上种植作物，作物从土壤中吸收矿质元素，随着收获物被带走和收获次数增多，土壤所含养分量将越来越少；若不归还，土壤肥力必然会逐渐下降，后续作物的产量也会越来越低；为了维持土壤元素平衡，保持地力长盛不衰和提高作物产量，应该向土壤施用植物取走的养分。所谓归还，实质上就是生物循环过程中通过人为的施肥手段对土壤养分亏缺的积极补偿。归还(补偿)的根本途径在于施肥，而不是仅仅依赖农业内部的生物循环维持地力。养分归还学说的提出促进了全世界化肥工业的诞生，全球范围的施肥实践正是在这一理论指导下进行的。通过施肥，恢复和提高土壤肥力，达到用地养地结合，促进农业的可持续发展。

养分归还的方式是合理施肥，施肥需充分掌握并综合考虑植物、土壤和肥料三者的情况和关系，首先要考虑并保持“土壤—作物”营养体系的养分平衡，其关键是保持土壤养分供应与植物需求间的平衡，达成土壤养分平衡补偿。所谓土壤养分平衡补偿，一般依据植物产量所需养分量，给当季作物主要施以速效养分肥料，确保满足植物正常需要，使土壤有效养分能及时、有效供给植物吸收。土壤养分平衡补偿主要在于调节土壤有效养分动态变化，所以，养分归还时还必须考虑土壤潜在养分与有效养分的关系、有效养分与速效养分的关系、速效养分与实际有效养分的关系。从植物需求看，涉及多种不同必需营养元素，每一种必需营养元素对植物生长发育的重要性虽然是相同的，但它们在植物体内的含量却差异显著，所消耗和需要补偿的元素种类、数量和彼此间比例是不同的。粮食作物从土壤中吸收氮、磷、钾、硫、钙、镁六大元素，其中约80%的氮、磷在种子中，钾、钙则主要集中在茎叶中，所以，粮食作物必须重点补充氮肥和磷肥。当然只从作物吸收量来考虑养分归还是不够的，还要结合土壤供应条件。土壤类型不同，养分组成也不一样，补充养分的种类也应该有所差异。例如，南方土壤缺钾，种植粮食作物时，不仅要施用氮、磷肥，而且应适量供给钾肥。有些元素要少补充，有些元素(如钙、镁)因土壤供应充足甚至可以不予补充，这要根据植物营养特性、土壤养分状况因地制宜确定。

从确保土壤供肥力看，除养分平衡补偿外，还存在土壤肥力矫正补偿。所谓土壤肥力矫正补偿，则不仅着眼植物当季养分需要，还包括部分非植物需要成分的归还，一般使用缓效或不易分解的富含钙、磷或硅等矿物质和有机质，其归还的目的不是供植物吸收，而是重在改变土壤环境条件，维持土壤结构和潜在肥力，协调土壤养分的容量和强度因素平衡，使土壤水、热、气、肥协调，能稳、匀、足、适地维持土壤供肥能力。现代农业的重要标志之一是化肥的施用，化肥养分浓度高且速效，能快速补偿、满足高产高水平农业的需要，但长期、大量、单一施用，可导致土壤酸化、板结等不良现象。我国数千年传统有机农业，依靠有机肥补充土壤养分，其特征是稳而低产。有机肥所含养分全面，兼有培肥改土功效，因此，有机肥与化肥结合施用，则优势互补，特别在确保土壤供肥容量和强度方面各具独特作用。

**(2)最小养分律与施肥量比原理**

最小养分律又称最低因子律或限制因子律，是李比希继养分归还学说后提出的又一重要学说，认为作物生长发育需吸收多种养分，但决定产量的却是土壤中有效含量相对最低的那种养分——养分限制因子，产量在一定限度内随这个因子增减而变化，若无视这个限制因子的存在，即使继续增加其他营养成分也难以再提高作物产量，只有补充缺少的“最少养分”之后，作物产量才能大幅增加。必须指出，最小养分不是土壤中绝对含量最少的养分，而是对作物需要而言，土壤中有效养分相对含量较少、土壤供应能力相对较低的那种养分。最小养分是变化的，当施肥补充了原先的那种最小养分之后，另一种养分元素又可能不足，即成为新的最小养分。就像小木桶盛水一样，盛水的多少取决于最低那块木板，若把最低木板加高，使之高出其他木板，这时盛水量又取决于另一块最低的木板了。在20世纪50年代，我国农田土壤施用氮肥的效果最好，磷、钾肥的反应较差，这时氮素是最小养分。70年代以后，由于氮、磷肥料用量提高，在我国某些地区钾变成了最小养分。总之，最小养分律的内涵包括：①土壤中相对含量最少的养分制约着作物生长和产量；②最小养分因条件改变而变化；③只有补施最小养分才能提高产量。

英国学者布莱克曼(Blackman)把最小养分律扩大和延伸至养分以外的其他生态因子，提出了限制因子律，即增加一个因子的供应，可以使作物生长增加，但是遇到另一个生长因子不足时，即使增加前一个因子也不能使作物生长增加，直到缺少的因子得到补足，作物才继续增长。任何一种生态因子不足，包括养分，都会限制作物的生长和产量的提高。限制因子律是最小养分律的扩展。

补施最小养分应该有一定限度。德国学者李勃夏(Liebercher)提出了最适因子律，即植物生长受许多条件的影响，条件的变化范围很宽而植物适应能力有限，只有影响生产的因子处于中间状态才最适宜植物生长，产量才能达到最高；因子处于最高或最低时，不适宜植物生长，产量甚至可能为零。因此，生产实践中，对养分或其他因子的调节应适度；为获得较好的肥效，须控制养分处于最适水平。

最小养分律揭示了作物生长的养分限制因素和维持土壤—作物养分平衡的必要性，在农业生产实践中，作物高产高效不仅取决于某单一养分的数量，更取决于多种养分最适数量，尤其彼此间适宜的比例范围，即量比关系。各种养分的恰当量比，是避免频繁出现新的最小养分的根本措施。最小养分律告诉我们肥料科学配方的重要性和长期平衡施肥的必要性，构成配方施肥的理论基础。

最小养分律是近代施肥的一个重要原则，施肥必须依据土壤肥力供应和作物营养特性共同确定补充养分元素的种类、数量和比例，尤其重视三要素的量比关系。

**(3)报酬递减律与施肥定量原理**

人们往往认为肥多则增产多，其实不然。在其他条件相对稳定的前提下，随着施肥量增加，产量也随之增加，但增产量却是递减的，即单位肥料所获得的增产量(报酬)随着用肥量的增加而递减，这种现象谓之肥效递减规律，或称报酬递减律。

报酬递减律本是 18 世纪末产生的一个经济学定律，1909 年，德国化学家米采利希(E. A. Mitscherlich)在燕麦磷肥试验时将其应用到农业上，首次用数学方法定量了描述施肥量与产量的关系。米采利希认为，施足肥料后作物会存在一个产量极限(最高产量)，在极限产量之前，每增加单位施肥量($dx$)所引起产量的增加量($dy$)，与最高产量($A$)和现实产量($y$)之差成正比，即

$$dy/dx=c(A-y) \tag{14-1}$$

转换成指数式为：

$$y=A(1-e^{-cx}) \tag{14-2}$$

式中，$y$ 为施肥量 $x$ 时的产量；$A$ 为施足肥料的极限产量或最高产量；$c$ 为常数或效应系数。

米采利希方程[式(14-2)]揭示了一定条件下作物产量与施肥量之间的数量关系，经检验具有普遍性，开创了施肥实践由经验到定量的新纪元，被后世广泛用来预测产量、确定经济最佳施肥量、估算土壤有效养分含量，形成了肥料效应函数施肥法，是对最小养分律的完善和发展。米采利希学说的实质为：①增施单位量养分的增产量随养分用量的增加而递减；②总产量按一定的渐减率增加而趋近于某一最高产量极限；③在一定条件下，任何单一因素都有一最高产量。

报酬递减律提出后，大量科学实验表明，常数 $C$ 并不是一个固定值，而是随作物种类及其生长环境条件而发生变化。后来还发现，过量施肥，尤其过量施氮，对产量常起副作用，因此，为更好反映产量与施肥量之间的定量变化关系，不断有人对米采利希方程进行

修正、完善，更有许多学者不断提出新的肥料效应函数模型，推动了作物定量施肥学的发展。例如，Pfeiffer和Niklas等分别提出的一元二次数学模型($y=a+bx+cx^2$)，Cowell等提出的平方根多项式方程，以及后来出现的二元、三元肥料多项式等，在这些描述作物产量与肥料之间关系的数学方程式中，都包含了肥效递减律部分，反映了土壤基础肥力对产量的贡献。其中，依据一元二次抛物线方程，当施肥量很低时，作物产量随施肥量几乎直线上升；当施肥量中等时，作物产量按报酬递减律而增加；当施肥量超过最高产量时，作物产量不仅不再增加，反而会下降。

报酬递减律告诉人们，不能一味追求高产而过多施肥，而是要在施肥量与产量间寻求一个恰当的平衡点。施肥定量，可以避免盲目性，从而保证和提高肥料的经济效益。

**(4)因子综合作用律与综合效应原理**

作物生长发育受多种因子影响，如温度、光照、养分、水分、空气、品种以及耕作措施等，而作物产量就是这些因子综合作用的结果，其中必然有一个起主导作用的限制因子，产量也在一定程度上受该限制因子的制约，产量常随因子制约的解除而提高，只有各因子都处在最适状态，产量才最高，这就是因子综合作用律。这些综合作用的因子，既包括那些对作物生长和产量产生直接影响的生态环境条件，缺少这些因子中任意一种，植物生长就不能完成生活周期，如温度、光照、水分、养分等；同时也包括那些植物生长非必需但对产量影响很大的因子，如冰雹、暴雨、冻害、台风和病虫害等，这些因子通常具有不可预测性。

作物产量是各因子共同综合作用的结果，各因子保持一定均衡性和适宜状态，才能发挥各自增产效应。作物产量与综合作用因子的关系可用函数表达：

$$y=f(x_1,\ x_2,\ x_3,\ \cdots) \tag{14-3}$$

式中，$y$为产量；$f$为函数符号；$x_i$为第$i$个因子(尤其五大因子：养分、水分、温度、空气、光照)。

各因子之间遵循乘法原则，共同决定作物生长和产量。如果每个因子都100%地满足作物需要，则可获得最高产量(极限产量)；如果其中5个因素只能满足作物所要求的80%，则只能获得最高产量的$0.8^5$，即32.768%；如果其中某因子满足率较低，则成为主导限制因子，如贫瘠土壤中的养分、干旱地区的水分、阴坡或荫蔽环境的光照。

单一因子作用的发挥，必然依靠其他因子的作用。施肥是单一的农业技术措施，影响作物产量的其他因子必然通过作物影响施肥效果和肥料效益。因此，施肥技术只有与综合因子及其他农业技术措施结合起来，才能充分发挥肥料的增产效果和经济效益。也就是说，科学合理施肥，不单考虑肥料种类、数量(定量)和比例(量比)，还要考虑养分以外的各种因子对肥料施用的综合效应，维持因子间的均衡，力争使每一因子都能最大限度地满足作物的每个生长期的需要，每一因子都能最大限度地为提高产量和品质做贡献。作物品种和营养特性、土壤状况、肥料性质、气候条件、耕作制度和栽培措施等，常构成肥料综合效应的主要因素。在施肥实践中，要根据作物种类、土壤肥力、气候条件，配合栽培措施制订合理的施肥方案。其中，作物是核心，土壤是基础，气候是条件，施肥是手段。我们只有合理运用施肥这一手段，协调植物—土壤—气候之间的关系，才能满足作物营养的需要，发挥最大的生产潜力。

### 14.3.2 合理施肥的原则

所谓合理施肥，指既充分发挥肥料的增产作用，又不对环境造成危害。合理施肥应该把握以下原则。

**(1)培肥地力的可持续原则**

培肥地力是农业可持续发展的根本。农业生产活动，如施肥、灌溉、耕作、轮作等农田管理措施，直接影响地力发展变化的方向和速率，决定农业生产的水平和发展趋势，甚至影响人类的生存状况与质量。只有树立培肥地力的观念，才能实现农业生产的可持续发展。如果一味地从土壤中索取，用地而不养地，进行掠夺式的经营，会导致地力下降，使土地这一宝贵的自然资源失去或降低其农业利用的价值，最终导致农业生产不能够持续下去。地力的维持和提高是农业生产可持续进行的基本保证，不断培肥地力可使农业生产得到持续的发展和提高，从而可以满足人们对农产品在量上和质上不断提高的需求。

施肥是培肥地力的有效途径。有机肥培肥地力的作用已是公认的事实，数千年的农业实践证明有机肥在培肥地力方面具有不可替代的独特作用。我国传统农业十分重视施用有机肥以培肥地力。有机肥富含有机质、多种矿质营养元素和大量微生物，不仅直接提供矿质营养，更重要还在于改善土壤的物理、化学和生物性状，为作物提供良好的生长场所，尤其表现在维持良好土壤结构、提升土壤活性、增强土壤保肥供肥能力和缓冲性能等方面，作用长远。化肥对地力的作用则具有两面性，单一、长期、大量不合理地施用化肥，可以导致土壤肥力下降，如土壤板结、盐碱化、有机质过度耗竭等，一些生理酸性肥料如硫酸铵、氯化铵等长期大量施用可致土壤酸化等。化肥培肥地力的作用毋庸置疑，尤其在快速改善土壤养分、扩大养分库和提高当季养分供应能力方面是传统有机肥不可比拟的。坚持有机肥与速效化肥配合、长效和速效结合，是用地养地、培肥地力的有效措施。

**(2)协调养分平衡原则**

施肥是调控作物营养平衡的有效措施，是修复土壤营养平衡失调的基本手段。作物的正常生长发育，有赖于其体内各种养分处于适宜的含量范围，这不仅要求养分在量上能够满足其需求，而且要求养分之间保持适当的比例。土壤是作物养分的供应库，土壤中各种养分的有效数量和比例一般较难与作物的需求保持一致。据研究，在耕种历史悠久的农田土壤上进行的长期肥料试验表明，以不施肥处理区作物吸收的养分量估算，每年来自土壤自身矿化释放和环境输入的养分量为：氮 20~60 $kg/hm^2$，磷 4~13 $kg/hm^2$，钾 20~100 $kg/hm^2$。由此可见，一般农田土壤若长期不施肥，其自身的养分供应能力不仅低下，养分之间也不平衡，根本满足不了高产作物的需求。一种养分过多或不足必然要造成养分之间的不平衡，从而影响作物的生长发育。合理施肥，应以确保养分平衡、避免营养失调为原则。

**(3)增加产量与改善品质相统一原则**

施肥能提高产量和改善品质。随着施肥量的增加，最佳品质和最高产量可能同步出现，如薯类作物达到最高产量时一般品质也是最好或接近最好。但二者通常并不完全同步，例如，随着施氮量增加，糖用甜菜含糖量、菠菜硝酸盐含量，都是最佳品质出现在最高产量之前，而禾谷类作物和饲料作物产品中蛋白质含量后于最高产量出现。合理的选择应当坚持：在不显著降低品质的情况下，以实现最高产量为目标进行施肥；在不引起产量显著降低时，以实现最佳品质为目标进行施肥；当产量与品质之间的矛盾比较大时，在尽可能有利于品质改善的前提下，以提高产量为目标进行施肥；在食品或饲料作物产品严重短缺的特殊情况下，也可以选择较高的产量为目标，但应基本保证产品中有害物质含量在安全界限内，不能对人畜产生危害。

**(4)提高肥料利用率原则**

肥料利用率又称肥料回收率或肥料利用系数，指当季作物对肥料中某一养分元素吸收利用的数量占所施肥料中该养分元素总量的百分数。影响肥料利用率的因素很多，如作物种类、栽培技术、土壤类型和气候条件等。施肥技术也是影响肥料利用率的主要因素之一，施肥量在相同生产条件下的增加，肥料利用率下降，如我国农业生产中氮肥利用率 20 世纪 70~80 年代为 40%~50%，90 年代下降为 30%~40%；施肥方法也明显影响肥料利用率，如在石灰性土壤上，铵态氮肥深施覆土比表施或浅施利用率要高，而磷肥集中施用比均匀施用时利用率要高；不同的肥料品种利用率也有差异，一般硫酸铵的利用率比尿素和碳酸氢铵高，水田中硝态氮肥的利用率低于铵态氮肥和尿素，石灰性土壤上钙镁磷肥的利用率低于过磷酸钙。肥料利用率是衡量施肥是否合理的一项重要指标，而提高肥料利用率也一直是合理施肥实践中的一项基本任务。通过提高肥料利用率可提高施肥的经济效益，降低肥料投入，减缓自然资源的耗竭以及减少肥料生产和施用过程中对生态环境的污染。提高肥料利用率的主要途径有：有机肥与无机肥配合施用；氮、磷、钾肥配合施用，大量元素与微量元素配合，各种养分平衡供应；按土壤养分状况和作物需肥特性施用肥料；改进化肥剂型(如造粒、复合)、施肥机具和施肥方式等。

**(5)环境友好原则**

施肥具有生态环境风险，甚至引发面源性污染。不合理施肥可造成土壤质量下降，如土壤结构破坏、板结和肥力下降、土壤酸化或盐碱化，严重的可致土壤污染，进一步危及生态环境和农产品质量；不合理施肥还可引起大气污染，包括氨挥发、土壤反硝化生成的氮氧化物($N_2O$ 和 NO 等)和沼气($CH_4$)及有机肥的恶臭等，其中氧化亚氮不仅破坏臭氧层，而且其与甲烷都是增温效应很强的温室气体；施肥增加农田地表径流、地下水中氮、磷养分，过多氮、磷养分流失进入水体，可引起水体富营养化作用，致水生植物、某些藻类快速过量增长以及死亡后腐烂分解，耗去水中溶解的氧，使鱼、贝等水生动物缺氧窒息大量死亡，水体着色、恶臭，失去生产力；硝态氮因淋失进入地下水，致地下水因硝酸盐含量超标而失去其作为饮用水的价值；不合理施肥可引起食品污染，尤其叶类蔬菜，长期单一、过量施用氮肥，增加了蔬菜产品硝酸盐含量，降低了品质，进而威胁人和动物健康。

现实农业生产中，人们在追逐最高产量或最大利润时，往往会盲目地大量施用化肥，特别是氮肥，导致上述生态环境问题的发生，迫使人们对当今的施肥方式进行反思，并努力在产量、效益和环境之间寻找一个合理的平衡施肥范围。由于各国的实际情况不同，针对不合理施肥引起的生态环境问题所采取的途径与措施也不同，地多人少的发达国家以牺牲部分产量降低施肥量实现环境友好，而我国人口众多、人均土地面积有限，提高单位面积产量是保证我国粮食安全的根本途径，而提高单位面积产量的重要措施之一就是肥料的施用。因此，我国在保证作物高产优质的前提下，需要采取各种有效途径和措施实现环境友好型施肥。近年兴起的减量施肥概念和实践，正是基于环境友好这一原则。

## 14.4 施肥技术

施肥技术是将肥料施入各种载体基质或直接施于作物的一种手段，其技术要素包括确定施肥量、施肥时期和施肥方式等。

### 14.4.1 施肥量

确定经济合理的施肥量是科学施肥的中心问题。施肥量过多，不仅有害于作物生长，降低产量和品质，还引发环境问题；施肥量不足，则不能充分发挥单位面积土地的生产潜力，肥料效应不能充分表达；合理的施肥量才能够达到增产、增效、改善品质和环境保护的效果。施肥量的确定既要依据作物、土壤、气候、栽培条件等多种肥效影响因素，还要考虑肥料价格、农产品价格、产量目标等经济因素和施肥方式等技术因素的影响。确定施肥量的方法很多，如肥料效应函数法等，详见第16章。

### 14.4.2 施肥时期

施肥时期也需要依据作物、土壤、气候、栽培条件等因素来确定。对于多数作物，通常将肥料分为基肥、种肥、追肥3类，依据不同时期进行施用，以满足作物营养特性和各自阶段性需求。

**(1)基肥**

基肥又称底肥，是指在播种或定植前结合土壤耕作施入的肥料。多年生作物，一般把冬季施入的肥料也称作基肥。基肥的作用是双重的，既肥土又肥苗，土肥相融，即一方面培肥和改良土壤，为作物生长发育创造所要求的良好土壤条件；另一方面源源不断供给作物养分满足其整个生长期对养分的需要，为作物发挥增产潜力提供营养条件。基肥的施用要遵循以下原则：数量要大，一般占作物全生长期的大部分，但用量和比例也需考虑其他条件，如作物生长期短或灌溉条件差可以少一些，生长期长、密度大则基肥比例应大一些；养分要尽可能完全，因而有机肥宜作追肥，通常把有机肥与化肥甚至必要的中、微量元素配合用作基肥；肥效要持久，因而缓控释肥宜作基肥，化肥中的磷、钾肥因易被土壤固定可作基肥。此外，基肥施入要确保一定深度，防止损失。

**(2)种肥**

种肥是播种或定植时施于种子或幼株附近、与种子混播或与幼株混施的肥料。其施用目的是满足作物生长初期的营养需要，包括为种子萌发和幼苗生长创造良好营养条件和环境条件，促进幼苗健壮生长。种肥用量不宜大，浓度要适宜，否则不利于种子发芽和出苗。一般采用腐熟的有机肥或速效性化肥，但速效性化肥应注意肥种不接触；微量元素肥料也常用作种肥，缓控释肥因施用安全是较理想的种肥。种肥施用方法包括条施、穴施、拌种、浸种和蘸秧根等。

**(3) 追肥**

追肥是在作物生长过程中依据各阶段对养分的需要和营养状况而施用的肥料。其施用目的是满足作物在各个生育期对养分的特别需求。不同作物生育期、需肥特性和营养的阶段性，追肥的时期和次数也不同的。追肥一般选择在作物需肥最关键时期，肥水结合，根部施与叶面施结合。追肥应选用速效化肥和腐熟有机肥。追肥次数和在总施肥量中所占比例因不同条件而不同，生育期长的作物追肥比例应大一些，灌溉条件好和降水丰沛地区追肥比例也应大一些。玉米通常分别在拔节前、抽雄前追施 2 次速效氮肥，而磷、钾肥通常用作基肥；水稻一般在插秧返青后、抽穗期进行追肥；果树宜于花前、花后、果实膨大、采收前后期 4 次分别追肥。现代农业的一个趋势即只在关键时期追肥，减少追肥次数、增加基肥比例，以减少施肥用工、提高种植效益。在施用基肥和种肥的前提下，可通过土壤或植株营养诊断以确定追肥。

## 14.4.3　施肥方式

施肥方式指将肥料施于土壤或植物的方法，有传统的土壤施肥、植株施肥和新型施肥。

**(1) 土壤施肥**

土壤施肥是指将肥料施于土壤，包括有撒施、条施、穴施、水冲施、环状施肥和放射状施肥等方式。

①撒施。是将肥料均匀撒于地表的施肥方式。简便省工，但肥料不能充分接触根系，不利于发挥肥效，尤其易于挥发或在土壤中迁移性差的肥料不适宜撒施。可结合翻耕、灌溉同时进行。

②条施。是开沟将肥料呈条状施于作物行间或行内土壤的方式。通常适用于条播作物，开沟后，肥料施于沟中并覆盖。相比于撒施，条施更有利于施肥到根层，肥料集中深施，提高肥效。

③穴施。是在作物播种穴或预定种植位置开穴施肥，或作物生长期内按株或株间开穴施肥的方式。适用于穴播或稀植作物，肥料相对集中，施用时须注意穴位和深度，肥料与作物根系或种子应当保持适当距离。

④水冲施。是在作物浇水时，把水溶性好的肥料按量溶于水中，随灌溉水渗入土壤内的施肥方式。适用于蔬菜或免耕栽培，特点是简便省工、施肥均匀，但易造成肥料浪费。

⑤环状施肥。是以作物主茎或树干为中心，按环状开沟或沿环线挖穴的施肥方式。一般用于多年生木本作物，尤其果树。环状施肥沟一般挖在树冠垂直边线与圆心的中间或靠近边线部位，施肥后覆土，来年向外，逐年扩大施肥环。深沟环状施肥是旱地果园土壤水肥管理的一种有效方法。

⑥放射状施肥。是环状施肥的一种特例。以树干为中心，距树干一定距离(树冠边缘内)，由内向外挖若干条呈环状分布的放射状施肥沟，沟长与树冠相齐，深度依树龄和根系分布而定，来年交错并逐年向外扩展。

**(2) 植株施肥**

植株施肥是指将肥料直接施于植株，包括叶面喷施、树干处理、根处理、种子处理等方式。

①叶面喷施。将肥料配制成一定浓度的溶液喷洒在作物上的施肥方式，又称根外施肥。该施肥方式用肥少、收效快，是土壤施肥的有效补充，尤其是微量元素的常用施肥方式。叶面喷施需注意浓度、时期、时间、间隔和施用次数。

②输液法。在树的干、根、枝部打输液孔，把营养液经输液孔通过木质部输送到植物体的各部位，可分为滴注和强力注射。滴注是利用虹吸原理，将营养液输入树体。强力注射是通过加压装置，施加强压力将营养液输入树体。输液结束后，输液孔用干树枝塞紧，与树皮剪平，涂抹消毒泥保护输液孔。

③打孔埋藏法。在树干或主根、主枝部打孔，将固体肥料埋藏于孔中，然后将孔封闭。该法适用于果树施用微量元素肥料。

④涂抹法。将液体肥料涂抹于作物的嫩茎、果实，以及刮去树皮的树干、枝条等部位，通过相应部位吸收传导，消除营养缺乏症状，改善植物营养状态。

⑤蘸秧根。将肥料配制成一定浓度的溶液，或与有机肥、干细土等调制成糊状后浸蘸秧根。

⑥浸根。植株移栽前，用一定浓度肥料溶液浸泡根系一定时间后再移栽，须严格控制肥料浓度。

⑦浸种。用一定浓度肥料溶液浸泡种子，浸泡一定时间，取出稍晾干后播种，浸种后的种子应及时播种。浸种可以让种子在较短时间内吸收水分和养分，须严格控制肥料浓度。

⑧拌种。将肥料与种子均匀拌和或把肥料配制成一定浓度的溶液喷洒在种子上后一起播入土壤。微量元素、微生物菌剂施用可采取拌种法，须严格控制肥料浓度，拌种后必须立即播种。

⑨盖种肥。对一些开沟播种的作物，用充分腐熟的有机肥、草木灰等盖在种子上面，供给养分兼具保墒、保温作用。

**(3)新型施肥**

①灌溉施肥。利用特殊的灌溉设施，将肥料随灌溉水施入田间。例如，通过喷灌、滴灌等在灌水的同时，按照作物生长各个阶段对养分的需要和气候条件等准确将肥料补加和均匀施在根系附近，被根系直接吸收利用。灌溉施肥技术可方便地调节灌溉水中营养物质的数量和浓度，使其与植物的需要和气候条件相适应，实施精确施肥，水肥一体促进植物根系对养分的吸收，提高养分的有效性和肥料利用率，大幅节省时间、运输和劳动力成本。

灌溉施肥的方法按照控制方式可分为 2 类：一类是按比例供肥，其特点是以恒定的养分比例向灌溉水中供肥，供肥速率与灌溉速率成比例，施肥量一般用灌溉水的养分浓度表示，可以实现精确施肥，但供肥系统投资较高，主要用于轻质和砂质等保肥能力差的土壤；另一类是定量供肥，又称为总量控制，固定单位面积施肥总量，施肥过程中养分浓度是变化的，该类供肥系统投入较少、操作简单，但不能实现精确施肥，适用于保肥能力较强的土壤。

②机械化施肥与自动化施肥。通过机械作业完成施肥的全过程或部分过程都可称作机

械化施肥，具有施肥效率高、用量易于调控、用量准确、容易实现深施、节约劳力等优点，包括机械耕翻深施底肥、机械播种深施种肥、机械深施追肥等方式。自动化施肥是采用智能化或自动化控制的施肥方式，例如，在精准农业中的定位定量施肥，在现代设施农业中通过信息手段调控营养实现自动施肥，在溶液栽培、工厂化生产技术中也多采用自动控制。

③飞机施肥。利用飞机对不宜进行地面施肥作业的地区和作物进行施肥，如大片的稻田、山区牧场。在一些耕地面积大、农业人口少的国家和农业区(如美国、澳大利亚、新西兰等国家)采取飞机施肥已较为普遍。飞机可施基肥，也可施追肥；可施分散性好的固体肥料，如粒状尿素，也可施用液体肥料，如尿素或磷酸二氢钾溶液。

④精准施肥。主要以“3S”技术为支撑的定位定量施肥技术，即通过地理信息系统(GIS)、遥感技术(RS)和全球定位系统(GPS)等手段实时、动态获取土壤和作物地理信息和营养诊断数据，借助地理信息系统支持的决策系统确定施肥方案，采用装备有全球定位系统(北斗卫星导航系统、GPS)的变量施肥机进行实时定位定量施肥。

**(4)复种制下施肥**

复种是指在同一年内、同一块田地上收获两季或多季作物的种植方式。套作、间作、轮作都是提高复种指数的方式。我国农业种植业为提高土地利用率，一般复种指数高，注重发展多熟种植制度。复种制下，不同作物配置在一起，但各自生物学特性和营养特点不同，各自对养分需求、所形成的茬口对土壤肥力的影响存在差异，物质归还的方式、养分归还的数量和比例也不同，这就必须根据作物种类和种植制度，针对整个种植周期而制订相适应的施肥计划，即复种下施肥制度，包括不同茬口的肥料分配，以及各茬口作物的肥料种类、肥料用量、施用时期、肥料形态、施用方法、有机无机配合等；尽可能兼顾不同作物特性，兼顾不同茬口时期的实际需要，兼顾当季和远期，做到既保证作物稳产、高产、优质、高效和环保，又保证土壤肥力稳定、用地养地结合。

## 复习思考题

1. 植物营养特性如一般性与特殊性、阶段性与连续性对施肥有何指导意义？
2. 什么是植物营养期、植物营养临界期和植物营养最大效率期？它们对施肥有何指导意义？
3. 养分归还学说、最小养分律、报酬递减律、因子综合作用律对施肥有怎样的指导意义？
4. 合理施肥的原则有哪些？
5. 矿质营养与作物产量、品质有什么关系？
6. 施肥技术有哪些要素？其在科学施肥中的作用如何？
7. 怎样合理施用基肥、种肥、追肥？如何选取合理的施肥方式提高施肥效果？

# 第 15 章

# 植物营养诊断与施肥量的确定

【内容提要】准确诊断植物养分丰缺和确定合理肥料用量是科学施肥的中心问题。本章主要介绍了常见的植物营养诊断方法，介绍了肥料效应函数类型和配置，并运用肥料效应函数进行边际效应分析从而确定施肥量，还介绍了养分平衡法、土壤肥力指标法和氮、磷、钾比例法等其他确定施肥量的方法。

## 15.1 植物营养诊断方法

植物营养诊断是通过物理的、化学的或生物的技术手段获取植物养分丰缺和土壤养分供给强弱的信息，为合理施肥提供依据，以达到不断提高产量、改善品质及增加经济效益的目的。植物营养诊断方法很多，一般从植物自身营养状况和土壤养分供给两方面入手，分别称为植物诊断和土壤诊断。植物诊断可分为植物形态诊断、植物生理诊断、肥料探测、植株元素化学分析诊断等。土壤诊断则主要是土壤元素分析诊断。

### 15.1.1 植物形态诊断

特定的营养元素，在植物体内都有其特定的生理功能，当这一元素缺乏或过多时，与该元素有关的代谢受到干扰而失调，植物生长不能正常进行，严重时表现异常的形态症状。不同的营养元素生理功能不同，所表现的形态症状不相同；不同的营养元素在植物体内移动性不同，其形态症状出现的部位也不同。我们根据这些不同的形态症状，就可初步判断植物缺乏或过剩何种元素。植物形态诊断又分为外观形态诊断和显微形态诊断。

#### 15.1.1.1 外观形态诊断

外观形态诊断是根据植物表现的外观形态特征判断植物营养元素丰缺，又称可见症状诊断。

**(1) 缺素症状**

植物缺素的可见症状通常表现为：苗期死亡，植株矮小或株形改变，叶部出现特有症状(特别是叶色改变)，成熟期推迟或提前，繁殖器官异常，产量异常，产品品质异常(如蛋白质、脂肪含量或耐储性变化)，根系发育异常(常不易观察而被忽视)，其他如抗倒伏性、抗病虫能力等方面的改变。

营养元素在植物体内的移动性(可再利用能力)大致分如下类型：移动性强的有氮、磷、钾、镁、钼，移动性弱的有硫、铜、铁、锰、锌，最难移动的有钙和硼。其中，钼、锌的移动性在文献中尚存有争议。当植物缺乏移动性强的元素时，该元素能从老的部位转移到新的部位而被再利用，其症状首先发生在老的部位；相反，当难移动的元素缺乏时，症状首先发生在幼嫩部位。

虽然不同植物所表现的具体缺素症状可能千差万别，但不同元素之间可以根据它们的一些特异或典型的症状，通过观察加以区别鉴定(表 15-1)。

**表 15-1　缺素外观形态诊断检索表**

1. 症状出现在老的部位，一定程度可在全株发生。
  2. 症状出现在全株或老叶，一般无坏死斑点，严重时老叶干枯。
    3. 叶色淡绿、均匀，老叶发黄、枯死脱落，植株瘦弱、矮小、早衰 ………… 缺氮
    3. 茎叶暗绿或紫红色，老叶干枯，植株矮小、直立，成熟延迟 ………… 缺磷
  2. 局部失绿，但叶脉多保持绿色，病叶不干枯，容易出现坏死斑点。
    4. 有坏死斑点。
      5. 老叶叶尖和叶缘发黄，逐步褐变、枯焦，叶缘向下卷曲，叶片出现褐斑，叶中部、叶脉仍保持绿色 ………… 缺钾
      5. 下部叶脉间失绿变淡发黄，易出现黄斑，间有杂色斑点，叶缘向内卷曲 ………… 缺钼
    4. 无坏死斑点。
      5. 老叶脉间失绿，出现淡绿、黄或近白色区域或晕斑，叶脉保持绿色，叶片尖端和基部保持较持久绿色 ………… 缺镁
1. 症状发生在新叶或顶芽。
  6. 顶芽易枯死。
    7. 生长点、子房等生长旺盛而幼嫩的部位凋萎、死亡，顶端新芽失绿，叶尖和叶缘发黄变枯并向下卷曲，枝顶端逐步枯死，但整个植株仍是绿色 ………… 缺钙
    7. 生长点停止生长、萎缩、死亡，幼嫩叶芽在弯曲处首先失绿，而叶尖一定时期内显绿色，新叶卷曲畸形，中脉脆弱易折断，最后枝顶枯死，花器官发育不良 ………… 缺硼
  6. 顶芽不易枯死。
    8. 幼叶萎蔫。
      9. 幼叶叶片呈萎蔫状，卷曲或扭曲，无病斑，夏季顶梢可能会枯死，果、穗发育不良 ………… 缺铜
      9. 新叶萎蔫，黄白色，并产生枯斑 ………… 缺氯
    8. 幼叶不萎蔫且叶片一般无枯斑。
      10. 新叶均匀黄化呈淡绿、淡黄、黄色，叶脉更淡，植株矮小，发育缓慢 ………… 缺硫
      10. 新叶脉间均匀失绿呈淡黄色甚至白色，叶脉仍保持绿色 ………… 缺铁
    8. 幼叶不萎蔫且叶片有枯斑。
      11. 新叶脉间失绿呈淡绿色或灰绿、灰白色，局部坏死产生黄褐色、褐色斑点，叶脉保持绿色 ………… 缺锰
      11. 叶脉间失绿呈淡绿、黄色或白色斑驳，叶小呈丛生状，节间缩短 ………… 缺锌

**(2) 营养元素过剩**

植物体内某一元素过量，植物同样也会表现可见症状。一些元素，如硼、氯、铜、锰等过量，将直接导致植物中毒并出现可见中毒症状。另一些元素，通常并不一定产生直接的毒害作用，而往往引起其他元素缺乏，导致出现其他元素缺乏的症状。各元素供应过多

的典型症状如下。

氮：叶色深绿，组织多汁，易遭病虫危害，易受旱害；营养体生长旺盛，易倒伏；花、果易脱落。

磷：产生缺锌、缺铁和缺锰症状。磷过量甚多也会导致钙素营养失调，产生典型缺钙症状。

钾：产生典型缺镁症状，也会诱导缺钙。

钙：产生典型缺镁症状。钙过高，可能引起缺钾。

镁：可能引起缺钙或缺钾。

硫：叶片早衰。

硼：叶尖、叶缘变褐干枯。

氯：低位叶早衰黄化，叶缘、叶尖灼烧状，植株易萎蔫。

铜：根系发育受阻，植物生长发育缓慢；诱导缺铁。

铁：叶片出现青铜病，并伴有细小的棕色斑点。水稻症状较典型。

锰：老叶出现黄褐色斑点，斑点为失绿组织所围绕。

钼：植物需钼量虽小，但对过量钼忍耐力却很强，一般不会出现中毒现象。

锌：引起缺铁症状。

**(3) 外观形态诊断注意事项**

外观形状诊断的最大优点是可以不用任何仪器设备，是最简单便捷的诊断方法。但在大田生产中遇到的情况往往较为复杂，给诊断鉴别带来困难。在诊断中，须注意以下一些问题。

①植物的可见症状可能不只涉及一种营养元素。实际上，有些元素的症状很相似，有时几种元素同时缺乏，会出现复合症状(又称重叠症状)。如当植物表现缺氮症状时，应想到也可能同时缺乏硫，因为缺硫和缺氮症状类似。

②同一元素的缺乏或过剩，不同种类、不同品种的植物所表现的症状及其程度并不完全一致甚至可能相差很大。

③养分是否缺乏有时是相对的。一方面，当最低限制因素解除之后，下一个限制因素的症状就会出现，例如，当磷供应不足时，植物并不缺氮，但磷供应充足或正常时，就可能会产生缺氮症状；另一方面，当某些养分过量供应时，会隐蔽另一养分的缺乏，如当大量施用铁肥时，如果土壤锰的水平恰恰处于丰缺边缘，则可能隐蔽锰的缺乏。

④同一症状可能由不同的原因造成，而并不是仅仅由于养分缺乏。例如，玉米中的糖和黄酮化合可形成花色素，它可以呈现紫、红和黄的颜色，但是它的积累可以由缺磷、缺氮、低温和害虫伤根引起，冬季苗色发紫并不一定就是代表缺磷。另外，有些病虫害造成的症状很像某些微量元素缺乏症状。

⑤气候等多种因素对土壤养分供应有显著影响。在正常或有利气候条件下，土壤对某养分的供应可能是充足的，但在不利气候条件下，如干旱、水涝或气温异常，则可能使作物不能充分地获得养分供应。例如，气温偏低会导致作物对养分吸收下降，其原因是：由于作物在低温时生长速率变慢和蒸腾作用下降，这都会使由质流供应的养分减少；温度低时，使养分扩散速率下降，以及土壤养分梯度变小；有机质养分的矿化作用下降等，当水

分供应不足时，作物叶片氮、磷、钾浓度降低，在这时施肥有助于减轻养分浓度降低的现象，但仍不能恢复到水分供应正常时的程度。

⑥可见症状只在植物生理功能受到干扰时才出现，实际上，植物在出现明显症状之前早已发生潜在性缺乏或过剩，这一时期称为隐性期。所以，根据可见症状来改善植物营养状态往往已经迟了。如果是生长阶段早期出现缺素症状，可以采用叶面喷施法来矫正，或者在近根区追肥，但是产量仍将比正常营养时低些。不过，已知土壤有这类问题，可供来年或下季作物采取应对的措施。

综上所述，植物外观形态诊断虽然是一种极为有效的简便方法，但其局限性也是明显的，表现在：第一，该方法难免比较粗放，误诊的可能性大，特别对一些比较复杂的问题，如疑似症、重叠缺乏和非营养因素引起的形态异常，一般是较难解决的。第二，外观形态诊断对诊断者实践经验要求较高。第三，形态诊断是出现症状后的诊断，此时产量损失已经形成，其诊断对当季作物的价值不大。这种情况也说明，症状诊断要结合其他诊断方法进行，以便得到正确和合理的结论，避免影响作物产量。

#### 15. 1. 1. 2　显微形态诊断

植物某营养元素失调，发生可见的外观形态变化，一般与细胞、细胞器和组织上的精细结构发生典型变异有关。利用这一点，我们借助显微镜研究叶、茎甚至根的解剖学和形态学的变化，从而推断植物的元素营养状况，这就是显微形态诊断。这种诊断，比外观形态诊断更能提早了解植物元素的丰缺情况，及时纠正。

例如，植物组织缺铜时，细胞壁木质化受阻，表现为幼叶特有的变形，茎和枝条弯曲。铜对木质化作用的影响在茎组织的厚壁细胞表现尤为明显，即使轻度缺铜，其木质化作用也会降低，严重缺铜时，就连木质部导管的木质化程度也变差。Rahimi 和 Bussler 观察向日葵茎横切面的显微结构时发现，缺铜时，厚壁细胞壁薄且非木质化，供应 0. 05 mg/L 的铜，厚壁细胞壁厚且木质化。木质化作用对铜的供应情况变化反应很快，所以，植物生长期间，通过对茎横切面木质化程度(可通过切片染色、木质素变红色)的显微观察，就可以迅速识别植物铜素营养状况。

缺硼的典型显微结构变异是组织分化。缺硼导致生长尖(如茎尖、根尖)伸长生长减缓，同时细胞分裂方向由通常的纵向变为横向，并且形成层细胞增生，木质化部分削弱。硼还能够刺激花粉萌发，特别是促进花粉管伸长，利用这一点，也可从显微形态中比较花粉萌发情况或花粉管伸长长度，推断硼素的丰缺程度。

### 15. 1. 2　植物生理诊断

植物生理诊断又称植物生物化学诊断，是根据养分缺乏所引起的某种代谢的、酶促的变化而进行的诊断。这类方法应用历史尚短，属探索阶段，但该类方法所反映的植物元素丰缺状况远远早于形态诊断方法，一般也较形态诊断方法灵敏。

**(1)酶学诊断**

许多营养元素是酶的组分或活化剂，当某种元素养分缺乏时，与该元素有关的酶活性或酶含量将发生变化。检测相关酶的变化，就可判断何种元素缺乏及缺乏程度。例如，锌与碳酸酐酶或醛缩酶，铜与抗坏血酸氧化酶、多酚氧化酶，铁与过氧化氢酶、过氧化物酶，氮或钼与硝酸还原酶，磷与磷酸酶，钾或镁与丙酮酸激酶等，这些元素的含量与相对应的酶活性呈显著的相关性。

锌与碳酸酐酶是一个比较典型的例子。碳酸酐酶是第一种被发现的含锌酶，主要存在于细胞质和叶绿体，在叶绿体中有很强的活性，它催化二氧化碳水合作用生成重碳酸盐。

$$CO_2+H_2O \longrightarrow H^++HCO_3^-$$

这一作用密切关系到二氧化碳的同化作用。植物叶组织放在碳酸氢钠溶液中培养一定时间后，在碳酸酐酶作用下，随二氧化碳被同化产生的 $H^+$ 使溶液酸度增大，因而测定溶液 pH 值的变化，即可测定出这种酶活性，从而反映锌的丰缺。通常用缺素和不缺素的两处理做对比试验，pH 值降低多者，酶活性强，表示锌相对充足；pH 值变化小者则表示缺锌，酶活性弱。

值得注意的是，用酶活性作指标来判断植物营养状况，往往需要植株作参比，将待诊植株与正常植株进行对比分析。在参比植株不容易获得的情况下，酶学诊断可以采用如下方法：即添加所研究的元素并培养一段时间后，测定因添加元素而产生的诱导酶活性或测定诱导酶活性与内生酶活性的比值，来判断植物该元素的丰缺程度。

再以钼与硝酸还原酶为例。钼是硝酸还原酶的一个组分，它催化硝酸盐还原为亚硝酸盐，是一种适应性酶。通过对叶或根系组织在含硝酸盐缓冲液中培养后形成的亚硝酸盐的比色法，即可测定出这种酶活性。缺钼越严重的植株硝酸还原酶活性越低，形成的亚硝酸盐的量越少。用测定硝酸还原酶活性来确定钼的丰缺，比直接测定钼含量的方法更为灵敏，因为植物体内钼含量十分低而较难测定。但在实际工作，用作参比的典型不缺钼的植株通常难以判断并找出，所以往往也并不直接测定植株原初的硝酸还原酶的活性。将上述方法稍加改进，测定诱导酶活性。缺钼的组织恢复正常供钼，可以诱导硝酸还原酶活性提高，提高的部分为添加钼后所诱导的酶活性。如果添加钼后诱导酶活性增加很大，则表明缺钼严重；如果添加钼后几乎没有诱导酶活性增加，则表明植物并不缺钼。具体做法：取待诊断的植株样本(如叶片或根系组织)，分别在有钼和无钼的硝酸盐缓冲液中培养一段时间，用比色法测定亚硝酸盐含量，两者之差即为诱导酶活性(有钼与无钼的酶活性之差)。测定诱导酶活性既不需要参比植株，又可通过诱导酶活性的大小直接而准确地标示出元素的丰缺程度，因而是很好的酶学诊断方法。诱导酶活性与内生酶活性(又称原初酶活性，即无钼处理的酶活性)的比值，则代表因诱导而产生的酶活性的相对强弱，也就反映元素丰缺的相对程度，因而也是很好的酶学诊断指标。

酶活性测定比较简单容易，酶学诊断的方法较灵敏，可以克服元素分析的许多困难，因而是一种极有发展前途的植物营养诊断方法。

**(2)其他植物生理诊断方法**

营养元素参与各种生物化学反应，元素的丰缺，也反映在各类代谢反应中，从而使代谢产物发生异常。如缺钾导致腐胺(丁二胺)的积累，腐胺即为缺钾的有用指标。缺铜导致木质化作用降低，利用酸化间苯三酚使木质素变红色的原理，通过茎横截面染色，着色深浅可以指示铜的丰缺。如果植物氮素供应充足，氮同化过程中未参与蛋白质合成的多余部分在酶作用下形成酰胺，以酰胺形式储存在植物体内，因此，检测植株酰胺的含量就可以判断植物氮素丰缺；植物体内硝态氮含量，也与植物供氮状况相关，特别是蔬菜类植物，通过植株硝态氮含量的检测，也可以判断植物氮素丰缺。

近年研究发现，植物在某些养分元素缺乏的胁迫下，根系分泌出某些专一性的化合物。例如，在低磷的条件下，木豆根系分泌番石榴酸，白羽扇豆的簇生根分泌柠檬酸；缺铁诱导禾本科作物分泌麦根酸类物质。根系的这些特定分泌物也为我们研究植物营养诊断方法提供了思路。

## 15.1.3　肥料探测

肥料探测法是以施肥方式给予某种或几种元素，根据施肥后症状是否改善判断元素是否缺乏的诊断方法，又称施肥诊断法，分根外施肥诊断和土壤施肥诊断。根外施肥诊断通常采用喷洒、涂抹到植株或叶片上，或注射到叶脉、叶柄及枝条上，或将离体叶片浸泡在营养元素溶液中等方法，使营养溶液进入植物组织，然后观察可见症状是否消失(如失绿叶片是否复绿)，或者测定生理指标(如光合作用、叶面积、生物量等)的变化。如果经过某元素处理后，缺素症状消失或生理指标改变，则表明植物缺乏该元素。例如，植物失绿，可能缺铁，用 5 g/kg 硫酸亚铁溶液喷洒于失绿的叶面，如果失绿是由缺铁引起，则在 2 周内叶片可恢复绿色。由于铁在植物体内的移动性弱，叶片沾有硫酸亚铁的部分形成绿色的小斑点，如果在溶液中放入一些表面活性剂，则可使复绿的面积增大，甚至使整个叶片恢复正常的绿色。用多种元素一一探测，可以鉴别植物所缺元素。此类方法可以因不同情况而设计成各种具体的实验方案，测定指标也可以是形态的、生理的或生化的。例如，三叶草长势弱，初步推测可能是由于氮、磷、钾、硫或硼供应不足引起，可以设计肥料探测诊断方案如下：分别配制缺单一元素(缺氮、缺磷、缺钾、缺硫和缺硼)的营养液和完全营养液，取植株或离体幼叶分别转移至这几种营养液中培养，以叶面积增长为指标。某元素不足的植株转移至无该元素的营养液中，其缺素未能得到补充，叶面积增长比转移到完全营养液或缺乏其他任何一种元素的营养液的都相应小一些。据此可以判断，若在无磷的营养液中三叶草叶面积增长较其他处理要小，表明三叶草长势弱的原因是缺磷素，叶面积与其他处理差异越大，缺磷程度越强烈(其他元素据此类推)；若在无氮、无磷和无硫 3 种营养液中叶面积增长都较其他处理要小，表明三叶草中氮、磷、硫 3 种元素都缺乏，其中哪一元素缺乏程度大一些，也可以从叶面积增长上看出；若所有缺素处理与完全营养液的差异不明显，表明三叶草长势弱的原因不是这几个元素供应不足所引起，要另寻原因。

## 15.1.4　植株元素化学分析

利用化学分析方法直接测定植物体营养元素的含量，并参比标准，可以判断植物营养丰缺。这种方法是国内外最常采用的植物营养诊断手段之一。由于植物体内养分浓度的改变早于外部形态的变化，因此，测定植株养分浓度，可以在可见症状出现之前或不明显时就能发现潜在性缺素现象，从而起到诊断的预测、预报作用。

### 15.1.4.1　植株元素化学分析方法

植株元素化学分析方法分为组织速测法和全量分析法 2 种。

①组织速测法。即测定植物体内未同化部分(细胞汁液)的养分，通常利用显色反应，

目测分级，简易快速；一般适于田间诊断，因此较粗放，通常作为是否缺乏某种元素的大致判断；测试的范围局限于几种大量元素，微量元素因为含量低，精度要求高，速测难以实现。

②全量分析法。即测定植物体元素的总量，可以测定的元素种类包括植物的必需元素及可能涉及的元素，一般只能在实验室进行，相对较费时。植株元素分析诊断一般采用全量分析，在不同生育期取正常植株和不正常植株的同一部位(如叶片、叶柄或整个植株等)，多采用干样，作对比分析。通常也可只采集待诊植株的样品，分析测定后，与以往所积累的指标值或经验值进行对比判断。全量分析已广泛应用于植物养分管理，取得了良好效果，尤其果树。

#### 15.1.4.2　植株元素化学分析影响因素

植株元素化学分析诊断时，采样是至关重要的环节，采样部位、植物生长阶段、环境因素和养分元素间的交互作用等直接关系诊断结果的准确性。

**(1)采样部位**

不同器官养分浓度不同，所以正确选择采样部位是很重要的，可选择的采样部位有整个植株、根、茎、叶、叶柄、种子、果实、籽粒等，其中常用的器官是叶片，因为叶片的养分含量与养分供应水平常有较强的相关性，在以全叶作样本时，由于叶柄的养分含量常与叶片有很大差别，所以叶柄的长度会影响分析结果。选择采样部位的基本原则是：这种器官对养分供应状况最敏感，但同时又尽可能少受其他因素的影响。

**(2)植物生长阶段**

植物同一器官不同生长发育阶段的养分含量是不同的。任何植物器官都存在养分的积累过程。对于在植株体内移动性强的养分，积累过程之后又存在向其他器官(如幼嫩器官)大量输送的过程。禾谷类作物早期的养分吸收速率常比干物质的积累速率快，通常在干物质积累达到其最终干物质产量的 25%左右时，养分的吸收已达 90%以上，所以在随后的生长发育中，出现明显的养分的再运输过程，这在氮和磷 2 种元素特别明显，这就使幼年植物组织中的养分浓度较高，随着生长发育的进行，虽然仍在不断吸收养分，但对移动性强的养分来说，其浓度(在上部器官或全株)都将下降。对于在植物体内移动性弱的养分(如钙)来说，有时新形成器官已出现缺素症状，而老叶含量还很高。所以对于移动性弱的养分元素应避免选择老的器官。

对不同作物(主要是果树，如桃、柑橘、苹果等)叶片养分含量随生长发育阶段的变化规律的大量研究表明，在第一阶段，即在叶子迅速伸展的阶段，养分浓度变化剧烈，几乎每天不同，在生长后期，由于存在养分的再分配，叶片养分浓度也有较大变化。而在上述 2 个生长阶段的中间(对于果树来说大概可延续 3~6 个月)，叶片养分浓度相对比较稳定。大部分果树叶片诊断的采样多选择在这一阶段。另外，为了减少叶龄差异的影响，尽量选择同龄叶片，例如，选择刚刚达到充分伸展或充分成熟的叶片。

因此，适宜的取样时期也关系诊断结果的可靠性与应用价值。一般来说，作物在营养生长与生殖生长的过渡时期对养分需求最多，易发生养分供不应求而出现缺素症，此时的植株养分含量与产量水平的相关性也常常最高，为取样的最适时期。如禾谷类作物孕穗前后，水稻为幼穗分化期，玉米为大喇叭口期及抽雄期、吐丝期等。但具体决定时，同样要考虑诊断的目的和要求。一般作物施肥可以有 3 个主要分析诊断时期：一是苗期诊断，主要是分析弱苗的成因，以便于采取相应措施促弱苗赶壮苗，同时控制旺苗徒长。具体诊断时间因作物而异。小麦和水稻在分蘖拔节期，玉米和棉花在定苗前后。二是中期诊断，在作物吸收养分量最多、生长最旺盛的时期进行，主要为及时追肥和加强管理提供依据。一般小麦在起身拔节阶段，水稻在分蘖至拔节期，玉米在拔节至抽雄前。三是后期诊断，主要为防止因某种养分供应不足或妨碍吸收而出现脱肥早衰现象进行的诊断。小麦、水稻在抽雄前后，玉米在大喇叭口期及抽雄吐丝期前。

**(3)环境因素**

环境因素(包括温度、光照、水分等)也会导致植物生长和养分需求的变化，从而影响植株的养分浓度。

**(4)养分元素间的交互作用**

养分间存在着拮抗和协同作用，因而植物的养分浓度受养分之间交互作用的影响。养分阳离子间表现为拮抗作用的有钾和钙、钾和镁、铁和锰。例如随着土壤钾素水平的增加，果树叶片的钾浓度也会增加，它可能导致镁的缺乏，反之，叶片镁浓度的增减可使叶片中钾浓度向相反方向变化。又如土壤含铜水平高可导致铁的缺乏，铜、锌和锰 3 种元素间相互存在着明显的拮抗作用，其中一种元素的高水平可导致另一种元素在叶片中浓度的降低。

养分在植物体内的运输方面也存在着元素间的拮抗作用，这大多是由于在根部或其他部位产生沉淀作用造成的。如土壤磷水平过量会导致磷、锌及铁在叶脉中生成沉淀，这会造成缺铁性叶片失绿和缺锌性叶斑病。

在实际中，如果植物同时缺乏 2 种元素，但它们缺乏的严重程度不同时，严重缺乏的元素往往掩盖了另一种元素的缺乏，当前一种元素得到补充后才显出另一种元素的缺乏。这常称作假性拮抗作用，是最小养分律的表现。所以，仅仅测定一种养分状况常常得到错误结论，除非已事先知道除去被测定元素外其他养分均在充足水平。综合诊断施肥法(DRIS)在一定程度上克服了这一缺陷。

### 15.1.4.3　诊断指标与诊断方法

**(1)临界值法**

除了正常与不正常植株的直接对比分析外，用临界值(即养分临界浓度)作为指标进行诊断，是国内外长期采用的经典方法。所谓临界值，是指当植株体内养分低于某浓度而作物生长(或产量)显著下降，或者植物正常生长开始受到影响时的养分浓度，或者刚刚达到能充分满足植物养分需要时的浓度，或者刚刚出现养分缺乏症状时的浓度，也称临界浓度或临界水平，有人也采用比最高产量低 5%～10%时的养分浓度作为临界值。长期以来，国内外通过植株化学分析积累了大量临界值数据(表 15-2、表 15-3)，可供许多作物营养诊断时参照比较。

**(2)标准值法**

在用临界值进行植株营养诊断时，往往出现不足、正常和过量各个等级的测试值间相互重叠交叉的情况。例如，表现缺素症状测试值的上限可以大于不表现缺素症状测试值的下限，这种测试值重叠现象在判断时会引起混淆。因此，产生了标准值的概念。

**表 15-2　几种主要作物的养分临界浓度**

| 养分 | 玉米(高 15~40 cm) | 水稻 | 油菜(上部叶) | 大豆 | 甘蔗 | 小麦(拔节、苗) |
|---|---|---|---|---|---|---|
| N(%) | 4.0~5.0 | 2.5 | 4~5 | 4.2 | 1.5 | 3~5 |
| P(%) | 0.4~0.6 | 0.10 | 0.3 | 0.26 | 0.05 | 0.3~0.5 |
| K(%) | 3.0~5.0 | 1.0 | 3~5 | 1.7 | 2.25 | 2.5~4.0 |
| Ca(mg/kg) | 0.51~1.60 | 0.15 | 0.3 | 0.36 | 0.15 | 0.5~1.5 |
| Mg(mg/kg) | 0.3~0.6 | 0.10 | 0.12 | 0.26 | 0.10 | 0.15~0.25 |
| S(mg/kg) | 0.18~0.40 | — | 0.6 | — | 0.10 | 0.2~0.4 |
| B(mg/kg) | 6~25 | — | 30~60 | — | — | 3~10 |
| Cu(mg/kg) | 4~20 | — | 5~10 | — | — | 5~10 |
| Fe(mg/kg) | 40~500 | — | 50~200 | — | — | 50~200 |
| Mn(mg/kg) | 40~160 | — | 40~200 | — | — | 35~100 |
| Zn(mg/kg) | 25~60 | 10 | 15~50 | 21 | 10 | 20~50 |

注：引自鲁如坤，1998。

营养诊断标准值是指生长正常、不表现任何症状的植株特定部位的养分测试的平均值。标准值加上平均变异系数，即可作为诊断指标。以此标准与其他植株的测试值相比较，低于标准值的就应采取措施补充植物养分。同样，国内外对标准值的研究也取得了大量结果，并广泛应用于植物营养诊断的实践。

**表 15-3　一些作物养分的缺乏、适宜和中毒临界浓度(干重)**

| 养分元素 | 作物种类 | 分析部位 | 生长阶段 | 养分浓度 | | |
|---|---|---|---|---|---|---|
| | | | | 缺乏 | 适宜 | 中毒 |
| N(%) | 苹果 | 叶 | 生育中期 | <1.48 | 1.65~1.80 | — |
| | 桃 | 叶 | 生育中期 | — | 3.50 | — |
| P(%) | 苹果 | 叶 | 生育中期 | <0.10 | 0.12~0.89 | — |
| | 桃 | 叶 | 生育中期 | <0.11 | 0.14~0.34 | — |
| | 紫花苜蓿 | 地上部分 | 花期 | <0.11 | 0.35 | — |
| | 大豆 | 叶 | 花期 | <0.19 | 0.27 | — |
| | 番茄 | 叶 | 刚成熟 | 0.10~0.18 | 0.44~0.90 | — |
| K(%) | 苹果 | 叶 | — | 0.45~0.93 | 1.53~2.04 | — |
| | 桃 | 叶 | 5 年树龄 | 0.59~1.35 | 1.58~2.65 | — |
| | 玉米 | 叶 | — | 0.58~0.78 | 0.74~1.49 | — |
| | 烟草 | 叶 | — | 2.79~3.72 | 4.37~5.29 | — |
| | 番茄 | 叶 | 4~5 月 | 0.28~1.44 | 1.40~2.40 | — |

（续）

| 养分元素 | 作物种类 | 分析部位 | 生长阶段 | 养分浓度 | | |
|---|---|---|---|---|---|---|
| | | | | 缺乏 | 适宜 | 中毒 |
| Ca (mg/kg) | 苜蓿 | 地上部分 | 出苗四周 | <0.58 | 1.55 | — |
| | 苹果 | 叶 | — | <0.56 | 1.10 | — |
| | 玉米 | 全株 | — | 0.18~0.32 | 0.38~0.43 | — |
| | 大豆 | 下部叶 | 盛花期 | — | 3.40 | — |
| | 番茄 | 地上部分 | 出苗 65 d | 0.79~0.96 | 0.82~1.78 | — |
| Mg (mg/kg) | 苹果 | 叶 | — | 0.02~0.33 | 0.21~0.53 | — |
| | 玉米 | 叶 | — | <0.07 | 0.20 | — |
| | 马铃薯 | 叶 | — | 0.16~0.33 | 0.40~0.86 | — |
| S (mg/kg) | 柑橘 | 叶 | 幼叶 | 0.08~0.10 | 0.19~0.26 | — |
| | 桃 | 叶 | 5~11 月 | — | 0.18 | 0.30~0.38 |
| | 烟草 | 叶 | — | <0.11 | 0.15 | — |
| | 玉米 | 地上部分 | — | <0.04 | 0.08 | — |
| | 大豆 | 地上部分 | — | <0.14 | 0.23 | — |
| | 苜蓿 | 地上部分 | 成熟 | <0.24 | 0.27 | 0.75 |
| Fe (mg/kg) | 苹果 | 新梢基部叶 | 6 月中旬至 8 月中旬 | <50 | 50~150 | >150 |
| | 桃 | 新梢后部叶 | 花后约 13 周 | <124 | 124~152 | >152 |
| | 大豆 | 地上部分 | 出苗 35 d | 28~38 | 44~60 | — |
| | 烟草 | 叶 | 刚成熟 | 63~70 | 68~140 | — |
| | 番茄 | 上部叶子 | — | 93~115 | 107~250 | — |
| B (mg/kg) | 苹果 | 新梢基部叶 | 6 月中旬至 8 月中旬 | 15~20 | 25~50 | >50 |
| | 桃 | 叶 | 春天 | 11~19 | 17~40 | 91~169 |
| | 甜菜 | 叶 | — | 6~13 | 10~44 | — |
| | 番茄 | 叶 | — | — | 34~150 | 253~1 416 |
| | 玉米 | 叶 | — | — | 27~72 | 179 |
| | 烟草 | 叶 | — | — | 19~261 | 365~771 |
| Mn (mg/kg) | 苹果 | 叶 | 7 月 | 2~18 | 25~50 | — |
| | 柑橘 | 叶 | 4~7 月 | <15 | 25~200 | 1 000 |
| | 大豆 | 叶 | 30 d 苗 | 2~3 | 14~102 | 173~999 |
| | 番茄 | 叶 | — | 5~6 | 70~398 | — |
| | 番茄 | 果实 | — | <0.2 | 2 | — |
| | 烟草 | 叶 | — | — | 160 | 4 000~11 000 |

(续)

| 养分元素 | 作物种类 | 分析部位 | 生长阶段 | 养分浓度 | | |
|---|---|---|---|---|---|---|
| | | | | 缺乏 | 适宜 | 中毒 |
| Zn (mg/kg) | 苹果 | 叶 | — | 3~22 | 6~40 | — |
| | 柑橘 | 叶 | — | <15 | 20~80 | >200 |
| | 桃 | 新梢后部叶 | 花后约13周 | <17 | 17~30 | — |
| | 玉米 | 叶 | 抽雄期 | <9 | 31~37 | >150 |
| | 冬小麦 | 地上部 | 分蘖期 | <29 | 29~40 | >150 |
| | 番茄 | 叶 | 结果期 | 9~15 | 65~198 | 526~1 489 |
| Cu (mg/kg) | 苹果 | 叶 | — | 2~3 | 5~6 | — |
| | 柑橘 | 叶 | 花期 | <3.5 | 5~16 | >23 |
| | 核桃 | 叶 | — | — | 21~28 | — |
| | 番茄 | 叶 | — | — | 3~12 | — |
| | 苜蓿 | 地上部分 | — | — | 5~10 | — |
| | 油桐 | 叶 | — | 2.6~3.1 | 4.8~5.7 | — |
| Mo (mg/kg) | 玉米 | 叶 | — | <0.09 | 0.2~1 | — |
| | 苜蓿 | 叶 | 10%开花 | <0.28 | 0.34 | — |
| | 棉花 | 叶 | 65 d苗 | <0.50 | 113 | — |
| | 番茄 | 叶 | 8周苗 | <0.13 | 0.3~0.7 | — |

注：引自鲁如坤，1998。

**(3) DRIS法**

DRIS(diagnosisand recommendation integrated system)法也称营养诊断施肥综合法，由Beaufils和Sumner于1973年提出，其最大的特点是采用养分间的比值作为标准进行诊断，充分考虑养分元素之间的平衡。该法的理论依据是：作物正常生长需要的养分元素浓度必须适量且平衡，养分元素两两之间存在一个最适比值(最佳平衡值)；只有在最适浓度和最佳平衡条件下，才能获得最高的生长量或产量。以当地高产群体的元素比值作为最适比值，任何实测比值与这种最适比值越接近，说明养分越近平衡，反之，就不平衡。从元素两两之间平衡与不平衡的情况中，就可诊断出植物缺乏或过量的元素及其丰缺次序。

①建立DRIS诊断标准值。DRIS法首先须建立诊断的标准值，具体步骤为：

a. 调查采集足够的样本数(通常需要足够多的样本数)，按产量将其分为高产和低产2个群体(也可根据产品品质甚至生长旺盛程度来区分)，测定待诊元素含量。样本也可通过大田或盆栽试验获得。

b. 将养分测定结果按含量和反映平衡关系(如N/P、N/K、K/P、P/N、K/N、P/K、NP、NK及PK)等尽可能多的形式表达为参数，分别计算2个群体各参数的平均值、标准差、变异系数及方差(表15-4)。

c. 方差分析比较2个群体间参数差异显著性，选出差异显著的参数，尤其方差比较大的参数。这些差异显著的参数(元素含量及比值)，才可能是 2 个群体产量差异的原因。

d. 高产群体的这套指标参数的平均值、标准差及变异系数，就是实际应用时的诊断标准。表 15-4 棉花叶片养分实例中，高产组的 N/P(12.88)、N/K(2.76)、K/P(4.93)，是获得棉花高产的最佳养分比例，即作为该地棉田的诊断标准值。

表 15-4　高产和低产组棉花叶片氮、磷、钾含量和统计参数

| 养分参数 | 低产组 | | | 高产组 | | | 方差分析 F 值 |
|---|---|---|---|---|---|---|---|
| | 平均值 | 标准差 | CV(%) | 平均值 | 标准差 | CV(%) | |
| N% | 4.43 | 0.540 | 12.2 | 4.41 | 0.516 | 11.7 | 1.047 |
| P% | 0.356 | 0.092 | 25.9 | 0.348 | 0.049 | 14.1 | 1.735 |
| K% | 1.58 | 0.544 | 34.4 | 1.68 | 0.196 | 11.7 | 1.510 |
| N/P | 13.09 | 3.10 | 23.7 | 12.88 | 2.696 | 20.9 | 3.559** |
| N/K | 3.14 | 1.16 | 36.9 | 2.76 | 0.543 | 19.7 | 2.473** |
| K/P | 4.78 | 2.17 | 45.3 | 4.93 | 1.476 | 29.9 | 3.175** |
| NP | 1.61 | 0.559 | 34.7 | 1.57 | 0.229 | 14.6 | 1.362 |
| NK | 6.92 | 2.42 | 34.9 | 7.56 | 6.472 | 32.7 | 0.903 |
| PK | 0.560 | 0.234 | 41.8 | 0.591 | 0.0458 | 7.75 | 1.197 |

注：*CV* 为变异系数；** 表示在 0.01 水平差异显著。

DRIS 法的诊断，就是以高产群体的这些差异显著的参数的平均值、标准差或变异系数作为诊断标准，再通过作 DRIS 图形或求 DRIS 指数的诊断方法，判断待诊样品各元素的丰缺程度与次序。

②DRIS 图形诊断法。具体步骤分为作图和诊断。以表 15-4 中的数据作图 15-1，DRIS 诊断图的 3 条线分别代表 N/P、N/K 和 K/P 的值。3 条线的交叉点(圆心)分别代表 3 个诊断标准值，即高产组的养分比值(图 15-1 中 N/P=12.88，N/K=2.76，K/P=4.93)，表示

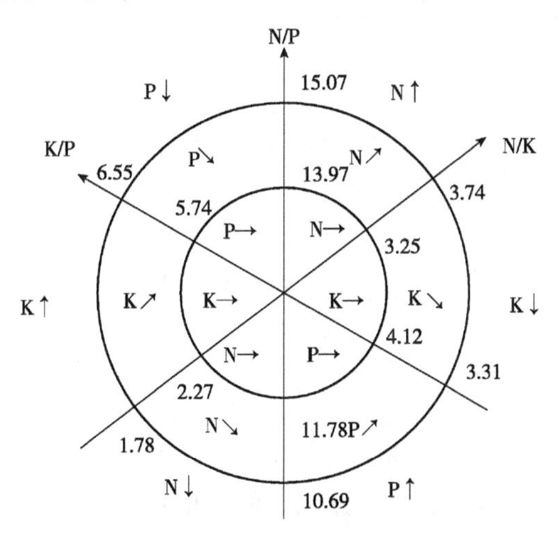


图 15-1　氮、磷、钾的 DRIS 诊断图

获取最高产量的养分平衡点。从圆心沿任何轴线向外移动时，2 种养分之间的不平衡度逐渐增大。但是最佳比值不大可能只是一个点，而应该是一个范围，或者说这个标准值应该有一个置信限。分别以 2/3*S*(本例 N/P = 1.09，N/K = 0.49，K/P = 0.81)、4/3*S*(N/P = 2.19，N/K = 0.98，K/P = 1.62)为半径作 2 个同心圆，作为标准值的 2 个置信限。内圆为养分平衡区，用箭头"→"表示；两圆之间为轻度或中度不平衡区，用箭头"↗"和"↘"分别表示养分偏高和偏低；外圆以外的区域表示显著不平衡，用箭头"↑"和"↓"表示养分过量和缺乏。

DRIS 诊断图应用实例：某棉田测得棉叶氮、磷、钾浓度分别为 5.33%、0.370%、1.24%，求得 N/P = 14.41，N/K = 4.30，K/P = 3.35。利用图 15-1 的数据，参数 N/P 位于内外圆之间磷偏低区，记为 NP↘K；N/K 位于外圆之外缺钾区，记为 NP↘K↓；K/P 位于内外圆之间钾偏低区，记为 NP↘K↓↘。在诊断中，只记不足的养分，最后未涉及的养分即认为是平衡的，故总的诊断结果记为 N→P↘K↓↘，按缺乏严重程度可排出如下次序：钾>磷>氮。表明此棉田严重缺钾，也需适度补充磷。

也有用 1 倍、2 倍标准差或其他数值作为 2 个同心圆的半径而设定置信限；还有的作三圆四区域，如丘星初(1985)在营养诊断中用 1、2、3 倍标准差即按 $\overline{X}\pm1S$、$\overline{X}\pm2S$、$\overline{X}\pm3S$，将养分供应状态划分为平衡区、稍不平衡区、不平衡区、极不平衡区。

总之，图形诊断法直观简单，但一般只能用于 3 种营养元素的诊断，多于 3 种营养元素的诊断则宜采用指数诊断法。

③DRIS 指数诊断法。DRIS 指数诊断法是先求养分指数，然后诊断。例如，有 *A*—*M* 个养分时，养分指数计算公式如下：

$$A\text{养分指数}=\frac{f\left(\frac{A}{B}\right)+f\left(\frac{A}{C}\right)+f\left(\frac{A}{D}\right)+\cdots+f\left(\frac{A}{M}\right)}{m} \tag{15-1}$$

$$B\text{养分指数}=\frac{-f\left(\frac{A}{B}\right)+f\left(\frac{B}{C}\right)+f\left(\frac{B}{D}\right)+\cdots+f\left(\frac{B}{M}\right)}{m} \tag{15-2}$$

$$M\text{养分指数}=\frac{-f\left(\frac{A}{M}\right)-f\left(\frac{B}{M}\right)-f\left(\frac{C}{M}\right)-\cdots-f\left(\frac{L}{M}\right)}{m} \tag{15-3}$$

当 $A/B\geqslant a/b$ 时：

$$f\left(\frac{A}{B}\right)=\left(\frac{A/B}{a/b}-1\right)\times\frac{1\,000}{CV} \tag{15-4}$$

当 $A/B<a/b$ 时：

$$f\left(\frac{A}{B}\right)=\left(1-\frac{a/b}{A/B}\right)\times\frac{1\,000}{CV} \tag{15-5}$$

式中，$A/B$ 为待诊断样本中 2 个养分元素的比值；$a/b$ 为这 2 个养分比值的标准值；$CV$ 为标准值的变异系数；$m$ 为养分总数。

从以上各式可知，某一养分元素的诊断指数实际上就是含有这个养分的所有比值函数的平均值。它表示作物对某一元素需要的强度(缺乏的程度)，负指数越大，需要的强度也大(越缺乏)；正指数越大，需要的强度就越小，甚至过多；当指数为零或近于零时，则表明该元素与其他元素之间处于相对平衡状态。以上例图形诊断某棉田的三元素为例，经计算：N 指数=16，P 指数=5，K 指数=-21。根据指数，给出限制产量的因素是钾>磷>氮，诊断建议增施钾肥，少量或不补充磷，结果与图形诊断一致。

张潇丹(2021)研究薄壳山核桃矿质营养(表 15-5)，低产林与正常林相比，叶片氮、磷、钾、锰、锌含量在 7 月极显著相对较低，锰含量 9 月也差异达极显著水平，而钙、镁、硼含量差异不显著；从养分含量诊断看，低产林可能缺氮、磷、钾、锰、锌而需要通过施肥补充。采用 DRIS 诊断，氮、磷、钾、锰、锌养分指数为负，与养分含量对比结果一致；但综合养分指数正负、大小和排序，可以得到更多信息，即钾、锰、磷远离平衡、最缺乏，氮、锌、硼则较接近平衡。

**表 15-5　薄壳山核桃低产林与正常林叶片矿质养分差异诊断**

| 时期 | 诊断方法 | | N (g/kg) | P (g/kg) | K (g/kg) | Ca (mg/kg) | Mg (mg/kg) | Mn (mg/kg) | Zn (mg/kg) | B (mg/kg) |
|---|---|---|---|---|---|---|---|---|---|---|
| 7 月 | 元素含量 | 正常林 | 26.70 | 1.68 | 10.50 | 17.02 | 2.69 | 2.16 | 129.0 | 24.68 |
| | | 低产林 | 21.60 | 1.30 | 6.76 | 17.82 | 2.90 | 1.02 | 71.32 | 17.14 |
| | | 方差：*P* 值 | 0.000 | 0.002 | 0.001 | 0.805 | 0.384 | 0.000 | 0.000 | 0.321 |
| | | 养分指数 | -0.19 | -8.93 | -12.96 | 24.68 | 12.84 | -12.69 | -1.21 | 0.85 |
| | DRIS 法诊断 | 需肥顺序 | K>Mn>P>Zn>N>B>Mg>Ca | | | | | | | |
| 9 月 | 元素含量 | 正常林 | 26.26 | 1.97 | 14.84 | 17.88 | 2.12 | 2.25 | 129.12 | 30.04 |
| | | 低产林 | 21.62 | 1.29 | 9.59 | 19.86 | 2.84 | 1.36 | 83.36 | 30.20 |
| | | 方差：*P* 值 | 0.000 | 0.000 | 0.000 | 0.427 | 0.001 | 0.002 | 0.0006 | 0.934 |
| | | 养分指数 | -0.12 | -27.27 | -7.82 | 31.38 | 12.47 | -5.82 | -0.92 | 0.76 |
| | DRIS 法诊断 | 需肥顺序 | P>K>Mn>Zn>N>B>Mg>Ca | | | | | | | |

注：引自张潇丹，2021。

总之，综合诊断法由于标准不是绝对含量而是元素之间的比值，故测定条件不必如临界值法严格，适应范围宽，取样部位、取样时间、生育阶段、样本品种等对诊断结果影响相对较小。但它只能诊断出需肥次序，无法确定施肥数量，即使各元素比均在平衡区域内，作物也不一定高产，低产条件下各元素比也可能在平衡区域内。

## 15.1.5　土壤元素化学分析诊断

土壤是植物养分的来源，作物营养状况和产量很大程度上取决于土壤养分的供给能力。土壤元素分析诊断，就是用化学分析方法测定土壤养分含量，对照相应的指标(如临界值)，评判土壤养分供给能力，达到营养诊断并用以指导施肥的目的。

### 15.1.5.1　土壤元素化学分析方法

土壤元素化学分析方法分为速测法和常规分析法 2 种。常规分析法已发展成为一套比较系统、科学的方法体系，是测土施肥主要采用的诊断手段。

土壤常规分析包括土壤养分全量测定和有效量测定，但土壤养分全量对植物而言并不都是有效的，土壤分析诊断主要是测定土壤有效部分的养分。

土壤有效养分分析分为提取和测定两大步骤，先提取后测定。提取又称前处理，即制备待测液。不同的提取剂，测定结果相差很大，而不同的测定方法，结果则相差不会太大，所以，提取剂的选择，是土壤分析的关键。分析方法的选择，主要就是提取剂的选择。

我国有效氮以水解性氮测定较为普遍，水解性氮过去一直采用 0.25 mol/L $H_2SO_4$ 浸提，后来改用 1 mol/L NaOH 碱解法水解，适用于各种土壤，又称碱解氮。有效磷因土壤 pH 值而异，石灰性、中性土壤用 Olsen 法，即 0.5 mol/L $NaHCO_3$ 作提取剂；微酸性土壤用 Bray-1 法，即 0.03 mol/L $NH_4F$+0.025 mol/L HCl 为提取剂，或用 Olsen 法；中等酸性土壤用 Bray-1 法；强酸性土壤需用更强酸性的提取剂。有效钾用 1.0 mol/L 中性醋酸铵提取测定交换性钾的含量。这些方法经各地多年使用，效果尚好。其他元素常用提取方法见表 15-6。

**表 15-6 土壤有效养分常用提取方法**

| 元素 | 提取剂 | 名称 | 提取养分主要来源 | 主要提取反应 |
|---|---|---|---|---|
| N | $H_2SO_4$ | | 水溶态和水解态 | 溶解和水解 |
| | NaOH | | 水溶态和水解态 | 溶解和水解 |
| P | $NH_4F$+HCl | Bray-1 | Al-P，Fe-P，Ca-P 等 | 溶解 |
| | $NaHCO_3$ | Olsen | Al-P，Fe-P，Ca-P 等 | 溶解 |
| K | $NH_4Ac$ | | 交换态 | 阳离子交换 |
| S | $Ca(H_2PO_4)_2$，$CaCl_2$ | | 水溶态和交换态 | 溶解和阴离子交换 |
| B | 沸水 | | 水溶态 | 溶解 |
| Cl | 水 | | 水溶态 | 溶解 |
| Mo | 草酸+草酸铵，pH 值 3.3 | | 水溶态和交换态 | 溶解和阴离子交换 |
| Mn | HAc+$NH_4Ac$，pH 值 7.0 | | 交换态 | 阳离子交换 |
| Fe、Zn、Cu、Mn | DTPA+$CaCl_2$+TEA | Lindsay | 可进行螯合的部分 | 螯合 |
| | 0.1 mol/L HCl(酸性土) | | 水溶态和交换态 | 溶解 |

随着分析手段的进步，例如，等离子体(ICP)和原子吸收光谱可同时测定多个元素，这就使通用提取剂的研究和应用逐渐多起来，较典型的土壤养分通用提取剂包括 Mehlich 系列提取剂、Soltampour 提取剂和 Linday 提取剂(又称 DTPA 法)。

### 15.1.5.2 土壤元素化学分析诊断指标

**(1)临界值法**

土壤有效养分的临界值是指土壤有效养分与作物对肥料反应之间的一个特定值，凡土壤有效养分低于这个特定值，施肥就会得到满意的经济效益；高于这个特定值时，施肥的经济效益较小或没有经济效益。一般常采用相对产量为 90%、95%或 99%时所对应的土壤有效养分测定值称为养分的临界值，也有人把相对产量为 85%~90%时对应的养分，称为临界值。所谓相对产量是指不施某种养分的产量占施足该养分产量(最高产量)的百分比。该法一般用于微量元素养分的诊断，因为微量元素肥料用量很小，除划分应施用与不应施用外，不再需要划分施用量等级。目前也有把该法用于指导磷、钾肥施用的实践。水稻 Olsen-P 临界值 5 mg/kg，玉米 6 mg/kg，谷类作物 10 mg/kg，豆科、十字花科 16 mg/kg。土壤交换性钾低于 80 mg/kg 时，多数作物很可能缺钾。

**(2)土壤有效养分分级法**

把土壤养分的测试值和作物反应进行分级。1945 年，美国学者 Bray 采用相对产量来表示作物对不同土壤肥力的反应，并依此进行土壤肥力分级，建立有效养分分级指标。在大量田间或盆栽试验基础上，建立作物相对产量与土壤有效养分之间的回归效应方程式，再依据效应方程计算一定相对产量时的理论土壤养分值，即可得土壤养分分级指标。通常把土壤有效养分和作物反应分为极低、低、中、高、极高 5 级，它们的增产效果和施肥水平大致有以下关系(表 15-7)；也有分低、中、高 3 级或其他，如联合国粮食及农业组织建议分级是相对产量小于 80%为低，80%~100%为中，大于 100%为高。

由于土壤养分的作物有效性受多种因素影响，因而土壤养分分级指标的具体数值因地域、土壤种类、作物、气候等而不同。我国学者自 20 世纪 80 年代以来进行了大量土壤有效养分指标研究，积累了较丰富的参考数据(表 15-8 至表 15-11)。

**表 15-7　土壤有效养分分级**

| 级别 | 相对产量(%) | 施肥增产可能性(%) | | 施肥用量原则 |
|---|---|---|---|---|
| 极低 | <50 | 可能性很大 | 95~100 | 大于作物吸收量，应有大量盈余 |
| 低 | 50~70 | 大部分可有增产 | 70~95 | 施肥量仍要比吸收量多 |
| 中 | 70~85 | 有可能增产 | 40~70 | 施肥量可比作物吸收量多 |
| 高 | 85~95 | 一般不增产 | 10~40 | 施肥只补充作物吸收部分 |
| 极高 | >95 | 极不可能增产 | 0~10 | 只在蔬菜生产中才考虑少量施肥 |

**表 15-8　土壤氮有效性分级指标**　mg/kg

| 地区 | 土壤类型 | 作物 | 碱解氮(1 mol/L NaOH) | | | | |
|---|---|---|---|---|---|---|---|
| | | | 极低 | 低 | 中 | 高 | 极高 |
| 辽宁 | 棕壤、草甸土 | 玉米 | — | <70 | 70~120 | 121~240 | >240 |
| 北京 | 潮土 | 小麦 | <60 | 60~80 | 81~130 | 131~160 | >160 |
| 北京 | 潮土 | 玉米 | <30 | 30~90 | 91~160 | 161~280 | >280 |
| 甘肃 | 灌漠土 | 小麦 | <45 | 45~74 | 74~116 | >116 | — |
| 四川 | 紫色土 | 水稻 | <60 | 60~90 | 90~120 | >120 | — |
| 浙江 | 水稻土 | 水稻 | <100 | 100~175 | 175~280 | >280 | — |
| 广西 | 水稻土 | 水稻 | <70 | 70~160 | 161~200 | >200 | — |

注：引自鲁如坤，1998。

表 15-9　土壤磷有效性分级指标　mg/kg

| 地区 | 土壤类型 | 作物 | 提取剂 | 有效磷 | | | | |
|---|---|---|---|---|---|---|---|---|
| | | | | 极低 | 低 | 中 | 高 | 极高 |
| 吉林 | 黑土 | 玉米 | Olsen-P | <3 | 3~7 | 7~19 | 19~23 | >23 |
| | 白浆土 | 玉米 | Olsen-P | <5 | 5~15 | 16~25 | 26~50 | >50 |
| | 草甸土 | 玉米 | Olsen-P | <1 | 1~6 | 6~20 | >20 | — |
| 甘肃 | 灌漠土 | 小麦 | Olsen-P | <2 | 2~5 | 6~12 | >12 | — |
| | 灌漠土 | 小麦 | M-3-P | <7 | 7~4 | 15~31 | >31 | — |
| 北京 | 潮土 | 小麦 | Olsen-$P_2O_5$ | <5 | 5~15 | 16~30 | 31~50 | >50 |
| | 潮土 | 玉米 | Olsen-$P_2O_5$ | <5 | 5~10 | 11~15 | 16~30 | >30 |
| 河南 | 砂姜黑土 | 小麦 | Olsen-$P_2O_5$ | <3 | 3~8 | 8~18 | 18~25 | >25 |
| | 潮土 | 小麦 | Olsen-$P_2O_5$ | — | <8 | 8~23 | >23 | — |
| | 褐土 | 小麦 | Olsen-$P_2O_5$ | — | <7 | 7~32 | >32 | — |
| 四川 | 紫色土 | 水稻 | Olsen-$P_2O_5$ | <6 | 6~9 | 9~12 | >12 | — |
| 浙江 | 水稻土 | 水稻 | Olsen-P | <5 | 5~10 | 10~20 | 20~30 | >30 |
| | 红壤旱地 | 玉米 | Bray-1-P | <4 | 4~8 | 8~25 | >25 | — |
| | 红壤旱地 | 玉米 | M-3-P | <6 | 6~10 | 10~30 | >30 | — |
| | 红壤水稻土 | 大麦 | M-3-P | <6 | 6~17 | 17~45 | >45 | — |
| | 红壤水稻土 | 大麦 | Olsen-P | <5 | 5~10 | 10~20 | >20 | — |
| 广西 | 水稻土 | 水稻 | Olsen-P | <2 | 2~5 | 6~11 | >11 | — |

注：引自鲁如坤，1998。

表 15-10　土壤钾有效性分级指标　mg/kg

| 级别 | 交换性钾(1 mol/L $NH_4Ac$) | 缓效性钾(1 mol/L $HNO_3$) | 土壤类型 |
|---|---|---|---|
| 极低 | <33 | <60 | 砖红壤 |
| 低 | 33~69 | 60~300 | 红壤 |
| 中 | 70~100 | 300~700 | 黄棕壤，紫色土 |
| 高 | 125~165 | 700~1 200 | 潮土 |
| 极高 | >166 | >1 200 | 灰漠土 |

注：引自孙曦，1997。

表 15-11　土壤微量元素有效性分级和评价指标　mg/kg

| 元素 | 极低 | 低 | 中 | 高 | 极高 | 临界值 | 提取剂 |
|---|---|---|---|---|---|---|---|
| B | <0.25 | 0.25~0.50 | 0.51~1.00 | 1.01~2.00 | >2.00 | 0.5 | 沸水 |
| Mo | <0.10 | 0.10~0.15 | 0.16~0.20 | 0.21~0.30 | >0.30 | 0.15 | 草酸+草酸铵，pH 值 3.3 |
| Mn | <1.0 | 1.0~2.0 | 2.1~3.0 | 3.1~5.0 | >5.0 | 3.0 | HAc+$NH_4Ac$，pH 值 7.0 |
| Zn | <1.0 | 1.0~1.5 | 1.6~3.0 | 3.1~5.0 | >5.0 | 1.5 | 0.1 mol/L HCl(酸性土) |

（续）

| 元素 | 极低 | 低 | 中 | 高 | 极高 | 临界值 | 提取剂 |
|---|---|---|---|---|---|---|---|
| Zn | <0.5 | 0.5~1.0 | 1.1~2.0 | 2.1~5.0 | >5.0 | 0.5 | DTPA(石灰性土) |
| Cu | <1.0 | 1.0~2.0 | 2.1~4.0 | 4.1~6.0 | >6.0 | 2.0 | 0.1 mol/L HCl(酸性土) |
| Cu | <0.1 | 0.1~0.2 | 0.3~1.0 | 1.1~1.8 | >1.8 | 0.2 | DTPA(石灰性土) |

注：引自孙曦，1997。

### 15.1.6　其他诊断方法

**(1)指示植物诊断法**

不同植物对各种养分元素的需要量不同，对某种元素缺乏或过剩的敏感程度也不一样。如水稻、玉米、烟草、莴苣、芹菜、李、梨、桃、苹果等对缺锌敏感，紫花苜蓿、三叶草、油菜、白菜、芹菜、苹果、柠檬等对缺硼敏感。利用这一点，通过一定的交互栽培试验，以敏感植物作指示，可以在一定程度上进行土壤植物营养诊断。

**(2)遥感诊断法**

利用遥感技术，特别是低空遥感，通过检测作物冠层的光反射和光吸收性质来诊断作物营养状况的一种技术，是光谱营养诊断的一种，属于无损测试技术。遥感获取植物生长状态信息，将这种信息与植物和土壤植物营养的丰缺程度(分析测定值)建立联系，然后利用这种联系和遥感数据进行植物营养诊断。例如，小麦氮素丰缺可以通过叶片反射光谱(叶色)反映出来，将不同营养状态下的小麦叶片反射光谱通过遥感记录下来，同时获取对应的植株氮素含量、土壤氮素供应能力、小麦产量等数据，经计算机数据分析处理，建立光谱特征—营养状态关系数据库。利用这个库，以后便可以直接利用遥感所获取的光谱数据诊断小麦营养的丰缺及程度。目前，遥感诊断的研究与应用多为氮素营养状况诊断，其他元素应用不多。

**(3)叶绿素仪诊断技术**

叶绿素仪诊断技术(SPAD 值法)是利用手持叶绿素仪通过测定植物叶片叶绿素含量来进行氮素营养诊断的一种新技术。通过研究不同作物、不同种植条件下叶绿素量(SPAD 测定值)与作物叶片全氮、作物产量之间的相关性，确定叶绿素仪测定值的临界水平，以及不同作物的测定部位、样品采集数量和影响测定的因素，可形成简便、快速、准确的田间氮素诊断技术。

**(4)叶绿素荧光分析技术**

利用叶绿素荧光参数光化学效率与叶片含氮量之间的显著相关性来分析诊断植物氮素营养状况，具有快速、灵敏和无损伤的特点。

**(5)离子选择性电极诊断**

通过选择性指示电极以电势法测量溶液中某一特定离子活度。目前使用的有钾、铵根、硝酸根、钙、钠、氯等离子选择性电极，同 pH 玻璃电极一样，可直接测量分析组分。优点是简便快速，不受有色溶液的干扰、测定范围大、黏度高、被测离子和干扰离子一般不需要分离。但由于部分离子的测定方法还不成熟，存在电极易损坏或价格过高等原因，目前未广泛应用。

## 15.2　肥料效应函数与推荐施肥

作物产量与施肥量之间存在着一种数量依变关系，可用数学函数式表示。表达这种关系的数学方程称为肥料效应函数。米采利希(1909)首次用数学方法定量描述施肥量与产量的关系，建立了作物产量与土壤养分供应量的指数函数式，即著名的米氏方程。据此制订施肥方案，对当时德国农业生产起到了很大的促进作用。米氏方程的不足之处在于不能反映施肥过量导致的毒效阶段。后来，尼克莱和米勒(1927)提出应用二次多项式来全面描述作物产量与施肥量的关系，使施肥模型的研究进入一个新的层次，应用这个模型可以计算最高产量施肥量，也能推出最高利润施肥量。Colwell(1977)与斯帕若(Sparrow)分别提出应用平方根多项式和逆多项式作为肥料效应函数。这些模型实际上是二次多项式的变换式，不同之处在于曲线初始阶段的斜率和曲线顶峰的变化趋势，这些差别比较细微地表达了土壤肥力水平、肥料特性、作物营养特点对肥料效应的不同影响。近年来，也有用三次多项式描述肥料效应的整体变化趋势，但适用性如何尚待进一步探讨。上述肥料效应模型均属静态模型，即先固定其他条件再来研究作物产量与施肥量的关系，因而应用起来在时间和空间上有一定局限性。France(1984)提出建立动态的数学模型，将气候、土壤养分以及耕作管理措施考虑在内，以期得出更加精确、适应范围更广泛的施肥建议。国内目前应用二次多项式及其变换式的模型较多，拟合性也比较好。由于肥料效应模型的应用，使我国逐步从经验施肥过渡到科学定量施肥的新阶段。

### 15.2.1　肥料效应模型

作物肥料效应模型因受作物营养特性、土壤肥力水平、肥料种类及用量，以及各种栽培条件的影响而多种多样。因此，应因时因地依据实际生产条件选用合适的数学模型指导推荐施肥。下面介绍几种常用的模型。

#### 15.2.1.1　线性模型

**(1)一元线性模型**

描述一种肥料用量与作物产量之间呈线性关系的模型称为一元线性模型。其数学模型为：

$$y=b_0+bx \tag{15-6}$$

式中，$y$ 为回归值，即施肥后获得的农作物产量；$b_0$ 为回归截距，即不施肥区的农作物产量；$b$ 为回归系数，即增施单位肥料所得的农作物平均增产量；$x$ 为土壤养分含量或肥料用量。

**(2)多元线性模型**

多元线性模型用于研究和分析多种肥料的投入量 $x_i$ 与作物产量 $y$ 之间的线性关系。其数学模型为：

$$y=b_0+b_1x_1+b_2x_2+\cdots+b_nx_n \tag{15-7}$$

式中，$x_i$ 为某种养分的供应量；$y$ 为回归值，即多种养分共同作用的产量；$b_0$ 为回归截距，即不施肥区的农作物的产量；$b_i$ 为偏回归系数，即其他养分不变时，增施某单位养分所得的农作物平均增产量。

李比希最小养分律所阐明的最小养分的变化与作物产量之间的消长关系实际上就是这种线性关系。在土壤肥力较低、农作物产量不高、肥料用量较少，而且其他栽培条件比较正常时，可以选配这种模型来指导施肥，但不适于土壤肥力较高、作物产量也较高的情况下描述施肥量与作物产量之间的关系。

### 15.2.1.2 非线性模型

在一定区间内，可用线性模型来描述施肥量 $x$ 与产量 $y$ 之间的关系，但就 $x$ 的整个可能取值范围而言，其真实关系为非线性。变量间呈曲线关系的模型称为曲线模型或非线性模型。从曲线回归的角度看，线性模型可看作曲率为零的曲线模型。

**(1)指数曲线模型**

当土壤肥力达一定水平后，继续增加施肥量，农作物产量呈渐减率增加，人们称这种数量关系为指数函数关系，如图 15-2 所示。土壤学家米采利希提出的肥料效应递减率就是这种关系的科学概括，其数学表达式为：

$$y=A(1-e^{-cx}) \quad 或 \quad y=A(1-10^{-cx}) \tag{15-8}$$

式中，$y$ 为供应某种肥料后获得的产量；$A$ 为作物可能达到的最高产量；$c$ 为效应系数；$x$ 为某种肥料投入。

考虑到土壤供应养分的强度与容量对肥料效应的作用，米采利希将式(15-8)中的 $x$ 换成$(x+b)$，数学模型表达式为：

$$y=A[1-10^{-c(x+b)}] \tag{15-9}$$

式(15-9)中 $b$ 值不同于土壤元素化学分析方法测出的有效养分含量，是土壤中含有相当于 $b$ 量肥料养分效应的养分量。随后克劳斯(E. M. Growther)和叶茨(E. Yates)对米氏方程进行修正，提出的模型如下：

$$y=y_0+d(1-10^{-kx}) \tag{15-10}$$

式中，$y$ 为作物产量；$y_0$ 为不施肥时的农作物产量；$k$ 为效应系数；$x$ 为施肥量。

该模型将不施肥时的作物产量考虑在内，称为典型指数模型，如图 15-3 所示。

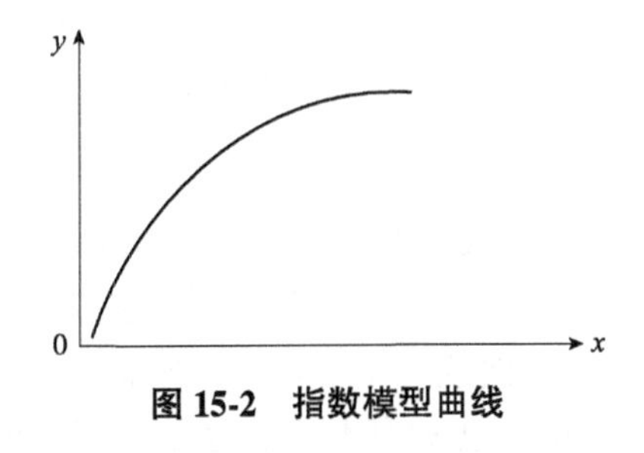


图 15-2 指数模型曲线

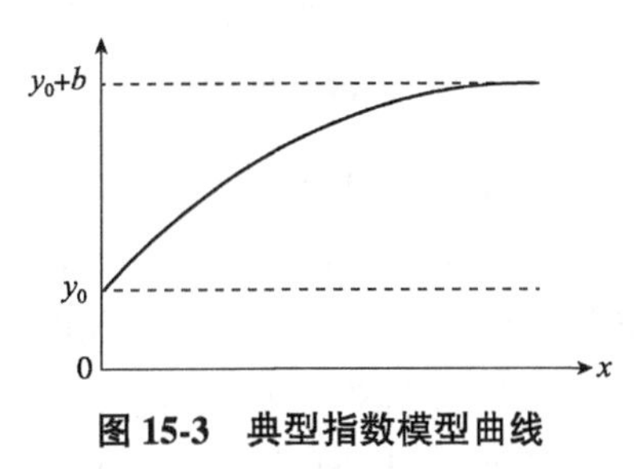


图 15-3 典型指数模型曲线

1928 年，斯皮尔曼(Spillman)观察到作物产量随施肥量的增加而按一定的等比级递减，根据这种规律，他提出的模型如下：

$$y=A(1+k^x) \tag{15-11}$$

式中，$y$ 为总增产量；$A$ 为最高增产量；$k$ 为效应系数，表示前后连续两个增产量间的比率；$x$ 为施肥量。

上面介绍了指数函数模型，其中以典型指数模型应用较为方便，这类模型的特点：在一定生产条件下，作物产量有个极限值，即最高产量，在达到这个产量之前，作物增产量与施肥量之间服从报酬递减率。根据这类模型可以求出经济施肥量，预测农作物产量和土壤有效养分含量。不足之处是不能描述施肥过量时作物产量的变化趋势。

**(2) 对数函数模型**

对数函数模型的一般表达式为：

$$y = a + b\ln x \tag{15-12}$$

式中，施肥量 $x$ 以自然对数的形式出现，故称对数函数模型；$a$、$b$ 为模型参数。

对数函数表示 $x$ 变化较大可引起产量 $y$ 的变化较小。其形状如图 15-4 所示。当 $b>0$ 时，作物产量 $y$ 随施肥量 $x$ 的增大而增大，曲线呈凸形；当 $b<0$ 时，$y$ 随 $x$ 的增大而减小，曲线呈凹形。

**(3) 双曲线模型**

其数学模型为：

$$\frac{1}{y} = a + \frac{b}{x} \tag{15-13}$$

式中，$a$、$b$ 为参数。

当 $b>0$ 时，其边际产量总为正值，且随着肥料用量的增加而递减，而总产量是增加的，并趋向于极限值 $1/a$，因此，当肥料投入与产出具有此类变化趋势时，宜选用双曲线类模型，如图 15-5 所示。

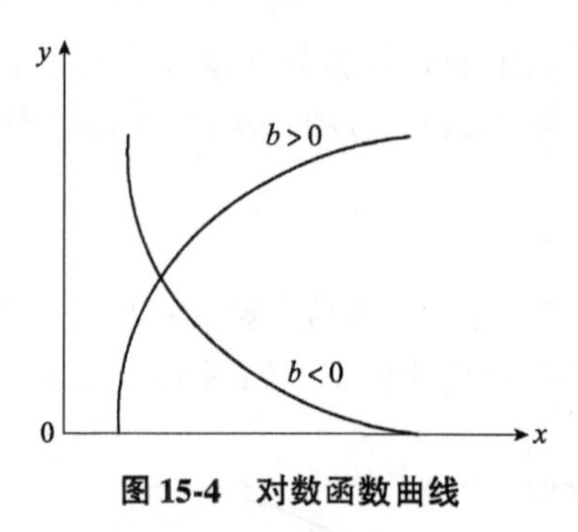


图 15-4　对数函数曲线

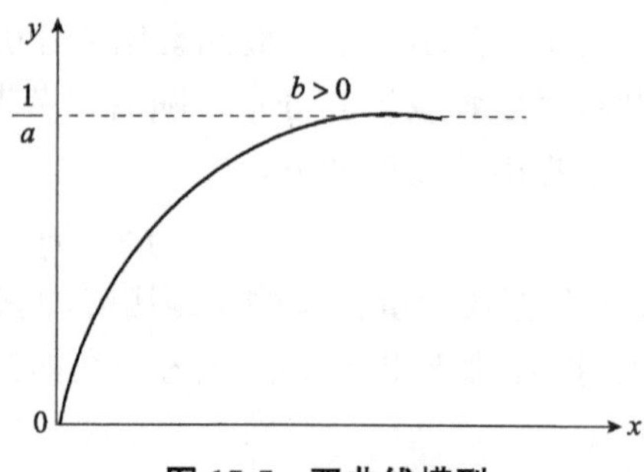


图 15-5　双曲线模型

**(4)"S"形肥料效应模型**

"S"形曲线主要用于描述动植物的自然生长过程，故又称生长曲线。生长过程的基本特点是开始增长较慢，而在以后一定范围内迅速增长，达到一定限度后增长又缓慢下来，曲线呈拉长的"S"，故称"S"形曲线。最著名的"S"形曲线是 Logistic 生长曲线。它最早由比利时数学家 P. F. Verhulst 于 1838 年提出，直至 20 世纪 20 年代才被生物学家及统计学家 K. Pearl 和 L. J. Recd 重新发现，并逐渐为人们重视。其曲线方程为：

$$y = \frac{1}{a + be^{-x}} \tag{15-14}$$

"S"形肥料效应模型(图 15-6)，开始时边际产量呈递增，到 $x = -\ln(a/b)$ 时边际产量达最大值，之后开始递减，但没有负值。总产量随肥料投入量的增加而增加，并趋向极限值 $1/a$，故“S”形肥料效应模型不能反映和描述总产量下降的生长现象。

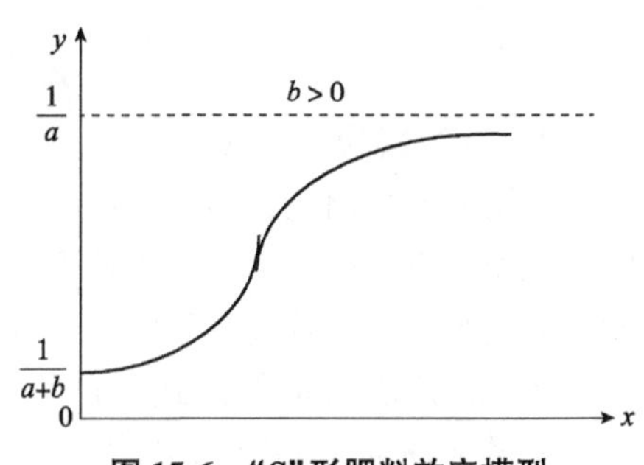

图 15-6　“S”形肥料效应模型

**(5) 二次多项式模型**

二次多项式模型包括一元二次多项式模型和多元二次多项式模型，以及两者的变换式一元平方根多项式和多元平方根多项式模型，其中以一元二次多项式肥料模型应用最为广泛。

①一元二次多项式。尼克莱和米勒提出肥料效应的一元二次多项式模型如下：

$$y=b_0+b_1x+b_2x^2 \tag{15-15}$$

式中，$b_0$ 为不施肥的农作物产量；$b_1$ 为低施肥量时的农作物增产量趋势；$b_2$ 表示肥料的曲率和方向。

当 $b_1>0$、$b_2>0$ 时，曲线呈凹形，呈报酬递增型，农作物产量随施肥量的增加而提高，不出现最高产量点。当 $b_1>0$、$b_2<0$ 时，曲线呈凸形，呈报酬递减型，农作物产量达最高点，后呈现毒效反而下降，肥料效应一般呈现抛物线趋势，如图 15-7 所示。

由于抛物线有左右对称的特点，而由毒效引起的产量降低不一定与此前的增产趋势对称，导致计算偏差较大。因此考威尔应用平方根多项式能较好地描述作物产量与施肥量的函数关系，其数学模型为：

$$y=b_0+b_1x+b_2x^{0.5} \tag{15-16}$$

当 $b_2>0$ 时，曲线呈报酬递增型，不出现最高产量点；当 $b_2<0$ 时，曲线呈报酬递减型，曲线的平方根多项式模型为 $b_2<0$ 时的模式图，如图 15-8 所示。平方根多项式模型的特点：施肥量开始增加时，产量上升较快，曲线斜率大，而后施肥量达一定程度后，增产趋势渐缓。达最高产量点后，若继续施肥，产量会下降，但趋势较缓慢。

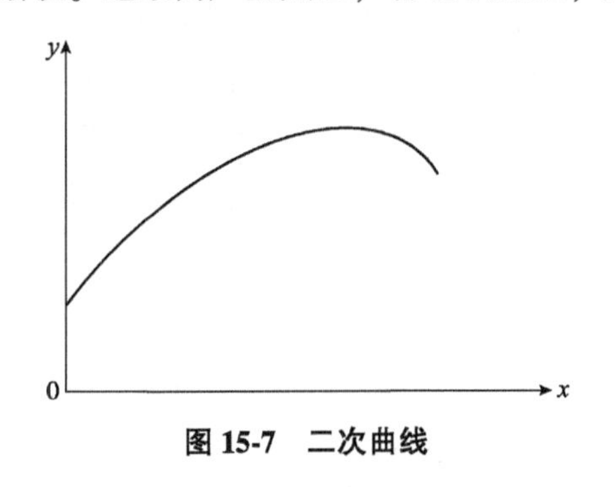

图 15-7　二次曲线

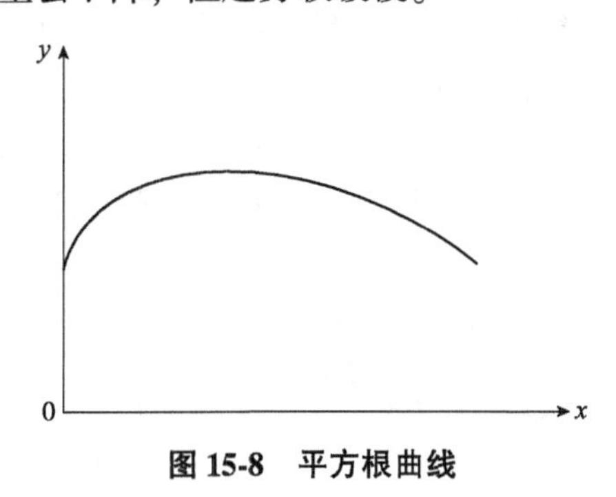

图 15-8　平方根曲线

一元二次多项式适用于各种变换式的通式为：

$$y=b_0+b_1x^s+b_2x^{2s} \tag{15-17}$$

式中，$s$ 为 0.25、0.5、0.75、1.0。

②多元二次多项式。当进行 2 种以上的肥料试验时，可选用多元二次多项式模型，其数学表达式为：

$$y = b_0 + \sum_{j=1}^{p} b_j x_j + \sum_{i \leqslant j} b_{ij} x_i x_j + \sum_{j=1}^{p} b_{jj} x_j^2 \qquad (15\text{-}18)$$

式中，$p$ 为试验因素数；$i$，$j=1$，2，$\cdots p$，$i \neq j$。

与一元多项式相比，多元二次多项式增加了交互作用项，用来研究各肥料因素相互作用的性质和大小。在一定试验条件下，由于肥料间存在交互作用，该方程中的一次项系数可能大于或小于一元效应方程的一次项系数。

二元二次肥料效应的模式图是两个一元效应曲线的叠和，构成以 $x_1$ 和 $x_2$ 为横轴，$y$ 为纵轴的效应曲面，如图 15-9 所示。二元多项式模型能反映多种肥料低量或适量时的效应，同时能描述过量施肥对作物的影响，比较全面地表达作物产量与肥料用量间的函数关系。利用这类模型既能计算最高产量施肥量和经济最佳施肥量，又能揭示过量施肥对产量的影响，还反映多种肥料两两间的交互作用。因此，这类数学模型得到了广泛的应用。

③逆二次多项式。同样能全面表达施肥与作物产量之间的函数关系，其模型为：

$$y = \frac{b_0 + b_1 x}{1 + b_2 x + b_3 x^2} \qquad (15\text{-}19)$$

当 $x=0$ 时，$dy/dx = b_1 - b_0 b_2$，表明起始时的肥料效应取决于 $b_0$、$b_1$ 和 $b_2$，$b_1$ 越大，起始时施肥的增产趋势也越大。如果 $b_0$ 和 $b_2$ 越大，则起始时的增产趋势就越小。到达最高产量时，边际产量等于零。逆二次多项式的曲线形式介于二次多项式与平方根多项式之间。

**(6)三次多项式模型**

在一定生产条件下，当土壤中某种养分为限制因子时，随着肥料投入量的增加，边际产量表现为递增，后表现为递减，总产量达最高点后，边际产量又表现为负值。即总产量曲线先呈凹形，再呈凸形，表现倒"S"形曲线(图 15-10)。该曲线概括了低土壤肥力条件下，农作物产量随施肥量增加而变化的全过程，其表达式为：

$$y = b_0 + b_1 x + b_2 x^2 + b_3 x^3 \qquad (15\text{-}20)$$

该曲线的特性为：当 $x=0$ 时，$dy/dx = b_1$，$b_1$ 反映起始时的肥料效应；当 $dy^2/dx^2 = 0$，$dy^3/dx^3 < 0$ 即 $b_3 < 0$ 时，为典型的一元三次曲线，如图 15-9 所示。第一阶段曲线呈凹形，边际产量有个极大值，即为曲线的转向点 $A$。第二阶段超过 $A$ 点后，曲线呈凸形，总产量有个最高值。超过最高点后，$dy/dx < 0$，总产量随施肥量增加而下降。当 $dy^3/dx^3 > 0$，即 $b_3 > 0$，边

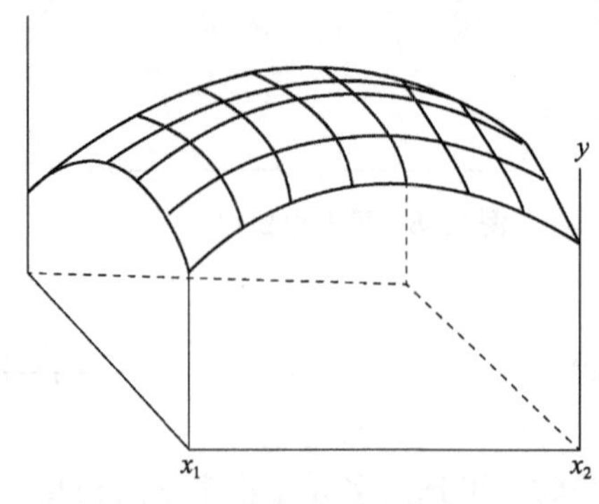


图 15-9　肥料二次效应曲面

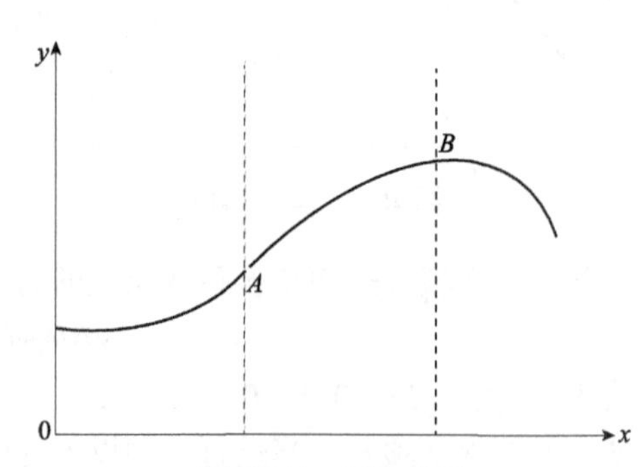


图 15-10　三次曲线

际产量一直递增，无最高产量点。

**(7)柯布—道格拉斯肥料效应模型**

该模型是由美国数学家柯布(C.W. Cobb)和经济学家道格拉斯(P.H. Douglas)创立的，其数学通式为：

$$y=b_0 x_1^{b_1} x_2^{b_2} x_3^{b_3}\cdots x_n^{b_n} \tag{15-21}$$

式中，$y$ 为作物产量；$x_1$、$x_2\cdots$，$x_n$ 分别为各种肥料用量；$b_0$，$b_1$，$b_2$，…，$b_n$ 为待定参数。

在分析作物产量与各种肥料用量间的函数关系时，柯布—道格拉斯肥料效应方程具有以下特点：①既可表达作物产量与各种肥料用量间的线性函数关系($b_i=1$)，又可表达二者之间的曲线函数关系($b_i\neq1$)。②$b_i$ 反映作物产量对某种肥料用量的反应敏感程度，即生产弹性系数。$b_i\geq1$，表明与 $b_i$ 有关的肥料增施 1%时，产量增量也大于或等于 1%，反之亦然。$\sum b_i$ 是综合生产弹性系数，其含义是各种肥料增产 1%时的作物增产的百分数。③$b_i$ 反映施肥水平是否合理，即 $b_i>1$，说明施肥不够；$b_i<0$，说明肥料用量过量；$0<b_i<1$，说明肥料投入处于合理水平。

**(8)相交直线效应模型**

包伊德(D.A. Bogd)和库克(G.W. Cooke)根据大量试验结果得出：在一定条件下，施肥量与作物产量呈两条相交直线(折射线)。在转折点之前，农作物产量随施肥量的增加而直线上升，超过转折点后，有的作物产量上升减慢，有的不升不降，有的则缓慢下降(图 15-11)，其转折点为最佳施肥点。两条相交直线的数学模型为：

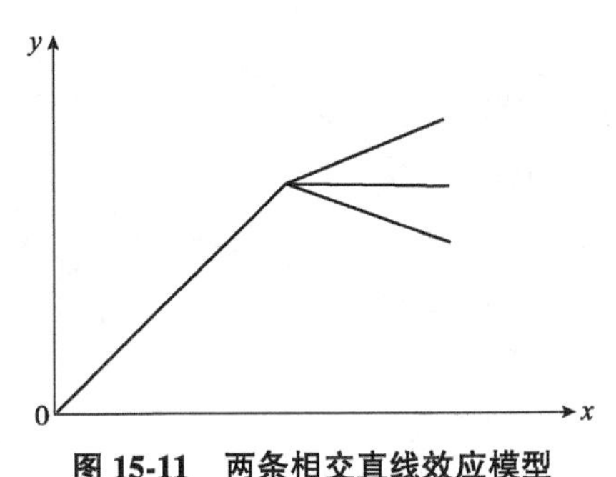

图 15-11　两条相交直线效应模型

$$y=b_0+b_1x \tag{15-22}$$

$$y'=b_0'+b_1'x \tag{15-23}$$

式中，$y$ 为 $y_1$，$y_2$，…，$y_i$ 的值，它是 $x=x_1$，$x_2$，…，$x_i$ 时的函数；$y'$ 为 $y_{i+1}$，$y_{i+2}$，…，$y_n$ 的值，它是 $x$ 为 $x_{i+1}$，$x_{i+2}$，…，$x_n$ 时的函数；$i=2$，…，$(n-2)$间的任一值；$b_1>b_1'$。

## 15. 2. 2　肥料效应函数的参数估计

### 15. 2. 2. 1　概述

肥料效应函数法是科学施肥的基本方法之一，即通过简单对比或应用正交、回归等试验设计，进行多点田间试验建立施肥量与产量间的效应方程的方法。施肥不是孤立的行为，土壤条件、作物特性、气候因素、生产条件都对肥料效应函数模型及其参数产生影响，肥料试验设计合理与否也会引起肥料效应曲线的变化。首先根据试验研究的目的要求确立试验因素的数量，在此基础上选择合乎实际的统计性质较好的试验方案。

单因素实验只研究一种肥料的效应，其设计要点是确定水平范围和水平间距。施肥水平的上下限的确定也很重要。施肥水平的上限一般为最高产量的施肥量，考虑到生产条件的变化以及了解包括毒效反应在内的肥料效应曲线全过程，施肥水平的上限应超过当前的施肥水平。施肥水平的下限为最低的施肥量，一般为不施肥，这个处理是计算施肥经济效应不可缺少的数据。

水平间距指试验因素不同水平的间隔大小。水平间距应适宜，过大，没什么实际意义；过小，试验效应易被误差所掩盖，说明不了问题。一般单因素施肥量试验包括不施肥的处理在内，设置 5~7 个等间距施肥水平是适当的。

两因素施肥量试验应注重肥料间的交互作用。交互作用是两种肥料相互作用产生的新效应，表示一种肥料受另一种肥料的影响程度。交互作用可以为正值、负值或零值，分别表示正交互作用、负交互作用和无交互作用。图 15-12 形象地说明了各交互作用。图 15-12(a)表明 *A* 肥料的效应随 *B* 肥料用量的增加而增加，为正交互作用；图 15-12(b)表明 *A* 肥料效应随 *B* 肥料的施用量增加而减少，为负交互作用；图 15-12(c)表明 *A* 肥料的增产效果不受 *B* 肥料的影响，为无交互作用。弄清交互作用，合理调整肥料配方方式和比例，是提高施肥经济效应的重要措施。

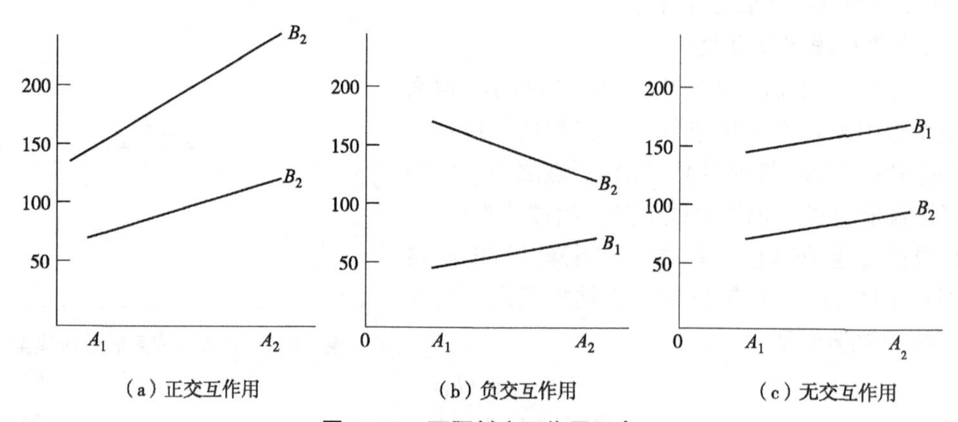


**图 15-12 两肥料交互作用示意**

对于复因素试验，常见的是采用完全实施方案的设计。该设计有 2 个优点：一是每个因素和水平都有机会相互搭配，方案具有均衡可比性；二是因素间不产生混合效应，提供的信息较多，$p$ 个因素和水平完全实施方案可以分析出 $2p$-1 个试验效应(不含简单效应)。另外，由于完全实施，易造成试验方案过于庞大，给实施带来困难。设水平数为 $r$，因素为 $p$，则完全实施方案的处理数 $N=r^p$，当因素和水平数较多时，宜采用不完全实施试验方案，从全部可能的处理组合中有计划地选择部分处理组合进行试验，只需设计得当，可以得到完全实施试验方案的结果。目前最理想的方法是通过回归正交设计进行试验，从而解决生产中的优化问题，这部分内容详见试验设计与统计分析相关资料 。

### 15. 2. 2. 2 模型的选择

我国幅员辽阔，生态气候条件各异，土壤类型众多，肥力水平相差悬殊，如何对不同条件下得出的试验结果选配适合的数学模型，确实是一个值得探讨的问题。线性模型只有在土壤肥力极低的情况下才能应用；在肥料试验设计用量不高，或农作物对某种养分反应不十分敏感时可用指数曲线模型表达肥料效应；二次多项式及其平方根变换式适合我国大部分土壤肥力状况和施肥水平；三次多项式国内报道较少，因为我国大部分耕地都具有一定的基础肥力，不会出现肥效递增的过程。因此，三次多项式模型只具有一定的理论意义。在已经建好的数学模型的基础上选择模型大体有如下几种方法。

**(1)散点图法**

将试验数据资料中的每对观察值($x_i$、$y_i$)描绘在直角坐标系上，观察各点的相对位置和变化趋势，以确定接近其形状的曲线类型。

**(2)经验推断法**

根据研究问题的类别和性质，并参照以往的研究成果选择类似曲线的模型类型。例如，作物产量与施肥量之间的关系具有递减的变化趋势，并在施肥量较多时反而会引起产量的降低，这时宜选用一元二次曲线肥料效应函数模型。

**(3)数值特征法**

将试验或统计数据按肥料投入量的大小进行排列，通过观察和计算数值的变化趋势来确定曲线类型。例如，作物产量随肥料投入量的增加而增加，增加的数量具有越来越少的趋势，表明该肥料的边际产量总为正值且递减，可选用指数曲线模型或对数函数模型；如发现边际产量具有递增的趋势，则可选用幂函数模型。

**(4)统计检验法**

统计检验不仅是前述选模方法不可缺少的部分，也是从已经配好的几种模型中择优的一种方法。统计检验方法：若试验设有重复，可通过方差分析对模型的拟合性做 F 检验，以得出选配的模型是否合适的结论；若试验无重复，可通过求理论值与实测值的相关系数来进行判断选择。

### 15.2.2.3　参数估计

对回归方程的参数进行估计及显著性检验，详见试验设计与统计分析相关资料。

【例】有一水稻氮肥效应试验，试验方案及结果见表 15-12。根据试验结果可以看出，水稻产量 $y$ 最初随着氮肥用量 $x$ 的增加而增加，但 $y$ 增加的速率逐渐减小，当 $x$ 超过一定值后，$y$ 又随之减少，根据这一特性并结合散点图，可以考虑配置一元三次多项回归方程，即

$$y=b_0+b_1x+b_2x^2+b_3x^3 \tag{15-24}$$

式中，$b_0$、$b_1$、$b_2$、$b_3$ 为待定参数。

**表 15-12　水稻产量与氮肥施用量的关系**　　kg/亩

| 处理 | 1 | 2 | 3 | 4 | 5 | 6 | 7 | 8 | 9 |
|---|---|---|---|---|---|---|---|---|---|
| 施肥量 $x$ | 0 | 10 | 20 | 30 | 40 | 50 | 60 | 70 | 80 |
| 产量 $y$ | 203 | 247 | 306 | 368 | 424 | 475 | 510 | 529 | 518 |
| $\Delta y/\Delta X$ |  | 4.4 | 5.9 | 6.2 | 5.9 | 5.1 | 3.5 | 1.9 | -1.1 |

经回归，得以下一元三次曲线肥料效应回归模型：

$$y=202.1515+3.995671x+0.07884199x^2-0.0009924242x^3 \quad (R=0.9999) \tag{15-25}$$

### 15.2.3 单元肥料效应分析与施肥量的确定

#### 15.2.3.1 产量效应及其阶段性

产量效应可以用肥料的总产量(total productivity, TP)、边际产量(marginal productivity, MP)和平均增产量(average productivity, AP)曲线来表达。

**(1)总产量**

在施肥的投入产出关系中,一定施肥量下所取得的产品总量称为总产量。总产量随施肥量变化而变化,用总产量反映的肥料效应函数称为总产量曲线,表达式为 $y=f(x)$。一般有 3~4 种类型或阶段性类型,包括线性模型的报酬固定型,以及非线性模型的报酬递增型、报酬递减型和负报酬型。

以一元三次多项式(倒“S”形曲线)为例,总产量曲线可分 3 个阶段(图 15-13):Ⅰ阶段,总产量曲线呈凹形,随着施肥量的增加,单位肥料所获得的产品增量越来越多,边际产量递增,总产量按递增律增加,报酬递增;施肥量超过转向点($x_a$)后,进入Ⅱ阶段,曲线呈凸形,随着施肥量增加,单位肥料获得的产品增量越来越少,边际产量递减,总产量按一定的渐减律增加,至最高产量点($x_c$)时为止;第Ⅲ阶段,即毒效阶段,随着肥料用量的增加,产品增量为负值,肥料负效益,即负报酬。

**(2)边际产量**

边际产量又称边际生产率,是指在连续增加肥料用量的情况下,每增加单位肥料所增加的总产量,即总产量增量与肥料增量的比值,计算公式为:$MP=\Delta y/\Delta x$。当 $\Delta x \to 0$ 时边际产量可用微分式表示为 $MP=\mathrm{d}y/\mathrm{d}x=f'(x)$,即为施肥量 $x$ 时的精确边际产量。可由总产量 $y$ 对施肥量 $x$ 的一阶导数求得,即总产量曲线上 $x$ 点的斜率,反映了施肥量增加时的肥效变化率。

一元三次方程总产量曲线的 3 个阶段分别由其边际产量最大($x_a$)、边际产量为零($x_c$)时划定。其边际产量 $MP$ 是典型二次曲线,其顶点(即 $MP_{max}$ 时)可用 $MP$ 曲线一阶导数等于零,即 $TP$ 曲线二阶导数等于零求出。

$$f''(x)=6b_3x+2b_2=0 \tag{15-26}$$

即

$$x_a=-\frac{b_2}{3b_3} \tag{15-27}$$

式(15-25)水稻氮肥试验的回归方程代入系数可得

$$x_a=26.48\ \text{kg/亩}$$

当 $MP=0$ 时,即 $f'(x)=3b_3x^2+2b_2x+b_1=0$,求得

$$x_c=\frac{-b_2-\sqrt{b_2^2-3b_1b_3}}{3b_3} \tag{15-28}$$

由式(15-25)水稻氮肥试验的回归方程得

$$x_c=71.68\ \text{kg/亩}$$

**(3)平均增产量**

平均增产量指单位肥料的平均增产量,计算公式为:

$$AP=\Delta y/x \qquad (15\text{-}29)$$

式中，$\Delta y$ 为施肥量 $x$ 的增产量，$\Delta y=y-y_0$；$y$ 为总产量；$y_0$ 为不施肥的产量。

一元三次回归方程，当 $x=0$ 时，$y=b_0$，所以 $b_1x+b_2x^2+b_3x^3$ 就是增量部分(图 15-13)，则

$$AP=(y-y_0)/x=b_1+b_2x+b_3x^2 \qquad (15\text{-}30)$$

平均增产量与边际产量的关系为：只要边际产量大于平均增产量(不管边际产量是递增还是递减)，平均增产量必然是增加的；相反，只要边际产量小于平均增产量，平均增产量是减少的。因此，必然存在施肥量 $x_b$ 点，边际产量等于平均增产量，此时平均增产量达到最大值。因此，通过对平均增产量的一阶导数等于零或 $AP=MP$，可以求得

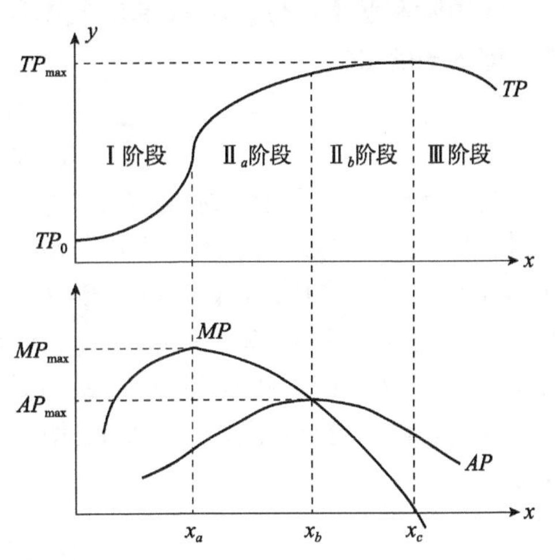


**图 15-13　肥效“S”形曲线及阶段性分析**

$$x_b=-\frac{b_2}{2b_3} \qquad (15\text{-}31)$$

式(15-25)水稻氮肥试验的回归方程：

$$x_b=39.72\ \text{kg/亩}$$

点 $x_b$ 将第Ⅱ阶段分为Ⅱ$_a$、Ⅱ$_b$ 两个阶段。从施肥经济效益角度看，在第Ⅰ阶段和Ⅱ$_a$ 阶段(施肥量 $0\sim x_b$ 时)，由于 $MP>AP$，平均增产量是在不断增加的，即单位肥料所获得的产品量是不断增加的，总产量随施肥量也在提高，就必然使总纯收益增加，而总纯收益增加是不应停止追加肥料的，否则，就会失去获得更大利润的机会，因此，合理施肥量不在这一阶段；在第Ⅲ阶段($x>x_c$)，边际产量为负值，随着肥料用量的增加，总产量越来越少，经济效益下降，显然，这一阶段也属于不合理施肥阶段；从效益分析角度，Ⅱ$_b$ 阶段即为合理施肥阶段，即 $x_b\sim x_c$ 之间存在着肥料投入的最佳点。

### 15.2.3.2　肥效经济学分析

**(1)经济学量纲**

施肥量为 $x$ 时的产量 $y=f(x)$，设产品价格为 $p_y$、肥料价格为 $p_x$，则

①产值($Q$)。为产品价格与产量之积，即 $Q=p_y\cdot y$；边际产值($Q'$)为增施单位肥料所增加的产值，即 $Q'=p_y\cdot \mathrm{d}y/\mathrm{d}x$。

②成本($C$)。包括肥料成本(肥料价格 $p_x$ 与施肥量 $x$ 之积)和施肥之外的成本 $m$，即 $C=p_x\cdot x+m$；边际成本($C'$)为增减单位肥料所增减的成本(设定 $m$ 为常数)，即 $C'=p_x$。

③利润($B$)。为产值与成本之差，即 $B=Q-C=p_y\cdot y-p_x\cdot x-m$；边际利润($B'$)为增减单位肥料成本所增减的利润额，即 $B'=p_y\cdot \mathrm{d}y/\mathrm{d}x-p_x$。利润最大时，$B'=0$，则此时 $\mathrm{d}y/\mathrm{d}x=p_x/p_y$。

④利润率($P$)。为投入单位(肥料)成本所获得的平均利润，即 $P=B/C=(Q-C)/C=Q/C-1$。

⑤边际利润率($R$)。增减单位成本所增减的平均利润，也就是利润对成本的一阶导数，即 $R=\mathrm{d}B/\mathrm{d}C$。

$$R=\frac{\mathrm{d}B}{\mathrm{d}C}=\frac{B'}{C'}=\frac{Q'}{C'}-1=\frac{p_y\mathrm{d}y}{p_x\mathrm{d}x}-1 \tag{15-32}$$

当边际产值 $Q'$ 大于边际成本 $C'$(边际利润 $B'$ 为正)，或者说边际产量 $MP(\mathrm{d}y/\mathrm{d}x)>p_x/p_y$ 时，$R>0$；当边际产值 $Q'$ 等于边际成本 $C'$(边际利润 $B'$ 为0)，或者说边际产量 $MP(\mathrm{d}y/\mathrm{d}x)=p_x/p_y$，即利润值 $B$ 最大时，$R=0$；当边际产值 $Q'$ 小于边际成本 $C'$(边际利润 $B'$ 为负)，或者说边际产量 $MP(\mathrm{d}y/\mathrm{d}x)<p_x/p_y$ 时，$R<0$；当边际产值 $Q'=0$，或者说边际产量 $MP(\mathrm{d}y/\mathrm{d}x)=0$，即总产量 $TP$ 达到最高时，$R=-1$。

变换式(15-32)的形式，用 $R$ 表达边际产量($MP$)，反映边际产量与边际利润率($R$)间的关系：

$$MP=\frac{\mathrm{d}y}{\mathrm{d}x}=\frac{p_x}{p_y}(R+1) \tag{15-33}$$

边际利润率是确定选择投资的重要指标，$R$ 值越大，边际产值越高，产值增加趋势和潜力越大，肥料投资的利润增加，但此时由于施肥量尚不多，产值相对不高。

**(2)经济最佳施肥量**

经济最佳施肥量是指在单位面积上获得最大利润(总产值与总成本之差)的施肥量。利润最大的必要条件是边际利润 $B'=0$，即边际利润率 $R=0$，此时依据边际产量 $MP(\mathrm{d}y/\mathrm{d}x)=p_x/p_y$，可求出经济最佳施肥量。

当施肥量低于经济最佳施肥量时，边际利润 $B'>0$，边际利润率 $R>0$，边际产值 $Q'>$ 边际成本 $C'$，增施肥料可增加利润；但递增等量肥料的增产值却依次下降，单位面积的施肥利润按渐减律增加。

当施肥量超过经济最佳施肥量时，边际利润 $B'<0$，边际利润率 $R<0$，边际产值 $Q'<$ 边际成本 $C'$，增施肥料的增产值小于成本，增施肥料减少利润，单位面积的施肥利润开始下降，经济效益出现负值。

因此，为了获得最大经济效益，应采用经济最佳施肥量。低于此点，施肥利润相对较低，超过此限，增加施肥量反而减少利润。当采用经济最佳施肥量时，有 $\mathrm{d}y/\mathrm{d}x=p_x/p_y$，即边际产量等于肥料与产品的价格比($p_x/p_y$)。当肥料与产品的价格比改变时，经济最佳施肥量也随之变化，而与施肥的固定成本 $m$ 无关。

值得说明的是，在农业生产中，为避免出现经济效益出现负值，应极力避免出现边际利润率 $R<0$ 的情况。总产量达到最高时，$R=-1$；从经济学角度看，不应当追求获得最高总产量。相反，为了保证投资获得稳定较高的利润，规避意外自然灾害等带来的风险，即便投资数量充足，常选用边际利润值 $R>0$ 的施肥量，以经济最佳施肥量为经济施肥的上限。$R$ 值的大小可根据肥料投资的数量、肥效的稳定性以及最优投资的选择而定。

**(3)最大利润率施肥量**

将利润率 $P$ 对施肥量 $x$ 求一阶导数并令其等于零，即可求得最大利润率施肥量。

$$\frac{\mathrm{d}P}{\mathrm{d}x}=\frac{\mathrm{d}\left(\frac{B}{C}\right)}{\mathrm{d}x}=\left(\frac{Q}{C}-1\right)'=\frac{CQ'-C'Q}{C^2}=0 \tag{15-34}$$

$$CQ'-C'Q=(x\,p_x+m)\,p_y\frac{\mathrm{d}y}{\mathrm{d}x}-p_x y\,p_y=0 \tag{15-35}$$

得

$$(x\,p_x+m)\frac{\mathrm{d}y}{\mathrm{d}x}=p_x y \tag{15-36}$$

通过式(15-36)可求出不同肥料效应模型的最大利润率施肥量。由于式(15-36)不涉及产品价格 $p_y$，可推知，最大利润率施肥量 $x$ 与产品价格 $p_y$ 无关，其只随固定成本 $m$ 和肥料价格 $p_x$ 变化。以一元二次多项式模型为例，将式(15-10)代入式(15-23)，求得最大利润率施肥量。

$$x=\frac{-mb_2\pm\sqrt{(mb_2)^2-mb_1b_2\,p_x}}{b_2\,p_x} \tag{15-37}$$

可知，一元二次多项式模型最大利润率施肥量随固定成本 $m$ 增加而增加，随肥料价格 $p_x$ 增加而减小，与产品价格 $p_y$ 无关。

当利润率($P$)最大时，必定有边际利润为正、边际利润率 $R>0$，施肥量处于相对较低水平。在资金不足、肥料投入有限的情况下，不能保证施肥量达到经济最佳施肥量时，土地的生产潜力难以充分发挥。为了发挥肥料投资的最大经济利益，应以单位肥料投资获得利润率最高为原则，即优先满足全部土地的最大利润率施肥量，而不将有限肥料追求部分土地面积的经济最佳施肥量。最大利润率施肥量($R>0$)为经济施肥的下限，经济最佳施肥量为经济施肥的上限($R=0$)，而肥料的最高用量不能超过最高产量施肥量($R=-1$)，这就是合理施肥应严格把握的经济界限。

#### 15.2.3.3 常见函数模型的施肥量计算

依据边际产量与边际利润率的关系式计算施肥量。

①二次多项式：

$$y=b_0+b_1x+b_2x^2 \tag{15-38}$$

$$\frac{\mathrm{d}y}{\mathrm{d}x}=b_1+2b_2x=\frac{p_x}{p_y}(R+1) \tag{15-39}$$

经济施肥量为：

$$x=\frac{\frac{p_x}{p_y}(R+1)-b_1}{2b_2} \tag{15-40}$$

当 $R=0$ 时，经济最佳施肥量为：

$$x=\frac{\frac{p_x}{p_y}-b_1}{2b_2} \tag{15-41}$$

当 $R=-1$ 时，最高产量施肥量为：

$$x=-\frac{b_1}{2b_2} \tag{15-42}$$

②平方根多项式：

$$y=b_0+b_1x^{0.5}+b_2x \tag{15-43}$$

$$\frac{\mathrm{d}y}{\mathrm{d}x}=0.5b_1x^{0.5}+b_2=\frac{p_x}{p_y}(R+1) \tag{15-44}$$

经济施肥量为：

$$x=\left[\frac{0.5b_1}{\frac{p_x}{p_y}(R+1)-b_2}\right]^2 \tag{15-45}$$

当 $R=0$ 时，经济最佳施肥量为：

$$x=\left[\frac{0.5b_1}{p_x/p_y-b_2}\right]^2 \tag{15-46}$$

当 $R=-1$ 时，最高产量施肥量为：

$$x=-\frac{b_1}{2b_2} \tag{15-47}$$

③三次多项式：

$$y=b_0+b_1x+b_2x^2+b_3x^3 \tag{15-48}$$

$$\frac{\mathrm{d}y}{\mathrm{d}x}=b_1+2b_2x+3b_3x^2=\frac{p_x}{p_y}(R+1) \tag{15-49}$$

经济施肥量为：

$$x=\frac{b_2+\sqrt{b_2^2-3b_3[b_1-(R+1)p_x/p_y]}}{-3b_3} \tag{15-50}$$

当 $R=0$ 时，经济最佳施肥量为：

$$x=\frac{b_2+\sqrt{b_2^2-3b_3(b_1-p_x/p_y)}}{-3b_3} \tag{15-51}$$

当 $R=-1$ 时，最高产量施肥量为：

$$x=\frac{b_2+\sqrt{b_2^2-3b_1b_3}}{-3b_3} \tag{15-52}$$

如水稻氮肥效应函数 $y=202.1515+3.995671x+0.07884199x^2-0.0009924242x^3$，$p_x=2.6$ 元/kg，$p_y=2.2$ 元/kg，得不同 $R$ 值的施肥量(表 15-13)。随着 $R$ 值减小，施肥量持续增加，肥料成本也相应增加，而施肥利润按渐减率增加。当 $R=0$ 时，达经济最佳施肥量，单位面积的施肥利润最大，为 536.72 元/亩；当施肥量达最高产量施肥量时，即 $R=-1$ 时，最高产量为 528.15 kg/亩，施肥利润减少 5.90 元/亩；当 $R$ 值由 0 增加到 0.2 时，肥料成本减少 2.58 元/亩，而施肥利润仅减少 0.258 元/亩。

④指数曲线模型：

$$y=A(1-10^{-cx}) \tag{15-53}$$

$$\frac{\mathrm{d}y}{\mathrm{d}x}=AC\,10^{-cx}\ln 10=\frac{p_x}{p_y}(R+1) \tag{15-54}$$

表 15-13　水稻氮肥效应的不同 $R$ 值施肥量与利润　　元/亩

| $R$ 值 | 施肥量 | 增产量 | 肥料成本 | 施肥利润 |
|---|---|---|---|---|
| 3.0 | 47.82 | 262.9 | 124.34 | 453.95 |
| 2.0 | 55.68 | 295.6 | 144.76 | 505.53 |
| 1.0 | 61.83 | 313.9 | 160.75 | 529.77 |
| 0.5 | 64.53 | 319.5 | 167.78 | 535.07 |
| 0.2 | 66.07 | 321.9 | 171.77 | 536.47 |
| 0 | 67.06 | 323.2 | 174.35 | 536.72 |
| -1 | 71.68 | 326.0 | 186.38 | 530.82 |

经济施肥量：

$$x=\frac{1}{C}\left[\lg(AC\ln 10)-\lg\frac{p_x}{p_y}(R+1)\right] \tag{15-55}$$

当 $R=0$ 时，经济最佳施肥量为：

$$x=\frac{1}{C}\lg\left(\frac{p_y}{p_x}AC\ln 10\right) \tag{15-56}$$

当 $R=-1$ 时，最高产量施肥量为：

$$x=\frac{1}{C}\lg(AC\ln 10) \tag{15-57}$$

## 15.2.4　多元肥料效应分析与施肥量的确定

### 15.2.4.1　养分间替代关系和最佳配比

**(1)等产线与养分替代**

多元养分肥料效应函数为 $y=f(x_1,\ x_2,\ \dots,\ x_n)$。当等产量时，产量为常数，可根据原函数关系求出多元养分之间的相互代替关系。

如 2 种肥料的二元二次函数表达式为：

$$y=b_0+b_1x_1+b_2x_1^2+b_3x_2+b_4x_2^2+b_5x_1x_2 \tag{15-58}$$

则养分 $x_2$ 与 $x_1$ 的替代关系可表示为：

$$b_4x_2^2+(b_3+b_5x_1)x_2+(b_0+b_1x_1+b_2x_1^2-y)=0 \tag{15-59}$$

或

$$x_2=\frac{-(b_3+b_5x_1)\pm\sqrt{(b_3+b_5x_1)^2-4b_4(b_0+b_1x_1+b_2x_1^2-y)}}{2b_4} \tag{15-60}$$

$x_2$ 与 $x_1$ 为曲线关系，养分间的这种替代曲线关系称为等产线。不同产量 $y_i$，有不同的等产量曲线，构成不相交的等产线族(图 15-14 中的 $y_i$，$i=1,\ 2,\ 3,\ \cdots$)，每条等产线分

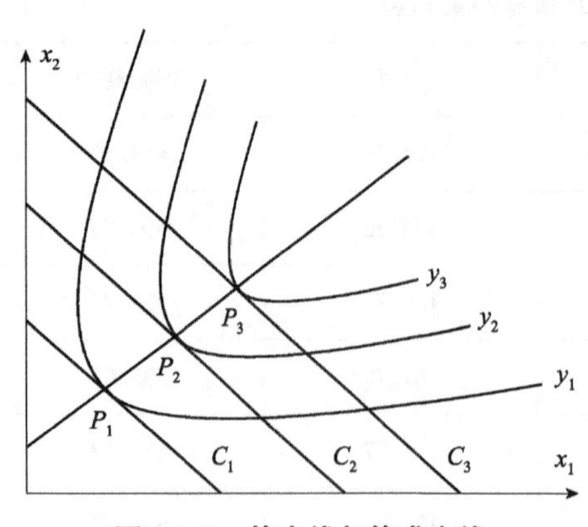

图 15-14 等产线与等成本线

别代表不同产量情况下多元养分间的可能组合。肥料组合中的替代与营养元素之间在植物生理上的不可代替并不矛盾。当肥料配合比例不合理时，总有一些养分处于不合理的状态；调节某种养分的用量可使其他养分变得相对合理，这时在施肥上就表现为肥料之间可以相互代替，一种养分增减引起的产量的减量，正好可以与由其他养分量改变引起产量的增量相抵。这不仅证明了营养元素在生理上的不可代替性，而且证明了多元养分间在施肥上的相互代替是有一定限度的，养分间的任意变动将会使实际产量偏离等产线。

**(2)边际替代率**

当等产量时，则肥料效应函数的全微分形式为：

$$\mathrm{d}y = \sum_{i=1}^{n} \frac{\partial y}{\partial x_i}\mathrm{d}x_i = 0 \tag{15-61}$$

2 种肥料的二元二次函数表达式为：

$$\mathrm{d}y = \frac{\partial y}{\partial x_1}\mathrm{d}x_1 + \frac{\partial y}{\partial x_2}\mathrm{d}x_2 = 0 \tag{15-62}$$

故边际替代率为：

$$\frac{\mathrm{d}x_2}{\mathrm{d}x_1} = -\frac{\dfrac{\partial y}{\partial x_1}}{\dfrac{\partial y}{\partial x_2}} = -\frac{b_1+2b_2x_1+b_5x_2}{b_3+2b_4x_2+b_5x_1} \tag{15-63}$$

边际替代率即等产曲线的斜率(图 15-14 中的 $C_i$)，等于 2 种边际产量之比的倒数的负值。

**(3)等成本线**

2 种肥料的二元二次函数的总成本 $C=m+p_{x_1}\cdot x_1+p_{x2}\cdot x_2$，可变换为：

$$x_2 = \frac{C}{p_{x_2}} - \frac{m}{p_{x_2}} - \frac{p_{x_1}}{p_{x_2}}x_1 \tag{15-64}$$

如成本 $C$、$m$ 为固定值，则 $x_2$ 与 $x_1$ 为直线关系，称等成本线(图 15-14 中的 $C_i$)。同一等成本线线上各点 $x_1$、$x_2$ 养分配比不同，但总成本相同。因总成本分别与 $x_1$、$x_2$ 成正比线性关系，故距原点越近的等成本线表示总成本越小。

等成本线斜率为：

$$\frac{\mathrm{d}x_2}{\mathrm{d}x_1} = -\frac{p_{x_1}}{p_{x_2}} \tag{15-65}$$

即等成本线上 2 种肥料的边际替代率为它们价格之比的负倒数。

**(4)经济最佳配比**

对于 2 种养分，只有等产线 $y_i$ 与等成本线 $C_i$ 的切点 $P_i$(即边际替代率相等时)，同时满足产量、成本都不变，且成本最小。等产线 $y_i$ 上任意其他点，虽产量不变，但总成本都相比切点 $P_i$ 增加；同样，等成本线 $C_i$ 除切点 $P_i$ 外的其他点，虽总成本不变，但产量发生改变。图 15-14 中 $y_1$ 与 $C_2$、$C_3$ 的交点，产量虽均为 $y_1$，但成本分别为 $C_2$、$C_3$，均大于切点 $P_1$ 的成本 $C_1$。即切点满足

$$\frac{dx_2}{dx_1}=-\frac{\frac{\partial y}{\partial x_1}}{\frac{\partial y}{\partial x_2}}=-\frac{p_{x_1}}{p_{x_2}} \tag{15-66}$$

或

$$\frac{\frac{\partial y}{\partial x_1}}{p_{x_1}}=\frac{\frac{\partial y}{\partial x_2}}{p_{x_2}} \tag{15-67}$$

因此，当等产线上某点的边际替代率等于 2 种肥料价格比的负倒数时，或该点各肥料的边际产量与肥料价格之比相等时，养分配比的成本最小，此养分配比是获得该产量水平的经济最佳配比。对于二元二次函数，经济最佳配比为：

$$\frac{dx_2}{dx_1}=-\frac{b_1+2b_2x_1+b_5x_2}{b_3+2b_4x_2+b_5x_1}=-\frac{p_{x_1}}{p_{x_2}} \tag{15-68}$$

或

$$x_2=\frac{b_5\,p_{x_1}-2b_2\,p_{x_2}}{b_5\,p_{x_2}-2b_4\,p_{x_1}}x_1+\frac{b_3\,p_{x_1}-b_1\,p_{x_2}}{b_5\,p_{x_2}-2b_4\,p_{x_1}} \tag{15-69}$$

即将等产线与等成本线的各切点 $P_i$ 连接起来为一直线(图 15-14)，称为养分经济最佳配比线。线上任意一点的养分配比都是获得对应产量水平的经济最佳配比，$x_1$、$x_2$ 配比都可获得最大的经济收益。

推广到三元及以上，则有条件：

$$\frac{\frac{\partial y}{\partial x_1}}{p_{x_1}}=\frac{\frac{\partial y}{\partial x_2}}{p_{x_2}}=\cdots=\frac{\frac{\partial y}{\partial x_n}}{p_{x_n}} \tag{15-70}$$

即各养分边际产量与其肥料价格之比相等。据此条件，可求不同产量水平下的各肥料间经济最佳配比关系。

#### 15.2.4.2　多元肥料效应常见模型的施肥量计算

**(1)多元函数边际产量与边际利润率的关系**

多元肥料效应函数 $y=f(x_1, x_2, \cdots, x_n)$，同时施用 $n$ 种养分，第 $i$ 种养分施用量 $x_i$，价格 $p_{x_i}$，固定成本 $m$，产品价格 $p_y$，则分别有产值 $Q=p_y\cdot y$，成本 $C=m+\sum_{i=1}^{n}p_{x_i}x_i$。

则边际利润率为：

$$R=\frac{\partial B}{\partial C}=\frac{\partial Q/\partial x_i}{\partial C/\partial x_i}-1=\frac{p_y\partial y/\partial x_i}{p_{x_i}}-1 \tag{15-71}$$

变换形式，即边际产量与边际利润率关系式：

$$\frac{\partial y}{\partial x_i}=\frac{p_{x_i}}{p_y}(R+1) \qquad (i=1,\ 2,\ \cdots,\ n) \tag{15-72}$$

$R=0$，施肥利润最大化时，则经济最佳施肥量满足以下条件：

$$\frac{\partial y}{\partial x_i}=\frac{p_{x_i}}{p_y} \qquad (i=1,\ 2,\ \cdots,\ n) \tag{15-73}$$

即各养分引起的边际产量等于养分与产品的价格比，也即各养分边际产值均等于边际成本时，此时单位面积施肥利润最大，此时的施肥量即经济最佳施肥量，养分配比即经济最佳养分配比。当肥料与产品的价格比改变时，经济最佳施肥量和经济最佳养分配比也随之变化，而与施肥的固定成本 $m$ 无关。

**(2) 二元二次函数**

$$y=b_0+b_1x_1+b_2x_1^2+b_3x_2+b_4x_2^2+b_5x_1x_2 \tag{15-74}$$

依据式(15-72)，则

$$\frac{\partial y}{\partial x_1}=b_1+2b_2x_1+b_5x_2=\frac{p_{x_1}}{p_y}(R+1) \tag{15-75}$$

$$\frac{\partial y}{\partial x_2}=b_3+2b_4x_2+b_5x_1=\frac{p_{x_2}}{p_y}(R+1) \tag{15-76}$$

解上式得经济施肥量：

$$x_1=(S_2b_5-2S_1b_4)D^{-1} \tag{15-77}$$

$$x_2=(S_1b_5-2S_2b_2)D^{-1} \tag{15-78}$$

式中，$S_1=\frac{p_{x_1}}{p_y}(R+1)-b_1$；$S_2=\frac{p_{x_2}}{p_y}(R+1)-b_2$；$D=b_5^2-4b_1b_2$。

**(3) 三元二次函数**

$$y=b_0+b_1x_1+b_2x_1^2+b_3x_2+b_4x_2^2+b_5x_3+b_6x_3^2+b_7x_1x_2+b_8x_1x_3+b_9x_2x_3 \tag{15-79}$$

依据式(15-72)，则

$$\frac{\partial y}{\partial x_1}=b_1+2b_2x_1+b_5x_2=\frac{p_{x_1}}{p_y}(R+1) \tag{15-80}$$

$$\frac{\partial y}{\partial x_2}=b_3+2b_4x_2+b_5x_1=\frac{p_{x_2}}{p_y}(R+1) \tag{15-81}$$

解上式得经济施肥量：

$$x_1=[S_1(4b_4b_6-b_9^2)+S_2(b_8b_9-2b_6b_7)+S_3(b_7b_9-2b_4b_8)]D^{-1} \tag{15-82}$$

$$x_2=[S_1(b_8b_9-2b_6b_7)+S_2(4b_2b_6-b_8^2)+S_3(b_7b_8-2b_6b_9)]D^{-1} \tag{15-83}$$

$$x_3=[S_1(b_7b_9-2b_4b_8)+S_2(b_7b_8-2b_2b_9)+S_3(4b_2b_4-b_7^2)]D^{-1} \tag{15-84}$$

式中，$S_1=\frac{p_{x_1}}{p_y}(R+1)-b_1$；$S_2=\frac{p_{x_2}}{p_y}(R+1)-b_3$；$S_3=\frac{p_{x_3}}{p_y}(R+1)-b_5$。

$$D=2(4b_2b_4b_6+b_7b_8b_9-b_2b_9^2-b_4b_8^2-b_6b_7^2) \tag{15-85}$$

# 15.3　施肥量的其他确定方法

## 15.3.1　养分平衡法

养分平衡法是以养分归还学说为理论依据，根据作物目标产量需肥量与土壤供肥量之差来估算施肥量的方法，又称目标产量法或地力差减法。其中“平衡”之意在于若土壤供应的养分满足不了作物的需要，就用肥料补足；只有养分供需达到平衡，作物才能达到期望产量。例如，计划每公顷产粮 7 500 kg，而某农田只能供应作物 4 500 kg 产量需要的养分，那么有 3 000 kg 产量所需的养分必须通过施肥来解决。该方法由曲劳(Truog)在第七次国际土壤学会上提出，后为斯坦福(Stanford)所发展并用于生产实践。其表达式为：

$$\text{施肥量}=\frac{\text{目标产量养分需要量}-\text{土壤养分供给量}}{\text{肥料中的有效养分含量}\times\text{肥料当季利用率}} \tag{15-86}$$

**(1)参数计算**

式(15-86)中目标产量养分需要量(kg/hm$^2$)可由目标产量和单位产量的养分需要量求得。因此，欲通过式(15-86)准确计算施肥量，需知道目标产量、单位产量的养分需要量、土壤养分供给量(kg/hm$^2$)、肥料当季利用率(%)和肥料中有效养分含量(%)5 项参数。

①目标产量。是指预期要达到的产量，即计划产量，是施肥的目标，是一个很重要的参数。施肥量是否经济合理的关键是目标产量拟定是否恰当，定得太低，往往不能发挥土地的生产潜力；定得过高，即使通过施用大量肥料实现目标产量，但经济效益却很低，甚至出现亏损。这种先定目标产量，并以目标产量来确定施肥量的做法称为以产定肥。定目标产量的方法有多种，在进行充分田间试验的条件下，有人直接用全肥处理的产量的平均值作为当地的目标产量；在没有进行充分田间试验的地方，有人建议用前 3 年正常年景时的最高产量作为目标产量，或者再提高一点，如提高 10%~15%；也有人主张根据农民的经验来确定，但采用较多的是以土定产、以水定产、前几年平均单产法等方法。

a. 以土定产。即根据土壤肥力水平确定目标产量。土壤肥力是决定作物产量的基础，土壤肥力水平越高，作物产量越高，土壤自身的基础肥力对产量的贡献率也越大，提出的目标产量就可以越高，相反就要低些。通过设置无肥区和全肥区 2 个处理的田间试验研究发现，作物相对产量与基础产量间能较好地拟合直线方程。

$$x/y=ax+b \tag{15-87}$$

即

$$y=x/(ax+b) \tag{15-88}$$

式中，$x$ 为基础产量，即无肥区作物产量，代表土壤基础肥力；$y$ 为全肥区作物产量；$a$、$b$ 为待定系数；$x/y$ 为作物相对产量，又称为作物对土壤基础肥力的依存率。

一旦通过相当数量的试验确定了系数 $a$ 和 $b$，对某地某作物而言，只要我们知道不施肥的土壤产量(基础产量)，就可以求出施肥产量，即目标产量。应当指出，以土定产模式的建立，是以作物对土壤肥力的依存率作为理论基础的，也就是说土壤基础肥力决定目标产量。它把经验估产提高到计量水平，但对土壤有障碍因子以及气候、降水量不正常的情况则不适用。

b. 以水定产。在降水量不足又无灌溉条件的旱作地区或季节，水分代替土壤养分成为主要限制因子，作物产量往往受限于土壤水分状况或生育期降水量。若目标产量的确定过分依靠土壤肥力水平或化学方法测出的土壤有效养分肥力指标，很可能得出不正确的结果，为此，应把重心移到土壤水分或生育期降水量方面来，并以此来确定目标产量。通常的做法是先建立水量效应指数，即建立过去降水量与作物产量之间的联系，再利用气象预报的降水量估算预期的目标产量。

c. 前几年平均单产法。一般以当地前 3 年平均单产和年递增率为基础，即

$$目标产量=前3年平均单产\times(1+年递增率) \tag{15-89}$$

②单位产量的养分需要量。是指作物每生产单位经济产量(如 100 kg)所吸收的养分数量，即养分百分含量。具体做法：作物成熟后，将作物按茎、叶、籽粒等部分收集起来，分别称重并测定养分含量，计算各部分养分绝对量累加的养分总量，然后换算为单位经济产量的养分量。这一参数虽受环境因素影响较大，但基本比较稳定。获得这些数据的工作量是较大的，需要长年积累。数十年来，我国已经积累了一些具有一定代表性的数据(参见前文相关章节及有关农业手册的数据)。也有人按产量水平分级来计算这一参数，无疑是一个更精确的办法。

③土壤养分供给量。确定土壤供肥参数的方法较多，因计算方法不同，养分平衡法也被划分为土壤有效养分利用系数法和地力差减法等。

a. 土壤有效养分利用系数法。是通过土壤元素化学分析确定土壤养分供给量的方法，是测土平衡施肥的基本方法。迄今为止，各种土壤分析方法还都难以测出土壤对一季作物所能供应养分的绝对数量。土壤有效养分测试值只是表示土壤供肥能力的一个相对值，怎样反映土壤真实的供肥量呢？曲劳将肥料利用率的概念引用到土壤有效养分上来，提出了土壤有效养分利用系数的概念，设定土壤有效养分也存在利用率问题，那么，通过土壤元素化学分析的测试值(mg/kg)、土壤质量和利用率，可得出土壤的真实供应量(kg/hm$^2$)，以耕作层(20 cm)土壤质量 2.25×10 kg/hm$^2$ 计，即

$$土壤养分供应量=土壤有效养分测定值\times 2.25\times 土壤有效养分利用系数 \tag{15-90}$$

土壤有效养分利用系数可以事先通过田间试验，在不施肥情况下由土壤有效养分测试值与农作物基础产量求得。

$$\begin{aligned}土壤有效养分利用系数&=\frac{不施肥作物养分吸收量}{不施肥土壤有效养分总量}\\&=\frac{基础产量\times 单位产量养分需要量}{土壤有效养分测试值\times 2.25}\end{aligned} \tag{15-91}$$

式中，2.25 为换算系数，即 1 单位(1 mg/kg)土壤养分测试值对应的 1 公顷耕作层土壤有效养分的量(kg/hm$^2$)。

一般来说，土壤有效养分利用系数也是变化的，它随土壤养分测定值的提高而降低。

b. 地力差减法。通过测基础产量确定土壤养分供给量，即直接采用田间试验中不施肥(或缺某养分)小区作物养分吸收量作为土壤养分供应量。但是很明显，在施全肥情况下作物从土壤中获得的养分量并不完全等于不施肥情况下的吸收量，不过这仍不失为一个简

便的解决的途径。

$$土壤养分供应量=无肥区产量(基础产量)\times 单位经济产量养分需要量 \tag{15-92}$$

④肥料当季利用率。是指当季作物从所施肥料中吸收的养分占施入肥料养分总量的百分数。肥料利用率并非恒值，它因作物种类、土壤肥力、气候条件和农艺措施而异，在很大程度上取决于肥料用量、用法和施用时期。目前，测定肥料利用率常用的方法有同位素肥料示踪法和田间差减法。同位素示踪法：将一定丰度或一定放射强度的同位素标记肥料($^{32}P$、$^{15}N$ 或$^{86}Rb$)施入土壤，待作物成熟后分析测定其所吸收利用的数量，就可以计算出该肥料的利用率。田间差减法：其原理同养分平衡法测定土壤供肥量的方法类似，即利用施肥区作物吸收的养分量减去不施肥区作物吸收的养分量，其差值视为肥料供应的养分量，它与所施肥料养分总量的比值就是肥料利用率。

⑤肥料中有效养分含量。利用养分平衡法确定施肥量时，肥料中有效养分含量也是一个重要参数，该参数容易得到，各种成品化肥的有效成分为定值且标明在肥料包装容器上。有机肥的养分含量差异较大，最好通过分析测定，也可参考相关资料获得。

至此，5 项参数已具备。施肥量的计算公式表达如下：

$$施肥量=\frac{目标产量\times 单位经济产量的养分需要量}{肥料中养分含量\times 肥料当季利用率}-\frac{土壤有效养分测定值\times 2.25\times 土壤有效养分利用系数}{肥料中养分含量\times 肥料当季利用率} \tag{15-93}$$

或

$$施肥量=\frac{(目标产量-无肥区产量)\times 单位经济产量的养分需要量}{肥料中养分含量\times 肥料当季利用率} \tag{15-94}$$

**(2)有机肥的养分折算**

有机肥中除含丰富的有机质外，还含有多种营养成分，在计算施肥量时应考虑有机肥中这部分营养元素的含量。在已施有机肥的情况下，化肥施用量需要核减，核减方法主要有以下几种。

①单位有机肥增产量计算法。对当地积造的有机肥进行田间试验，设置施肥与不施肥 2 个处理，求出每 1 000 kg 有机肥当季增产量。本法无须分析有机肥料中的养分，也不需要测出它们的肥料利用率。利用这一参数，在施肥量公式中，从目标产量项中扣除施有机肥所增加的产量，然后按公式计算出的施肥量即核减后的化肥施用量。

②养分差减法。在掌握有机肥养分含量(%)和有机肥利用率(主要指氮素利用率)的情况下，先求出有机养分供应量($kg/hm^2$)，再从目标产量养分需要量项中扣减，或加入土壤养分供给量项中。

$$有机养分供应量=有机肥用量\times 有机肥养分含量\times 有机肥利用率 \tag{15-95}$$

③同效当量法。鉴于有机肥和化肥利用率不同，先测出有机肥养分含量(主要是氮)，通过养分量相等的有机肥和化肥的田间试验，计算出两者增产量的比值，即为同效当量。若同效当量为 0.7，则表示 1 kg 有机肥的养分相当于 0.7 kg 化肥的养分。将所施有机肥的养分总量(有机肥施用量×养分含量)乘以同效当量，所得的乘积从目标产量养分需要量项中减去，即求出核减后的化肥施用量；或者根据各自养分含量，按同效当量的比例将所施

有机肥换算为化肥当量，在最后计算出的“施肥量”中核减。

$$同效当量=\frac{施有机肥的产量-不施肥的产量}{施化肥的产量-不施肥的产量} \tag{15-96}$$

### 15.3.2 土壤肥力指标法

土壤肥力指标法是基于土壤养分分析和以此建立并经生物相对指标校验的土壤有效养分肥力指标，判断土壤(某)营养元素的丰缺程度和提出施肥量化方案的方法。该方法依据建立的土壤肥力指标，可以简易、快速地指导作物施肥，并可服务到每一地块，是测土配方施肥的经典方法。

**(1)土壤肥力分级法**

按土壤养分测定值及作物产量反应，先将土壤分成若干等级，然后在不同肥力等级的土壤上进行肥料用量试验，通过肥料效应试验函数法求出每个肥力等级的最高产量施肥量和经济最佳施肥量(表15-14)。在一定时间和一定地区内，只要测得土壤养分含量就可归入相应等级，比照计算结果确定相应的施肥量。

**表15-14 紫色土不同磷素水平的小麦施肥量** $kg/hm^2$

| 土壤磷素分级 | 极低 | 低 | 中 | 高 | 极高 |
|---|---|---|---|---|---|
| 土壤有效磷范围 | <8 | 8~18 | 18~33 | 33~56 | >56 |
| 土壤有效磷水平 | 6 | 14 | 26 | 45 | 57 |
| 最高产量施肥量 | 115 | 110 | 85 | 47 | 22 |
| 经济最佳施肥量 | 97 | 91 | 70 | 35 | 17 |
| 最高产量 | 289 | 325 | 363 | 392 | 417 |

注：有效磷含量1 $kg/hm^2$=2.25 mg/kg。

还可进一步利用上述肥效试验函数，同时求出各个肥力等级的最高产量(表15-14)，以经济最佳施肥量为因变量($y$)，最高产量($x_1$)和土壤有效磷水平($x_2$)为自变量，进行多元回归，求出回归方程。以表15-14数据为例，拟合二元一次方程，可得

$$y=0.1741x_1-2.027x_2+60.16 \tag{15-97}$$

$x_1$可以看作目标产量，如果已知土壤测试值和目标产量(或计划产量)，代入上式即可求得施肥量。所得到的这个回归方程，其应用的区域一般可以比上述肥力分级法更广一些。但回归方程必须符合统计要求的数据量，不可太少。若所分等级数少，可每个等级增加重复或再设子等级。

**(2)临界值法**

向缺乏养分的土壤施入肥料使其养分水平提高到临界值范围，施肥量为：

$$施肥量=\lambda(土壤养分临界值-土壤养分实测值) \tag{15-98}$$

式中，土壤养分一般采用有效养分(个别也采用水溶性养分)，相应临界值参见表15-8至表15-11，或通过田间试验求得；$\lambda$称为肥料系数，为土壤有效养分提高一个单位(通常1 mg/kg)所需施入的肥料量，通过室内或田间培育试验求出。如磷肥系数，向土壤加入不同量磷肥，培育一定时间后，测定有效磷水平，用加入的磷量和测定的有效磷作直线(或

求回归方程)，其斜率(或一阶导数)即为磷肥系数。显然，肥料系数受培育时间的影响，因为土壤加入肥料后，有效养分将随时间延长而下降，只有到大体不再下降(即平衡)时才能得到一个基本稳定的值，所以培育时间要足够长。但是有些土壤尽管有效养分随培育时间延长而下降，但变化不明显，所以，在测定时肥料系数要选一个适当的培育时间。氮素在土壤中较复杂，一般不用此方法。

**(3)养分丰缺指标法**

根据土壤养分测定值及作物产量反应，将土壤分级并定性给出施肥量的建议(表 15-7)。此法简便易行，但精度差。

### 15.3.3　氮、磷、钾比例法

在不同土壤肥力水平下，通过多点(≥30)二因素(或三因素)多水平氮、磷、钾肥试验，得出氮、磷、钾肥的适宜用量，然后计算出二者(或三者)之间的比例关系。在应用中只需确定其中一种养分的施用数量，然后按养分之间的比例关系确定其他养分的施用量。通常是先定氮，然后以氮定磷、定钾等，如用养分平衡法确定氮肥用量，然后根据农作物需肥比例、肥料利用率和土壤供肥水平确定磷、钾肥的用量。将确定氮肥用量放在首位，一方面，这是由于氮肥在植物营养中的重要性，它对作物产量的形成有着举足轻重的作用；另一方面，氮素是个很活泼的营养元素，至今尚没有一种较理想的测定方法来确定土壤有效氮含量。磷、钾等营养元素在土壤中的行为相对稳定，现有土壤的有效磷、钾的测定方法也比较可靠，因而，在生产实践中人们摸索出以土定产，以产定氮，以氮定磷、钾的施肥策略，比较可靠。

此法的优点是减少了工作量，也容易理解和掌握。但是，由于作物对养分吸收的比例和应施养分之间的比例有所不同，施入土壤的各养分元素通过土壤固定、转化后，其供给植物的强度也互不相同，所以，应用此法时必须先做好田间试验，对不同条件和不同作物确定符合客观要求的氮、磷、钾肥料施用比例。

## 复习思考题

1. 植物营养诊断有哪些方法？各有什么优缺点？
2. 营养诊断法在科学施肥中有哪些作用？
3. 植株和土壤的元素化学分析诊断受哪些因素影响？怎样提高诊断准确性？
4. 什么是肥料效应函数？肥料效应模型有哪些类型？各模型适用性如何？
5. 简述边际产量、边际产值、边际成本、边际利润、边际利润率的概念和计算方法。
6. 简述最高产量施肥量、经济最佳施肥量、经济合理施肥量的概念和计算方法。
7. 如何进行肥料效应试验设计及方程配置？
8. 什么是养分平衡法，怎样根据养分平衡法确定施肥量？如何确定目标产量和确定土壤养分供给量？
9. 怎样理解以土定产，以产定氮，以氮定磷、钾？
10. 计算施用量时，在已施有机肥的情况下如何核减化肥用量？

# 第 16 章

# 主要作物施肥技术

【内容提要】获得高产和优质是作物施肥的重要目的。科学施肥需要植物营养学、土壤学、作物栽培学和气象学等多方面的知识。本章主要介绍了粮食作物、经济作物、果树的营养特性和施肥技术，是对植物营养学有关知识在施肥实践中具体应用的总结。

## 16.1 粮食作物施肥技术

粮食作物是国家的命脉，在栽培植物中占比最大、种类及品种最多，其中水稻、小麦、玉米、薯类作物占 90%以上。本节主要介绍水稻、小麦、玉米三大粮食作物的营养特性及施肥技术。

### 16.1.1 水稻施肥

我国是世界上最早栽培水稻的国家之一，水稻的种植面积占全球的 1/5，南自海南三亚，北至黑龙江漠河均有分布。南方以种植籼稻为主，北方以种植粳稻为主。2023 年，我国水稻种植面积为 $0.29\times10^{8}$ $hm^{2}$，占全国粮食作物总面积的 1/4 以上，产量占全国粮食总产的 44%，单产比世界平均水平高 65%，居世界第一。

我国有着悠久的水稻种植历史，因此在水稻施肥方面积累了丰富的经验。水稻的施肥需要根据品种的营养特性、肥料性质、土壤条件、气候及生态环境等多种因素来确定施肥时间、施肥量、肥料品种和施肥方法。水稻合理施肥不仅能提高肥料利用率、水稻产量及品质，还能提高稻田土壤的肥力，保护生态环境，有利于农业的可持续发展。

#### 16.1.1.1 水稻的营养特性

水稻因其在淹水条件下生长时间较长，形成了与其他作物不同的生理特性，因而水稻的营养特性也与其他作物有了较大差异。水稻全生育期可分为营养生长和生殖生长两大阶段，营养生长主要以营养体即根、茎、叶等器官的生长为主，植株体积逐渐变大，为生殖生长积累养分，其间对营养元素的吸收和同化最为旺盛，主要以氮素代谢最为活跃。水稻施肥的目标在于壮苗，促进水稻分蘖，确保单位面积有足够的有效穗数。生殖生长主要是生殖器官的形成，以开花、结实和籽粒充盈为主，在此期间植株体积的扩大逐渐减弱，合成的碳水化合物大部分被运输到种子中积累，以碳素代谢最为活跃。施肥的目的在于促进穗齐、穗大、籽粒饱满。这两个阶段中营养生长是基础，良好的营养生长能促进生殖生长，实现优质高产。由于水稻种植在不同的地域，受海拔高度、纬度及品种的影响，两个生长时期的出现时间与衔接有所变化，故应充分考虑营养生长和生殖生长出现的时间，调整施肥措施。在高寒地区，营养生长和生殖生长两个阶段的衔接形式为重叠型；在温带地区，营养生长和生殖生长两个阶段的衔接形式为连续型；在温热地区，营养生长和生殖生长两个阶段的衔接形式为分离型。多数品种的水稻一般苗床、插秧到分蘖、拔节到孕穗、灌浆到收获各40 d。

水稻的生长发育除17种必需营养元素外，对硅的吸收量也较多。通常，水稻体内含氮量为干重的1%~4%(下同)，含磷量为0.4%~1%，含钾量为0.5%~5.5%，含钙量为0.3%~0.7%，含镁量为0.5%~1.2%，含硫量约为0.2%~1.0%。水稻微量元素含量很低，铁200~400 mg/kg，锰500~1 000 mg/kg，锌15~30 mg/kg，钼0.2~2 mg/kg，氯150~990 mg/kg。

### 16.1.1.2　水稻对氮、磷、钾的吸收规律

水稻对养分的吸收量可以通过收获物总量和养分含量来计算。据国际水稻研究所的资料，栽培IR36水稻品种，产量为7.2 t/hm$^2$，每吨稻谷带走氮14.3 kg，磷1.8 kg，钾2.1 kg，同时稻草带走氮6.4 kg，磷0.5 kg，钾20.3 kg，以及其他养分。我国南方不同水稻对氮、磷、钾的吸收见表16-1。水稻品种、产量、栽培条件不同，其氮、磷、钾的吸收量也会有一定差异。一般而言，高产水稻吸收的养分量高于低产水稻，粳稻高于籼稻，籼稻中晚稻高于早稻；杂交水稻与常规水稻相比，氮、磷吸收量较接近，而钾的吸收量显著高于常规水稻。

**表16-1　水稻形成100 kg经济产量吸收的氮、磷、钾量**　kg

| 水稻类型 | N | $P_2O_5$ | $K_2O$ | $N:P_2O_5:K_2O$ |
|---|---|---|---|---|
| 双季早稻 | 1.65~1.80 | 0.80~1.02 | 1.65~3.82 | 1 : 0.52 : 1.57 |
| 双季晚稻 | 1.71~1.90 | 0.73~0.91 | 2.36~3.12 | 1 : 0.46 : 1.57 |
| 杂交早稻 | 2.10~2.80 | 0.40~1.20 | 2.29~4.32 | 1 : 0.44 : 1.36 |
| 杂交中稻 | 2.19~2.39 | 0.83~1.13 | 2.43~3.50 | 1 : 0.43 : 1.30 |
| 杂交晚稻 | 2.30~2.60 | 0.93~1.14 | 2.56~3.69 | 1 : 0.42 : 1.35 |

水稻氮、磷、钾含量随生育期而变化，含氮量最高的生育期是苗期至分蘖后期，含量为3.0%~3.2%，分蘖后含氮量下降，拔节期变化趋于平缓，含量为1.5%~2.0%。在苗期，水稻干物质积累不多，单位干物质的含氮量较高；在生长中后期，干物质积累量大，氮的积累量增加，但单位干物质的含氮量相对减少。整个生育期磷含量为0.4%~1.0%，吸收的高峰期一般在拔节期，含量为0.8%~1.0%，灌浆期逐渐下降，成熟期大量的磷转移到籽粒中，茎、叶中的含磷量只有0.4%~0.6%。水稻含钾量为3.5%~5.4%，出现的高峰期与磷相似，也在拔节期，而成熟期的含量只有2.5%左右，且不同水稻品种含钾量的差异明显大于氮和磷。

不同类型水稻吸收养分有较大差异。单季稻、双季稻、三季稻由于种植的区域不同，生育期的长短有较大差异，不同类型、不同品种的水稻对养分的吸收受生育期和积温的影响。杂交型水稻吸收养分的特点不同于常规水稻。杂交稻的全生育期因栽培的地区和类型不同有一定差异，南方双季稻区，早稻的全生育期为 120~135 d，长江下游及北方的单季稻区，中稻和单季晚稻全生育期为 135~155 d。杂交水稻的根系发达，吸收养分的能力明显高于常规水稻，杂交水稻虽然产量一般比常规水稻高，但是除单位质量对钾的吸收量明显较高外，吸收氮、磷的量并不高于常规水稻。由于杂交水稻的产量高于常规水稻，单位面积的需肥总量仍相对较高，以产量 7.5 $t/hm^2$ 计，杂交水稻对养分的吸收量为：氮 150 $kg/hm^2$，磷 67.5 $kg/hm^2$，钾 262.5 $kg/hm^2$。杂交水稻的前期和中期生长势很强，从幼穗分化到抽穗期，干物质的积累占总量的 60%~70%，不同于一般水稻品种。从分蘖到孕穗初期，杂交水稻对养分(氮、磷、钾)的吸收量约占总量的 70%，但孕穗至齐穗期的养分吸收量所占比例较小，齐穗期后的吸收量约占总量的 20%。因此，保持前期的供肥强度和后期养分的持续供应是杂交水稻高产的基础。

#### 16.1.1.3 水稻土的供肥特性

水稻吸收的养分一部分由土壤供给，其他由施肥提供。土壤供给的养分与水稻的产量有密切的联系。土壤供肥量高，水稻的基础产量和最高产量都高；土壤的供肥量低，水稻的基础产量和最高产量也低。

水稻土中的养分一般分为潜在养分和有效养分。前者以有机质和不溶性矿质养分为主，后者主要是弱酸溶性和交换性的养分，二者可以互相转换。

水稻土根据水文发育特性可分为淹育型、潜育型和潴育型 3 种，肥力水平和供肥能力差异较大。淹育型水稻土所处的地形及位置较高，发育不深，排水良好，但常受到冲刷，土壤有机质和养分含量一般较低，土性不良，若水源不足还易受旱，产量不高。潴育型水稻土一般位于冲积平原和丘陵谷地，排灌条件好，可以水旱轮作，是肥力水平较高的类型。潜育型水稻土通常处于低洼地带，排水不良，长期积水，土壤的氧化—还原电位过低；还原性物质容易在土壤中积累，常常危害水稻根系，出现黑根、烂根现象，如果长期积水造成土壤温度低，土壤微生物的活性受抑制，土壤有机物质分解缓慢，潜在养分难以释放，养分的有效性不高。这类土壤经过排水、通气、烤田等措施后可以改善理化性质，从而提高水稻产量。

#### 16.1.1.4 水稻施肥技术

**(1)水稻秧田施肥技术**

培育壮秧是确保水稻优质高产的重要环节，“秧好一半稻”就是这个道理。合理施肥是培育壮秧的关键的措施之一。虽然不同水稻类型(早、中、晚稻)的生育期不同，但水稻秧苗的质量要求是一致的，要达到苗齐、匀、壮的标准。掌握秧田的施肥是一个保证秧苗质量的重要环节。

水稻秧苗肥一般占全生育期施肥量的 1/4~1/3，占营养生长的 1/2，因此，育秧时施足氮肥非常关键。一般在秧田整地时要加入一定量的氮肥，可达到以肥肥土，以土肥苗的效果，保证供肥均衡。当播种 15 d 左右，秧苗长至两叶一心或三叶一心时，可第一次追施“断奶肥”，追施尿素 37.5 kg/hm$^2$ 或其他等氮量的化学氮肥。注意：当早、中稻育秧时气温较低时可以提前到一叶一心时施用。秧田的第二次施肥一般称为“起身(送嫁)肥”，在移栽前 2~3 d 施用，用量为尿素 120~135 kg/hm$^2$，从生理上看，这时秧苗处于增氮且不会大量耗糖时期，施用氮肥使秧苗体内糖、氮水平含量适中，根系发育好，有利于拔秧移栽。在秧田期，磷肥的吸收总量虽然较少，但是磷对于细胞的增殖和新生根的发育均有重要作用，特别是在早、中稻育秧时，由于秧田淹水期短，气温低，土壤中磷的有效性不高，增施速效磷肥对培育壮秧非常重要，一般作基肥施用过磷酸钙 375~750 kg/hm$^2$ 最好。钾是秧苗阶段需要较多的养分之一，秧田施钾肥不仅能促进根系发育，改善秧苗质量，促使移栽后早日恢复生长，而且可减少阴暗天气、阳光不足对光合作用的不利影响，提高秧苗的抗寒、抗病等抗逆能力。由于早、中稻育秧时往往遭遇低温阴雨、光照不足的天气，增施钾肥显得尤为重要，一般施用氯化钾 45~75 kg/hm$^2$ 的效果较好。

随着复种指数增加，化学氮、磷、钾肥施用的提高，水稻产量的增加，致使养分供给的平衡状况发生变化。我国一些地区已经出现微量元素尤其是锌缺乏的现象。因此，在秧田施用适量的锌肥有利于秧苗的生长，一般硫酸锌施用量为每亩 1 kg。此外，还应注意根据不同地区的土壤养分状况施用其他微量元素肥料。

**(2)水稻本田施肥技术**

①双季稻。分为早稻和晚稻。

a. 早稻。就施肥量而言，全部有机肥和 70%~80%氮、磷、钾肥用作基肥，20%~30%的化学肥料用作追肥。早稻生育期短，一般为 60~90 d，营养生长与生殖生长重叠时间长，分蘖盛期前后出现养分吸收高峰期，而后吸收急剧下降，养分吸收持续时间短而早。早稻生育前期气温低，土壤的供肥能力差，当气温升高后土壤的供肥能力也随之提高。因此，早稻施肥的一般原则是：前重、中轻、后补。在施足基肥的基础上，分蘖期前追肥一次，以促进有效分蘖，移栽后的 5~7 d 施用分蘖肥，至顶叶伸出以前一般不施肥。在此时期，早稻的生理代谢先是以氮素代谢为主，然后转化为碳氮代谢并重，故前期吸收的养分为幼穗分化、穗粒形成及发育打下良好的物质基础；在水稻生长发育中期，应根据各地不同的情况在抽穗前后追肥一次，以提高籽粒的饱满度，提高产量和品质；在发育后期，为防止早衰可根据情况进行补肥。

b. 晚稻。晚稻的营养生长与生殖生长同早稻一样也属于重叠型，由于晚稻的秧苗期较长，营养生长主要在秧田中度过，因而需肥高峰出现较晚，同时吸收高峰下降速率也较慢，后期吸收养分的数量比早稻多。晚稻生长前期的气温较高，而生长后期的气温较低，土壤的供肥特点与早稻相反，因此晚稻的施肥与早稻不同。晚稻施肥的原则是：施足基肥，早施追肥，增加后期追肥量。在南方高温地区，多种植晚熟品种，提高穗肥的施用量可获得高产。但值得注意的是，在我国长江中下游地区，晚稻生长后期气温下降较快，施肥过多易引起贪青晚熟，造成减产。因此，在不同的地区，晚稻的穗肥施用量应根据各地的特点来确定。

②单季晚稻和迟熟中稻。单季晚稻和迟熟中稻的生育期较长，一般为 90~120 d，生长期的气温较高，土壤供肥能力较强。就营养生长和生殖生长的关系而言，单季晚稻为分离型，中稻为衔接型，吸收养分有 2 个明显的高峰期，一个在分蘖期，另一个在幼穗分化

期。后者的吸收高峰大于前者，因此单季晚稻和迟熟中稻的穗肥作用更为重要，施肥原则为：前轻、中重、后补。既要重视分蘖肥，又要重视穗肥的施用，特别是近年随着有机肥施用量的减少以及施肥和田间管理趋于简化，单季晚稻和迟熟中稻一般采用的施肥方法是：全部磷、钾肥作基肥，氮肥用量占总氮量的 2/3，分蘖期和幼穗分化期追施剩余的氮肥。在不同地区，气候、土壤及品种有较大差别，要根据具体情况调整施肥方案。

杂交水稻因其根系发达、生长迅速、物质运输快、光合效率高等优势，生长前期和中期长势强。就养分而言，除钾素外，氮、磷的需要量与常规水稻差异不明显，但是因为杂交水稻的分蘖能力强，种植密度小，前期吸收养分的能力较强，故需充足的养分才能发挥单株的吸肥优势，提高有效分蘖数，为高产打下基础。

杂交水稻的施肥技术因各地土壤环境、品种、施肥措施等不同而有差异。江苏徐州针对单季杂交稻提出“早发、中稳、后健”的施肥方法，即施足基肥和分蘖肥，可达到 10.5 $t/hm^2$ 左右的稳定产量。四川省农业科学院土壤肥料研究所在成都市 4 种土壤上进行的杂交水稻施肥期和不同养分比例的试验表明，杂交中稻重施基肥，特别是土质带泥的水稻田，基肥比例甚至可达 100%，基肥不足或不施基肥的均比全用作基肥的减产 10%左右。其原因是基肥不足，前期供肥强度低，分蘖不足，影响产量。7~8 月是水稻生长的中后期，气温、土温都较高，氮肥作追肥用量稍多会造成贪青晚熟，易倒伏。湖南省土壤肥料研究所研究表明，在中等肥力水平的红壤稻田施用氮 168.7 $kg/hm^2$，磷和钾各 112.5 $kg/hm^2$，可获得 9 855 $kg/hm^2$ 的高产，化肥施用比例 $N : P_2O_5 : K_2O = 1 : 0.67 : 0.67$。由于各地的土壤成土母质差异较大，从各地杂交水稻高产的典型经验分析，提供肥料氮、磷、钾三要素的施用比例一般以 1 : (0.5~0.8) : (0.6~1.5)为宜，磷、钾丰富的土壤可选低限(1 : 0.5 : 0.6)。

### 16.1.2 玉米施肥

玉米属一年生禾本科作物，是世界上重要的谷类作物，种植面积和总产量仅次于小麦和水稻，单位面积产量居谷类作物之首。玉米的营养丰富，是我国的主要粮食作物之一，也是发展畜牧业的优质饲料和重要工业原料。玉米的适应性强，我国华北、东北、西北、西南等地是玉米的主要产区，南方一些地区也有种植。近年来，我国玉米生产的发展很快，已培育出很多高产品种和高油、高赖氨酸、高淀粉、甜玉米、超甜玉米等特殊品种。随着品种的不断改进与应用，各种植区域自然条件不同，种植制度也有差异，如何根据玉米不同品种的生长特点和需肥规律，科学地进行施肥，对提高玉米产量与品质非常重要。大量试验及生产实践证明，各单项措施对玉米增产的贡献率分别为：更换优良品种占 21%，增施肥料量及采取合理的施用技术占 29%，合理灌溉占 21%；其他措施的增产顺序依次为合理密植、适时播种和防治病虫害等。

#### 16.1.2.1 玉米的营养特性

玉米植株高大，根系发达，属 $C_4$ 植物，光饱和点高而补偿点低，喜温、喜湿、喜光，需要吸收的营养物质较多。玉米全生育期所吸收的养分，因种植方式、产量和土壤肥力水平而异。一般每生产 100 kg 籽粒需要吸收氮 2.84 kg，磷 0.53 kg，钾 2.09 kg，$N : P_2O_5 : K_2O$ 大约为 5.4 : 1 : 3.9，玉米对氮、磷、钾、钙、镁、铁、锌、锰、铜等元素的吸收随生育期有较大变化。研究发现，玉米茎的含钙量在大喇叭口期前最高，吐丝后比较稳定，成熟期降低，叶片含钙量在拔节以后迅速提高，授粉后40 d达0.42%，出现富集效应，生殖器官中含钙量很低，且保持稳定；镁主要存在于营养器官中，叶片含镁量为0.3%，较稳定，授粉后含镁量变化；玉米植株中铁、锰、锌含量呈递减趋势，其中铁和锰元素在叶片中含量最多，雌穗、茎次之，籽粒最少，茎中铁、铜含量在吐丝期出现低谷，而叶片、雌穗中达到高峰，授粉后，雌穗和籽粒含量保持稳定，大喇叭口期前锌元素主要存在于茎、叶中，生育后期向籽粒转移。玉米叶片在整个生育期中积累的钙、镁、锰均占整株中该元素总量的50%以上，成熟期籽粒积累的锌、铜比例较高，分别为59.9%和37.6%。试验表明，每生产100 kg籽粒需要吸收钙0.20 kg，镁0.42 kg，铁2.5 g，锰3.43 g，锌3.76 g，铜1.25 g。因此，在玉米生长中不但要满足氮、磷、钾的需求，还应考虑其他营养元素的施用。

#### 16.1.2.2 玉米对氮、磷、钾的吸收规律

春玉米和夏玉米吸收养分的动态趋势一致，但由于生长环境条件不同，吸收养分还具有一定的差异。春玉米苗期因温度较低，氮素吸收速率较慢，生长前期吸收的氮素只占生育期吸收总氮量的2.14%，中期约占51.16%，后期约占11.9%。夏玉米生长期间处于高温多雨季节，氮的吸收速率较快，研究表明，夏玉米苗期吸收的氮素较少，拔节期至抽雄期25 d内吸收量占总吸收量的57%，灌浆期和乳熟期吸收速率减缓。玉米对磷的吸收与氮相似，但春玉米和夏玉米之间也有差异。春玉米在苗期只吸收1.12%左右，拔节孕穗期吸收量占总量的45.04%，而50%以上的磷是在抽穗受精和籽粒形成阶段吸收的。但夏玉米对磷吸收较早，苗期吸收量占比高达10.16%，拔节孕穗期吸收62.96%，抽穗受精期吸收17.37%，籽粒形成期吸收9.51%。70%以上的磷素在抽穗期前已被吸收。还有研究表明，春、夏玉米在需肥规律上表现不同，夏玉米需肥高峰比春玉米提前而峰值高，对养分的吸收比较集中。夏玉米到孕穗期磷肥吸收量占总吸收量的73.12%，而春玉米到孕穗期磷肥吸收量占总吸收量的46.16%。这一特点说明，夏玉米施肥可以集中在抽穗期一次追施，而春玉米磷肥以分次施用为好。春玉米、夏玉米对钾的吸收规律基本相似，在抽穗期以前已吸收70%以上，至抽穗受精时吸钾已基本饱和，因此，钾肥一般在生育前期施用效果较好。

玉米干物质累积与营养水平是密切相关的，对氮、磷、钾三要素的吸收量都表现出前期少，拔节期显著增加，孕穗期达到最高峰的需肥特点。因此，玉米施肥应尽可能在需肥高峰期前施用。

#### 16.1.2.3 玉米施肥技术

玉米施肥根据玉米的需肥规律，氮、磷、钾等养分在玉米不同生长发育过程中的作用，以及各地的土壤状况、气候条件、肥料种类等因素来考虑其合理施肥量、施肥时间，以及氮、磷、钾的配比和施用方法，还要考虑栽培措施、种植密度、灌溉条件等，才能有效发挥肥料对玉米的增产作用，提高肥料的增产效益。玉米施肥通常采用有机肥和无机肥相结合的方法，以达到既增产又保持地力的效果。

**(1)施肥量**

土壤肥力及类型不同，玉米施肥量差异很大，从表16-2可以看出，随着土壤肥力由

低到高，氮的施用量逐渐降低，高肥力土壤氮的最佳施用量仅约为低肥力的 1/4；但是磷在低肥力下最佳施用量最高，而中肥力最低；钾在高肥力下最佳施用量最高，中肥力下与磷相同。

**表 16-2　不同肥力土壤玉米的最佳施肥量**

| 土壤肥力 | 有机质(g/kg) | 碱解氮(mg/kg) | 有效磷(mg/kg) | 速效钾(mg/kg) | 最佳施肥量($kg/hm^2$) | | |
|---|---|---|---|---|---|---|---|
| | | | | | 氮(N) | 磷($P_2O_5$) | 钾($K_2O$) |
| 高 | 19.7~22.4 | 111.7~132.6 | 12.5~15.3 | 85.0~93.3 | 58.4 | 194.3 | 200.4 |
| 中 | 14.7~17.2 | 83.4~97.3 | 10.5~13.3 | 69.4~77.8 | 170.3 | 170.3 | 173.2 |
| 低 | 9.9~12.7 | 76.0~81.2 | 9.1~10.7 | 75.6~83.2 | 214.8 | 214.8 | 183.2 |

注：引自谭金芳，2003。

研究表明，吉林省东部冲积土玉米的最佳施肥量为氮 192 $kg/hm^2$，磷 56 $kg/hm^2$，钾 33 $kg/hm^2$；中部黑土的最佳施肥量为氮 133 $kg/hm^2$，磷 38 $kg/hm^2$，钾 47 $kg/hm^2$；西部淡黑钙土的最佳施肥量却为氮 59 $kg/hm^2$，磷 65 $kg/hm^2$，钾 51 $kg/hm^2$。可见，不同土壤类型施用氮、磷、钾的量差异显著。

当然，施肥量还要根据玉米的品种来确定，即便相同的土壤条件和栽培管理措施，不同品种有生长特性、利用目的、产量水平的差异，施肥量也会有差异。研究表明，普通优质玉米'吉单 342'的最佳施肥量为氮 199 $kg/hm^2$，磷 118 $kg/hm^2$，钾 108 $kg/hm^2$；而高油玉米'吉油 1 号'的最佳施肥量为氮 244 $kg/hm^2$，磷 103 $kg/hm^2$，钾 105 $kg/hm^2$。显然，前者对磷、钾的需求更多，而后者对氮的需求更多一些。

**(2)施肥环节与方式**

根据施肥所处的作物发育期，可将施肥分为基肥、种肥和追肥。各施肥期施肥种类、施肥量、施用方式等，要根据土壤条件、气候类型、轮作制度、玉米生长的养分需求确定。

①施肥环节。玉米的需肥量大，基肥要施足。基肥以厩肥、堆肥和秸秆等有机肥料为主，化学肥料为辅。基肥一般应占施肥总量的 70%左右。基施化肥中氮肥占总量的 20%左右，磷、钾肥占总量的 80%左右。研究表明，施用有机肥 37.5 $t/hm^2$，玉米增产 525 $kg/hm^2$；施用 75 $t/hm^2$，可增产 1087.5 $t/hm^2$。河北、山东、河南等省，小麦收获后，结合浅耕施厩肥 30~45 $t/hm^2$，磷肥 600~750 $kg/hm^2$ 作为基肥，可以获得玉米增产效果。基肥的施用方法可根据数量、播种期等具体情况而定。数量不多，开沟条施；数量大，可在耕作前将肥料均匀撒施后耕翻入土内。磷、钾肥及微量元素肥料与有机肥料混合施用。

可以使用拌种肥，特别是对于土壤贫乏地区，或者基肥用量少或不施基肥时，施用种肥能够提高产量。硫酸铵作种肥一般用 75~112.5 $kg/hm^2$，尿素用量在 60 $kg/hm^2$ 以内，如果基肥中未使用磷、钾肥，可一次性作种肥施用。氮、磷、钾复合肥或磷酸二铵作种肥施用最好，可用 150~225 $kg/hm^2$。作种肥时应注意种肥隔离，避免烧种而影响出苗。特别是尿素和氯化钾作种肥更要注意。施用种肥可沟施、穴施，或用施肥机，先施肥后播种，目前有施肥播种一体机，一次可完成播种和施肥工作。当然，锌、硼、锰等微量元素肥料可与其他肥料一起作种肥或采用浸种和拌种的方式作种肥施用。

根据玉米的生长发育可进行分期追肥。玉米营养期较长、需肥较多，单靠基肥和种肥无法满足玉米的营养需要，特别是当不施基肥或施用不足时，追肥是保证玉米丰产的关键。玉米追肥传统上可分为 4 个时期进行。从玉米出苗到拔节期可施苗肥，从拔节至拔节后 10 d 追施拔节肥，拔节 10 d 左右至抽雄穗期间追施穗肥，雌雄穗处于开花受精至籽粒形成期可追施籽粒肥。研究认为，玉米追肥应分 2～3 次进行。土壤肥力一般，目标产量为 4 500～7 500 $kg/hm^2$，计划追施尿素 450 $kg/hm^2$ 左右，在施用种肥基础上拔节期和大喇叭口期分 2 次进行追肥，如果地力较低或未施种肥、基肥，可采用"前重后轻"的原则，即拔节肥占总追肥量的 60%，大喇叭口期占 40%；如果土壤肥力较高，目标产量在 9 000 $kg/hm^2$ 以上，追肥量多时，宜分 3 次进行，采用"前轻、中重、后补"的原则分配，拔节肥占总追肥量的 30%～35%，大喇叭口期占 50%，抽雄开花期占 20%。追肥应通过沟施或穴施。微量元素肥料可结合拔节期追肥施用，也可采用叶面喷施。在生育期喷施 2～3 次。也有研究认为，华北地区夏玉米因生育期短，气候高温多雨，全生育期吸肥总量比春玉米少，但吸肥时间较为集中，特别是冬小麦收获后要尽快种植玉米，往往来不及施基肥，因此夏玉米的施肥应该由种肥和追肥组成，追肥应注意"早"和"重"，即追肥时期应比春玉米早，氮肥施用量应稍高于春玉米，拔节期和大喇叭口期 2 次追肥尿素总量约为 600 $kg/hm^2$。中国农业大学对甜玉米的研究表明，土壤需要肥沃，基肥中增施腐熟的有机肥，并添加氮、磷、钾的三元复合肥作基肥，基肥沟施并深翻到土壤 20 cm 处。为了保苗和壮苗，还需施用种肥。种肥是在播种时施入 75～120 $kg/hm^2$ 磷酸二铵，浅施且不能接触种子；追肥应在小喇叭口期，最晚不要超过大喇叭口期，适当早追肥有利于灌浆，争取穗大和籽粒饱满；适当增加钾肥的比例和用量以促进糖的合成与转化。钾肥施用要分次进行，在基肥中施大部分钾，在追肥中施少部分钾。基肥、追肥二者的比例为 3∶7。在没有施用有机肥做基肥的情况下，要适当补施中微量元素如镁、锌、硼等。微量元素的施用可采用浸种、拌种或叶面喷施的方法，效果较好。

②施肥方式。根据具体情况可以采取不同的施肥技术。

a. 一次性施肥技术。该技术是指在玉米的整个生育期，只施用一次肥料，即只施用底肥或底肥加种肥。许多地区采用这种施肥方法，特别在覆盖栽培中应用更广。这种施肥方法既能减少人力、物力的投入，又能提高肥料利用率，特别在玉米缓控专用肥慢慢普及的情况下。研究表明，一次施清底肥比传统的"一底一追"或"一底二追"增产 13.6%。在风沙干旱地区采用该方式也能达到很好的效果；雷利峰等的测土配方施肥试验结果表明，一次施肥的单穗重较对照增加 39.6 g，增产率达 46.7%。贾振业等研究内蒙古旱地地膜覆盖的试验结果表明，年降水量低于 400 mm 时，氮、磷、锌肥一次深施并选择缓效氮肥，效果最好，但是当年降水量高于 400 mm 且土壤质地偏砂时不宜采用一次施肥技术。

b. 根据品种确定施肥技术。化党领等研究表明，玉米不同的需肥特征是选择施肥技术的关键。玉米品种间吸收肥料总量高低可达 1.14 倍，增产量可达 2.56 倍之多，这种差异远远超过施肥方式所带来的差异。按照玉米的喜肥程度及分级施肥的研究结果表明，低度喜肥玉米的分级标准为化肥效应参数<0.40，氮、磷、钾的施用量分别为 140～190 $kg/hm^2$、40～80 $kg/hm^2$、50～90 $kg/hm^2$；中度喜肥玉米的化肥效应参数在 0.41～0.90，氮、磷、钾的施用量分别为 165～215 $kg/hm^2$、65～105 $kg/hm^2$、60～100 $kg/hm^2$，高度喜肥玉米的化

肥效应参数>0.90，最佳氮、磷、钾的施用量分别为 200~250 kg/hm$^2$、85~20 kg/hm$^2$、90~20 kg/hm$^2$。

c. 根据营养状况确定施肥技术。根据营养状况确定施肥技术更具有针对性，更容易提高肥料利用率。现在诊断营养状况的方法有玉米反射仪—硝酸根试纸法，在玉米移栽后 28 d 左右,测定心叶以下第五片的中段叶脉，硝酸根的含量为 2.8 g/L 时，可以采用底肥施用氮 82.5~118.5 kg/hm$^2$、追肥施用氮 153~222 kg/hm$^2$，总施氮量为 340 kg/hm$^2$，比传统施肥量减少 36%。也可采用可见光光谱进行夏玉米的营养诊断以及玉米叶绿素高光谱遥感技术进行施肥的具体指导。

d. 统筹安排的施肥技术。因为夏玉米对磷肥反应没有小麦敏感，磷肥在小麦上的增产效果明显，因此有人认为，可以将小麦和夏玉米所需要的磷肥，可全部或 2/3 在小麦季上施用，特别是当土壤速效磷含量较高，而施到小麦的磷量又较多时，下茬玉米可不施或少施磷肥。还有人认为，冬小麦和夏玉米对磷的敏感性和吸收利用基本相似，但由于冬小麦是越冬作物，冬季土壤供磷能力变差，将磷肥全施到冬小麦上可以满足其对磷的需要，改善苗期磷营养。施入土壤的磷肥有各种形态，随着微生物活动又会缓慢释放，就可以满足夏玉米的需求，因此磷肥施到冬小麦上比在两茬作物分施，更能提高冬小麦产量以及两茬作物的总产量。

e. 基于人工智能的施肥。基于机器视觉的玉米施肥智能机器系统的应用，可达到以下目标：系统智能化施肥的速率达到 1 km/h；玉米茎叶生长状态的实时图像识别检测技术；以玉米茎叶图像特征为基础的化肥施用计算机决策专家系统；实现定时、定位、定量实施化肥的精确施放；根据玉米垄作特点实现整个机器系统的图像识别自动引导和无人驾驶。这将是今后玉米田间施肥的发展趋势。

### 16.1.3 小麦和大麦施肥

麦类作物是世界上种植历史最为悠久的作物之一，是世界 1/3 人口的主要粮食作物。它分布广、种植面积大，在我国农业生产中占有重要地位。小麦是我国的主要粮食作物，总产量仅次于玉米和水稻，居第三位，2023 年，我国小麦的播种面积约 3.54 亿亩，占粮食总播种面积的 27%，种植面积和播种量均居世界第一。尽管如此，但是小麦的生产水平仍未满足人民的生活需求，进一步提高小麦的产量具有重要的社会意义。

根据气候、栽培制度、品种类型等特点，我国小麦产区概括起来分为：北方冬麦区，黄淮平原冬麦区，长江中下游冬麦区，长江上游冬麦区，华南冬麦区，西藏高原冬麦区，东北春麦区，北方春麦区和西北春麦区。

大麦是我国原产作物之一，种植面积广，总产量在水稻、玉米、小麦之后占第四位。大麦生育期短，具有早熟、适应性广、丰产、营养丰富等特点，并具有食用、饲用及酿造等多种用途。在多熟制地区它是早熟茬口，在高寒地区，它是早熟保收的作物。根据大麦种植地区的生态条件、种植制度和品种类型，可分为五类产区：长江流域中下游冬大麦区，黄河流域中下游春冬大麦区，青藏高原裸地大麦区，北方春大麦区，华南冬大麦区。其中长江中下游地区大麦栽培面积占全国 2/3 以上，产量达全国总产量的 4/5。各地大麦产量水平不一致，一般在 1 500~3 000 kg/hm$^2$，低的仅 750 kg/hm$^2$ 左右，高的可达 7 500 kg/hm$^2$。

随着畜牧业、水产养殖业、饲料工业及酿造业的发展，大麦生产得到了进一步发展。

#### 16.1.3.1　小麦和大麦的营养特性

**(1)小麦的营养特性**

小麦为禾本科小麦属植物，是低温长日照作物，温度、降水量和日照长短直接影响小麦的分布及生产。栽培中以冬小麦为主，约占总量的83%。冬小麦和春小麦在生长发育及营养规律上有较大差别。冬小麦生长缓慢、生长期长、成熟晚。春小麦通常在早春播种，生长较快、生长期短，一般为100~120 d。

①小麦氮、磷、钾的营养作用。小麦对氮的需求量很大，当土壤氮供应量较少时，施用氮肥能显著提高小麦的产量，并改善小麦的品质。如果氮素缺乏，蛋白质、氨基酸、叶绿素等含氮生命物质的合成受阻，致使小麦瘦弱、叶片黄化、早衰，分蘖迟、数量少，幼穗分化时间短，穗小粒瘪，产量不高。但是如果氮素过多，小麦氮代谢过旺，会使小麦茎秆柔软，抗倒伏能力及抗病虫能力下降，最终影响产量。在一定的施氮范围内，籽粒中的蛋白质含量随施氮量的增加而提高，一般获得最高蛋白质含量的施氮量比最高产量的施氮量高2~6 kg/hm$^2$。施氮提高蛋白质含量最有效的时期是抽穗开花期，以叶面喷施为宜。籽粒蛋白中的谷蛋白和清蛋白含量以孕穗期施氮为最高，醇溶蛋白和球蛋白含量以拔节期施氮为最高。氮对小麦品质的影响也因品质指标而异，施氮在提高蛋白质含量时，籽粒中必需氨基酸的比例有所降低；当施氮量超过一定程度，蛋白质含量虽高，但出粉率、烘烤品质下降。小麦对磷需求量虽不及氮、钾多，但小麦吸收磷的 $K_m$ 值较高，对缺磷反应敏感，在华北地区，如果土壤有效磷含量低于16 mg/kg，施磷效果显著。苗期是小麦磷素营养的临界期，苗期缺磷时小麦根系发育受抑制，分蘖缓慢而少，充足的磷素供应可增加分蘖，增强小麦根系的吸收能力，并能提高小麦的抗寒能力，因此，小麦施用磷肥作基肥或种肥，可通过壮苗为丰产打下基础。磷还影响幼穗分化，充足的磷营养可使幼穗分化时间延长，小穗数增多，因此，可通过增加小穗粒数而提高产量。后期充足的磷营养能提高开花与灌浆期的群体光合作用，降低群体暗呼吸作用和促进早期及中期籽粒的灌浆速率，提高冬小麦产量。磷对小麦蛋白质含量影响不显著，但当土壤有效磷含量较低时，籽粒中蛋白质含量也较低。钾素主要影响小麦苗期次生根的发生和发育，对分蘖影响不大，如果生长中期缺钾，小麦拔节变得迟缓，抽穗推迟，茎秆较弱，叶片枯黄早衰。钾对小麦物质代谢中的源、库、流均影响深远，充足的钾会延缓叶绿素的分解，叶片衰老变慢，可增加穗粒数，提高分蘖成穗率，增加单位面积的有效穗数，同时高钾可提早开花和延长成熟而使灌浆期延长、粒重增加，其原因可能与降低或推迟了脱落酸(ABA)高峰的出现有关。充足的钾素有利于提高开花后营养器官储存的光合产物向生殖器官的分配运输，提高籽粒中蛋白质和氨基酸的含量，从而提高产量、改善品质。

②小麦对氮、磷、钾养分的需要量。由于气候、土壤、栽培措施、品种特性等条件的不同，小麦植株在一生中所吸收的氮、磷、钾数量，以及在植株不同部位的分配也有所不同。各地的冬小麦试验结果表明，每生产100 kg小麦籽粒，需要吸收氮2.5~3.7 kg，磷0.8~1.5 kg，钾3.0~4.5 kg，氮、磷、钾的比例约为3：1：3。其中氮、磷主要集中于籽粒，分别占全株含量的76%和82%，钾主要集中存在于茎叶中，占全株总量的77.6%，不同产量下小麦的氮、磷、钾需求量及比例见表16-3。有人根据田间试验资料并结合高产示

范修正提出了高产小麦的推荐施肥量，其中 7 500 $kg/hm^2$ 产量水平，氮、磷、钾用量分别为 180~240 $kg/hm^2$、90~120 $kg/hm^2$、75 $kg/hm^2$，其中氮素基追比为 6 : 4；9 000 $kg/hm^2$ 产量水平，氮、磷、钾用量分别为 210~300 $kg/hm^2$、120~150 $kg/hm^2$、150 $kg/hm^2$，氮素基追比 5 : 5。在中等肥力土壤上，可采用上限，而在高肥力土壤上可采用下限。春小麦对氮、磷、钾的吸收比例与冬小麦类似，试验表明，春小麦产量为 7 500 $kg/hm^2$ 时，每 100 kg 籽粒需要吸收氮 2.5~3.0 kg，磷 0.78~1.17 kg，钾 1.9~4.2 kg，氮、磷、钾的比例为 2.8 : 1 : 3.15。

**表 16-3　不同产量下小麦的氮、磷、钾需求量**

| 产量水平 ($kg/hm^2$) | 100 kg 小麦籽粒需要的养分量(kg) | | | $N : P_2O_5 : K_2O$ |
|---|---|---|---|---|
| | N | $P_2O_5$ | $K_2O$ | |
| 4 500 | 2.76 | 0.88 | 2.93 | 3.13 : 1 : 3.32 |
| 6 000 | 3.23 | 1.06 | 2.70 | 3.05 : 1 : 2.55 |
| 7 500 | 3.73 | 1.00 | 3.88 | 3.73 : 1 : 3.88 |
| 9 000 | 3.65 | 1.04 | 4.65 | 3.52 : 1 : 4.49 |
| 10 500 | 3.25 | 1.14 | 4.96 | 2.85 : 1 : 4.35 |

③冬小麦不同生育期吸收养分的特点。冬小麦生育期分为 3 个阶段：出苗到返青、返青到抽穗、抽穗到成熟。冬小麦在各生育阶段对养分的需求不同。冬小麦对氮、磷、钾的需求特点：返青前因生长缓慢、营养体小，吸收营养能力差，要求土壤供应养分的能力强，以保证小麦安全度过营养临界期；返青到抽穗期间，小麦生长最快，干物质累积最多，养分的需求量最大；抽穗到成熟期，小麦根系的吸收能力下降，对养分的需求降低。总体上，小麦对氮、磷的吸收会持续整个生育期，而对钾的吸收主要是在抽穗开花前。

各地试验表明(表 16-4)，在各生长发育阶段，冬小麦吸收氮、磷、钾养分的数量因气候、土壤、栽培条件的不同而有差异，但总的来说有一致的规律性，即在出苗后到返青期，吸收的养分和积累的干物质较少，返青以后吸收速率增加，从拔节至抽穗是吸收养分和干物质积累最快的时期，至开花以后对养分的吸收速率逐渐下降。研究表明，在小麦各个生育期中，从出苗到越冬，吸收氮素较磷、钾素多；越冬至返青，仍以氮素较多，磷、钾开始显著增加；返青至拔节，吸收钾素最多，磷素急剧增加；拔节至抽穗，对氮、磷、钾的吸收均达最大值，其中以钾素吸收最多，氮、磷次之；抽穗至成熟，对氮、磷、钾的吸收量下降。冬小麦对氮的吸收有 2 个高峰：第一个高峰出现在分蘖到越冬，麦苗虽小，但吸收氮量却占总量的 13.51%；另一个高峰出现在拔节到孕穗，这个时期植株生长迅速，需要量急剧增加，吸收氮量占总吸收量的 37.33%，是各生育期中吸收养分最多的时期。小麦对磷、钾的吸收随生育进程逐渐增多，拔节以后吸收量急剧增长，孕穗到成熟期吸收最多。一般中等产量水平的冬小麦在越冬期以前对氮的吸收量较高产田少；孕穗期钾的吸收量则多于高产田，但后期又不如高产田。这反映了高产小麦在前期为了壮苗需要更多的氮素，在中、后期为了壮秆和促进碳水化合物的合成与转运，需要更多的磷、钾元素。

表 16-4　冬小麦不同生育期对氮、磷、钾量的吸收

| 生育时期 | 氮(N) | | 磷($P_2O_5$) | | 钾($K_2O$) | |
|---|---|---|---|---|---|---|
| | 吸收量($kg/hm^2$) | 占总量百分比(%) | 吸收量($kg/hm^2$) | 占总量百分比(%) | 吸收量($kg/hm^2$) | 占总量百分比(%) |
| 出苗至分蘖 | 18.5 | 8.05 | 3.3 | 3.33 | 11.6 | 2.26 |
| 分蘖至越冬 | 31.1 | 13.51 | 5.1 | 5.15 | 17.6 | 4.99 |
| 越冬至返青 | 29.9 | 13.06 | 6.8 | 6.82 | 32.6 | 9.22 |
| 返青至拔节 | 28.1 | 12.27 | 14.1 | 14.20 | 56.7 | 16.02 |
| 拔节至孕穗 | 85.7 | 37.33 | 29.4 | 29.70 | 92.6 | 26.22 |
| 孕穗至成熟 | 36.2 | 15.78 | 40.4 | 40.80 | 142.3 | 40.28 |
| 总计 | 229.2 | 100.0 | 99.0 | 100.0 | 353.3 | 100.0 |

**(2)大麦的营养特性**

大麦属于禾本科大麦属，为一年生或越年生草本植物。大麦的整个生育期可以分为幼苗期、分蘖期、抽穗期、拔节孕穗期和结实期几个阶段，每一个阶段都有一定的生长发育特点和对养分的不同需求。全苗、壮苗是高产的基础保证，分蘖期是决定穗数的时期，只有充分了解养分供给与大麦苗、株、穗、粒的关系，掌握施肥对大麦生长发育的影响，才能提出合理的施肥方案以获高产。

大麦不同生育期对氮、磷、钾养分的吸收量有 2 个高峰：第一个出现在越冬到拔节阶段，所吸收的氮、磷、钾量分别占总吸收量的 45.22%、32.56%、47.08%；第二个高峰在拔节至抽穗阶段，所积累的氮、磷、钾数量分别占总吸收量的 34.71%、42.67%、40.02%。抽穗后，植株根系仍能吸收较多的磷素，并继续吸收少量的氮素和钾素。到灌浆期，氮、磷、钾三要素在大麦中的总积累量均达最大值。灌浆后，各养分会出现不同程度的损失(表 16-5)。因此，为了培育壮苗，促进幼苗早分蘖，在大麦的分蘖期需提供充足的氮素，并配合适量的磷、钾养分。

表 16-5　大麦各生育期对氮、磷、钾的吸收

| 生育期 | 氮 | | 磷 | | 钾 | |
|---|---|---|---|---|---|---|
| | 吸收量($kg/hm^2$) | 占总量百分比(%) | 吸收量($kg/hm^2$) | 占总量百分比(%) | 吸收量($kg/hm^2$) | 占总量百分比(%) |
| 出苗期至分蘖期 | 2.55 | 2.24 | 0.30 | 1.03 | 0.90 | 0.99 |
| 分蘖期至越冬期 | 8.55 | 7.26 | 1.05 | 3.47 | 5.25 | 5.76 |
| 越冬期至拔节期 | 54.00 | 45.22 | 10.95 | 32.56 | 36.75 | 40.36 |
| 拔节期至抽穗期 | 41.40 | 34.71 | 14.25 | 42.67 | 13.95 | 15.32 |
| 抽穗期至灌浆期 | 12.60 | 10.57 | 6.75 | 20.27 | 7.80 | 8.57 |
| 灌浆期至成熟期 | -15.15 | -12.71 | -1.50 | -4.59 | 26.40 | 28.99 |
| 总计 | 119.55 | 100.00 | 33.60 | 100.00 | 91.05 | 100.00 |

不同的生产条件下，大麦吸收氮、磷、钾的总量不同，不同大麦品种的需肥特性也有差异。大麦对养分的需求量及各养分的需求比例，受气候、土壤、品种、栽培技术等因素影响。各地试验表明，每生产 100 kg 大麦籽粒需吸收氮素 2.45~2.85 kg，磷素 0.49~0.86 kg，钾素 1.49~2.30 kg，氮、磷、钾的比例(3.31~5)：1：(2.68~3.04)。

#### 16.1.3.2 施肥对小麦和大麦产量的影响

土壤有机质是土壤肥力的重要物质基础，有机质含量和全氮含量与小麦产量有密切的关系。山东、河北等地资料表明，6 000 $kg/hm^2$ 以上的高产麦田，有机质含量一般为 1.1%~1.5%，土壤全氮含量大多为 0.08%~0.10%；3 750~4 500 $kg/hm^2$ 的麦田，有机质含量一般为 0.7%~0.8%，土壤全氮大多在 0.06%~0.07%。大量的试验证明，小麦产量与土壤速效氮、磷、钾的关系更为密切。当土壤中的速效氮平均含量在 60 mg/kg 以上，土壤有效磷含量为 13~22mg/kg，配合田间管理，可获得 5 250~7 500 $kg/hm^2$ 的高产；土壤速效氮含量为 30~50 mg/kg，速效磷含量为 4~13 mg/kg 时，通过有机肥、化肥的合理配合施用，小麦产量比不施肥区高 1 倍左右，产量可达 3 750~4 500 $kg/hm^2$；若土壤速效氮含量极低(20~30 mg/kg)，速效磷的含量低于 4mg/kg 时，虽通过追肥、合理灌溉等措施调节养分，可获得增产效果，但由于基础地力差，难以获得较高产量。由此可见，小麦获得高产需从培肥地力着手。关于小麦产量与钾的关系，我国南北麦区均进行了大量研究，四川、重庆等地的资料表明，土壤有效钾含量大于 100 mg/kg 时，冬小麦施钾肥增产效果不明显；60~100 mg/kg 时，有一定的增产效果；小于 65 mg/kg 时，施用钾肥对小麦增产效果显著。

#### 16.1.3.3 小麦和大麦施肥技术

**(1) 冬小麦施肥技术**

①基肥。有机肥作冬小麦的基肥，无论在低产田还是高产田都能增产。根据河南省的资料(表 16-6)，有机肥施用量在 75 $t/hm^2$ 以下时，随着施用量增加小麦产量提高，但每增加 1 000 kg 的增产量逐渐下降。有机肥的施用量应根据各地土壤肥力而定，据北京郊区的调查，在施用 75 $t/hm^2$ 土杂肥的条件下，薄地、瘦地可增产小麦 100 kg 左右，而肥沃地增产的小麦却不足 50 kg。

有机肥施用时应注意与土壤充分混合，以促进有机肥的分解和养分释放。小麦根系绝大部分在 30 cm 的土层中，做到“全层根、全层肥”、土肥相融，有利于小麦根系的吸收。由于有机肥中养分含量低，在施用基肥时一般配合施用速效氮肥作基肥，对提高肥效、增加产量都有很好的作用。对于地力较低的麦田，一般将 60%~70%的氮肥用作基肥；肥力中等的麦田，可将 50%的氮肥用作基肥；若肥力较高，有机肥的用量较大的情况下，可用 30%的氮肥作基肥或全部作为追肥。用作基肥的氮肥通常有碳铵、尿素、氯化铵等。磷肥通常全部作为基肥，最好将磷肥与有机肥料混合或堆沤后施用，这样可以减少与土壤接触，防止水溶性磷在土壤中的固定，有利于小麦的吸收。研究表明，过磷酸钙与有机肥料混合施用，每千克过磷酸钙可增产小麦 1.2~3.2 kg。钾肥通常用作基肥，与氮肥、磷肥配合施用可以取得良好的增产效果。

表 16-6　不同用量农家肥料做底肥的增产效果

| 有机肥($t/hm^2$) | 产量($kg/hm^2$) | 增产(%) | 1 000 kg 农家肥增产(kg) | 备注 |
| --- | --- | --- | --- | --- |
| 不施 | 2 940 | — | — | 冬追碳铵 15 kg，春追碳铵 10 kg |
| 18.75 | 4 170 | 41.8 | 65.6 | |
| 37.50 | 4 740 | 61.2 | 48.0 | |
| 562.5 | 5 445 | 85.2 | 44.5 | |
| 750.0 | 6 120 | 108.2 | 42.2 | |

②种肥。在小麦播种时用少量肥料作为种肥可以保证小麦出苗后所需的营养，对小麦顺利度过脱乳期、增加冬前分蘖和促进次生根的生长均有良好作用。小麦的种肥以速效性肥料为主，氮肥以硫铵最佳，尿素和氯化铵对小麦出苗有抑制作用，用作种肥时应注意与种子间有一定距离，避免与种子直接接触。磷肥可用普通过磷酸钙、重过磷酸钙等，也可与腐熟的有机肥混合沤腐后作种肥。在基肥用量不足或土壤供肥水平低的情况下，种肥的增产效果较为显著。可条施或拌种，拌种肥的用量一般为硫酸铵 75 $kg/hm^2$、过磷酸钙 150 $kg/hm^2$。试验表明，麦田施用的总磷肥中，如果磷酸二铵一半用于拌种，另一半作基肥，比全部磷肥分层施用效果好。

③追肥。按小麦各生长发育阶段对养分的需要，分期进行追肥，是获得丰产的重要措施。根据各地试验资料，可按时期分为秋冬季追肥和春季追肥。

a. 秋冬季追肥。秋季追肥称为苗肥，冬季追肥称为腊肥。在西南和华南冬小麦区，小麦品种春性强，有的在越冬期间幼穗开始分化。在分蘖初期追施速效性氮肥或人粪尿，可以促进苗匀、苗壮和增加冬前分蘖。在播种时如遇秋旱，早施苗肥有一定的抗旱作用，特别是对于基本苗不足的晚播麦，早施苗肥效果好。如果基肥和种肥施用较高，可以不再追施苗肥。越冬期施肥，除少量供应麦苗冬季生长外，基本上是冬施春用，促进早返青，巩固冬前分蘖，提高成穗率。同时可以巩固冬季分蘖成穗，提高成穗率；促进茎秆基部第一、二节间的伸长；促进年后第一、二、三片叶的增大。半冬性品种生长比春性品种慢，为了促进早发应该早施苗肥，重施腊肥。腊肥可施用缓效性有机肥，如猪粪、腐熟的土杂肥等，根据苗情也可适当施用一些化肥。适当施用腊肥能促进年前光合产物的积累，有利于越冬，但是，应注意肥足而不过量，苗壮而不旺。特别是在基肥充足、肥力好、苗壮蘖足的高产田，均不宜施用腊肥，以免春季群体过大，给中后期的管理造成困难。

b. 春季追肥。对小麦进行春季追肥是获得丰产的关键。此阶段营养生长与生殖生长并行，管理的核心目标是在前一个阶段的基础上协调个体与群体、营养器官与结实器官生长发育的矛盾，提高分蘖成穗率、达到穗足、穗大、壮秆不倒。灵活进行春季施肥可实现小麦管理中的促控结合。追肥时间一般在返青、拔节期。肥料少时一次施用，多时分两次施用，前期(返青、拔节期)多施，后期(孕穗期)少施。主要采取看苗施肥，以速效性氮肥为主。

④返青肥。施返青肥的主要目的是壮苗。对于冬前分蘖差、播种晚的麦田需要追施速效性氮肥，也可配合施用少量磷肥，以促进春季分蘖，壮大根系。但是，在施足基肥、苗

肥或腊肥的麦田则要严格控制施用返青肥，以避免造成无效分蘖过多，田间通风透光不良。

⑤拔节肥。拔节到抽穗是小麦一生中生长最快、生长量最大的时期，对肥水反应敏感，需要量大。拔节肥一般是在分蘖高峰后施用，对提高成穗率，促进小花分化、籽粒形成与灌浆，提高穗粒数起着关键作用。拔节肥对小麦的增产作用已被大量的生产实践所证实，但是过量施用氮肥容易引起植株贪青晚熟，对高产不利。

⑥孕穗肥。小麦抽穗以后，根系吸收养分的能力减弱，但仍需要一定的氮、磷、钾等营养元素，以促进花粉良好发育，延长灌浆期植物绿色部分的功能，提高光合效应。此期采用根外追肥能取得较好的效果。一般用尿素或硫酸铵配成 1.5%~2.0% 的溶液，喷施 750 $kg/hm^2$ 左右。对于叶色浓绿有贪青晚熟趋势的麦田可喷施磷酸二氢钾 500 倍液(即 0.2%的浓度)，有一定的增产效果。通常可从抽穗开始，每隔 4~5 d 喷 1 次，可喷施 2~3 次，同时根据土壤情况适量添加微量元素。

**(2)大麦施肥技术**

大麦的生育期短，春大麦的生育期一般为 60~140 d。华北地区为 75~130 d，东北地区为 60~110 d，西藏青稞生育期为 100~140 d。冬大麦的全生育期在 150~220 d。冬大麦生育期比冬小麦短 7~15 d，能满足迟播、早熟的要求。

大麦适宜种植在排水良好的肥沃砂壤土或黏土上，土壤 pH 值以 6.0~8.0 为宜。其耐酸性、耐湿性与苗期抗寒性均比小麦弱，耐盐碱力与抗旱性则较强。可见大麦的产量和品质受气候、土壤等环境因素和品种的特点影响较大，合理施肥是提高大麦产量和改善品质的重要措施。根据大麦各生育期的生长特点，总的施肥原则是“前促、中控、后补”。前促就是在施足基肥的基础上早施苗肥，促进苗早发和增加穗数；中控就是少施或不施腊肥，有效控制拔节期苗数和基部节间长度，避免增加无效分蘖，使群体过大；后补即拔节后期补施孕穗肥，以增加穗粒数和粒重，但用量不宜过高，否则会造成贪青晚熟。

大麦的产量水平不同，肥料的施用量有很大差异。一般产量为 2.25~3.0 $t/hm^2$ 时，需要施氮 150 kg 左右；3.00~3.75 $t/hm^2$ 时，需施氮 187.5 kg；5.25~6.0 $t/hm^2$ 时，需施氮 225~262.5 kg；7.0~7.5 $t/hm^2$ 时，需施氮 262.5~300 kg。磷肥用量通常为 30~60 kg，钾肥用量一般为 30~150 kg。

①基肥。重施基肥可不断地保证大麦整个生育期养分的供给，有机肥与无机化肥配合施用可取得良好效果。据试验，有机肥 66.7~100 $kg/hm^2$，氮肥 10 kg、过磷酸钙 20~25 kg、氯化钾 7.5 kg 混合后作基肥施用，对前、中期大麦平稳生长，后期不过早脱肥都有良好的作用。

②追肥。越冬大麦的追肥可分为苗肥、腊肥和拔节孕穗肥。冬大麦播期较迟，冬前生长的时间仅有一个月左右，由于养分释放慢，供肥较少，因此在二叶期前施用苗肥，可以增加有效分蘖，提高成穗率。如果基肥中搭配了速效性化肥，可少施或不施苗肥。腊肥对大麦具有防冻保暖的作用。越冬大麦耐寒性比小麦差，拔节期出现较早，易受冻害，因而腊肥的施用应以有机肥为主，搭配少量化肥，施用时期在越冬前。拔节期施肥量较大，一般占总需肥量的 40%~50%，此期大麦生长迅速，只有充足的养分供应才能保花、增粒、增重。抽穗后一般不再施用氮肥，可喷施磷酸二氢钾以加速大麦的灌浆和成熟。

## 16.2　经济作物施肥技术

经济作物在国民生产中占有重要的地位。其种类及品种繁多，具有明显的地域性，施肥技术与当地的气候条件、土壤特征等密切相关。本节主要介绍烟草、油菜、茶树、大豆、甜菜的营养特性及施肥技术。

### 16.2.1　烟草施肥

烟草是我国主要的经济作物之一。西南地区烟草种植面积较大，品质优良，是我国重要的烟草生产基地。烟草是以叶片为收获物的作物，卷烟工业特别注重烟草外观与内在品质。因此，在烟草的栽培过程中对品质的要求严格，必须根据烟草的需肥规律、营养特性、土壤肥力、气候条件以及茬口特点等因素，采取合理的施肥措施，达到烟草优质适产的生产目标。

#### 16.2.1.1　烟草的营养特性

烟草属于茄科烟草属，生育期长，大田生长期 4 个月左右。烟草生长分为营养生长和生殖生长 2 个阶段。由于烟草以叶片为收获物，因而采取的各项生产措施均是以促进营养生长、控制生殖生长为目的。根据栽培特点将烟草生长时期分为苗床期和大田期。苗床期各地差异很大，一般为 60～160 d；大田期为 100～120 d。大田生长期根据烟草生长发育规律分为还苗期、团棵期、旺长期和成熟期。

**(1)氮素营养**

良好的氮素营养是确保烟草产量与质量的先决条件。氮素供应过多，烟草生长旺盛，生物产量高，但叶片肥厚、叶色浓绿，田间叶色落黄慢，达不到正常的工艺成熟，同时叶片中水溶性氮化物、蛋白质、烟碱等含量高，碳水化合物含量低，烘烤后，外观色泽暗淡、油分少、易破碎、口味不好、品质低劣，有时失去利用价值。而氮素不足会造成烟株矮小、瘦弱、叶片小而薄，严重时早衰，未达到工艺成熟即黄化，不但产量低且叶片内含物不充实，烘烤后颜色淡，油分少，品质不佳。烟草以硝态氮和铵态氮形式吸收较好。团棵期前吸氮量较少；团棵期至打顶期是氮素的吸收高峰期，占吸收总量的 50%～60%，干物质积累在此期间增加幅度最大，打顶后氮素吸收明显下降。烟草每形成 100 kg 烟叶(干重)需吸收氮素 2.31～2.55 kg。吸收氮素总量与土壤的含氮量呈正相关，在生产中要控制氮素供应，防止吸收过量。

**(2)磷素营养**

磷也是烟草需要量大的营养元素之一。磷素供应不足时叶片暗绿，有轻微皱缩，降低烟草对养分的吸收，抗病能力下降，成熟延迟。磷主要分布在烟草生长旺盛部位，生育前期吸收的磷有 70%分布在叶片与茎部，其中幼叶较高。打顶后磷素几乎均匀分布于烟株的各部位。烟草对磷的吸收高峰期出现在移栽后 60 d 左右，此时正值旺长期，是磷素的最大效率期。而后对磷的吸收下降。烟草每形成 100 kg 烟叶需吸收磷素 1.16～1.53 kg。

**(3)钾素营养**

烟草为喜钾作物，钾对烟草的品质有重要影响，烟草含钾量是衡量烟叶品质的重要指标。

优质烟叶含钾量一般在4%以上，而我国烟叶的含钾量大多在2%~3%。烟叶内氮钾比($N:K_2O$)与品质有关。严重缺钾时，烟草枯死斑扩大连片，叶破碎，烟草品质受到严重影响。研究发现，烤烟燃烧时间长短有80%~95%可以通过烟叶中钾、氮和氯的含量变化来描述，其中，钾含量高则燃烧性好，持久且烟灰洁白；而氯、氮含量高则出现燃烧不完全，烧后烟灰暗且有杂色斑点。钾还显著降低烟叶中尼古丁的含量，极显著地降低总颗粒物和氰化物的含量，从而降低对人体的危害程度。钾主要分布在叶部，约占全株的50.4%，茎中约占38.7%，根系中含量相对较低。打顶后，烟株体内的钾素重新分配，当生育后期供钾不足时，下部叶中的钾向外流出量多于流入量，上部叶流入量大于流出量，因此含钾量上部叶>中部叶>下部叶；但如果钾素供应充足，其含钾量上部叶<中部叶<下部叶。烟苗移栽后吸收钾的量逐渐增加，一般在花芽分化完成、节间伸长时吸收钾量最多。钾的吸收高峰期在移栽后60 d左右，比氮吸收高峰晚10 d左右，随后急剧下降。烤烟每形成100 kg烟叶需要吸收钾素4.83~6.37 kg。

**(4)其他元素的营养**

如果烟草缺钙，将导致生长受阻，幼叶的叶缘和叶尖向下卷曲，叶尖生长停止，叶片变厚，严重时尖端和边缘出现坏死。烟草对钙、镁的吸收与对钾的吸收存在拮抗，如果土壤中钙、镁的有效性高，会影响烟株吸钾，从而影响质量。研究表明，适量的镁对烟草的燃烧性有利，不足与过量则会降低燃烧性。还有研究发现，烟叶中的烟碱含量与烟叶中镁的含量呈极显著正相关，但是烟叶的还原糖、施木克值(水溶性糖类与蛋白质含量之比)及卷烟的评吸总分与镁含量之间的关系不密切。硫元素与烟叶品质关系密切，缺硫时，烤烟烟碱、还原糖、有机酸等物质的含量都与正常烟叶存在较大的差异，而硫素过量供应也会降低烟草品质。当烟叶含硫量大于0.7%时，烟叶的燃烧性明显下降，因此，烟叶中含硫量一般要控制在0.6%以下。

烟草属忌氯作物，含氯量过高会降低烟草的质量，但氯又是烟草生长所必需的营养元素，缺氯同样会导致烟草营养失调。研究发现，当烟叶中含氯量大于1%时，燃烧不完全，易熄火，降低烟叶的储藏性，焦油含量增加，降低吸烟的安全性。因此，土壤中氯离子含量应低于45 mg/kg。但当烟叶含氯量小于0.3%时，也会影响烟叶的多种工艺性状，使烟叶吃味辛辣、苦涩。烟叶适宜的氯含量为0.3%~0.8%。

在含硼高的土壤上种植烟草，烟叶中含硼量与烟叶评吸总分呈极显著负相关关系，而含硼量低的地区烟叶评吸总分与烟叶硼含量呈显著正相关关系；对锌、铜的研究也有相似结果。

### 16.2.1.2 烟草施肥技术

**(1)施肥量**

烟草施肥应根据烤烟品种特性、土壤肥力水平，首先确定氮素的用量，然后合理调配磷素和钾素的用量，氮、磷、钾的比例应与烟草的需求相协调。合理的氮肥用量受多种因素的影响，通常可以采用计划产量的方法来估算施氮量(详见第15章)。根据不同区域施肥实验结果，确定出烤烟产量在2 250~2 625 $kg/hm^2$，土壤速效氮含量小于40 mg/kg的低肥力土壤，需施纯氮75~80 $kg/hm^2$；土壤速效氮含量为40~60 mg/kg的土壤，需施纯氮60~75 $kg/hm^2$；土壤速效氮含量大于60 mg/kg的土壤，需施纯氮45~60 $kg/hm^2$。我国南方的酸性缺钾土壤，应增加钾素的施用比例，要求肥料中的氮、磷、钾的比例通常是1∶2∶2或1∶2∶3。

在黄淮海烟区，氮、磷、钾的比例可为 1∶1∶2 或 1∶1∶1.5。白肋烟的需肥量与烤烟较为接近，而晒烟的需肥量通常较低，在中等肥力的土壤中每公顷施用氮 22.5～30 kg，磷 30 kg，钾 45～60 kg。以上施肥量仅供参考，在生产中总结的经验是：氮素营养前期足而不过，后期少而不缺。不仅要控制氮总量，还要根据气候条件采用合理的施用方法，搭配适当比例的磷、钾肥，使烟草前、中、后期的养分吸收动态状况符合优质烟草的吸收规律。

**(2)施肥方式**

①苗床施肥。烟草生产中，培育壮苗，适时移栽，是获得优质高产的基础。为使烟苗生长健壮、整齐一致，为幼苗提供适量的养分极为重要。苗床以 10 $m^2$ 计算，基肥用量为：腐熟的有机肥 200 kg，过磷酸钙 0.5 kg，硫酸钾 0.5 kg 或饼肥 0.25～0.5 kg，过磷酸钙 0.1 kg，硫酸钾 0.0 5 kg。将上述肥料与苗床土壤混匀过筛后平铺于畦面。苗床追肥最常采用的是叶面喷施或浇施，追施 2～3 次，每次间隔 8～10 d，每次每 10 $m^2$ 畦面的肥料用量为：硫酸铵 0.1 kg，过磷酸钙 0.1 kg，硫酸钾 0.05 kg 左右。

②大田施肥。烟草大田施肥的原则是施足基肥，分期早施追肥。

a. 基肥。为了促进烟株早生快发，基肥的用量占施肥总量的 2/3，其中将有机肥、磷肥全部作基肥，剩余部分氮肥和钾肥作追肥。施用基肥常采用穴施法，但有机肥料用量较多时，也可采用条施或分层施用。条施是在栽前开沟，然后培起小垄。穴施是栽烟时挖穴，将基肥施入穴内。分层施用能满足烟草各生育时期对肥料的不同需求，可提高肥料利用率。北方中下等肥力土壤烟区施纯氮 52.5～60 kg/$hm^2$，南方烟区 37.5～52.5 kg/$hm^2$，施肥深度一般为 16～19 cm。如果土壤肥力较高、质地黏重，也可将全部肥料用作基肥。

b. 追肥。将氮肥分次施用，可以防止生育前期和中期氮素过早消耗，并可维持生长后期一定的氮素营养水平，使叶片适时成熟，不发生早衰。追肥次数和用量应根据气候条件、施肥水平和烟草的生长具有前期慢、团棵至现蕾期生长快、而后缓慢的特点等确定。追肥次数可 1～3 次，若追肥 1 次，则在移栽后 20 d 进行，适宜于雨水较少而土壤又较黏重的北方烟区，可沟施或穴施，离烟株 10～15 cm，深度 10 cm 左右，然后覆土。若追肥 2 次，第一次在移栽后 10 d，第二次在 20～25 d 进行，南北烟区均可采用。若追肥 3 次，则第一次在移栽后 7～10 d，然后每次间隔 10 d 左右，在团棵期以前完成，然后覆土，适宜于南方烟区。氮肥作追肥的比例一般占总施肥量的 1/3 左右，广东、湖南等多雨区追肥比例可稍大，基肥、追肥可各占 50%左右。追肥的时期不能过晚，否则会造成贪青晚熟，烟叶不能适时落黄，品质不佳。

在某些微量元素缺乏的烟区，还可以因缺补缺，适当添加硼、锰、锌、铁等微肥，施用浓度和剂量见表 16-7。微肥的施用主要采用浸种、拌种或叶面喷施等方式。浸种的时间通常为 6～12 h，喷施则最好在傍晚进行，溶液用量 750～1 500 kg/$hm^2$。微肥的针对性极强，通常烟区土壤严重缺乏某种微量营养元素时才需补充。

总之，低烟碱、薄叶型烤烟和白肋烟要重施基肥，低糖烤烟和晒黄烟则基追结合，保证后期仍有一定的氮素供应，晒红烟和雪茄烟则采用基追并重或追肥重于基肥，使打顶后仍有较高的供氮水平，香料烟除严格控制施氮肥量以外，所有肥料一般全作基肥集中施用。

表 16-7 几种常用微肥在烟草上的施用浓度及剂量

| 肥料种类 | 浸种(%) | 拌种(g/kg) | 叶面喷施(%) |
|---|---|---|---|
| 硼酸或硼砂 | 0.02~0.05 | 0.4~1.0 | 0.02~0.2 |
| 硫酸锌 | 0.02~0.05 | 2.0~6.0 | 0.05~0.2 |
| 硫酸锰 | 0.05~0.10 | 4.0~8.0 | 0.05~0.2 |
| 钼酸铵 | 0.05~0.10 | 1.0~2.0 | 0.05~0.1 |

**(3)烟草专用肥的应用**

烟草专用肥种类较多，云南、贵州烟区曾从国外大量进口烟草专用肥。近年来，国产烟草专用肥发展较快，现列3种基肥型专用肥和专用叶肥。

①基肥。'SF-883'的氮、磷、钾比例为1∶2∶2.5，有效成分为7-14-18，硝态氮：铵态氮为60∶40，可加入0.1%的Mn。此肥适用于河南、安徽等pH值7.0~8.0的土壤。'SF-893'的氮、磷、钾比例为1∶2∶2，硝态氮和铵态氮的比例为40∶60，可加入0.1%的锌和0.02%的硼。此肥适用于鲁南、苏北烟区。'SF-884'的氮、磷、钾比例为1∶2∶3，硝态氮为40%，铵态氮为60%，可考虑全氮量的10%的有机氮(粉碎过筛的油枯)作为填充料。此肥适用于西南烟区。

②叶肥型。含有13种植物营养元素，可应用于烟草苗床或大田。苗床喷施浓度为200~400倍液，大田喷施浓度为100倍液。

## 16.2.2 油菜施肥

油菜属十字花科芸薹属，不仅是我国的主要油料作物之一，也是世界上四大油料作物之一。油菜种子的含油率达35%~45%。菜油是良好的食用油，还可以用作人造奶油的原料，因其不含胆固醇，价格低廉，很受欢迎；菜油也是重要的工业原料，在冶金、橡胶、化工、纺织、制皂等方面也有应用；油菜籽粕，粗蛋白含量可达40%左右，还含有丰富的碳水化合物、脂肪、纤维素、矿物质和维生素等，其营养价值可以与大豆媲美；油菜花具有蜜腺，花期长，是良好的蜜源植物。油菜根系发达，能分泌大量有机酸，溶解和活化土壤中的养分，在复种轮作中具有重要作用，是粮食和经济作物的好前茬。我国种植的油菜有冬油菜和春油菜之分，其中冬油菜产量占总产量的90%以上，品种包括白菜型、芥菜型、甘蓝型和其他类型等。

### 16.2.2.1 油菜的营养特性

**(1)氮素营养**

油菜体内的氮素随生育期的延长而不断增加。环境氮素供应充足，油菜从出苗至花芽分化的时期较短，有效花芽分化期相应延长，分枝数增加。研究表明，油菜各生育期的含氮量为2.3%~4.3%，其中薹期的氮含量最高(4.3%)，其次是苗期(3.6%)，薹期以后体内积累的氮素迅速往上运输，花期为2.3%，到成熟期为1.6%。

幼苗的氮素主要分布在叶片，氮素积累量少，占总量的10%~15%。越冬阶段，由于低温，油菜的生命活动减弱，氮素积累量仅占总量的3%~5%。春季随气温的回升，油菜对氮素的吸收也随之增加，到抽薹为止，氮素的积累量占总量的 8%~12%，仍以叶片为主。抽薹阶段约历时一个月，对养分的需求量很大，如不能满足其需肥量会出现落黄，这个时期是氮素的营养临界期，氮素积累量占总量的25%~34%，根、叶中的氮量稍有降低，而茎部的氮量逐渐升高。开花阶段，氮素积累进一步增加达到高峰，20 d 的时间内，氮素积累量占总量的 27%~36%，氮素主要集中于茎部，达 30%左右，表明生长中心已转移到茎枝。结实阶段，油菜虽然继续吸收积累氮素，但强度比上一阶段显著下降，积累量占总量的 15%~18%。氮素分布也发生极大变化，营养器官中的氮迅速向角果集中，最后大部分转移到种子中储存，种子中的氮素可占植株总量的 50%~70%。角果是生命活动最终产物的仓库，蛋白质大部分积累于此，因此全氮含量很高。

**(2)磷素营养**

充足的磷素能够促进油菜分枝，提高其生物和经济产量，有利于菜籽中油脂的合成，降低蛋白质含量。大量研究表明，油菜对磷素的吸收量低于氮素和钾素，各生育期植株含磷量的变化也比氮、钾的变幅小。不同时期植株体内的全磷含量处于 0.56%~0.71%。磷在油菜体内的运转率高，应用$^{23}$P 同位素测定证实，磷酸在油菜体内很容易移动，并经常向代谢旺盛的幼嫩部位集中。同时，随着生长进程，从根、茎、叶、花，运转到角果，最终大部分积累于种子中。不同生育期，磷在油菜各器官的分配不一样，初期主要在根部积累，生长中期则较多分配在叶部，而生长后期繁殖器官中积累最多。

**(3)钾素营养**

油菜对钾素的需求量较多。钾可以增强油菜的抗寒力、抗旱力，以及抗倒伏、抗病虫害能力。缺钾时，植株生长受阻，叶柄呈现紫色，叶片褪绿发黄，严重时呈焦灼状心叶萎缩枯死。

油菜不同生育期对钾素的吸收和积累与氮、磷不同。秋冬季油菜茎、叶含钾量相近，春季叶片的含钾量增加变慢，而茎的含钾量大幅提高，到开花期可达叶部的 4 倍。随后茎、叶中的含钾量下降，花、角果及种子的含钾量增加。成熟时只有 20%~25%的钾在种子中积累。各生育期含钾量为 1.41%~3.20%，在抽薹期达到高峰，含钾量高达 3.2%，这与抽薹后茎秆和分枝的大量形成有关。在油菜植株体内，钾的移动性强，常随着生育进程由老组织向新组织转移，移动量占钾吸收总量的 1/3~1/2，而种子中的钾素仅占总量的 1/5。这是钾素的分配与氮素、磷素的不同之处。

**(4)硼素营养**

油菜为双子叶植物，比禾本科植物的含硼量高。正常叶片的含硼量在 20 mg/kg 左右。充足的硼素营养能保证繁殖器官的发育，防止油菜“花而不实”。任泸生等的水培试验测定表明，油菜各生育期的植株含硼量：在初薹期为 9.6 mg/kg，初花期为 10.6 mg/kg，终花期为 10.8 mg/kg，成熟期为 13.5 mg/kg。植株地上部对硼素的积累，从苗期到初薹期，初薹期至初花期积累较少，分别占全量的 6.0%和 6.7%；初花期至终花期积累很快，占 14.8%；而终花期至成熟期最多，占 72.5%。

#### 16.2.2.2　施肥对油菜产量的影响

氮素对油菜生长发育的影响很大。氮素促进油菜叶的生长，尤其是在越冬至抽薹阶段能明显增加下部叶片数量，增大叶面积。氮素还能促进茎枝的生长，施氮量不同，一次分枝数也有不同。施用氮肥对油菜产量和油脂含量的影响见表 16-8。

**表 16-8 氮肥施用量与施用期对油菜产量与油脂含量的影响**

| 氮肥用量 (kg/hm²) | 处理期 | 菜籽产量 (kg/hm²) | 含油率 (%) | 油脂产量 (kg/hm²) |
|---|---|---|---|---|
| 150 | 苗期 2/3，薹期 1/3 | 2 362.5 | 43.77 | 976.5 |
| | 苗期 1/3，薹期 2/3 | 2 253.0 | 41.32 | 876.0 |
| 300 | 苗期 2/3，薹期 1/3 | 2 688.0 | 39.66 | 996.0 |
| | 苗期 1/3，薹期 2/3 | 2 401.5 | 37.74 | 837.0 |

注：引自谭金芳，2012。

我国油菜产区多数土壤缺磷，在氮肥施用量提高的基础上，磷的施用对提高油菜产量更为重要。在缺磷的土壤上施用磷肥可以使油菜生长良好，促进早熟，提高产量和含油率(表 16-9)。

**表 16-9 磷肥用量对油菜生物学性状和产量的影响**

| 磷肥用量 (kg/hm²) | 株高 (cm) | 单株一级分枝数 (个) | 单株荚果数 (个) | 生物学产量 (kg/hm²) | 籽粒产量 (kg/hm²) |
|---|---|---|---|---|---|
| 0 | 134.1 | 4.7 | 151.1 | 2 586 | 650 |
| 45 | 149.1 | 5.9 | 264.5 | 4 188 | 1 500 |
| 90 | 156.5 | 6.4 | 300.4 | 4 601 | 1 788 |
| 135 | 160.1 | 6.6 | 302.8 | 6 226 | 2 113 |
| 180 | 154.0 | 7.0 | 337.6 | 5 067 | 2 000 |

注：引自鲁剑巍等，2005。

施用钾肥可以促进油菜苗期的生长。钾肥与氮、磷肥料配合施用，效果才会更明显。一般而言，单施钾肥，可提高含油率 0.03%~3.00%，降低蛋白质含量 1%~2%。研究表明，缺钾的油菜，种子中没有天冬酰胺、苏氨酸、色氨酸等氨基酸。

### 16.2.2.3 油菜施肥技术

油菜的栽培有大田直播和育苗移栽 2 种方式，由于杂交油菜的推广，采用育苗移栽的方式逐渐增多。油菜的施肥应根据播种方式、土壤条件、肥料品种与性质、油菜的生育特点等有针对性地制订施肥方案。

**(1)苗床肥**

其目的是培养高质量的幼苗，保证移栽后发棵早、长势旺、分枝结荚多及有较强的抗逆性。可以选择优质完全腐熟的有机肥配合适当的化学肥料作为基肥，有机肥施用量 30.0~30.7 t/hm²，配合尿素 90~120 kg/hm²，过磷酸钙 375~450 kg/hm² 施用；若土壤中速效钾低于 80 mg/kg，还应配合施用硫酸钾 75~150 kg/hm²。出苗后特别在三叶期，结合间苗定苗追肥 1~2 次，以补充养分和稳定根系。追肥可施用腐熟的猪粪或人粪尿，也可追施硫酸铵 75 kg/hm$^2$ 或尿素 30 kg/hm$^2$。在移栽的前一周施一次“送嫁肥”，硫酸铵 135~150 kg/hm$^2$ 或尿素 45~75 kg/hm$^2$，以保证移栽后成活率高返青快。

**(2)基肥**

油菜的营养体大，需肥量高。重施基肥能培育壮苗，为丰产打下良好基础，也可避免后期追肥过多，发生贪青晚熟、倒伏、开二道花现象。施用基肥的目的是保障移栽成活，安全越冬。

基肥以有机肥为主，配合施用适量的氮肥、磷肥和钾肥。基肥氮素用量占总施氮量的 40%~60%，对于冬季寒冷、土壤肥力较差的地区，基肥用量可总量占 2/3；而对于气候温暖、土质肥沃的地区，基肥的用量可占总量的 1/3。磷肥全部作为基肥，集中施用，可采用条施或穴施，一般施过磷酸钙 150~450 kg/hm$^2$。土壤有效磷含量低于 5 mg/kg 时，磷肥的增产效果十分显著；有效磷含量为 10~30 mg/kg 时，磷肥也能增产 5%~20%；速效磷含量大于 30 mg/kg 时，施用磷肥的增产效果不显著。油菜吸收磷的能力较强，施用不同的磷肥品种都有较好的效果。过磷酸钙适于各类土壤施用，而钙镁磷肥在酸性土壤上施用效果较好。油菜对难溶性磷肥的利用能力也较高，在酸性土壤上每公顷施用磷矿粉 750 kg，可增产油菜籽 6~20 kg。磷矿粉在油菜上的作用可能归因于根系能分泌较多的有机酸和吸收较多的钙。如果磷肥作为基肥施用不足，应当在三叶期前进行补施。另外，可选用水溶性磷肥作为种肥，如过磷酸钙、重过磷酸钙等，也可用钙镁肥包裹种子，以提高出苗率和培育壮苗。钾肥与磷肥一样，全部用作基肥效果好。钾肥也可以用作种肥和苗肥。施钾肥的关键是早。若用复混肥或 BB 肥配合有机肥作底肥，可选择氮、磷、钾比例为 1∶2∶2 或 1∶2∶1 的肥料施用。由于油菜根入土较深，直播油菜根入土可达 40~50 cm，干旱地区可达 100 cm，根系水平扩展可达 40~50 cm。因此，有机肥、氮肥作油菜基肥时，施用深度应在 20~30 cm 为宜。磷肥、钾肥采用条施或穴施效果较好。

**(3)追肥**

油菜在冬季生长的时间较长，追肥的目的是保证中后期稳健生长而不致脱肥、早衰，避免追肥过量而导致贪青晚熟。春油菜生育期短，开花早，前期吸收肥料比例大，肥料要适当提早施用。我国不同油菜产区栽培制度不同，施肥技术也有一定差别。长江下游油菜产区，早施苗肥，重施腊肥，早施薹肥，巧施花肥；长江中游油菜产区，早施苗肥，重施腊肥；四川和重庆油菜施肥上则采用“两头轻、中间重”的追肥方法。通常有苗肥、蕾薹肥、花肥 3 次追肥。

①苗肥。是指移栽后苗期的追肥。目的是利用冬前较高气温，促进根系发达，苗期生长健壮，提高抗寒性。在基肥不足的情况下，苗肥的作用就更为重要。华南地区一般在移栽后 7~10 d 施用；直播油菜在五片真叶或定苗时施用，可促进油菜早发，薹壮枝多。长江下游冬油菜产区，由于苗期时间长，苗肥又可分为提苗肥和腊肥。根据苗情和气候而定，春性强的品种或冬季较温暖的地区宜偏早施，冬季气温低或三熟制地区宜偏迟施。

②蕾薹肥。是油菜生长进入现蕾抽薹时期后的追肥。此期油菜营养生长和生殖生长均十分旺盛，对养分需求量高，补充养分很重要。薹期充足的养分供应可增加总茎枝数，有利于

生殖器的发育，总角数增加，籽粒饱满，提高产量。薹肥一般在抽薹后薹株高 15~30 cm 时施用为宜，施用量以纯氮 45~75 kg/hm$^2$ 为好。

③花肥。是开花前或初花期施用的肥料。此期油菜以生殖生长为主，由于油菜是无限花序，边开花边结荚，如果营养失衡，在盛花期将发生落花现象，严重影响产量，因此要巧施花肥。对长势旺、薹肥量大的可不施或少施；对早熟品种可不施或在始花期适量少施；根据气候和长势，施用花肥可起到良好的效果。花肥用量不宜过多，通常以氮 30~45 kg/hm$^2$ 为宜，春发油菜氮用量为 7.5~22.5 kg/hm$^2$，花肥还可采用根外追肥的办法，喷施浓度为 0.5%~1.0%的尿素、过磷酸钙或磷酸二氢钾等肥料。

此外，由于油菜对缺硼较为敏感，尤其是甘蓝型油菜，因此施用硼肥很关键。我国长江流域油菜主产区各地均有缺硼引起油菜"花而不实"的现象。湖南省土壤肥料研究所根据土壤供硼的能力，将土壤有效硼含量 0.3 mg/kg 作为油菜缺硼的临界值。生产上施用的硼肥主要有硼酸和硼砂 2 种，可用浓度为 0.01%~0.10%的硼砂溶液浸种，浸种时间为 6~12 h，肥液与种子的比例为 1∶1(即 1 kg 种子用 1 kg 肥液)。硼砂溶解较缓慢，可用 50~60℃温水溶解，待冷却后浸种；也可将硼酸或硼砂配制成浓度为 0.1%~0.2%的溶液，喷施用量为 750~1 125 kg/hm$^2$，在油菜的苗期、蕾薹期或开花期喷施；还可将硼酸或硼砂按 7.5~15.0 kg/hm$^2$ 用量与堆沤肥或厩肥等有机肥混合，作为基肥施用。

## 16.2.3 茶树施肥

茶原产中国，已有数千年的栽培历史。我国茶树种植区东起台湾的阿里山，西至西藏的察隅河谷，南自海南岛的琼崖，北达山东半岛，分布在 19 个省(自治区、直辖市)。只要土壤呈微酸性或酸性反应，茶树都能正常生长。截至 2022 年，全国茶园面积达 333.02×10$^4$ hm$^2$。茶叶总产超过 380.10×10$^4$ t。施肥是茶叶增产最有效的措施。

### 16.2.3.1 茶树的营养特性

**(1)氮素营养**

茶树是一种叶用作物，对氮的要求较为迫切，需要量也大。氮占茶树绝对干物质平均重的 2.5%。不同时期生产的茶叶含氮量不同，春茶含氮占干物质的 5%~6%，老叶和落叶为 1.5%~2.5%。氮是茶树组织中蛋白质和核酸及叶绿素的主要成分，也是茶树中各种酶、维生素、氨基酸、咖啡因等物质的组成成分，而这些物质与茶叶品质有密切的关系。氮肥对茶叶的增产效果较好，施肥效益较高。研究发现，土壤的全氮与茶芽中的氨基酸和茶氨酸的含量呈显著正相关，能显著提高茶叶产量和品质。茶树缺氮时，新梢由黄色变为淡黄色，造成严重缺绿病，使新梢停止生长，老叶大量脱落，最后全株枯萎。

**(2)磷素营养**

茶树体内各器官中平均含磷占干物质的 0.4%~1.5%，嫩叶中可达 0.5%~1.5%，根系中稍低 0.4%~0.8%，老叶和茎干中最低，在 0.5%以下。研究发现，磷对促进茶树的生长发育，提高茶叶的产量和品质，促进茶树开花和结果也有良好的作用，特别是对提高茶多酚的含量都有良好的作用。茶树缺磷会造成生长缓慢，根系生长不良，根提早木质化，吸收能力减退，上部嫩叶逐步呈现暗红色，叶柄最为严重。缺磷严重时，茶树老叶逐步变为暗绿色或暗红色，茶树花果少或无花果。

**(3) 钾素营养**

茶树各器官中的钾含量为 0.4%~2.5%，其中嫩叶为 1.7%~2.1%，根部为 1.4%~1.7%，茎干为 0.4%~1.7%。钾以离子态存在于茶树体内，其主要生理作用分是调节和加强茶树的各种生理过程，增强某些酶(如糖酶和丙酮酸酶等)的活性，是糖类合成、分解、运输过程不可缺少的物质。钾对茶树的水分生理、抗旱、抗寒及抗病均有良好作用。缺钾时，茶树生长变慢，产量和品质下降，首先表现为嫩叶褪绿，呈淡黄色，叶小而薄，节间缩短，叶脉及叶柄逐步呈现粉红色，老叶逐步变黄，叶片边缘向上或向下卷曲，叶质地变脆，提早脱落，同时嫩叶由淡黄色变成灰白色，芽叶停止生长，茶树失去生产能力，并常发生茶饼病、云纹叶枯病和炭疽病等。在生产实践中，老茶园易出现缺钾。土壤有效钾低于 50 mg/kg，春茶一芽二叶的新梢含钾量低于 2.0%，容易出现茶树缺钾的症状。

氮肥对茶叶的增产效果较好，施肥效益较高，因而茶园施肥以氮肥为主，配合施用磷、钾肥。氮、磷、钾配合比例随茶树发育阶段不同有不同的要求，在茶树幼林期，氮、磷、钾 3 种肥料施用量较为接近，以 2∶1∶1 和 2∶2∶1 的比例较为适宜。随着树龄增大，须加强茶树营养生长，抑制生殖生长，成年茶园的氮、磷、钾比例一般以 6∶2∶1 或 3∶1∶1 为宜，加大了氮肥的施用比例，当衰老茶树进行更新时，为了促进多发新根和培育新的骨干枝，又要适当增加磷、钾的比例。总之，三要素的配合比例要根据茶园土壤养分的丰缺来进行校正与确定。茶树喜酸怕碱，喜深怕浅，喜湿怕涝，土壤 pH 值为 4.5~5.5 最适宜，高于 6.5 或低于 4.0，茶树生长受阻。要求土层深 1 m 以内不能有黏盘层。土壤特性与茶叶品质关系密切，杭州龙井茶是在狮峰的白砂土上栽培的，而在较黏重的红壤丘陵生长的茶叶，品质则不能保障。茶树不同部位的养分含量见表 16-10，可见差异很大，因此不同时期茶叶的品质随之也会有很大差异。

**表 16-10 茶树不同部位的矿质元素含量** 干重%

| 部位 | N | P | K | CaO | MgO | MnO | $Fe_2O_3$ | $Al_2O_3$ |
|---|---|---|---|---|---|---|---|---|
| 嫩叶 | 4.14 | 0.74 | 2.64 | 0.32 | 0.69 | 0.13 | 0.02 | 0.18 |
| 成叶 | 3.02 | 0.57 | 2.52 | 0.69 | 0.45 | 0.37 | 0.05 | 1.22 |
| 枝干 | 0.89 | 0.23 | 0.65 | 0.40 | 0.40 | 0.06 | 0.06 | 0.16 |
| 根 | 1.66 | 0.84 | 1.69 | 0.35 | 1.79 | 0.36 | 0.36 | 1.09 |

注：引自谭金芳，2012。

### 16.2.3.2 茶树施肥技术

施肥要根据茶树的生长特性、土壤特点、气候类型等因素有效进行。特别是茶树在营养上需要多种养分，研究证实，维持茶树正常生长的营养元素有碳、氢、氧、氮、磷、钙、镁、硫、铁、锰、硼、铝、铜、锌、钼等 40 多种；喜氮性，据测定每生产 100 kg 干茶，要带走土壤中的氮素 4.5 kg 左右，茶树既能吸收铵态氮，也能吸收硝态氮，还能利用一些简单的有机态氮；茶树能长期生长在富铝的土壤上，研究发现，高含量的铝能促进茶树的生长，提高叶片的光合能力，促进碳水化合物的转化，尤其是铝对促进茶氨酸的转化、儿茶素的代谢，改进红茶品质方面具有良好作用；但是茶树对氯元素的需要量很少，容易出现氯毒现象；茶树对钙的需求量也不大，比一般作物少。因此，茶树施肥要注意以下几点：

**(1)有机肥与无机肥配合**

有机肥对茶树的生长、品质都有良好的影响，我国茶区大多分布在水热条件较好的亚热带和湿润带的酸性土壤上，土壤有机质分解迅速，有机肥不仅能够提供多种养分元素，而且在茶树的栽培过程每年必须大量施用有机肥料以改良和培肥土壤。有机肥中有效养分含量低、释放速率缓慢，但在微生物的作用下可形成腐殖质，促进土壤水稳性团粒结构的形成，可解决土壤中某些微量元素的缺乏问题。但成年茶树需肥量大，仅靠有机肥不能满足其需要，必须要与速效化肥配合，使之能缓急相济，既增加产量，又能恢复和提高土壤肥力。湖南省茶叶研究所的试验表明，全部施用无机肥的茶树前3年平均比不施肥的茶树增产1.44倍，10年后增产幅度下降，比不施肥的茶树只增产1.39倍，而施用1/4有机肥、3/4无机肥的茶树前3年比不施肥可增产1.27倍，而10年以后增产比例上升为1.44倍。因此，只注意施无机肥料，不重视有机肥料的配合，在短期内可能会获得较高的产量，但在多年之后，由于土壤理化性质变化，增产幅度会受到影响。

**(2)重施基肥、分次追肥**

按施肥时期，茶园施肥可分为基肥和追肥。在冬季茶树地上部生长停止时施用肥料称为基肥。在茶树开始萌动和新梢生长期施用肥料称为追肥。

施用基肥的目的是恢复当年因采摘茶叶受到亏损的树势，增强茶树的越冬抗寒能力，并使根系积累充足的养分，为翌年春茶芽叶发育打好基础。基肥以有机肥为主，配合氮、磷、钾肥。基肥的施用时期通常是在茶树地上部停止生长后立即施用，一般宜早不宜迟。在长江中下游茶区，于9~11月结合冬耕施下，最晚不过立冬；而江北茶区及一些高山茶区，由于气温下降早，基肥以8~9月施用为宜；华南茶区，气温下降晚，基肥施用时间以11~12月为宜。基肥的数量和品种要根据茶树长势和土壤肥力水平而定，据我国大多数高产茶园的施肥经验，可选用饼肥、堆肥、沤肥。在条栽茶园中，施基肥可在行间树冠附近结合中耕开沟施；对已经封行的壮龄茶园可根据树冠的范围内开沟施入；坡地茶园可以在坡的上方开半月形沟施入。基肥施用的深度依据土壤性质和肥料种类而不同，砂土可以适当深施，在20 cm以下，黏土在15~20 cm。施用堆肥、厩肥和磷肥宜较深，在20~23 cm；施用饼肥、人粪尿可稍浅，为14~17 cm。基肥的施用对全年茶叶增产具有重要意义，用量一般应占全年施肥量的30%~35%。

追肥的目的是供应茶芽萌发和促进新梢生长。茶树的生育期很长，从春季到秋季要萌发几轮新梢，所需养分很多，在生长季节还须分期施用追肥。追肥以含氮素较多的速效化肥为主，用腐熟的饼肥、人粪尿等作追肥效果也很好。在降水充沛的茶园，追肥需要少量多次施用，但也不是次数越多越好，幼茶园追肥一般每年2~3次，而成熟茶园3~4次比较合适。在生产实践中，高产茶园施肥量大，次数也应有所增加。施肥次数也根据茶园的土壤质地而定，黏土次数少，砂土次数多。追肥施用时期，一般在每季茶或每轮茶萌发初期。以华东地区为例，春茶催芽肥以3月中下旬施用较好，用量占全年追肥用量的30%~35%，这次追肥对于上一年秋冬季没有施基肥的茶园更为重要。春茶采收后，当茶芽生长暂时进入停顿阶段，这时施用第二次追肥，用量约占30%。夏茶结束后，秋茶期间再施1~2次追肥为宜。这基本上是根据茶树生长需要与根系活动情况来进行的。因为当地上部生长缓慢的时候，地下部分就开始活动，在一季茶结束立即施肥，就可保证供应下一季茶芽生长发育所需的营养物质。追肥施用的方法大致与基肥相同。

**(3)施肥和其他的农业措施结合**

施肥是茶叶增产的主要措施，但要充分发挥肥料的增产作用，还必须与灌溉、合理采摘及合理耕作等综合农业技术措施相配合。在夏秋季干旱期间，施肥要结合灌溉措施进行。水肥试验表明，夏秋施肥的茶树比不施肥的对照增产12%，如施肥再增加灌溉则增产75.3%。茶树如果合理采摘，留有足够新叶，茶树根系可以从土壤中吸收大量的养分，中国农业科学院茶叶研究所的留叶数量与磷肥吸收关系的试验发现，留2片真叶采摘的茶要比不留叶的提高1.69倍。同时茶树施肥后及时耕作也能提高肥效，否则杂草会与茶树争夺养分，造成茶树生长受阻，尤其在梅雨季节更显重要。

## 16.2.4 大豆施肥

大豆在我国农业生产中占有重要的地位。大豆中含有约40%的蛋白质和20%的脂肪，其经济价值很高。同时大豆秸秆含有较高的粗蛋白质，其营养物质的含量高于麦秸、稻草等作物，是家畜的优良饲料。大豆在工业和医药上也有很广泛的用途，特别是大豆通过根瘤菌的共生作用，将氮气固定下来，不仅提高了土壤的氮素含量，而且提高了土壤的肥力。

### 16.2.4.1 大豆的营养特征

研究发现，每生产100 kg的大豆需吸收氮5.3~10.1 kg，磷1.0~3.6 kg，钾1.39~8.00 kg，一般比粮食作物多。大豆在我国的栽培范围很广，种植大豆的品种、生长环境及农业技术措施有较大差异，大豆对氮、磷、钾的需要量也有所不同。大豆与根瘤菌共生，通过根瘤菌固定的氮量可达大豆所需氮素的40%~60%，这影响着大豆从土壤中吸收氮。尽管大豆从土壤和肥料中吸收的氮并不高于粮食作物，而对磷、钾的吸收是较多的。大豆不同生育期或同一生育期的不同营养器官养分含量也有很大差异。大豆苗期，茎叶中的氮、磷、钾含量较高，开花前期，茎叶中的氮、磷、钾含量逐渐下降，到生殖生长阶段养分吸收又逐渐增加，呈明显的"V"字形。大豆生育前期，叶片中的氮、磷、钾含量大于茎，茎中的含钾量大于叶；大豆生育后期，各器官的氮、磷、钾的含量依次为：花荚>叶>茎。大豆由营养生长转向生殖生长后，养分向生殖器官转移，在大豆成熟期，籽粒中氮、磷、钾含量最高。春大豆在不同时期对氮、磷、钾的吸收量见表16-11。

**表16-11 春大豆在不同生育期吸收氮、磷、钾的量** $kg/hm^2$

| 营养元素 | 生育期 | | | | |
|---|---|---|---|---|---|
| | 开花初期 | 结荚期 | 鼓豆前期 | 鼓豆末期 | 成熟期 |
| 氮 | 36.9 | 62.9 | 82.5 | 182.1 | 256.8 |
| 磷 | 3.15 | 5.55 | 7.95 | 19.4 | 26.3 |
| 钾 | 16.4 | 22.1 | 34.6 | 85.2 | 113.4 |

注：引自索全义等，1998。

大豆需钙较多，一般籽粒中含钙量为 0.23%，茎秆 1.18%，叶片 2.0%~2.4%。籽粒含钙量为小麦的 11 倍以上，秸秆含钙量为小麦的 6 倍之多。大豆从出苗到开花初期，含钙量为 0.27%左右，到结荚期为 0.9%~4.4%。大豆对镁的吸收不同部位和生长时期也不尽相同，叶片中含镁较多。从出苗到初花期，大豆含镁量为 0.09%~0.89%，在初花期为 0.06%~1.00%，结荚期为 0.53%~0.79%，而大豆籽粒中镁的含量不高。大豆对硫素的吸收量比玉米多，大豆茎叶中的硫含量为 0.125%~0.520%，种子的含硫量为 0.002%~0.450%。硫进入植物体后大部分被还原为巯基或合成其他有机物，如果硫供应不足，大豆体内的含巯基的合成受阻，蛋白质合成停止。微量元素钼对于大豆生长非常重要，因为钼是大豆根瘤菌中固氮酶的组成部分，直接参与氮、磷代谢。大豆体内的钼主要存在于根瘤菌及叶片中，盛花期叶片的含钼量为 1~5 mg/kg，因此施用钼肥有利于根瘤的形成，提高固氮效率。大豆对锌的吸收量也比玉米等粮食作物多，锌主要分布在玉米的根中，其次是茎秆。

#### 16.2.4.2　大豆施肥技术

**(1) 基肥**

增施农家肥料作基肥，是保证大豆高产、稳产的重要条件。特别注意，麦茬直播夏大豆由于播种时间紧，许多农民来不及整地施基肥，应强调前茬小麦田多施有机肥，培肥地力。基肥的使用量因有机肥的质量、土壤肥力以及前茬作物施肥量等具体情况而定。有机肥质量高，施用 1.50~2.25 $t/hm^2$，质量一般则施入 3.0~4.5 $t/hm^2$，土壤瘠薄和前茬施肥数量少的地块更应多施有机肥。

**(2) 种肥**

大豆施用种肥具有很好的增产效果。过磷酸钙用量为 150~225 $kg/hm^2$ 作大豆种肥，可以获得明显增产效果薄地施种肥常需加少量氮肥，与尿素 150 $kg/hm^2$ 或硝酸铵 150~225 $kg/hm^2$ 混合施用时，氮、磷配合比例以 1∶3 或 1∶2 为好。作种肥应深施，注意种肥隔离，以防止烧种、烧苗。

**(3) 追肥**

大豆追肥的效果与追肥时期、地力状况以及长势关系密切。在分枝期到开花初期进行一次追肥，增产效果明显。土壤肥力低、大豆幼苗生长较弱或封垄较为困难的地块应适当追肥。土壤比较肥沃、基肥和种肥充足、大豆生长健壮、植株繁茂时，不必追肥，以免造成徒长倒伏。追肥以氮、磷肥为主，施用量：氮 30~37.5 $kg/hm^2$，加磷 37.5~75.0 $kg/hm^2$，追肥量不宜过大。

**(4) 根外追肥**

在豆荚形成后可进行叶面喷肥。用磷酸二铵 15 $kg/hm^2$、尿素 7.5~15.0 $kg/hm^2$、过磷酸钙 22.5~30.0 $kg/hm^2$ 或磷酸二氢钾 3.0~4.5 $kg/hm^2$ 兑水 750~800 $kg/hm^2$，在晴天傍晚喷施(其中，过磷酸钙需预浸 24~28 h 后过滤喷施)，喷施部位以叶片背面为好。从结荚开始每隔 7~10 d 喷 1 次，连喷 2~3 次，增产效果明显。此外，大豆喷施钼肥也有一定的增产效果，特别是在酸性及有效钼含量较低的白浆土和黑土上施用，效果明显，并且与磷、氮配合使用更好，施用量为钼酸铵 225 $kg/hm^2$、尿素 7.5 $kg/hm^2$、过磷酸钙 15 kg/hm$^2$ 配合，可以先将过磷酸钙加水 75 kg 搅拌放置过夜，第二天将沉渣滤去加入钼肥和尿素即可进行喷雾追施。

## 16.2.5　甜菜施肥

全世界许多国家种植甜菜，欧洲是世界范围内甜菜的主产区。我国的甜菜主产区分布在北纬 40°以北的东北、华北和西北地区，其中黑龙江的种植面积最大。甜菜块根，除制糖外，还有很高的综合利用价值。

### 16.2.5.1　甜菜的营养特性

甜菜是二年生草本植物，第一年主要是营养生长，在肥大的根中积累丰富的营养物质，第二年以生殖生长为主，抽出花枝经异花授粉形成种子。甜菜是一种需肥量大、吸肥力强、吸肥时间长的作物。因此，在甜菜生长过程中，要保证足够的施肥量。研究表明，每生产 1 t 甜菜，需要吸收氮 3.3~6.3 kg，磷 1.4~2.0 kg，钾 5.5~8.6 kg，氮、磷、钾的比例为 1∶0.33∶1.44。甜菜与禾谷类作物相比，明显是需钾作物。

甜菜在生长的不同阶段需肥量不同。幼苗块根分化形成期生长缓慢，甜菜需肥水不多，吸肥量占总需肥量的 15%~20%，耗水量占总需水量的 11.8%~19.0%，对速效磷比较敏感，土壤湿度为田间持水量的 65%左右为宜。叶丛快速生长与块根糖分增长期是甜菜茎叶、块根生长最迅速的时期，也是吸肥需水最多和形成产量的关键时期，此期吸收的氮占总量的 70%~90%，磷占总量的 50%~60%，钾占总量的 53%~72%，耗水占耗水总量的 51.9%~58%，土壤湿度保持在田间持水量的 80%左右为好。糖分积累期，甜菜对氮吸收显著减少，占总量的 8%~9%，但对磷、钾仍保持较高的吸收，此期耗水量减少，占耗水总量的 27.1%~36.2%。

### 16.2.5.2　甜菜施肥技术

**(1)基肥**

通过实验结果推算，甜菜块根产量为 75 t/hm$^2$ 时需施优质有机肥 6 500 kg，硫酸铵 100 kg，过磷酸钙 33.4 kg，草木灰 200 kg，即生产 1 kg 原料块根需要施用超过 1 kg 肥料。甜菜的吸肥特点：70%左右的氮和 50%以上的钾是在生育前期(7 月以前)被吸收利用，50%以上的磷是在生育后期被吸收利用的。因此，甜菜需肥总量的 55%应该作基肥，一般用腐熟的农家肥、堆厩肥等，在耕地时翻入土壤深层。施用量根据肥源而定，原则上应多施。

**(2)种肥**

合理施用种肥既可供应种子萌芽需要的养分、水分，又可起防止发生立枯病、根腐病的作用。施用量一般为粪尿 1.50~2.25 kg/hm$^2$，配合硝酸铵 37.5~75 kg/hm$^2$，过磷酸钙 75~150 kg/hm$^2$ 于播种时施入土中，未施基肥或施用量较少时可加大种肥的用量。

**(3)追肥**

追肥需视肥源、苗情和土壤肥力而定，一般追肥 2~3 次。第一次追肥在定苗后进行，以氮为主。施氮肥 225 kg/hm$^2$，过磷酸钙 150 kg/hm$^2$，草木灰 225 kg/hm$^2$，并配合人畜粪尿 7 500~15 000 kg/hm$^2$，施入后及时中耕培土，以防除杂草，提高地温，促苗生长。第二次追肥在茎叶繁茂生长至第十片真叶出现时，施氮素肥料 150 kg/hm$^2$，过磷酸钙 150~225 kg/hm$^2$，配合施用人畜粪尿 15 000~22 500 kg/hm$^2$，施后及时中耕培土，促进根系迅速生长，抑制叶丛早期徒长。第三次追肥需视苗情和肥源而定。此次施肥因植株已十分繁茂，应注意保护叶片，减少伤株损叶，以磷、钾肥为主，一般可用磷、钾肥溶液作根外追肥，常用草木灰 15 kg/hm$^2$，过磷酸钙 30~45 kg/hm$^2$ 分别在 75 kg 水中浸泡一夜后过滤，再加入水 1 500 kg，于晴天傍晚无风时喷雾叶片。此法可加强植株生理活动，延长功能叶片寿命，促进糖分运输积累，提高块根产量和含糖率。

## 16.3 果树施肥技术

我国的果树种类繁多、分布广。由于各地区生态环境的多样性，果树种类的分布有较强的区域性，北方的苹果、梨，西北的葡萄，南方的柑橘、香蕉、杧果、荔枝、龙眼等，形成了品质优良、风味独特的系列产品。

### 16.3.1 果树的营养特性

#### 16.3.1.1 果树的生命周期

大多数果树是多年生木本作物，与其他作物相比，具有不同的营养特点。果树一经定植，在一块土地上生长十几年乃至几十年，要经历生长期、结果期、盛果期、衰老期等生命阶段。不同的果树以及同一果树的不同树龄都有其特殊的生理特点和营养要求。幼龄期果树的生长重心是树冠发育和扩大根系，这个时期的生长量不大，需肥量也不多，但对肥料反应敏感，该期需要在树体中积累足够的营养，为下阶段开花结果打下良好的基础，因此要求施足磷肥，适当配合施用氮肥和钾肥；生长期和结果期主要是继续扩大树冠，同时进行花芽分化，使果树尽早开花结果，并过渡到盛果期，这个时期应在施足基肥的情况下，增施磷、钾肥；进入盛果期后，果树的“骨架”与树冠已经形成，此时要求提高商品价值，既要调节花芽数量，形成合理的负载，防止树体衰老，还要注意施肥对果实品质的影响，因此要求氮、磷、钾肥配合施用；进入衰老期后应多施氮肥和磷、钾肥，以促进更新复壮，延长盛果时间，防止早衰。

#### 16.3.1.2 树体营养与果实营养特点

**(1)果树的整体发育**

果树生长要经历营养生长和生殖生长，只有当营养生长与生殖生长协调平衡才能获得优质的果品。许多多年生果树，如苹果、梨，都是在前一年进行花芽分化而在第二年开花结果。首先是新梢生长，然后开花结果，在果实继续发育期间，又开始进行花芽分化与发育。不同时期的施肥常影响树体营养和果实营养，即影响营养生长、开花结果和花芽分化。如果施肥不足会导致营养不良，产生较多的花芽，不能正常发育。施肥过量尤其氮肥过多，会使营养生长过旺，梢枝徒长，花芽分化不良。有的虽然能开花结果，但容易产生生理性落花落果，使果实品质下降。氮用量过多还易引起病虫害。所以果树施肥应考虑树体营养与果实营养的平衡。

一般条件下，果树在周年中利用氮、磷、钾的总趋势为：在生长初期(如萌芽、开花和枝叶迅速生长期)需氮多，以后逐渐下降，至果实采收后仍需一定量的氮素，以促进花芽发育和合成储藏物质，为来年生长做准备；对磷的需求是生长初期多，之后需要量变化不大；生长初期需钾较多，生长中期吸钾达到高峰期。

**(2)果树养分累积与分配**

果树经过多年的养分吸收、分配和积累，在体内储藏了大量碳水化合物、含氮物质和各类矿质元素等物质。这些物质在夏末秋初由源(叶)向库(树干)回运，早春从库向新的生长点运移，供应芽的分化和枝叶生长发育，这是多年生果树与一年生植物营养特性的差异所在。储藏营养是果树安全越冬、翌年前期生长发育的物质基础，它直接影响叶原基和花原基的分化、萌芽抽梢、开花坐果及果实生长。果树在春季抽梢、开花、结果初期所用的养分 80%来自前一年积累储存的养分。随着养分的不断积累，当年从土壤中吸收的养分发挥日益重要的作用。至生长后期，植株又为翌年春季的生长发育积累储存养分。

不同生长期各器官的养分含量差异很大。枝条在萌芽期和开花期含氮量最多，随生长其含量逐渐降低，磷的含量变化不明显；根部的含钾量在落叶期至休眠期最多。早春叶片中氮、磷、钾含量均较高，随生长逐渐降低，入秋后氮素含量有所上升，原因是生长后期根系吸收和累积养分所致。早春叶片中营养元素的含量，反映前一年树体内储藏养分的水平，而晚秋叶片营养元素的含量，反映当年树体养分累积的水平。叶片矿物质养分含量可以作为果树施肥的依据。果实在幼果期肥料三要素的含量均较高，随着果实的发育，其碳水化合物含量逐渐增加，氮、磷、钾的含量相对减少。

**(3)砧木与接穗营养特点**

为了保持果树品种的优良特性及根系对养分的吸收，果树多采用嫁接、扦插等方法进行无性繁殖。一般是将优良品种的芽或枝条作为接穗，嫁接在根系发达的砧木上。接穗和砧木的组合不同，会不同程度地影响养分的吸收和体内养分的同化。强砧木和强接穗组合的果树，根系发达能适应当地的条件，地上部生长良好，同化产物多，生长旺，寿命长，单株产量高，但结果较迟。砧木对接穗的影响既取决于从土壤中吸收养分的能力，也取决于营养物质通过嫁接部位的难易程度以及向上运输的速率。强砧木和弱接穗组合的果树，生长势弱，寿命短，但能较早地形成花芽，形成果实；弱砧木与强接穗组合的果树，花芽形成较迟，接穗刺激砧木的根系较快生长，树体较高，寿命较长，但由于接穗生长快于砧木，接穗的粗度大于砧木，这种组合往往后期生长较弱。为了不同的目的，几种组合在生产上都有应用。总之，应该筛选吸收和运输养分能力强、高产、优质基因型的砧木，以提高整体效率。

**(4)果树营养环境特点**

果树营养状况除了取决于基因型外，在很大程度上也受外界环境的影响。果树生长量大，定植后固定在一个有限的营养空间，供给养分的强度和容量都受到特定环境的影响。果树根系长期不断地从土壤中选择性吸收某些营养元素，容易造成某些营养元素的缺乏或营养元素之间的不平衡。重视施用有机肥及含多种营养元素的复合肥料才能有效避免有限营养空间内的养分亏缺和不平衡。

#### 16.3.1.3 果树施肥技术

**(1)施肥量和施肥期**

果树施肥量要根据果树的种类、品种、长势、生长阶段、土壤特性、气候条件、栽培方式以及管理水平等条件而定。尽管确定统一的施肥量很难，但通过对我国各地果园的施肥种类、数量和配比进行广泛调查，并在具体的生产实践中结合树体生长状况进行调整，最终确定比较符合果树需求的施肥量。例如，针对有机肥的用量，山东省提出的"1千克果需1千克肥"，河南提出的"1千克果需2千克肥"等具体的做法一直在使用。随着施肥技术的不断进步，采用田间肥料试验法和养分平衡施肥法更具有科学性。田间肥料实验法是指在不同果区对不同树种、品种、树龄的果树进行田间肥料试验来确定施肥量的一种方法。例如，韩振海等研究发现每公顷'富士'苹果需氮88 kg，需磷51 kg，需钾83 kg，氮、磷、钾的比例为1∶0.6∶1；柑橘需氮114 kg，需磷71 kg，需钾47 kg，氮、磷、钾的比例为1∶0.65∶0.11。以上结果很符合果树的实际需要。养分平衡施肥法是通过确定土壤养分含量与果树生长量及果品产量的关系确定施肥量的方法。先利用测定的果园土壤的养分指标，确定有机质、养分的等级，再根据果树的生长量和产量计算出单位产量所需要的施肥量。张福锁等研究表明，每形成100 kg'国光'苹果需要氮0.60 kg，需磷0.11 kg，钾0.40 kg；'玫瑰露'葡萄需氮0.60 kg，需磷0.30 kg，需钾0.72 kg；香蕉需氮0.54 kg，需磷0.11 kg，需钾2.00 kg等，这些结果应用到实际生产中取得良好效果。

果树施肥分为基肥和追肥。基肥一般秋季施用，早熟品种的结果树在果实采收后，中、晚熟品种在果实采收前，在不影响当年再次生长的前提下应早施。基肥以有机肥为主，适当用部分化肥，二者配合效果更好。秋季果树的秋梢已基本停止生长，但气温尚适宜，昼夜温差较大，光照充足，光合效率较高，施肥后可以促进根对养分的吸收利用，因而对果树越冬有利，为花芽发育、花粉质量和坐果率的提高打下坚实的基础。追肥一般根据果树不同物候期的需肥特点和环境条件适时补充适量速效肥料。追肥的目的是调节营养生长和生殖生长的矛盾，保证果树对养分的需要。从发育角度来看，果树萌芽、开花、坐果、抽梢、果实迅速膨大、花芽分化等时期都是需肥关键期，但追肥的具体时期和次数还要考虑土壤条件、气候特征、果树种类、树龄、树势等因素。一般情况下，果树追肥主要在花前、花后、果实膨大和花芽分化期、果实生长后期进行。花前追肥主要针对开花需要大量营养物质，但此时地温较低，根系吸收能力弱，适量追施氮肥能促进春梢和叶生长，有利于生殖器官的发育，特别是对于树势弱、前一年年结果较多的树，应适当加大这次追肥量。花后追肥是指在落花后坐果期进行施肥，这一时期幼果生长迅速，新梢生长加速，需肥较多，特别是对氮素的需求量较大。该时期追肥可使新梢生长迅速、叶面积扩大，光合效能提高，促进碳水化合物和蛋白质的形成，减少生理落果。果实膨大期也是需肥量大的时期，氮、钾肥可促进果实膨大，磷肥能促进种子成熟，适宜的氮、磷、钾肥比例还可以提高果实品质。果实膨大期也是秋梢生长和花芽分化的时期，多种营养生长和生殖生长并存，应供给适宜比例的充足养分。但是，施肥过量会使新梢生长过旺，影响花芽分化，还会影响花芽分化，特别对结果不多的大树或树梢尚未停止生长的初结果树，施肥有时不宜过多，否则会引起二次生长。这次施肥既保证当年产量，又为来年结果打下了基础，对克服"大小年"现象也有作用。果实生长后期追肥的主要目的是解决结果造成树体营养物质亏缺与花芽分化之间的矛盾，特别对于晚熟品种，这一矛盾更明显。当然，在生产实践中，果树一年 4 次追肥难度较大，只要针对果树生长结果的具体情况，重点追施 2 次即可。落叶果树重点施好基肥和花芽分化肥，常绿果树重点追施前期催春梢肥和后期壮果肥。

果树追肥应注意：根据树势施肥。树势弱的，应以秋施氮肥为主，以壮树势；树势强的，应以花芽分化前为重点，以促花芽分化，提高产量；克服“大小年”施肥。在“大年”时除了施少量氮肥维持树势外，氮肥施用重点放在花芽分化前，为“小年”形成较多的花芽。在“小年”氮肥施用重点放在促进营养生长、增强树势上，氮肥在前一年秋季或当年春季施用，避免过多施用花芽分化肥，导致第二年花芽更多，“大小年”幅度更大。

**(2)施肥新技术**

①测土配方施肥技术。该技术是指基于果树矿质营养的年需求规律、土壤的供养分量、肥料的养分含量和肥料利用率等基础数据，对于氮、磷、钾、钙、镁等元素，通过不同施肥量水平的正交试验，固定产量，以获得优质果品为目标，确定各关键生育阶段不同养分的最佳用量与配比，实现按需施肥。该技术要经过 3 年及以上的采样和测定分析，方可初步明确果树植株营养诊断的最佳取样时期和取样部位，以及土壤营养诊断的最佳取样时期和取样位置，制定果树植株及土壤营养诊断的标准，进而实现在果树的各关键生育阶段，将准确种类和数量的肥料施入正确的位置。

②树干注射施肥技术。该技术是将果树所需要的肥料配成一定浓度的溶液，从树干直接注入树体，通过施加持续的机械压力将进入树体的养分运送到各个部位，直接供果树吸收利用。这种方法可以及时防治果树缺素症，减少肥料用量，提高养分效率，降低环境污染，但容易引起植物外伤及腐烂病等。目前，多用此法注射铁肥，用于治疗果树缺铁失绿症。

③水肥一体化施肥技术。又称灌溉施肥技术或肥水灌溉技术。该技术可以提高产量，提高水肥利用效率，降低施肥对环境的污染。当果树种植区的降水或水资源条件较好时，可采用微灌设备用于干旱期的补充灌溉和关键生育期的施肥控制。根据不同地形和区域水质，果树微灌设备有滴灌、微喷和小管出流 3 种模式。根据各地的实践和示范，果树滴灌施肥可以提高抗旱能力，调整树势，减轻果树“大小年”的差异。提高果实整体的品质。水肥一体化施肥已在荔枝、杧果、香蕉、柑橘、苹果、梨、桃、葡萄上成功应用，果实产量提高显著。

## 16.3.2　苹果施肥

### 16.3.2.1　苹果根系的特性

苹果是仁果类果树，根系由主根和须根组成。幼树期主根的长度为树高的 0.4~0.7 倍。随着树龄增加，在疏松的土壤上可达 3~4 m，在土层较薄的山地往往只有 30 cm，根系水平分布在与树冠相对应的范围。距主干 1.0~1.5 m 的根量占总根量的 75%~80%，垂直分布的根系大部分集中在 0~40 cm 的土层内。苹果根系在 0℃以上开始活动，0~0.5℃即可吸收铵态氮、硝酸盐类养分，3~4℃开始长生，7~20℃生长最为旺盛。

### 16.3.2.2 苹果的营养特性

**(1)氮素营养**

苹果年周期内对氮的吸收可分为3个时期。第一个时期是从萌芽到新梢迅速生长时期，以叶、花、幼果、根尖等器官含氮量最多，为大量需氮时期，所需氮素养分主要来自前一年的储藏；第二个时期是从新梢旺长到果实采收前，吸氮速率变小而平稳，属氮素营养稳定期，各种形态的氮均处于较低水平；第三个时期是从采收前夕开始到养分回流，为根系再次生长和氮素养分储备期。苹果树体中，氮在叶、花、幼果、根尖、茎尖等生长旺盛的器官分布较多，叶片含氮2%~4%，平均为2.3%左右(以干物质计)。氮与苹果的营养生长有密切的关系。氮素充足时果树长势健壮，光合作用强，有利于营养物质的吸收、转化和积累。主要原因是含氮量适宜时，叶面积大，叶绿素多，叶绿体体积大，基粒数目及层次多，光能利用率高；另外，氮素充足时幼叶长势好，赤霉素含量高，可促进气孔的开张，提高光合效率。氮素还能提高果枝活力，促进花芽分化和提高坐果率，使果实增大，产量提高。但是氮素过高将会降低苹果的产量、品质及品种特有的风味，使经济效益受到影响。氮素水平的高低还影响苹果根系的生长和对养分的吸收。低氮(1 mg/L)条件下，活跃根的直径和单位长度点的数量增加，从而形成较大的根系活性表面。当氮素浓度高时(100~400 mg/L)，上述各项指标均下降。缺氮时苹果花芽分化少，对产量和果实品质、风味均有影响。

**(2)磷素营养**

磷与氮、钾相比在年周期内含量变化较小，花芽分化和果实发育都会导致枝、干木质部汁液中磷的浓度下降。苹果树体内磷的分布与氮相似，在叶、花及新梢、新根生长活跃部位含量高。磷能促进二氧化碳的还原及固定，有利于碳水化合物的合成，并以磷酸化方式促进糖分运输。磷不仅能提高果实含糖量及产量，也能改善果实的色泽。磷营养水平高时，能为根系提供充足的养分，有利于根系的生长，提高了植株从土壤中摄取养分的能力。苹果根系对磷的利用能力较强，既能吸收水溶性磷，也能吸收枸溶性磷及少量的难溶性磷。这可能与苹果的根系分泌物、菌根有一定关系。磷供应充足时，新梢能及时停止生长进入花芽分化期，提高坐果率。磷能增强树体的抗逆性，减少枝干腐烂病和果实水心病。研究表明(两年平均)，单施氮，水心病发病率为62.2%，而氮、磷配合处理发病率仅为23.4%。另外，磷对氮素营养有调节作用。因为磷是硝酸还原酶的组分，可促进苹果根系中的硝态氮的转化和氨基酸的合成。磷素缺乏，花形成不良，新梢和根系生长减弱，叶片变小。积累的糖分转化为花青素，使叶柄变紫，叶片出现红色斑块，叶边缘出现半月形坏死。此外，磷素缺乏会导致果实色泽不鲜艳。如磷含量过高，会阻碍锌、铜、铁的吸收，引起叶片黄化，当叶片磷、锌比值大于100时，将出现小叶病。

**(3)钾素营养**

苹果叶部钾1.6%，而果实含钾1.2%。苹果树体中的钾素主要以离子态存在，约占总量的80%。此外，还有20%左右的胶体吸附态钾和1%左右线粒体—钾复合体。钾在茎叶幼嫩部位和木质部、韧皮部汁液中的含量较高，这对提高上述部位的渗透势，提高根压，促进水分的吸收和保持有重要意义。苹果需钾量大，增施钾肥能促进果实肥大，增加单果重。研究表明，钾浓度从0提高到100 mg/kg，‘红玉’和‘国光’苹果单果重分别从136 g

和 94 g 提高到 211 g 和 207 g，而且高钾处理结出的果实含糖高，色泽较好。

**(4)钙素营养**

苹果不同的器官含钙量差异较大，叶片含钙为 3%，果实为 0.1%，营养枝为 1.42%，结果枝为 2.73%。钙在树体内移动性弱，再利用率很低，老叶含钙量高。也有研究表明，虽然钙移动性弱，但翌年春季从树体永久性结构中重新利用的钙能提供新梢、叶片、果实所需的 20%～25%。钙是细胞壁中果胶层的重要成分，具有维持染色体和生物膜结构的功能，是分生组织继续生长所必需的。缺钙则细胞分裂受阻。钙是多种酶和辅酶的活化剂。适量的钙能保护细胞组织，提高苹果的品质，延长苹果的保存期。一般树体缺钙的现象不多见，但果实缺钙的现象非常普遍。果实的含钙量一般较低，是邻近叶片的 1/40～1/10。在果实形成过程中，幼果发育到 3～6 周是吸收钙的高峰期，果实需钙总量的 90%进入幼果，这一时期是苹果的钙营养临界期。苹果果实缺钙引起原因有：树体吸收钙的数量不够，根系发育差，土壤供钙少，气候干旱等。果实缺钙还与钙在树体内的分配有关。幼果期是苹果吸收钙的高峰期，与新梢旺长期几乎在同一时期，若此期间氮素供应较多，氮钙比值大，枝叶旺长，会争夺大量的钙离子，导致果实出现缺钙；由于雨水多，果实迅速膨大，水分的稀释效应也会引起果实缺钙。钙不足时，苹果根粗短，根尖灰枯，地上部新梢生长受阻，叶片变小褪绿，幼叶边缘四周向上卷曲，严重时叶片出现坏死，花朵萎缩，果实易腐烂。研究发现，当苹果果皮中含钙量低于 70 mg/kg(干物重)或果肉含钙量低于 200 mg/kg 时，易发生苦痘病、软木栓病、痘斑病、心腐病、水心病、裂果等生理性病害，尤其在高氮低钙情况下更易发生。但钙过量时，因拮抗作用会影响其他元素特别是铁元素的吸收，造成缺铁性叶片黄化。

**(5)养分需要量**

苹果树不同部位养分含量分布情况为：叶>果、枝>根，各器官养分含量随着生长周期和生长季节的不同而有变化，具体见表16-12。一般叶片中氮、磷、钾含量最高在早春，果实膨大期最低，晚秋时各种养分含量又有所回升；枝条中养分含量在萌芽期、开花期最高，随着生长期推进而逐渐降低，7 月以后含量最少，到落叶期氮、钾含量有所增加，而磷变化不大；果实内养分含量也是变化的，一般幼果养分含量高，随着果实的成熟，体内碳水化合物比重增大，因而主要矿质养分的含量下降。苹果从萌芽到新梢迅速生长所需要的氮主要来自前一年储存的养分。

**表 16-12 苹果各器官主要营养元素含量** %

| 元素 | 果实 | 叶 | 营养枝 | 结果枝 | 多年生枝 | 根 |
|---|---|---|---|---|---|---|
| N | 0.40～0.80 | 2.30 | 0.54 | 0.88 | 0.49 | 0.32 |
| $P_2O_5$ | 0.09～0.20 | 0.45 | 0.14 | 0.28 | 0.12 | 0.11 |
| $K_2O$ | 1.20 | 1.60 | 0.29 | 0.52 | 0.27 | 0.23 |
| Ca | 0.10 | 3.00 | 1.42 | 2.73 | 1.28 | 0.54 |

注：引自刘熊，1986。

### 16.3.2.3 苹果施肥技术

**(1)施肥时期**

苹果的施肥常分为幼树期施肥和结果期施肥。

幼龄果树处于营养生长期。幼树期施肥的主要目的促进根系和新梢的生长，建立骨架，积累营养。秋施基肥，将有机肥和磷肥、钾肥按一定比例施入，可促进苹果的第三次发根，有利于养分吸收，增加越冬养分的储备，为来年苹果树体的生长和提早抽梢奠定基础。苹果幼树在一年内的生长时间达7~12个月，追肥着重于培养新梢。北方一般在苹果每次新梢生长前追施速效氮肥，而南方多在春天气温回升后和秋天追施氮肥。

结果期的施肥可分为4个时期：萌发肥，其目的是促进新梢生长，保花保果，平衡营养生长与生殖生长；一般在春芽萌发前2周左右施用，以速效性氮肥为主，配合适量的磷钾肥，施用量占全年量的20%。稳果肥，苹果落花后，由于消耗一定养分，造成生理落果，其目的是补充养分，减轻生理落果；施用时间大约在4月下旬；以氮为主，配合施用磷、钾肥，用量占全年总量的20%，坐果多的可酌情多施。壮果肥，由于果实迅速膨大，适量的追肥可起到壮果的作用；一般在5月下旬至6月上旬，晚熟品种如'国光''红玉''倭锦'等在7~8月追肥；以速效性氮、磷、钾肥为主，氮肥不宜过多，避免停梢过迟，其施肥量约占全年总量的30%。采果肥，苹果生长年周期里经过开花结果消耗大量营养，施用采果肥对于树体营养恢复和积累以及来年的生长、结果都有重要作用；南方采收苹果比北方早一个月左右，早熟品种在6~7月采收，晚熟品种在9月采收，一般在8~9月施用；此时苹果根系处于第三次生长高峰期，吸收能力强，可促进迅速大量发根；此次施肥以有机肥为主，配合适量的氮、磷、钾肥，施用量占全年总量的30%左右。

**(2)施肥量和施肥方式**

氮、磷、钾肥及有机肥料的施用直接影响苹果的产量和质量。肥料的施用量和施用方式都需要根据土壤特性、产量水平、肥料种类以及当地的气候特点进行确定。国内的有机肥多为禽畜粪肥，其推荐施用量见表16-13。如果施用生物有机肥可减少1/3。禽畜粪肥施用时一定要腐熟完全，避免直接施用，同时为了提高土壤质量可以混合施用作物秸秆1~5 t/hm$^2$，效果更佳。施用时期为9月中旬至10月中旬，晚熟品种可在采收后迅速施用。氮肥的施用量主要取决于土壤的供氮能力和产量水平(表16-14)，对于生长旺盛的树木来说，可与有机肥配合施用60%，其余40%在6月中旬果实膨大期分2次施用即可；如果树势较弱，则秋季基肥施用30%，50%在3月萌芽前施用，其余20%在6月果实膨大期施用。70%的磷肥在秋季以基肥的形式施用，其余在第二年开春时施用，推荐施用量见表16-15。20%的钾肥作基肥施用，40%在萌芽前后施用，其余部分在花芽和果实膨大期分2次施用(表16-13)。

**表16-13 苹果有机肥推荐施用量** t/hm$^2$

| 有机质含量(g/kg) | 产量(t/hm$^2$) | | | |
|---|---|---|---|---|
| | 30 | 45 | 60 | 75 |
| >15 | 15 | 30 | 45 | 60 |
| 10~15 | 30 | 45 | 60 | 75 |
| 5~10 | 45 | 60 | 75 | — |
| <5 | 60 | 75 | — | — |

注：引自张福锁等，2009。

表 16-14　苹果氮肥推荐施用量　N：kg/hm²

| 有机质含量(g/kg) | 产量(t/hm²) | | | |
|---|---|---|---|---|
| | 30 | 45 | 60 | 75 |
| >20 | <50 | 50~150 | 150~300 | 250~400 |
| 15~20 | 50~150 | 150~300 | 250~400 | 350~500 |
| 10~15 | 150~300 | 250~400 | 350~500 | 450~600 |
| 7.5~10 | 250~400 | 350~500 | 450~600 | — |
| <5 | 350~500 | 450~600 | — | — |

注：引自张福锁等，2009。

表 16-15　苹果磷肥推荐施用量　$P_2O_5$：kg/hm²

| 土壤 Olsen-P 含量(mg/kg) | 产量(kg/hm²) | | | |
|---|---|---|---|---|
| | 30 | 45 | 60 | 75 |
| >90 | <30 | <60 | <90 | <120 |
| 50~90 | 30~60 | 60~105 | 90~150 | 120~195 |
| 30~50 | 60~90 | 90~130 | 120~180 | 150~225 |
| 15~30 | 90~120 | 120~165 | 150~210 | 180~255 |
| <15 | 120~150 | 150~195 | 180~240 | — |

注：引自张福锁等，2009。

表 16-16　苹果钾肥推荐施用量　$K_2O$：kg/hm²

| 土壤交换性钾含量(mg/kg) | 产量(kg/hm²) | | | |
|---|---|---|---|---|
| | 30 | 45 | 60 | 75 |
| >200 | <100 | 100~150 | 150~200 | 250~300 |
| 150~200 | 100~150 | 150~200 | 250~300 | 300~450 |
| 100~150 | 150~200 | 250~300 | 300~450 | 350~600 |
| 50~100 | 250~300 | 300~450 | 350~600 | 400~650 |
| <50 | 300~450 | 350~600 | 400~650 | — |

注：引自张福锁等，2009。

近年土壤养分分析结果表明，我国苹果产区出现硼、锌重度或轻度缺乏的情况，又因果农过度追求产量及外观，过量施用氮肥和果实套袋造成果实含钙量过低，使果树生理性病害频发，矫正微量元素缺乏根据土壤诊断的结果比较准确，具体做法见表 16-17。

表 16-17　苹果产区中微量元素临界指标及对应肥料用量

| 元素 | 土壤的提取方法 | 临界值(mg/kg) | 基肥用量(kg/hm²) |
|---|---|---|---|
| Zn | DTPA | 0.5 | 硫酸锌：37.5~75.0 |
| B | 沸水 | 0.5 | 硼砂：37.5~75.0 |
| Ca | 0.10 | 450 | 硝酸钙：150~300 |

注：引自张福锁等，2009。

### 16.3.3 柑橘施肥

#### 16.3.3.1 柑橘的根系特性

柑橘根系的分布因品种、砧木、树龄、环境条件和栽培技术而有较大差异。柚、甜橙的根较深，枳、金柑、柠檬、柑橘等的根较浅。在一般的土壤条件下，柑橘根深 1.5 m 左右，10~60 cm 的土层中的根系占全根量的 80%以上，其分布宽度可达树冠的 7~12 倍。实验证明，垂直根系与水平根系的发育状况对幼树的生长有很大的影响。垂直根系抢先发育，会导致地上部生长过旺，开花推迟；如果水平根系发育良好，分生侧根多，吸收须根分布密，则有助于地上部顺利地由营养生长向生殖生长转化。

柑橘的根在一年中有几次生长高峰，据浙江观察，品种‘本地早’一般在春梢开花至夏梢抽生前为第一次生长高峰，发根量较多；第二次高峰常出现在夏梢抽生后，发根量较少；第三次高峰在秋梢生长停止后，发根量较多。根系生长发育时期的迟早、长短和密度既受土壤温度、湿度的影响，也因品种、砧木、树体营养条件、树龄、树势、结果情况等而存在差异。能在低温发根的砧木，早春常先发根后萌梢；如果结果量大，营养条件不良，发根就会受抑制。发根时间和活动状况虽受许多因素影响，但根系生长与枝梢生长互相消长的现象是存在的。

柑橘是亚热带果树中具有内生菌根的植物。共生真菌可帮助吸收养分，供给根系所需的矿质营养；菌根还能分泌多种活性物质和某些抗生素，促进地上部的生长，增强抗旱和抗根系病害的能力。菌根需要在有机质丰富的土壤中生长。每年种植覆盖作物(绿肥)或施有机肥的柑橘园，能促进菌根生长，发挥其对柑橘有利的作用。根据有关研究资料，柑橘丰产园所要求的土壤条件如下：土层深厚，砂壤至中壤，土壤 pH 值 5.5~6.5，有机质含量 2%~3%，排水性良好的土壤最适宜。

#### 16.3.3.2 柑橘的营养特性

**(1)养分需要量**

柑橘生命周期长，年周期抽梢 3~4 次，结果多，挂果时间长，因此需要不断地从土壤中吸收养分，以满足树体营养生长和生殖生长的需要。综合各地研究的结果，每生产 1 000 kg 柑橘果实，平均吸收氮 1.76 kg，磷 0.44 kg，钾 2.50 kg，钙 0.56 kg，镁 0.16 kg，氮、磷、钾的吸收比例为 3∶1∶5(表 16-18)。根系吸收养分除供果实外，还有大量养分积累在树体中，其数量约为果实带走总量的 40%~70%。

表 16-18　1 000 kg 柑橘鲜果中各元素的含量　kg

| 种类 | N | $P_2O_5$ | $K_2O$ | CaO | MgO |
|---|---|---|---|---|---|
| 蕉柑 | 1.9 | 0.4 | 1.6 | 0.3 | 0.2 |
| 椪柑 | 1.7 | 0.5 | 2.8 | 0.3 | 0.1 |
| 甜橙 | 1.8 | 0.5 | 3.2 | 0.8 | 0.4 |
| 温州蜜柑 | 1.7 | 0.4 | 2.1 | 0.9 | 0.3 |
| 柠檬 | 1.7 | 0.8 | 2.6 | 1.8 | 0.3 |

注：引自华南农学院，1981。

**(2)氮、磷、钾、钙营养**

①氮素营养。氮素是对柑橘生长发育影响最大的营养元素。叶片中的氮占全树总氮量的45%，枝干中占25%，果实占20%，根占10%。氮素供应充足时，枝叶茂盛，叶色浓绿，枝条粗壮，花芽形成多，果实产量高。氮素不足则会引起树势衰弱，枝梢细短，叶小色黄，落花落果严重，产量低。但是，氮素过多也会导致枝梢徒长，着花及结果减少，果皮粗厚，果色淡，果肉纤维多，果汁糖分减少，酸味物质增多，果实品质风味不佳。

②磷素营养。柑橘体内的磷以花、种子及新梢、新根等生长活跃部位含量最高，茎干的含磷量低。磷的分布随生长中心的转移而发生变化，开花期，以花中含量为最高，果实形成和抽梢期以果实和幼叶含量为最高。磷供应充足时，新梢健壮，花芽形成多，果实产量增加，果皮薄而光滑，色泽鲜艳，果汁糖分增多，味甜酸少。缺磷时产生与上述相反的现象。

③钾素营养。钾以离子态存在于树体细胞液中，是一种移动性极强的元素，能够从老叶和成熟组织向代谢活动旺盛的幼嫩部分运输，再利用率高。幼芽、嫩叶、根尖和形成层等分生组织中，均有较丰富的钾。钾能促进树体内碳水化合物的合成、转化和运输，并与蛋白质合成有密切的关系。柑橘对钾的需要量很大，钾肥充足不仅产量高，果实品质好，果大而重，可溶性固形物、柠檬酸和维生素多，风味浓厚，耐储运，采前落果、裂果、皱皮果减少。缺钾则枝梢短小丛生，树势衰弱，果小味酸，皮薄易裂果，不耐储运。但钾肥过多时，叶硬化，节间短，果皮粗厚，着色不良，果汁少，糖酸比低，品质不好。

④钙素营养。钙在树体内是不易流动的元素，在树的不同部位含量有明显差异。叶片含钙量要比枝条、树干、根和果实中多，老叶比新叶多。钙是细胞壁的重要组成成分。钙素有调节细胞原生质胶体性质和对代谢过程中产生的有机酸进行中和的作用。柑橘缺钙，新梢短弱早枯，先端成丛，根生长停滞，树体营养异常，开花多，落果严重，果小味酸，液胞收缩，果形不正。钙充足则果实早熟，耐储运，果面光滑，酸少味甜。

**(3)养分吸收动态**

柑橘对养分的吸收表现季节性的变化规律。对于温州蜜柑的研究表明，新梢从4月开始迅速吸收氮、磷、钾，6月达最高峰，7~8月逐渐下降，9~10月又稍下降，氮、磷的吸收在11月基本停止；钾在12月基本停止。果实对磷的吸收，从6月逐渐增加；8~9月为高峰期，以后吸收趋于平稳；柑橘对氮、钾的吸收，从6月开始增加，8~10月出现最高峰。可见，4~10月是柑橘年周期中需肥最多的时期。对于广州柑橘的研究表明，成年结果树氮、磷、钾含量的年变化较缓慢，而幼年结果树则波动较大。幼年结果树春梢叶片从3月开始增加，10~11月达到高峰，以后又下降。叶片含磷量7月以前与氮素相似，7月为最低点，以后缓慢回升，到11月前后达高峰，以后迅速下降。钾素4月含量较高，以后缓慢下降，7月最低，8月以后逐渐回升，10~11月达最高峰。另外，对柑橘不同物候期叶片营养元素变化的研究指出，氮素含量以花芽生理分化期(9~10月)最高，幼果期(5月)次之，花芽形成期(1月)最低；磷、钾含量5月最高，以后随叶龄的增长而逐渐下降；含钙量随叶龄增长而增加，9

月以后基本稳定。

#### 16. 3. 3. 3 柑橘施肥技术

**(1)施肥量**

以一定的单产为目标，寻求最低的肥料成本获得最高经济效益来确定施肥量。片面追求单产而忽视品质和经济效益的施肥量是不可取的。连续多年的田间施肥量试验表明，确定达到某一单产的适宜施肥量，是确定柑橘施肥量的常用方法。以产量为目标的有机肥和氮、磷、钾施用量见表 16-19。

表 16-19 不同产量柑橘的施肥量

| 产量 ($t/hm^2$) | 施肥量 | | | |
|---|---|---|---|---|
| | 有机肥($m^3/hm^2$) | N($kg/hm^2$) | $P_2O_5$($kg/hm^2$) | $K_2O$($kg/hm^2$) |
| >45. 0 | 45~60 | 375~525 | 120~180 | 300~450 |
| 22. 5~45. 0 | 30~45 | 300~450 | 120~150 | 225~375 |
| <22. 5 | 30~45 | 225~375 | 90~120 | 150~300 |

注：引自张福锁等，2009。

柑橘的施肥量还可根据养分平衡法计算，计算公式详见第 15 章。

日本对不同树龄的温州蜜柑进行试验并通过计算获得全年养分吸收量和理论施肥量(表 16-20)。

表 16-20 温州蜜柑年吸收养分量与理论施肥量 g/株

| 树龄(年) | 全年养分吸收量 | | | | | 理论施肥量 | | |
|---|---|---|---|---|---|---|---|---|
| | N | $P_2O_5$ | $K_2O$ | CaO | MgO | N | $P_2O_5$ | $K_2O$ |
| 4 | 63 | 10 | 41 | 28 | 12 | 84. 0 | 16. 7 | 51. 3 |
| 10 | 90 | 12. 5 | 97. 5 | 90. 5 | 19 | 120. 0 | 20. 8 | 121. 9 |
| 23 | 392 | 55 | 289 | 538 | — | 522. 7 | 91. 7 | 361. 3 |
| 45 | 345 | 37 | 304 | 558 | 56 | 460. 0 | 61. 7 | 380. 0 |
| 50 | 275 | 35. 5 | 235. 5 | 351 | 53. 5 | 366. 7 | 59. 2 | 294. 4 |

由于施肥量受到许多因素影响，实际施肥量往往与理论推算值存在差异。当施肥量低于丰产园的实际施肥量时，树势差，产量也随之下降。因此，应根据当地丰产园的施肥量进行调查分析获得施肥量标准，这样比较切合实际，能起到较好的指导作用。中国农业科学院柑橘研究所对 7 个柑橘丰产园(鲜果 52. 5~67. 5 $t/hm^2$)的施肥量进行统计，得出的全年施肥量为：氮 600~1 087. 5 $kg/hm^2$，磷 225~675 $kg/hm^2$，钾 225~525 $kg/hm^2$，并根据这些柑橘园的施肥经验，拟出柑橘施肥量(表 16-21)。

表 16-21　柑橘施肥量参考表　g/株

| 树龄 | 施肥时期 | 猪粪或绿肥 | 尿素 | 过磷酸钙 |
|---|---|---|---|---|
| 未结果幼树 | 冬肥 | 25.0 | — | — |
| | 萌芽肥 | 12.5 | 0.10 | — |
| | 夏梢肥 | 12.5 | 0.10 | — |
| | 秋梢肥(7月) | 12.5 | 0.10 | — |
| | 秋梢肥(9月) | — | 0.10 | — |
| 小计 | — | 62.5 | 0.40 | 0 |
| 树龄 | 施肥时期 | 猪粪或绿肥 | 尿素 | 过磷酸钙 |
| 10年以下结果树 | 采果肥 | 50.0 | 0.05 | 0.25 |
| | 萌芽肥 | 10.0 | 0.15 | — |
| | 稳果肥 | 10.0 | 0.10 | 0.25 |
| | 壮果肥(7月) | 10.0 | 0.15 | — |
| | 壮果肥(9月) | 20.0 | 0.05 | — |
| 小计 | — | 100.0 | 0.5 | 0.5 |

注：结果大树施肥量比 10 年以下果树加 50%至加倍，但不论结果树或幼树还需依其树龄大小，生长强弱，结果多少等调整；猪粪指原粪，若兑成半干稠时则加倍。绿肥指鲜重，有机肥若为其他品种时(如饼肥、垃圾、稻草等)，可以折换；需肥量多的品种(如脐橙、夏橙等)需肥量应增加，需肥量少的品种(如红橘)等可以减少；高度熟化的柑橘园可以少施；酸性土壤需加施石灰。

**(2)施肥时期**

①幼树期施肥。对幼树施肥的目的是促进其营养生长，迅速扩大树冠，为提早丰产打下良好基础。因此，应根据幼树多次发梢和小树根幼嫩的特点，采取少量多次、薄施勤施的方法。各地因气候不同，每年施肥的时间和次数也不同。温度较低地区以促春、夏梢和早秋梢为主。如浙江每年施 5 次，3 月上旬、4 月上旬、5 月中旬至 6 月初、7 月下旬及 11 月中旬各一次。前 4 次主要促春、夏、秋梢的生长，促幼树迅速长大；后一次在于增强树体营养积累，提高抗寒能力。8~9 月一般不施肥，以防晚秋梢的发生，防冻害。高温地区每年培养 3~4 次梢，即春梢、1~2 次夏梢及秋梢，几乎每月施肥一次。

②结果期施肥。根据柑橘结果树生长发育与营养需求的特点，以及我国的自然条件和栽培情况，成龄结果树的施肥主要掌握 4 个时期：

a. 萌芽肥。此次施肥的目的在于促进春梢生长，并供应开花结果需要的养分，为翌年培养结果母枝打基础，还可以延迟和减少老叶脱落，以利于花果正常发育。施肥以速效性肥料为主，通常在 2~3 月施用。如果植株着生花朵较多，可在开花前 3 周加施一次速效肥，能显著促进结果。

b. 稳果肥。花谢后的 1~2 个月是幼果发育期，也是生理落果期。此时因开花消耗大量养分，且是幼胚发育和砂囊细胞旺盛分裂时期，如果营养不足，易加剧落果。此期施肥以氮为主，配合磷、钾、镁施用，可使幼果获得充足养分，减少落果，提高坐果率。稳果肥一般在 5~6 月施用。

c. 壮果肥。生理落果停止后，果实迅速长大，对养分需求增加，因此，秋梢萌发前施肥可满足果实迅速膨大对养分的需求，且有助于改善品质，促进秋梢的生长，以作为翌年良好的结果母枝。此次施肥宜氮、磷、钾配合施用。施肥通常在秋梢萌发前 15~30 d。另外，还可 9 月前后再施一次壮果、壮梢肥，以提高养分的积累，促进花芽分化，但应注意控制氮肥用量。

d. 采果肥。进入采果期后果实逐渐成熟，由于采果对树体造成伤害，因此，采果前后施肥可恢复树势，增加树体养分积累，促进花芽分化，提高植株越冬能力。一般可在采果前施一些速效性化肥，采果后再配合施用有机和无机肥料，能起到良好效果。

**(3) 施肥方式**

柑橘施肥必须根据根系在土壤中的生长、分布及吸肥特性，将肥料施入适宜的位置才有利于吸收利用。柑橘根系的分布大致与树冠对称，一般根系的水平分布为树冠的 1~2 倍，垂直根多在 100 cm 土层分布，绝大部分根系在 20~40 cm。由于根系有趋肥性，其生长方向常向施肥部位转移，所以施肥的部位通常比根系集中分布的位置略深和略远一些，以诱导根系向深、广发展，扩大营养的吸收范围。由于品种、树龄、砧木、土壤、肥料等不同，施肥的深度、广度有所不同。

有机肥料肥效长，通常用作基肥深施，化学肥料多为速效性肥料，可作追肥浅施。生产上一般采用以下施肥方式：

①环状施肥。以树干为中心，沿树冠投影边缘位置开挖肥沟，沟深 15~20 cm，沟宽 30~35 cm。也可采用条沟施肥，在行株间开条沟(沟深和宽同环状施肥)。

②放射沟施肥。以树干为中心，向外开 4~6 条沟，近树干处开浅沟，向外逐渐加深。

③撒施法。将肥料均匀撒于树冠投影边缘位置，然后浅翻入土，此法适于雨季采用。

④根外追肥。也是果树采用较普遍的一种施肥方式，各种水溶性速效肥都可以配制成肥料溶液施用。一般大量元素肥料的浓度范围在 0.3%~1.0%。尿素喷施浓度为 0.3%~0.5%，其中缩二脲含量不能超过 0.25%，否则对柑橘有毒害，会造成叶尖黄化，缩短叶片寿命，提早落叶。微量元素肥料的浓度范围为 0.01%~0.30%，含钼元素肥料的浓度应偏低，铁、锌、硼元素肥料的浓度应稍高一点。喷施时间一般以阴天或早晚效果较好，切忌在烈日的中午和雨天进行。

无论采用什么方法都应根据果园和树体具体情况正确应用。施肥还应注意方向和位置的轮换，使园地土壤肥力均匀。

## 16.3.4 香蕉施肥

### 16.3.4.1 香蕉的根系特性

香蕉没有主根，具有多年生粗大的地下球茎。球茎上长出肉质不定根，根据根的着生部位和分布状态，可分为水平根和垂直根，多分布于 10~30 cm 土层内，横向生长可达 1~3 m。香蕉根系浅而不耐旱。种植香蕉对土壤肥力要求较高，以富含有机质和矿质养分，结构良好，水分充足，排水、透气性好，土层深厚(1 m 以上)的砂壤至壤土为宜。pH 值 4.5~8.0 均可种植，但以 6.0~6.5 最适宜。根生长的适宜温度为 15~35℃，最适宜温度为 24~32℃。立春以后，温度、湿度逐渐升高，根系开始生长，4~9 月生长最旺盛，10 月以后气温开始下降，生长逐步减慢。香蕉栽培适宜的降水量为 1 500~2 000 mm，降水年际分布需要较均匀，水分缺少会影响养分的吸收，并导致生长发育受阻，产量和品质下降。

### 16.3.4.2 香蕉的营养特性

**(1)养分需要量**

香蕉树体高大、生长快、产量高，养分的需求量大。氮在叶片中的含量最高，磷、钾在果轴中含量最高。香蕉植株和果实中的养分都以钾的含量最高，氮次之，磷最少。但由于栽培地点、品种、技术条件的不同，试验的结果也不一样。有研究结果表明，成熟香蕉体内的含氮大致为 200 g，磷 57 g，钾 720 g。每吨香蕉果实带走氮 2.0 kg，磷 0.5 kg，钾 6.2 kg。生长地下球茎 2 000 kg，叶片 2 400 kg，需从土壤中吸收氮 18.9 kg，磷 4.77 kg，钾 42.4 kg。全株吸收氮、磷、钾的比例为 1：0.2：4~5。香蕉在一个生长周期中对矿质元素的绝对吸收量因地区、品种、施肥水平的不同差异较大(表 16-22)。如果各元素按植株体内元素所含总量计算，顺序为 K>N>Ca>Mg>P>Fe>Mn>B>Cu>Zn。

**表 16-22 香蕉生长周期中对主要矿质元素的绝对吸收量** g/株

| 地区 | 加那利群岛 | 牙买加 | 几内亚 | 特立尼达和多巴哥 | 圣卢西亚 | 圣文森特 |
|---|---|---|---|---|---|---|
| 品种 | Dwarf Cavendish | Lacatao | Dwarf Cavendish | Robusta | Robusta | Robusta |
| N | 186.0 | 81.0 | 90.0 | 48.0 | 48.0 | 63.0 |
| P | 19.6 | 9.6 | 9.6 | 6.1 | 10.0 | 7.4 |
| K | 670.7 | 287.2 | 343.7 | 86.3 | 117.9 | 149 |
| Ca | 134.4 | 60.0 | 35.0 | 52.2 | 50.0 | 57.2 |
| Mg | 63.3 | 26.5 | 6.6 | 50.1 | 41.0 | 20.5 |

注：引自 Twyford，1987。

**(2)养分吸收动态**

香蕉由宽大叶鞘构成的地上部粗大柱形假茎，起到支撑和运输营养物质的作用。当花序分化时，茎中心生长点分生组织迅速伸长并抽出茎冠的果轴为真茎。花序为复穗状，有雌花、中性花、雄花 3 种，一般雌花着生在花序的基部，中性花在中部，先端为雄花。雄花子房不发育，中性花为雌花发育不完全的两性花，有时虽也能结果，但果小无商品价值，只有雌花能发育成为正常果实。香蕉的 3 种花随营养条件改变而相互转化。若营养生长期体内积累充足的养分，分化的雌花数就多，反之则少。雌花数目虽在花芽分化后就已确定，但果实大小还取决于生长后期的气候、栽培管理及营养供应状况。香蕉吸芽生长的早期，营养依靠母株球茎供应，但不久便形成自己的球茎和根系，独立生活。吸芽的根、叶发育到一定程度后对营养元素的吸收明显增加，进入营养生长阶段后，无论对元素的吸收还是同化作用都迅速增加，到花芽分化前达到高峰，花序伸长时开始趋向缓慢。对香蕉不同器官、不同生育阶段氮、磷、钾变化的研究发现，叶和生长点含氮最高，假茎次之，地下茎最低。各部位氮均随生育进程而逐渐降低；磷以生长点含量最高，其余各部位含磷量接近，各部位磷在花芽分化前都有积累的趋势，到第十七叶期达到高峰，以后趋于下降；不同器官部位钾的变化规律不一致，但仍以生长点含量最高，地下茎最低。生长点假茎和地下茎的钾都有在第十七叶前有积累，以后下降的趋势，而叶中钾的动态相反，第十七叶前下降后回升，最后下降到最低水平。

**(3)氮、磷、钾营养**

氮素营养氮能明显增加叶面积和分蘖数，促进早开花，提高香蕉的果梳数、果指数和果长。叶片中的含氮量对取得高产极为重要。一般认为，顶部第三片叶的含氮量达 2.8%(干重)时，可以获得较高产量。香蕉在生长周期中吸收的氮素较多，据研究结果显示，每株绝对吸收氮素 48~186 g，平均 85 g 左右。吸收到体内的氮在叶片和假茎中可占 75%，而根部和地下茎中仅占 25%。香蕉栽植的第一年所需氮素较以后的宿根多，这是由于第一年不仅要供给植株当年的生长发育，而且要供应宿根的氮素需求。香蕉缺氮时新叶生长缓慢，叶小而薄，叶呈淡绿色，假茎密实细小，分蘖少，最终使果梳、果指数量少，因而产量低。

磷素营养香蕉对磷的需要量较少，在生长周期中吸收磷的绝对数量平均每株为 10 g，仅为吸钾量的 4%左右。香蕉对磷的吸收主要在开花期之前，栽植后 2~3 个月至花芽分化前是植株大量吸收磷的时期。有人认为，开花前夕植株已停止吸收磷，完全是依靠前期积累的及从老组织中转移来的磷。磷是核酸类物质的组成成分，对香蕉地上、地下部位生长都是必不可少的。缺磷时叶色暗绿，新叶短而窄，根的生长受抑制，吸芽发生迟而弱，最终导致产量和品质下降。通常认为，土壤中有效磷含量低于 6.6 mg/kg 为缺乏，施磷肥效果好，土壤有效磷含量高于 11 mg/kg，施磷没有明显效果。

钾素营养香蕉对钾的需求量很大，主要器官中含钾量比含氮量高 2~3 倍，平均为 263 g/株，香蕉植株中的钾主要集中在地下茎、假茎和果实中。实践证明，花芽分化期之后，维持较高的叶片钾素浓度对果实发育有着重要的意义。花芽分化期顶部第三叶含钾量可达 4.18%，一般含量为 3.3%~3.8%较为适宜，低于此值施钾有明显的效果。有实验证实，低钾处理使植株的干物质减少一半，而产量减少将近 70%。可见，在一定范围内增施钾肥可提高产量。钾能提高香蕉的品质，随施钾量的增加，香蕉果实内可溶性物质的含量增高，还原糖、非还原糖、总糖、糖/酸比均有升高。此外维生素含量也有增加。香蕉缺钾时，绿叶数量减少，老叶上出现黄褐色斑点；假茎的高度、周长变小，总叶面积变小，所以有人主张用绿叶数和总叶面积诊断香蕉植株钾营养状况。缺钾时根系生长受阻，侧根少而细长，根毛也少；果实耐贮性明显下降。广西有关研究部门研究发现，厄瓜多尔香蕉比当地香蕉含钾量高。以鲜物计，果皮部分前者含钾量为 0.68%，而后者为 0.03%；果肉部分前者含钾 0.44%，后者为 0.22%，可见，厄瓜多尔香蕉经两个月水路运输，仍能保持硬绿不烂的新鲜状态，这与含钾量高有关系。

### 16.3.4.3　香蕉施肥技术

**(1)施肥量**

香蕉施肥量要比农作物高，但施肥量受土壤、气候、品种、种植密度、年份等因素影响，各地差异很大，不可能有统一的标准。施肥量的确定，可根据香蕉的目标产量、土壤肥力状况、肥料种类及利用率等参数进行计算，并经试验来校准后才能确定。根据张承林等(2009)研究结果，总结了根据目标产量和土壤肥力推荐的香蕉氮肥和钾肥施肥量，见表 16-23；根据土壤中有效养分含量确定的磷肥施用量见表 16-24。有人在我国主要生产香蕉的地区进行了研究，确定了氮、磷、钾的施用量和比例，在实际生产中也可以做参考(表 16-25)。

表 16-23 推荐的香蕉氮肥和钾肥施肥量

| 有机质含量(g/kg) | N(kg/hm²) | | | K₂O(kg/hm²) | | |
|---|---|---|---|---|---|---|
| | 50(t/hm²) | 70(t/hm²) | 99(t/hm²) | 50(t/hm²) | 70(t/hm²) | 99(t/hm²) |
| >40 | 100 | 200 | 250 | 300 | 600 | 750 |
| 25~40 | 150 | 250 | 300 | 450 | 750 | 900 |
| 10~25 | 200 | 300 | 350 | 600 | 900 | 1 050 |
| <10 | 250 | 350 | 400 | 750 | 1 050 | 1 200 |

注：引自张福锁等，2009。

表 16-24 推荐的磷肥施用量

| 有机质含量(g/kg) | BrayI-P(mg/kg) | 磷肥用量($P_2O_5$, kg/hm²) |
|---|---|---|
| >40 | >45 | 200 |
| 25~40 | 30~45 | 250 |
| 10~25 | 20~30 | 300 |
| 5~10 | 7~20 | 350 |
| <5 | <7 | 400 |

注：引自张福锁等，2009。

表 16-25 我国香蕉主要省份三要素用量与比例

| 省份 | 施用量(kg/hm²) | | | $N:P_2O_5:K_2O$ |
|---|---|---|---|---|
| | N | $P_2O_5$ | $K_2O$ | |
| 广东 | 771 | 405 | 1 296 | 1 : 0.53 : 1.86 |
| 广西 | 852 | 338 | 817 | 1 : 0.40 : 0.96 |
| 福建 | 567 | 245 | 381 | 1 : 0.43 : 0.67 |
| 台湾 | 309~413 | 51~69 | 620~825 | 1 : 0.33 : 2.85 |

注：引自张福锁等，2009。

**(2)施肥时期**

香蕉的施肥通常在两个时期：一是定植到花芽分化前，二是果实生长发育期，掌握好这两个时期的施肥是非常重要的。

定植到花芽分化前期该时期施肥以促进植株营养生长为主，同时满足正常分化雌花对养分的需求，为高产奠定基础。施肥原则为薄肥勤施，关键期重施。香蕉以春植为主，组培苗定植后 10 d 左右开始长新根，可进行第一次追肥。吸芽苗发根较迟可在定植 20 d 后进行追肥。以后每月可施肥一次。如果以花芽分化为界划分前期与后期，则我国蕉农普遍重视前期的追肥，前期追肥占全年总施肥量的 70%~80%。台湾南部香蕉种植区的施肥期与肥料分配比率为：第 1 次于种后 1 个月施年总量的 10%、第 1 次于种后 2 个月施年总量的 15%、第 1 次于种后 3.0~3.5 个月施年总量的 25%、第 4 次于种后 4.5~5.0 个月施年总量的 30%、第 5 次于种后 6.5~7.0 个月施年总量的 20%。我国有的地区第 1 次施肥在新根发生期前两个月，可加速新根和吸芽的生长；第 2 次在植株旺盛生长期；第 3 次在形成“把头”时(叶片、叶柄变短而密集于假茎顶部)，以促进花芽分化，提早抽蕾。

果实生长发育期该期施肥目的是增进果实发育饱满，提高产量和品质，并促进吸芽强壮，施肥量占全年用肥量的 20%~30%。广东大致掌握两次施用：施用壮果肥，以钾肥为主，配合氮磷肥，提供母株果实发育与吸芽生长。然后是越冬肥，以有机肥为主配合速效性化肥施用，增强香蕉植株的抗寒能力。

**(3) 施肥方法**

香蕉施肥除了注意施肥量、施肥时间、肥料配比等因素外还要采用合理的施肥方法才能发挥肥料的最大效益，提高香蕉的产量与品质。施肥的方法要根据各地的具体情况，如肥料种类、生长发育状况、土壤供水供肥情况采用适当的施肥方法。冬春一般施迟效性的有机肥，可在离蕉头 50 cm 左右开 20~30 cm 深沟或穴施入。生长期追肥一般宜用化肥，可采用环沟施或条施，条沟轮施，沟距蕉头约 30 cm，沟宽 20 cm 以上。以后，随植株生长、树盘扩大、施肥沟逐渐离蕉头距离增远，深度逐渐浅。如果生长过程中发现植株缺素症状时要及时的补充相应的肥料。蒋世云(1989)报道，宿根蕉断蕾时每隔 10 d 在根处喷施一次 1%氯化钙溶液，共喷 5 次，可使砍收后的香蕉延迟 5 d 成熟，延缓 6. 5 d 腐烂。

## 16. 3. 5　桃树施肥

### 16. 3. 5. 1　桃树的根系特性

桃树的根系较浅，水平根发达，主根不明显，80%的根系分布在 10~40 cm，桃树在砂质、富含有机质、排水良好、pH 在 6. 5~7. 5 的土壤上生长良好。桃树有较强的耐旱性，但是不耐涝，土壤中的含氧量需要在 15%以上生长才不会受影响。桃树根系生长在春季萌芽前后、春梢生长停止和果实采收之后，这 3 个时期很关键，应注意肥水管理。

### 16. 3. 5. 2　桃树的营养特性

**(1) 养分需要量**

桃树生长很快，养分需要量大，每生产 100 kg 桃需吸收氮 0. 3~0. 6 kg，磷 0. 1~0. 2 kg，钾 0. 3~0. 7 kg。一般定植后 7~8 年桃树进入盛果期，需肥量也趋于稳定，其年需要氮 959 $kg/hm^2$，磷 25 $kg/hm^2$，钾 94 $kg/hm^2$。同时由于桃树有贮藏营养的特点，其养分管理与其他果树有很大差别，对氮、磷、钾三要素的吸收比例大体为 100：(30~40)：(60~160)。

**(2) 桃树对养分的吸收动态**

桃树对养分的吸收存在季节性变化，养分吸收始于早春，并从果核硬化期开始，主要的氮、钾养分吸收量迅速增加，到初夏吸收速率达到最大，然后开始慢慢下降，至秋后基本停止。整个夏季是桃树养分吸收的高峰期，桃树在夏季吸收氮素数量约占全年总氮吸收量 60%。在其年周期发育过程中，对氮、磷、钾的吸收动态，一般是从 6 月上旬开始增强，随着果实生长，吸收量渐次增加，至 7 月上旬果实迅速膨大期，吸收量急剧上升，其中尤以钾肥吸收量增加最显著，到 7 月中旬，桃树对三要素的吸收量达到最高峰，直到采收前才稍有下降。

**(3)氮、磷、钾的营养特征**

氮素营养作为果树生长必需矿质元素之一，在一定范围内其施用量与果树产量、品质有密切关系。适量的氮可以提高叶片的光合速率，增大光合叶面积，促进花芽分化，提高坐果率并增加平均单果重。但过量施用氮肥，会导致生长过旺，幼树花芽分化延迟，数量减少，引起成龄树郁闭、芽体质量差，坐果率下降，从而降低产量。同时过量施氮会使苦痘病、木栓斑点病等加重，可以延迟红色品种果实着色，降低果实硬度与耐贮性，果实更易感染真菌病害。还有人研究表明果实总糖含量与叶片全氮含量呈负相关，适量施氮桃果实风味最佳，高氮处理果实精氨酸等游离氨基酸含量过高，芳香物质含量下降，果实风味变劣。

磷素营养磷素在桃树的生长发育中主要作用有两方面：一是磷素能增加树势，保持树体健壮，促进成花，提早结果，促进果实及种子成熟，增加含糖量，提高果实品质；二是林素能调高桃树对外界的适应能力，增强根系吸收能力，促进根系发育，提高果树的抗性。缺磷时，植株生长缓慢，枝条细而直立，叶片薄而脆，新叶片小，叶柄及叶背的叶脉呈紫红色，以后呈青铜色或褐色，叶边焦枯，花芽形成少，质量低，开花晚，果实成熟推迟，果实个小，着色不鲜艳，含糖量低，果实品质差。

钾素营养钾素参与桃树细胞的伸长生长、气孔的开合、叶片的运动和光合作用，充足的钾素可以减轻胁迫对根质膜的伤害，植物的离子平衡及植物的抗逆功能等都起着重要的作用，特别是钾参与植物体内各种重要的酶促反应，对各种代谢都有重要作用。当钾供应不足时，果实品质低下，果实绿色，小而不熟，糖和酚的含量低，味道平淡，同时钾能提高植物体内酚含量，防止病害的发生以及增强植株抗旱、抗倒伏能力，尤其当水分缺乏时，施钾可维持正常的细胞膨压，从而减轻植株的枯萎早死及倒伏。

### 16.3.5.3　施肥技术

**(1)施肥量**

根据桃园的土壤肥力、产量高低、品种、树龄大小以及气候、生长环境等条件来确定施肥量。一般早熟品种、土壤肥沃、树龄小、树势强的施肥量可以适当少一些，与之相反则要施用多一些。有机肥的施用要根据土壤有机质的含量和产量水平，具体见表 16-26，根据土壤肥力、产量高低和品种确定氮、磷、钾的施用量可以参考表 16-27 至表 16-29。

表 16-26　桃园有机肥推荐施用量

| 有机质含量(g/kg) | 产量($t/hm^2$) | | | | |
|---|---|---|---|---|---|
| | 20 | 30 | 40 | 50 | 60 |
| >25 | 10 | 15 | 20 | 25 | 30 |
| 15~25 | 15 | 22.5 | 30 | 37.5 | 45 |
| 10~15 | 20 | 30 | 40 | 50 | 60 |
| 5~10 | 25 | 37.5 | 50 | 62.5 | 70 |
| <5 | 30 | 45 | 60 | — | — |

注：引自张福锁等，2009。

表 16-27 桃园氮肥的推荐施用量

| 有机质含量(g/kg) | 早熟品种产量($t/hm^2$) | | | 晚熟品种产量($t/hm^2$) | | | | |
|---|---|---|---|---|---|---|---|---|
| | 20 | 30 | 40 | 20 | 30 | 40 | 50 | 60 |
| >25 | 34 | 50 | 67 | 35 | 53 | 70 | 88 | 106 |
| 15~25 | 42 | 63 | 84 | 44 | 66 | 88 | 110 | 132 |
| 10~15 | 67 | 101 | 134 | 70 | 106 | 141 | 176 | 211 |
| 5~10 | 101 | 151 | 202 | 106 | 158 | 211 | 264 | 317 |
| <5 | 126 | 189 | 252 | 132 | 198 | 264 | — | — |

注：引自张福锁等，2009。

表 16-28 桃园磷肥($P_2O_5$)的推荐施用量

| 有效磷含量(mg/kg) | 早熟品种产量($t/hm^2$) | | | 晚熟品种产量($t/hm^2$) | | | | |
|---|---|---|---|---|---|---|---|---|
| | 20 | 30 | 40 | 20 | 30 | 40 | 50 | 60 |
| >60 | 15 | 23 | 30 | 17 | 25 | 34 | 42 | 51 |
| 40~60 | 23 | 35 | 45 | 26 | 38 | 51 | 63 | 77 |
| 20~40 | 30 | 46 | 60 | 34 | 50 | 68 | 84 | 102 |
| 10~20 | 45 | 69 | 90 | 51 | 75 | 102 | 126 | 153 |
| <10 | 60 | 92 | 120 | 68 | 100 | 136 | — | — |

注：引自张福锁等，2009。

表 16-29 桃园钾肥($K_2O$)的推荐施用量

| 交换性钾含量(mg/kg) | 早熟品种产量($t/hm^2$) | | | 晚熟品种产量($t/hm^2$) | | | | |
|---|---|---|---|---|---|---|---|---|
| | 20 | 30 | 40 | 20 | 30 | 40 | 50 | 60 |
| >200 | 46 | 69 | 92 | 54 | 81 | 108 | 134 | 161 |
| 150~200 | 58 | 86 | 115 | 67 | 101 | 134 | 168 | 202 |
| 100~150 | 92 | 138 | 184 | 108 | 161 | 215 | 269 | 323 |
| 50~100 | 138 | 207 | 276 | 161 | 242 | 323 | 403 | 484 |
| <50 | 173 | 259 | 346 | 202 | 302 | 403 | — | — |

注：引自张福锁等，2009。

**(2)施肥时期**

有机肥的施用最适宜的时期是秋季落叶前的一个月，每年施入有机肥会伤一些细根，可起到修剪根系的作用，为来年新根生发起到一定作用。同等数量的有机肥连年施用比隔年施用效果明显。桃树对氮肥较敏感，幼年树和初果树应该适量控制氮肥的施用，而盛果树则需要增施氮肥，更新衰老树要偏重施用氮肥。一般早熟品种氮肥分别在萌芽期、硬核期和养分回流期施用，其比例是20%、40%和40%，而晚熟品种氮肥在萌芽期、硬核期、果实膨大期和养分回流期施用，比例分布30%、20%、10%和40%。桃树一生中在幼龄期应施足磷肥，初果期施磷为主，盛果期氮、磷、钾要配施，在一年中萌芽期和养分回流期施入，各占 1/2。钾肥一般进入盛果期后要加量，一般春夏季施用量大一些，在萌芽期、硬核期和养分回流期分 3 次施用，分别占总量的 10%、40%和 50%。

**(3) 施肥方法**

有机肥施用多采用辐射沟法和环状沟法，施肥沟的位置每年要换一下，当然可以结合秋刨撒施，一般幼树不采用全园的撒施。氮肥、磷肥和钾肥可以和有机肥混合一起施用，开沟宽 40~50 cm，深 20~40 cm，肥料拌上土后施入沟内，然后盖严，准肥时可以穴施或环状撒施。

**(4) 微量元素肥料的施用**

技术桃树比较容易出现缺铁、钙、锰等微量元素的症状，生产中一般采用叶面喷施的方式进行补充。缺钙时可在生长初期叶面配施螯合钙溶液，连喷两次，在盛花期后 3~5 周和采摘前 8~10 周喷施 0.3%~0.5%的氨基酸钙可防治果实缺钙；缺镁可以在 6~7 月喷施 0.2%~0.3%的硫酸镁，连续 2 次；缺铁可以在 5~6 月配施黄腐酸二铵铁 200 倍液或 0.2%~0.3%的硫酸亚铁，每周 1 次，连喷 2 次；缺锌可以在发芽前喷施 3%~5%的硫酸锌或发芽后喷 0.1%的此溶液可以减轻缺锌症状；预防缺硼可在落叶前 20 d 喷 0.5%的硼砂加 0.5%的尿素 3 次，开花前喷 0.3%~0.5%的硼砂 2~3 次，会起到很好的效果。

## 复习思考题

1. 简述水稻的营养特性。
2. 简述稻田土壤的养分特点。
3. 简述我国水稻施肥的 3 种模式。
4. 简述玉米的营养特性。
5. 简述玉米的常规施肥技术与特定施肥技术的区别。
6. 试比较小麦施肥技术与玉米施肥技术的不同点。
7. 比较不同产量水平小麦需肥规律的不同点。
8. 小麦不同生育期施肥的目的是什么？
9. 简述烟草、油菜、茶树、大豆和甜菜的需肥特性。
10. 试述烟草、油菜、茶树、大豆和甜菜的施肥技术
11. 微量元素对烟草、油菜、茶树、大豆和甜菜品质有哪些影响？
12. 设计一种经济作物的最佳施肥方案。
13. 主要果树吸收养分有何特点？如何施肥才能高产优质？
14. 试述苹果、柑橘、香蕉、桃树的根系特点。
15. 苹果、柑橘、香蕉、桃树的矿质营养有哪些特点？
16. 简述苹果、柑橘、香蕉、桃树在施肥技术上注意事项。

# 参考文献


安徽省质量技术监督局，2017. 硅肥合理施用技术规程：DB34/T 2847—2017[S]. 合肥：安徽省质量技术监督局.

白厚义，肖俊璋，1998. 试验研究与统计分析[M]. 西安：世界图书出版社.

白由路，2017. 我国肥料产业面临的挑战与发展机遇[J]. 植物营养与肥料学报，23(1)：1-8.

BRADY，WEIL，2019. 土壤学与生活[M]. 李保国，徐建明，等译. 北京：科学出版社.

曹卫东，黄鸿翔，2009. 关于我国恢复和发展绿肥若干问题的思考[J]. 中国土壤与肥料(4)：1-3.

常苏娟，朱杰勇，刘益，等，2010. 世界磷矿资源形势分析[J]. 化工矿物与加工，39(9)：1-5.

陈德伟，汤寓涵，石文波，等，2019. 钙调控植物生长发育的进展分析[J]. 分子植物育种，17(11)：3593-3601.

陈冠霖，赵其国，OFORI，等，2021. 包膜型缓/控释肥料研究现状及其在功能农业中的应用展望[J]. 肥料与健康，48(3)：1-6.

陈晶英，2020. 橄榄果实发育过程中钙信使系统及营养元素的变化分析[D]. 福州：福建农林大学.

程谊，张金波，蔡祖聪，2012. 土壤中无机氮的微生物同化和非生物固定作用研究进展[J]. 土壤学报，49(5)：1030-1036.

程谊，张金波，蔡祖聪，2019. 气候—土壤—作物之间氮形态契合在氮肥管理中的关键作用[J]. 土壤学报，56(3)：507-515.

蒂斯代尔，纳尔逊，毕滕，1998. 土壤肥力与肥料[M]. 金继运，刘荣乐，译. 北京：中国农业科技出版社.

杜为研，唐杉，汪洪，2020. 我国有机肥资源及产业发展现状[J]. 中国土壤与肥料(3)：210-219.

郭彦军，2021. 饲草作物生产学[M]. 北京：科学出版社.

国家质量监督检验检疫总局，国家标准化管理委员会，2006. 农用微生物菌剂：GB 20287—2006[S]. 北京：中国标准出版社.

胡霭堂，1994. 植物营养学(下册)[M]. 北京：中国农业出版社.

黄高强，2014. 我国化肥产业发展特征及可持续性研究[D]. 北京：中国农业大学.

黄高强，武良，李宇轩，等，2013. 我国氮肥产业发展形势及建议[J]. 现代化工，33(10)：5-9.

黄云，2014. 植物营养学[M]. 北京：中国农业出版社.

姜远茂，葛顺峰，毛志泉，等，2017. 我国苹果产业节本增效关键技术Ⅳ：苹果高效平衡施肥技术[J]. 中国果树(4)：1-4，13.

焦彬，1986. 中国绿肥[M]. 北京：农业出版社.

金继运，白由路，2001. 精准农业与土壤养分管理[M]. 北京：中国大地出版社.

巨晓棠，谷保静，蔡祖聪，2017. 关于减少农业氨排放以缓解灰霾危害的建议[J]. 科技导报，35(13)：1-12.

李博文，刘文菊，张丽娟，2016. 微生物肥料研发与应用[M]. 北京：中国农业出版社.

李春花，梁国庆，2001. 专用复混肥配方设计与生产[M]. 北京：化学工业出版社.

李春俭，2015. 高级植物营养学[M]. 2 版. 北京：中国农业大学出版社.

李继福，鲁剑巍，李小坤，等，2013. 麦秆还田配施不同腐秆剂对水稻产量、秸秆腐解和土壤养分的影响[J]. 中国农学通报，29(35)：270-276.
李书田，金继运，2011. 中国不同区域农田养分输入、输出与平衡[J]. 中国农业科学，44(20)：4207-4299.
李维，高辉，罗英杰，等，2015. 国内外磷矿资源利用现状、趋势分析及对策建议[J]. 中国矿业，24(6)：6-10.
李学红，李东坡，武志杰，等，2021. 添加 NBPT/DMPP/CP 的高效稳定性尿素在黑土和褐土中的施用效应[J]. 植物营养与肥料学报，27(6)：957-968.
廖红，严小龙，2003. 植物营养学[M]. 北京：科学出版社.
林葆，1994. 中国肥料[M]. 上海：上海科学技术出版社.
刘建雄，2009. 我国磷矿资源特点及开发利用建议[J]. 化工矿物与加工，38(3)：36-39.
刘盼盼，周毅，付光玺，等，2014. 基于秸秆还田的小麦—玉米轮作体系施肥效应及其对土壤磷素有效性的影响[J]. 南京农业大学学报，37(5)：27-33.
刘润进，陈应龙，2007. 菌根学[M]. 北京：科学出版社.
鲁如坤，1998. 土壤—植物营养学原理和施肥[M]. 北京：化学工业出版社.
陆景陵，2003. 植物营养学[M]. 北京：中国农业大学出版社.
陆欣，2002. 土壤肥料学[M]. 北京：中国农业出版社.
吕英华，秦双月，2002. 测土与施肥[M]. 北京：中国农业出版社.
毛达如，1994. 植物营养研究法[M]. 北京：中国农业出版社.
毛知耘，1997. 肥料学[M]. 北京：中国农业出版社.
毛知耘，2001. 中国含氯化肥[M]. 北京：中国农业出版社.
MARSCHNER，2001. 高等植物的矿质营养[M]. 李春俭，等译. 北京：中国农业大学出版社.
孟赐福，姜培坤，曹志洪，等，2011. 植物体内硫的运输与同化的研究进展[J]. 浙江农业学报，23(2)：427-432.
慕成功，郑义，1995. 农作物配方施肥[M]. 北京：中国农业出版社.
内蒙古农牧学院，1981. 牧草及饲料作物栽培学[M]. 北京：农业出版社.
沈其荣，2001. 土壤肥料学通论[M]. 北京：高等教育出版社.
沈其荣，2021. 中国有机(类)肥料[M]. 北京：中国农业出版社.
沈善敏，1998. 中国土壤肥力[M]. 北京：中国农业出版社.
沈文波，2013. 水稻种植多元复合硅肥的应用效果探析[J]. 北京农业，539(6)：86.
宋大利，侯胜鹏，王秀斌，等，2018. 中国秸秆养分资源数量及替代化肥潜力[J]. 植物营养与肥料学报，24(1)：1-21.
苏加楷，1983. 优良牧草栽培技术[M]. 北京：农业出版社.
孙羲，1997. 植物营养学原理[M]. 北京：中国农业出版社.
谭德水，金继运，黄绍文，等，2007. 不同种植制度下长期施钾与秸秆还田对作物产量和土壤钾素的影响[J]. 中国农业科学(1)：133-139.
谭慧婷，孙伟，崔玉照，等，2022. 钾矿资源现状与杂卤石的开发应用分析[J]. 无机盐工业，54(6)：23-30.
谭金芳，2011. 作物施肥原理与技术[M]. 2 版. 北京：中国农业大学出版社.
王北辰，伍国强，2021. 植物高亲和性 $K^+$ 转运蛋白(HAK)研究进展[J]. 植物生理学报，57(5)：1065-1073.
王贵芳，姚元涛，魏树伟，等，2020. 果树营养与肥料高效利用技术研究进展[J]. 安徽农业科学，48(5)：14-17.

王海波，王孝娣，史祥宾，等，2021. 果树‘5416’测土配方施肥技术[J]. 落叶果树，53(5)：5-8.
王力，孙影，张洪程，等，2017. 不同时期施用锌硅肥对优良食味粳稻产量和品质的影响[J]. 作物学报，43(6)：14.
王利，高祥照，马文奇，等，2008. 中国农业中硫的消费现状、问题与发展趋势[J]. 植物营养与肥料学报(6)：1219-1226.
王学武，2007. 水稻钙积累分布规律与调控研究[D]. 长沙：湖南农业大学.
王玉霞，李芳东，李延菊，2018. 不同类型叶面肥对晚熟油桃‘福美’果实品质的影响[J]. 山东农业科学，50(9)：48-50.
王兆燕，彭福田，张玉红，等，2011. 果实迅速膨大期不同施肥量对中华寿桃产量与品质的影响[J]. 山东农业科学(9)：61-64.
王正银，1999. 作物施肥学[M]. 重庆：西南师范大学出版社.
王忠，2000. 植物生理学[M]. 北京：中国农业出版社.
伍国强，水清照，冯瑞军，2017. 植物 $K^+$通道 AKT1 的研究进展[J]. 植物学报，52(2)：225-234.
武艳菊，刘振学，2004. 利用粉煤灰生产农用肥[J]. 中国资源综合利用(10)：17-19.
新思界国际信息咨询有限公司，2019. 2020—2025 年中国硅肥行业应用市场需求及开拓机会研究报告[R]. 桂林：新思界产业研究中心.
熊丽萍，蔡佳佩，朱坚，等，2019. 硅肥对水稻—田面水—土壤氮磷含量的影响[J]. 应用生态学报，30(4)：1127-1134.
熊增华，王石军，2020. 中国钾资源开发利用技术及产业发展综述[J]. 矿产保护与利用，40(6)：1-7.
徐本生，李有田，谭金芳，1991. 果树营养与施肥[M]. 郑州：河南科学技术出版社.
徐静安，2001. 施肥技术与农化服务[M]. 北京：化学工业出版社.
杨素苗，李保国，齐国辉，等，2010. 灌溉方式对红富士苹果根系活力和新梢生长及果实产量质量的影响[J]. 干旱地区农业研究，28(5)：181-184.
杨相东，张民，2019. 缓/控释和稳定性肥料技术创新驱动化肥行业科技发展："新型肥料的研制与高效利用"专刊序言[J]. 植物营养与肥料学报，25(12)：2029-2031.
杨振，2015. 钙对人参生长发育影响的研究[D]. 北京：中国农业科学院.
俞洋，汤显强，王丹阳，等，2022. 长江流域水体硅含量分布特征及影响因素研究综述[J]. 长江科学院院报，39(3)：1-11.
袁可能，1983. 植物营养元素的土壤化学[M]. 北京：科学出版社.
张福锁，2003. 养分资源综合管理[M]. 北京：中国农业大学出版社.
张福锁，2006. 测土配方施肥技术要览[M]. 北京：中国农业大学出版社.
张福锁，陈新平，陈清，2009. 中国主要作物施肥指南[M]. 北京：中国农业大学出版社.
张福锁，樊小林，李晓林，1995. 土壤与植物营养研究新动态(第二卷)[M]. 北京：中国农业出版社.
张俊玲，2021. 植物营养学[M]. 北京：中国农业大学出版社.
张蕾，王玲莉，房娜娜，等，2021. 稳定性肥料在中国不同区域的施用效果及施用量[J]. 植物营养与肥料学报，27(2)：215-230.
张潇丹，2021. 薄壳山核桃矿质养分及果实性状研究[D]. 重庆：西南大学.
张祎，2020. 土壤异养硝化作用的主要影响因素及其作用机理[D]. 南京：南京师范大学.
张志明，2000. 复混肥料生产与利用指南[M]. 北京：中国农业出版社.
赵秉强，2020. 化肥有效养分高效化产品创新的技术趋势[J]. 磷肥与复肥，35(6)：4.
赵秉强，袁亮，2020. 中国农业发展与肥料产业变革[J]. 肥料与健康，47(6)：1-3.
浙江农业大学，1991. 植物营养与肥料[M]. 北京：农业出版社.

中华人民共和国农业部，2000. 硅酸盐细菌肥料：NY 413—2000[S]. 北京：中国标准出版社.
中华人民共和国农业部，2000. 磷细菌肥料：NY 412—2000[S]. 北京：中国标准出版社.
中华人民共和国农业部，2006. 微生物肥料术语：NY/T 1113—2006[S]. 北京：中国标准出版社.
中华人民共和国农业部，2010. 微生物肥料生产菌株质量评价通用技术要求：NY/T 1847—2010[S]. 北京：中国标准出版社.
中华人民共和国农业部，2015. 复合微生物肥料：NY/T 798—2015[S]. 北京：中国标准出版社.
庄伊美，1997. 柑橘营养与施肥[M]. 北京：中国农业出版社.
CHEN W, YAO X, CAI K, et al., 2011. Silicon alleviates drought stress of rice plants by improving plant water status, photosynthesis and mineral nutrient absorption[J]. Biological Trace Element Research, 142(1): 67-76.
GERMIDA J J, WAINWRIGHT M, GUPTA V V S R, et al., 2021. Biochemistry of sulfur cycling in soil [M]. New York: CRC Press.
HATTORI T, SONOBE K, ARAKI H, et al., 2008. Silicon application by sorghum through the alleviation of stress-induced increase in hydraulic resistance[J]. Journal of Plant Nutrition, 31(8): 1482-1495.
LI Q, GAO Y, YANG A, 2020. Sulfur homeostasis in plants[J]. International Journal of Molecular Sciences, 21(23): 8926.
LIANG Y, SUN W, ZHU Y G, et al., 2007. Mechanisms of silicon-mediated alleviation of abiotic stresses in higher plants: A review[J]. Environmental Pollution, 147(2): 422-428.
MUHAMMAD A A, JU H O, PIL J K, 2008. Evaluation of silicate iron slag amendment on reducing methane emission from flood water rice farming[J]. Agriculture, Ecosystems & Environment, 128(1-2): 21-26.
NIEVES-CORDONES M, GAILLARD I, 2014. Involvement of the S4-S5 linker and the C-linker domain regions to voltage-gating in plant shaker channels: comparison with animal HCN and Kv channels[J]. Plant Signaling & Behavior, 9(10): 1559-2324.
QIAO C L, LIU L L, HU S J, 2015. How inhibiting nitrification affects nitrogen cycle and reduces environmental impacts of anthropogenic nitrogen input[J]. Global Change Biology, 21(3): 1249-1257.
SONOBE K, HATTORI T, AN P, et al., 2010. Effect of silicon application on sorghum root responses to water stress[J]. Journal of Plant Nutrition, 34(1): 71-82.
VÈRY A A, SENTENAC H, 2003. Molecular mechanisms and regulation of $K^+$ transport in higher plants [J]. Annual Review of Plant Biology, 54: 575-603.
ZHU Y, GONG H, 2013. Beneficial effects of silicon on salt and drought tolerance in plants[J]. Agronomy for Sustainable Development, 34(2): 455-472.